Achim Hettler

Gründung von Hochbauten

Achim Hettler

Gründung von Hochbauten

Verfasser:

Univ.-Prof. Dr.-Ing. habil. Achim Hettler
Universität Dortmund
Fakultät Bauwesen
Lehrstuhl Baugrund–Grundbau
August-Schmidt-Straße 8
D-44227 Dortmund
und
Institut für Geotechnik Geyer–Hettler–Joswig
Dortmund, Gröbers, Karlsruhe, Zweibrücken
Am Hubengut 4
D-76149 Karlsruhe

Titelbildentwurf: M. H. Hanitsch-Desrue

Dieses Buch enthält 450 Abbildungen und 132 Tabellen

Die Deutsche Bibliothek – CIP-Einheitsaufnahme
Ein Titeldatensatz für diese Publikation ist bei
Der Deutschen Bibliothek erhältlich

ISBN 3-433-01348-9

© 2000 Ernst & Sohn Verlag für Architektur und technische Wissenschaften GmbH, Berlin

Alle Rechte, insbesondere die der Übersetzung in andere Sprachen, vorbehalten. Kein Teil dieses Buches darf ohne schriftliche Genehmigung des Verlages in irgendeiner Form – durch Fotokopie, Mikrofilm oder irgendein anderes Verfahren – reproduziert oder in eine von Maschinen, insbesondere von Datenverarbeitungsmaschinen, verwendbare Sprache übertragen oder übersetzt werden.

All rights reserved (including those of translation into other languages). No part of this book may be reproduced in any form – by photoprint, microfilm, or any other means – nor transmitted or translated into a machine language without written permission from the publisher.

Die Wiedergabe von Warenbezeichnungen, Handelsnamen oder sonstigen Kennzeichen in diesem Buch berechtigt nicht zu der Annahme, daß diese von jedermann frei benutzt werden dürfen. Vielmehr kann es sich auch dann um eingetragene Warenzeichen oder sonstige gesetzlich geschützte Kennzeichen handeln, wenn sie als solche nicht eigens markiert sind.

Satz: ProSatz, Weinheim
Druck: betz-druck GmbH, Darmstadt
Bindung: Wilh. Osswald + Co., Neustadt

Printed in Germany

Für Anna und Otto

Vorwort

Das Buch behandelt die Schnittstelle Baugrund–Bauwerk und steht zwischen den klassischen Bodenmechanik- und Grundbaubüchern auf der einen Seite und der Literatur des Stahlbetonbaus auf der anderen Seite. Es ist für Generalisten in der Praxis geschrieben und soll einen breiten Leserkreis wie Architekten, Planer, Tragwerksplaner, Baugrundgutachter, Ausführende, Mitarbeiter in Behörden, aber auch Studenten der Architektur und des Bauingenieurwesens ansprechen. Auf die theoretischen Grundlagen wird zwar eingegangen, um das Verständnis zu wecken, ohne jedoch Theorien allzusehr zu vertiefen. In diesem Punkt wird auf weiterführende Spezialliteratur verwiesen.

Ziel ist, die Fragestellungen an der Schnittstelle Baugrund–Bauwerk möglichst umfassend darzustellen und viele Themen zusammenzustellen, die üblicherweise getrennt abgehandelt werden.

Das Buch beginnt mit der Planung, in der insbesondere das frühzeitige Zusammenwirken von Bauherr, Architekt, Tragwerksplaner und Baugrundgutachter notwendig ist. Neben den klassischen Themen wie Baugrund, Flach- und Tiefgründungen mit verschiedenen Varianten, Baugruben und Böschungssicherungen werden ergänzend auch rechtliche Fragen, Unterfangungen, dynamisch belastete Fundamente und Erdbeben behandelt. Der Bereich Bauen im Bestand hat in den letzten Jahren zunehmend an Bedeutung gewonnen. Aus diesem Grund wurde das Kapitel „Einschätzung der Tragfähigkeit vorhandener Gründungen und ihre Ertüchtigung" aufgenommen. Viele Schäden an Bauwerken werden durch Feuchte verursacht, so daß dem Thema Wasserwirkungen – dazu gehören auch Dränagen und Abdichtungen – breiter Raum gewidmet ist. Zu den großen Risiken beim Bauen gehören Schadstoffe im Boden und im Grundwasser, die ebenfalls in einem eigenen Kapitel behandelt werden.

Seit vielen Jahren wird über neue Eurocodes und neue DIN-Normen auf der Grundlage des probabilistischen Sicherheitskonzepts diskutiert. Zum Teil sind Normen auch bereits veröffentlicht. Leider hat sich gezeigt, daß viele Vorschläge nicht oder noch nicht praxisreif sind. Dies hat dazu geführt, daß viele Veröffentlichungen bereits Makulatur sind, wenn sie erscheinen. Im Bereich Baugrund–Grundbau wird auf Initiative von Prof. Weißenbach ein neuer Vorschlag umgesetzt, von dem auszugehen ist, daß er zukünftig Bestand haben wird. Eine endgültige Regelung (Stand September 1999) ist aber bisher noch nicht erfolgt. Aus den genannten Gründen bezieht sich das Buch auf die derzeit noch gültige Normengeneration. Auf neue Normen und die neuen Konzepte wird jedoch eingegangen und die Entwicklung beschrieben, und zwar nicht nur im Bereich Baugrund, sondern auch für die Baustoffe Beton, Stahl und Mauerwerk.

Wegen der Breite des Gebiets war es notwendig, Partner zu gewinnen. Ich möchte mich sehr herzlich bei Prof. Heiermann (Abschnitt 1.2, Planung und Ausführung aus juristischer Sicht), Dr. Maier (Abschnitt 1.1, Allgemeine Anforderungen an die Gründungsplanung), Prof. Schäfer und Mitarbeiter Dr. Bäätjer (Abschnitte 4.1 und 4.2, Grundlagen der Bemessung), Dr. Steiner (Kapitel 13, Einschätzung der Tragfähigkeit vorhandener Konstruktionen und ihre Ertüchtigung), Dr. Verspohl (Kapitel 14, Dynamisch belastete Fundamente und Erdbebeneinwirkungen) sowie bei meinem früheren Mitarbeiter Dr. Besler (Abschnitte 10.4.1 bis 10.4.7, Berechnung von Baugrubenwänden) bedanken. Mein Dank geht auch an meine Diskussionspartner, Dr. Maier (Gesamtkonzeption), Dipl.-Ing. Deuchler (Kapitel 9), Dr. Vrettos

(Kapitel 14), Dipl.-Geograph Teichmann (Kapitel 15) und Dipl.-Ing. Gutjahr (Kapitel 10), sowie an meine Kollegen im Büro und am Lehrstuhl für ihre wertvollen Hinweise.

Die Erstellung eines Buches ist mit mühsamen Schreib- und Zeichenarbeiten verbunden. Hier bedanke ich mich herzlich bei Frau Jamro und Frau Stüke. Mein Dank geht auch insbesondere an Frau Dipl.-Ing. Kopp für die aufwendige Korrekturarbeit. Gedankt sei auch den vielen Helfern, die im einzelnen hier nicht aufgeführt sind, und zu guter Letzt auch dem Verlag Ernst & Sohn für die gute Betreuung.

Ein neues Buch weist häufig noch Lücken und hoffentlich nicht allzu viele Druckfehler auf. Für Anregungen bin ich deshalb sehr dankbar.

November 1999 Achim Hettler

Verzeichnis der Mitautoren

Dr.-Ing. Gerhard Bäätjer
Universität Dortmund
Lehrstuhl Beton und Stahlbetonbau
August-Schmidt-Straße 8
D-44227 Dortmund
(4.1, 4.2 Grundlagen der Bemessung)

Dr.-Ing. Detlef Besler
Arneckestraße 54
D-44139 Dortmund
vormals
Universität Dortmund
Lehrstuhl Baugrund–Grundbau
(10.4.1, 10.4.7 Berechnung von Baugrubenwänden)

Prof. Wolfgang Heiermann
Kettenhofweg 126
D-60325 Frankfurt am Main
(1.2 Planung und Ausführung aus juristischer Sicht)

Dr.-Ing. Dietmar Maier
Ingenieurgruppe Bauen
Hübschstraße 21
D-76135 Karlsruhe
(1.1 Allgemeine Anforderungen an die Gründungsplanung)

Univ.-Prof. Dr.-Ing. Horst Schäfer
Universität Dortmund
Lehrstuhl Beton und Stahlbetonbau
August-Schmidt-Straße 8
D-44227 Dortmund
(4.1, 4.2 Grundlagen der Bemessung)

Dipl.-Ing. Josef Steiner
Ingenieurgruppe Bauen
Hübschstraße 21
D-76135 Karlsruhe
bzw.
Leibnizstraße 7
D-68165 Mannheim
(13 Einschätzung der Tragfähigkeit vorhandener Konstruktionen und ihre Ertüchtigung)

Dr.-Ing. Joachim Verspohl
Institut für Geotechnik Geyer-Hettler-Joswig
Dortmund, Gröbers, Karlsruhe, Zweibrücken
Am Hubengut 4
D-76149 Karlsruhe
(14 Dynamisch belastete Fundamente und Erdbebenwirkungen)

Die Alternative zu Bodenaustausch und Pfahlgründung

Bodenstabilisierung
nach dem
CSV – Verfahren

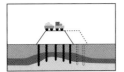

Setzungssicherung von Strassen-, Bahn- und Hochwasserdämmen

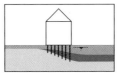

Stabilisierung der Bodenplatte

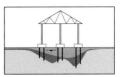

Stabilisierung von Einzelstützen

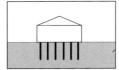

Schwimmende Gründung, z.B. Seetone, die bis ca. 150 m Tiefe reichen

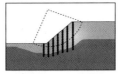

Sicherung von Böschungen

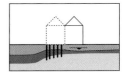

Vermeidung von Mitnahmesetzungen bei Anbauten

Intelligent, kostengünstig, gezielt einsetzbar.

- Keine Grundwasserabsenkung erforderlich
- Kein anfallendes Bohrgut
- Sauberkeitsschicht kann sofort aufgebracht werden
- Qualitätsnachweis durch Probebelastung

Laumer GmbH & Co. CSV Bodenstabilisierung KG
Bahnhofstraße 8 • 84323 Massing • Telefon 0 87 24 / 88 - 9 00 • Telefax 0 87 24 / 88 - 7 70
Internet: http://www.LaumerBautechnik.de • e-mail: info@LaumerBautechnik.de

Inhaltsverzeichnis

Vorwort VII

1	**Einführung**	1
1.1	Allgemeine Anforderungen an die Gründungsplanung	1
1.1.1	Planungsablauf	1
1.1.2	Baugrundgutachten	2
1.1.3	Gründungsentwurf	3
1.2	Planung und Ausführung aus juristischer Sicht	5
1.2.1	Verantwortlichkeit des Bauherren	5
1.2.2	Verantwortlichkeit des Architekten	5
1.2.3	Verantwortlichkeit des Unternehmers	7
1.2.4	Verantwortlichkeit des Tragwerksplaners	7
1.2.5	Verantwortlichkeit des Baugrundgutachters	8
1.2.6	Das Baugrundrisiko	8
1.2.7	Die Haftung der Baubeteiligten nebeneinander als Gesamtschuldner	8
2	**Baugrund**	11
2.1	Baugrundarten: Eine Übersicht	11
2.2	Erkundung des Baugrunds	14
2.2.1	Überblick	14
2.2.2	Vorinformation	15
2.2.3	Schürfe und Erkundungsschächte	16
2.2.4	Bohrungen und Probenahme	17
2.2.5	Sondierungen	21
2.2.6	Ermittlung der Grundwasserverhältnisse	30
2.2.7	Feldversuche	32
2.3	Beschreibung des Baugrunds	35
2.4	Wichtige Bodenkenngrößen und ihre Ermittlung	39
2.4.1	Kornverteilung	39
2.4.2	Wichte, Hohlraumanteil und Wassergehalt	42
2.4.3	Beimengungen	43
2.4.4	Lagerungsdichte	44
2.4.5	Konsistenz, Plastizität	44
2.4.6	Steifemodul	45
2.4.7	Scherparameter	49
2.4.8	Durchlässigkeit	55
2.4.9	Proctordichte	57
2.4.10	Zusammenstellung von Erfahrungswerten	57

2.5	Baugrundklassifizierung	64
2.5.1	Übersicht	64
2.5.2	Bodenklassifizierung nach DIN 18196	65
2.5.3	Klassifizierung nach DIN 18300 (VOB)	68
2.5.4	Einteilung nach geologischen Bezeichnungen	69
2.5.5	Körnungen als Handelsbegriff	69
2.5.6	Boden und Frostsicherheit	70
2.5.7	Boden als Filter- und Dränmaterial	71
2.5.8	Klassifizierung von Fels	71
3	**Baugrundmodelle**	**77**
3.1	Überblick	77
3.2	Setzungen	77
3.2.1	Allgemeines	77
3.2.2	Lotrecht mittige Belastung	79
3.2.3	Lotrecht außermittige Belastung	84
3.2.4	Zulässige Setzungen und Verkantungen	84
3.3	Grundbruch	86
3.3.1	Lotrecht mittige Belastung	86
3.3.2	Schräge und außermittige Belastungen	89
3.3.3	Sonderfälle	89
3.4	Erddruck	89
3.4.1	Allgemeines	89
3.4.2	Aktiver Erddruck	92
3.4.3	Passiver Erddruck	94
3.4.4	Erdruhedruck	96
3.4.5	Verteilung des Erddrucks	97
3.4.6	Punkt-, Linien- und Streifenlasten	99
3.4.7	Weitere Hinweise	101
3.5	Böschungs- und Geländebruch	104
3.5.1	Allgemeines	104
3.5.2	Unendlich lange Böschung bei Reibungsboden ohne Kohäsion	106
3.5.3	Lamellenfreie Gleitkreisverfahren	107
3.5.4	Gleitkreisverfahren mit Lamellen nach DIN 4084	109
4	**Grundlagen der Bemessung**	**113**
4.1	Überblick	113
4.2	Baustoffbemessung	114
4.2.1	Lastannahmen	114
4.2.2	Beton	118
4.2.3	Stahl	123
4.2.4	Mauerwerk	125
4.3	Bemessung Bodenmechanik und Grundbau	127
4.4	Übersicht Baugrundnormen	129

5	**Einzel- und Streifenfundamente**	135
5.1	Auswahlkriterien und Überblick	135
5.2	Bodenmechanische Bemessung	137
5.2.1	Lotrecht mittige Belastung	137
5.2.2	Lotrecht außermittige Belastung	139
5.2.3	Aufnahme von Horizontallasten	142
5.2.4	Besondere Bauwerke und Grundrisse	143
5.3	Konstruktive Ausführung und Baustoffbemessung der Gründung	143
5.3.1	Überblick	143
5.3.2	Unbewehrte Fundamente	144
5.3.3	Ermittlung der Biegemomente bei bewehrten Fundamenten	145
5.3.4	Weitere Hinweise zu bewehrten Fundamenten	147
6	**Plattengründungen**	151
6.1	Auswahlkriterien und Überblick	151
6.2	Ermittlung von Sohldruckverteilung und Biegemomenten	152
6.2.1	Spannungstrapezverfahren	152
6.2.2	Bettungsmodulverfahren	153
6.2.3	Steifemodulverfahren	158
6.2.4	Einfluß der Bauwerkssteifigkeit	160
6.2.5	Weitere Einflüsse	162
6.3	Hinweise zur Konstruktion und Betonbemessung	163
7	**Flachgründungen in Kombination mit Bodenverbesserung**	167
7.1	Überblick	167
7.2	Bodenaustausch	169
7.3	Rütteldruckverdichtung	173
7.4	Rüttelstopfverdichtung	175
7.5	Vermörtelte Stopfsäulen und Betonrüttelsäulen	178
8	**Tiefgründungen**	181
8.1	Überblick und Auswahlkriterien	181
8.2	Pfähle	182
8.2.1	Pfahlarten	182
8.2.2	Tragfähigkeit in axialer Richtung	197
8.2.3	Aufnahme von Horizontallasten	207
8.2.4	Probebelastungen und Prüfung von Pfählen	210
8.2.5	Konstruktive Ausbildung	216
8.2.6	Pfahlroste	219
8.3	Senkkästen	223
8.3.1	Allgemeines	223
8.3.2	Herstellung	224
8.3.3	Konstruktion	226
8.3.4	Berechnungshinweise	227
8.4	Kombinierte Pfahl- und Platten-Gründung	229

9	**Bauen und Wasserwirkungen**	233
9.1	Erscheinungsformen des Wassers, Lastfälle und bautechnische Maßnahmen	233
9.2	Grundwasseruntersuchungen	235
9.3	Dränage	237
9.3.1	Entwurfsgrundlagen	237
9.3.2	Konstruktive Ausbildung	237
9.3.3	Bemessung	241
9.3.4	Weitere Hinweise	242
9.4	Abdichtungen	244
9.4.1	Überblick	244
9.4.2	Wasserundurchlässiger Beton	246
9.4.3	Dichtungsschlämmen	248
9.4.4	Bitumenverklebte Abdichtungen	250
9.4.5	Lose verlegte Kunststoff-Dichtungsbahnen	251
9.4.6	Spritz- und Spachtelabdichtungen	252
9.4.7	Noppenbahnen und Flächendränsysteme	253
9.5	Sicherung gegen Auftrieb	254
10	**Baugruben**	257
10.1	Baugrubenkonstruktionen	257
10.1.1	Einführung	257
10.1.2	Baugruben ohne besondere Sicherung	257
10.1.3	Trägerbohlwände	259
10.1.4	Spundwände	261
10.1.5	Bohrpfahlwände	262
10.1.6	Schlitzwände	263
10.1.7	Elementwände	267
10.1.8	Grundwasserschonende Bauweisen	267
10.1.9	Baugrubenwände neben Bauwerken	272
10.1.10	Baugruben in weichen Böden	273
10.2	Verankerungen	274
10.3	Baugruben und Wasserhaltung	279
10.3.1	Vorüberlegungen	279
10.3.2	Überblick Wasserhaltungsverfahren	279
10.3.3	Offene Wasserhaltung	282
10.3.4	Absenkung durch Schwerkraft und vertikale Brunnen	282
10.3.5	Vakuumanlagen	284
10.3.6	Wiederversickerung	284
10.3.7	Berechnung der Wassermengen	285
10.4	Berechnung von Baugrubenwänden	288
10.4.1	Allgemeines	288
10.4.2	Aktiver Erddruck bei nicht gestützten Wänden	289
10.4.3	Aktiver Erddruck bei gestützten Wänden	291
10.4.4	Erhöhter aktiver Erddruck und Erdruhedruck	292
10.4.5	Erddruck aus Linienlasten und Streifenlasten	293
10.4.6	Erdwiderstand	296
10.4.7	Statische Systeme	297
10.4.8	Vertikalkräfte	300

10.4.9	Nachweis des Erddrucks unterhalb der Baugrubensohle bei Trägerbohlwänden	301
10.4.10	Standsicherheit des Gesamtsystems	302
10.4.11	Sicherheit gegen Aufbruch der Baugrubensohle	304
10.4.12	Baugruben im Wasser	305
10.4.13	Sondernachweise bei Schlitzwänden	308

11 Unterfangungen — 311

11.1	Übersicht	311
11.2	Planung und Vorabsicherungsmaßnahmen	311
11.3	Klassische Unterfangung	312
11.4	Unterfangungen mit Vollsicherung	317
11.5	Sonderlösungen	323
11.6	Rechtliche Fragen	325

12 Sicherung von Böschungen — 327

12.1	Überblick	327
12.2	Böschungen ohne konstruktive Sicherungsmaßnahmen	327
12.3	Schwergewichtsmauern und Gabionen	332
12.4	Winkelstützmauern und Konsolmauern	336
12.5	Futtermauern	339
12.6	Raumgitterstützkonstruktionen	340
12.7	Bodenvernagelung	342
12.8	Bewehrte Erde	344
12.9	Stützmauern aus Kunststoffen und Erde	345

13 Einschätzung der Tragfähigkeit vorhandener Gründungen und ihre Ertüchtigung — 349

13.1	Allgemeine Bemerkungen	349
13.2	Bauweisen historischer Gründungen	350
13.2.1	Flachgründungen	351
13.2.2	Tiefgründungen	352
13.3	Ursachen für Schäden an der Gründung alter Gebäude	352
13.3.1	Grundbrucherscheinungen	354
13.3.2	Setzungen bei Gründung auf nichtbindigem Boden	354
13.3.3	Setzungen bei bindigem Baugrund	354
13.3.4	Setzungen infolge Verrottung alter Holzpfahlgründungen	354
13.3.5	Setzungen infolge von Baugruben neben Gebäuden	355
13.3.6	Setzungen infolge Wasserentzug	355
13.4	Instandsetzung von schadhaften Gründungen	356
13.4.1	Fundamentverbreiterung ohne Tieferlegung der Gründungssohle	356
13.4.2	Tiefergründung mit Hilfe von Verpreßpfählen	356
13.4.3	Nachgründung mit Hilfe von Hochdruckinjektion	358
13.5	Instandsetzung an Beispielen	359
13.5.1	Beispiel 1: Evangelische Stadtkirche in Wildbad	359
13.5.2	Beispiel 2: Katholische Pfarrkirche in Rettigheim	362
13.5.3	Beispiel 3: Turm der Pfarrkirche St. Sebastian in Ladenburg	363
13.5.4	Beispiel 4: Nachgründung des Neuen Museums in Berlin	367
13.6	Schlußbemerkungen	370

14	**Dynamisch belastete Fundamente und Erdbebenwirkungen**	373
14.1	Überblick	373
14.2	Wichtige Normen und Empfehlungen	373
14.3	Grundlagen der Schwingungstheorie	374
14.3.1	Allgemeines	374
14.3.2	Beschreibung von Schwingungen	374
14.3.3	Der Einmassenschwinger	375
14.3.4	Schwinger mit mehreren Freiheitsgraden	379
14.3.5	Charakterisierung von dynamischen Lasten	382
14.4	Dynamische Bodenkennwerte	382
14.4.1	Allgemeines	382
14.4.2	Verformungsverhalten	382
14.4.3	Bestimmung der charakteristischen dynamischen Bodenkennwerte	383
14.5	Schwingungsausbreitung im Boden	385
14.5.1	Grundlagen der Wellenausbreitung	385
14.5.2	Abklingverhalten von Schwingungen im Boden	387
14.5.3	Maßnahmen zur Minderung der Schwingungsausbreitung	388
14.6	Fundamentschwingungen	389
14.6.1	Allgemeines	389
14.6.2	Ersatzgrößen für Federn und Dämpfer	389
14.6.3	Maschinenfundamente	390
14.7	Wirkung und Bewertung von Erschütterungen	392
14.7.1	Allgemeines	392
14.7.2	Größen zur Beschreibung der Erschütterungsstärke	393
14.7.3	Einwirkungen auf Menschen	393
14.7.4	Einwirkungen auf Gebäude	397
14.7.5	Einwirkungen auf Maschinen und Geräte	400
14.8	Erschütterungen aus Baubetrieb	400
14.8.1	Allgemeines	400
14.8.2	Baubetriebliche Erschütterungsquellen	401
14.8.3	Einbringen von Spundbohlen und Pfählen	401
14.8.4	Bodenverdichtung	404
14.8.5	Bausprengungen	404
14.9	Schwingungsisolierung	405
14.9.1	Allgemeines	405
14.9.2	Aktive Schwingungsisolierung	406
14.9.3	Passive Schwingungsisolierung	406
14.9.4	Praktische Hinweise zur Schwingungsisolierung	407
14.10	Erdbeben	407
14.10.1	Allgemeines	407
14.10.2	Grundbegriffe der Seismologie	407
14.10.3	Bemessungsgrößen	408
14.10.4	Berechnungsverfahren	411
14.10.5	Grundsätze erdbebensicheren Bauens	414
14.10.6	Bodenverflüssigung	415

15	**Boden und Grundwasser mit Schadstoffbelastungen**	419
15.1	Überblick	419
15.2	Rechtliche Grundlagen	420
15.2.1	Allgemeines	420
15.2.2	Bewertung als Altlast	420
15.2.3	Hinweise zur Entsorgung	421
15.3	Erkundung, Planung, Ausschreibung	424
15.4	Arbeitsschutz	426
15.4.1	Allgemeines	426
15.4.2	Schutzmaßnahmen	426
15.5	Hinweise zur Ausführung	427

Literatur 429

Stichwortverzeichnis 441

DIE STABILE BASIS

Baugrubensicherung · Grundwasserabsenkung
Gründungen · Unterfangungen · Schlitzwände
Dichtwände/Dichtsohlen · Altlastensanierung
Deponietechnik · Großbrunnenbau
Aufschlußbohrungen

PREUSSAG SPEZIALTIEFBAU

12357 Berlin·Kanalstraße 103-115
Telefon (0 30) 66 06 72-0

30519 Hannover·Am Eisenwerk 3
Telefon (05 11) 86 05-0

45356 Essen·Carolus-Magnus-Str.12
Telefon (02 01) 86 11-0

86167 Augsburg·Affinger Straße 1
Telefon (08 21) 7 0016-0

04435 Schkeuditz·Industriestraße 16
Telefon (03 42 04) 8 26-0

64673 Zwingenberg·Platanenallee 55
Telefon (0 62 51) 9 80-0

Wissen, worauf Sie bauen sollten.

Grundbau-Taschenbuch
Hrsg.: Ulrich Smoltczyk

Teil 1: 5. Auflage 1996
XV, 701 Seiten mit 528 Abbildungen
und 59 Tabellen. 17 x 24 cm.
Gb. DM 278,-/öS 2029,-/sFr 247,-
ISBN 3-433-01441-8

Teil 2: 5. Auflage 1996
XIII, 918 Seiten mit 630 Abbildungen
und 59 Tabellen. 17 x 24 cm.
Gb. DM 296,-/öS 2.161,-/sFr. 263,-
ISBN 3-433-01442-6

Band 3: 5. Auflage 1997.
XIX, 872 Seiten mit 644 Abbildungen
und 49 Tabellen. 17 x 24 cm.
Gb. DM 296,-/öS 2.161,-/sFr. 263,-
ISBN 3-433-01443-4

Vorzugspreis bei der Abnahme
von Teil 1 bis 3
DM 740,-/öS 5.402,-/sFr 658,-
ISBN 3-433-01444-2

Mit den Teilen 1 bis 3 der 5. Auflage steht der Fachwelt ein aktualisiertes Nachschlagewerk für den Grundbau zur Verfügung, das wegen seiner Vollständigkeit und Übersichtlichkeit zum unverzichtbaren Handwerkszeug aller in der Geotechnik tätigen Ingenieure gehört.

Ernst & Sohn
Verlag für Architektur
und technische Wissenschaften GmbH
Bühringstraße 10, 13086 Berlin
Tel. (030) 470 31-284
Fax (030) 470 31-240
mktg@ernst-und-sohn.de
www.ernst-und-sohn.de

1 Einführung

1.1 Allgemeine Anforderungen an die Gründungsplanung*

1.1.1 Planungsablauf

Im Regelfall entwickelt der Bauherr den Wunsch, ein Gebäude oder Bauwerk planen und erstellen zu lassen. Der Ort der Erstellung ist meistens schon festgelegt, bevor der erste Bau-Planer hinzugezogen wird. Dieser erste Bau-Planer ist bei Gebäuden in der Regel ein Architekt, bei anderen Bauwerken ein Bauingenieur.

Bereits die Auswahl dieses Treuhänders des häufig nicht sachkundigen Bauherrn verlangt eine große Sorgfalt. Durch Referenzen kann der Objektplaner seine Eignung für das Projekt nachweisen. Um den Aufwand bei der Konkretisierung der eventuell noch vagen Bauvision gering zu halten, besteht die Tendenz, weitere Fachplaner erst spät hinzuzuziehen. Dem steht gegenüber, daß der Objektplaner Generalist sein muß, die erforderlichen Bauplanungen aus den gestiegenen Anforderungen des Bauherrn aber nur durch Spezialisten geleistet werden können, um

- immer komplexere Vorhaben zu realisieren
- wirtschaftlichste Planungsergebnisse zu erhalten
- widrige Randbedingungen zu erkennen und zu überwinden

Die Allgemeinheit stellt darüber hinausgehend die Forderungen:

- Schutz und Sicherheit
- keine Beeinträchtigung der Gesundheit
- hoher Komfort
- Umweltschutz
- geringer Energieverbrauch
- bis hin zur Entsorgung des Objektes nach abgeschlossener Nutzung

---

* Verfasser des Abschnitts 1.1: Dr.-Ing. Dietmar Maier

Einer der ersten hinzugezogenen Fachingenieure ist der Tragwerksplaner. Mit ihm werden die generelle Realisierbarkeit sowie erforderliche Hauptabmessungen konkretisiert.

Charakteristisch für alle Bauwerke ist ihre Verbindung mit dem Baugrund. Diese Selbstverständlichkeit verleitet Bauherrn und auch Architekten immer wieder, die mit dieser Interaktion einhergehenden Probleme weitgehend zu verdrängen. Dabei hat der Objektplaner sowohl rechtlich nach den Landesbauordnungen als auch fachlich nach den entsprechenden Normen die Verpflichtung, Baugrund und Grundwasserverhältnisse erkunden zu lassen. Lediglich bei kleinen einfachen Bauwerken auf einfachem und übersichtlichem Baugrund kann gemäß DIN 4020 (Kategorie I) ggf. die Standsicherheit alleine aufgrund gesicherter Erfahrung beurteilt werden. Sieht man von diesen untergeordneten Projekten ab, ist demnach die Einschaltung eines Baugrundgutachters (bzw. Sachverständigen für Geotechnik) erforderlich. Für eine frühe Einschaltung sprechen, besonders aus der Sicht des Bauherrn, folgende Überlegungen.

Je weniger festgelegt die Objektplanung ist, desto mehr ist die Optimierung der Anforderungen an das Gebäude bei Beachtung der tragwerksplanerischen – und das heißt ganz wesentlich der baugrundspezifischen – Anforderungen bzw. Gegebenheiten möglich. Da zunehmend auch große Baumaßnahmen mit großen Variabilitätsanforderungen z.T. auf problematischen Baugrundgegebenheiten realisiert werden sollen und an die Bauwerksverformungen durch den Ausbau und die Ästhetik höchste Anforderungen gestellt werden, muß der Baugrund zwingend in die konstruktiven Betrachtungen einbezogen werden. Ein Planungsoptimum kann nur bei Beachtung aller Randbedingungen gefunden werden, eine nachgezogene oder gar unterlassene Baugrunderkundung liegt damit im Bereich eines möglichen Planungsmangels.

Wie oben erläutert, liegt die Verpflichtung, Baugrunduntersuchungen durchführen zu lassen und auch die Beurteilung der Untersuchungsergebnisse rechtlich beim Objektplaner (s. auch Abschnitt 1.2), d. h. bei Gebäuden in der Regel beim Architekten. Fachlich gesehen ist diese Zuordnung fragwürdig, da sich der Architekt in Fragen der Gründung und der Beurteilung des Bodengutachtens in der Regel auf die Fachkompetenz des Tragwerksplaners stützen muß. Neben der Wirtschaftlichkeit sind die wesentlichen Anforderungen an die Gründung, die Standsicherheit, die Gebrauchsfähigkeit (Verformungsbegrenzung, Wärmeschutz, etc.) und die Umweltverträglichkeit; aus der Objektplanung werden eventuell noch aus der Installationsführung weitergehende Anforderungen gestellt.

Damit ist die Erkundung und Beurteilung des Baugrundes sowie die Verarbeitung der daraus folgenden Erkenntnisse im wesentlichen Aufgabe der Ingenieure. Hieraus läßt sich auch eine fachliche Verpflichtung des Tragwerksplaners herleiten, auf einer ordnungsgemäßen Erkundung des Baugrundes zu bestehen. Mängel und Unzulänglichkeiten oder erforderliche Zusatzuntersuchungen können am ehesten durch ihn erkannt werden. In der Regel erfolgt die Gründungsplanung im engen Einvernehmen zwischen Bodengutachter und Tragwerksplaner. Sachverständige für Geotechnik aus dem Bauingenieurwesen sind auch der ingenieurmäßigen Beurteilung von Gründungsalternativen aufgeschlossen, ausgebildete Geologen sehen den Schwerpunkt dagegen mehr in der globalen Baugrundbeschreibung und der Gründungsbeurteilung aus der Kenntnis der Historie der Erdformationen.

Erst auf der Grundlage eines Bodengutachtens und einer darauf abgestimmten Gründungsplanung kann die Ausschreibung erstellt werden, die eine wesentliche Grundlage zur Objektherstellung ist. In der Regel werden die Ausführungsplanungen unter Einbeziehung des Bodengutachtens von einem Prüfingenieur durchgesehen. Der Prüfingenieur ist berechtigt, weitergehende Untersuchungen zu fordern, wenn die Standsicherheit auf der Grundlage der vorgelegten Unterlagen nicht ausreichend beurteilt werden kann. Bei geotechnischen Unklarheiten, die durch den beauftragten Bodengutachter nicht ausgeräumt werden können, greift der Prüfingenieur auf eines der jetzt noch vom Deutschen Institut für Bautechnik (DIBt) verzeichneten Institute für Erd- und Grundbau zur Mitwirkung bei der Prüfung zurück. Zukünftig sollen diese Verzeichnisse in die Fachlisten der Ingenieurkammern, hier der Sachverständigen für Geotechnik, übergehen. In jedem Falle darf eine Baufreigabe erst erteilt werden, wenn die Tragfähigkeit der Gründung gesichert ist.

1.1.2 Baugrundgutachten

Der Bodengutachter erhält vom Bauherrn über den Objekt- und Tragwerksplaner alle relevanten Planungsangaben, insbesondere

- Lage und Größe des Objektes
- Einbindung in das Gelände
- Umgebungssituation
- Abschätzung der Belastungen
- besondere Anforderungen an die Gründung

Zur Begutachtung muß er sich darüber hinaus alle notwendigen und vorhandenen Unterlagen beschaffen, insbesondere

- geologische Kartierungen
- Aufzeichnungen über Grundwasserstände und -flüsse
- Angaben über Vorgeschichte bzw. Vorbelastung des Geländes

In Abstimmung mit dem Bauherrn, bzw. dem beauftragten Objekt- und Tragwerksplaner und auf der Grundlage der technischen Regelwerke, insbesondere DIN 1054, DIN 4020, DIN 4021, DIN 4022 und DIN 4023 ist der Umfang der erforderlichen Erkundungen abzustimmen, z. B. Anzahl und Ort der Schürfe, Bohrungen, Sondierungen oder sonstiger Messungen.

Hieraus und aus den erforderlichen anschließenden geophysikalischen Untersuchungen, Materialuntersuchungen sowie ggf. Druckversuchen, Pumpversuchen, Dichtigkeitsprüfungen etc. ist das Baugrundgutachten abzuleiten.

Von einem Baugrundgutachten werden nachfolgende Angaben und Aussagen erwartet:

- **Generelle Beschreibung des Vorhabens aus geotechnischer Sicht**

- **Beurteilungsgrundlagen**
  vorhandene Unterlagen
  eigene Aufschlüsse (Schürfe, Bohrungen, etc.)
  indirekte Aufschlüsse (z. B. Sondierungen)
  Feldversuche
  Beobachtungen (z. B. Pegel, Rutschungen)
  Messungen
  Laboruntersuchungen

- **Baugrundbeschreibung**
  Geländeoberfläche
  Schichtenformation
  geologische Entstehung
  antropogene Einflüsse (z. B. Bewegungen, Vorbelastungen, Kontaminationen)
  Homogenität
  Standsicherheit des Erdkörpers, Bewegungen

- **Grundwasserbeschreibung**
  Wasser, über/unter Tage
  Pegelstände
  gespanntes Grundwasser
  Grundwasserstockwerke
  Aggressivität
  Fließrichtung, Fließmenge

- **Bodenmechanische Kennwerte**
  Klassifizierung
  Lagerungsdichten
  Wichten, Reibungswinkel, Kohäsion, Steifigkeiten, Durchlässigkeit etc.

- **Nichtgeologische Einflüsse**
  Einflüsse durch Nachbarbebauung
  Vorbelastung
  Einflüsse durch Kunstbauwerke
  Einflüsse auf bekannte Leitungsführungen

- **Stellungnahme zur Gründung**
  Ausführbarkeit
  Wirtschaftlichkeit
  Bewertung von Alternativen aus geotechnischer Sicht
  Verträglichkeit
  Entsorgung bzw. Verwendbarkeit entnommener Erdmassen
  Veränderungen im Grundwasser
  Setzungen und Setzungsdifferenzen, zeitliche Abfolge
  Besondere Anforderungen an das Bauwerk (Dichtigkeit, chemische Widerstandsfähigkeit, etc.)
  Auswirkungen auf Nachbargrundstücke

- **Ökologische Auswirkungen**
  Hinweise auf Kontaminationen
  chemische Analysen
  Grundwasserbelastungen

Alle Aussagen des Bodengutachtens, die auf den notwendigerweise stichprobenhaften Erkundungen des Baugrundes beruhen, können nur für die Erkundungen selbst als gesichert angesehen werden. Durch den abgestimmten Umfang der Untersuchungen, der erforderlichenfalls zu korrigieren ist, soll eine ausreichende Sicherheit der Baugrundaussagen erreicht werden. Die Restunsicherheit, das sogenannte Baugrundrisiko, trägt in der Regel der Bauherr. Aus den Darlegungen und Beurteilungen des Bodengutachtens muß hervorgehen, welches Vertrauen in diese Aussagen gelegt werden darf. Hierfür sind Aussagestufen definiert. Die Stufe 1 kennzeichnet Aussagen mit an Sicherheit grenzender Wahrscheinlichkeit, Aussagen der Stufe 2 sind noch mit geringeren Unsicherheiten behaftet, bei der Stufe 3 liegen der Aussage hilfsweise Auswertungen aus anderen Quellen zugrunde, während die Stufe 4 eher vorläufige Mutmaßungen, die noch weitergehender Versicherung bedürfen, bezeichnet.

1.1.3 Gründungsentwurf

Die Gründung ist wesentlicher Bestandteil aller Bauwerke. Die Aufwendungen für die Gründung sind regelmäßig ein beachtlicher Anteil der Rohbaukosten. Neben der Standsicherheit und der Gebrauchstauglichkeit ist daher die Wirtschaftlichkeit des Entwurfs von großer Bedeutung. Dabei stehen das Bauwerk, von dem in aller Regel eine mehr oder weniger genaue Vorstellung besteht, und der Baugrund mit all seinen Risiken und Unwägbarkeiten in einem engen Zusammenhang, da sie sich gegenseitig beeinflussen.

Die übliche separate Entwurfsentwicklung führt somit nur bedingt zu optimalen Ergebnissen. Der Entwurfsplaner ist gefordert, durch interdisziplinäre Zusammenarbeit die Anforderungen an das Bauwerk und die Gegebenheiten des Untergrundes zu berücksichtigen.

Wesentliche Gesichtspunkte sind:

- **Die Kräfte aus dem Bauwerk**
  Horizontallasten
  Vertikallasten
  Punktlasten
  Linienlasten
  Flächenlasten
  Eigengewichte
  Verkehrslasten
  außergewöhnliche Lasten
  dynamische Lasten
  Lastausdehnung

- **Die Auswirkung der Steifigkeit des Baugrundes**
  verformungsempfindliches Bauwerk
  verformungsunempfindliches Bauwerk
  umlagerungsfähiges Bauwerk

- **Einflüsse aus der Nachbarschaft und der Historie**
  Geländeverlauf
  Nachbarbebauung
  Baulasten
  Vorbelastungen
  Kontaminationen

- **Baugrundparameter**
  Schichtenaufbau
  Bodenmaterial
  Bodenkennwerte
  Bodenverhalten
  Grundwassereinflüsse
  Chemisches Verhalten (z. B. gegenüber Baustoffen)

- **Herstellungsverfahren und Kosten**
  Ausbaggern
  Abschieben
  Ausschachten
  Sichern
  Verdrängen
  Injizieren
  Vereisen
  Verdichten
  Stopfen
  Vermörteln
  chemisch Stabilisieren
  Dränen
  Baubehelfe: Baugrube, Verbauarten etc.
  offene oder geschlossene Wasserhaltungsmaßnahmen

Dazu kommen noch weitere baubetriebliche, ökologische und bauphysikalische Randbedingungen, die Einfluß auf den Gründungsentwurf haben.

Aus der hier nur stichprobenhaften und unvollständigen Aufzählung ist erkennbar, daß für den Gründungsentwurf keine allgemeingültigen „Faustregeln" gegeben werden können.

Wenn nur wenige Parameter eine Rolle spielen, so kann schnell entschieden werden, welche Gründung aus den Anforderungen an das Bauwerk und dem Baugrund am wirtschaftlichsten ist.

Als Richtlinie für derartig einfache Fälle gilt in bezug auf die Gründung, daß bei standfesten und belastbaren Böden die Flachgründung mit Streifen- bzw. Einzelfundamenten die wirtschaftlichste Lösung darstellt. Bei geringer belastbaren Böden, vorzugsweise ohne große Punktlasten, ist an eine Plattengründung zu denken. Der regelmäßig höhere Bewehrungsanteil der Plattengründung wird durch Einsparungen im Schalungsaufwand bei dem heutigen Verhältnis von Material- zu Lohnkosten zu einem großen Teil kompensiert.

Stehen oberflächennah geringer belastbare beziehungsweise setzungsweiche Böden an, ist die Flachgründung auf einer zuvor erfolgten Bodenverbesserung (Polstergründung) zu erwägen. Stehen tragfähige Schichten erst in größeren Tiefen an, bleibt oft nur die Tiefgründung, z. B. mit Großbohrpfählen. Entscheidungskriterien, Bemessungsgrundlagen und Ausführungshinweise hierzu enthalten die Kapitel 5 bis 8.

Auch die Ausführung der Baugrube ist an die unterschiedlichen Situationen aus dem Baugrund, aber vor allem auch aus der Nachbarschaft, geknüpft. Die offene Baugrube mit freier Böschung ist eine wirtschaftliche aber flächenintensive Lösung. Bei eingeengten Verhältnissen und bei tiefen Baugruben bleibt nur die Baugrubensicherung durch Verbau. Einfache Verbauarten sind z. B. der unverankerte oder einfach-verankerte Berliner Verbau, für größere Tiefen und entsprechende Anforderungen aus der Nachbarschaft kommen Pfahlwände, eingehängte Schlitzwände etc., z.T. mehrfach-verankert in Betracht. Wesentlich für die Baugrube ist immer die Höhe des Grundwasserspiegels. Bei Gründungstiefen unterhalb des Grundwasserspiegels reichen die Maßnahmen von der offenen Wasserhaltung über die geschlossene Wasserhaltung bis zu Spezialtiefbau-Verfahren. Hierzu sind in Kapitel 10 und 12 genauere Hinweise zu finden.

In der Regel ist die Gründungsplanung nicht schon alleine durch die Wirtschaftlichkeit und die Nachbarbebauung festlegbar. Ein optimaler Gründungsentwurf wird in der Regel nur durch ein interdisziplinäres Aufzeigen, Auswerten und Umsetzen der vielschichtigen Randbedingungen erreicht.

1.2 Planung und Ausführung aus juristischer Sicht*

Im Zusammenwirken zwischen Bauherrn, Planer und Unternehmer kommt es bei nahezu allen Bauvorhaben zu Abstimmungsproblemen, die häufig zu Mängeln an Bauwerken führen.

1.2.1 Verantwortlichkeit des Bauherrn

Der Bauherr überträgt im Regelfall die Planung des Bauwerks an einen Planer und die Ausführung des Bauwerks an einen Unternehmer. Die VOB/B regelt in § 3 die Planung als Vorstufe der Bauausführung. Die Planung und die Vorlage der für die Ausführung nötigen Unterlagen ist grundsätzlich Sache des Auftraggebers, wenngleich auch der Unternehmer z.B. bei einer funktionalen Leistungsbeschreibung vom Auftraggeber zur Entwurfsbearbeitung herangezogen werden kann, § 9 Nr. 10–12 VOB/A. Nach dem in der VOB/B verankerten Trennungsprinzip zwischen Planung und Ausführung hat der Auftraggeber also einwandfreie Pläne und Unterlagen zur Verfügung zu stellen, sowie Koordinationspflichten zu übernehmen (sog. Mitwirkungspflichten des Auftraggebers, § 642 BGB, §§ Nr. 1, 4 Nr. 1 VOB/B).

1.2.2 Verantwortlichkeit des Architekten

a) Der Architekt hat für eine vertragswidrige Leistungserfüllung, insbesondere für fehlerhafte Leistungen, für Planungsmängel und für Fehler bei der Objektüberwachung, die sich als Mängel am Bauwerk niederschlagen, aber auch für Fehler bei der Ausschreibung und der Rechnungsprüfung einzustehen. Die Verantwortlichkeit des Architekten umfaßt daneben aber auch das Einstehenmüssen für andere – nicht am Bauwerk entstehende – Vermögensschäden des Bauherrn, die insbesondere aus schuldhaften Verletzungen von dem Architekten obliegenden Haupt- und Nebenpflichten bei der Anbahnung, während der Durchführung und nach Beendigung des Vertragsverhältnisses resultieren. Daneben haftet der Architekt auch für von ihm begangene unerlaubte Handlungen und daraus resultierende Schäden an Rechtsgütern des Bauherrn oder Dritten.

Als Planungsfehler kommen z.B. in Betracht:

– fehlende Schall- und Wärmedämmung
– fehlerhafte Konstruktion eines Flachdaches
– fehlerhafte Konstruktion der Fundamente
– ungenügend ausgebildete Dehnfugen
– fehlende Verankerung des Daches an einer Umfassungsmauer

b) Für die mangelfreie Erbringung der Architektenleistung ist auch die genaue Kenntnis der Boden- und Grundwasserverhältnisse notwendig. Der Architekt ist daher grundsätzlich verpflichtet, vor Beginn von Bauarbeiten Bodenuntersuchungen vornehmen zu lassen bzw. den Bauherrn auf die Notwendigkeit der Einholung eines Bodengutachtens hinzuweisen. Dies gilt insbesondere dann, wenn aufgrund der örtlichen Verhältnisse mit problematischen Bodenverhältnissen zu rechnen ist. Von Bedeutung ist hierbei auch der Zustand der Nachbarbebauung. Auf bereits vom Auftraggeber eingeholte Gutachten für Bodenmechanik, zum Erd- und Grundbau darf sich der Architekt aber grundsätzlich verlassen, sofern keine offenkundigen Fehler vorliegen, die auch einem Architekten hätten auffallen müssen.

Grundsätzlich wird ein solcher Gutachter vom Bauherrn oder vom Architekten im Namen und für Rechnung des Bauherrn beauftragt. Dann handelt der Gutachter als Erfüllungsgehilfe des Bauherrn. Dieser muß sich einen etwaigen Fehler im Gutachten gegenüber dem Architekten grundsätzlich zurechnen lassen. Der Architekt haftet in diesem Fall aber ausnahmsweise für inhaltliche Fehler des Gutachtens, wenn:

– der Fehler im Gutachten auf unzureichende Vorgaben (Unterlagen und Informationen) des Architekten beruht

---

* Verfasser des Abschnitts 1.2: Prof. Wolfgang Heiermann

– der Architekt für den Bauherrn einen unzuverlässigen Gutachter ausgewählt hat
– der Architekt Mängel nicht beanstandet, die für ihn nach den von einem Architekten zu erwartenden Kenntnissen erkennbar oder gar offenkundig waren

Selbstverständlich haftet der Architekt für Mängel eines Boden- oder Baugrundgutachtens, wenn die zu begutachtende Frage zu seinen im Architektenvertrag mit dem Bauherrn ausdrücklich aufgeführten Leistungspflichten gehört (vgl. BGH, BB 1996, 912). Der vom Architekten geschuldete Leistungsumfang richtet sich nach dem Inhalt des mit dem Bauherrn abgeschlossenen Vertrags und nicht, wie vielfach angenommen wird, nach den preisrechtlichen Vorschriften der HOAI und nach den dort erwähnten Leistungen im Rahmen der dort verankerten Leistungsbilder. Wenn nach dem Vertrag der Architekt zur Objektplanung des Gebäudes verpflichtet ist, hat er aber nur die typischen Architektenleistungen, nicht Leistungen aus anderen Leistungsbildern der HOAI zu erbringen. Dabei hat er lediglich im Rahmen der Grundlagenermittlung zum gesamten Leistungsbedarf zu beraten und Entscheidungshilfen für die Auswahl anderer an der Planung fachlich Beteiligter zu formulieren, sofern der Grundleistungskatalog der Grundlagenermittlung zum vertraglich vereinbarten Leistungsumfang des abgeschlossenen Vertrages gehört.

c) Darüber hinaus schuldet der Architekt eine genehmigungsfähige Planung. Er schuldet einen Entwurf, der zu einer bestandskräftigen Baugenehmigung führt oder führen kann. Um diesen Leistungserfolg erreichen zu können, muß er die geltenden bauordnungs- und planungsrechtlichen Vorschriften kennen und sie bei seiner Planung berücksichtigen.

Seine Planung muß weiterhin den anerkannten Regeln der Technik entsprechen. Wenn der Entwurf nicht genehmigungsfähig ist und deshalb die Baugenehmigung nicht erteilt wird, ist das Architektenwerk mangelhaft. Etwas anderes gilt nur dann, wenn der Architekt bei zweifelhaften Vorgaben des Bauherrn von vornherein auf die eventuell fehlende Genehmigungsfähigkeit der Planung hinweist und der Bauherr trotzdem auf Fortführung der Planung besteht.

Hat sich der Architekt über die Bodenverhältnisse ein Bild verschafft, muß er das Bauwerk so planen, daß es von der Bauweise her risikolos ausgeführt werden kann. Das setzt zum Beispiel Kenntnisse in Tiefbauverfahren voraus. Soweit dem Architekten die Objektüberwachung obliegt, hat er bei der Herstellung von Gründungspfählen immer wieder Stichproben des verwendeten Materials vorzunehmen und das angewandte Tiefbauverfahren zu kontrollieren. Darüber hinaus hat er die Baustelle zu überwachen. Dazu gehört auch, die Auswirkungen der Tiefbauarbeiten auf Folgegewerke zu beobachten. Die Überwachungspflicht entfällt nur dann, sofern sie Spezialkenntnisse erfordert, die der Architekt nicht zu haben braucht (vgl. BGH BauR 1976, 68).

d) Nachbesserungsrecht/-pflicht: Nicht nur der Bauherr hat gegenüber dem Architekten ein Nachbesserungsrecht, auch der Architekt hat neben seiner daraus resultierenden Nachbesserungspflicht seinerseits ein Recht, die Nachbesserung seiner fehlerhaften oder unvollständigen Leistungen (selbst) durchführen zu dürfen. Versäumt es der Auftraggeber, dem Architekten die Möglichkeit einer Nachbesserung seiner Leistungen einzuräumen, verliert er die Gewährleistungsansprüche, insbesondere Minderungs- und Schadensersatzansprüche.

Das Nachbesserungsrecht erlischt aber, wenn die intellektuelle Leistung des Architekten sich im Bauwerk selbst realisiert hat. Vereinbaren die Vertragspartner dagegen ein Schadenbeseitigungsrecht zugunsten des Architekten, so steht ihm auch dann noch das Recht zu, Bauwerksmängel selbst zu beseitigen, bzw. beseitigen zu lassen, sofern sie auf eine fehlerhafte Architektenleistung zurückzuführen sind.

Wenn Baumängel durch eine unzureichende Erfüllung der Architektenaufgaben eingetreten sind, kann der Architekt auf Verlangen des Bauherrn etwa dazu verpflichtet werden, seine Ausführungszeichnungen zu ergänzen, Pläne zu ändern oder die Mangelbeseitigungsarbeiten zu überwachen. Das gilt aber nur, wenn der Bauherr eine Umplanung anordnet, um die aufgrund fehlerhafter Planung eingetretenen Baumängel zu beseitigen.

Insbesondere in folgenden Fällen hat der Architekt die Pflicht, durch erneute Erbringung seiner geistigen Tätigkeiten eine ordnungsgemäße Nachbesserung durchzuführen:

- bei noch nicht im Bauwerk verkörperter Planung
- bei fehlerhafter Ausschreibung, sofern der Zuschlag noch nicht erteilt worden ist
- bei fehlerhafter Rechnungsprüfung, soweit sie nachholbar ist
- bei fehlerhafter Kostenermittlung

e) Koordinationspflichten: Der Architekt hat das Zusammenwirken der Unternehmer zu koordinieren, eine Aufgabe, die die VOB dem Auftraggeber gegenüber dem Bauunternehmer zuweist und die der Architekt als Erfüllungsgehilfe des Bauherrn gegenüber dem jeweiligen ausführenden Unternehmern für den Bauherrn erbringt. Ferner hat er auch die Sonderfachleute zu koordinieren, soweit seine eigenen Architektenleistungen betroffen sind. Danach hat er die einzelnen Fachplanungsleistungen in seine Objektplanung zu integrieren.

Die Koordination durch den Architekten findet ihre Schranke, wo es um die Abstimmung der Leistungen von Sonderfachleuten geht, deren Fachgebiet der Architekt nicht kennen muß (wenn beispielsweise Zink an den Enden von Wasserrohren abblättert und dies durch ein Mischventil zur Temperaturherabsetzung hätte vermieden werden können).

Da der Architekt Erfüllungsgehilfe des Bauherrn gegenüber dem Unternehmer bei der Planung, nicht jedoch bei der Überwachung ist, muß ein Koordinierungsverschulden des Architekten entweder dem Planungs- oder dem Überwachungsbereich zugeordnet werden.

f) Vertragliche Nebenpflichten: Der Architekt hat neben seinen vertraglichen Hauptpflichten auch Nebenpflichten, wie Aufklärungs-, Auskunfts-, Beratungs-, Mitwirkungs- und Prüfpflichten zu beachten. So trifft den Architekten beispielsweise eine Hinweispflicht bei Bedenken, ob der Statiker von den richtigen tatsächlichen Voraussetzungen bei seiner statischen Berechnung ausgegangen ist. Gleichfalls hat er z. B. eine Beratungspflicht hinsichtlich der Verwendung von Baustoffen. Für durch Nebenpflichtverletzungen entstandene Schäden haftet der Architekt ebenfalls.

1.2.3 Verantwortlichkeit des Unternehmers

Die Haftung des Unternehmers orientiert sich an den Vorschriften des § 13 VOB/B bzw. der §§ 633 ff. BGB. § 13 VOB/B bietet dem Bauherrn ein differenziertes System von Ansprüchen, um eine mangelfreie Bauleistung zu erhalten. Die Schadloshaltung soll primär durch Mangelbeseitigung und sekundär für noch verbleibende Mängel durch Schadensersatz oder -minderung erfolgen. Im gesetzlichen Werkvertragsrecht des BGB geht der Mangelbeseitigungsanspruch ohne weiteres in einen Wandlungs- oder Minderungsanspruch über (vgl. ausführlich hierzu Heiermann, Riedl, Rusam, Handkommentar zur VOB, 8. Auflage, 1997, B § 13 Rz. 100 ff. [1.1]).

Darüber hinaus kann sich eine deliktische Haftung des Unternehmers für durch Baumängel verursachte Schäden ergeben. Den Bauunternehmer trifft gegenüber allen Personen, die bestimmungsgemäß mit dem Bauwerk in Berührung kommen, die Pflicht, etwaigen Gefahren, die von dem Bauwerk für Gesundheit und Eigentum ausgehen, vorzubeugen und sie gegebenenfalls abzuwehren (vgl. Heiermann, Riedl, Rusam, B § 10, Rz 18 ff. [1.1]). So muß beispielsweise der Unternehmer vor dem Unterfangen des Nachbargebäudes entsprechende Sicherungsvorkehrungen veranlassen. Tut er dies nicht, obwohl widrige Bodenverhältnisse vorherrschen, und kommt es bei den Unterfangungsarbeiten zu Schäden am Nachbargebäude, macht er sich schadensersatzpflichtig. Dabei können die Bau- und Unterfangungsarbeiten an sich ordnungsgemäß ausgeführt worden sein. Es reicht aus, wenn die vom Unternehmer vorgesehene Baumaßnahme erkennbar zu einem Stützverlust des Nachbargrundstücks führen kann und der Unternehmer die Baumaßnahme dennoch vornimmt (vgl. Heiermann, Riedl, Rusam, B § 10, Rz. 18 d [1.1]).

1.2.4 Verantwortlichkeit des Tragwerksplaners

Der Tragwerksplaner hat die erforderlichen Standsicherheitsnachweise zu erbringen und zu überprüfen, welche besonderen Gründungsvoraussetzungen erforderlich sind. Die Standsicherheit ist von ihm rechnerisch nachzuweisen.

Ein Leistungsmangel des Tragwerksplaners kann darin liegen, daß er die konstruktiven

Aufgaben nicht sachgerecht wahrnimmt, daß er falsche Berechnungen anstellt oder einer ingenieurtechnischen Kontrolle nicht nachkommt. Die Statik kann aber auch aus wirtschaftlichen Gründen fehlerhaft sein, etwa weil sie unnötig umfangreiche Fundamente vorsieht.

Es besteht eine Verpflichtung des Tragwerksplaners zur Überprüfung der Architektenplanung auf ihre Gebrauchsfähigkeit. Der Statiker muß aufgrund seines Spezialwissens den Architekten auf Bedenken bei der Ausführung hinweisen. Darüber hinaus hat er mögliche Auswirkungen auf Nachbarbauwerke zu berücksichtigen.

Das Anfertigen und Zusammenstellen der statischen Berechnungen für die Überprüfung durch die Prüfstatiker ist ein Kernstück der Statikerleistung. Die Genehmigung der Planung durch den Prüfstatiker bedeutet nicht, daß die Statik im Verhältnis zum Bauherrn unbedingt mangelfrei sein muß. Die Freigabe durch den Prüfstatiker ist jedoch ein gewichtiges Indiz für die Mangelfreiheit der Tragwerksplanung.

1.2.5 Verantwortlichkeit des Baugrundgutachters

Der Baugrundgutachter hat nachvollziehbare Angaben zur Zusammensetzung der Boden- und Wasserverhältnisse zu machen. Er muß über alle Möglichkeiten zur Erkundung des Baugrunds (geologische, hydrologische und sonstige Besonderheiten) aufklären. Zu solchen Feststellungen und Ergebnissen kann er nur gelangen, wenn er unmittelbar in Baubereich Bohrungen niederbringt und gegebenenfalls in den Zwischenbereichen Sondierungen vornimmt. Er hat für alle Schäden aufzukommen, die aus seinem falschen Gutachten entstehen.

Das Baugrundgutachten kann allerdings bei der Beurteilung von Böden kaum einen vollständigen Aufschluß geben. Die Ergebnisse beruhen auf den gezogenen Probebohrungen, Schürfgruben, seismischen Messungen und geologischen Karten und können nicht als absolut gültig für den gesamten Baugrund angesehen werden.

1.2.6 Das Baugrundrisiko

Vom Baugrundrisiko wird gesprochen, wenn die Abweichung der vorgefundenen Baugrundverhältnisse von der erwarteten Beschaffenheit weder für den Auftraggeber noch für den Auftragnehmer vorhersehbar war. Zu solchen Abweichungen gehören unbekannte Grundwasserströme, Schichtenwasser, Klüfte, aber auch durch Altlasten verunreinigte oder sonst kontaminierte Böden. Das Baugrundrisiko realisiert sich, wenn das nachteilige baugrundbezogene Ereignis eingetreten ist, obwohl der Auftraggeber und der Auftragnehmer seinen jeweiligen Prüfungs-, Untersuchungs- und Hinweispflichten nachgekommen ist. Sind diese Voraussetzungen erfüllt, wird das Baugrundrisiko dem Auftraggeber zugewiesen. Eine Einschränkung erfährt dieser Grundsatz einmal, wenn das Baugrundrisiko individualvertraglich auf den Auftragnehmer abgewälzt wurde und zum anderen, falls der Auftragnehmer aufgrund eines Sondervorschlages oder eines Nebenangebotes sich an einer Ausschreibung beteiligt. Bei einem Sondervorschlag wechselt das Baugrundrisiko nur dann, wenn der beschriebene Baugrund verlassen wird oder wenn der vom Auftraggeber vorgegebene Baugrund anders als bei herkömmlicher bzw. Anwendung der ausgeschriebenen Verfahrensweise reagiert und sich dadurch das Baugrundrisiko realisiert.

Eine Überbürdung des Baugrundrisikos auf den Auftragnehmer mittels Allgemeinen Geschäftsbedingungen ist wegen Verstoßes gegen § 9 AGBG unwirksam.

Sofern sich das Baugrundrisiko realisiert, trägt der Auftraggeber die Vergütungsgefahr und das Gewährleistungsrisiko.

1.2.7 Die Haftung der Baubeteiligten nebeneinander als Gesamtschuldner

Das BGB bezeichnet in § 421 Satz 1 mehrere Schuldner als Gesamtschuldner, wenn sie eine Leistung in der Weise schulden, daß jeder die ganze Leistung zu bewirken verpflichtet ist, der Gläubiger die gesamte Leistung aber nur einmal verlangen kann.

Eine gesamtschuldnerische Haftung der Baubeteiligten setzt voraus, daß der Bauherr mit dem Tragwerksplaner und dem Architekten jeweils selbständige Verträge abgeschlossen hat. Nur dann ist der Statiker dem Architekten neben- und nicht untergeordnet (falls der Architekt dem Bauherrn die Statik selbst schuldet, ist der

Tragwerksplaner Erfüllungsgehilfe des Architekten, wenn er den Tragwerksplanervertrag im eigenen Namen abgeschlossen hat).

Sofern der Architekt eine unzureichende Flachgründung plant und es unterläßt, eine Setzungsfuge vorzusehen, und der Tragwerksplaner den Einbau einer solchen Setzungsfuge nicht anordnet, bzw. die aus seinen Unterlagen erkennbaren verschiedenen Vorbelastungen des Baugrunds übersieht, haften Architekt und Tragwerksplaner gesamtschuldnerisch. Zieht der Bauherr den Architekten zur Verantwortung, kann sich dieser an den Tragwerksplaner im Rahmen der im Gesetz vorgesehenen internen Ausgleichung halten.

Falls in dieser Konstellation noch der Bauunternehmer aufgrund eines Ausführungsmangels haftet und der Bauherr den Unternehmer in Anspruch nimmt, stellt sich das Problem der Ausgleichspflicht zwischen Architekt, Tragwerksplaner und Unternehmer nicht: Der Bauherr muß sich das planerische Fehlverhalten des Architekten und des Tragwerksplaners zurechnen lassen. Der Unternehmer haftet daher von vornherein nur mit der Quote, die dem internen Ausgleichsanspruch gegen den Architekten und den Tragwerksplaner entspricht. Der Bauherr muß sich also wegen des weiteren, vom Unternehmer nicht zu erlangenden Schadens an den Architekten und den Tragwerksplaner halten.

Der allein mit der Bauüberwachung beauftragte Architekt muß die Ausführungsplanung auf ihre Übereinstimmung mit den anerkannten Regeln der Technik überprüfen. Für einen durch die erkennbar fehlerhafte und im Rahmen der Bauüberwachung nicht korrigierte Ausführungsplanung entstandenen Mangel des Bauwerks haftet der bauüberwachende Architekt gesamtschuldnerisch mit dem bauplanenden Architekten. Der bauüberwachende Architekt kann den Planungsmangel dem Bauherrn nicht haftungsmindernd entgegenhalten. Teilweise wird allerdings die Auffassung vertreten, daß sich der mit der Bauüberwachung beauftragte Architekt gegenüber dem Bauherrn auf die fehlerhafte Planung berufen und dem Bauherrn das Mitverschulden des Planers entgegenhalten kann.

Zusammenfassend muß sich also der Bauherr aufgrund seiner vertraglichen Beziehungen zum Architekten und zu seinen Fachplanern die Mitverursachung des Schadens durch diejenigen Personen zurechnen lassen, die jeweils als seine Erfüllungsgehilfen anzusehen sind. Hierzu zählen aus der Sicht des Architekten dem Bauherrn gegenüber alle von ihm beauftragten Sonderfachleute, die in ihren Leistungsbereichen eigenverantwortlich tätig sind.

SPEZIAL-TIEFBAU

- Ortbetonrammpfähle System VIBREX 34 bis 61 cm Durchmesser und System SUPER VIBREX mit ausgerammtem Fuß
- Ortbetonbohrpfähle als Vollverdrängungspfähle System FUNDEX 38 und 44 cm Durchmesser
- Bohrpfähle nach DIN 4014 bis 60 cm Durchmesser

- Beton-Fertigpfähle
- Holzpfähle
- Stahlrohrpfähle
- Baugrubenverbau als „Berliner Verbau" oder mit Spundwänden
- statische und dynamische Probebelastungen
- Zugversuche

Hinrich König KG
GmbH & Co.
Stader Elbstraße 4
21683 Stade
Tel.: 0 41 41 / 49 19 - 0
Fax: 0 41 41 / 49 19 - 44

König
BAUGESCHÄFT

König GmbH
Adolf-Damaschke-
Straße 69–70
14542 Werder / Havel
Tel.: 0 33 27 / 66 33 - 3
Fax: 0 33 27 / 66 33 - 44

2 Baugrund

2.1 Baugrundarten: Eine Übersicht

Je nach Fragestellung kann der Baugrund unterschiedlich eingeteilt werden [2.22]. Für einen ersten Überblick und zur Einführung wird zunächst die Einteilung in Anlehnung an DIN 1054 herangezogen. Weitere für die Praxis wichtige Klassifizierungssysteme werden in Abschnitt 2.5 behandelt.

DIN 1054 unterscheidet zunächst zwischen Lockergestein, das auch als Boden bezeichnet wird, und Festgestein, wofür auch der Begriff Fels verwendet wird. Hinzu kommt noch ein Übergangsbereich, der durch mehr oder weniger verwitterten Fels gekennzeichnet ist (Bild 2.1). Lockergesteine wiederum werden in bindige und nichtbindige Böden eingeteilt. Die Trennung erfolgt bei einer Korngröße von 0,06 mm, wobei die Übergänge wegen der vielen Mischungsmöglichkeiten fließend sind. Organische Beimengungen können bereits bei einem Anteil im Prozentbereich die Bodeneigenschaften wesentlich beeinflussen, so daß als weitere Untergruppe die organischen Böden hinzukommen. Lockergesteine werden zusätzlich noch eingeteilt in gewachsenen Boden, der durch natürliche geologische Prozesse entstanden ist, und in geschütteten Boden, der z. B. aus Bauschutt, Schlacke oder Erzrückständen bestehen kann. Gewachsene und geschüttete Böden verhalten sich bodenmechanisch gesehen ähnlich. Die Zusammensetzung des Baugrunds kann je nach geologischer Entstehungsgeschichte und menschlichen Eingriffen sehr unterschiedlich sein, so daß in der Regel bei jeder Baumaßnahme eine Einzelfallbeurteilung notwendig ist.

Die weitere Einteilung der Lockergesteine erfolgt über die Korngröße und die Massenanteile der einzelnen Kornfraktionen. Der nichtbindige Grobkornbereich besteht aus Sand, Kies, Steinen und Blöcken, der bindige Feinkornbereich aus Schluff und Ton (Tabelle 2.1).

Die Korndurchmesser sind dabei als zu Kugeln äquivalente Durchmesser zu verstehen. Beim Grobkorn ist der äquivalente Durchmesser durch die Maschenweite der Siebe, die zur Bestimmung der Kornverteilung verwendet werden, charakterisiert. Beim Feinkorn ist es der Strömungswiderstand beim Absinken in einer Suspension, die bei der Schlämmanalyse her-

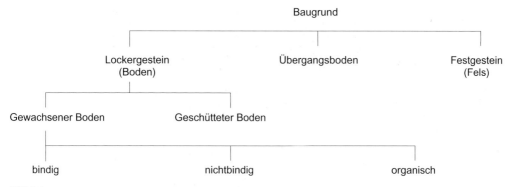

Bild 2.1
Einteilung des Baugrunds in Anlehnung an DIN 1054

Tabelle 2.1 Einteilung der Lockergesteine nach der Korngröße

Bereich/Benennung		Korngrößenbereich in mm
Nichtbindig Grobkornbereich	Blöcke	über 200
	Steine	über 63 bis 200
	Kieskorn Grobkies Mittelkies Feinkies	über 2 bis 63 über 20 bis 63 über 6,3 bis 20 über 2,0 bis 6,3
	Sandkorn Grobsand Mittelsand Feinsand	über 0,06 bis 2,0 über 0,6 bis 2,0 über 0,2 bis 0,6 über 0,06 bis 0,2
Bindig Feinkornbereich	Schluffkorn Grobschluff Mittelschluff Feinschluff	über 0,002 bis 0,06 über 0,02 bis 0,06 über 0,006 bis 0,02 über 0,002 bis 0,006
	Tonkorn (Feinstes)	unter 0,002

gestellt wird. Einzelheiten s. Abschnitt 2.4. In Wirklichkeit weisen die Körner keine Kugelform auf. Selbst Sande und Kiese können gedrungen, plattig und zum Teil auch scharfkantige Formen aufweisen (vgl. z. B. [2.6]). Bei stark feinkörnigen Böden dominieren Plättchen und stabförmige Strukturen [2.5, 2.12]. Trotz der Abweichungen von der Kugelform genügt für bodenmechanische Zwecke in der Regel eine Klassifikation nach der Größe des Durchmessers. Die Form wird ebenso wie die Mineralart der Körner meist nur qualitativ gedeutet.

Bei der Beurteilung der mechanischen Eigenschaften von nichtbindigen Böden ist die Lagerungsdichte eine entscheidende Größe. Dichte Sande und Kiese weisen höhere Festigkeiten auf als lockere oder mitteldichte. Die Lagerungsdichte wird aus dem Hohlraumanteil bei natürlicher Lagerung und den Referenzwerten bei lockerster und dichtester Lagerung bestimmt (s. Abschnitt 2.4). Die Lagerungsdichte wird, abgesehen von oberflächennahen Bereichen, üblicherweise indirekt durch Sondierungen bestimmt (s. Abschnitt 2.2), weil ungestörte Proben mit natürlichem Hohlraumgehalt bei nichtbindigen Böden im Regelfall nicht mit praktisch vertretbarem Aufwand gewonnen werden können. Dies zeigt, wie wichtig Sondierungen als Ergänzung zu Bohrungen sind, um die Festigkeitseigenschaften von Sand und Kies einschätzen zu können. Die nichtbindigen Bodenanteile lassen sich über die Form der Kornverteilungskurve noch weiter klassifizieren, worauf in Abschnitt 2.5 eingegangen wird.

Bei bindigen Böden genügt eine Charakterisierung durch den Hohlraumanteil nicht. Das Wechselspiel zwischen Bodenpartikeln ist nicht mehr allein durch Normal- und Reibungskräfte an den Kornkontaktflächen gekennzeichnet. Bei feinkörnigen Böden wächst die spezifische Oberfläche im Vergleich zu grobkörnigen um viele Größenordnungen an, was grundlegend für das mechanische Verhalten ist [2.12]. Das Porenwasser und elektrostatische Kräfte sind entscheidende Größen [2.7], die sich jedoch nur schwer quantifizieren lassen.

Die Klassifizierung in der Praxis erfolgt über die sogenannten plastischen Eigenschaften. Aus dem natürlichen Wassergehalt und den Referenzwerten an der Fließgrenze und an der Ausrollgrenze (s. Abschnitt 2.4) kann die Konsistenz bestimmt werden. Man unterscheidet zwischen flüssiger, breiiger, weicher, steifer, halbfester und fester Konsistenz. Die plastischen Eigenschaften und die Festigkeit hängen voneinander ab, so daß z. B. über Erfahrungswerte die bodenmechanischen Parameter festgelegt werden können (s. Abschnitte 2.4 und 2.5).

Neben den plastischen Eigenschaften kann die Struktur, d. h. die Anordnung der Bodenpartikel eine bedeutende Rolle spielen. Bei instabilen Strukturen kann die Festigkeit durch mechanische Beeinflussung sehr stark abnehmen. Derartige Böden werden als sensitiv bezeichnet [2.12]. Baupraktisch kann dies zur Konsequenz haben, daß derartige Böden äußerst schonend behandelt werden müssen.

In der Natur kommen praktisch beliebige Mischböden mit unterschiedlichen Fein- und Grobanteilen vor. Je nachdem, ob die groben Körner eine geschlossene Matrix bilden oder in der Feinfraktion schwimmen, dominieren die jeweiligen Eigenschaften. Eine eindeutige Zuordnung zu bindigen oder nichtbindigen Böden ist nicht immer möglich. Zum Beispiel können bereits 20% Tonanteil genügen, um das gesamte mechanische Verhalten zu bestimmen.

2.1 Baugrundarten: Eine Übersicht

Die Klassifizierung von Fels geschieht nach völlig anderen Kriterien als bei Lockergestein.

Die Parameter des Festgesteins [2.20]
- Gesteinsart
- Verwitterungszustand
- Gesteinsfestigkeit
- Beständigkeit gegen Luft und Wasser

sind in der Regel allein nicht maßgebend, weil Fels praktisch immer ein Vielkörpersystem ist [2.15] und das Trennflächengefüge die mechanischen und hydraulischen Eigenschaften in erheblichem Maße beeinflußt [2.38].

Beispiele für Gefügemodelle zeigen die Bilder 2.2 und 2.3. Ein weiterer entscheidender Faktor ist die Ausbildung der Trennflächen (Bild 2.4). Sie können unterbrochen oder durchgehend sein.

Die Oberfläche kann rauh, glatt oder harnischartig sein, wobei harnischartige Trennflächen durch Gleitung entstehen und spiegelglatt sein können. Wie aus den Bildern 2.2 bis 2.4 hervorgeht, ist für Standsicherheitsuntersuchungen außer bei homogenem Fels ohne Trennflächengefüge nicht die Gesteinsfestigkeit, sondern die Verbands- oder Gebirgsfestigkeit maßgebend, deren Bestimmung in der Praxis häufig nicht

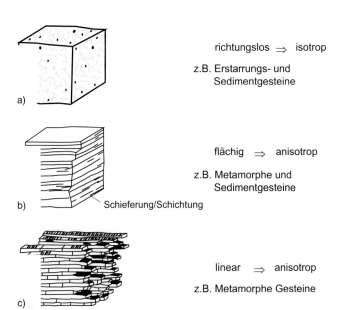

Bild 2.2
Modelle für das Korngefüge von Gesteinen (nach Wittke und Erichsen [2.38])

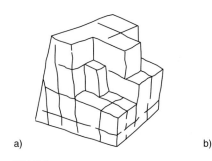 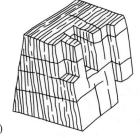 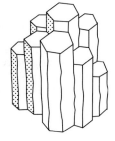

Bild 2.3
Gefügemodelle für unterschiedliche Felsarten (nach Wittke und Erichsen [2.38])
a) Sandstein, b) Schiefer, c) Basalt

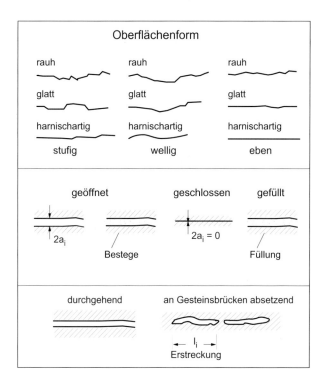

Bild 2.4
Ausbildung von Trennflächen (nach Wittke und Erichsen [2.38])

direkt möglich ist. Mechanische Festigkeiten werden deshalb in der Regel als Einzelfallentscheidung von Gutachtern festgelegt. Lokale und regionale Erfahrung gehen mit ein. Dies ist ein wesentlicher Unterschied zu Lockergesteinen, bei denen umfangreiche Erfahrungswerte und Korrelationen zu Sondierergebnissen vorliegen (s. Abschnitt 2.4).

Noch schwieriger wird die Bestimmung der mechanischen Eigenschaften, wenn Übergangsböden anstehen und zusätzlich der Verwitterungsgrad und die Beständigkeit gegen Luft und Wasser als wesentliche Parameter eingehen. Solche Fälle erfordern eine große Erfahrung beim Baugrundgutachter.

Ein allgemein anerkanntes Klassifizierungssystem für Fels existiert nicht. Ansätze dazu sind jedoch vorhanden (s. Abschnitt 2.5).

2.2 Erkundung des Baugrunds

2.2.1 Überblick

Zur Baugrunderkundung stehen eine ganze Reihe von Untersuchungsmethoden zur Verfügung. Angaben zu Art, Umfang und Eignung der einzelnen Methoden sind in DIN 4020 zusammengestellt. Der Untersuchungsumfang hängt vom Schwierigkeitsgrad des Bauwerks und des Baugrunds ab. DIN 4020 definiert drei geotechnische Kategorien:

- Kategorie 1 beinhaltet einfache Bauobjekte. Dazu gehören zum Beispiel setzungsunempfindliche Bauwerke mit Stützenlasten bis 250 kN und Streifenlasten bis 100 kN/m oder Gründungsplatten, die auf empirischer Grundlage bemessen werden können. Der Baugrund muß als tragfähig und setzungsarm bekannt sein. Über die Grundwasserverhältnisse müssen örtliche Erfahrungen vorliegen.
- Kategorie 2 umfaßt Objekte mit mittlerem Schwierigkeitsgrad.
- Kategorie 3 beinhaltet schwierige Fälle, wie z. B. Bauwerke mit besonders hohen Lasten, tiefe Baugruben und hohe Türme, Antennen und Schornsteine. Dazu gehören auch besonders schwierige Baugrundverhältnisse mit geologisch jungen Ablagerungen, quell-

und schrumpffähige Boden- und Felsarten oder gespanntes Grundwasser.

Für die einfachen Fälle in der Kategorie 1 sieht DIN 4020 folgende Mindestanforderungen vor:

- Informationen über die allgemeinen Baugrundverhältnisse und Erfahrungen aus der Nachbarschaft
- Erkundung, z. B. durch Schürfe, Kleinbohrungen und Sondierungen
- Abschätzen der Grundwasserverhältnisse
- Begutachtung der ausgehobenen Baugruben

Für die Kategorie 2 und 3 werden eine ganze Reihe von weiteren Untersuchungen, insbesondere auch Bohrungen gefordert. Man unterscheidet zwischen direkten und indirekten Aufschlußverfahren (Bild 2.5).

Der tatsächliche Umfang hängt von den örtlichen Gegebenheiten ab. Der Untersuchungsaufwand muß so gewählt werden, daß das Baugrundrisiko so weit wie möglich minimiert wird, und gleichzeitig die Kosten noch wirtschaftlich vertretbar sind.

Im folgenden werden die wichtigsten Erkundungsmethoden näher erläutert. Geophysikalische Verfahren werden selten angewandt und deshalb hier nur kurz gestreift. Die üblichen Methoden stützen sich auf die Fortpflanzungsgeschwindigkeit von Wellen oder den elektrischen Widerstand. Einsatzmöglichkeiten sind z. B. der Nachweis von Schichtgrenzen oder das Auffinden von Einschlüssen im Untergrund. Zuverlässige Aussagen können nur erwartet werden, wenn sich die physikalischen Parameter der einzelnen Schichten oder der Einschlüsse von der eingebetteten Schicht deutlich unterscheiden. Grundsätzlich ist eine Kalibrierung an den Ergebnissen aus direkten Aufschlüssen notwendig. Zur Bestimmung der Dichte werden vereinzelt auch radiometrische Verfahren auf der Grundlage von Gamma- und Neutronenstrahlung eingesetzt [2.35]. Alle Methoden setzen in der Regel große Erfahrung voraus und sollten deshalb nur von Fachleuten durchgeführt werden (Einzelheiten s. [2.6, 2.20, 2.35]).

2.2.2 Vorinformation

Die Zusammenstellung von Vorinformationen bildet eine wichtige Grundlage für das zu erstellende Baugrundgutachten.

Dazu gehören folgende Punkte:

- Beschreibung der baulichen Anlage
- Ortsbegehung
- Informationen aus der Nachbarschaft
- Auswertung von Anschnitten
- Beschaffen von Unterlagen aus betroffenen Behörden
- Auswertung geologischer und ingenieurgeologischer Karten

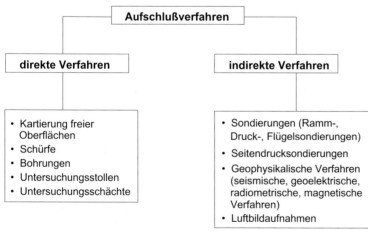

Bild 2.5
Beispiele für Aufschlußverfahren (nach Schmidt [2.23])

- Überprüfung der Erdbebenzone
- Überprüfung auf Altlasten und Auffüllungen
- Auswertung von Luftbildaufnahmen
- in betroffenen Städten Überprüfung auf Blindgänger

Zur Beschreibung der baulichen Anlagen gehören unter anderem folgende Unterlagen:

- Lageplan mit Lage des Bauobjekts
- Grundrisse und Schnitte
- Lastenplan
- Angaben zur Konstruktion
- geplante Nutzung

Eine Ortsbesichtigung ist unabdingbar. Aus Gebäuderissen in der Nachbarschaft ist zu erkennen, ob der Baugrund setzungsweich ist. Schiefstehende Bäume deuten auf Hangbewegungen hin. Aus dem Bewuchs oder z. B. aus feuchten Kellern ergeben sich unter Umständen Informationen zum Grundwasserstand. Eine Befragung von Nachbarn kann Informationen zum Baugrund und zu Schwierigkeiten während des Bodenaushubs liefern. Geländeanschnitte können Aussagen zu Schichtung und zur Standsicherheit ermöglichen.

Zur Beschaffung von Unterlagen und Informationen kommen Behörden wie z. B. Geologische Landesämter, Bauämter, die Wasserwirtschaftsverwaltung und Bergbehörden in Frage.

Einen ersten Überblick über die Baugrundverhältnisse liefern geologische und ingenieurgeologische Karten, die in verschiedenen Maßstäben vorliegen. Allerdings ist der Bearbeitungsstand zum Teil sehr unterschiedlich s. [2.20].

Deutschland ist in verschiedene Erdbebenzonen eingeteilt. Je nach Zone sind unterschiedliche Maßnahmen erforderlich (s. Kapitel 14).

Ein wichtiger Punkt ist die Überprüfung auf Altlasten. Die Beseitigung von Altlasten kann zu extremen Kosten führen. Belastungen im Grundwasser können die Bauweise bestimmen (s. Kapitel 15). In den letzten Jahren haben Auffüllungen mit leichten Schadstoffbelastungen teilweise zu erheblichen Mehrkosten bei Baumaßnahmen geführt. Der kritische Punkt liegt darin, daß häufig derartige Auffüllungen nicht durch Altlastenuntersuchungen allein aufgedeckt werden. Wenn z. B. ein Gelände in den 50er Jahren mit Kriegsschutt aufgefüllt wurde und keine kritische Nutzung bestand, wird sich kaum ein Hinweis in einem Altlastenkataster finden. Luftbildaufnahmen werden praktisch nur bei entsprechend großen Baumaßnahmen zur Auswertung herangezogen. Fachleute können daraus z. B. Störungszonen oder Besonderheiten des Grundwassers erkennen. Im Bereich geologischer Störungszonen ist der Fels meistens erheblich aufgelockert. Die Baugrundeigenschaften können von Meter zu Meter stark variieren, was eine Gründung erheblich verteuern kann.

Bei Verdacht auf Blindgänger ist der Kampfmittelbeseitigungsdienst einzuschalten, der professionell mit Kampfstoffen umgeht.

2.2.3 Schürfe und Erkundungsschächte

Zur oberflächennahen Erkundung werden häufig Schürfe mit Hilfe von Baggern angelegt. Die wirtschaftlich erreichbare Tiefe liegt bei ca. 2 bis 5 m, in Einzelfällen auch bei bis zu 7 m. Die Tiefe ist außerdem begrenzt bei starkem Schichtwassereintritt. Unterhalb des Grundwasserspiegels sind Schürfe nicht zu empfehlen. Die Lage ist so zu wählen, daß bei der späteren Gründung keine Schäden entstehen.

Bei den Aushubarbeiten sind die Unfallverhütungsvorschriften, DIN 4020, DIN 4021 und DIN 4124 zu beachten. Die freie Standhöhe und die maximal mögliche Böschungsneigung ist begrenzt durch DIN 4124. Unter den in DIN 4124 genannten Einschränkungen beträgt z. B die senkrechte Abgrabtiefe maximal 1,25 m bzw. 1,75 m (vgl. auch Kapitel 12).

Es ist zweckmäßig, die Aufnahme der Boden- und Felsprofile kurz nach der Freilegung der Schichten durchzuführen. Die Schichtaufnahme wird gemäß den Vorgaben in DIN 4022, Teil 1 bis 3 protokolliert.

Der große Vorteil von Schürfen ist der gute Einblick in den Untergrundaufbau und die leichte Probenahme. Auffüllungen können häufig leichter als durch Bohrungen und Sondierungen abgegrenzt werden. Bei Fels kann das Trennflächengefüge wesentlich besser und einfacher als durch orientierte Bohrungen erfaßt werden. Schürfe sind auch von Vorteil bei der Erkundung alter Bauwerke, wenn keine Pläne vorliegen und die Art sowie die Geometrie der

Gründung für eine Sanierung oder Verstärkung festgestellt werden muß.

Trotz der vielen Vorteile, vor allem auch auf der Kostenseite, können Schürfe, von Ausnahmen abgesehen, niemals Bohrungen ersetzen. Gemäß DIN 4020 beträgt z. B. die Mindestaufschlußtiefe unterhalb der Geländeunterkante oder der Aushubsohle im Regelfall mindestens 6 m, was durch Schürfe kaum erreichbar ist.

Für Erkundungsschächte gelten im wesentlichen dieselben Vorteile wie bei Schürfen. Wegen der Verbaukosten werden sie allerdings viel seltener angewendet.

2.2.4 Bohrungen und Probenahme

Bohrungen sind bei den geotechnischen Kategorien 2 und 3 (vgl. Abschnitt 2.2.1) in der Regel unverzichtbar. Häufig stellen sie den teuersten Teil der Baugrunderkundung dar und erfordern allein schon aus wirtschaftlichen Gründen eine sorgfältige Planung. Ihr Umfang ist so zu wählen, daß die Gründung und die Baudurchführung sicher beurteilt werden können.

Im Zuge von Bohrarbeiten sind eine Reihe von rechtlichen Rahmenbedingungen zu beachten [2.20], die allerdings zum Teil sehr unterschiedlich sind. Gemäß dem Wasserhaushaltsgesetz und den entsprechenden Ländergesetzen gelten Bohrungen unterhalb des Grundwasserspiegels als Benutzung. Je nach Bundesland sind sie anzeigepflichtig, zum Teil aber auch erlaubnispflichtig. In Wasserschutz- und Heilquellenschutzgebieten gelten besondere Einschränkungen. Im Einzelfall empfiehlt sich eine Abstimmung mit den zuständigen unteren Wasserbehörden. Weitere Einschränkungen sind in Naturschutz- und Landschaftsschutzgebieten zu beachten.

Bei Bohrarbeiten in kontaminierten Bereichen ist ein entsprechender Arbeitsschutz vorzusehen (s. Kapitel 15).

Zur Vorbereitung der Bohrarbeiten gehört aber auch die Erkundung von Leitungen jeglicher Art. In betroffenen Städten ist eine Nachfrage nach Blindgängern beim Kampfmittelbeseitigungsdienst notwendig.

Die Bohrabstände und -tiefen hängen von den geologischen und hydrogeologischen Bedingungen, den Bauwerksabmessungen, der Gründungsart und den bautechnischen Fragestellungen ab. Richtwerte können DIN 4020 entnommen werden.

Die Anzahl der Bohrungen ergibt sich aus folgenden Empfehlungen:

– Rasterabstand von 20 bis 40 m bei Hoch- und Industriebauten
– bei Sonderbauwerken wie Brücken, Schornsteinen und Maschinenfundamenten 2 bis 4 Aufschlüsse je Fundament

Je nach geologischen Bedingungen sind Abweichungen nach oben und nach unten möglich, die jedoch zu begründen sind.

Die Aufschlußtiefe z_a wird ab Bauwerkunterkante bzw. ab Aushubsohle gerechnet. Bei Streifen- und Plattengründungen beträgt die empfohlene Mindesttiefe $z_a = 6$ m. Bei Einzel- und Streifenfundamenten ist zusätzlich $z_a \geq 3 \cdot b$, bei mehreren Fundamenten und Plattengründungen $z_a \geq 1,5$ B einzuhalten, wobei b die Fundamentbreite und B die Sohlbreite bezeichnet (Bild 2.6).

Bei Kanälen und Leitungen soll z_a mindestens 2 m oder das 1,5fache der Aushubbreite betragen (Bild 2.7).

Unterhalb von Pfahlspitzen sollte der Baugrund mindestens 4 m tief aufgeschlossen werden. Weitere Forderungen ergeben sich bei Pfahlfußverbreiterungen und bei Pfahlgruppen (s. Bild 2.8).

Zur Projektierung von Baugruben werden die in Bild 2.9 angegebenen Tiefen empfohlen.

Steht Fels an, darf die Erschließungstiefe z_a reduziert werden. Zum Beispiel genügen in eindeutigen Fällen, wenn ein fester Felsverband ansteht, 2 m Bohrtiefe unterhalb von Fundamentsohlen. Einzelheiten sind in DIN 4020 geregelt.

Um die Baugrundverhältnisse und Bodeneigenschaften richtig interpretieren zu können, müssen geeignete Bohr- und Probenahmeverfahren gewählt werden.

Es stehen eine ganze Reihe von Techniken zur Verfügung. DIN 4021 „Aufschluß durch Schürfe und Bohrungen sowie Entnahme von Proben" gibt einen Überblick über die verschiedenen Verfahren. Die Bohrtechniken sind im Detail sehr kompliziert und erfordern sehr viel

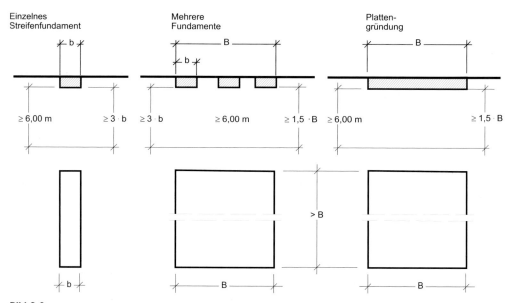

Bild 2.6
Empfohlene Bohrtiefen bei Einzel- und Streifenfundamenten sowie Gründungsplatten gemäß DIN 4020

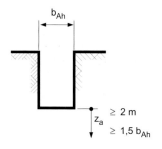

Bild 2.7
Empfohlene Bohrtiefen bei Kanälen und Leitungen gemäß DIN 4020

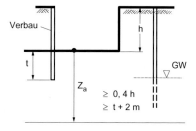

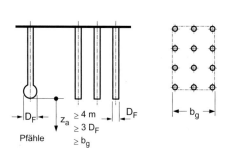

Bild 2.8
Empfohlene Bohrtiefen bei Pfahlgründungen gemäß DIN 4020

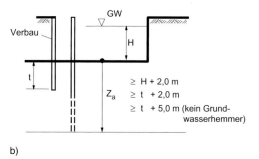

Bild 2.9
Empfohlene Bohrtiefen bei Baugruben nach DIN 4020
a) Grundwasserspiegel unterhalb Baugrubensohle
b) Grundwasserspiegel oberhalb Baugrubensohle

2.2 Erkundung des Baugrunds

Wissen und Erfahrung. Im folgenden wird deshalb eine vereinfachte Darstellung gewählt, die jedoch die meisten Fälle abdeckt.

In Lockergesteinsböden wird in der Regel mit dem Rammkernbohrverfahren gearbeitet (Bild 2.10). Die üblichen Bohrdurchmesser liegen zwischen 100 und 300 mm. In bindigen Böden bleibt die Struktur weitgehend erhalten, so daß neben der Kornverteilung, dem Wassergehalt und der Dichte auch der Steifemodul, die Scherfestigkeit und die Durchlässigkeit unverändert sind. Nach Entnahme von Sonderproben können im Labor die gewünschten Kennwerte bestimmt werden. Bei nichtbindigen Böden wird die Struktur weitgehend zerstört. Nur die Kornverteilung und der Wassergehalt bleiben erhalten. Zur Bestimmung der Scherfestigkeit und des Steifemoduls zum Beispiel ist man deshalb auf indirekte Methoden angewiesen. In der Regel arbietet man mit Druck- und Rammsondierungen (s. Abschnitt 2.2.5). Ungeeignet ist das Rammkernverfahren für Kiese und Böden, wenn der Korndurchmesser ein Drittel des Innendurchmessers der Bohrwerkzeuge überschreitet. Bei grobem Boden und bei Steinen ist man deshalb z. B. auf das Greiferbohrverfahren angewiesen, das Bohrdurchmesser von 400 bis 2500 cm erlaubt. Allerdings ist auch hier die Struktur zerstört und der Boden wird weitgehend vermischt.

Falls die Feinschichtung von Interesse ist, kann das Rammkernverfahren in Verbindung mit Hülskernen eingesetzt werden (Schlauchkernverfahren). Im umgekehrten Fall, wenn die Schichtung nur grob interessiert, z. B. oberhalb der Gründungssohle von Bauwerken, kann oberhalb des Grundwassers mit der Bohrschnecke und unterhalb davon mit dem Ventilbohrer gearbeitet werden. Dadurch können Kosten eingespart werden.

Kostengünstiger als das Rammkernbohrverfahren sind auch Kleinbohrverfahren – früher Bohrsondierungen – mit Durchmessern zwischen 30 und 80 mm (s. DIN 4021). Die Grenzen dieser Verfahren liegen beim Korndurchmesser und der erreichbaren Tiefe, die häufig nur 4–5 m betragen kann. Die Struktur der Böden ist ebenfalls gestört, so daß brauchbare Aussagen nur zum Wassergehalt und der Kornverteilung erwartet werden können. Noch geringer ist die Aussagekraft bei Kleinstbohrungen, die früher z. B. als Nutsonde und Rillenbohrer bezeichnet wurden (s. DIN 4020).

Nach DIN 4021 werden die Bodenproben in 5 Klassen eingeteilt (Tabelle 2.2).

In Kombination mit den Tabellen 1 (Bohrverfahren in Böden) und Tabelle 3 (Kleinbohrverfahren in Böden) in DIN 4021 kann unmittelbar die Eignung eines Bohrverfahrens beurteilt werden. Zum Beispiel liegt die erreichbare Güteklasse beim Rammkernbohrverfahren in bindigen Böden bei 2, unter besonderen Bedingungen auch bei 1. Unter diesen Voraussetzungen können z. B. beim Rammkernbohrverfahren in bindigen Böden Sonderproben entnommen werden. Dazu stehen verschiedene Geräte zur Verfügung (s. Tabelle 6 in DIN 4021). Bild 2.11 zeigt als Beispiel ein dünnwandiges Kolbenentnahmegerät. Zur Entnahme von Sonderproben wird der Bohrvorgang unterbrochen, das Entnahmegerät eingebaut und an die Bohrlochsohle eingedrückt oder eingerammt. Danach wird die Probe samt Gestänge gezogen und der Bohrvorgang fortgesetzt.

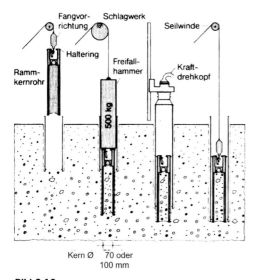

Bild 2.10
Beispiel für Rammkernbohrverfahren für den Baugrundaufschluß im Lockergestein (nach Ullrich [2.31])
Schematischer Arbeitsablauf:
a) Einfahren des Kernrohres mit Freifallhammer
b) Einschlagen des Kernrohres mit Freifallhammer (über Exzenter oder im freien Fall)
c) Überholen des gefüllten Kernrohres
d) Ziehen des gefüllten Kernrohres

Tabelle 2.2. Güteklasse für Bodenproben nach DIN 4021

Güte-klasse	Bodenproben unverändert in [2]	Feststellbar sind im wesentlichen
1 [1]	Z, w, ρ, k E_s, τ_f	Feinschichtgrenzen Kornzusammensetzung Konsistenzgrenzen Konsistenzzahl Grenzen der Lagerungs- dichte Korndichte organische Bestandteile Wassergehalt Dichte des feuchten Bodens Porenanteil Wasserdurchlässigkeit Steifemodul Scherfestigkeit
2	Z, w, ρ, k	Feinschichtgrenzen Kornzusammensetzung Konsistenzgrenzen Konsistenzzahl Grenzen der Lagerungs- dichte Korndichte organische Bestandteile Wassergehalt Dichte des feuchten Bodens Porenanteil Wasserdurchlässigkeit
3	Z, w	Schichtgrenzen Kornzusammensetzung Konsistenzgrenzen, Konsistenzzahl Grenzen der Lagerungs- dichte Korndichte organische Bestandteile Wassergehalt
4	Z	Schichtgrenzen Kornzusammensetzung Konsistenzgrenzen Konsistenzzahl Grenzen der Lagerungs- dichte Korndichte organische Bestandteile
5	(auch Z verän- dert, unvollstän- dige Bodenprobe)	Schichtenfolge

1) Güteklasse 1 zeichnet sich gegenüber Güteklasse 2 dadurch aus, daß auch das Korngefüge unverändert bleibt.
2) Hierin bedeuten:
   Z Kornzusammensetzung
   w Wassergehalt
   ρ Dichte des feuchten Bodens
   E_s Steifemodul
   τ_f Scherfestigkeit
   k Wasserdurchlässigkeitsbeiwert

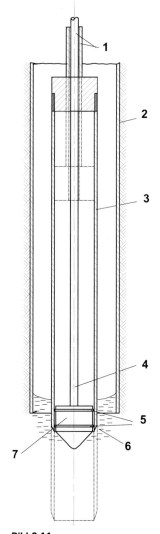

Bild 2.11
Dünnwandiges Kolbenentnahmegerät zur Entnahme von Sonderproben aus Bohrlöchern nach DIN 4021
1 Doppeltes Bohrgestänge mit Arretierung über Tage
2 Bohrrohr
3 Entnahmezylinder
4 Entlüftungsöffnung
5 Dichtung
6 Bohrschmant
7 Kolben

2.2 Erkundung des Baugrunds

Bei Festgesteinsböden der Bodenklasse 6 und 7 (s. Abschnitt 2.5) wird in der Regel mit dem Rotationskernbohrverfahren gearbeitet. Man unterscheidet Einfach-, Zweifach- und Dreifachkernbohrverfahren, wobei das letztere bei nicht standfestem Fels eingesetzt und die äußere Verrohrung beim Ziehen der Kerne stehen bleibt.

2.2.5 Sondierungen

Sondierungen gehören zu den indirekten Aufschlußmethoden. Sie können Bohrungen nur ergänzen, aber nicht vollständig ersetzen. Ramm- und Drucksondierungen werden hauptsächlich bei nichtbindigen Böden eingesetzt. Wie in Abschnitt 2.2.4 dargelegt, ist es in solchen Fällen praktisch kaum möglich, ungestörte Proben zu gewinnen. Die für eine Dimensionierung der Gründung notwendigen Bodenkennwerte wie Lagerungsdichte, Reibungswinkel und Steifeziffer können indirekt aus dem Sondierwiderstand und bekannten Korrelationen (z. B. aus DIN 4094) bestimmt werden. Zur qualitativen Auswertung müssen allerdings die jeweils durchfahrenen Bodenschichten und die Grundwasserverhältnisse bekannt sein (DIN 4020). Wichtige Einflußgrößen auf den Sondierwiderstand sind Bodenart und Beschaffenheit, die Grenztiefe sowie das Grundwasser. Sondierungen werden zum Teil auch in bindigen Böden zur Beurteilung der Kosistenz eingesetzt. Genauere und zuverlässigere Ergebnisse ergeben sich in der Regel jedoch über Sonderproben aus Bohrungen und Laborversuche.

In der Praxis sind verschiedene Sonden üblich. Ramm- und Drucksonden werden von der Geländeoberkante aus eingesetzt. Eine Abart der Rammsonde ist der Standard-Penetration-Test (SPT), der von der Bohrlochsohle aus durchgeführt wird. Im Bohrloch selbst können Seitendrucksonden und Pressiometer eingesetzt werden [2.6, 2.20], was jedoch in Deutschland relativ selten der Fall ist und deshalb im folgenden nicht näher behandelt wird. In weichen bindigen Böden kann die Scherfestigkeit über Flügelsondierungen gemessen werden. Darauf wird am Ende des Abschnitts näher eingegangen.

Bei der Drucksondierung, auch als Cone-Penetration-Test mit der Abkürzung CPT bezeichnet,

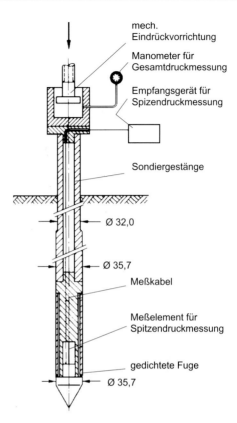

Bild 2.12
Meßprinzip bei der Spitzendrucksonde der Degebo (nach Weiß [2.35])

wird während des Eindrückens der Spitzenwiderstand und die lokale Mantelreibung gemessen. Bild 2.12 zeigt als Beispiel das Meßprinzip der Drucksonde der Degebo [2.35]. In der Regel wird nur der Spitzendruck verwertet.

Weitere Informationen können jedoch aus dem Verhältnis Spitzendruck zu Mantelreibung gewonnen werden [2.35]. Der Spitzendruck hängt sehr stark von der Lagerungsdichte ab, wie aus Bild 2.13 für gleichförmige Sande hervorgeht.

Für ungleichförmige Sande ergeben sich bei gleicher Lagerungsdichte andere Werte (Bild 2.14). Das heißt zur Bestimmung der Lagerungsdichte muß die Kornverteilung bekannt sein. Einen erheblichen Einfluß auf den Sondierspitzendruck hat auch das Grundwasser. DIN 4094 unterscheidet deshalb bei den angegebenen Korrelationen in gleichförmige und

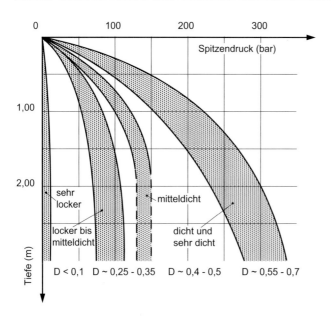

Bild 2.13
Verlauf des Spitzendrucks bei unterschiedlicher Lagerungsdichte, ermittelt durch Eichsondierungen in gleichförmigem, erdfeuchtem Fein- und Mittelsand (nach Muhs [2.16])

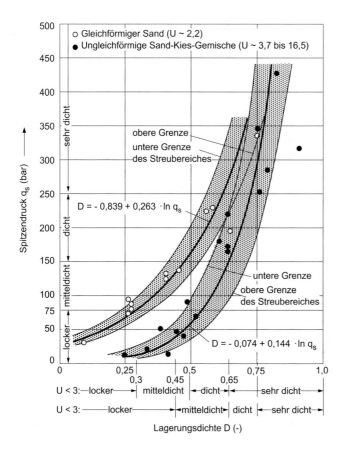

Bild 2.14
Abhängigkeit des Spitzendrucks (in t = 1,5 m) von der Lagerungsdichte in nichtbindigen Böden (nach Muhs [2.16])

2.2 Erkundung des Baugrunds

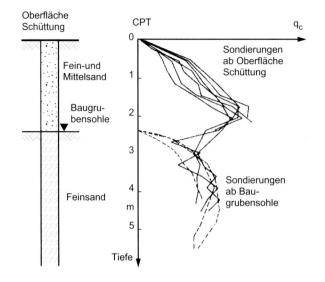

Bild 2.15
Drucksondierungen von der Oberfläche einer Schüttung und von der Sohle einer später ausgehobenen Baugrube aus (nach DIN 4094)

ungleichförmige Sande und Kiese sowie Sondierungen ober- und unterhalb des Grundwassers.

Wie aus Bild 2.13 hervorgeht, nimmt der Spitzendruck bei einer vorgegebenen Lagerungsdichte mit der Tiefe zunächst zu und bleibt dann näherungsweise ab einer bestimmten Grenztiefe konstant (vgl. dazu auch Bild 2.15).

Die Korrelationen in DIN 4094 gehen von dem Konzept der Grenztiefe aus, die nach DIN 4094 etwa 1 m beträgt. Die möglichen Untersuchungstiefen reichen bis zu 40 m. Allerdings ist der Einsatz der Drucksonde eingeschränkt bei steinigen Einlagerungen, dicht gelagerten Kiesen und festen bindigen Böden.

Das älteste Sondierverfahren ist die Rammsondierung, auch als Dynamic Probing (DP) bezeichnet. Man unterscheidet leichte (DPL), mittelschwere (DPM) und schwere Rammsonden (DPH). Details s. DIN 4094. Bild 2.16a zeigt als Beispiel die schwere Rammsonde. Über ein Fallgewicht wird die Sonde in den Boden eingetrieben. Aufgezeichnet wird die Anzahl der Schläge N_{10} bei 10 cm Eindringung (Bild 2.16b). N_{10} hängt wie der Sondierspitzendruck von der Lagerungsdichte und der Kornverteilung ab.

Das Gleiche wie bei Drucksondierungen gilt auch für den Einfluß des Grundwassers (Bild

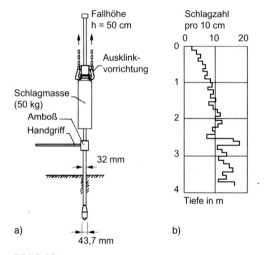

Bild 2.16
Schwere Rammsonde: a) Prinzip und b) typisches Sondierdiagramm (nach Zweck [2.40])

2.17). Die maximalen Einsatztiefen reichen je nach Sonde von ca. 8 bis 25 m. Für größere Tiefen werden auch überschwere Rammsonden eingesetzt, die allerdings nicht genormt sind.

Bei bindigen Böden kann sich unter Umständen der Ringraum, der durch die verdickte Spitze entsteht und die Mantelreibung am Gestänge ausschalten soll, zusetzen und die Ergebnisse stark verfälschen (Bild 2.18). Dieser Nachteil

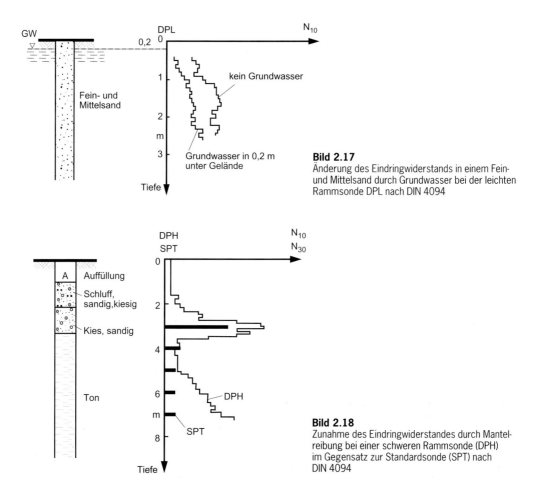

Bild 2.17
Änderung des Eindringwiderstands in einem Fein- und Mittelsand durch Grundwasser bei der leichten Rammsonde DPL nach DIN 4094

Bild 2.18
Zunahme des Eindringwiderstandes durch Mantelreibung bei einer schweren Rammsonde (DPH) im Gegensatz zur Standardsonde (SPT) nach DIN 4094

gilt nicht für den Standard-Penetration-Test (Bild 2.19). Die Rammsonde wird vom Bohrloch aus 45 cm tief eingetrieben. Gewertet wird die Anzahl der Schläge N_{30} auf den letzten 30 cm (Beispiel s. Bild 2.18).

Der SPT ist zum Teil häufig verbreitet. Es gibt aber auch kritische Stimmen, die auf Fehlermöglichkeiten wie gestörter Boden unterhalb des Grundwasserspiegels und unterschiedliche Gerätebauarten hinweisen [2.35].

Im folgenden werden einige für die Praxis wichtige Korrelationen zwischen Sondierergebnissen und Bodeneigenschaften zusammengestellt, die größtenteils DIN 4094 entnommen sind. Wegen der vielen Einflüsse auf die Sondierwiderstände darf allerdings nicht ein allzu hoher Genauigkeitsgrad erwartet werden. Weitere Fehlerquellen ergeben sich bei mehrfacher Verwendung von Korrelationen, wenn zum Beispiel zunächst die Schlagzahlen der SPT-Sonde auf die schwere Rammsonde umgerechnet werden und danach die gesuchte Bodeneigenschaft bestimmt wird. Dies läßt sich nicht immer vermeiden, weil nicht für alle Fälle Korrelationen vorliegen.

Eine der wichtigsten Eigenschaften bei nichtbindigen Böden ist die Lagerungsdichte (s. Abschnitt 2.4.4). Die Bilder 2.20 und 2.21 zeigen die Zusammenhänge zwischen der Anzahl der Schläge und der Lagerungsdichte D für verschiedene Rammsonden. Für weitgestufte Kies-Sande im Grundwasser gibt DIN 4094 keine Korrelation an. Hier kann man sich behelfen, indem man zunächst die Anzahl der Schläge unterhalb und oberhalb des Grundwassers aus

2.2 Erkundung des Baugrunds

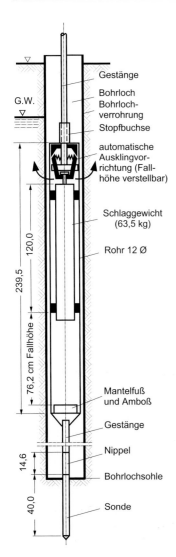

Bild 2.19
Aufbau der Standardsonde (aus Schultze und Muhs [2.24])

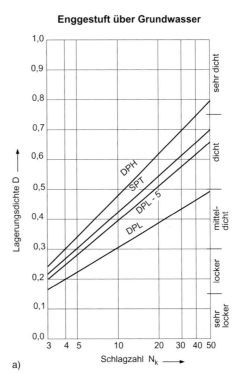

a)

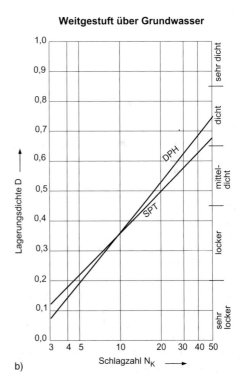

b)

Bild 2.20 Zusammenhang zwischen den Schlagzahlen von Rammsonden und der Lagerungsdichte für
a) enggestufte Sande über Grundwasser
b) weitgestufte Sand-Kies-Gemische über Grundwasser
nach DIN 4094

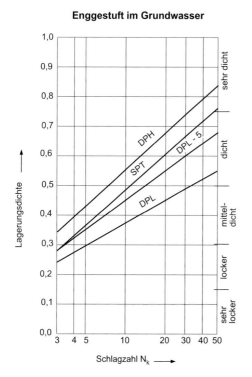

Bild 2.21
Zusammenhang zwischen den Schlagzahlen von Rammsonden und der Lagerungsdichte für enggestufte Sande im Grundwasser nach DIN 4094

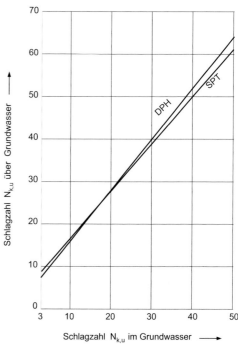

Bild 2.22
Vergleich der Schlagzahlen in weitgestuften Kies-Sand-Gemischen ober- und unterhalb des Grundwasserspiegels nach DIN 4094

Bild 2.22 umrechnet und dann Bild 2.20 verwendet.

Die Bilder 2.23 a) und b) zeigen den Zusammenhang zwischen Sondierspitzendruck q_c und der Lagerungsdichte oberhalb des Grundwasserspiegels. Für die Auswertung unterhalb des Grundwasserspiegels kann man näherungsweise nach DIN 4014

$$q_c \approx N_{10} \text{ (DPH)} \qquad (2.1)$$

setzen und danach wie für die schwere Rammsonde auswerten.

Bei der Bestimmung des Reibungswinkels vereinfachen sich die Verhältnisse. Wie durch Versuche und Auswertungen an der Degebo gezeigt werden konnte [2.35], braucht man nicht den Umweg über die Lagerungsdichte und die Kornverteilung zu gehen, sondern kann sowohl für enggestufte als auch für weitgestufte Sande und Kiese direkt aus dem Sondierspitzendruck den Reibungswinkel bestimmen (Bild 2.24). Ähnliches gilt für die Tragfähigkeit von Fundamenten und Pfählen (vgl. Kapitel 5 und 8). Die Korrelation in Bild 2.24 bezieht sich auf Mittelwerte. Zur Bestimmung der charakteristischen Werte empfiehlt es sich, die obere Grenze des Streubereichs zu verwenden. Bei anderen Randbedingungen als in Bild 2.24 und dem Einsatz von Rammsonden kann man sich mit Gl. 2.1 und den Korrelationen in Bild 2.22 sowie in DIN 4094 behelfen.

Zur Abschätzung des Steifemoduls E_s über Sondierungen bieten sich zwei Möglichkeiten an. DIN 4094 greift auf die Formel von Ohde [2.18]

$$E_s = v \cdot p_a \left(\frac{\sigma'}{p_a}\right)^w \qquad (2.2)$$

2.2 Erkundung des Baugrunds

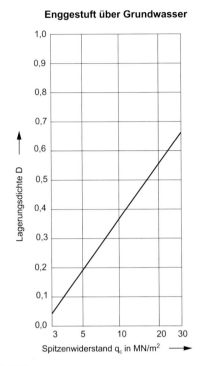

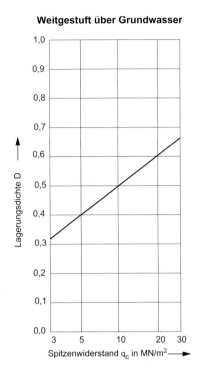

Bild 2.23
Zusammenhang zwischen Sondierspitzendruck und Lagerungsdichte oberhalb des Grundwasserspiegels nach DIN 4094
a) enggestufte Sande
b) weitgestufte Sand-Kies-Gemische

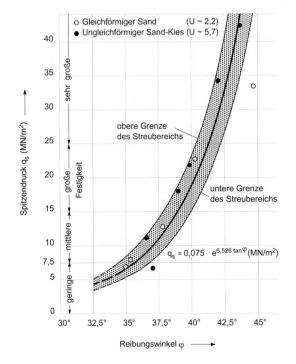

Bild 2.24
Beziehung zwischen Spitzendruck und Reibungswinkel in nichtbindigen Böden oberhalb des Grundwasserspiegels [2.35]

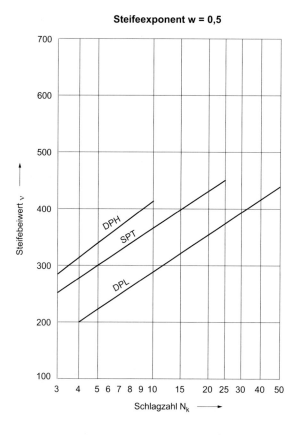

Bild 2.25
Zusammenhang zwischen den Schlagzahlen von Rammsonden und dem Steifebeiwert in enggestuften Sanden über Grundwasser nach DIN 4094

zurück. Dabei bezeichnen p_a einen Referenzdruck, der in DIN 4094 dem atmosphärischen Druck entspricht, v und w Bodenkennwerte und σ' die effektive Spannung in der Schicht, für die der Steifemodul bestimmt werden soll. σ' setzt sich aus dem Bodeneigengewicht und der Zusatzlast aus Fundamenten zusammen. Für die Bodenkennwerte v und w gibt DIN 4094 einige Korrelationen an.

Beispielhaft zeigt Bild 2.25 den Zusammenhang zwischen N_k und dem Steifebeiwert v für verschiedene Rammsonden in enggestuften Sanden oberhalb des Grundwassers. Für den Steifeexponent wird w = 0,5 gesetzt. Bei weitgestuften Sanden ergeben sich bei gleichem Sondierwiderstand höhere Steifeziffern, wie aus Bild 2.26 hervorgeht.

Alternativ zu Gl. 2.2 kann der Steifemodul grob über die Beziehung

$$E_s = \beta \cdot q_c \qquad (2.3)$$

abgeschätzt werden. In Tabelle 2.3 sind verschiedene Vorschläge zusammengestellt.

Tabelle 2.3 Proportionalitätsfaktor β in der Gleichung $E_s = \beta \cdot q_c$ (nach verschiedenen Verfassern [2.19])

β (–)	Bemerkungen	Quelle
2 (1 + D_r)	für Flachgründungen	VÉSIC (1965)
0,8–0,9	Fein- bis Mittelsand	
1,3–1,9	Fein- bis Mittelsand, schluffig	BACHELIER/ PAREZ (1965)
2,9–3,8	Fein- bis Mittelsand, lehmig	
1,15	sandiger Schluff	
1,20	schluffiger Sand	
2,40	lehmiger Schluff	
3,40–4,40	verdichteter Boden	
1,50–2,30	sandiger Schluff	
2,30–3,80	lehmiger Schluff	
1,50	konstant	DE BEER (1965)
1,90	konstant	MEYERHOF (1965)
2,0	konstant	SCHMERTMANN (1965)

2.2 Erkundung des Baugrunds

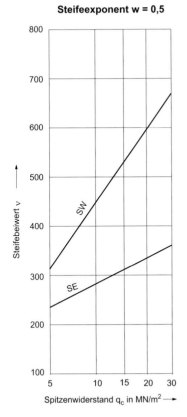

Wie schon die Streubereiche in Tabelle 2.3 zeigen, darf mit Gl. 2.3 allenfalls die Größenordnung erwartet werden.

Ähnliches gilt bei der Bestimmung der Konsistenz von bindigen Böden über Sondierungen (Tabellen 2.4 und 2.5).

Nach einem völlig anderen Prinzip als Ramm- und Drucksonden arbeitet die Flügelsonde (Bild 2.27). Sie wird sowohl als Handgerät in Schürfen oder auch im Bohrloch an der Sohle zur Bestimmung der undränierten Kohäsion in weichen bis steifen bindigen Böden eingesetzt. Die Obergrenzen der Scherfestigkeiten liegen etwa bei 100 kN/m² [2.20]. Wegen der Geschwindigkeitsabhängigkeit der Scherfestigkeit sind Korrekturfaktoren notwendig. Einzelheiten sind in DIN 4096 festgelegt.

Bild 2.26
Zusammenhang zwischen dem Spitzenwiderstand der Drucksonde und dem Steifebeiwert in Sanden über Grundwasser nach DIN 4094 (SW = weitgestuft, SE = enggestuft

Tabelle 2.4 Zusammenhang zwischen dem Spitzendruck q_c der Drucksonde, den Schlagzahlen N_{10} der verschiedenen Rammsonden und der Konsistenz bindiger Böden (nach [2.19])

q_c [MN/m²]	N_{10}, DPH	N_{10}, DPM	N_{10}, DPL	Konsistenz
< 2,0	0–2	0–3	0–3	breiig
2,0–5,0	2–5	3–8	3–10	weich
5,0–8,0	5–9	8–14	10–17	steif
8,0–15,0	9–17	14–28	17–37	halbfest
> 15,0	> 17	> 28	> 37	fest

Tabelle 2.5 Standard-Penetration-Test (SPT) für Tone, korreliert zur einaxalen Druckfestigkeit und zur Konsistenz [2.23]

Eindringwiderstand N_{30}	Einaxiale Druckfestigkeit [kN/m²]	Konsistenz
< 2	< 24	sehr weich
2–4	24–48	weich
4–8	48–96	weich – steif
8–15	96–192	steif
15–30	192–388	halbfest
> 30	> 388	fest

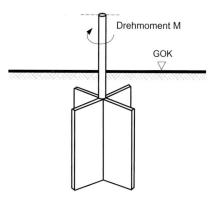

Bild 2.27
Schematische Darstellung der Flügelsonde nach DIN 4096 [2.20]

2.2.6 Ermittlung der Grundwasserverhältnisse

Wasser ist eine häufige Schadensursache. Beispiele für Schäden durch Wasser sind feuchte Keller, hydraulischer Grundbruch in Baugruben und Böschungsrutschungen bei heftigen Regenfällen, um nur einige zu nennen. In vielen Fällen wurde das Grundwasser nicht ausreichend erkundet. Dabei ist die Kenntnis der Grundwasserverhältnisse eine der wichtigsten Grundlagen für den Entwurf der Gründung zur Klärung u. a. folgender Fragen:

- Wird eine wasserdichte Wanne benötigt oder genügt ein einfacher Schutz gegen Sickerwasser?
- Ist die Auftriebssicherheit in jedem Bauzustand gewährleistet?
- Kann die Baugrube im Trockenen ausgehoben werden? Ist eine Grundwasserabsenkung im Bauzustand notwendig? Ist ein wasserdichter Verbau notwendig?
- Enthält das Grundwasser Schadstoffe? Ist das Grundwasser betonaggressiv? Greift das Grundwasser Stahlkonstruktionsteile an?

Die Grundsätze zur Erfassung der Grundwasserverhältnisse sind in DIN 4021 geregelt. Sie enthält neben DIN 4049 wichtige Begriffsdefinitionen. Davon sind einige in Bild 2.28 aufgeführt.

Die Erkundung der Grundwasserverhältnisse ist in der Regel teuer und teilweise sehr zeitaufwendig. Bei durchlässigen Porengrundwasserleitern aus Sand und Kies pendelt sich in der Regel der Wasserspiegel noch während des Bohrvorgangs zur Herstellung von Pegeln ein. Bei bindigen Böden kann es erhebliche Zeit dauern, bis sich der natürliche Grundwasserspiegel im Pegel eingestellt hat. Schwierig wird die Erkundung, wenn mehrere Grundwasserhorizonte vorhanden sind. Dies kann eine stufenweise Untersuchung notwendig machen. Hat sich der Grundwasserspiegel im Bohrloch eingestellt, ist damit zunächst einmal nur der momentane Stand erfaßt. Für längere Beobachtungen ist häufig keine Zeit, so daß man auf zusätzliche Informationen über die langjährigen

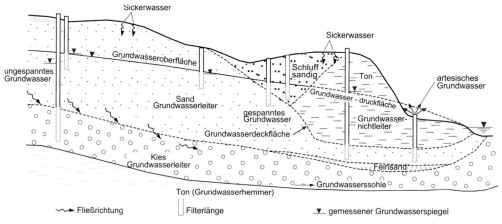

Bild 2.28
Grundwasser: Begriffe und Beispiele in Anlehnung an DIN 4021

Schwankungen aus Wasserwirtschaftsverwaltung, Bauverwaltungen, Geologischen Landesämtern und Versorgungsunternehmen angewiesen ist (s. DIN 4020). Veränderungen durch Flußbau können bei Landesvermessungsämtern, Wasserwirtschaftsverwaltungen und Flurbereinigungsämtern in Erfahrung gebracht werden.

Welcher Wasserstand für den Entwurf angesetzt wird, ist häufig Ermessenssache. Zum Beispiel kann bei Baugruben die Dimensionierung für den höchsten Hochwasserstand sehr schnell unwirtschaftlich werden. Setzt man dagegen einen sehr niedrigen Wasserstand an, riskiert man unter Umständen teure Bauzeitverzögerungen, wenn das Wasser ansteigen sollte.

Die Herstellung von Pegeln, die Entnahme von Bohrwasser, die Entnahme und Wiederversickerung von Wasser bei Pumpversuchen stellen nach dem Wasserhaushaltsgesetz eine Benutzung dar und bedürfen einer Erlaubnis durch die untere Wasserbehörde (s. a. Abschnitt 2.2.4). Ist das Wasser schadstoffhaltig, sind weitere Maßnahmen erforderlich (s. Kapitel 15).

Der Ausbau von Bohrungen zu Grundwassermeßstellen und die Probenahme sind in DIN 4021 geregelt. Bild 2.29 zeigt ein typisches Beispiel für einen Meßpegel. Stört die Aufsatzkappe wie z. B. bei Gehwegen, kann der Ausbau auch unterflurig durchgeführt werden (s. DIN 4021).

Die Durchmesser von Grundwassermeßstellen betragen DN 50 bis 150. Bei häufigen Probenahmen und Pumpversuchen muß aber mindestens mit DN 125 ausgebaut werden [2.20]. Bei DN 125 beträgt der Innendurchmesser 128 mm und der Außendurchmesser über den Verbindungsmuffen 149 mm [2.20]. Rechnet man noch 50–80 mm Filterkiesdicke dazu, ergibt sich, daß der Bohrdurchmesser etwa 400–600 mm betragen sollte. Bei mehreren Grundwasserstockwerken muß jeder einzelne Horizont getrennt verfiltert werden, und die einzelnen Stockwerke sind gegeneinander abzudichten.

In einfachen Fällen genügen auch 2" Spülfilter oder Rammpegel, die zwar wesentlich billiger sind, aber auch weniger Informationen liefern. Zum Beispiel ist das Abpumpen in einem Pumpversuch nicht möglich.

Unmittelbar nach dem Ausbau werden die Grundwassermeßstellen klargespült, damit die

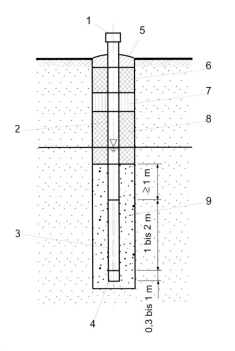

1 Kappe
2 Aufsatzrohr
3 Filterrohr
4 Sumpfrohr
5 Betonabdeckung
6 Frostsicherer Boden
7 Abdichtung
8 Bohrgut
9 Filtersand

Bild 2.29
Ausbauplan von Grundwassermeßstellen bei freiem Grundwasser im obersten Grundwasserstockwerk, z. B. Überflur mit Sicherung gegen Frosthebung

Trübe des Bohrwassers nicht die Filter zusetzt und damit nicht die Funktionsfähigkeit stört oder gar ganz verhindert. Nach dem Klarspülen ist der richtige Zeitpunkt zur Entnahme von Wasserproben. Folgende Untersuchungen kommen in Frage (DIN 4021):

- Untersuchung auf betonangreifende Bestandteile nach DIN 4030
- Untersuchung auf Korrosionsgefahr von Stahl nach DIN 50929, Teil 1 und 3
- Untersuchung auf eine Gefährdung von Dränagen durch Ausfällungen, z. B. nach DIN 4095
- Untersuchung auf Schadstoffe

Das Messen der Wasserstände wird in der Regel mit einem Kabellichtlot durchgeführt, dessen Durchmesser ca. 14–20 mm beträgt.

Zur Ermittlung der Durchlässigkeitsbeiwerte können Pumpversuche durchgeführt werden. Ein kompletter Versuch ist verhältnismäßig teuer. Allein die Zeitdauer beträgt von 100 Stunden aufwärts bis zu 2 Wochen. Der Versuchsaufbau besteht aus einem oder auch zwei Entnahmebrunnen und mindestens zwei Beobachtungspegeln (Bild 2.30). Aus der entnommenen Wassermenge Q, den Wasserständen h_1 und h_2 sowie den Abständen r_1 und r_2 der Beobachtungspegel vom Entnahmebrunnen kann der k-Wert nach Dupuit-Thiem aus der Gleichung

$$k = \frac{Q \cdot (\ln r_2 - \ln r_1)}{\pi (h_2^2 - h_1^2)} \quad (2.4)$$

berechnet werden. Einzelheiten sowie Modifikationen beim Versuchsaufbau und den Randbedingungen s. [2.20, 2.10].

Neben dem Standardpumpversuch mit dem Aufbau gemäß Bild 2.30 gibt es eine Reihe von Versuchen im Bohrloch, deren Prinzip unter anderem auf der Zugabe oder Entnahme von Wasser und der zeitlichen Entwicklung des Wasserstands beruht wie z. B. WD-Tests, Slug- and Bail-Tests und andere. Vorteile dieser Versuche sind der vergleichsweise geringe Zeit- und Kostenaufwand. Ein gravierender Nachteil ist die geringe Reichweite von wenigen Metern um das Bohrloch herum, während die Standardpumpversuche je nach Untergrundverhältnissen bis zu mehreren hundert Metern erfassen können. Eine ausführliche Gegenüberstellung findet sich in [2.3].

2.2.7 Feldversuche

Im folgenden werden einige Feldversuche beschrieben, mit denen die Dichte auf der Baustelle direkt oder indirekt bestimmt werden kann und die sich zur Verdichtungskontrolle eignen.

Bei den direkten Verfahren zur Bestimmung der Dichte wird eine bestimmte Menge Boden der Masse m bei gleichzeitiger Messung des Volumens V entnommen.

Die Dichte ρ errechnet sich aus

$$\rho = \frac{m}{V} \quad (2.5\,a)$$

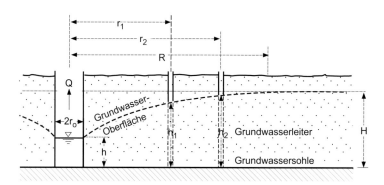

Bild 2.30
Pumpversuch mit Entnahmebrunnen, Beobachtungspegeln und Meßgrößen

2.2 Erkundung des Baugrunds

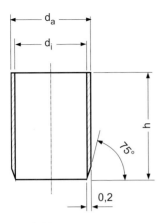

Bild 2.31
Ausstechzylinder nach DIN 18125, Teil 2

Nach Bestimmung des Wassergehaltes w ergibt sich die Trockendichte aus

$$\rho_d = \frac{\rho}{1 + w} \qquad (2.5\,b)$$

Solange der Boden keine groben Bestandteile enthält, wie bei bindigen Böden ohne Grobkorn oder bei Fein- bis Mittelsanden, kann sehr gut mit dem Stechzylinder gearbeitet werden (Bild 2.31). Bei groben Bestandteilen kommen andere Verfahren wie das Sandersatzverfahren (Bild 2.32), das Ballonverfahren (Bild 2.33) oder z. B. das Flüssigkeitsersatzverfahren (Bild 2.34) in Frage. Einzelheiten s. DIN 18125, Teil 2.

Durch Vergleich der gemessenen Trockendichte mit den Vorgaben kann überprüft werden, ob die notwendige Verdichtung korrekt durchgeführt wurde.

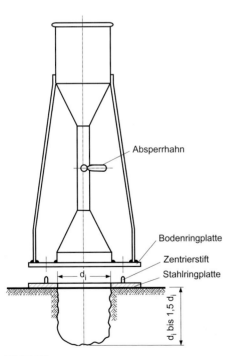

Bild 2.32
Doppeltrichter mit Stahlringplatte beim Sandersatzverfahren nach DIN 18125, Teil 2

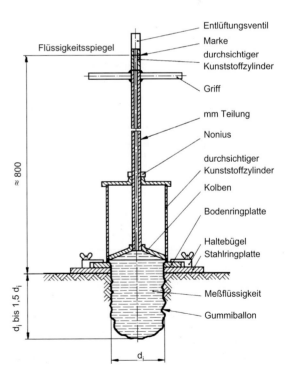

Bild 2.33
Ballongerät und Stahlringplatte nach DIN 18125, Teil 2

Bild 2.34
Meßbrücke und Stahlringplatte beim Flüssigkeitsersatzverfahren nach DIN 18125, Teil 2

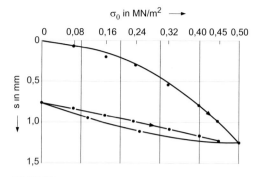

Bild 2.36
Drucksetzungslinie beim Plattendruckversuch nach DIN 18134

Bei großflächigen Schüttungen wird häufig als indirekte Kontrollmethode der Plattendruckversuch eingesetzt. Es stehen Platten mit Durchmessern von 30 cm, 60 cm und 76,2 cm zur Verfügung. Als Gegengewicht werden meistens LKW verwendet. Der Versuch ist in DIN 18134 genormt. Bild 2.35 zeigt ein Beispiel für den Versuchsaufbau mit der zugehörigen Setzungsmeßeinrichtung.

Die Last wird zunächst bis zur Maximallast in Stufen aufgeteilt. Danach wird ent- und wiederbelastet (Bild 2.36). Aus der Drucksetzungslinie wird aus der Spannungsänderung und der Setzungsänderung Δs im Bereich zwischen

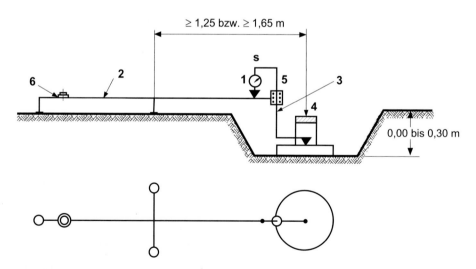

Bild 2.35
Beispiel für Setzungsmeßeinrichtungen mit „Tast-Vorrichtung" für 1-Punkt-Messungen beim Plattendruckversuch nach DIN 18134
1 Meßuhr bzw. Wegaufnehmer,
2 Traggestell
3 Tastarm
4 Last
5 Linearlager
6 Dosenlibelle
s_M, s Setzung an der Meßuhr bzw. am Wegaufnehmer

30 und 70% der Maximalbelastung der Verformungsmodul E_v aus der Beziehung

$$E_v = 1{,}5 \cdot r \frac{\Delta \sigma}{\Delta s} \qquad (2.6)$$

berechnet, wobei r den Plattenradius bezeichnet. Der Verformungsmodul im Erstbelastungsast wird mit E_{v1} und im Wiederbelastungsast mit E_{v2} bezeichnet.

Um subjektive Einflüsse auszuschalten, werden E_{v1} und E_{v2} nicht aus Gl. 2.6 berechnet, sondern man nähert die Last-Verformungskurve mit einem Polynon zweiten Grades an und bestimmt dann aus den Kurvenparametern die Verformungsmoduli E_{v1} und E_{v2}. Einzelheiten s. DIN 18134.

Über Korrelationen kann aus E_{v1} und E_{v2} der Verdichtungsgrad D_{Pr} (s. Abschnitt 2.4.9) abgeschätzt werden. In den Zusätzlichen Technischen Vorschriften und Richtlinien für Erdarbeiten im Straßenbau, ZTVE-StB 94 sind Mindestrichtwerte zusammengestellt (s. Tabellen 2.6 und 2.7).

Tabelle 2.6 Mindestwerte für E_{v2} in Abhängigkeit vom Verdichtungsgrad bei grobkörnigen Böden [2.35]

Bodenart	D_{Pr} [%]	E_{v2} [MN/m^2]
GW, GI	≥ 103	≥ 120
	≥ 100	≥ 100
	≥ 97	≥ 80
GE, SE, SW, SI	≥ 100	≥ 80
	≥ 97	≥ 60
	≥ 95	≥ 45

Tabelle 2.7 Verhältniswert E_{v2}/E_{v1} zur Beurteilung des Verdichtungszustands [2.35]

grobkörnige Böden	$E_{v2}/E_{v1} \leq 2{,}2$ für $D_{Pr} \geq 103\%$
	$E_{v2}/E_{v1} \leq 2{,}5$ für $D_{Pr} < 103\%$
feinkörnige Böden	$E_{v2}/E_{v1} \leq 2{,}0$
gemischtkörnige Böden	$E_{v2}/E_{v1} \leq 3{,}0$
Felsschüttungen	$E_{v2}/E_{v1} \leq 4{,}0$

Kriterien sind der Verformungsmodul E_{v2} und das Verhältnis E_{v2}/E_{v1} [2.35]. Es sei darauf hingewiesen, daß in Verbindung mit den Tabellen A und B im Beiblatt der DIN 1054 aus der Zuordnung zwischen Verdichtungsgrad D_{pr} und Lagerungsdichte die zulässigen Bodenpressungen für Flachgründungen der DIN 1054 angesetzt werden können [2.35].

Der Plattendruckversuch hat seine Grenzen, was häufig in der Praxis übersehen wird. Die Einflußtiefe beträgt etwa das 2- bis 3-fache des Plattendurchmessers. Daher macht es z.B. überhaupt keinen Sinn, mit einer 30 cm Platte die Verdichtung einer 3 m dicken Schüttung zu prüfen. Sinnvoll ist nur eine lagenweise Prüfung mit nicht zu großen Schichtdicken. Sollen größere Tiefen überprüft werden, kommen z.B. Rammsondierungen in Frage, die sich wegen der Grenztiefe von etwa 1 m sehr gut zu den Plattendruckversuchen ergänzen.

Durch die geringe Einflußtiefe ist es zumindest fragwürdig, aus dem Verformungsmodul der Lastplatte einen Verformungsmodul für die Setzungsberechnung von Fundamenten und Platten abzuleiten. Selbst wenn der Baugrund bis in größere Tiefen homogen wäre, was selten der Fall ist, wäre eine Setzungsberechnung mit Hilfe der Elastizitätstheorie in Anlehnung an Gl. (2.6) und E_v aus einem Lastplattenversuch äußerst problematisch.

Ähnliches gilt für den Bettungsmodul k_s, der theoretisch über das Modellgesetz

$$\frac{k_{s1}}{k_{s2}} = \frac{d_2}{d_1} \qquad (2.7)$$

bei Platten mit verschiedenen Durchmessern d_1 und d_2 umgerechnet werden kann (vgl. Abschnitt 6.2.2).

2.3 Beschreibung des Baugrunds

Die Baugrundbeschreibung ist der Kern des Baugrundgutachtens [2.27], auf dem die Vorschläge zur Gründung und Bauausführung basieren. Sie leitet sich aus den durchgeführten Feld- und Laboruntersuchungen ab. Wichtige Bestandteile der Beschreibung sind [2.6]:

– Lageplan von Bohrungen, Sondierungen und Schürfen einschließlich Lageplan von Gebäuden und Höhenangaben (Bild 2.37)
– Bohrprofile, Bohrprotokolle mit Beschreibung der einzelnen Bodenarten und der angetroffenen Grundwasserverhältnisse

- Sondierergebnisse
- Ergebnisse von Laborversuchen
- geologische und hydrogeologische Interpretation
- mechanische Interpretation

Die während der Bohrarbeiten erstellten Schichtenverzeichnisse (Beispiel s. Bild 2.38) sind die Grundlage für die Aufstellung der Bohrprofile. Die angetroffenen Boden- und Felsarten werden gemäß DIN 4022 beschrieben und gemäß DIN 4023 zeichnerisch dargestellt.

Die Grundeinteilung der Lockergesteinsarten erfolgt auf der Basis der Kornverteilung (s. Abschnitt 2.1, Tabelle 2.1). Bindige Böden werden weiter unterteilt nach plastischen Eigenschaften und Konsistenz (s. Abschnitte 2.4.5 und 2.5). Zudem unterscheidet DIN 4022 nach reinen Bodenarten, z.B. Kies, zusammengesetzten Bodenarten, z.B. Sand, schluffig und Bodenarten mit etwa gleichen Massenanteilen, z.B. Kies und Sand. Bei den organischen Bodenarten werden Torf, Mudde und Humus unterschieden. Torf wird noch einmal unterteilt nach dem Zersetzungsgrad. Jeder Bodenart wird ein Kurzzeichen zugeordnet, z.B. gG für Grobkies.

Fels wird nach der mineralischen Zusammensetzung und nach der Entstehungsart benannt. Einzelheiten s. DIN 4022.

Die wichtigsten zeichnerischen Symbole, Kurzzeichen und Zusatzzeichen für Boden und Fels sind in Bild 2.39 zusammengestellt. Weitere Einzelheiten s. DIN 4022 und 4023. Bild 2.40 zeigt Beispiele für die Darstellung von Bohrprofilen.

Die Ermittlung von Bodenkennwerten in Feld- und Laborversuchen ist so zu beschreiben, daß im Zweifelsfall alle Angaben überprüft werden können.

Alle Messungen und Beobachtungen im Gelände sind scharf von der Interpretation zu trennen [2.6]. Auf der Grundlage der Meßdaten wird zunächst ein geologisches Modell entwickelt, das je nach Einzelfall mit hoher Wahrscheinlichkeit zutrifft oder auch eher spekulativ und ergänzungsbedürftig ist. In der Beschreibung ist dies kenntlich zu machen [2.27].

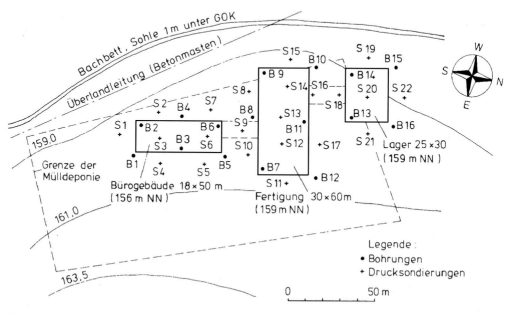

Bild 2.37
Beispiel eines Lageplans von Bohrungen und Sondierungen [2.6]

2.3 Beschreibung des Baugrunds

Markierungslinie → .... Schreibzeile		**Schichtenverzeichnis** für Bohrungen ohne durchgehende Gewinnung von gekernten Proben			....	Anlage Bericht: Az.: *1028/85*		
Bauvorhaben: *Bodenstadt, Kiesweg 15*								
Bohrung ~~Schurf~~	Nr *B 1* /Blatt *1*					Datum: *29.10.85*		

1	2					3	4	5	6
								Entnommene Probe	
Bis ....m unter Ansatz- punkt	a) Benennung der Bodenart und Beimengungen					Bemerkungen Sonderprobe Wasserführung Bohrwerkzeuge Kernverlust Sonstiges			Tiefe in m (Unter- kante)
	b) Ergänzende Bemerkung¹⁾								
	c) Beschaffenheit nach Bohrgut	d) Beschaffenheit nach Bohrvorgang		e) Farbe			Art	Nr	
	f) Übliche Benennung	g) Geologische¹⁾ Benennung		h) ¹⁾ Gruppe	i) Kalk-gehalt				
0,30	a) *Mittelsand, feinsandig, humos*					*Schappe ⌀ 165 vorgebohrt bis 1,80 m Rohre ⌀ 159 eingebaut Gestänge, drehend*	*G*	*1*	*0,30*
	b)								
	c) *abgerundet, erdfeucht*	d) *leicht zu bohren*		e) *braun*					
	f) *Oberboden*	g) *Mutterboden*		h) *OH*	i) *O*				
1,80	a) *Torf*					*Wasser 1,70 m u. AP Seil, gerammt 100 kg/ Hub 300*	*G*	*2*	*0,80*
	b)								
	c) *nicht zersetzt weich*	d) *leicht zu bohren*		e) *schwarz*		*3 Schl/300*	*S*	*1*	*1,00*
	f) *Moor*	g) *Flachmoortorf*		h) *HN*	i) *O*	*5 Schl/300*	*S*	*2*	*1,50*
6,50	a) *Ton, schluffig, sandig, steinig Kreidestücke*					*Schappe ⌀ 133*	*G*	*3*	*2,50*
	b)					*30 Schl/300*	*S*	*3*	*3,00*
	c) *steif*	d) *schwer zu bohren*		e) *grau*		*45 Schl/300*	*S*	*4*	*4,50*
	f) *Geschiebemergel*	g) *Weichseleiszeit*		h) *TL*	i) *++*		*G*	*4*	*6,50*
14,90	a) *Mittelsand, stark feinkiesig, grobsandig*					*Ventilbohrer ⌀ 133*	*G*	*5*	*8,50*
	b)					*Wasser 6,50 m steigt auf 3,80 m u. AP*	*G*	*6*	*10,30*
	c) *abgerundet*	d) *schwer zu bohren*		e) *bunt*			*G*	*7*	*12,50*
	f) *Sand*	g) *Saaleeiszeit*		h)	i) *O*		*G*	*8*	*14,90*
15,80	a) *Fels, vollkörnig, dicht*		—			*Kreuzmeißel ⌀ 121 unverrohrt ab 14,90 m Endwasser-stand 4,10 m u. AP*	*G*	*9*	*15,50*
	b)								
	c) *mäßige Kornbindung*	d) *leichte Meißelarbeit*		e) *rot*					
	f) *Sandstein*	g) *Buntsandstein*		h)	i) *O*				

¹) Eintragung nimmt der wissenschaftliche Bearbeiter vor.

Bild 2.38
Beispiel für Schichtenverzeichnis nach DIN 4022

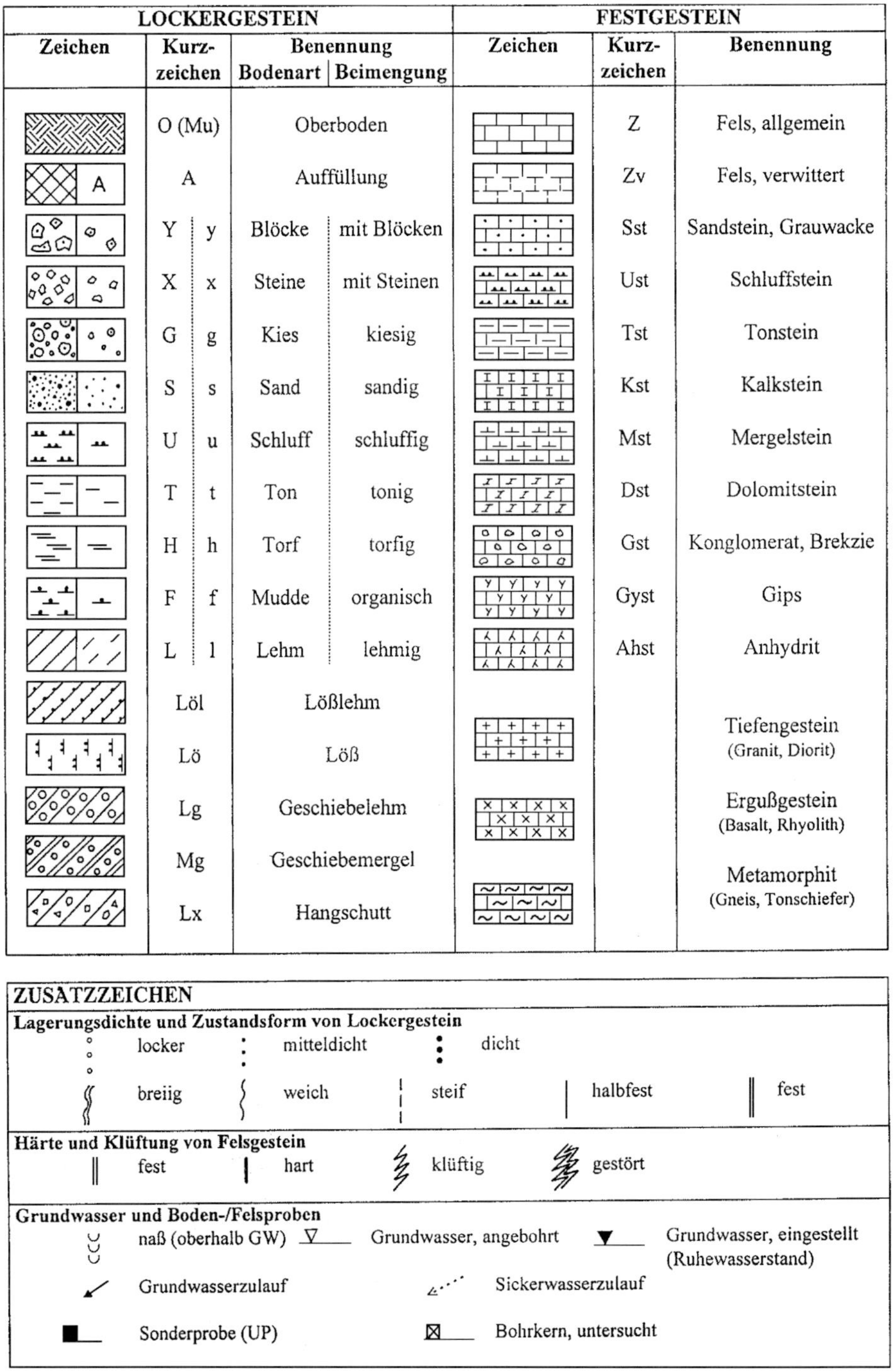

	LOCKERGESTEIN			FESTGESTEIN		
Zeichen	Kurz-zeichen	Benennung Bodenart	Beimengung	Zeichen	Kurz-zeichen	Benennung
	O (Mu)	Oberboden			Z	Fels, allgemein
	A	Auffüllung			Zv	Fels, verwittert
	Y / y	Blöcke	mit Blöcken		Sst	Sandstein, Grauwacke
	X / x	Steine	mit Steinen		Ust	Schluffstein
	G / g	Kies	kiesig		Tst	Tonstein
	S / s	Sand	sandig		Kst	Kalkstein
	U / u	Schluff	schluffig		Mst	Mergelstein
	T / t	Ton	tonig		Dst	Dolomitstein
	H / h	Torf	torfig		Gst	Konglomerat, Brekzie
	F / f	Mudde	organisch		Gyst	Gips
	L / l	Lehm	lehmig		Ahst	Anhydrit
	Löl	Lößlehm				Tiefengestein (Granit, Diorit)
	Lö	Löß				
	Lg	Geschiebelehm				Ergußgestein (Basalt, Rhyolith)
	Mg	Geschiebemergel				Metamorphit (Gneis, Tonschiefer)
	Lx	Hangschutt				

ZUSATZZEICHEN

Lagerungsdichte und Zustandsform von Lockergestein
- locker
- mitteldicht
- dicht
- breiig
- weich
- steif
- halbfest
- fest

Härte und Klüftung von Felsgestein
- fest
- hart
- klüftig
- gestört

Grundwasser und Boden-/Felsproben
- naß (oberhalb GW)
- Grundwasser, angebohrt
- Grundwasser, eingestellt (Ruhewasserstand)
- Grundwasserzulauf
- Sickerwasserzulauf
- Sonderprobe (UP)
- Bohrkern, untersucht

Bild 2.39
Zeichnerische Darstellung, Kurzzeichen und Zusatzzeichen für Bodenarten und Fels in Anlehnung an DIN 4023 [2.20, 2.25]

2.4 Wichtige Bodenkenngrößen und ihre Ermittlung

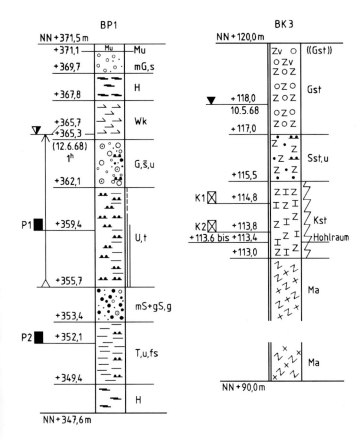

Bild 2.40
Beispiele für die Darstellung von Bohrprofilen nach DIN 4023

Eine weitere Abstraktionsstufe stellt die mechanische Interpretation dar [2.6]. Dabei wird der Baugrund zu einem geometrisch vereinfachten Körper aus verschiedenen Schichten mit Bodenkennwerten idealisiert. Bei der Festlegung der Werte ist zu beachten, in welchem Zusammenhang sie angewendet werden sollen. Es macht einen großen Unterschied, ob z. B. die angegebene Kohäsion Eingang findet in die Grundbruchberechnung für ein Stützenfundament oder ob die Kohäsion zum Nachweis der vorübergehenden Standsicherheit des Bohrlochs bei einer Pfahlherstellung benötigt wird.

2.4 Wichtige Bodenkenngrößen und ihre Ermittlung

Im folgenden werden die wichtigsten Bodenkenngrößen und ihre Ermittlung behandelt. Am Schluß des Abschnitts 2.4 werden in der Praxis übliche Rechen- und Erfahrungswerte zusammengestellt.

2.4.1 Kornverteilung

Wie in Abschnitt 2.1 bereits erwähnt, sind Korngröße und Kornverteilung bei Lockergesteinen grundlegende Klassifizierungsmerkmale. Die Korngröße liegt überwiegend zwischen 0,0001 und 200 mm.

Man unterscheidet die in Tabelle 2.8 angegebenen Bodenarten. Darüber hinaus werden Schluffe, Sande und Kiese noch in Untergruppen Fein-, Mittel- und Grob- eingeteilt.

Die Ermittlung der Korngrößenverteilung ist in DIN 18123 geregelt. Korngrößen über 0,063 mm werden durch Siebung, Korngrößen

Tabelle 2.8 Einteilung von Lockergesteinen (nach von Soos [2.33])

Korngrößengruppe	Benennung
bis 0,002 mm	Feinstes/Ton
0,002 bis 0,063 mm	Schluffkorn
0,063 bis 2,0 mm	Sandkorn
2,0 bis 63,0 mm	Kieskorn
63 bis 200 mm	Steine
> 200 mm	Blöcke

unter 0,125 mm durch Sedimentation bestimmt. Bei Mischböden werden Siebung und Sedimentation kombiniert (Bild 2.41). Der Anteil des Siebdurchgangs m wird in Prozent der Gesamttrockenmasse angegeben. Die Korngröße wird in logarithmischem Maßstab aufgetragen. Bild 2.42 zeigt einige typische Kornverteilungskurven.

Darüber hinaus sind neben der Einteilung in Tabelle 2.8 auch geologische und regionale Bezeichnungen üblich (Bild 2.43). Herrscht eine Korngruppe vor, ergibt sich in der Regel eine steile Kornverteilungskurve. Fehlkörnungen zeigen sich in flachen Abschnitten.

Die Neigung der Körnungslinie wird üblicherweise mit der Ungleichförmigkeitszahl

$$U = \frac{d_{60}}{d_{10}} \qquad (2.8\,a)$$

erfaßt, wobei d_{10} und d_{60} den Korndurchmesser bei 10% bzw. bei 60% Siebdurchgang bezeichnen. Böden mit $U<5$ sind gleichförmig, mit $5<U<15$ ungleichförmig und mit $U>15$ sehr ungleichförmig [2.33]. Es sei darauf hingewiesen, daß die Einteilung in verschiedenen Normen zum Teil unterschiedlich gehandhabt wird.

Über die Krümmungszahl

$$C_c = \frac{(d_{30})^2}{d_{10} \cdot d_{60}} \qquad (2.8\,b)$$

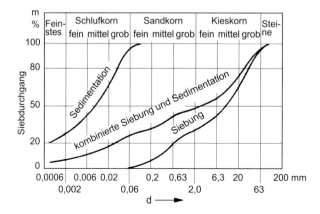

Bild 2.41
Körnungslinien und ihre Bestimmung im Versuch (nach v. Soos [2.33])

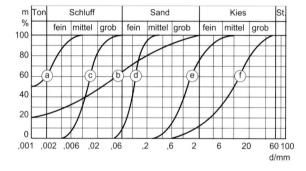

Bild 2.42
Kornverteilungskurven (nach Gudehus [2.7])
Klassifikation:
a) schluffiger Ton, b) tonig-sandiger Schluff,
c) Schluff, d) Feinsand,
e) Grobsand, f) Kies

2.4 Wichtige Bodenkenngrößen und ihre Ermittlung

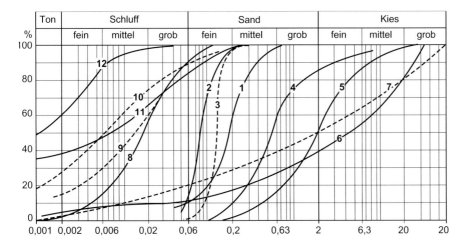

Bild 2.43
Beispiele von Körnungslinien typischer Bodenarten
(Prinz [2.20])
 1 Fein-/Mittelsand (Tertiär)
 2 Feinsand (Tertiär)
 3 Flugsand (Holozän)
 4 Flußsand, naß gebaggert
 5 Kiessand
 6 Hochterrassenkiese (Pleistozän)
 7 Verwitterungslehm, steinig-sandig (ähnlich auch Geschiebelehm)
 8 Löß
 9 Lößlehm
 10 Lehm, tonig (Schluff, stark tonig, leicht feinsandig)
 11 Ton, stark schluffig (Tertiär)
 12 Ton, schluffig (Tertiär)

kann der Verlauf zwischen d_{10} und d_{60} noch weiter charakterisiert werden.

Die Meßprinzipien bei Siebung und Schlämmung sind völlig unterschiedlich. Während bei der Siebanalyse der äquivalente Korndurchmesser durch die Maschenweite der Siebe definiert ist (Bild 2.44), ergibt sich in den Schlämmanalysen der äquivalente Durchmesser aus dem Strömungswiderstand einer Kugel. Grundlage der Schlämmanalyse ist das Aräometerverfahren nach Casagrande (Bild 2.45). Das Prinzip beruht darauf, daß verschieden große Körner in einer Suspension mit unterschiedlichen Geschwindigkeiten absinken. Dadurch ändert sich die Wichte der Suspension in Abhängigkeit der Zeit, was über ein Aräometer (Tauchwaage) erfaßt wird. Der theoretische Zusammenhang zwischen Korngröße, Kornwichte und Sinkgeschwindigkeit wird durch das Stokesche Gesetz beschrieben. Korngrößen unter 0,001 mm können durch das Verfahren nicht mehr unterschieden werden.

Bei beiden Versuchsarten wird die Kornform nicht näher berücksichtigt. Das gleiche gilt für die Mineralart und eventuelle Unterschiede in der Kornwichte. Der Einfluß dieser Parameter

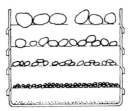

Bild 2.44
Prinzipskizze eines Siebsatzes mit Rückständen [2.7]

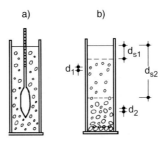

Bild 2.45
Sedimentationsanalyse:
a) Anfangszustand (mit Tauchwaage)
b) späterer Zustand (Prinzipskizze mit nur zwei Korngrößen) [2.7]

auf die Bodenkennwerte wird in der praktischen Bodenmechanik meistens vernachlässigt.

2.4.2 Wichte, Hohlraumanteil und Wassergehalt

Die Wichte γ von Boden oder Fels ist als Gewicht pro Volumeneinheit definiert. Dementsprechend ergibt sich die Dichte ρ als Masse pro Volumeneinheit.

Man unterscheidet folgende Wichten:

- Feuchtwichte γ im feuchten aber nicht gesättigten Zustand
- Trockenwichte γ_d nach Trocknen bei 105 °C
- Sättigungswichte γ_r bei Wassersättigung
- Wichte γ' unter Auftrieb

In Tabelle 2.9 sind für die wichtigsten Bodenarten Kennwerte zusammengestellt.

Tabelle 2.9 Wichte für einige Böden in kN/m³ [2.20]

	γ_d	γ_r	γ'
Sand, locker	13,0	19,0	9,0
Kiessand, dicht	20,0	21,0	11,0
Löß	16,0	19,0	9,0
Lehm	18,0	19,5	9,5
Ton	16,0	19,0	9,0
Ton/Schluff, organisch	16,5	14,0	6,5
Torf	12,5	11,0	2,5

Bei Fels macht die Einteilung wie bei Böden wegen der weitaus geringeren Hohlraumanteile keinen Sinn. Man unterscheidet zwischen Gesteinswerten ohne jegliche Klüftung, unverwittertem Fels und Fels in Anwitterungszonen (Tabelle 2.10).

Denkt man sich die Körner eines Bodens als kompakte Masse ohne Poren- und Wasseranteile, erhält man die Korndichte ρ_s. Ähnliches gilt für Fels. Die Bestimmung der Korndichte von Böden erfolgt in der Regel nach DIN 18124 mit dem Kapillarpyknometer oder auch mit dem Luftpyknometer. Für Fels gilt DIN 52102.

In Tabelle 2.11 sind Mittelwerte für die Korndichte zusammengestellt, mit denen in der Regel gearbeitet wird, z. B. zur Berechnung der

Tabelle 2.10 Wichte γ in kN/m³: Anhaltswerte für einige Gesteins- bzw. Felsarten (nach [2.20])

	Gesteinswerte	Anwitterungszone	Unverwitterter Fels
Sandstein	26–27	20–24	24
Tonstein	23–27	19–24	25
Tonschiefer	27–30	19–26	28
Kalkstein	26–28	22–25	27
Granit	26–28	24–26	26
Diabas	27–29	24–26	28
Basalt	29–30	26–28	29
Basalttuff	16–21	14–19	20

Tabelle 2.11 Mittelwerte der Korndichte in t/m³ (nach [2.20])

Sand (Quarz)	2,65
Ton	2,70
Schluff	2,68–2,70
Torf, schluffig	1,50–1,80
Braunkohle	1,00–1,20
Sandstein	2,60–2,75
Tonstein	2,70–2,80
Tonschiefer	2,75–2,85
Kalkstein	2,70–2,80
Granit	2,60–2,80
Basalt	2,90–3,00
Diabas	2,78–2,95
Steinsalz	2,10–2,30
Anhydrit	2,90–3,00
Gips	2,00–2,30

Hohlraumgehalte und zur Auswertung von Schlämmanalysen.

Boden und Fels bestehen in der Regel aus drei Phasen:

- Festmasse der Körner (fest)
- Wasser (flüssig)
- Luft (gasförmig)

Denkt man sich alle drei Phasen jeweils kompakt in einem Paket zusammengedrängt, erhält man das Modell in Bild 2.46 für einen Einheitswürfel. Daraus kann direkt der Porenanteil

$$n = \frac{\text{Volumen der Poren}}{\text{Gesamtvolumen}} \qquad (2.9)$$

ebenso wie die Porenzahl

$$e = \frac{\text{Volumen der Poren}}{\text{Volumen der Festmasse}} \qquad (2.10)$$

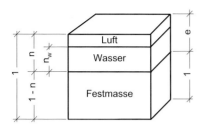

Bild 2.46
Einheitswürfel, Definition von Porenanteil n mit Porenanteil e und Wasseranteil n_w

abgelesen werden. Zwischen n und e gilt die Beziehung

$$n = \frac{e}{1+e} \qquad (2.11)$$

Die Kennziffern n und e werden zur Bestimmung der Lagerungsdichte benötigt (s. Abschnitt 2.4.4), die bei nichtbindigen Böden maßgebend für die Festigkeit und die Zusammendrückbarkeit ist.

Der Wassergehalt w ergibt sich als Quotient der Masse des Wassers zur Trockenmasse des bei 105 °C nach DIN 18121 getrockneten Bodens. Bei natürlichen Böden ergeben sich große Bandbreiten für den Wassergehalt (Tabelle 2.12).

Tabelle 2.12 Natürliche Wassergehalte für Böden (nach [2.6])

erdfeuchter Sand	< 0,10
Löß	0,10 bis 0,25
Lehm	0,15 bis 0,40
Ton	0,20 bis 0,60
organische Böden	0,50 bis 5,0

Ähnlich wie bei nichtbindigen Böden die Lagerungsdichte ist der Wassergehalt bei bindigen Böden ein wichtiges Klassifizierungsmerkmal in Verbindung mit der Plastizität und der Konsistenz (s. Abschnitt 2.4.5).

Die Sättigungszahl

$$S_r = \frac{\text{Wasseranteil}}{\text{Porenanteil}} = \frac{n_w}{n} \qquad (2.12)$$

ist ein Maß, inwieweit die Poren eines Bodens mit Wasser gefüllt sind. Üblich sind die Bezeichnungen in Tabelle 2.13.

Tabelle 2.13 Sättigungszahl und Einstufung von Böden (nach [2.20])

$S_r = 0$	trocken
0 –0,25	feucht
0,25–0,50	sehr feucht
0,50–0,75	naß
0,75–1,00	sehr naß
1,00	wassergesättigt

2.4.3 Beimengungen

Beimengungen werden in der praktischen Bodenmechanik meistens nicht gesondert betrachtet. Es gibt jedoch vor allem zwei, die die Bodeneigenschaften maßgeblich beeinflussen können.

Kalk kann, wie bei Löß zum Beispiel, dem Boden eine feste Struktur verleihen, die sich günstig auf die Böschungsstandsicherheit und das Setzungsverhalten auswirkt. Wird die Struktur dagegen zerstört und kommt noch Wasser hinzu, können sich die Bodeneigenschaften sehr ungünstig verändern. In solchen Fällen ist die Bautechnik auf den Boden abzustimmen. Der Kalkgehalt V_{Ca} ist definiert als der Anteil von Kalium- und Magnesiumkarbonat, bezogen auf die Trockenmasse.

Mit verdünnter Salzsäure kann der Kalkgehalt nach DIN 4022 überschlägig bestimmt werden:

– kein Aufbrausen   unter 0,5 %   kalkfrei
– schwaches bis deutliches, nicht anhaltendes Brausen   ca. 2–10 %   kalkhaltig
– starkes, anhaltendes Brausen   > 10 %   stark kalkhaltig

Genauer ist die gasvolumetrische Bestimmung nach Scheibler [2.20, 2.24, 2.33].

Organische Bestandteile können sehr viel Wasser binden. Bereits geringe Anteile im Prozentbereich verschlechtern die Verformungs- und Festigkeitseigenschaften der Böden. Man bezeichnet üblicherweise nichtbindige Böden bei Anteilen von 3 % (bindige bei 5 %) als organisch. Der Gehalt an organischen Bestandteilen wird über den Glühverlust V_{gl} bei 550 °C nachgewiesen. Er berechnet sich aus der vorher ofengetrockneten Masse m_d und der Masse m_g nach dem Ausglühen:

$$V_{gl} = \frac{m_d - m_g}{m_d} \qquad (2.13)$$

Zuverlässiger sind Methoden auf chemischer Basis [2.20, 2.24], auf die jedoch nicht näher eingegangen wird.

2.4.4 Lagerungsdichte

Bei nichtbindigen Böden ist neben der Kornverteilung die Lagerungsdichte eine der wichtigsten Beurteilungskriterien für die mechanischen Eigenschaften. Der Porenanteil n unter natürlichen Bedingungen wird in Bezug gesetzt zu Extremwerten max n bei lockerster Lagerung und min n bei dichtester Lagerung. Die Größen max n und min n sind keine physikalisch ausgezeichneten Zustände, sondern über Laborversuche definiert. Üblicherweise wird die dichteste Lagerung mit Hilfe der Schlaggabelmethode und die lockerste Lagerung durch vorsichtiges Einschütten bestimmt (Bild 2.47). Einzelheiten der Versuchsdurchführung sind in DIN 18126 geregelt.

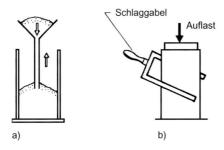

Bild 2.47
Versuch zur Ermittlung der a) lockersten und b) dichtesten Lagerung [2.7]

Die Lagerungsdichte D berechnet sich aus

$$D = \frac{\max n - n}{\max n - \min n} \qquad (2.14)$$

Sie liegt zwischen 0 und 100%. Bei entsprechender Verdichtung ist auch D > 100% in der Praxis möglich. Weniger üblich ist die Benutzung der bezogenen Lagerungsdichte I_D, die sich aus der Porenzahl e berechnet und nur an den Grenzen bei 0% und 100% identisch ist mit D (Einzelheiten s. [2.24]).

Wie Untersuchungen gezeigt haben, ist die Lagerungsdichte allein nicht direkt korrelierbar mit den Festigkeits- und Verformungseigenschaften. Als weiterer Parameter muß die Kornverteilung berücksichtigt werden. Deshalb hat sich in der Praxis in den letzten Jahren eine Unterteilung bei der Einstufung der Lagerungsdichte für Ungleichförmigkeitsgrade U ≤ 3 und U > 3 durchgesetzt (Tabelle 2.14). Deshalb ist es notwendig, z.B. für Korrelationen aus Sondierergebnissen, zu den Festigkeits- und Verformungseigenschaften neben der Lagerungsdichte auch noch den Ungleichförmigkeitsgrad zu kennen. Einfacher ist es, direkt aus Sondierergebnissen den gewünschten Bodenparameter ohne den Umweg über die Lagerungsdichte und den Ungleichförmigkeitsgrad zu bestimmen (s. auch Abschnitt 2.2.5). Dieser Weg wird z.B. in DIN 1054 und DIN 4014 beschritten.

Tabelle 2.14 Definition der Lagerungsdichte in Anlehnung an DIN 1054 und EAB (Empfehlungen Arbeitskreis Baugruben)

Ungleichförmigkeitszahl	U ≤ 3	U > 3
Sehr lockere Lagerung	D > 0,00 bis D = 0,15	D > 0,00 bis D = 0,20
Lockere Lagerung	D > 0,15 bis D = 0,30	D > 0,20 bis D = 0,45
Mitteldichte Lagerung	D > 0,30 bis D = 0,50	D > 0,45 bis D = 0,65
Dichte Lagerung	D > 0,50 bis D = 0,75	D > 0,65 bis D = 0,85
Sehr dichte Lagerung	D > 0,75 bis D = 1,00	D > 0,85 bis D = 1,00

2.4.5 Konsistenz und Plastizität

Eine ähnliche Rolle wie die Lagerungsdichte bei nichtbindigen Böden spielt die Konsistenz bei bindigen Böden. Die Verformbarkeit eines feinkörnigen Bodens nimmt mit dem Wassergehalt ab, die Festigkeit wird größer. Man unterscheidet flüssige, breiige, weiche, halbfeste und feste Konsistenz. Zur Bestimmung der Konsistenz I_C wird der natürliche Wassergehalt mit Grenzwerten nach Atterberg [2.32] verglichen. Der obere Genzwert ist durch den Wassergehalt w_L an der Fließgrenze gegeben. Er kennzeichnet den Übergang von flüssiger zu breiiger Konsistenz. Versuchstechnisch wird w_L mit einem

2.4 Wichtige Bodenkenngrößen und ihre Ermittlung

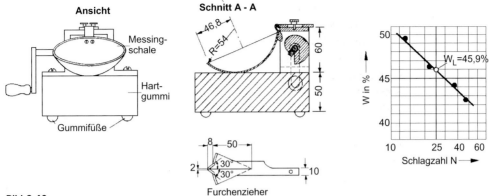

Bild 2.48
Ermittlung der Fließgrenze w_L [2.24]
a) Fließgrenzengerät (nach A. Casagrande), b) Versuchsauswertung

Gerät nach Casagrande gemäß DIN 18 122 bestimmt (Bild 2.48). Gemessen wird die Anzahl der Schläge, bei der sich eine genormte Furche auf 1 cm Länge schließt. Variiert wird der Wassergehalt, w_L ergibt sich bei 25 Schlägen.

Der untere Grenzwert, der Wassergehalt w_P an der Ausrollgrenze, kennzeichnet den Übergang von steifer zu halbfester Konsistenz. Man rollt kleine Walzen von ca. 3 mm Durchmesser auf Filterpapier solange aus, bis sie zu zerbröckeln beginnen. Einzelheiten sind in DIN 18122 geregelt.

Mit den Grenzwerten w_L und w_P berechnet sich die Konsistenzzahl I_C aus

$$I_C = \frac{w_L - w}{w_L - w_P} \qquad (2.15)$$

Der Übergang von halbfester zu fester Konsistenz ist durch den Wassergehalt w_S an der Schrumpfgrenze gekennzeichnet. Unterhalb von w_S erfährt der Boden beim Trocknen keine Volumenveränderung mehr (Bild 2.49).

Die Zuordnung von Wassergehalt und Konsistenz ist in Bild 2.50 dargestellt.

Die Differenz zwischen den Wassergehalten an der Fließ- und an der Ausrollgrenze wird als Plastitzitätszahl I_P bezeichnet:

$$I_P = w_L - w_P \qquad (2.16)$$

Sie ist ein Maß für die Plastitzität eines feinkörnigen Bodens. Plastizität und Wassergehalt an

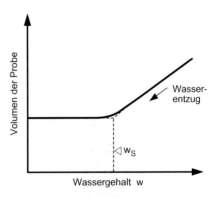

Bild 2.49
Definition der Schrumpfgrenze w_S [2.12]

der Fließgrenze sind die Grundlage für das Klassifizierungssystem nach DIN 18196, mit dem feinkörnige Böden für bautechnische Zwecke eingeteilt werden (s. Abschnitt 2.5). Eine kleine Plastizitätszahl weist darauf hin, daß schon bei kleinen Wassergehaltsänderungen große Änderungen in der Konsistenz zu erwarten sind. Das kann zum Beispiel bedeuten, daß eine Erdbaustelle schon bei geringstem Regen zum Erliegen kommen kann oder daß Fundamentsohlen nur bei trockenem Wetter ausgehoben werden sollten.

2.4.6 Steifemodul und Kompressionsverhalten

Setzungen werden hauptsächlich mit der Methode der vertikalen Spannungen berechnet

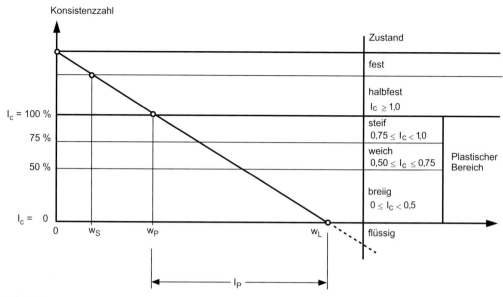

Bild 2.50
Zuordnung von Wassergehalt und Konsistenz

(s. Abschnitt 3.2). Bei diesem Verfahren geht man davon aus, daß sich die einzelnen Bodenschichten nur vertikal bei behinderter Seitendehnung zusammendrücken. Der für die Berechnung benötigte Zusammendrückungsmodul wird als Steifemodul bezeichnet. Im Labor wird der Steifemodul mit Kompressionsgeräten ermittelt (Bild 2.51).

Wegen der Schwierigkeiten bei der Probenahme von nichtbindigen Böden wird der Versuch in der Praxis hauptsächlich an bindigen Böden durchgeführt. Üblich sind das Kompressions-Durchlässigkeitsgerät (KD-Gerät) nach Casagrande und das Ödometer von Terzaghi. Wegen der Wandreibung beträgt als Kompromiß das Verhältnis von Probendurchmesser zu Probendicke 5:1. Übliche Durchmesser sind 70 und 100 mm. Durch die geringe Höhe von 14 bis 20 mm ist die Korngröße begrenzt. Zur Bestimmung des Steifemoduls muß aus dem Bohrloch eine Sonderprobe der Güteklasse 1 zur Verfügung stehen (s. Abschnitt 2.2.4).

Nach dem Einbau der Probe wird die Last stufenweise erhöht. Die Spannungen σ sind an die Erfordernisse der Setzungsberechnung anzupassen. Die Dehnungen ε der Proben entwickeln sich mit zeitlicher Verzögerung (Bild 2.52). Grund dafür ist bei wassergesättigten bindigen Böden, daß infolge der geringen Durchlässigkeit das Wasser nicht sofort nach dem Aufbringen der Last entweichen kann. Es bilden sich

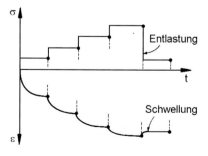

Bild 2.52
Typische Entwicklung von Druckspannung σ und Zusammendrückung ε mit der Zeit bei einem Kompressionsversuch [2.7]

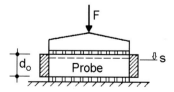

Bild 2.51
Prinzip des Kompressionsversuchs [2.7]

2.4 Wichtige Bodenkenngrößen und ihre Ermittlung

zunächst Porenwasserüberdrücke, die bei Erreichen der Enddehnungen in Bild 2.52 abklingen. Maßgeblich für das Drucksetzungsverhalten ist nicht die totale Spannung σ, die sich aus der Auflast, bezogen auf die Probenfläche, berechnet, sondern die effektive Spannung σ', die sich nach Terzaghi aus der totalen Spannung abzüglich des Wasserdrucks u aus der Gleichung

$$\sigma' = \sigma - u \qquad (2.17)$$

ergibt. Für Böden mit Kornstruktur läßt sich die Gleichung anschaulich herleiten (s. Gudehus [2.7]). Bei bindigen Böden ist die Gleichung umstritten, sie hat sich jedoch immer wieder als maßgebend für die Zusammendrückung und die Scherfestigkeit (s. Abschnitt 2.4.7) erwiesen. Man spricht vom Prinzip der effektiven Spannungen nach Terzaghi [2.7].

Trägt man die Endpunkte in Bild 2.52 nach dem Abklingen des Porenwasserdrucks auf, erhält man den in Bild 2.53 dargestellten Zusammenhang zwischen der Auflastspannung σ' und ε. Betrachtet man ein bestimmtes Intervall mit $\Delta\sigma'$ und $\Delta\varepsilon$ (Bild 2.54), erhält man den Steifemodul als Sekanten- oder Tangentenmodul aus

$$E_s = \frac{\Delta\sigma'}{\Delta\varepsilon} \qquad (2.18)$$

Bei Entlastung spricht man auch vom Schwellmodul.

Wie aus Bild 2.53 hervorgeht, hängt der Steifemodul vom Spannungsniveau und darüber hinaus davon ab, ob Be- oder Entlastung vorliegt. Folglich ist der Steifemodul keine Konstante und ist im Einzelfall festzulegen. Die geologische Vorbelastung kann als weiterer Parameter den Steifemodul erheblich beeinflussen. Trägt man die Spannung σ', normiert mit einer beliebigen Spannung σ_0', in logarithmischem Maßstab in Abhängigkeit der Porenziffer e auf, nehmen die Verformungen nach Überschreiten der geologischen Vorlastspannung σ_{v0}' erheblich zu (Bild 2.55). Die Vorlastspannung σ_{v0}' kann z.B., wie in Bild 2.55 dargestellt, nach Ohde über den Schnittpunkt der Tangenten an die beiden Geradenäste der Kompressionskurve bestimmt werden. Es sei darauf hingewiesen, daß der Knick in der Kompressionskurve auch aus Verkittung oder aus Strukturzusammenbruch kommen kann, was aber für die Setzungen denselben Effekt mit sich bringt. Liegen die Spannungen aus Bodeneigengewicht und Bauwerk unterhalb der Vorlast, können höhere Steifemoduli angesetzt werden als beim Überschreiten von σ_{v0}'.

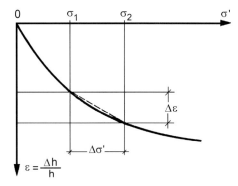

Bild 2.54
Ermittlung des Steifemoduls

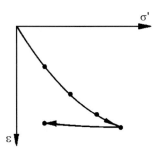

Bild 2.53
Typische Abhängigkeit der Zusammendrückung ε von der wirksamen Spannung σ' [2.7].

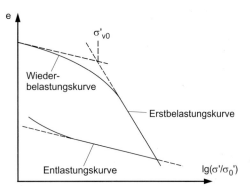

Bild 2.55
Ermittlung der Vorspannung nach Ohde [2.5]

Zur Festlegung des Steifemoduls bieten sich verschiedene Möglichkeiten an. Die genaueste Methode bei bindigen Böden ist die Messung im Laborversuch nach der Entnahme von Sonderproben aus Bohrungen. Bei nichtbindigen Böden kommt diese Vorgehensweise wegen der Schwierigkeiten bei der Probenahme in der Regel nicht in Frage. Der Steifemodul kann dann indirekt über Sondierungen bestimmt werden, oder es können auch gestörte Proben im Kompressionsversuch bei der selben Lagerungsdichte wie in situ untersucht werden.

Meistens wird der Steifemodul – allerdings mit geringerer Genauigkeit – auf der Grundlage von Erfahrungswerten festgelegt (Tabelle 2.15).

Tabelle 2.15 Anhaltswerte für Steifemodul [2.20]

	MN/m^2
Organische und organisch verunreinigte Böden	1,0– 3,0
stark bindige Böden, weichplastisch	3,0– 5,0
stark bindige Böden, steifplastisch	5,0– 15,0
schwach bindige Böden	5,0– 30,0
Sand, locker	10,0– 20,0
Sand, dicht	50,0– 80,0
Kies, sandig, dicht	100,0–200,0

Alternativ kann E_s nach Ohde [2.18] mit der Beziehung

$$E_s = v_e \cdot \sigma_{at} \left(\frac{\sigma'}{\sigma_{at}}\right)^{w_e} \quad (2.19)$$

abgeschätzt werden. Für unvorbelastete Böden gibt Ohde die Kennwerte in Tabelle 2.16 an. Als Normierungsspannung ist der Atmosphärendruck $\sigma_{at} = 100$ kN/m^2 anzusetzen. Weitere Erfahrungswerte sind in Abschnitt 2.4.10 zusammengestellt.

Tabelle 2.16 Kennwerte v_e und w_e (nach Ohde [2.33])

Bodenart	v_e	w_e
Organische Böden	3– 15	0,85–1,00
Tone	5– 20	0,85–1,00
Schluffe	20– 80	0,80–0,95
Sande bis kiesige Sande	100–750	0,55–0,70

Bei Ent- und Wiederbelastung ergeben sich höhere Steifigkeiten. Für Kiese, Sande und Schluffe ist E_s etwa um den Faktor 10 höher, bei tonigen Schluffen und Tonen steigt E_s auf das Dreifache der Werte bei Erstbelastung.

Wie aus Bild 2.52 hervorgeht, entwickeln sich die Verformungen im Kompressionsgerät vor allem bei wassergesättigten bindigen Böden mit zeitlicher Verzögerung. Das Zeit-Setzungsverhalten bis zum Abklingen des Porenwasserüberdrucks kann mit Hilfe der Konsolidierungstheorie von Terzaghi näher beschrieben werden [2.7]. Ein wichtiges Ergebnis ist das Modellgesetz

$$t_P = t_M \left(\frac{d_P}{d_M}\right) \quad (2.20)$$

Dabei bezeichnen d_M die Probendicke, d_P die Schichtdicke in der Natur, t_M die im Kompressionsgerät gemessene und t_P die in der Natur benötigte Zeit bis zum Erreichen der Endsetzungen beim Abklingen des Porenwasserüberdrucks (s. DIN 4019).

Benötigt man z.B. im Kompressionsgerät mit $d_M = 2$ cm 2 Stunden bis zur Beruhigung der Setzungen, kann es bei einer Schichtdicke von 4 m bei sonst gleichen Bedingungen in der Natur Jahre dauern. Gleichung 2.20 enthält viele Unwegbarkeiten, zeigt jedoch die Tendenzen auf.

Näheres zur Konsolidierungstheorie findet sich in [2.7, 2.8].

Bei feinkörnigen Böden beobachtet man teilweise nach dem Abklingen des Porenwasserüberdrucks und der Konsolidationssetzungen, die auch als Primärsetzungen bezeichnet werden, eine weitere Zunahme der Verformungen, die Sekundärsetzungen. Dabei kriecht der Boden infolge Umlagerungen des Mineralgerüsts. Nach Buismann nehmen die Sekundärsetzungen logarithmisch mit der Zeit zu. Bei geologisch vorbelasteten überkonsolidierten Böden spielen die Sekundärsetzungen kaum eine Rolle, eher bei unvorbelasteten, noch nicht gealterten Formationen (Einzelheiten s. [2.7]).

Bei einigen Fragestellungen, wie zum Beispiel Finite-Elemente-Berechnungen, ist nicht der Steifemodul, sondern der E-Modul eines linear elastischen isotropen Materials von Interesse. Zwischen E-Modul, Schubmodul G und Steifemodul besteht der folgende Zusammenhang:

$$E = E_s \frac{1 - \nu - 2\nu^2}{1 - \nu} \quad (2.21)$$

und

$$G = E_s \frac{1 - \nu - 2\nu^2}{2(1 - \nu^2)} \quad (2.22)$$

Die Schwierigkeiten bestehen darin, daß zum einen der Steifemodul und damit der E-Modul keine Konstante ist. Somit ist man auf Erfahrungswerte angewiesen, um einen „repräsentativen" Wert zu erhalten. Zum anderen kann die Querkontraktionszahl ν nicht objektiv eindeutig bestimmt werden. Meistens rechnet man mit den Erfahrungswerten $\nu \approx 0{,}3$ für Sande und Kiese und $\nu \approx 0{,}4$ für Tone. Damit ergibt sich

$$E \approx 0{,}5 \text{ bis } 0{,}75\, E_s \quad (2.23)$$

Ob diese Korrektur in Anbetracht der Ungenauigkeiten beim Steifemodul noch viel Sinn macht, ist fraglich. Weitere Hinweise s. Abschnitt 3.2.

2.4.7 Scherparameter

In der Natur bilden sich bei Bruchvorgängen häufig Gleitkörper mit schmalen Scherzonen aus (s. Kapitel 3). Zur Berechnung der Standsicherheit benötigt man die Bodenwiderstände in den Scherfugen. Im Labor läßt sich der Schervorgang in einem Rahmenscherversuch nach Krey [2.11] nachbilden (Bild 2.56).

Zunächst einmal soll das Verhalten eines vorbelasteten bindigen Bodens betrachtet werden. Solche Böden werden auch als überkonsolidiert, überkritisch dicht oder überverdichtet bezeichnet. Einzelheiten s. DIN 18137 sowie [2.7, 2.33].

Nach dem Einbau der Probe, z. B. einer Sonderprobe, wird zunächst eine Vorspannung σ' über

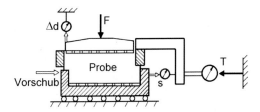

Bild 2.56
Rahmenscherversuch nach Krey [2.7]

eine Kraft F aufgebracht. Danach werden die beiden Rahmen gegeneinander verschoben. Aus der Vorschubkraft und der Probenfläche kann die Schubspannung τ in Abhängigkeit vom Vorschubweg s bestimmt werden. Die Scherung wird so langsam durchgeführt, daß keine Porenwasserdrücke auftreten. Zunächst steigt die Schubspannung an und erreicht einen Maximalwert τ_f, der auch als Grenzzustand größter Scherfestigkeit oder Peak-Zustand bezeichnet wird (Bild 2.57, Kurve a). Kennzeichen des Grenzzustands ist, daß die Spannungen bei einer Zunahme der Verformungen konstant bleiben. Näheres dazu s. DIN 18137. Aus den Hebungen d der Probe kann der Verlauf der Porenziffer und der Dichte bestimmt werden. Zunächst einmal nimmt die Porenziffer und das Volumen ab, man spricht auch von Kontraktanz, danach ist eine Zunahme des Volumens oder eine Dilatanz der Probe zu beobachten (Bild 2.57b, Kurve a).

Führt man den Versuch bei verschiedenen Auflasten durch und trägt die τ_f Werte als Funktion von σ' auf, erhält man eine Gerade mit der Neigung φ' und dem y-Achsenabschnitt c'. Die Gleichung

$$\tau_f = c' + \sigma' \tan \varphi' \quad (2.24)$$

heißt Coulomb-Grenzbedingung, c' ist die wirksame oder effektive Kohäsion und φ' der wirksame oder auch effektive Reibungswinkel. Die Kohäsion c' ist im wesentlichen proportional zur Vorlast, hängt aber auch von der Alterung, von einer eventuellen chemischen Verkittung und Kapillarspannungen ab (s. DIN 18137 [2.7, 2.33]).

Wird der Schervorgang nach Erreichen des Peakzustands festgesetzt, stellt sich asymptotisch die sogenannte kritische Dichte mit der kritischen Porenziffer e_k ein (Bild 2.57a und b, Kurve a). Die Scherfestigkeit im kritischen Zustand wird mit τ_k bezeichnet. Trägt man die Ergebnisse aus Versuchen mit verschiedenen Normalspannungen auf, erhält man die Gerade

$$\tau = \sigma' \cdot \tan \varphi_s' \quad (2.25)$$

mit der Neigung φ_s'. Die Kohäsion ist Null. φ_s' kann auch aus Versuchen mit normalkonsolidierten, d. h. nicht vorbelasteten Böden be-

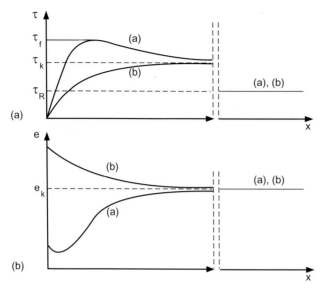

Bild 2.57
Schubspannung τ und Porenzahl e in Abhängigkeit vom Scherweg x für eine Scherfuge unter konstanter effektiver Normalspannung σ′ für einen Boden mit Restscherfestigkeit $\tau_R < \tau_k$: a) überkritisch dicht, b) unterkritisch dicht nach DIN 18137

stimmt werden. Nach Krey/Tiedemann heißt φ'_s Winkel der Gesamtscherfestigkeit.

Bei manchen bindigen Böden kann die Scherfestigkeit bei großen Verformungen noch weiter bis zum Restreibungswinkel φ'_R abfallen (Bild 2.57). Man erhält die Gleichung

$$\tau_R = \sigma' \cdot \tan \varphi'_R \qquad (2.26)$$

Bei Tonen zum Beispiel kann man sich den Abfall dadurch erklären, daß sich die Tonplättchen nahezu parallel legen. Zum Teil werden spiegelblanke Scherflächen beobachtet, die man als Harnischflächen bezeichnet [2.6].

Bild 2.58 faßt die verschiedenen Grenzbedingungen zusammen. Die Scherparameter c′, φ′, φ'_s und φ'_R umfassen einen weiten Bereich an Festigkeiten. Das Tückische ist, daß in der Natur bei vorbelasteten Böden ein Abfall von c′ und φ′ bis auf φ'_R durch Entfestigungsvorgänge möglich ist. Es gibt Fälle, z. B. beim Opalinuston, bei denen aus Sonderproben die Scherparameter c′ und φ′ gemessen werden. In der Natur haben sich jedoch durch Verformungen und

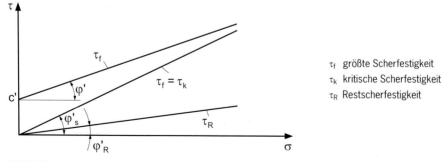

Bild 2.58
(τ, σ) Diagramm der Scherfestigkeit einer Scherfuge in einem bindigen Boden nach DIN 18137

2.4 Wichtige Bodenkenngrößen und ihre Ermittlung

Aufweichung Scherzonen ausgebildet, in denen die Restscherfestigkeit maßgeblich ist und nur sehr flache Böschungsneigungen möglich sind. Auf der anderen Seite kann eine Baumaßnahme sehr schnell unwirtschaftlich werden, wenn man aus Sicherheitsgründen nur mit dem Restreibungswinkel bemißt.

Sind Böden unterkritisch dicht, d. h. die Porenzahl ist größer als e_K, wird asymptotisch die Scherfestigkeit τ_K im kritischen Zustand erreicht. Der Schervorgang geht einher mit einer stetigen Volumenabnahme (Bild 2.57 a und b, Kurve b). Das heißt, die Bodenproben erreichen unabhängig vom Ausgangszustand bei sonst gleichen Bedingungen nach großen Verformungen den kritischen Zustand. Die kritische Porenzahl e_K ist keine Bodenkonstante, sondern nimmt mit zunehmendem Druckniveau ab [2.33], ist jedoch bei nichtbindigen Böden nahezu unabhängig davon (s. DIN 18137).

Häufig werden in der Praxis nicht Rahmenscherversuche, sondern triaxiale Kompressionsversuche durchgeführt (Bild 2.59).

Dabei wird die Probe zunächst unter allseitigen Druck gebracht, und danach wird unter konstanter Seitenspannung σ_2 die Vertikalspannung σ_1 über eine Vertikalkraft F_1 solange erhöht, bis ein Grenzzustand erreicht wird. Aus den Vertikal- und Horizontalverschiebungen der zylindrischen Probe lassen sich die Vertikaldehnungen ε_1 und die Volumendehnung ε_V bestimmen, die sich aus der Volumenänderung der Probe, bezogen auf das Anfangsvolumen, ergibt. Ein typisches Ergebnis ist in Bild 2.60 dargestellt. Analog zum Rahmenscherversuch erhält man die Mohr-Coloumb-Grenzbedingung

$$\frac{\sigma_1' - \sigma_2'}{\sigma_1' + \sigma_2'} = \frac{2\,c' \cdot \cos\varphi'}{\sigma_1' + \sigma_2'} + \sin\varphi' \qquad (2.27)$$

für vorbelastete Böden mit den Parametern c' und φ' (Bild 2.61) und

$$\frac{\sigma_1' - \sigma_2'}{\sigma_1' + \sigma_2'} = \sin\varphi' \qquad (2.28)$$

für normalkonsolidierte Böden. Dabei trägt man die Mohrschen Spannungskreise mit dem Mittelpunkt $(\sigma_1' + \sigma_2')/2$ und dem Radius $(\sigma_1' - \sigma_2')/2$ für verschiedene Seitendrücke auf und zeichnet die gerade Umhüllende ein, die Gleichung 2.27 entspricht.

Obwohl die Grenzbedingungen im Rahmenschergerät und im Triaxialversuch völlig verschieden sind und zum Teil auch unterschiedliche Ergebnisse gemessen werden, vernachläs-

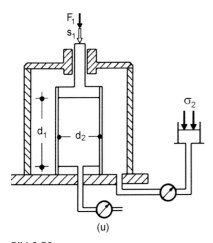

Bild 2.59
Standardausführung des Triaxialgeräts [2.6]
F_1: Vertikalkraft
d_1: Probenhöhe
d_2: Probendurchmesser
u: Porenwasserdruckmessung
σ_2: Seitendruck
s_1: Vertikalverschiebung

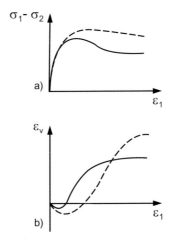

Bild 2.60
Typische Axialspannung (a) und Volumenänderungen (b) bei zylindrischer Kompression unter konstantem Seitendruck (gestrichelt; bei verbessertem Gerät) [2.6]

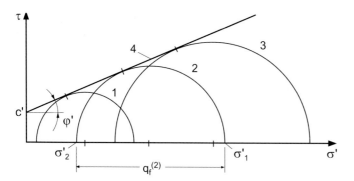

Bild 2.61
Grenzbedingung nach Mohr-Columb im (τ, σ') Diagramm: 1, 2, 3 (σ'_1, σ'_2) Spannungskreise im Grenzzustand, 4 gerade Umhüllende als Grenzbedingung, nach DIN 18137

sigt man in der Praxis etwaige Unterschiede. Wie groß die Abweichungen tatsächlich sind, ist teilweise schwer zu beurteilen, weil bei vielen Geräten allein schon versuchstechnisch große Fehler entstehen können.

Bei wassergesättigten oder fast gesättigten bindigen Böden sind nicht nur die Scherparameter unter dränierten Bedingungen, die sich in der Natur häufig erst nach sehr langer Zeit mit dem Abklingen des Porenwasserüberdrucks einstellen, von Interesse. Wird ein Fundament zum Beispiel sehr schnell belastet, kann der Porenwasserüberdruck bei feinkörnigen Böden nicht sofort abgebaut werden, und maßgeblich sind die Scherparameter unter undränierten Bedingungen. Versuchstechnisch simuliert man diese Fälle, in dem man die Dränage im Triaxialgerät geschlossen hält oder im Rahmenschergerät sehr schnell abschert. Als Ergebnis erhält man die Grenzbedingung

$$\tau_f = c_u + \sigma \cdot \tan\varphi_u \qquad (2.29)$$

mit den totalen Scherparametern c_u und φ_u. Bei vollständig wassergesättigten Böden, die nicht überkonsolidiert sind, ergibt sich im Triaxialversuch $\varphi_u = 0$ und $c_u = 0{,}5\ \max(\sigma_1 - \sigma_2)$.

Bei nichtbindigen Böden, die nicht zementiert sind, ist das Scherverhalten wesentlich einfacher, weil eine Vorbelastung praktisch keine Rolle spielt [2.7]. Der Grenzzustand wird durch die Gleichungen

$$\tau_f = \sigma' \cdot \tan\varphi \qquad (2.30)$$

und

$$\frac{\sigma'_1 - \sigma'_2}{\sigma'_1 + \sigma'_2} = \sin\varphi \qquad (2.31)$$

beschrieben. Der Reibungswinkel φ hängt außer von der Kornverteilung hauptsächlich von der Lagerungsdichte ab. Man unterscheidet wie in Bild 2.58 in Böden mit Porenziffern größer und kleiner als die kritische. Bei hoher Lagerungsdichte mit $e < e_K$ ergibt sich ein ausgeprägter Peakzustand nach relativ kleinen Verformungen, danach wird infolge Dilatanz bei genügend großen Scherwegen der kritische Zustand erreicht. Bei unterkritisch dichten Böden stellt sich der Grenzzustand erst nach sehr großen Verformungen ein. Die kritische Porenziffer e_K ist in der Regel nahezu unabhängig vom Druckniveau (s. DIN 18137).

Für die kurzzeitige Standsicherheit von Böschungen oder beim Abgraben vor dem Einbringen von Sicherungsmaßnahmen spielt die Kapillarkohäsion in der Baupraxis eine große Rolle. Bei teilgesättigten nichtbindigen Böden ergibt sich durch Unterdruckwirkung eine scheinbare Kohäsion, die aber sowohl beim Austrocknen als auch bei Flutung wieder verschwindet. Die Kapillarkohäsion ist um so höher, je kleiner der Korndurchmesser ist (s. Tabelle 2.18).

Zur Messung der Scherfestigkeit stehen eine Reihe von Laborgeräten zur Verfügung. Standardtriaxialgeräte weisen Probendurchmesser von 36 bis 38 mm, verbesserte Geräte bis zu 100 mm auf. Das Verhältnis Höhe zu Durch-

2.4 Wichtige Bodenkenngrößen und ihre Ermittlung

messer beträgt ca. 2:1, in verbesserten Geräten ca. 1:1. Die Korngröße ist begrenzt auf 1/5 bis 1/10 des Probekörperdurchmessers. In der Praxis siebt man deshalb häufig die Grobfraktionen aus, wenn keine Großgeräte zur Verfügung stehen oder zu teuer sind. Je nach Bodenart wird der Versuch unterschiedlich durchgeführt. Man unterscheidet folgende Versuchstypen:

– dränierter Versuch (D-Versuch) zur Bestimmung von c' und φ'
– konsolidierter undränierter Versuch (CU-Versuch) mit Porenwasserdruckmessung zur Bestimmung von c' und φ'
– konsolidierter undränierter Versuch mit konstantem Volumen (CCV-Versuch) zur Bestimmung von c' und φ'
– unkonsolidierter, undränierter Versuch (UU-Versuch) zur Bestimmung von c_u und φ_u

Einzelheiten sind in DIN 18 137, Teil 2 geregelt. Eine Diskussion der Vor- und Nachteile erfolgt bei von Soos [2.33].

Rahmenschergeräte bestehen aus zwei übereinanderliegenden starren Rahmen mit lichten Weiten zwischen 60 mm und 100 mm. Üblich sind quadratische oder kreisförmige Proben. Es können der obere (Casagrande) oder der untere Rahmen (Krey) verschieblich sein [2.33]. Je nach Ausführungsart können c' und φ' oder auch c_u und φ_u bestimmt werden. Durch wiederholtes Hin- und Herbewegen der Rahmen ergibt sich die Restscherfestigkeit [2.33]. Alternativ kann die Restscherfestigkeit im Kreisringschergerät bestimmt werden [2.33].

Auf weitere Sondergeräte wie das Biaxialgerät, echte Triaxialgeräte und Einfachschergeräte (simple shear) sei nur hingewiesen. Einzelheiten s. [2.7, 2.33].

Die undränierte Kohäsion c_u weicher bis steifer bindiger Böden kann relativ einfach mit der Flügelsonde bestimmt werden (s. Abschnitt 2.2.5). Durch die hohe Abschergeschwindigkeit wird in der Regel die Scherfestigkeit überschätzt. Üblich sind Korrekturen nach Bjerrum in Abhängigkeit der Plastizitätszahl I_P (Bild 2.62) oder nach Leinenkugel über den sogenannten Zähigkeitsindex und das Verhältnis der Abschergeschwindigkeiten [2.7].

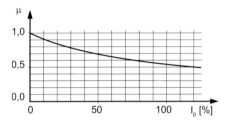

Bild 2.62
Korrekturbeiwert μ für c_u-Festigkeit

Bei Fels und Übergangsböden wird die Festigkeit häufig im einaxialen Druckversuch bei unbehinderter Seitendehnung bestimmt. Bild 2.63 zeigt ein typisches Versuchsergebnis.

Die einaxiale Druckfestigkeit q_u entspricht dem Maximalwert σ_B im Versuch. Zwischen der un-

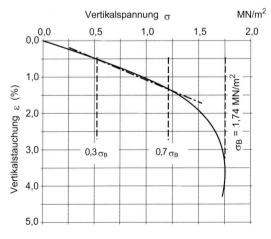

Bild 2.63
Ermittlung der einaxialen Druckfestigkeit nach DIN 18136

Tabelle 2.17 Reibungswinkel (links aus Standardversuchen, rechts aus verbesserten Versuchen) für Schotter, Kies, Sand und Grobschluff (nach Gudehus [2.6])

Erdstoff	φ	φ	Erdstoff	φ	φ
Schotter, dicht	45°	50°	Mittelsand, locker	35°	35°
Schotter, locker	40°	*)	Kiessand, U > 10	35°	40°
Flußkies	30°	*)	Grobschluff, dicht	35°	45°
Mittelsand, dicht	40°	46°	Grobschluff, locker	35°	*)

*) Meßwerte liegen nicht vor

Tabelle 2.18 Abhängigkeit der scheinbaren Kohäsion von Wassergehalt und bezogener Lagerungsdichte (nach Förster [2.5])

I_D	0,25		0,5		0,75	
S_r	0–0,15	0,15–0,5	0–0,2	0,2–0,6	0–0,25	0,25–0,65
fS	0–9,0	9,0	0–10,5	10,5	0–12,5	12,5
mS	0–5,0	5,0	0– 7,0	7,0	0– 8,5	8,5
gS – fS	0–3,5	3,5	0– 5,0	5,0	0– 6,0	6,0

dränierten Kohäsion und der Druckfestigkeit q_u besteht der Zusammenhang

$$c_u = \frac{1}{2} q_u \qquad (2.32)$$

Der übliche Probendurchmesser liegt zwischen 50 mm und 150 mm. Einzelheiten sind in DIN 18136 geregelt.

Häufig kann bei derartig kleinen Durchmessern von Felsproben nicht die Gebirgsfestigkeit bestimmt werden, weil z. B. die Klüfte nicht repräsentativ erfaßt werden. In diesen Fällen ist man auf Großgeräte angewiesen. Das Gleiche gilt für Lockergesteinsböden, deren Korndurchmesser mehr als ein 1/10 bis ein 1/5 der möglichen Probengröße überschreitet. Zur Verfügung stehen verschiedene Geräte wie Großtriaxialgeräte mit Durchmessern bis zu 80 cm [2.36] oder Rahmenschergeräte mit bis zu 2500 cm² Fläche [2.20, 2.37, 2.39].

Im folgenden werden kurz einige Hinweise zur Größenordnung der Scherparameter gegeben. Eine ausführliche Zusammenstellung von Erfahrungswerten findet sich in Abschnitt 2.4.10. Tabelle 2.17 gibt einen Überblick über typische Werte bei Schotter, Sanden, Kiesen und Grobschluff.

Neben den Reibungswinkeln in Standardgeräten sind auch Angaben zu Werten aus verbesserten Versuchen zu finden. Hinweise zur Ka-

pillarkohäsion in Abhängigkeit der bezogenen Lagerungsdichte und dem Sättigungsgrad S_r können Tabelle 2.18 entnommen werden.

Eine Übersicht über die Größenordnung des Winkels der Gesamtscherfestigkeit φ'_s, des effektiven Reibungswinkels φ' und des Restreibungswinkels φ'_R gibt Tabelle 2.19. Übliche Werte von c' liegen im Bereich zwischen 0 und 20 kN/m² (genaueres s. Abschnitt 2.4.10).

Tabelle 2.19 Wirksame Reibungswinkel und Restreibungswinkel toniger Erdstoffe (typische Werte) [2.6]

Erdstoff	Minerale	φ'_s	φ'	φ'_R
toniger Schluff	Quarz, Kaolinit	30°	25°	30°
schluffiger Ton	Kaolinit, Quarz	25°	20°	15°
Ton	Kaolinit	20°	15°	10°
Ton	Montmorillonit	10°	8°	5°
Klei	Illit Humussäure, Quarz	25°	15–25°	10–20°

Bei gemischtkörnigen Böden hängt die Scherfestigkeit von der Lagerungsdichte, der Wassersättigung und der Kornverteilung im Feinkorn- und Grobkornbereich ab [2.20]. Häufig wird bei Mischböden eine Zunahme der Festigkeit im Vergleich zu den reinen Bodenarten festgestellt. Einige Anhaltswerte sind in Tabelle 2.20 zusammengestellt.

Bei Fels hängt die Festigkeit sehr stark vom Verwitterungsgrad und der Art der Klüfte ab. Je

2.4 Wichtige Bodenkenngrößen und ihre Ermittlung

Tabelle 2.20 Effektiver Scherparameter c' und φ' bei gemischtkörnigen Böden (nach Leussink et al. [2.13], Prinz [2.20])

Boden	Ton- und Schluffanteil	φ'	c'
sandig-kiesiger (-steiniger) Mischboden	< 5–8%	35° bis 40°	0–5 kN/m²
schwach tonig-schluffiger gemischtkörniger Sand- oder Kiesboden (ohne oder mit Steinen)	5–8% bis 15–20%	32,5° bis 37,5°	0–10 kN/m²
stark tonig-schluffiger gemischtkörniger Sand oder Kiesboden (ohne oder mit Steinen)	15–20% bis 40%	30° bis 35°	10–30 kN/m²
bindiger (feinkörniger) Mischboden	> 40%	25° bis 30°	20–40 kN/m²

nach Zustand betragen die Reibungswinkel φ' zwischen 20° und 40°, c' kann zwischen 0 und 600 kN/m² liegen. Liegt die Gebirgsfestigkeit in der Nähe der Gesteinsfestigkeit, sind noch weitaus höhere Werte möglich.

2.4.8 Durchlässigkeit

Die Durchlässigkeit wird z. B. bei Grundwasserabsenkungsmaßnahmen benötigt, wenn die Baugrube trockengelegt werden soll. Die Abschätzungen von Wassermengen und die Berechnung von Durchströmungsvorgängen erfolgt in der Praxis auf der Grundlage des Durchströmungsgesetzes von Darcy.

Läßt man z. B. eine Sandprobe mit der Querschnittsfläche A und der Länge Δl so durchströmen, daß der in Standrohren an den Probenenden gemessene Wasserspiegelunterschied Δh$_w$ konstant bleibt (Bild 2.64), ergibt sich für die Wassermenge q pro Zeiteinheit

$$q \sim \frac{A \cdot \Delta h_w}{\Delta l} \tag{2.33}$$

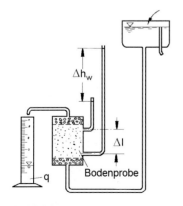

Bild 2.64
Durchlässigkeitsversuch mit konstanter Druckhöhe [2.33]

mit einem Proportionalitätsfaktor k. Dieser Faktor wird als Durchlässigkeitsbeiwert oder kurz als Durchlässigkeit bezeichnet. Gleichung 2.33 läßt sich umformen. Der Quotient q/A ist die mittlere Durchströmungsgeschwindigkeit, bezogen auf die gesamte Probefläche. Er wird als Filtergeschwindigkeit v bezeichnet. Somit gilt:

$$v = \frac{q}{A} \tag{2.34}$$

Die Differenz der Wasserspiegel kann als Differenz der Potentialhöhe oder der hydraulischen Höhe gedeutet werden. Der Gradient i oder das hydraulische Gefälle ist definiert als Potentialdifferenz pro Länge mit

$$i = \frac{\Delta h_w}{\Delta l} \tag{2.35}$$

Mit den Gleichungen 2.34 und 2.35 ergibt sich aus Gleichung 2.33

$$v = k \cdot i \tag{2.36}$$

d. h. die Filtergeschwindigkeit ist proportional zum hydraulischen Gefälle. Motor für die Geschwindigkeit ist folglich nicht eine Wasserdruckdifferenz, sondern die Potentialdifferenz.

Strenggenommen ist Gleichung 2.36 bei sehr kleinen Gradienten in wenig durchlässigen Böden und bei großen Gradienten in durchlässigen Böden nicht mehr gültig [2.20]. Für praktische Zwecke ist Gleichung 2.36 aber völlig ausreichend. In Gleichung 2.36 steckt eine weitere Vereinfachung. Die kinetische Energie wird nicht berücksichtigt. Die Geschwindigkeiten sind jedoch so gering, daß sie keine Rolle spielen [2.5].

Die Filtergeschwindigkeit ist eine fiktive Geschwindigkeit, mit der z. B. Wassermengen aus der durchströmten Fläche berechnet werden können. Tatsächlich steht dem Wasser aber nur der nutzbare Porenanteil n_0 zur Verfügung. Die Geschwindigkeit, die ein Wasserteilchen aufweist, wird als Abstandsgeschwindigkeit v_a bezeichnet. Sie berechnet sich aus:

$$v_a = \frac{v}{n_0} \qquad (2.37)$$

Der nutzbare Porenanteil n_0 ist stets geringer als der gesamte Porenanteil. Bei Kiesen ist die Gesamtporosität etwa gleich n. Bei feinkörnigen Böden steht für den Durchfluß nur noch ein geringer Anteil zur Verfügung [2.2].

Der Durchlässigkeitsbeiwert k in Gleichung 2.36 hängt von vielen Faktoren ab, z.B. von der Korngröße, der Kornform, der Kornverteilung, der Struktur und der Temperatur. Nach DIN 18130 werden alle Laborversuche mit Hilfe von Korrekturbeiwerten auf eine Temperatur von 10 °C umgerechnet, was in etwa auch der Grundwassertemperatur entspricht. Den größten Einfluß auf k hat die Körngröße. Die Abschätzung nach Hazen [2.9] mit k in m/s und d_{10} in mm.

$$k = 0{,}01 \cdot d_{10}^2 \qquad (2.38)$$

wobei d_{10} den Korndurchmesser bei 10% Siebdurchgang bezeichnet, zeigt auf, daß zwischen grobkörnigen und feinkörnigen Böden mehrere Zehnerpotenzen liegen können.

Wegen der häufig stark wechselnden Baugrundverhältnisse darf man nicht zu hohe Genauigkeitsansprüche an die Bestimmung der Durchlässigkeit stellen. Sedimente weisen häufig in horizontaler Richtung eine weitaus höhere Durchlässigkeit als in vertikaler Richtung auf. Die Unterschiede betragen etwa Faktor 2 bis 10 [2.33]. Trotz der Anisotropie rechnet man meistens mit isotropen Bedingungen.

Die Bestimmung der Durchlässigkeit erfolgt am besten durch Pumpversuche (s. Abschnitt 2.2.6). Wegen der hohen Kosten greift man jedoch häufig auf Laborversuche zurück. Bei durchlässigen Böden arbeitet man in der Regel mit konstanter Druckhöhe (Bild 2.64). Bei geringer Durchlässigkeit sind die Wassermengen so klein, daß man die Versuche besser mit fallender Druckhöhe durchführt (Bild 2.65). Aus

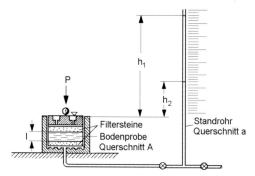

Bild 2.65
Durchlässigkeitsversuch mit fallender Druckhöhe [2.33]

dem Abfall des Wasserspiegels im Standrohr von h_1 auf h_2 während der Zeit t sowie dem Standrohrquerschnitt a, der Probequerschnittsfläche A und der durchströmten Länge l ergibt sich der Durchlässigkeitsbeiwert k aus

$$k = \frac{a}{A} \frac{l}{t} \ln\left(\frac{h_1}{h_2}\right) \qquad (2.39)$$

Näheres s. [2.33] und DIN 18130.

Tabelle 2.21 faßt einige typische Durchlässigkeitsbeiwerte von Lockergesteinen zusammen. Die Klassifizierung der Durchlässigkeit kann nach Tabelle 2.22 erfolgen [2.29]. Weitere Kennwerte sind in Abschnitt 2.4.10 zusammengestellt. Bei Fels ist bis auf wenige Ausnahmen die Gesteinsdurchlässigkeit mit Werten zwischen 10^{-10} m/s und 10^{-13} m/s vernachläs-

Tabelle 2.21 Typische Durchlässigkeitskoeffizienten [2.6]

Erdstoff	k [m/s]
Feinkies	0,5 bis $5 \cdot 10^{-1}$
Mittelsand	0,5 bis $5 \cdot 10^{-3}$
Grobschluff	0,5 bis $5 \cdot 10^{-5}$
Feinschluff	0,5 bis $5 \cdot 10^{-7}$
toniger Schluff	unter 10^{-8}

Tabelle 2.22 Definition des Durchlässigkeitsgrads [2.5]

Durchlässigkeitsgrad	k [m/s]
hoch	$> 10^{-3}$
mittel	10^{-3}–10^{-5}
gering	10^{-5}–10^{-7}
sehr gering	10^{-7}–10^{-9}
praktisch undurchlässig	$< 10^{-9}$

2.4 Wichtige Bodenkenngrößen und ihre Ermittlung

sigbar gering [2.20]. Die Gebirgsdurchlässigkeit wird durch die Art der Klüfte und durch Großporen bestimmt und ist in der Regel nicht mehr homogen und isotrop (Näheres s. [2.20]).

2.4.9 Proctordichte

Zur Herstellung eines tragfähigen Planums mit günstigen Festigkeits-, Setzungs- und Durchlässigkeitseigenschaften muß eine Verdichtung in der Regel optimiert werden. Bei bindigen Böden und vor allem bei Mischböden hängt der erreichbare Verdichtungsgrad sehr stark vom Wassergehalt ab. Zu trockene Böden lassen sich durch die Zugwirkung des Kapillarwassers ebenso wenig gut verdichten wie zu nasse Böden, bei denen die Verdichtungsenergie zu einem Aufbau von Porenwasserdrücken führt. Gesucht ist der optimale Wassergehalt.

Im Labor wird das Verdichtungsverhalten durch den Proctorversuch nach DIN 18127 geprüft. Der Boden wird mit verschiedenen Wassergehalten in einem zylinderförmigen Gefäß lagenweise eingebaut und mit einem Fallgewicht bei vorgegebener Schlagzahl verdichtet (Bild 2.66a). Zur Versuchsauswertung wird die jeweils erzielte Trockendichte ρ_d als Funktion des Wassergehalts dargestellt (Bild 2.66b). Die maximale Dichte ρ_{max} ergibt sich für den Wassergehalt w_{Pr}. Sie wird nach Proctor als die Proctordichte ρ_{Pr} bezeichnet. Einige Anhaltswerte für ρ_{Pr} und w_{Pr} sind in Tabelle 2.23 zusammengestellt.

Das Verhältnis

$$D_{Pr} = \frac{\rho_d}{\rho_{Pr}} \qquad (2.40)$$

wird als Verdichtungsgrad bezeichnet.

Tabelle 2.23 Zusammenhang zwischen Proctordichte und optimalem Wassergehalt für einzelne Lockergesteine [2.5]

	ρ_{Pr} [g/cm³]	w_{Pr}
Sand, tonig, schluffig	2,0	0,10
Sand	1,9	0,11
Schluff, tonig	1,8	0,15
Ton, schluffig	1,6	0,20
Ton	1,5	0,28

Beim Proctorversuch wird eine Energie von ca. 0,6 MNm/m³ eingetragen, was mittleren Verdichtungsgeräten auf der Baustelle entspricht. Die Proctordichte ist keine physikalische Größe, sondern hängt von der Art der Verdichtung ab. Der Verdichtungsgrad kann auf Baustellen > 100% erreichen.

Nach DIN 18127 betragen die Innendurchmesser d_1 der Versuchszylinder zwischen 100 und 250 mm. Das Größtkorn ist begrenzt auf etwa 1/5 d_1. Bis zu 35% Überkorn können abgesiebt werden. Allerdings sind in diesem Fall die Versuchsergebnisse zu korrigieren (s. DIN 18127). Bei sehr groben Schüttmaterialien kann das Verdichtungsverhalten in Baustellenversuchen untersucht und optimiert werden.

Die Grenzen des Proctorversuchs liegen bei wassergesättigten Tonen, die sich nicht durch Stampfen, sondern nur durch Entwässerung verdichten lassen. Bei grobkörnigen Böden erhält man sehr flach verlaufende Verdichtungskurven, auch hier macht der Proctorversuch wenig Sinn.

2.4.10 Zusammenstellung von Erfahrungswerten

Häufig werden erdstatische Berechnungen auf der Grundlage von Erfahrungswerten durchgeführt. Voraussetzung ist jedoch, daß die Baugrundverhältnisse ausreichend bekannt sind. Die Voraussetzungen für die Tabellenwerte sind im Einzelfall sorgfältig zu prüfen.

DIN 1055, Teil 2, enthält Tabellen mit Rechenwerten, sogenannte cal-Werte, für die Wichten und Scherparameter verschiedener nichtbindiger sowie bindiger und organischer Böden. Die cal-Werte enthalten angemessene Zu- und Abschläge für Ungenauigkeiten aus der Heterogenität des Baugrunds und aus Ungenauigkeiten bei der Probenahme und der Versuchsdurchfüh-

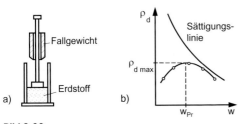

Bild 2.66
Proctor Versuch
a) Gerät, b) Versuchsauswertung [2.6]

rung. Sie dürfen gleichgesetzt werden mit den charakteristischen Werten des neuen Sicherheitskonzepts auf statistischer Grundlage. Tabelle 2.24 zeigt die Zusammenstellung für nichtbindige Böden, die auch für künstliche Schüttungen angewendet werden darf.

Die Einstufung erfolgt nach dem Klassifizierungssystem der DIN 18196, d.h. über die Kornverteilung und die Dichte. Bei der Lagerungsdichte wird nicht unterschieden zwischen einem Ungleichförmigkeitsgrad U größer oder kleiner 3 wie z.B. in DIN 1054. Bei kantigen Körnern dürfen die Tabellenwerte für den Reibungswinkel um 2,5° erhöht werden. Die Werte sind zum Teil sehr konservativ. Zum Beispiel beträgt der Reibungswinkel für einen dichten enggestuften Kies-Sand nur 35°. Tatsächlich können solche Böden auch φ-Werte über 40° aufweisen. DIN 1055 läßt aber ausdrücklich zu, daß auch höhere Bodenkenngrößen auf der Grundlage von bodenmechanischen Untersuchungen zulässig sind. Dadurch entsteht in der Regel ein höherer Aufwand für das Baugrundgutachten, der jedoch häufig durch wirtschaftliche Vorteile beim Bauen um ein Mehrfaches wieder ausgeglichen werden kann.

Beim Nachweis der Auftriebssicherheit sind Abschläge bei der Wichte zu beachten. Dies gilt auch für bindige Böden, deren Kennwerte in Tabelle 2.25 zusammengestellt sind.

Die Kennwerte der Tabelle 2.25 gelten sowohl für gewachsene konsolidierte Böden als auch für Schüttungen mit einem Verdichtungsgrad $D_{Pr} \geq 95\%$. Allerdings ist in Schüttungen $c = 0$ und $c_u = 0$ zu setzen.

Die Klassifizierung erfolgt nach DIN 18196, die je nach Plastizitätszahl I_P und Wassergehalt an der Fließgrenze zwischen leicht-, mittel- und ausgeprägt plastischen Tonen oder Schluffen unterscheidet (s. Abschnitt 2.5). Rechenwerte sind angegeben für die Konsistenzen weich, steif und halbfest. Soll die Anfangsstandsicherheit berechnet werden, darf auf die angegebenen c_u-Werte zugegriffen werden, wobei $\varphi_u = 0$ zu setzen ist.

Tabelle 2.24 Bodenkenngrößen für nichtbindige Böden (Rechenwerte) nach DIN 1055

Spalte	1	2	3	4	5	6	7
Zeile	Bodenart	Kurzzeichen nach DIN 18196	Lagerung[1]	Wichte			Reibungswinkel
				erdfeucht	wassergesättigt	unter Auftrieb	
				cal γ	cal γ_r	cal γ'	cal φ'
				kNm³ (Mp/m³)	kN/m³ (Mp/m³)	kN/m³ (Mp/m³)	Grad
1 2 3	Sand, schwach schluffiger Sand, Kies-Sand, eng gestuft	SE sowie SU mit U ≤ 6	locker mitteldicht dicht	17,0 (1,70) 18,0 (1,80) 19,0 (1,90)	19,0 (1,90) 20,0 (2,00) 21,0 (2,10)	9,0 (0,90) 10,0 (1,00) 11,0 (1,10)	30 32,5 35
4 5 6	Kies, Geröll, Steine, mit geringem Sandanteil, eng gestuft	GE	locker mitteldicht dicht	17,0 (1,70) 18,0 (1,80) 19,0 (1,90)	19,0 (1,90) 20,0 (2,00) 21,0 (2,10)	9,0 (0,90) 10,0 (1,00) 11,0 (1,10)	32,5 35 37,5
7 8 9	Sand, Kies-Sand, Kies, weit oder intermittierend gestuft	SW, SI, SU, GW, GI mit 6 < U ≤ 15	locker mitteldicht dicht	18,0 (1,80) 19,0 (1,90) 20,0 (2,00)	20,0 (2,00) 21,0 (2,10) 22,0 (2,20)	10,0 (1,00) 11,0 (1,10) 12,0 (1,20)	30 32,5 35
10 11 12	Sand, Kies-Sand, Kies, schwach schluffiger Kies, weit oder intermittierend gestuft	SW, SI, SU, GW, GI mit U >15 sowie GU	locker mitteldicht dicht	18,0 (1,80) 20,0 (2,00) 22,0 (2,20)	20,0 (2,00) 22,0 (2,20) 24,0 (2,40)	10,0 (1,00) 12,0 (1,20) 14,0 (1,40)	30 32,5 35

[1] locker: $0,15 < D \leq 0,30$; mitteldicht: $0,30 < D \leq 0,50$; dicht: $0,50 < D \leq 0,75$; dabei ist die Lagerungsdichte $D = (\max n - n)/(\max n - \min n)$

2.4 Wichtige Bodenkenngrößen und ihre Ermittlung

Tabelle 2.25 Bodenkenngrößen für bindige Böden und organische Böden (Rechenwerte) nach DIN 1055

Spalte	1	2	3	4	5	6	7	8
Zeile	Bodenart	Kurz-zeichen nach DIN 18196	Zustands-form[a]	Wichte über Wasser	Wichte unter Wasser	Reibungs-winkel	Kohäsion	Kohäsion
				cal γ	cal γ'	cal φ'	cal c'	cal c_u
				kN/m^3 (Mp/m^3)	kN/m^3 (Mp/m^3)	Grad	kN/m^2 (Mp/m^2)	kN/m^2 (Mp/m^2)
1 2 3	Anorganische bindige Böden mit ausgeprägt plastischen Eigen-schaften ($w_L > 50\%$)	TA	weich steif halbfest	18,0 (1,80) 19,0 (1,90) 20,0 (2,00)	8,0 (0,80) 9,0 (0,90) 10,0 (1,00)	17,5 17,5 17,5	0 (0) 10 (1,0) 25 (2,5)	15 (1,5) 35 (3,5) 75 (7,5)
4 5 6	Anorganische bindige Böden mit mittelplastischen Eigenschaften ($50\% \geq w_L \geq 35\%$)	TM und UM	weich steif halbfest	19,0 (1,90) 19,5 (1,95) 20,5 (2,05)	9,0 (0,90) 9,5 (0,95) 10,5 (1,05)	22,5 22,5 22,5	0 (0) 5 (0,5) 10 (1,0)	5 (0,5) 25 (2,5) 60 (6,0)
7 8 9	Anorganische bindige Böden mit leicht plastischen Eigenschaften ($w_L < 35\%$)	TL und UL	weich steif halbfest	20,0 (2,00) 20,5 (2,05) 21,0 (2,10)	10,0 (1,00) 10,5 (1,05) 11,0 (1,10)	27,5 27,5 27,5	0 (0) 2 (0,2) 5 (0,5)	0 (0) 15 (1,5) 40 (4,0)
10 11	Organischer Ton, organischer Schluff	OT und OU	weich steif	14,0 (1,40) 17,0 (1,70)	4,0 (0,40) 7,0 (0,70)	15 15	0 (0) 0 (0)	10 (1,0) 20 (2,0)
12 13	Torf ohne Vor-belastung Torf unter mäßiger Vorbelastung	HN und HZ		11,0 (1,10) 13,0 (1,30)	1,0 (0,10) 3,0 (0,30)	15 15	2 (0,2) 5 (0,5)	10 (1,0) 20 (2,0)

[a] weich: $0,50 < I_C < 0,75$; steif: $0,75 < I_C \leq 1,00$; halbfest: $I_C > 1,00$; dabei ist die Konsistenzzahl $I_C = (w_L - w)/(w_L - w_P)$, siehe DIN 18122 Teil 1

Zur Berechnung von Baugrubenwänden liegen die Empfehlungen des Arbeitskreises „Baugruben", kurz EAB vor. Der Geltungsbereich umfaßt Bauwerke für vorübergehende Zwecke. Die EAB enthalten im Anhang zwei Tabellen mit Bodenkenngrößen für Wichte und Scherparameter, die mit den Angaben in DIN 1055 identisch sind. Allerdings wird bei der Einstufung der Lagerungsdichte wie in DIN 1054 nach Ungleichförmigkeitsgraden U größer und kleiner 3 unterschieden (Tabelle 2.26).

Außerdem enthalten die EAB noch zusätzliche Kriterien für die Einstufung der Lagerungs-dichte aus Verdichtungsgrad und Spitzen-widerstand der Drucksonde (Tabelle 2.27a und b).

Als Besonderheit der EAB darf die Kapillarko-häsion von Sandböden berücksichtigt werden,

Tabelle 2.26 Lagerungsdichte nach EAB

Bodengruppe nach DIN 18196	SE GE	SE, SW, SI GE, GW
Ungleichförmigkeitszahl	$U \leq 3$	$U > 3$
Sehr lockere Lagerung	D > 0,00 bis D = 0,15	D > 0,00 bis D = 0,20
Lockere Lagerung	D > 0,15 bis D = 0,30	D > 0,20 bis D = 0,45
Mitteldichte Lagerung	D > 0,30 bis D = 0,50	D > 0,45 bis D = 0,65
Dichte Lagerung	D > 0,50 bis D = 0,75	D > 0,65 bis D = 0,85
Sehr dichte Lagerung	D > 0,75 bis D = 1,00	D > 0,85 bis D = 1,00

sofern ein Austrocknen oder Überfluten des Baugrunds ausgeschlossen werden kann. Als Richtwert sind bis zu 2 kN/m^2 angegeben (Näheres s. EAB).

Tabelle 2.27 Kriterien für Lagerungsdichte nach EAB

a) Mitteldichte Lagerung

Bodengruppe nach DIN 18196	Ungleichförmigkeitszahl	Lagerungsdichte	Verdichtungsgrad	Spitzenwiderstand der Drucksonde
SE, SU GE, GU, GT	$U \leq 3$	$D \geq 0{,}3$	$D_{Pr} \geq 95\%$	$q_s \geq 7{,}5 \text{ MN/m}^2$
SE, SW, SI, SU GE, GW, GT, GU	$U > 3$	$D \geq 0{,}45$	$D_{Pr} \geq 98\%$	$q_s \geq 7{,}5 \text{ MN/m}^2$

b) Dichte Lagerung

Bodengruppe nach DIN 18196	Ungleichförmigkeitszahl	Lagerungsdichte	Verdichtungsgrad	Spitzenwiderstand der Drucksonde
SE, SU GE, GU, GT	$U \leq 3$	$D \geq 0{,}5$	$D_{Pr} \geq 98\%$	$q_s \geq 15 \text{ MN/m}^2$
SE, SW, SI, SU GE, GW, GT, GU	$U > 3$	$D \geq 0{,}65$	$D_{Pr} \geq 100\%$	$q_s \geq 15 \text{ MN/m}^2$

Tabelle 2.28 Rechenwerte (abgeminderte charakteristische Werte) nach EAU

Bodenart	Wichte		Endfestigkeit		Anfangsfestigkeit[a)]	Steifemodul
	des feuchten Bodens cal γ	des Bodens unter Auftrieb cal γ'	Innerer Reibungswinkel cal φ'	Kohäsion cal c'	Kohäsion des undränierten Bodens cal c_u	cal E_s
	kN/m³	kN/m³	in °	kN/m²	kN/m²	MN/m²
Nichtbindige Böden						
Sand, locker, rund	18	10	30	–	–	20– 50
Sand, locker, eckig	18	10	32,5	–	–	40– 80
Sand, mitteldicht, rund	19	11	32,5	–	–	50–100
Sand, mitteldicht, eckig	19	11	35	–	–	80–150
Kies ohne Sand	16	10	37,5	–	–	100–200
Naturschotter, scharfkantig	18	11	40	–	–	150–300
Sand, dicht, eckig	19	11	37,5	–	–	150–250
Bindige Böden	(Erfahrungswerte aus dem norddeutschen Raum für ungestörte Proben)					
Ton, halbfest	19	9	25	25	50–100	5– 10
Ton, schwer knetbar, steif	18	8	20	20	25– 50	2,5– 5
Ton, leicht knetbar, weich	17	7	17,5	10	10– 25	1– 2,5
Geschiebemergel, fest	22	12	30	25	200–700	30–100
Lehm, halbfest	21	11	27,5	10	50–100	5– 20
Lehm, weich	19	9	27,5	–	10– 25	4– 8
Schluff	18	8	27,5	–	10– 50	3– 10
Klei, org., tonarm, weich	17	7	20	10	10–25	2–5
Klei, stark org., tonreich, weich, Darg	14	4	15	15	10–20	0,5–3
Torf	11	1	15	5		0,4–1
Torf unter mäßiger Vorbelastung	13	3	15	10		0,8–2

cal φ' = Rechenwert des inneren Reibungswinkels bei bindigen und bei nichtbindigen Böden
cal c' = Rechenwert der Kohäsion entsprechend cal φ'
cal c_u = Rechenwert der Scherfestigkeit aus unentwässerten Versuchen bei wassergesättigten bindigen Böden
[a)] Der zugehörige innere Reibungswinkel ist mit cal φ' = 0 anzunehmen

2.4 Wichtige Bodenkenngrößen und ihre Ermittlung

Die Empfehlungen des Arbeitskreises Ufereinfassungen EAU gelten im Unterschied zu den EAB für Dauerbauwerke. Für Vorentwürfe können die in Tabelle 2.28 aufgeführten Kennwerte verwendet werden. Bei der Anwendung ist allerdings das unterschiedliche Sicherheitskonzept zwischen EAU und EAB zu beachten (Einzelheiten s. EAU und EAB).

Neben Wichten und Scherparametern sind auch Angaben zum Steifemodul zu finden. Für den Ausführungsentwurf sind in der Regel die in einer Versuchsanstalt ermittelten Kennwerte zugrunde zu legen.

Die Bodenkennwerte der DIN 1055, der EAU und der EAB liegen zum Teil weit auf der sicheren Seite, zum Teil aber auch nicht. Die tatsächlich erreichbaren charakteristischen Werte sind in Tabelle 2.29 nach von Soos [2.32] zusammengestellt. Es handelt sich dabei um Bereiche, die durch Lagerungsdichten zwischen 0,4 und 0,9 und Konsistenzen I_C zwischen 0,6 und 1,0 festgelegt sind, und etwa den 10% und 90% Fraktilwerten entsprechen.

Sie bedürfen im Einzelfall einer sorgfältigen Überprüfung durch Baugrund- und Laboruntersuchungen.

Bei Fels ist es kaum möglich, allgemein abgesicherte Erfahrungswerte über das gesamte Spektrum anzugeben. Solange der Fels nicht durch Trennflächen als mehr oder weniger zerlegter Gesteinszustand vorliegt, können Festigkeit und Verformungseigenschaften relativ einfach z. B. in einaxialen Druckversuchen bestimmt werden. Die Durchlässigkeiten sind in der Regel sehr gering (vgl. Abschnitt 2.4.8). Sind jedoch Trennflächen als Schicht- oder Kluftflächen vorhanden, werden die Gebirgseigenschaften im wesentlichen von der Geometrie und der Füllung der Klüfte bestimmt. In der Regel sind Einzelfalluntersuchungen vor Ort notwendig. Meist umfaßt das für die Kennwerte maßgebliche Volumen viele Kubikmeter.

Welchen großen Einfluß die Trennflächen auf die Scherfestigkeit haben können, soll anhand von einigen Beispielen aufgezeigt werden. Näheres s. Literatur [2.17, 2.20].

Bild 2.67 zeigt die Ergebnisse verschiedener in-situ-Versuche an Röt-Tonsteinen [2.28]. Zum einen fallen die großen Streuungen bei den einzelnen Versuchsarten auf. Zum anderen werden je nach Versuchsart – parallel zur Schichtung, schräg zur Schichtung oder im Großtriaxialversuch – Reibungswinkel zwischen 19° und 42,6° und Werte für die Kohäsion zwischen 30 kN/m² und 420 kN/m² gemessen.

Den Unterschied der Scherfestigkeit schräg und parallel zur Schichtung zeigt ein weiteres Beispiel von Versuchen an Sandstein/Tonstein-Wechselfolgen (Bild 2.68). Während in

Versuchsbeschreibung		φ' [°]	c' [kN/m²]
Versuche parallel zur Schichtung	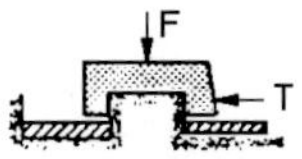	19,0 24,0 18,5	30 55 40
Versuche schräg zur Schichtung	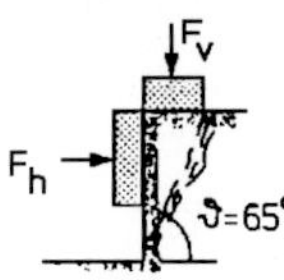	40,0 34,0 38,5 41,5	260 190 420 290
Großtriaxialversuche	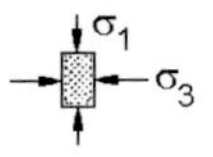	39,8 42,6	120 210

Bild 2.67
Ergebnisse von in situ-Scherversuchen an Röt-Tonstein, parallel und schräg zur Schichtung [2.20, 2.28]

Tabelle 2.29 Bodenkennwerte von Bodenarten (nach von Soos [2.32])

Spalte	a	b	c					
Zeile Nr.	Bodenart	Bodengruppe nach DIN 18196	Korngrößenverteilung		Ungleich-förmig-keitszahl	Plastizitätsgrenzen des Kornanteils		
			<0,06 mm %	<2,0 mm %	U	w_L %	w_P %	I_P %
1	Kies, gleichkörnig	GE	<5	<60	2 5	–	–	–
2	Kies, sandig, mit wenig Feinkorn	GW, GI	<5	<60	10 100	–	–	–
3	Kies, sandig, mit Schluff- oder Tonbeimengungen, die das Korngerüst nicht sprengen	GU, GT	8 15	<60	30 300	20 45	16 25	4 25
4	Kies-Sand-Feinkorngemisch. Das Feinkorn sprengt das Korngerüst.	GŪ, GT̄	20 40	<60	100 1000	20 50	16 25	4 30
5	Sand, gleichkörnig a) Feinsand	SE	<5	100	1,2 3	–	–	–
	b) Grobsand	SE	<5	100	1,2 3	–	–	–
6	Sand, gut abgestuft und Sand, kiesig	SW, SI	<5	>60	6 15	–	–	–
7	Sand mit Feinkorn, das das Korngerüst nicht sprengt	SU, ST	8 15	>60	10 50	20 45	16 25	4 25
8	Sand mit Feinkorn, das das Korngerüst sprengt	SŪ, ST̄	20 40	>60 >70	30 500	20 50	16 30	4 30
9	Schluff, geringplastisch	UL	>50	>80	5 50	25 35	21 28	4 11
10	Schluff, mittel- und ausgeprägt plastisch	UM, UA	>80	100	5 50	35 60	22 25	7 25
11	Ton, geringplastisch	TL	>80	100	6 20	25 35	15 22	7 16
12	Ton, mittelplastisch	TM	>90	100	5 40	40 50	18 25	16 28
13	Ton, ausgeprägt plastisch	TA	100	100	5 40	60 85	20 35	33 55
14	Schluff oder Ton, organisch	OU, OT	>80	100	5 30	45 70	30 45	10 30
15	Torf	HN, HZ	–	–	–	–	–	–
16	Mudde	F	–	–	–	100 250	30 80	50 170

Die Bodenarten (Spalte a), für die die Bodenkenngrößen der Spalten d bis i gelten, wurden durch Grenzwerte ihrer Korngrößenverteilung und ihrer Plastizitätsgrenzen (Zeilen 1 und 2 der Spalten c) bewußt enger definiert als die entsprechenden Bodengruppen nach DIN 18196 (Spalte b). Für jede so beschriebene Bodenart sind in jeweils 2 Zeilen Grenzwerte dieser Bodenkenngrößen angegeben. Gleichzeitig gültig sind die Grenzwerte einer Zeile nur in Spalten, die durch Buchstaben (z. B. e) zu einer Gruppe zusammengefaßt sind. Die Grenzwerte in den Spaltengruppen c, e und f werden allein durch die stoffliche Zusammensetzung, jene in den übrigen Spalten auch durch die Konsistenzzahl I_C bzw. Lagerungsdichte D beeinflußt.

2.4 Wichtige Bodenkenngrößen und ihre Ermittlung

Tabelle 2.29 (Fortsetzung)

d			e		f		g	h			i
Wichte			Proctorwerte		Zusammen-drückbarkeit			Scherparameter			Durch-lässigkeits-koeffizient
γ	γ'	w	ρ_{Pr}	w_{Pr}	$E_s = v_e \cdot \sigma_{at} \left(\dfrac{\sigma}{\sigma_{at}}\right)^{w_e}$		Δu	φ'	c'	φ'_r	k
kN/m³	kN/m³	%	t/m³		v_e	w_e		Grad	kN/m²	Grad	m/s
16,0	9,5	4	1,70	8	400	0,6	0	34	–	32	$2,10^{-1}$
19,0	10,5	1	1,90	5	900	0,4		42	–	35	$1,10^{-2}$
21,0	11,5	6	2,00	7	400	0,7	0	35	–	32	$1,10^{-2}$
23,0	13,5	3	2,25	4	1100	0,5		45	–	35	$1,10^{-6}$
21,0	11,5	9	2,10	7	400	0,7	0	35	7	32	$1,10^{-5}$
24,0	14,5	3	2,35	4	1200	0,5	+	43	0	35	$1,10^{-8}$
20,0	10,5	13	1,90	10	150	0,9	++	28	15	22	$1,10^{-7}$
22,5	13,0	6	2,20	5	400	0,7		35	5	30	$1,10^{-11}$
16,0	9,5	22	1,60	15	150	0,75	0	32	–	30	$1,10^{-4}$
19,0	11,0	8	1,75	10	300	0,60		40	–	32	$2,10^{-1}$
16,0	9,5	16	1,60	13	250	0,70	0	34	–	30	$5,10^{-3}$
19,0	11,0	6	1,75	8	700	0,55		42	–	34	$1,10^{-4}$
18,0	10,0	12	1,90	10	200	0,70	0	33	–	32	$5,10^{-4}$
21,0	12,0	5	2,15	6	600	0,55		41	–	34	$2,10^{-5}$
19,0	10,5	15	2,00	11	150	0,80	+	32	7	30	$2,10^{-6}$
22,5	13,0	4	2,20	7	500	0,65		40	0	32	$5,10^{-7}$
18,0	9,0	20	1,70	19	50	0,90	++	25	25	22	$2,10^{-6}$
21,5	11,0	8	2,00	12	200	0,75		32	7	30	$1,10^{-9}$
17,5	9,5	28	1,60	22	40	0,80	+	28	10	25	$1,10^{-5}$
21,0	11,0	15	1,80	15	110	0,60		35	5	30	$1,10^{-7}$
17,0	8,5	35	1,55	24	30	0,90	++	25	20	22	$2,10^{-6}$
20,0	10,5	20	1,75	18	70	0,70		33	7	29	$1,10^{-9}$
19,0	9,5	28	1,65	20	20	1,00	++	24	35	20	$1,10^{-7}$
22,0	12,0	14	1,85	15	50	0,90		32	10	28	$2,10^{-9}$
18,0	8,5	38	1,55	23	10	1,00	++	20	45	10	$5,10^{-8}$
21,0	11,0	18	1,75	17	30	0,95		30	15	20	$1,10^{-10}$
16,5	7,0	55	1,45	27	6	1,00	+++	17	60	6	$1,10^{-9}$
20,0	10,0	20	1,65	20	20	1,00		27	20	15	$1,10^{-11}$
15,5	5,5	60	1,45	27	5	1,00	+++	20	35	15	$1,10^{-9}$
18,5	8,5	26	1,70	18	20	0,85		26	10	22	$2,10^{-11}$
10,4	0,4	800	–	–	3	1,00	++	24	15		$1,10^{-5}$
12,5	2,5	80			8	1,00		30	5		$1,10^{-8}$
12,5	2,5	160	–	–	4	1,00	+++	22	15		$1,10^{-7}$
16,0	6,0	50			15	0,90		28	5		$1,10^{-9}$

Für die Grenzwerte wurde vorausgesetzt, daß I_C etwa zwischen 0,6 und 1,0 und D zwischen 0,4 und 0,9 schwanken. Die Symbole in Spalte g weisen darauf hin, ob in der Bodenart bei statischen Spannungsänderungen die Scherfestigkeit beeinflussende Porenwasserdifferenzdrücke Δu entstehen:

0 = kein oder sehr geringer
+ = geringer
+ + = mittlerer bis starker
+ + + = sehr starker Einfluß des Porenwasserdifferenzdruckes auf die Scherfestigkeit
In Spalte f bedeutet σ_{at} den mittleren Atmosphärendruck (10 kN/m²)

Tabelle 2.30 Zusammenstellung von Scherfestigkeitswerten an Tonsteinen der Trias. Oben auf Schichtflächen, unten schräg zur Schichtung (nach Prinz [2.20])

Direkte Scherversuche in vergleichbaren Tonsteinen				
Stratigraphie	Gestein	Probengröße	Scherparameter	Literatur
Oberer Muschelkalk Tonplattenfazies	Tonstein Mergelstein	3,5 × 2,3 m	$\varphi' = 24°$ $c' = 9{,}4$ kN/m²	Habetha (1963)
Gipskeuper	Tonstein mit Fasergips	ϕ 0,32 m h = 0,25 m	$\varphi' = 40°$ $c' = 600$ kN/m²	Henke und Kaiser (1980)
Keuper	Knollenmergel mit Harnischfläche	ϕ 0,94 m	$\varphi' = 13°$ $c' = 50$ kN/m²	Wittke (1984)
Großtriaxialversuche ⌀ 0,57 m in vergleichbaren Tonsteinen				
Stratigraphie	Gestein		Scherparameter	Literatur
Keuper Untere Bunte Mergel	Tonstein, z.T. stark zerbrochen		$\varphi' = 33°$ $c' = 220$ kN/m²	Wichter (1979)
Keuper Bunte Mergel (ausgelaugt)	Mergelstein, hart		$\varphi' = 30{-}45°$ $c' = 200{-}300$ kN/m²	Wichter (1980)
	Ton-Schluffstein kleinstückig zerbrochen		$\varphi' = 30{-}35°$ $c' = 0{-}100$ kN/m²	
	Mergelstein, Wechsellagerung		$\varphi' = 30{-}35°$ $c' = 100{-}200$ kN/m²	
Gipskeuper (ausgelaugt)	Tonstein, fest, klüftig bröckelig		$\varphi' = 30{-}35°$ $c' = 100{-}250$ kN/m²	
	Tonstein, fest, mit Bändern von Residualbildung		$\varphi' = 22{-}28°$ $c' = 0{-}250$ kN/m²	
ausgelaugter Gipskeuper (Anwitterungszone)	Tonstein, halbfest, stark angewittert		$\varphi' = 20{-}25°$ $c' = 0{-}100$ kN/m²	
ausgelaugter Gipskeuper (Verwitterungszone)	Tonstein, völlig verwittert u. entfestigt, durchnäßt		$\varphi' = 20{-}25'$ $c' = 0$	
Mittlerer Buntsandstein	Sandstein-Tonsteinwechselfolge Tonsteinanteil > 30 %		$\varphi' = 30{,}5{-}44°$ $c' = 50{-}445$ kN/m²	Niedermeyer et al. (1983)
Mittlerer Buntsandstein	Sandstein/Tonstein		$\varphi' = 38{-}42°$ $c' = 480{-}640$ kN/m²	Untersuchungen für die NBS Hannover–Würzburg (unveröffentlicht)
	Tonstein (Störungszone)		$\varphi' = 19{,}5{-}25{,}3°$ $c' = 49{-}62$ kN/m²	
	Wechselfolge von weichem Tonstein und mürbem Sandstein		$\varphi' = 13{,}2{-}29{,}2°$ $c' = 20{-}85$ kN/m²	
Röt 4	Tonstein, stark verwittert		$\varphi' = 27{,}8{-}36°$ $c' = 75{-}155$ kN/m²	
Grenze Muschelkalk/Röt 4	Tonstein		$\varphi' = 17{-}24°$ $c' = 353{-}588$ kN/m²	

der Schichtfuge der Reibungswinkel zwischen 15° und 20° liegt und die Kohäsion Null beträgt, werden bei Schrägbeanspruchung Reibungswinkel von ca. 40° mit Kohäsionswerten zwischen 0,3 und 0,5 MN/m² gemessen.

Eine Zusammenstellung von Scherfestigkeitswerten der Trias zeigt Tabelle 2.30.

2.5 Baugrundklassifizierung

2.5.1 Übersicht

Boden und Fels können nach einer Reihe von Klassifizierungssystemen eingeordnet werden. Das älteste Bodensystem stammt aus den USA und wurde 1928 für den Straßenbau entwickelt [2.34]. Weitere bedeutende Systeme sind das „Unified

2.5 Baugrundklassifizierung

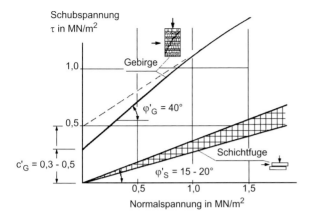

Bild 2.68
Mittlere Gebirgsscherfestigkeit von Sandstein/Tonstein-Wechselfolgen des Buntsandsteins schräg und parallel zur Schichtung [2.14, 2.20]

Soil Classification System" des US Corps of Engineers und des US Bureau of Reclamation und die Kriterien der Swedish Geotechnical Society zur „Soil classification and identification".

In Deutschland sind hauptsächlich die Einteilungen nach DIN 1054 (s. Abschnitt 2.1), nach DIN 18300 und nach DIN 18196 üblich. Darüber hinaus kann Boden auch unter weiteren Gesichtspunkten wie die Eignung bei Frosteinwirkung oder als Filtermaterial eingeteilt werden.

Bei Fels ist die Klassifizierung wesentlich schwieriger. Allgemein anerkannte und durchgängig praktikable Systeme fehlen im wesentlichen.

2.5.2 Bodenklassifikation für bautechnische Zwecke nach DIN 18196

Die DIN 18196 teilt den Boden unter folgenden Gesichtspunkten ein:

- Korngrößen und Korngrößenverteilung
- plastische Eigenschaften
- organische Bestandteile
- Entstehung

Folgende Bodenarten werden unterschieden:

- grobkörnige Böden
- gemischtkörnige Böden
- feinkörnige Böden
- organogene Böden und Böden mit organischen Beimengungen
- organische Böden
- Auffüllungen

Für die einzelnen Bodenarten werden Empfehlungen gegeben im Hinblick auf bautechnische Eigenschaften (Scherfestigkeit, Verdichtungsfähigkeit usw.) und auf ihre Eignung als Baugrund oder Baustoff (Näheres s. DIN 18196). Lagerungsdichte und Konsistenz gehen nicht ein. Bei grobkörnigen Böden liegt der Massenanteil der Korndurchmesser $\leq 0{,}06$ mm unter 5% und die Klassifikation erfolgt über die Korngrößenverteilung. Man unterscheidet die Hauptgruppen Sande und Kiese (Tabelle 2.31).

Tabelle 2.31 Hauptgruppen nach den Hauptbestandteilen nach DIN 18196

Hauptbestandteile	Kurzzeichen	Massenanteil des Korns ≤ 2 mm
Kieskorn (Grant)	G	bis 60%
Sandkorn	S	über 60%

Die weitere Unterteilung erfolgt in Abhängigkeit der Ungleichförmigkeitszahl U und der Krümmungszahl C_c (s. Abschnitt 2.4.1). Man unterscheidet enggestufte, weitgestufte und intermittierend gestufte Sande und Kiese (Tabelle 2.32).

Tabelle 2.32 Unterteilung grobkörniger Böden in Abhängigkeit von der Ungleichförmigkeitszahl U und der Krümmungszahl C_c nach DIN 18196

Benennung	Kurzzeichen	U	C_c
enggestuft	E	< 6	beliebig
weitgestuft	W	≥ 6	1 bis 3
intermittierend gestuft	I	≥ 6	< 1 oder > 3

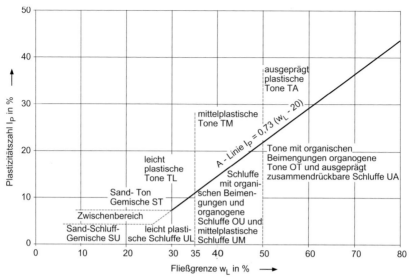

Bild 2.69
Plastizitätsdiagramm mit Bodengruppen nach DIN 18196

Die Einteilung der feinkörnigen Böden (Massenanteil Feinkornbereich ≤ 0,06 mm größer 40 %) in Tone und Schluffe wird über die plastischen Eigenschaften durchgeführt. Die Kriterien sind der Wassergehalt an der Fließgrenze w_L und die Plastizitätszahl I_P. Die sogenannte A-Linie trennt Tone und Schluffe (Bild 2.69).

In Abhängigkeit vom Wassergehalt an der Fließgrenze unterscheidet man leicht plastische, mittelplastische und ausgeprägt plastische Tone oder Schluffe (Tabelle 2.33).

Tabelle 2.33 Einstufung feinkörniger Böden in Abhängigkeit vom Wassergehalt an der Fließgrenze w_L nach DIN 18196

Benennung	Kurzzeichen	w_L Massenanteil
leicht plastisch	L	kleiner 35 %
mittelplastisch	M	35 bis 50 %
ausgeprägt plastisch	A	über 50 %

Gemischtkörnige Böden weisen einen Schluff- und Tonanteil zwischen 5 und 40 % auf. Bis zu 15 % Anteil spricht man von geringen, bei mehr als 15 % von hohen Anteilen des Feinkorns ≤ 0,06 mm (Tabelle 2.34). Zum Beispiel lautet

Tabelle 2.34 Unterteilung gemischtkörniger Böden nach dem Massenanteil des Feinkorns nach DIN 18196

Benennung	Kurzzeichen	Massenanteil des Feinkorns ≤ 0,06 mm
gering	**U** oder **T**	5 bis 15 %
hoch	**Ū*** oder **T̄***	über 15 bis 40 %
Statt des Querbalkens über **Ū** oder **T̄** darf auch das nachgestellte * Symbol benutzt werden **U*** oder **T***		

das Kennzeichen für einen Kies mit geringem Schluffanteil GU, ein Sand mit hohem Tonanteil wird mit ST̄ abgekürzt.

Organogene Böden oder Böden mit organischen Beimengungen werden mit den Kennzeichen O beschrieben. Sie sind im Gegensatz zu organischen Böden im getrockneten Zustand nicht brennbar oder nicht schwelbar (z. B. Tone oder Schluffe mit organischen Beimengungen). Zu den organischen Böden gehören nicht bis mäßig zersetzte (Kurzzeichen HN) und zersetzte Torfe (Kurzzeichen HZ) sowie Schlämme (Kurzzeichen F).

Auffüllungen können aus Fremdstoffen wie Müll, Schlacke, Bauschutt usw. oder aus natürlichen Böden bestehen. Eine Übersicht über alle Bodenarten gibt Tabelle 2.35. Gleichzeitig ist

2.5 Baugrundklassifizierung

Tabelle 2.35 Übersicht über die Bodenklassifikation für bautechnische Zwecke nach DIN 18196 (aus Türke [2.30])

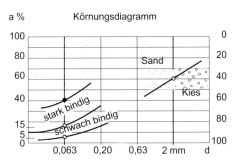
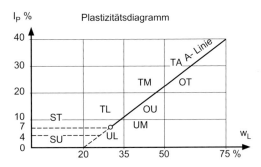

Zeichen	Bodengruppe	Definition Körnung, Plastizität, Stoffwerte			Struktur	DIN 1054
GE GW GI	Kies enggestuft Kies weitgestuft Kies intermittierend	$U \le 6$, $C_c < 3$ $U > 6$, $C_c = 1-3$ Fehlkörnung vorhanden	> 40% $\varnothing$ > 2 mm 0–5% $\varnothing$ ≤ 0,063		grobkörnig	nichtbindig (rollig)
SE SW SI	Sand enggestuft Sand weitgestuft Sand intermittierend	$U \le 6$, $C_c < 3$ $U > 6$, $C_c = 1-3$ Fehlkörnung vorhanden	≤ 40% $\varnothing$ > 2mm 0–5% $\varnothing$ < 0,063 mm			
GU SU	Kies schluffig Sand schluffig	5–15% ≤ 0,063 mm Feinkorn schluffig	$\substack{>\\\le}$ 40% $\varnothing$ > 2 mm		gemischt-körnig	
GT ST	Kies tonig Sand tonig	5–15% ≤ 0,063 mm Feinkorn tonig	$\substack{>\\\le}$ 40% $\varnothing$ > 2 mm			
GŪ SŪ	Kies stark schluffig Sand stark schluffig	15–40% ≤ 0,063 mm Feinkorn schluffig	$\substack{>\\\le}$ 40% $\varnothing$ > 2 mm			
GT̄ ST̄	Kies stark tonig Sand stark tonig	15–40% ≤ 0,063 mm Feinkorn tonig	$\substack{>\\\le}$ 40% $\varnothing$ > 2 mm			bindig
UL UM	Schluff leichtplastisch Schluff mittelplastisch	$w_L \le 35\%$ $w_L \le 35{-}50\%$	$I_P \le 4\%$ oder unter A-Linie		feinkörnig	
TL TM TA	Ton leichtplastisch Ton mittelplastisch Ton ausgeprägt plast.	$w_L \le 35\%$ $w_L \le 35{-}50\%$ $w_L > 50\%$	$I_P \le 7\%$ oder über A-Linie			
OU OT	organischer Schluff organischer Ton	$w_L = 35{-}50\%$ $w_L > 50\%$	$I_P \le 7\%$ oder unter A-Linie		organogen	
OH OK	humoser Boden kalkig-kieseliger Boden	$V_{gl} \le 20\%$ pflanzlich $V_{Ca} > 10\%$ porös	Körnung ≤ 40% ≤ 0,063			organisch
HN HZ F	Torf nicht zersetzt Torf zersetzt Mudde (Faulschlamm)	$V_{gl} \ge 30\%$ faserig $V_{gl} \ge 30\%$ schmierig $V_{gl} \ge 20\%$ federnd	bräunlich schwärzlich schwammig		organisch	
[---] A	Auffüllung Auffüllung	aus natürl. Böden aus Fremdstoffen	[G, S, U, T, H, F] Müll, Schutt		Auffüllung	–

noch die Einstufung nach DIN 1054 integriert. Hinsichtlich der bautechnischen Eigenschaften und der Eignung als Baugrund oder Baustoff wird auf Tabelle 5 in DIN 18196 verwiesen.

2.5.3 Einteilung nach DIN 18300 VOB

DIN 18300, VOB „Verdingungsordnung für Bauleistungen" Teil C, klassifiziert Boden und Fels hinsichtlich des Aufwands beim Lösen in 7 Klassen. Die Bedeutung von DIN 18300 liegt hauptsächlich im Vertragsrecht beim Aushub von Baugruben, aber auch generell bei Erdbauarbeiten. Ergänzt wird DIN 18300 durch Erläuterungen der ZTVE-StB 94, die die einzelnen Bodenklassen durch Bodengruppen nach DIN 18196 präzisieren [2.20].

Folgende Klassen werden unterschieden:

Klasse 1: Oberboden (Mutterboden)
Oberboden ist die oberste Schicht des Bodens, die neben anorganischen Stoffen, z. B. Kies-, Sand-, Schluff- und Tongemische, auch Humus und Bodenlebewesen enthält.

Klasse 2: Fließende Bodenarten
Bodenarten, die von flüssiger bis breiiger Beschaffenheit sind und die das Wasser schwer abgeben.

Ergänzend gehören nach ZTVE-StB 94 dazu:
- organische Böden der Gruppen HN, HZ und F
- feinkörnige Böden sowie organische Böden und solche mit organischen Beimengungen der Gruppen OU, OT, OH und OK, wenn sie breiige oder flüssige Konsistenz ($I_C = \leq 0{,}5$) haben
- gemischtkörnige Böden der Gruppen SŪ, SṮ, GŪ, und GṮ, wenn sie breiige oder flüssige Konsistenz haben

Klasse 3: Leicht lösbare Bodenarten
- Nichtbindige bis schwachbindige Sande, Kiese und Sand-Kies-Gemische mit bis zu 15 Gew.-% Beimengungen an Schluff und Ton (Korngröße kleiner als 0,06 mm) und mit höchstens 30 Gew.-% Steinen von über 63 mm Korngröße bis zu 0,01 m³ Rauminhalt (entspricht einem Kugeldurchmesser von rd. 0,3 m).
- Organische Bodenarten mit geringem Wassergehalt (z. B. feste Torfe).

Nach ZTVE-StB 94 gehören dazu:
- grobkörnige Böden der Gruppen SW, SI, SE, GW, GI und GE
- gemischtkörnige Böden der Gruppen SU, ST, GU und GT
- Torfe der Gruppen HN, soweit sie sich im Trockenen ausheben lassen und dabei standfest bleiben

Klasse 4: Mittelschwer lösbare Bodenarten
- Gemische von Sand, Kies, Schluff und Ton mit einem Anteil von mehr als 15 Gew.-% Korngröße kleiner als 0,06 mm.
- Bindige Bodenarten von leichter bis mittlerer Plastizität, die je nach Wassergehalt weich bis fest sind und die höchstens 30 Gew.-% Steine von über 63 mm Korngröße bis zu 0,01 m³ Rauminhalt enthalten.

Nach ZTVE-StB 94 umfaßt die Klasse 4:
- feinkörnige Böden der Gruppen UL, UM, TL und TM
- gemischtkörnige Böden der Gruppen SŪ, SṮ, GŪ, und GṮ

Klasse 5: Schwer lösbare Bodenarten
- Bodenarten nach den Klassen 3 und 4, jedoch mit mehr als 30 Gew.-% Steinen von über 63 mm Korngröße bis zu 0,01 m³ Rauminhalt.
- Nichtbindige und bindige Bodenarten mit höchstens 30 Gew.-% Steinen von über 0,01 m³ bis 0,1 m³ Rauminhalt (entspricht Kugeldurchmesser von rd. 0,6 m).
- Ausgeprägt plastische Tone, die je nach Wassergehalt weich bis fest sind.

Klasse 6: Leicht lösbarer Fels und vergleichbare Bodenarten
- Felsarten, die einen inneren, mineralisch gebundenen Zusammenhalt haben, jedoch stark klüftig, brüchig, bröckelig, schiefrig, weich oder verwittert sind, sowie vergleichbare verfestigte, nichtbindige und bindige Bodenarten.
- Nichtbindige und bindige Bodenarten mit mehr als 30 Gew.-% Steinen von über 0,01 m³ bis 0,1 m³ Rauminhalt.

Klasse 7: Schwer lösbarer Fels
- Felsarten, die einen inneren, mineralisch gebundenen Zusammenhalt und hohe Gefügefestigkeit haben und die nur wenig klüftig oder verwittert sind. Festgelagerter, unver-

witterter Tonschiefer, Nagelfluhschichten, Schlackenhalden und dergleichen
- Steine von über 0,1 m³ Rauminhalt

Nach Prinz [2.20] liegt der Schwachpunkt der Normung bei der Unterscheidung der Klassen 6 und 7, die auf ungenügenden Kriterien beruht. Hinsichtlich der Auslegung sei auch auf den Kommentar zur ZTVE-StB von Floß [2.4] hingewiesen.

2.5.4 Einteilung nach geologischen Bezeichnungen

Häufig wird Boden nach geologischen Bezeichnungen angesprochen. Dazu werden nachfolgend einige Beispiele gegeben [2.23]:

- **Letten:** Ton mit 10–40% Kalk, daher etwas lockerer als reiner Ton, praktisch undurchlässig.
- **Mergel:** Ton mit über 40% Kalk und Sand. Rasche Verwitterung an der Luft. Farbe grau, an der Oberfläche braun.
  Sonderfälle:
  a) Knollenmergel, sehr feinkörnig und gleichförmig
     (verwittert mit großer Rutschgefahr)
  b) Opalinuston, sehr feinkörnig
- **Löß:** feinkörnige, gleichmäßige Windablagerung aus Feinsand, Schluff und Ton, durch Kalk verkittet, sehr wasserempfindlich
- **Lößlehm:** ausgewitterter Löß ohne Kalk, deshalb dichter gelagert als Löß
- **Lehm:** Ton mit Sand und Schluff (>40% Sand: „magerer" Lehm; <40% Sand, 20–25% Ton: „fetter" Lehm)
- **Rheinsand:** nichtbindiges, durch Flußströmung transportiertes Material
- **Moränenkies:** nichtbindiges, eiszeitlich abgelagertes Material
- **Geschiebemergel und -lehm:** bindiger Boden mit stark unterschiedlichen Korngrößenanteilen bis hin zum Findling mit Meter-Durchmesser, entstanden während der Eiszeiten, häufig durch Eisauflasten stark vorbelastet
- **Marschenschlick:** organisch, schluffig, toniges Sediment im Küstenbereich, nach der Eiszeit abgelagert

2.5.5 Körnungen als Handelsbegriff

Boden als Baustoff wird häufig nach bestimmten Lieferkörnungen bezeichnet. Man unterscheidet u.a. zwischen ungebrochenen Mineralstoffen wie Natursand oder Kies, gebrochenen Mineralstoffen wie Brechsand, Splitt oder Schotter und Recycling-Baustoffen aus Hochbauschutt oder Betonbruch. Tabelle 2.36 gibt einen Überblick über Korngruppen nach den Technischen Lieferbedingungen für Mineralstoffe im Straßenbau (TL Min-StB 1994) sowie von Recyclingmaterial. Die Güteüberwachung dieser Baustoffe erfolgt nach verschiedenen Vorschriften. Dazu gehören z.B. die DIN 1045 oder die „Technischen Prüfvorschriften für Mineralstoffe im Straßenbau" (TP Min-StB) [2.20].

Eine Übersicht über gebräuchliche Lieferprogramme von Kies- und Sandgruben gibt Tabelle 2.37.

Tabelle 2.36 Korngruppen nach TL Min-Stb (1994) sowie von Recyclingmaterial. Die Zahlen geben die Korngrößen in mm an [2.20]

Natursand, Kies		Schotter, Splitt, Brechsand		Edelsplitt, Edelbrechsand, Füller		Recycling-Baustoffe (RC-Baustoffe)	
Natursand	0/2	Splitt	5/11	Füller	0/0,09	Frostschutz-	0/16
Kies	2/4	Splitt	11/22	Edelbrechsand	0/2	material	0/32
Kies	4/8	Splitt	22/32	Edelsplitt	2/5	Schottermaterial	32/
Kies	8/16	Schotter	32/45	Edelsplitt	5/8		Über-
Kies	16/32	Schotter	45/56	Edelsplitt	8/11		korn
Kies	32/63	Brechsand-Splitt-Gemisch	0/5	Edelsplitt	11/16		
		Gemisch	0/32	Edelsplitt	16/22		
		Gemisch	0/56				
		Schotter-Gemisch	32/56				

Tabelle 2.37 Gebräuchliche Lieferprogramme von Kies- und Sandgruben [2.20]

Filterkies für Dränmaßnahmen		
0– 8	2– 8	8–16
0–16	2–16	8–32
0–32	2–32	16–32
Frostschutzkies gemäß der ZTVE/StB 94 geprüft nach RG Min 83		
0–32		
0–45		
Kiessand für Planumsschutzschichten gemäß Rahmenvertrag mit der Deutschen Bundesbahn		
0–56		
0–32		
Zuschlag für Beton nach DIN 4226		
0–2	8–16	
0–4	16–32	
2–8		
Werkgemischter Beton-Kiessand nach den Sieblinien der DIN 1045 (Beton- und Stahlbetonbau)		
0– 8		
0–16		
0–32		

Bei Recyclingmaterialien ist der Nachweis zu führen, daß sie sowohl bautechnisch geeignet sind als auch Boden- und Grundwasser nicht beeinträchtigen [2.20].

2.5.6 Boden und Frostsicherheit

Frost kann beim Eindringen in den Boden durch zwei Mechanismen Schäden verursachen [2.26]:

– das gefrierende Wasser dehnt sich aus, und es kommt zu Hebungen
– es bilden sich Eislinsen, die beim Auftauen den Boden aufweichen und die Bodeneigenschaften stark verschlechtern

Die Frostempfindlichkeit eines Bodens hängt sehr stark von der Korngröße und der Kornverteilung ab. Schaible [2.21] definiert für verschiedene Bodenarten deren Frostempfindlichkeit (Bild 2.70). Bei Sanden und Kiesen kommt es praktisch nicht zu Hebungen, weil im ungesättigten Zustand der noch verbleibende Porenraum zum Ausgleich der Ausdehnungen des Eises ausreicht und im gesättigten Zustand das Wasser während des Vordringens der Frostfront ausgepreßt wird. Dadurch sind diese Böden frostsicher bzw. für Frostschutzschichten gut geeignet.

Nach der ZTVE-StB 94 werden drei Frostempfindlichkeitsklassen definiert, denen auf der Grundlage der DIN 18196 verschiedene Böden zugeordnet sind (Tabelle 2.38).

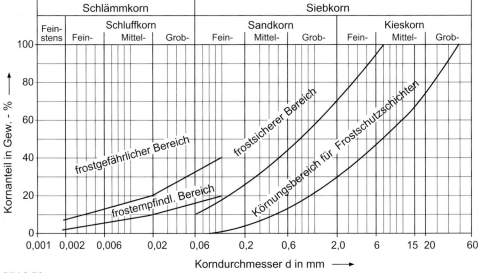

Bild 2.70
Frostkriterien nach Schaible [2.21]

Tabelle 2.38 Klassifikation der Frostempfindlichkeit von Bodenarten nach ZTVE-StB 94

Frostempfindlichkeit		Kurzzeichen nach DIN 18196
F1	nicht frostempfindlich	GW, GI, GE, SW, SI, SE
F2	gering bis mittel frostempfindlich	TA, OT, OH, OK ST, GT, SU, GU*)
F3	sehr frostempfindlich	TL, TM, UL, UM, OU, S̄T̄ ḠT̄ S̄Ū Ḡ Ū

*) Zu F1 gehörig bei einem Anteil an Korn < 0,063 mm von 5 % bei U > 15 oder 5 % bei U ≤ 6. Im Bereich 6 < U < 15 kann der für eine Zuordnung zu F1 zulässige Anteil an Korn < 0,063 mm linear interpoliert werden

Tabelle 2.39 Körnungen bzw. Korngruppen von Filtersanden und -kiesen im Brunnenbau (nach DIN 4924)

Korngruppe (mm)	Zulässiger Massenanteil	
	Unterkorn (%)	Überkorn (%)
0,4 bis 0,8		
0,71 bis 1,25	10	10
1,0 bis 2,0		
2,0 bis 3,15		
3,15 bis 5,6		
5,6 bis 8,0	12	15
8,0 bis 16,0		
16,0 bis 31,5		

2.5.7 Boden als Filter- und Dränmaterial

Bei Dränmaßnahmen wird als Filtermaterial Sand, Kies, Splitt und Schotter verwendet. Gemäß DIN 19700 soll der Anteil an Feinsand mit d < 0,08 mm nicht mehr als 5 % übersteigen. Übliche Lieferkörnungen sind Kiessand 0/32 und Brechsand-Splitt-Schotter-Gemische 0/32 bis 0/56.

Zur genauen Bemessung ist der Kornaufbau des Filtermaterials auf den Boden abzustimmen. In der Praxis werden verschiedene Filterregeln angewendet. Am bekanntesten ist die Filterregel von Terzaghi (Näheres s. Prinz [2.20]).

Im Brunnenbau werden gleichförmige ungebrochene natürliche Quarzsande und Kiese eingesetzt [2.20]. Die Einteilung der Korngruppen ist in DIN 4924 geregelt (Tabelle 2.39). Einzelheiten s. [2.20].

2.5.8 Klassifizierung von Fels

Festgesteine stehen in der Natur selten in kompakter Form an. Je nach Beschaffenheit der Trennflächen kann der Fels als Einkörper-, Mehrkörper- oder Vielkörpersystem vorliegen (Bild 2.71). Dies macht die Klassifizierung von

Betrachtung als:	Einkörpersystem	Mehrkörpersystem	Vielkörpersystem	Vielkörpersystem
Merkmale	fugenlos massig kompakt	angebrochenes Gestein. Materialbrücken; unstetiger Übergang vom Einkörper- zum Vielkörpersystem	grobstückig durchbrochenes Gestein: vollkommen durchtrennende Klüfte; Trockenmauerwerksverband; Kluftkörperverband; Betrachtung als statistisches Kontinuum	zerdrücktes, zermalmtes, „geschüttetes" Gestein; Trümmermassen: Lockergebirge; Betrachtung als Kontinuum
Gefüge	$\chi = 0$	$\chi < 1$	$\chi = 1$	

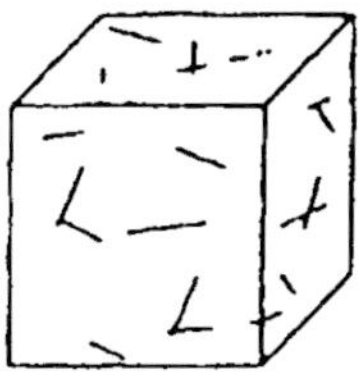

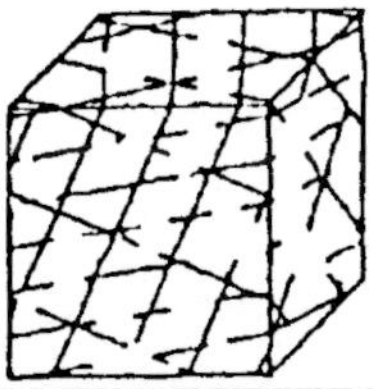

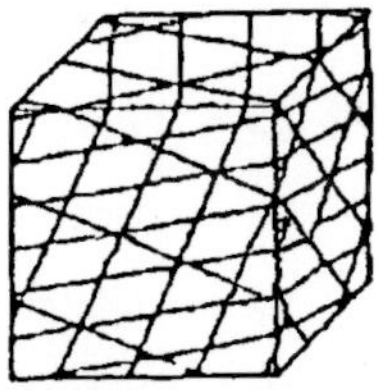

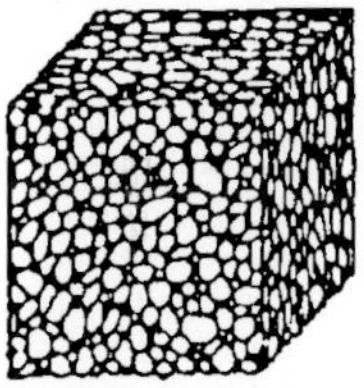

Bild 2.71
Einkörper-, Mehrkörper- und Vielkörpersysteme (nach L. Müller [2.15])
Hinweis: Das Vielkörpersystem des zerdrückten, zermalmten und „geschütteten" Gesteins folgt den Gesetzmäßigkeiten der Bodenmechanik

Tabelle 2.40 Benennen und Beschreiben wichtiger Gesteinsarten nach DIN 4022

	1	2	3	4	5	6	7
	Benennung	Kurz-zeichen nach DIN 4023	Beschreibungsmerkmale				
			Körnigkeit	Raumausfüllung	Festigkeit Kornbindung	Härte	Salz-säure-versuch
1	Konglomerat Brekzie	Gst	vollkörnig bis teilkörnig	meist porös	mäßig bis gut	keine Angabe	0 bis ++
2	Sandstein	Sst	vollkörnig	dicht bis porös	meist gut	3 bis 6	0
3	Schluffstein	Ust	nichtkörnig	dicht	gut	3 bis 5	0
4	Tonstein	Tst	nichtkörnig	dicht	gut	3 bis 5	0
5	Mergelstein	Mst	nichtkörnig	dicht	gut	3 bis 4	+
6	Kalkstein	Kst	nichtkörnig oder vollkörnig	dicht	gut	4	++
7	Dolomitstein	Dst		dicht bis kavernös	gut	4	0
8	Kreidestein	Krst		dicht bis porös	mäßig bis gut	2 bis 3	++
9	Kalktuff	Ktst		porös bis kavernös	überwiegend mäßig	3 bis 4	++
10	Anhydrit	Ahst		dicht	gut	4 bis 5	0
11	Gipsstein	Gyst	nichtkörnig oder vollkörnig	dicht	mäßig	3	0
12	Salzgestein	Sast	nichtkörnig	dicht	mäßig	3	0
13	Steinkohle	Stk	nichtkörnig oder vollkörnig	dicht	mäßig	2 bis 3	0
14	Quarzit	Q	nichtkörnig oder vollkörnig	dicht	sehr gut	über 6	0
15	Granit	Ma	vollkörnig	dicht	sehr gut	über 5	0
16	Gabbro	Ma	vollkörnig	dicht	sehr gut	über 5	0
17	Basalt	Ma	meist nichtkörnig	dicht	sehr gut	5	0
18	Tuffstein	Vst	teilkörnig oder vollkörnig	porös bis löcherig	gut bis mäßig	3 bis 5	0
19	Gneis	Ma	vollkörnig	dicht	meist gut	4 bis 6	0
20	Glimmerschiefer	Bl	vollkörnig	dicht	gut bis mäßig	3 bis 4	0
21	Phyllit	Bl	nichtkörnig	dicht	gut	4	0

2.5 Baugrundklassifizierung

Tabelle 2.40 (Fortsetzung)

		8	9	10
	Benennung	Beschreibungsmerkmale		Sonstige Merkmale
		Veränderlichkeit in Wasser	Farbe vorherrschend	
1	Konglomerat Brekzie	nicht bis mäßig veränderlich	gelb, grau braun	Kieskorngröße
2	Sandstein	nicht veränderlich	grau, braun, rot, grün	Feinkies bis Mittelsandgröße Bei kalkigem Bindemittel HCL ++
3	Schluffstein	meist nicht veränderlich	grau, braun	Korngröße nicht mehr erkennbar; Schnittfläche stumpf
4	Tonstein	nicht bis mäßig veränderlich	dunkelgrau	Korngröße nicht mehr erkennbar; Schnittfläche glänzend
5	Mergelstein	mäßig bis nicht veränderlich	grau, braun	Schnittfläche oft glänzend
6	Kalkstein	nicht veränderlich	weiß, grau, gelb, rot, grün	
7	Dolomitstein	nicht veränderlich	grau, gelblich	
8	Kreidestein	nicht veränderlich	weiß, grau	
9	Kalktuff	nicht veränderlich	grau, braun	
10	Anhydrit	mäßig veränderlich	weiß, grau	
11	Gipsstein	mäßig veränderlich	weiß, grau	
12	Salzgestein	veränderlich	weiß, grau, rötlich, bläulich	stumpfes Aussehen
13	Steinkohle	nicht veränderlich	schwarz	brennbar
14	Quarzit	nicht veränderlich	weiß, grau, braun	muscheliger Bruch
15	Granit	nicht veränderlich	mehrfarbig	meist aus weißen, gelben und glänzenden Bestandteilen
16	Gabbro	nicht veränderlich	dunkelgrau	aus mehreren Bestandteilen
17	Basalt	nicht veränderlich	dunkelgrau	häufig säulige Formen erkennbar
18	Tuffstein	nicht veränderlich	grau, dunkelbraun	meist auffallend geringe Wichte
19	Gneis	nicht veränderlich	mehrfarbig	parallele Einregelung der Bestandteile
20	Glimmerschiefer	nicht veränderlich	mehrfarbig	zeigt glänzende Bestandteile
21	Phyllit	nicht veränderlich	dunkelgrün bis grau	seidig glänzend

Fels sehr schwierig. Bis heute existiert kein einheitliches und eindeutiges System, das allgemein anerkannt ist. Dennoch bestehen Grundlagen, mit denen zumindest eine näherungsweise Beschreibung möglich ist.

Liegt ein Einkörpersystem vor, ist die Gesteinsfestigkeit maßgebend. Bei Mehrkörper- und Vielkörpersystemen spricht man von Gebirgsfestigkeit [2.17]. Die Gebirgsfestigkeit ist bestimmt durch Trennflächen verschiedenster Arten. Sie ist in hohem Maße richtungs- und volumenabhängig.

Die Gebirgseigenschaften können daher immer nur für einen bestimmten Homogenbereich angegeben werden [2.20]. Im folgenden werden einige wesentliche Grundlagen zusammengestellt. Ausführliche Darstellungen sind in [2.20] und [2.17] zu finden, wobei die Ausführungen von Prinz [2.20] mehr praxisorientiert und diejenigen von Natau [2.17] mehr theoretisch ausgerichtet sind. Außerdem sei auf Wittke und Erichsen [2.38] verwiesen.

Die Beschreibung der Gesteinsfestigkeit kann nach folgenden Merkmalen durchgeführt werden [2.20]:

– Gesteinsart
– Verwitterungszustand
– Härte und Festigkeit
– Beständigkeit gegen Wasser, Luft usw.

Viele dieser Aspekte sind in DIN 4022 berücksichtigt (Tabelle 2.40).

Allerdings fehlen dort zum Beispiel der Verwitterungsgrad oder die einaxiale Druckfestigkeit. Tabelle 2.41 gibt einen Überblick über Verwitterungsgrade nach einem Merkblatt über Felsbeschreibung für den Straßenbau (FGSV 1992),

Tabelle 2.41 Erweiterte Klassifikation der Verwitterungsgrade nach dem FGSV-Merkblatt 1992 [2.20]

Gesteinsver- witterungsgrade	Kurz- zeichen	Beschreibung Erscheinungsbild	Merkmale	Feldversuche: Hammerschlag/Rückprallhammer
unverwittert	VL	keine sichtbare Verwitterung schwache Verfärbung an Trennflächen	frischer Eindruck, unverändert gesund – fest hart – sehr hart C > 50 MPa	heller Klang bei Hammerschlag hinterläßt keinen Eindruck mehrere Hammerschläge erforderlich ritzbar mit Schwierigkeiten $R_m = 30 +/- 10$
angewittert	VA	Gestein fest – gering entfestigt Verfärbung der Kluftwandungen und der angrenzenden Gesteinsbereiche Variante: Gestein verfärbt aber fest	frisch, aber evtl. leichte Entfestigung (Indexvers.) merkbar enge Kornbindung mäßig hart C = 25–50 MPa	weniger heller Klang evtl. leichte Einkerbung mit einem festen Schlag brechbar nicht bis schwach ritzbar $R_m = 20 +/- 10$
mäßig entfestigt	VE	Gestein ist entfestigt (spürbar verändert) aber noch nicht mürbe Verfärbung der Kluftwandungen und des Gesteins	spürbar verändertes Gestein z.T. geöffnete Kornbindung schwach absandend C = 5–25 MPa	dumpfer Klang stärkere Einkerbung bei festem Schlag mit Hammer leicht in kleinere Stücke – aber größere Stücke mit Hand nicht zerbrechbar $R_m < 10–15$
stark entfestigt	VE	Gestein ist deutlich bis stark entfestigt starke Verfärbung der Kluftwandungen und des Gesteins	Gestein ist brüchig mürbe, absandend sehr weich C = 1–5 MPa	brüchig bei Hammerschlag Hammer gute Einkerbung, größere Stücke mit Hand zerbrechbar; gut ritzbar $R_m = 0$
zersetzt	VZ	Gestein ist völlig entfestigt oder zersetzt, Gesteinsgefüge jedoch erkennbar	Verhalten wie bindiger oder nichtbindiger Boden; extrem weich C < 1 MPa	kann von Hand gelöst werden Teil der Minerale von Hand zu zerreiben in Wasser zu plastifizieren
Erläuterungen: C = Einaxiale Druckfestigkeit des Gesteins, R_m = Werte der Prüfung mit dem Rückprallhammer DIN 1048, Teil 2, Mittel aus 10 Einzelwerten				

Tabelle 2.42 Haupttrennflächenabstand nach FGSV – Merkblatt 1992

Mittlerer Abstand Toleranz ±20% [cm]	Bezeichnung	
	Klüftung	Schieferung/ Schichtung
<1	–	blätterig
1–5	sehr stark klüftig	dünnplattig
5–10	stark klüftig	dickplattig
10–30	klüftig	dünnbankig
30–60	schwach klüftig	dickbankig
>60	kompakt	massig

Tabelle 2.43 Neigung der Haupttrennflächen nach FGSV-Merkblatt 1992

Code	Winkelbereich Toleranz ± 5°	Bezeichnung
N 1	0–10	söhlig
N 3	10–30	flach
N 6	30–60	geneigt
N 9	60–90	steil

erweitert nach Prinz [2.20]. Zusätzlich zu der qualitativen Beschreibung sind noch Angaben zur einaxialen Druckfestigkeit und zu Feldversuchen mit dem Prüfhammer nach DIN 1048 hinzugefügt.

Die Gebirgsfestigkeit hängt außer von der Gesteinsfestigkeit im wesentlichen vom Trennflächengefüge ab. Zu den Trennflächen gehören zum Beispiel Klüfte, aber auch Schichtflächen. Wichtige geometrische Parameter sind der Trennflächenabstand (Tabelle 2.42) und die Neigung der Flächen (Tabelle 2.43).

Je nach Aufgabenstellung enthält eine Beschreibung der Trennflächen folgende Angaben (Einzelheiten s. Prinz [2.20]):

– Lage
– Art der Trennflächen
– Raumstellung
– Erstreckung
– Beschaffenheit der Flächen
– Öffnungswerte
– Füllung
– Abstand
– Versatz

- Planung und Beratung
- Bohrpfähle bis Ø 200 cm
- Bohrpfähle mit Mantel- und Fußverpressung
- Verdrängungs-Bohrpfähle
- Rammpfähle
- Pfahlwände
- Trägerbohlwände
- Spundwände
- Schlitzwände
- Dichtungsschlitzwände
- Verpressanker
- Kleinverpresspfähle
- Umwelttechnik

Siemensstraße 3
40764 Langenfeld/Rhld.
Telefon (0 21 73) 85 01-0
Telefax (0 21 73) 85 01-50

Niederlassung Berlin
Bessemerstraße 42b
12103 Berlin
Telefon (0 30) 7 53 20 82
Telefax (0 30) 75 48 74 45

Empfehlungen des Arbeitsausschusses

„Ufereinfassungen"

Häfen und Wasserstraßen (EAU 1996)

Hrsg.: Arbeitsausschuß „Ufereinfassungen"
der Hafenbautechnischen Gesellschaft e.V. und der
Deutschen Gesellschaft für Geotechnik e.V.

9. Auflage 1998. 613 Seiten mit 243 Abb. 14,8 x 21 cm.
Gb. DM 178.-/öS 1299,-/sFr 158,-   ISBN 3-433-01287-3

In die Neuauflage EAU 1996 wurde u.a. das Sicherheitskonzept mit Teilsicherheitsbeiwerten nach den Eurocodes bzw. den europäischen Vornormen sowie den entsprechenden deutschen Normen und Vornormen unter Berücksichtigung des nationalen Anwendungsdokuments (NAD) für geotechnische Berechnungen aufgenommen.

Ernst & Sohn Verlag für Architektur und technische Wissenschaften GmbH
Bühringstraße 10, 13086 Berlin, Tel. (030) 470 31-284, Fax (030) 470 31-240
mktg@ernst-und-sohn.de   www.ernst-und-sohn.de

3 Baugrundmodelle

3.1 Überblick

Im folgenden werden die im Bereich Gründungen wichtigsten Baugrundmodelle vorgestellt.

Bei Flachgründungen werden die Verformungen zumeist über die Setzungen nachgewiesen (s. Abschnitt 3.2). Der zeitliche Verlauf der Setzungen bei wassergesättigten bindigen Böden kann über die Konsolidierungstheorie abgeschätzt werden. Die Tragfähigkeit von Einzel- und Streifenfundamenten wird über die Grundbruchformeln der DIN 4017 berechnet (s. Abschnitt 3.3). Bei Plattengründungen ist ein Grundbruch in der Regel nicht maßgebend. Erddruck spielt in vielen Bereichen eine Rolle, z. B. als Belastung auf Gebäudewände unterhalb der Geländeoberkante oder bei Stützbauwerken (s. Abschnitt 3.4). Die Geländebruchsicherheit ist bei Böschungen und Stützbauwerken nachzuweisen (s. Abschnitt 3.5).

Die Berechnungsverfahren werden nur knapp beschrieben. Ausführliche Darstellungen sind z. B. in den entsprechenden Unterabschnitten des Grundbautaschenbuchs oder in Lehrbüchern der Bodenmechanik z. B. von Gudehus [3.7, 3.8], Kolymbas [3.18] oder Lang et al. [3.21] zu finden.

3.2 Setzungen

3.2.1 Allgemeines

Setzungen können vielfältige Ursachen haben [3.3] wie z. B.

- Lasten
- Erschütterungen
- Grundwasserabsenkungen
- Strömungskräfte
- Schrumpfen des Bodens

In Bergbaugebieten können durch Einstürzen von Hohlräumen zusätzliche Senkungen auftreten. Bei grobkörnigen, aber auch bei feinkörnigen und feuchten Böden können bei erstmaliger Wassersättigung Sackungen auftreten [3.3]. In der Praxis werden am häufigsten die Setzungen aus Lasten untersucht, worauf sich auch die folgenden Betrachtungen beschränken.

Die maßgeblichen Normen sind:

- DIN 4019 Teil 1 Setzungsberechnungen bei lotrecht mittiger Belastung
- DIN 4019 Teil 2 Setzungsberechnungen bei schräg und außermittiger Belastung sowie
- DIN 1054

Insbesondere wird auf die Beiblätter zu DIN 4019 hingewiesen, die sehr viele praktische Rechenbeispiele enthalten.

Die Setzungen treten in der Regel zeitlich verzögert auf. Die Gesamtsetzung setzt sich aus den Sofortsetzungen s_0, der Konsolidationssetzung s_1 und der Kriechsetzung s_2 zusammen (Bild 3.1). Die Anteile können je nach Bodenart in unterschiedlichem Verhältnis zueinander auftreten. Konsolidations- und Kriechsetzung überlappen sich und sind in der Beobachtung nicht voneinander zu trennen. Der zeitliche Ablauf der Konsolidationssetzung kann nur angenähert vorausgesagt werden. Grundlage sind Laborversuche und das Modellgesetz der Konsolidierungstheorie von Terzaghi (s. DIN 4019 und Gußmann [3.12]). Kriechsetzungen oder Sekundärsetzungen sind hauptsächlich bei sehr weichen organischen oder teilweise organischen Böden von Bedeutung. Hinweise zu den einzelnen Anteilen sind in [3.3] zu finden. In der überwiegenden Zahl der Fälle wird unmittelbar die Gesamtsetzung ermittelt.

Zur Ermittlung der Setzungen werden Kenngrößen für die Verformbarkeit benötigt. Die in der Praxis üblichen Berechnungsmodelle stützen sich auf die lineare Elastizitätstheorie. Folgende Parameter sind gebräuchlich:

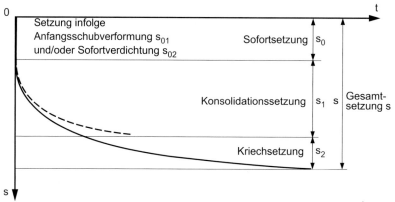

Bild 3.1
Setzungsanteile in Abhängigkeit von der Zeit t (Setzung infolge konstanter plötzlich auf nicht vorbelasteten Boden aufgebrachter Last) [3.3]

- der Steifemodul E_s, gewonnen aus Kompressionsversuchen
- der Zusammendrückungsmodul E_m, rückgerechnet aus Setzungsbeobachtungen
- der Elastizitätsmodul E, gemessen in einaxialen Druckversuchen bei unbehinderter Seitendehnung oder in einem dreiaxialen Druckversuch
- der Verformungsmodul E_v als Ergebnis von Plattendruckversuchen

Legt man die lineare Elastizitätstheorie im homogenen, isotropen Halbraum zugrunde, können die einzelnen Kennwerte gemäß Tabelle 3.1 ineinander umgerechnet werden. Wegen der Nichtlinearität des Bodens können die genannten Kenngrößen nur grob angenähert ermittelt werden und können strenggenommen bei hohem Genauigkeitsanspruch nicht ineinander umgerechnet werden. Die Umrechnung über die Querkontraktionszahl ν ergibt häufig Faktoren, die sich nicht allzusehr von 1 unterscheiden, so daß man näherungsweise z. B. Steifemodul und E-Modul gleichsetzen kann (s. Abschnitt 2.4.6).

Allein aus den genannten Gründen wird deutlich, daß man bei Setzungsberechnungen eine nicht allzu große Genauigkeit erwarten darf. Trotz der Fragwürdigkeit der Rechenmodelle stimmen die rechnerischen Werte mit den tatsächlich auftretenden Setzungen im allgemeinen in der Größenordnung überein. In der Praxis wird hauptsächlich mit dem Steifemodul gearbeitet, der entweder in Kompressionsversuchen gemessen oder auf der Grundlage von Erfahrungswerten festgelegt wird (s. Abschnitte 2.4.6 und 2.4.10).

Die Setzungen dürfen gemäß DIN 4019 direkt aus Setzungsformeln oder mit der Methode der lotrechten Spannungen im Boden ermittelt

Tabelle 3.1 Beziehungen zwischen E, E_s, E_v im elastisch-isotropen Medium mit der Poisson-Zahl $0 \leq \nu \leq 0{,}5$ [3.3]

		1	2	3
		Elastizitätsmodul E	Steifemodul E_s	Verformungsmodul E_v
1	E	1	$E = \dfrac{1 - \nu - 2\nu^2}{1 - \nu} \cdot E_s$	$E = (1 - \nu^2) \cdot E_v$
2	E_s	$E_s = \dfrac{1 - \nu}{1 - \nu - 2\nu^2} \cdot E$	1	$E_s = \dfrac{(1 - \nu)(1 - \nu)}{1 - \nu - 2\nu^2} \cdot E_v$
3	E_v	$E_v = \dfrac{1}{1 - \nu^2} \cdot E$	$E_v = \dfrac{1 - \nu - 2\nu^2}{(1 - \nu)(1 - \nu^2)} \cdot E_s$	1

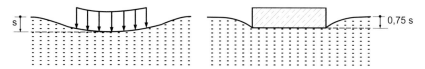

Bild 3.2
Setzungen eines schlaffen Lastbündels im Vergleich zu starrem Fundament [3.18]

werden (s. Abschnitte 3.2.2 und 3.2.3). In beiden Fällen beschränkt man in der Regel die Berechnung bis zur sogenannten Grenztiefe. Die Mächtigkeit der zusammendrückbaren Schicht kann dort begrenzt werden, wo die lotrechte Gesamtspannung den Überlagerungsdruck um 20 % überschreitet. Das ist gewöhnlich in einer Tiefe von z = b bis z = 2 b der Fall. Dabei bezeichnet b die kleinere Seite des Gründungskörpers. Weitere Hinweise s. Beiblatt 1 zu DIN 4019 Teil 1. Besondere Betrachtungen sind allerdings notwendig, wenn z. B. weiche Schichten in größeren Tiefen anstehen.

Die Spannung darf bei der Setzungsermittlung gemäß DIN 1054, Abschnitt 4.1.2 und gemäß DIN 4019 als geradlinig verteilt angenommen werden. Bei der Methode der lotrechten Spannungen geht man von sogenannten schlaffen Lastbündeln mit konstanter oder mit dreieckförmiger Spannungsverteilung aus. In diesem Fall ergeben sich an jeder Stelle der Last unterschiedliche Setzungen im Gegensatz zu einem starren Fundament (Bild 3.2).

In der Regel wird bei der Setzungsberechnung nur die Spannung aus Bauwerkslast σ_0 abzüglich der Spannung aus Bodenaushub $\gamma \cdot d$ angesetzt, weil man davon ausgeht, daß die Verformungen bei Entlastung durch den Bodenaushub bis zur Tiefe d und die Wiederbelastung bis zur Spannung $\gamma \cdot d$ im Vergleich zum weiteren Belastungsvorgang vernachlässigbar sind.

Setzungen und Verkantungen infolge waagerechter Lasten sind im allgemeinen sehr klein und können meist vernachlässigt werden. Einzelheiten s. DIN 4019 Teil 2, Schultze und Horn [3.32], Kany [3.14] sowie [3.3].

3.2.2 Lotrecht mittige Belastung

Unter lotrecht mittiger Belastung ergibt sich die Setzung s bei der Anwendung geschlossener Formeln über die Gleichung

$$s = \frac{\sigma_0 \cdot b \cdot f}{E_m} \qquad (3.1)$$

mit:
σ_0 mittlere Bodenpressung unter dem Bauwerk, die in der Regel um die Aushubentlastung zu verringern ist
E_m mittlerer Zusammendrückungsmodul, entspricht näherungsweise dem mittleren Steifemodul
f Setzungsbeiwert

Der Setzungsbeiwert f hängt von den Abmessungen der Gründungsfläche, der Mächtigkeit der zusammendrückbaren Schicht und der Poisonzahl ν ab, welche häufig näherungsweise mit Null angesetzt wird.

Bild 3.3 zeigt beispielhaft die Setzungsbeiwerte f_1 für den Eckpunkt 1 eines rechteckigen schlaffen Lastenbündels nach Kany [3.14], entnommen aus [3.3]. Die Setzung eines beliebigen Punkts ergibt sich durch Superposition und Aufteilung der Lastfläche für den Berechnungspunkt (BP) wie in Bild 3.4.

Bei starren Fundamenten ergibt sich die Setzung s aus der Setzung s_M des Mittelpunkts eines vergleichbaren schlaffen Lastbündels nach DIN 4019 Teil 1 über die Abschätzung (Bild 3.2)

$$s \approx 0{,}75\, s_M \qquad (3.2)$$

Alternativ darf die Setzung eines starren Fundaments auch im sogenannten kennzeichnenden Punkt eines schlaffen Lastbündels berechnet werden (Bild 3.5).

Dazu können die entsprechenden Rechteckanteile mit Hilfe von Bild 3.3 überlagert werden oder man greift direkt auf die Setzungsbeiwerte für den kennzeichnenden Punkt, z. B. in den Empfehlungen „Verformungen des Baugrunds bei baulichen Anlagen" [3.3] zurück. Dort sind auch Beiwerte für Kreisfundamente

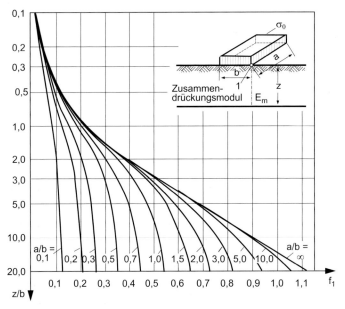

Bild 3.3
Beiwerte f_1 für die Berechnung der unter dem Eckpunkt 1 eines rechteckigen schlaffen Bauwerks (einer rechteckigen Flächenlast σ_0) hervorgerufenen Setzung s im elastisch-isotropen Halbraum mit der Poisson-Zahl $\nu = 0$ (nach Kany aus [3.3])

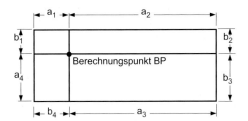

Bild 3.4
Aufteilung der Lastfläche für die Berechnung eines beliebigen Punktes eines Fundamentes

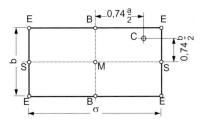

Bild 3.5
Lage des kennzeichnenden Punktes für die Berechnung der Setzung eines starren, mittig belasteten Grundkörpers (Rechteck) [3.31]

B = Mittelpunkt der Breitseite
C = kennzeichnender Punkt
E = Eckpunkt
M = Mittelpunkt der Fläche
S = Mittelpunkt der Schmalseite

aufgenommen. In derselben Veröffentlichung findet sich auch eine Literaturübersicht über weitere Lösungen, z. B. für Streifen-, Kreis-, Kreisring- und ellipsenförmige Fundamente. Hingewiesen sei auf den Beitrag von Schultze und Horn im Grundbautaschenbuch [3.31].

Geschlossene Formeln können auch bei geschichtetem Baugrund angewendet werden. Zum Beispiel ergibt sich die Setzung Δs einer Schicht in der Tiefe z_1 bis z_2 aus:

$$\Delta s = \frac{\sigma_0 \cdot b}{E_m} \left(f_2\left(\frac{z_2}{b}\right) - f_1\left(\frac{z_1}{b}\right) \right) \quad (3.3)$$

DIN 4019 sieht als zweite Möglichkeit der Setzungsermittlung die Methode der lotrechten Spannungen im Boden vor. Bei diesem Modell greift man nur auf einen Teil der Lösung des linear elastischen Halbraums zurück. Man beschränkt sich hierbei auf die Zusatzspannungen aus der Auflast p in lotrechter Richtung (Bild 3.6).

3.2 Setzungen

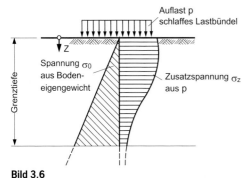

Bild 3.6
Methode der lotrechten Bodenspannungen

Die gesamten Spannungen σ_g in der Tiefe z ergeben sich durch Überlagerung der Spannungen aus Bodeneigengewicht σ_0 mit der Spannungserhöhung σ_z aus Auflast

$$\sigma_g = \sigma_0 + \sigma_z \qquad (3.4)$$

Zur Berechnung der Zusatzspannungen stehen eine Reihe von Lösungen zur Verfügung wie z.B. für Punktlasten, Linienlasten, Streifenlasten, Gleichlasten mit verschiedenem Grundriß und Dreieckslasten [3.3, 3.32].

Für eine Punktlast ist die Lösung nach Boussinesq unabhängig von der Querkontraktionszahl ν (vgl. Schultze/Horn [3.32]).

Man erhält

$$\sigma_z = \frac{3P}{2\pi} \cdot \frac{z^3}{(r^2 + z^2)^{\frac{5}{2}}} \qquad (3.5)$$

wobei r den horizontalen Abstand zur Punktlast bezeichnet (Bild 3.7). Durch Umformung ergibt sich der dimensionslose Beiwert

$$i_p = \sigma_z \cdot \frac{z^2}{P} = \frac{3}{2\pi} \frac{1}{\left[\left(\frac{r}{z}\right)^2 + 1\right]^{\frac{5}{2}}} \qquad (3.6)$$

dessen Verlauf ebenfalls in Bild 3.7 dargestellt ist.

Die größte Bedeutung in der Praxis haben die Tafeln von Steinbrenner zur Ermittlung der Vertikalspannungen unter dem Eckpunkt eines rechteckförmigen schlaffen Lastbündels (Bild 3.8).

Durch Superposition entsprechender Teilflächen (Bild 3.4) lassen sich die Spannungen in jedem beliebigen Punkt innerhalb und außerhalb der Lastfläche berechnen. Zwei Beispiele sind in Bild 3.9 dargestellt.

Der nächste Schritt ist die Berechnung der Setzungen einzelner Teilschichten. Die Modellvorstellung besteht darin, daß sich der Baugrund nur vertikal zusammendrückt (Bild 3.10).

Seitliche Deformationen werden vernachlässigt. Folgerichtig ergibt sich die mittlere Setzung einer Teilschicht i aus einem Kompressionsversuch, der im entsprechenden Spannungsbereich ausgewertet wird (Bild 3.11). Dazu wird der Dehnungszuwachs $\Delta\varepsilon_i$ für die Spannungen σ_{0i} und σ_{zi} in Schichtmitte bestimmt. Der Setzungsanteil Δs_i einer einzelnen Schicht i der Dicke d_i berechnet sich aus

$$\Delta s_i = \Delta\varepsilon_i \cdot d_i \qquad (3.7)$$

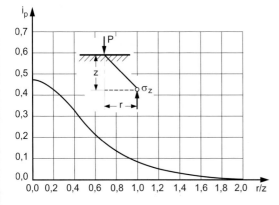

Bild 3.7
Beiwerte $i_p = \sigma_z \cdot z^2/P$ für die Berechnung der lotrechten Spannung σ_z in der Tiefe z infolge einer Punktlast P in der Entfernung r vom Angriffspunkt im elastisch-isotropen Halbraum nach Boussinesq (Fröhlich 1934, Ohde 1939, Teferra und Schultze 1988 aus [3.3])

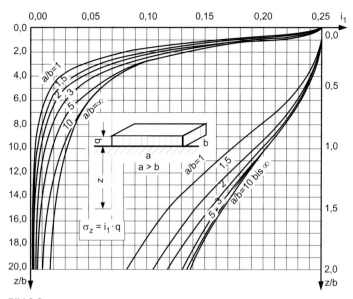

Bild 3.8
Beiwerte $i_i = \sigma_z/q$ für die Berechnung der unter dem Eckpunkt oder unter einem Punkt innerhalb sowie außerhalb eines rechteckigen schlaffen Bauwerks (einer rechteckigen Flächenlast q) in der Tiefe z hervorgerufenen lotrechten Spannung σ_z im elastisch-isotropen Halbraum (nach Steinbrenner 1934). Die linke Skala ist für die linke Kurvenschar, die rechte Skala für die rechte Kurvenschar zu benutzen (aus [3.3])

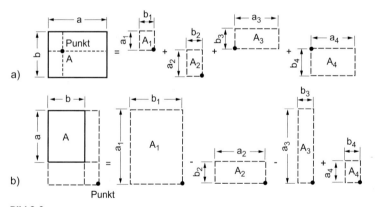

Bild 3.9
Einteilung in vier Teilflächen für die Berechnung der Spannungen σ_z in der Tiefe z für einen beliebigen Punkt
a) innerhalb der Lastfläche, b) außerhalb der Lastfläche
(Kany 1974, Graßhoff, Siedek, Floss 1982, aus [3.3])

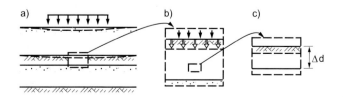

Bild 3.10
Vertikale Zusammendrückung
a) des Baugrundes, b) einer Bodenschicht, c) eines Bodenelementes
(nach Gudehus [3.7])

3.2 Setzungen

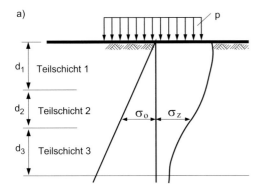

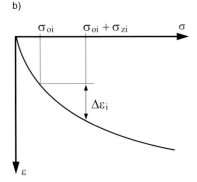

Bild 3.11
Bestimmung der Setzung in einer Teilschicht
a) Spannungen, b) Dehnungszuwachs $\Delta\varepsilon_i$ aus Kompressionsversuch

Durch Aufsummieren der Δs_i über alle Schichten ergibt sich die Gesamtsetzung s.

Die Setzung Δs_i kann auch aus dem passend gewählten Steifemodul

$$E_{si} = \frac{\sigma_{0i} + \sigma_{zi} - \sigma_{0i}}{\Delta\varepsilon_i} \qquad (3.8)$$

berechnet werden. Falls keine Kompressionsversuche vorliegen, können die Steifemoduli auch auf der Grundlage von Erfahrungswerten festgelegt werden (s. Abschnitte 2.4.6 und 2.4.10). Weitere Einzelheiten und Beispiele s. DIN 4019.

Das Verfahren liefert an jeder Stelle eine andere Setzung. Bei starren Fundamenten kann man wie zuvor die Setzung des Mittelpunkts nach Gleichung 3.2 abmindern oder die Zusatzspannungen unter dem kennzeichnenden Punkt berechnen und dort die Setzung ermitteln.

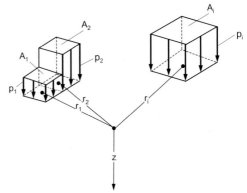

Bild 3.12
Zur Superposition von Drücken (nach Gudehus [3.8])

Der Einfluß benachbarter Fundamente mit Lasten p_i und Fläche A_i auf die Setzungen kann gemäß einem Vorschlag von Gudehus [3.8] durch Superposition berücksichtigt werden (Bild 3.12). Die Vertikalspannung aus verschiedenen Teilflächen beträgt

$$\sigma_z = \frac{3}{2\pi} z^3 \cdot \sum p_i A_i (z^2 + r_i^2)^{\frac{5}{2}} \qquad (3.9)$$

Die Methode der lotrechten Spannungen verbindet zwei Modellvorstellungen, die vom Grundsatz her nicht miteinander verträglich sind. Sie hat sich jedoch in der Praxis bewährt und weist den Vorteil auf, daß zum einen die Nichtlinearität und zum anderen die Zunahme der Steifigkeit mit zunehmendem Spannungsniveau berücksichtigt wird.

Der Vergleich mit Messungen zeigt, daß häufig die Berechnungen zu große Werte ergeben (vgl. DIN 4019, Teil 1 Beiblatt 1). Deshalb werden Korrekturbeiwerte κ für die berechneten Setzungen cal s vorgeschlagen (Tabelle 3.2):

$$s = \kappa \cdot \text{cal s} \qquad (3.10)$$

Tabelle 3.2 Mittlere Korrekturbeiwerte κ nach DIN 4019

Bodenart	$\kappa \approx$
Sand und Schluff	2/3
einfach verdichteter und leicht überverdichteter Ton	1
stark überverdichteter Ton	1/2 bis 1

Eine Korrektur nach Gleichung 3.10 wird in der Praxis aber selten durchgeführt.

3.2.3 Lotrecht außermittige Belastung

Wie bei lotrecht mittiger Belastung können die Setzungen und die Verkantungen bei einer Ausmitte der Last sowohl über geschlossene Formeln als auch über die Methode der lotrechten Spannungen im Boden berechnet werden (s. DIN 4019, Teil 2). Kany [3.16] hat für starre, rechteckige Fundamente mit zweiachsig ausmittiger Belastung Tafeln aufgestellt, um die Setzungen unter den vier Eckpunkten mit geschlossenen Formeln zu ermitteln (Bild 3.13). Weitere Hinweise s. DIN 4019 Teil 2, Schultze/Horn [3.3] sowie [3.31] und die dort zitierte Literatur.

Wird die Methode der lotrechten Spannungen zugrundegelegt, darf die Spannungsverteilung geradlinig angenommen werden. In der Regel setzt sich die Spannungsfigur aus Rechtecken und Dreiecken zusammen, wobei sich je nach Exzentrizität der Last und Aushubentlastung unterschiedliche Fälle ergeben können (s. DIN 4019 Teil 2). Die Zusatzspannungen aus rechteckförmiger Belastung können mit Hilfe der Kurventafeln bei mittiger Belastung ermittelt werden. Für lotrechte Dreieckslasten stehen ebenfalls Kurventafeln zur Verfügung [3.3, 3.32].

Bei der Bestimmung der Grenztiefe ist zu beachten, daß der Mittelwert der lotrechten Sohlspannung maßgebend ist. Einzelheiten gehen aus einem Rechenbeispiel in Beiblatt 1 zu DIN 4019 Teil 2 hervor.

3.2.4 Zulässige Setzungen und Verkantungen

Gegen gleichmäßige Setzungen sind die meisten Bauwerke unempfindlich. Dagegen können Bauwerke je nach Konstruktion und Untergrund sehr empfindlich bei Setzungsunter-

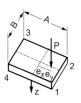

$$S_n = \frac{P}{A \cdot E_s} f_{(s,M)} \pm \frac{2P \cdot e_x}{A^2 \cdot E_s} \cdot f_{(s,A)} \pm \frac{2P \cdot e_y}{A \cdot B \cdot E_s} \cdot f_{(s,B)} \qquad S_n = \frac{P}{A \cdot E_s} f_{(s,M)} \pm \frac{2M_x}{A^2 \cdot E_s} \cdot f_{(s,A)} \pm \frac{2M_y}{A \cdot B \cdot E_s} \cdot f_{(s,B)}$$

Voraussetzung: Keine Zugspannungen in der Gründungssohle

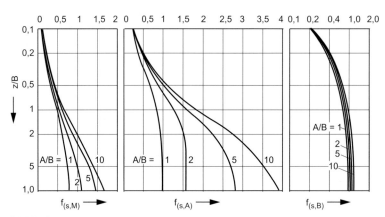

Bild 3.13
Setzungen unter den Eckpunkten eines starren, rechteckigen Fundamentes für zweiachsig ausmittige Belastung (nach Kany aus [3.28])

schieden reagieren, die in der Regel bei der Dimensionierung maßgebend sind. Die Gesamtsetzungen können hingegen bei Anschlüssen z. B. von Bedeutung sein.

Die Praxis zeigt, daß selbst bei scheinbar gleichförmigem Untergrund durch Inhomogenitäten Setzungsunterschiede auftreten können. Als Faustformel gilt für das Verhältnis von Setzungsunterschieden Δs zur Gesamtsetzung s

$$\frac{\Delta s}{s} \approx 1/2 \qquad (3.11)$$

Bei Bohrpfahl- und bei Rammpfahlgründungen sind die Verhältnisse günstiger (s. Abschnitt 8.2).

Einheitliche Kriterien zur Festlegung der zulässigen Setzungen und Verkantungen liegen nicht vor. Der Grund liegt unter anderem darin, daß ein komplexes Interaktionsproblem zwischen Bauwerk und Untergrund vorliegt. Zum Beispiel ist Ziegelmauerwerk nachgiebiger als betonierte Wände. Rahmenbauwerke sind weniger empfindlich als Mauerwerk. Bei nichtbindigen Böden ist das Risiko größer als bei bindigen, bedingt durch die unterschiedliche Form der Setzungsmulde, die bei bindigen Böden sanfter geneigt ist.

Die von verschiedenen Autoren [3.31] vorgeschlagenen Kriterien basieren auf:
– dem Krümmungsradius
– der Winkelverdrehung
– den Setzungsunterschieden
– den Größtwerten der Setzungen

Bei der Festlegung von zulässigen Werten für den Krümmungsradius werden Biegemomente und Krümmung miteinander verknüpft. Über eine kritische Dehnung, bei der Risse erwartet werden, lassen sich zulässige Krümmungsradien festlegen.

Die Angaben von zulässigen Setzungsunterschieden sind je nach Autor unterschiedlich und liegen etwa zwischen 2 und 4 cm bei benachbarten Stützen. Angaben für die Größtwerte von Setzungen sind bei Schultze/Horn zu

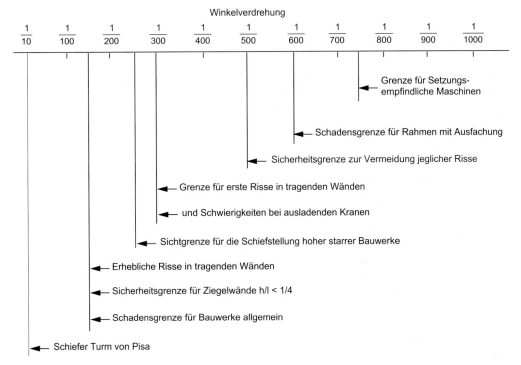

Bild 3.14
Schadenskriterien für Winkelverdrehungen (aus [3.31])

finden. Sie lassen sich über Winkelverdrehungen und unvermeidbare Setzungsdifferenzen gemäß Gleichung 3.11 auf Winkelverdrehungen zurückführen.

Heute arbeitet man häufig auf der Grundlage von Winkelverdrehungen (Bild 3.14).

Als Hilfskriterien können folgende Grenzwerte für die Winkelverdrehung angesetzt werden (L = Stützenabstand)

– Grenzwert für das Auftreten von Rissen im Tragwerk: L/150
– Grenzwert für architektonische Schäden wie Risse im Putz: L/300
– Zulässiger Wert: L/500 (unter Berücksichtigung eines Sicherheitsfaktors von etwa 1,5 auf L/300

Die Angaben beziehen sich auf die sog. Muldenlagerung (Bild 3.15). Bei der gefährlicheren Sattellagerung sind die Werte zu halbieren. Wegen der Schwierigkeiten bei der Festlegung von Kriterien ist eine Einzelfallüberprüfung in Zusammenarbeit zwischen Tragwerksplanern und Baugrundgutachtern zu empfehlen.

3.3 Grundbruch

Beim Grundbruch sinkt das Bauwerk in den Boden ein, wobei es sich meistens schief stellt, wenn die Bewegungsmöglichkeit dazu gegeben ist. Die Tragfähigkeit wird nach DIN 4017 nachgewiesen. Teil 1 beinhaltet lotrecht mittige Belastungen und Teil 2 schrägen und außermittigen Lastangriff. Beide Normenteile sind mit umfangreichen Erläuterungen und Berechnungsbeispielen ergänzt.

3.3.1 Lotrecht mittige Belastung

DIN 4014 Teil 1 geht beim Nachweis der Grundbruchsicherheit von den in Bild 3.16 dargestellten Voraussetzungen aus. Der Scherwiderstand in der Schicht oberhalb der Fundamentsohle wird nicht angesetzt. Wie Bild 3.16 verdeutlicht, ist bei Kellerwänden meistens die Gründungstiefe unterhalb des Kellerfußbodens maßgebend, wenn nicht ein Ausweichen nach innen durch aussteifende Wände z. B. verhindert wird.

Die Berechnung der vertikalen Bruchlast V_b geht auf einen Vorschlag von Terzaghi [3.35] zurück, der später durch verschiedene Faktoren z. B. zur Berücksichtigung der Geometrie ergänzt wurde (s. dazu Gudehus [3.8] und Schrifttum in Beiblatt 1 zu DIN 4017 Teil 1).

Die heute in der Praxis üblichen Berechnungsverfahren nach DIN 4017 beruhen auf exakten theoretischen Modellen für Sonderfälle, aber auch auf zahlreichen Versuchen in großem Maßstab, die an der Degebo durchgeführt wur-

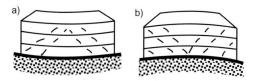

Bild 3.15
Setzungsunterschiede [3.29]
a) Muldenlagerung, b) Sattellagerung

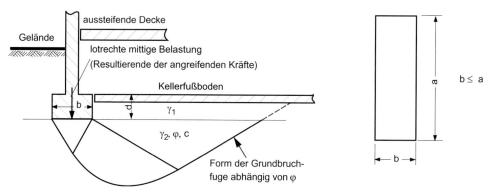

Bild 3.16
Grundbruch unter einem lotrecht und mittig belasteten Grundkörper bei einheitlicher Schichtung im Bereich des Gleitkörpers nach DIN 4017 Teil 1

3.3 Grundbruch

den (s. z. B. Muhs und Weiss [3.24]). Dadurch ist das Berechungsverfahren für bodenmechanische Verhältnisse ziemlich gut abgesichert.

Bei einfacher Bodenschichtung und bei einfachen Grundwasserverhältnissen darf gemäß DIN 4017 die Grundbruchlast nach der folgenden Gleichung berechnet werden:

$$V_b = b \cdot a (c \cdot N_c \cdot v_c + \gamma_1 \cdot d \cdot N_d \cdot v_d + \gamma_2 \cdot b \cdot N_b \cdot v_b) \quad (3.12)$$

mit:
- V_b Grundbruchlast in kN
- σ_{0f} mittlere Sohlnormalspannung in kN/m² in der Gründungsfuge beim Grundbruch
- b Breite des Gründungskörpers bzw. Durchmesser des Kreisfundaments in m, b < a
- a Länge in m des Gründungskörpers
- d geringste Gründungstiefe in m unter Geländeoberfläche bzw. Kellerfußboden
- c Kohäsion des Bodens in kN/m²
- N_c Tragfähigkeitsbeiwert für den Einfluß der Kohäsion c
- N_d Tragfähigkeitsbeiwert für den Einfluß der seitlichen Auflast $\gamma_1 \cdot d$
- N_b Tragfähigkeitsbeiwert für den Einfluß der Gründungsbreite b
- v_c Formbeiwert für den Einfluß der Grundrißform (Kohäsionsglied)
- v_d Formbeiwert für den Einfluß der Grundrißform (Tiefenglied)
- v_b Formbeiwert für den Einfluß der Grundrißform (Breitenglied)
- γ_1 Wichte des Bodens in kN/m³ oberhalb der Gründungssohle
- γ_2 Wichte des Bodens in kN/m³ unterhalb der Gründungssohle

Die Tragfähigkeitsfaktoren N_c, N_d und N_b gehen aus Bild 3.17 und Tabelle 3.3 hervor.

Die Formbeiwerte sind in Tabelle 3.4 zusammengestellt.

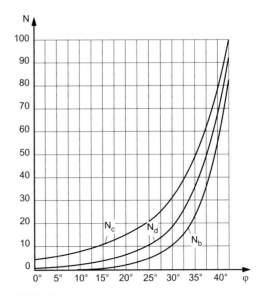

Bild 3.17
Tragfähigkeitsbeiwerte N_c, N_d, N_b in Abhängigkeit vom Reibungswinkel φ nach DIN 4017 Teil 1

Tabelle 3.3 Tragfähigkeitsbeiwerte nach DIN 4017 Teil 1

φ	N_c	N_d	N_b
0°	5,0	1,0	0
5°	6,5	1,5	0
10°	8,5	2,5	0,5
15°	11,0	4,0	1,0
20°	15,0	6,5	2,0
22,5°	17,5	8,0	3,0
25°	20,5	10,5	4,5
27,5°	25	14	7
30°	30	18	10
32,5°	37	25	15
35°	46	33	23
37,5°	58	46	34
40°	75	64	53
42,5°	99	92	83

Tabelle 3.4 Formbeiwerte nach DIN 4017 Teil 1

Grundrißform	v_c ($\varphi \neq 0$)	v_c ($\varphi = 0$)	v_d	v_b
Streifen	1,0	1,0	1,0	1,0
Rechteck	$\dfrac{v_d \cdot N_d - 1}{N_d - 1}$	$1 + 0,2 \cdot \dfrac{b}{a}$	$1 + \dfrac{b}{a} \cdot \sin\varphi$	$1 - 0,3 \cdot \dfrac{b}{a}$
Quadrat/Kreis	$\dfrac{v_d \cdot N_d - 1}{N_d - 1}$	1,2	$1 + \sin\varphi$	0,7

DIN 4017 legt dabei folgende Gleichungen zugrunde:

$$N_b = (N_d - 1) \cdot \tan \varphi \quad (3.13\,a)$$

$$N_c = (N_d - 1) \cdot \cot \varphi \quad (3.13\,b)$$

$$N_d = e^{\pi \tan \varphi} \tan^2 \left(45 + \frac{\varphi}{2}\right) \quad (3.13\,c)$$

Die Tragfähigkeitsfaktoren hängen sehr stark vom Reibungswinkel ab. Dies erklärt sich dadurch, daß die Tiefe der maßgeblichen Gleitfuge und damit die Größe des Erdwiderlagers beim Grundbruch erheblich mit dem Reibungswinkel zunimmt (Bild 3.18).

Erfahrungswerte für Scherparameter können den Tabellen 3.5 (nichtbindige Böden) und 3.6 (undränierte Scherfestigkeit) entnommen werden. Bei den Angaben zu nichtbindigen Böden ist die Abhängigkeit der Lagerungsdichte vom Ungleichförmigkeitsgrad zu beachten (s. Abschnitt 2.4.4).

Die Sicherheiten dürfen sowohl auf die Last als auch auf die Scherbeiwerte bezogen werden. Bei der Bezugsgröße Last erhält man die zulässige Vertikallast zul V aus

$$\text{zul } V = \frac{V_b}{\eta_p} \quad (3.14)$$

mit V_b aus Gleichung 3.12 und Sicherheit η_b gemäß DIN 1054 (Tabelle 3.7).

Tabelle 3.5 Erfahrungswerte für mittlere Reibungswinkel cal φ bei nichtbindigen Böden (Rechenwerte) nach DIN 4017 Teil 1

Lagerung	cal φ [1]
locker[2]	32,5°
mitteldicht	35°
dicht	37,5°

1) Diese Reibungswinkel stimmen mit den entsprechenden Angaben nach DIN 1055 Teil 2, Ausgabe Februar 1976, Tabelle 1, nicht ganz überein, da sie andere Abschläge zur Berücksichtigung der Inhomogenität des Untergrunds in Verbindung mit den Ungenauigkeiten bei Probeentnahme und Versuchsdurchführung enthalten.
2) Bei lockerem Boden ist eine Grundbruchuntersuchung erst dann zulässig, wenn die Lagerungsdichte ist:
D > 0,2 bei gleichförmigem Boden mit U < 3
D > 0,3 bei ungleichförmigem Boden mit U ≥ 3

Tabelle 3.6 Erfahrungswerte für verschiedene Konsistenzbereiche nach Terzaghi aus DIN 4017 Beiblatt 1 zu Teil 1

Konsistenz	c_u kN/m²
breiig	12,5
sehr weich	12,5 bis 25
weich	25 bis 50
steif	50 bis 100
halbfest	100 bis 200
hart	200

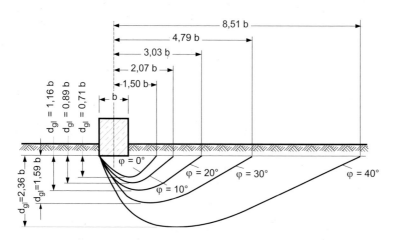

Bild 3.18
Lage der ungünstigsten Gleitfläche bei verschieden großen Reibungswinkeln in homogenem, gewichtslosem Boden nach DIN 4017 Beiblatt 1 zu Teil 1

3.4 Erddruck

Alternativ darf die zulässige Last zul V aus Gleichung 3.12 berechnet werden, in dem man die reduzierten Scherparameter

$$\text{zul} \tan \varphi = \frac{\tan \varphi}{\eta_r} \quad (3.15\,\text{a})$$

$$\text{zul} \, c = \frac{c}{\eta_c} \quad (3.15\,\text{b})$$

einsetzt. Die Sicherheitsbeiwerte η_r und η_c gehen ebenfalls aus Tabelle 3.7 hervor.

Tabelle 3.7 Sicherheitsbeiwerte für Grundbruch

Lastfall nach DIN 1054 Ausgabe November 1976 Abschnitt 2.2	η_r	η_c	η_p
1	1,25	2,00	2,00
2	1,15	1,50	1,50
3	1,10	1,30	1,30

3.3.2 Schräge und außermittige Belastung

Bei lotrechter und außermittiger Belastung mit Exzentrizitäten e_a und e_b (Bild 3.19) berechnet man die vertikale Bruchlast, in dem man in Gleichung 3.12 die reduzierten Seitenlängen a' und b' einsetzt mit

$$a' = a - 2\,e_a \quad (3.16\,\text{a})$$

und

$$b' = b - 2\,e_b \quad (3.16\,\text{b})$$

Man stellt sich somit vor, daß die Vertikallast von einem zentrisch belasteten Fundament mit a' und b' getragen wird, wobei b' stets die kleinere Seite der rechnerischen Grundfläche ist.

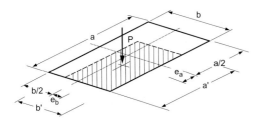

Bild 3.19
Ersatzfläche bei exzentrischer Auflast [3.7]

Bei schrägem Lastangriff werden zusätzliche Neigungsbeiwerte κ_d, κ_b und κ_c eingeführt. Einzelheiten s. DIN 4017 Teil 2 einschließlich Beiblatt 1, das mit ausführlichen Rechenbeispielen ergänzt ist.

3.3.3 Sonderfälle

Bei Schichtung darf gemäß DIN 4014 die Bruchlast ebenfalls mit Gleichung 3.12 bestimmt werden, wenn mit Mittelwerten für den Reibungswinkel und der Kohäsion in der Gleitfläche gerechnet wird. Dazu werden Reibungswinkel und Kohäsion entsprechend den anteiligen Längen gewichtet (s. auch Gudehus [3.7, 3.8]).

Bei geneigtem Gelände (Bild 3.20) darf Gleichung 3.12 mit Geländeneigungsfaktoren λ erweitert werden.

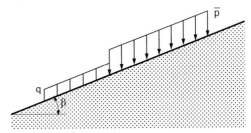

Bild 3.20
Zum Grundbruch mit Geländeneigung (nach Gudehus [3.8])

Vorschläge wurden z.B. von Weiß [3.40] erarbeitet. Gudehus [3.8] gibt folgende Faktoren an:

$$\lambda_c = \frac{N_d \exp(-0{,}075\,\beta \cdot \tan \varphi) - 1}{N_d - 1} \quad (3.17\,\text{a})$$

$$\lambda_b = (1 - 0{,}5 \cdot \tan \beta)^6 \quad (3.17\,\text{b})$$

$$\lambda_d = (1 - \tan \beta)^{0{,}9} \quad (3.17\,\text{c})$$

Die Modellfehler durch die Geländeneigungsfaktoren in den Gleichungen 3.17 a–c sind wesentlich größer als in Gleichung 3.12, so daß Gudehus höhere Sicherheiten empfiehlt.

Berechnungshinweise zu Fundamenten mit unregelmäßigem Grundriß gibt Smoltczyk (Bild 3.21).

3.4 Erddruck

3.4.1 Allgemeines

Unter Erddruck versteht man die Kontaktspannungen zwischen Wänden und angrenzendem

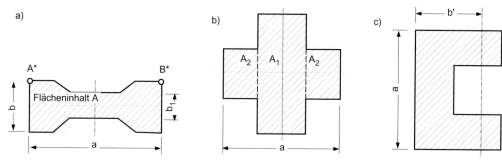

Bild 3.21
Zum Grundbruchnachweis bei symmetrischem, unregelmäßigem Fundamentgrundriß (nach Smoltczyk und Netzel [3.33])
a) Trotz einspringender Kante bleiben A* und B* die den Grundbruch auslösenden singulären Punkte: Ansatz von b_1, als maßgebende Breite deswegen zu ungünstig. Empfehlung: Fundamentfläche A unter Beibehaltung der Länge a in ein flächengleiches Rechteck mit Ersatzbreite b' = A/a umwandeln und Nachweis am Rechteck führen.
b) Aus den 3 Teilflächen $A_1 + 2 A_2$ = A entwickelt man unter Beibehaltung der Länge a ein flächengleiches Rechteck mit der Ersatzbreite b' = A/a und führt den Nachweis.
c) Aus den 3 Teilflächen $A_1 + 2 A_2$ = A entwickelt man wie zuvor eine Ersatzfläche a · b'.

Boden. Der Erddruck ist definiert als Kraft pro Flächeneinheit mit dem Symbol e. Der Begriff Erddruck wird häufig – wenn auch in strengem Sinne nicht korrekt – auch für die Resultierende verwendet, die gemäß der Normung als Erddrucklast E bezeichnet wird.

Der Erddruck kann in weiten Bereichen schwanken. Denkt man sich eine Wand störungsfrei in einen Boden eingebracht, wirkt der Erdruhedruck. Bewegt man die Wand vom Erdreich weg, wird nach relativ kleinen Verformungen ein unterer Grenzwert erreicht, der aktive Erddruck e_a. Umgekehrt ergibt sich ein oberer Grenzwert e_p bei einer Bewegung zum Erdreich hin, wobei die Verformungen wesentlich größer sind als im aktiven Fall. Der Zusammenhang zwischen Erddrucklast und Wandbewegung geht aus Bild 3.22 hervor. Je nach Bodenart, z.B. bei

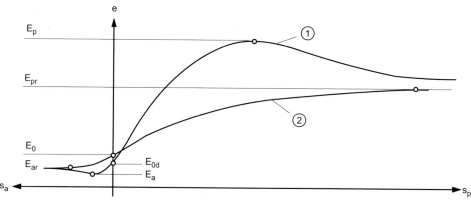

E	= Erddruck	
E_a	= aktiver Erddruck (Bruchzustand)	
E_{ar}	= aktiver Erddruck (Restzustand)	
E_0	= Erdruhedruck (lockere Lagerung)	
E_{0d}	= Erdruhedruck (dichte Lagerung)	
E_p	= passiver Erddruck (Bruchzustand)	
E_{pr}	= passiver Erddruck (Restzustand)	

1 = mitteldicht bis dicht gelagerte nichtbindige Böden sowie überverdichtete und steife bis halbfeste Böden
2 = locker gelagerte nichtbindige Böden sowie normalverdichtete und weiche bindige Böden
s_a = Bewegung vom Boden weg (aktiver Bereich)
s_p = Bewegung zum Boden hin (passiver Bereich)

Bild 3.22
Erddruck in Abhängigkeit von der Größe der Bewegung vertikaler Stützkonstruktionen bei horizontalem Gelände nach DIN V 4085-100

dicht gelagerten nichtbindigen Böden oder überkonsolidierten und steifen bis halbfesten bindigen Böden kann der Erddruck bei Bewegungen über den Grenzzustand der Tragfähigkeit hinaus den sogenannten Restzustand erreichen. Dies bedeutet einen Wiederanstieg im aktiven Fall bzw. eine Abnahme im passiven Zustand.

Die Erddruckresultierende und die Verteilung des Erddruckes hängen von der Wandbewegungsart ab. Man unterscheidet folgende Bewegungsarten (s. Bild 3.23):

– Drehung um den Fußpunkt
– Parallelbewegung
– Drehung um den Kopfpunkt
– Durchbiegung

In der Praxis treten in der Regel Mischformen der genannten Bewegungsarten auf, so daß die Unterscheidung eher von theoretischer Bedeutung ist. Für den aktiven Fall darf näherungsweise bei allen vier Wandbewegungsarten die Resultierende gleich angenommen werden. Im passiven Fall schlagen die Normen Korrekturfaktoren vor. Die Verteilung des Erddrucks wird häufig auf empirischer Grundlage festgelegt (s. Abschnitt 3.4.5).

Die meisten in der Praxis gebräuchlichen Theorien beziehen sich auf den Grenzzustand der Tragfähigkeit. Die Beobachtung zeigt, daß sich sowohl im aktiven als auch im passiven Fall bevorzugt Linienbrüche mit schmalen Scherzonen ausbilden, die mit der sogenannten kinematischen Methode modelliert werden können. Betrachtet werden dabei starre Körper wie einfache Gleitkeile und Kreiszylinder; aber auch Mehrkörpermechanismen werden untersucht. Grundsätzlich ist bei gegebener Geometrie und Wandbewegungsart derjenige Mechanismus maßgebend, der zum ungünstigen Extremalwert führt, d. h. Größtwert im aktiven und Kleinstwert im passiven Fall. Von geringer Bedeutung sind sog. Zonenbrüche, bei denen sich der gesamte betrachtete Bereich im Grenzzustand befindet.

Vor allem bei passiven Erddruckproblemen sind die Verformungen zu beachten. In der Praxis stützt man sich dabei häufig auf empirische Erddruckmobilisierungsfunktionen mit dem Ziel zu prüfen, ob die notwendigen Verschiebungen mit dem Bauwerk kompatibel sind. Gegebenenfalls sind die Erddrücke abzumindern (s. Abschnitt 3.4.7).

Maßgebliche Norm ist DIN 4085. Häufig bezieht man sich bereits auch auf die Vornorm DIN V 4085-100. Bei Baugruben sind die Empfehlungen des Arbeitskreises Baugruben

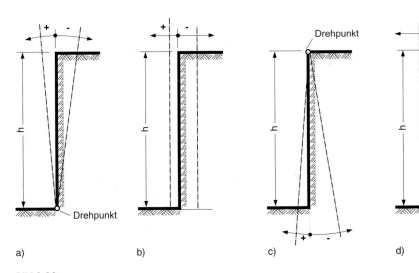

Bild 3.23
Grundformen der Wandbewegung nach DIN V 4085-100
(+ in Richtung aktiver Erddruck; – in Richtung passiver Erddruck)
a) Drehung um den Fußpunkt, b) Parallelbewegung, c) Drehung um den Kopfpunkt, d) Durchbiegung

(EAB) zu beachten. Für Ufereinfassungen gelten die Empfehlungen des Arbeitsausschusses Ufereinfassungen (EAU) (s. Abschnitt 4.4).

Die folgenden Betrachtungen sind knapp gehalten und beschränken sich auf die Grundlagen. Besonderheiten bei der Anwendung auf Baugruben sind in Kapitel 10 zusammengestellt. Stützbauwerke wie Winkelstützmauern werden in Kapitel 12 behandelt. Eine ausführliche Darstellung des Erddruckproblems ist bei Gudehus [3.10, 3.11], im Beiblatt 1 zu DIN 4085, in bodenmechanischen Lehrbüchern (s. Abschnitt 3.1) und bei Weißenbach [3.37] zu finden.

3.4.2 Aktiver Erddruck

Die älteste Lösung zur Berechnung der Erddruckresultierenden stammt von Coulomb [3.2], der von einem einfachen Gleitkeil bei ebenem Gelände, einer vertikalen Wand, der Höhe h und einer horizontalen Erddruckkraft E ausgeht (Bild 3.24). Die Bewegung soll drehungsfrei sein. Bild 3.24b zeigt die angreifenden Kräfte mit Erddruckkraft E, Gewichtskraft G und der Reaktionskraft Q in der Gleitfuge. Bei einem reibungsbehafteten Boden mit Reibungswinkel φ, Kohäsion $c = 0$ und Wichte γ setzt sich Q aus der Normalkraft N und der Reibungskraft

$$T = N \cdot \tan\varphi \qquad (3.18)$$

zusammen (Bild 3.24b).

Coulomb betrachtet den Gleitflächenwinkel ϑ und die Erddruckkraft zunächst als variabel. Aus dem Krafteck ergibt sich

$$E = \frac{1}{2}\gamma \cdot h^2 \frac{\tan(\vartheta - \varphi)}{\tan\vartheta} \qquad (3.19)$$

Die Funktion $\tan(\vartheta-\varphi)/\tan\vartheta$ erreicht ein Maximum bei einem Gleitflächenwinkel

$$\vartheta_a = 45 + \frac{\varphi}{2} \qquad (3.20)$$

mit dem Wert

$$K_a = \tan^2\left(45 - \frac{\varphi}{2}\right) \qquad (3.21)$$

K_a wird als aktiver Erddruckbeiwert bezeichnet.

Die Hypothese von Coulomb besagt, daß sich unter allen möglichen Gleitflächenneigungen gerade diejenige einstellt, die zum maximalen Erddruck führt. Äquivalent dazu ist das Prinzip der kleinsten Sicherheit, das besagt, daß sich bei vorgegebener Stützkraft genau die Neigung ϑ einstellt, die zur kleinsten Sicherheit führt (Gudehus [3.7]).

Die Erddruckberechnung mit einem ebenen Gleitkeil läßt sich verallgemeinern auf beliebige Wand-, Erddruck und Böschungsneigungen (Bild 3.25) mit

– Wandneigungswinkel α
– Böschungswinkel β
– Erddruckneigung δ

Entsprechende Formeln wurden von Müller-Breslau [3.23] abgeleitet. Die Anwendung auf Baugruben ist in Abschnitt 10.4 behandelt. Erddrucktabellen mit K_a- und ϑ_a-Werten haben

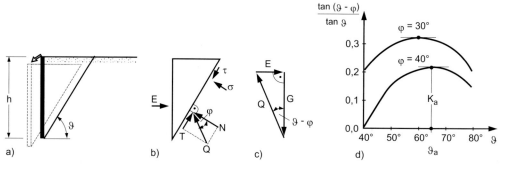

Bild 3.24
Einfacher Gleitkeil nach Coulomb [3.2]
a) Wandbewegung, b) Gleitkeil, c) Krafteck, d) Erddruckfaktor beim aktiven Grenzzustand

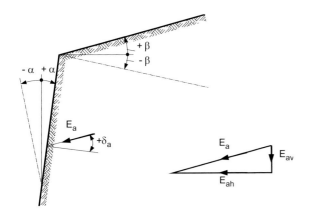

α Neigungswinkel der Wand
β Neigungswinkel der Geländeoberfläche
δ Wandreibungswinkel

Bild 3.25
Vorzeichenregel für die Berechnung des aktiven Erddruckes nach DIN 4085

z. B. Gudehus [3.10] oder Weißenbach [3.37] zusammengestellt.

Bei einer großflächigen Auflast p (Bild 3.26) lautet das Ergebnis:

$$E_{ap} = p \cdot h \cdot K_a \qquad (3.22)$$

mit demselben Erddruckbeiwert K_a wie in Gleichung 3.21.

Weist der Boden zusätzlich zur Reibung noch eine Kohäsion auf, muß in der Gleitfuge noch eine Kohäsionskraft K angesetzt werden (Bild 3.27).

Durch Variation der Gleitflächenneigung erhält man für den Erddruckanteil E_{ac} aus Kohäsion das Ergebnis:

$$E_{ac} = -2 \cdot c \cdot \sqrt{K_a} \cdot h \qquad (3.23)$$

mit K_a nach Gleichung 3.21. Der Erddruck aus Kohäsion ist rechnerisch eine Zugkraft, was besondere Überlegungen notwendig macht (s. DIN 4085 und Abschnitt 10.4). Bei Reibung, Kohäsion und Auflast addiert man die Anteile E_{ag} aus Eigengewicht, E_{ap} aus großflächiger Auflast und E_{ac} aus Kohäsion zur Gesamterddruckkraft E_a mit

$$E_a = \frac{1}{2} \cdot \gamma \cdot h^2 \cdot K_a + p \cdot h \cdot K_a - 2 \cdot c \cdot \sqrt{K_a} \cdot h \qquad (3.24)$$

Gleichung 3.24 gilt strenggenommen nur für $\alpha = \beta = \delta = 0$. In diesem Fall ergibt sich für alle drei Anteile $\vartheta_a = 45 + \varphi/2$.

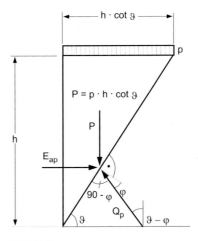

Bild 3.26
Kräfte am Gleitkeil bei großflächiger Auflast p

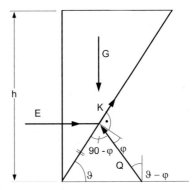

Bild 3.27
Kräfte am Gleitkeil infolge Eigengewicht bei Reibung und Kohäsion

Die Untersuchungen von Groß aus [3.7] zeigen, daß im allgemeinen Fall ϑ_a zusätzlich zu den Parametern φ, α, β und δ noch von der Kohäsion abhängt und eine additive Aufspaltung wie in Gleichung 3.24 nicht möglich ist. In der Praxis wird dieser Einfluß meist vernachlässigt.

Der Fehler bei der Ermittlung der Erddruckbeiwerte im aktiven Fall auf der Grundlage des Coulomb-Verfahrens mit ebener Gleitfläche ist in der Regel unbedeutend. Eine Ausnahme bilden geneigte Wand- und Geländeoberflächen mit entsprechender Neigung der Erddruckresultierenden (Einzelheiten s. DIN 4085). In diesem Fall muß mit gekrümmten oder gebrochenen Gleitflächen gerechnet werden.

Der aktive Erddruck wird in der Regel bereits bei sehr kleinen Wandbewegungen erreicht. Zum Beispiel genügt bei Parallelverschiebung in mitteldicht bis dicht gelagerten nichtbindigen Böden und steifen bis halbfesten bindigen Bodenarten bereits 1/1000 der Wandhöhe. Diese Bewegungen sind in der Regel bei allen frei beweglichen Bauwerken auf Lockergestein und auf Pfahlrosten vorhanden (s. auch Beiblatt 1 zu DIN 4085).

3.4.3 Passiver Erddruck

Unter denselben Voraussetzungen wie in Bild 3.24, aber mit umgekehrter Bewegungsrichtung gegen das Erdreich (Bild 3.28) wird der Erddruck minimal bei einem Neigungswinkel

$$\vartheta_p = 45 - \frac{\vartheta}{2} \qquad (3.25)$$

Das Prinzip der kleinsten Sicherheit besagt, daß der Kleinstwert

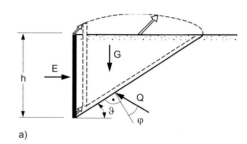
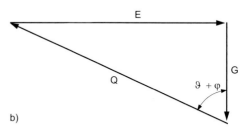

Bild 3.28
Passiver Erddruck (nach Gudehus [3.7])
a) Gleitkeil, b) Krafteck

$$E_p = \frac{1}{2} \gamma \cdot h^2 \tan^2\left(45 + \frac{\varphi}{2}\right) \qquad (3.26)$$

für die passive Erddruckresultierende maßgebend ist. E_P wird auch als Erdwiderstand bezeichnet. In Analogie zum aktiven Grenzzustand heißt

$$K_p = \tan^2\left(45 + \frac{\pi}{2}\right) \qquad (3.27)$$

passiver Erddruckbeiwert.

Die Betrachtungen am ebenen Gleitkeil können wie im aktiven Fall für beliebige Böschungs-, Wand- und Erddruckneigungen verallgemeinert

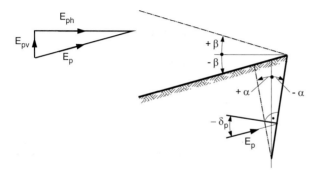

α Neigungswinkel der Wand
β Neigungswinkel der Geländeoberfläche
δ Wandreibungswinkel

Bild 3.29
Vorzeichenregel für die Berechnung des passiven Erddrucks nach DIN 4085

3.4 Erddruck

werden (Bild 3.29). Die Gleichung für die K_p-Werte ist z. B. in DIN 4085 angegeben.

Bei Auflast und Kohäsion geht man wie im aktiven Fall von einem dreigliedrigen Erddruckansatz aus. Der gesamte Erdwiderstand E_p setzt sich zusammen aus

$$E_p = \frac{1}{2} \gamma \cdot h^2 \cdot K_p + p \cdot h \cdot K_p + 2 \cdot c \cdot \sqrt{K_p} \cdot h \quad (3.28)$$

Im Gegensatz zum aktiven Fall sind die K_p-Werte sehr viel stärker vom Bruchmechanismus abhängig. Die Erddruckbeiwerte nach Coulomb und Müller-Breslau sind nur beschränkt anwendbar (s. DIN 4085). Außerhalb der in DIN 4085 genannten Grenzen müssen gekrümmte oder gebrochene Gleitflächen untersucht werden. Bild 3.30 zeigt zum Beispiel einen Zweikörpermechanismus, Bild 3.31 einen kreiszylindrischen Gleitkörper. Beispielhaft ist in Bild 3.32 die Abhängigkeit der Erdwiderstandsbeiwerte K_{ph} für die Horizontalkomponente der Erddruckresultierenden, ermittelt nach verschiedenen Ansätzen, in Abhängigkeit vom Wandreibungswinkel bei $\varphi = 30°$ dargestellt. Dabei ge-

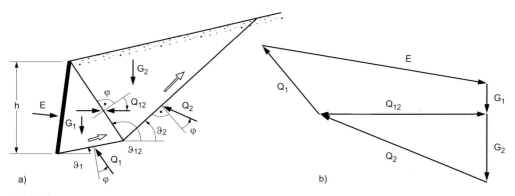

Bild 3.30
a) Mechanismus mit zwei Gleitkeilen, b) Krafteck bei Translation im passiven Grenzzustand (nach Gudehus [3.7])

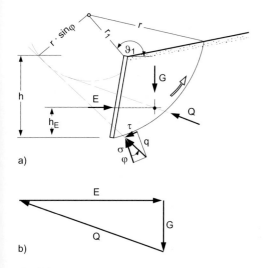

Bild 3.31
a) Kreiszylindrischer Gleitkörper, b) Krafteck bei Rotation im passiven Grenzzustand (nach Gudehus [3.7])

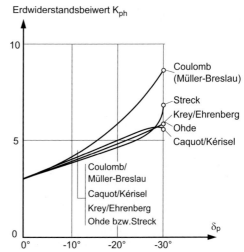

Bild 3.32
Abhängigkeit verschiedener Erdwiderstandsbeiwerte vom Wandreibungswinkel im Falle $\varphi = 30°$ (nach Weißenbach [3.39])

hen Coulomb bzw. Müller-Breslau vom einfachen Keil aus. Streck und Weißenbach, Krey, Ehrenberg, Ohde sowie Caquot und Kerisel legen gekrümmte Gleitflächen, Kreiszylinderflächen, Mehrfachbruchkörper und Zonenbrüche zugrunde (Einzelheiten s. Weißenbach [3.39]).

Bei einem Wandreibungswinkel $\delta = 0$ ergibt sich für alle Ansätze derselbe K_{ph}-Wert. Die größten Unterschiede sind bei $\delta_p = -\varphi$ zu beobachten. Die größten Werte liefert der einfache Gleitkeil nach Coulomb.

Die Unterschiede nehmen bei größeren Reibungswinkeln extrem zu. Zum Beispiel beträgt bei $\varphi = 42{,}5°$ und $\delta_p = -\varphi$ der Erdwiderstandsbeiwert nach Coulomb und Müller-Breslau $K_{ph} = 273$ und nach Streck und Weißenbach $K_{ph} = 17{,}6$. In Anbetracht der üblichen Sicherheitsfaktoren in der Größenordnung von 2 wird deutlich, daß außerhalb der Gültigkeitsgrenzen von DIN 4085 unbedingt die ungünstigeren Bruchmechanismen zu betrachten sind.

Passive Erddruckbeiwerte für Rotation und Zweikörpermechanismen nach Groß und Gudehus sind in [3.10], K_p-Werte nach Streck und Weißenbach bzw. Caquot und Kerisel sind in [3.37] tabelliert. Eine umfassende Übersicht ist im Beiblatt 1 zu DIN 4085 zu finden.

3.4.4 Erdruhedruck

Auf unverschiebliche Wände wirkt der Erdruhedruck. Bei vertikaler Wand und horizontalem unbelastetem Gelände ergibt sich die Horizontalspannung σ_x in der Tiefe z aus der Vertikalspannung $\sigma_z = \gamma \cdot z$ (s. Bild 3.33) über die Beziehung

$$\sigma_x = K_0 \cdot \sigma_z \qquad (3.29)$$

Dabei bezeichnet K_0 den Erdruhedruckbeiwert, der in der Regel mit

$$K_0 = 1 - \sin \varphi \qquad (3.30)$$

ohne Ansatz der Kohäsion abgeschätzt wird. Dabei bezeichnet φ den effektiven Reibungswinkel (s. Abschnitt 2.4.7).

Die Näherungsformel in Gleichung 3.30 gilt strenggenommen nur für normalkonsolidierte Böden. Bei vorbelastetem Gelände können auch höhere Seitendruckbeiwerte vorkommen. Näheres s. Gudehus [3.10] und Beiblatt 1 zur DIN 4085 mit der dort zitierten Literatur.

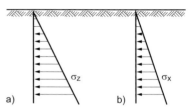

Bild 3.33
Verteilung des Ruhedrucks
a) Vertikalspannung σ_z, b) Horizontalspannung σ_x

Aus den Gleichungen 3.29 und 3.30 ergibt sich bei waagerechtem Gelände und senkrechter Wand der Höhe h die Erdruhedrucklast

$$E_0 = \frac{1}{2} \gamma \cdot h^2 \cdot K_0 \qquad (3.31)$$

In geneigtem Gelände mit Böschungswinkel β wird die Kraftrichtung in der Regel hangparallel angenommen (Bild 3.34).

Im Grenzfall $\beta = \varphi$ ergibt sich

$$K_0 = \cos \varphi \qquad (3.32)$$

und die hangparallele Erdruhedruckkraft

$$E_0 = \frac{1}{2} \gamma \cdot h^2 \cdot \cos \varphi \qquad (3.33)$$

Bei Böschungsneigungen $0 \leq \beta \leq \varphi$ darf zwischen den Gleichungen 3.30 und 3.32 linear interpoliert werden [3.10] mit

$$K_0 = 1 - \sin \varphi + (\cos \varphi + \sin \varphi - 1)\frac{\beta}{\varphi} \qquad (3.34)$$

Häufig interessiert die Normalspannung auf die Wand. Bei senkrechten Wänden ergibt sich für die Horizontalspannung σ_x in der Tiefe z (Bild 3.35)

$$\sigma_x = K_0 \cdot \gamma \cdot z \cdot \cos \cdot \beta \qquad (3.35)$$

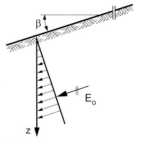

Bild 3.34
Ruhedruck in geneigtem Gelände

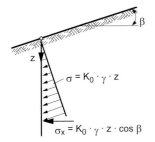

Bild 3.35
Horizontalspannung σ_x auf senkrechte Wand bei geneigtem Gelände und Wandreibungswinkel $\delta \geq$ Böschungswinkel β

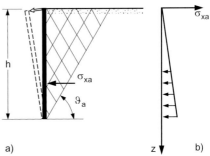

Bild 3.36
Lösung von Rankine für horizontales Gelände und vertikale Wand mit Fußpunktdrehung
a) Wand mit Linienbruch
b) Spannungsverteilung auf Wand (nach [3.7])

mit K_0 nach Gleichung 3.34. Voraussetzung ist allerdings, daß ein Wandreibungswinkel $\delta \geq \beta$ aktiviert werden kann (s. DIN 4085). Geneigte Wände können analog betrachtet werden (s. Gudehus [3.10]).

3.4.5 Verteilung des Erddrucks

Die in den Abschnitten 3.4.2 und 3.4.3 vorgestellten Methoden auf der Grundlage von Starrkörper-Bruchmechanismen liefern die Erddruckresultierenden. Zur Bestimmung der Erddruckverteilung kann auf die Theorie von Rankine [3.27] zurückgegriffen werden. Im Gegensatz zu den kinematischen Methoden mit Linienbrüchen setzt Rankine voraus, daß in jedem Punkt des betrachteten Gebiets der Grenzzustand erreicht wird. Für den Fall kohäsionsloser Boden, senkrechte Wand, waagerechtes Gelände und Wandreibungswinkel $\delta = 0$ lautet das Ergebnis von Rankine [3.7, 3.10] im aktiven Fall

$$\sigma_z = \gamma \cdot z \qquad (3.36)$$

für die vertikale Spannung und

$$\sigma_{xa} = \gamma \cdot z \, \frac{1 - \sin\varphi}{1 + \sin\varphi} = \gamma \cdot z \tan^2\left(45 - \frac{\varphi}{2}\right) \qquad (3.37)$$

für die horizontale Spannung (Bild 3.36a, b). Im aktiven Fall ist σ_z die größte und σ_{xa} die kleinste Hauptspannung, die beide linear mit der Tiefe zunehmen. Die dreieckförmige Verteilung wird häufig auch als die klassische Erddruckverteilung bezeichnet.

In Schnittflächen unter dem Winkel $\vartheta_a = \pm (45 + \varphi/2)$ wird das Verhältnis Schubspannung zu Normalspannung maximal. Die Schnittbilder werden auch als Gleitlinien bezeichnet. Ihre Lage ist unbestimmt. Das von Gleitlinien durchzogene Gebiet heißt Rankine-Zone. Im Gegensatz zu Linienbrüchen spricht man in diesem Fall von Zonenbrüchen.

Im passiven Fall wird die Horizontalspannung zur größten Hauptspannung mit dem Wert

$$\sigma_{xp} = \gamma \cdot z \, \frac{1 + \sin\varphi}{1 - \sin\varphi} = \gamma \cdot z \tan^2\left(45 + \frac{\varphi}{2}\right) \qquad (3.38)$$

Wieder ergibt sich eine dreieckförmige Verteilung.

Die Gleitlinienwinkel verlaufen flacher mit $\vartheta_p = \pm (45 - \varphi/2)$.

Die Theorie von Rankine läßt sich auch bei geneigtem Gelände und schrägen Wänden unter der Voraussetzung anwenden, daß der Erddruck parallel zur Geländeoberkante ist [3.7].

Für eine großflächige Auflast p erhält man gemäß der Theorie von Rankine bei vertikaler Wand, horizontalem Gelände und Wandreibungswinkel $\delta = 0$ eine über die Tiefe konstante Verteilung (Bild 3.37) mit

$$\sigma_{xa} = p \cdot \tan^2(45 - \varphi/2) \qquad (3.39)$$

im aktiven Fall und

$$\sigma_{xp} = p \cdot \tan^2(45 + \varphi/2) \qquad (3.40)$$

im passiven Fall.

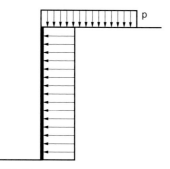

Bild 3.37
Erddruckverteilung nach Rankine bei großflächiger Last p

Bei Kohäsion ergeben sich im aktiven Fall rechnerisch über die Tiefe konstante Zugspannungen der Größe

$$\sigma_{xa} = -2c \cdot \tan(45 - \varphi/2) \qquad (3.41)$$

die mit den Anteilen aus Bodeneigengewicht und eventuellen Auflasten zur resultierenden Spannung überlagert werden (Bild 3.38). Verwendet man die in der Erddrucktheorie üblichen Bezeichnungen e_{ag} für den aktiven Erddruck aus Bodeneigengewicht, e_{ap} für den Anteil aus großflächiger Auflast p und e_{ac} für den Kohäsionsanteil, berechnet sich der resultierende Erddruck e_a aus

$$e_a = e_{ag} + e_{ap} + e_{ac} \qquad (3.42)$$

Unter Verwendung der Gleichungen 3.34, 3.39 und 3.41 erhält man

$$e_a = \gamma \cdot z \tan^2(45 - \varphi/2) + p \cdot \tan^2(45 - \varphi/2) - 2c \tan(45 - \varphi/2) \qquad (3.43)$$

Ergeben sich wie im Beispiel in Bild 3.38 auch nach der Überlagerung noch rechnerische Zugspannungen, sind weitere Überlegungen notwendig, weil zwischen Wand und Boden keine zugfeste Verbindung besteht. Je nach Anwendungsfall werden z. B. die Zugspannungen zu Null gesetzt oder umverteilt (s. Abschnitt 10.4, Baugruben).

Zonenbrüche, wie in der Theorie von Rankine vorausgesetzt, stellen sich in Wirklichkeit nur selten ein. In der Regel weicht die tatsächliche Erddruckverteilung von der klassischen nach Rankine ab. Zum Beispiel ergibt sich aus Bodeneigengewicht bei den in Bild 3.39 untersuchten Wandbewegungsformen nur für die Drehung um den Fußpunkt die klassische dreieckförmige Verteilung. Bei großflächigen Auflasten erhält man selbst bei Drehung um den Fußpunkt nur näherungsweise die konstante Verteilung nach Rankine (Bild 3.40).

Als Konsequenz daraus für die Praxis berechnet man zunächst die Erddruckverteilung nach der klassischen Theorie und verteilt danach um. Wie Messungen zeigen, hängt der Grad der Umlagerung unter anderem von der Boden- und der Wandart, der Wandsteifigkeit, der Art der Stützung und der Bewegung ab. Vorschläge zur Umverteilung sind z. B. in DIN 4085, in den Empfehlungen des Arbeitskreises Baugruben (EAB) und in den Empfehlungen des Ar-

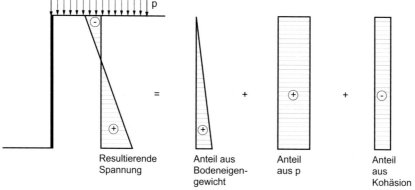

Bild 3.38
Beispiel zur Überlagerung der Erddruckanteile aus Bodeneigengewicht, großflächiger Auflast und Kohäsion im aktiven Fall

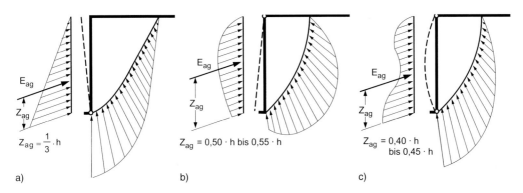

Bild 3.39
Verteilung des Erddrucks und der Gleitflächenspannungen aus Bodeneigenlast bei verschiedenen Wandbewegungsarten (nach Ohde aus Weißenbach [3.37])
a) Drehung um den Fußpunkt, b) Drehung um den Kopfpunkt, c) Durchbiegung der Wand

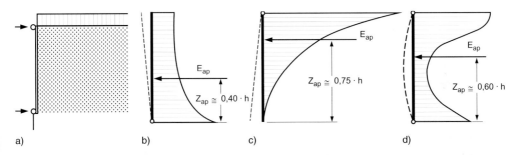

Bild 3.40
Verteilung des Erddrucks aus einer Gleichlast bei verschiedenen Wandbewegungsarten (nach Ohde aus Weißenbach [3.37])
a) Versuchsanordnung, b) Drehung um den Fußpunkt, c) Drehung um den Kopfpunkt, d) Durchbiegung der Wand

beitsausschusses Ufereinfassungen (EAU) zu finden.

3.4.6 Punkt-, Linien- und Streifenlasten

Punkt-, Linien- und Streifenlasten führen zu mehr oder weniger örtlich begrenzten Druckerhöhungen auf die Wand (Bild 3.41) und erfordern in der Regel zusätzliche Untersuchungen. Im aktiven Fall kann die Erddruckresultierende graphisch mit dem Culmann-Verfahren ermittelt werden.

Bei dieser Methode wird das Kräftegleichgewicht für verschiedene Gleitfugenneigungen untersucht (Bild 3.42). Maßgeblich ist diejenige Fuge, die zu einem Maximum führt. Um das Verfahren zu vereinfachen, hat Culmann das Krafteck um den Winkel $90 + \varphi$ gedreht, so daß z. B. die Richtung der Vertikalkraft mit der Böschungslinie zusammenfällt und die Reaktionskräfte aus Normalkraft und Reibung in Richtung der jeweils zu untersuchenden Gleitfuge zu liegen kommen. Die Erddruckkräfte sind jeweils parallel zur Stellungslinie. Einzelheiten s. z. B. Gudehus [3.10] oder Weißenbach [3.37].

Bei relativ großen Linien- oder Streifenlasten kann die maßgebliche Gleitfuge durch die Auflasten bedingt sein wie in Bild 3.43. In diesem Fall spricht man von einer sogenannten Zwangsgleitfläche. Die Neigung der Zwangsgleitfläche kann flacher (Bild 3.43a) oder steiler (Bild 3.43b) sein als der Winkel ϑ_a, der sich bei Bodeneigengewicht allein einstellt. Minnich und Stöhr [3.22] haben das Culmann-Verfahren so aufbereitet, daß es sich auch für numerische Berechnungsverfahren eignet. Entsprechende Programme stehen in der Praxis zur Verfügung.

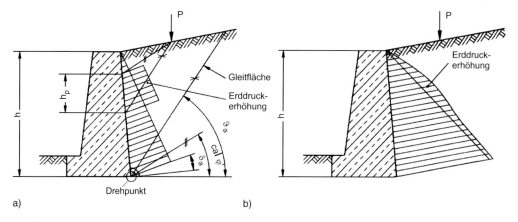

Bild 3.41
Beispiele für eine Möglichkeit der Erddruckverteilung bei Linienlast nach DIN 4085:
a) im Grenzzustand des aktiven Erddrucks bei Drehung um den Fußpunkt, b) im Fall des Erdruhedrucks

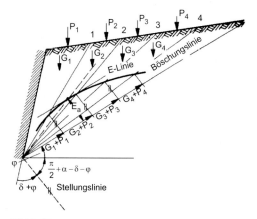

Bild 3.42
Grafische Erddruckermittlung nach Culmann
(Gudehus [3.10])

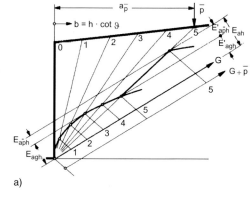

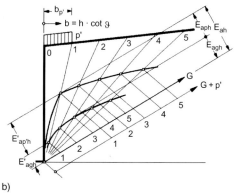

Bild 3.43
Erddruckermittlung nach Culmann bei Linien- und Streifenlasten (Weißenbach [3.37])
a) Linienlast $\bar{p}$ und flache Zwangsgleitfläche
b) Streifenlast p' und steile Zwangsgleitfläche

Die Erddruckverteilung kann nach den Vorschlägen von Weißenbach [3.37] ermittelt werden. Weißenbach unterscheidet zwischen gestützten und nicht gestützten Wänden, die sich um den Fußpunkt drehen wie z. B. im Boden eingespannte Wände ohne Steifen oder Verankerung. Bei den nichtgestützten Wänden gibt es zusätzlich die Möglichkeit mit oder ohne Zwangsgleitfläche. Für alle genannten Fallunterscheidungen liegen genaue Rechenanweisungen vor, die in Abschnitt 10.4 behandelt werden und ausführlich bei Weißenbach [3.37] dargestellt sind.

3.4 Erddruck

Bei unnachgiebigen Wänden mit Erdruhedruck dürfen die Zusatzkräfte aus Punkt-, Linien- oder Streifenlasten mit Hilfe der Theorie des linear-elastischen Halbraumes ermittelt werden. Weißenbach [3.37] hat die Lösung von Boussinesq für konstanten E-Modul und das Modell von Fröhlich für linear mit der Tiefe zunehmenden E-Modul für die praktische Anwendung aufbereitet. Für beide Fälle stehen umfangreiche Tabellenwerke zur Verfügung, die sowohl die Berechnung der Erddruckresultierenden als auch der Erddruckverteilung beinhalten.

3.4.7 Weitere Hinweise

Bodenschichtung

Bei Bodenschichtung und horizontalem Gelände (Bild 3.44) dürfen die aktiven Erddrücke schichtweise ermittelt werden. Dazu wird zunächst der Überlagerungsdruck in der Tiefe z aus der Summe der einzelnen Schichtanteile $\Sigma \gamma_i h_i$ und einer eventuellen Auflast berechnet und mit dem Erddruckbeiwert K_{ai} in der betreffenden Schicht multipliziert. Bei Kohäsion verringert sich der Horizontaldruck um den Kohäsionsanteil $-2c\sqrt{K_{ai}}$. Somit ergibt sich für den Erddruck $e_a(z)$ in der Tiefe z

$$e_a(z) = (p + \Sigma \gamma_i h_i) K_{ai} - 2c\sqrt{K_{ai}} \qquad (3.44)$$

Bei schräger Wand, geneigtem Gelände und eventuell schrägen Schichtgrenzen kann der Erddruck nach einem Vorschlag von Gudehus ermittelt werden.

Dazu wird zunächst die Lage der Gleitfuge geschätzt und die Erddruckresultierende aus gewogenen Mittelwerten für die Wichte γ des Gleitkörpers sowie für Kohäsion und Reibungswinkel in der Gleitfuge ermittelt. Das Verfahren ist von Gudehus [3.10] ausführlich dargelegt und mit einem Beispiel erläutert.

Unregelmäßiger Geländeverlauf

Bei unregelmäßigem Geländeverlauf und eventuellen Auflasten kann der aktive Erddruck grafisch nach dem Culmann-Verfahren ermittelt werden (s. Abschnitt 3.4.6). Bild 3.45 zeigt ein vollständiges Beispiel nach Gudehus [3.10]. Zur numerischen Berechnung kann auf das Verfahren von Minnich und Stöhr zurückgegriffen werden [3.22].

Wandreibungswinkel

Der Wandreibungswinkel zwischen Boden und Wand hängt von einer Reihe von Parametern wie Bodenart, Lagerungsdichte, Konsistenz, Wandrauhigkeit, Geländeneigung und Bewegungsmöglichkeit zwischen Boden und Wand ab. DIN 4085 gibt Näherungswerte für die anzu-

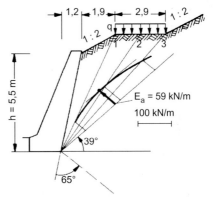

Bodenkennwerte: $\gamma = 19$ kN/m³ $\varphi = 39°$
Belastungswerte: $\delta = \frac{2}{3}\varphi$ (rauhe Wand); $q = 30$ kN/m²

Prüfgleitfläche i	1	2	3	
anteil. Eigengewicht G_i	91	89	89	[kN/m]
anteil. Auflast P_i	0	44	44	[kN/m]
zusammen, $G_i + P_i$	91	133	133	[kN/m]

Erddruck lt. Zeichnung: $E_a = 59$ kN/m

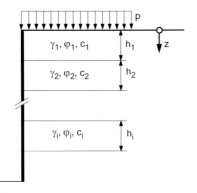

Bild 3.44
Berechnung des aktiven Erddruckes bei geschichtetem Boden in der Tiefe z

Bild 3.45
Beispiel des Culmann-Verfahrens, Stützmauer und unregelmäßiger Geländeverlauf (nach Gudehus [3.10])

Tabelle 3.8 Maximale Wandreibungswinkel nach DIN 4085

Wandbe-schaffenheit	Ebene Gleitfläche	Gekrümmte Gleitfläche
verzahnt	$\delta = \frac{2}{3}\,\text{cal}\,\varphi'$	$\delta = \text{cal}\,\varphi'$
rauh	$\delta = \frac{2}{3}\,\text{cal}\,\varphi'$	$27{,}5° \geq \delta \leq \text{cal}\,\varphi' - 25°$
weniger rauh	$\delta = \frac{1}{3}\,\text{cal}\,\varphi'$	$\delta = \frac{1}{2}\,\text{cal}\,\varphi'$
glatt	$\delta = 0$	$\delta = 0$
cal φ' Reibungswinkel (Rechenwert) des dränierten Bodens		

setzenden Wandreibungswinkel an (Tabelle 3.8). Es wird unterschieden zwischen ebenen und gekrümmten Gleitflächen. Beim aktiven Erddruck wird man in den meisten Fällen der Praxis (vertikale Wand, ebenes Gelände) von ebenen Gleitflächen ausgehen können. Häufig bestehen die Oberflächen der Wände aus unbehandeltem Stahl, Beton oder Holz, die in den Erläuterungen zu DIN 4085 als rauh angesehen werden. Somit ergibt sich in der Praxis häufig im aktiven Fall $\delta_a = 2/3\,\varphi$. Als weniger rauh einzustufen sind z. B. Wandflächen aus sehr dichtem Beton, der hinter Schaltafeln aus gehobelten und geölten Holztafeln oder aus glatten Kunststoffplatten hergestellt wurde. Bei stark schmieriger Hinterfüllung des Bauwerks ist der Wandreibungswinkel mit Null anzunehmen

Im passiven Fall können häufiger gekrümmte Gleitflächen maßgebend sein, z. B. bei Wandflächen aus Beton und Stahl, wenn der Bodenreibungswinkel mehr als 30° beträgt und gleichzeitig negative Wandreibungswinkel $\delta_p \leq 0°$ angesetzt werden. Weitere Einzelheiten s. DIN 4085.

Ein wichtiger Punkt ist die Kontrolle der Vertikalkräfte, die sich bei Wandreibungswinkeln $\delta \neq 0$ ergeben und sicher in den Baugrund abgeleitet werden müssen. Die Anwendung auf Baugrubenkonstruktionen ist in Abschnitt 10.4.8 dargestellt.

Freie Standhöhe

Bei bindigen Böden mit Kohäsion ergeben sich rechnerische Zugspannungen (s. Abschnitt 3.4.5).

Dies gilt in begrenztem Maße auch für nichtbindige Böden mit Kapillarkohäsion. Unter Berücksichtigung der Zugspannungen läßt sich bei unbelastetem Gelände eine freie Standhöhe H_{gr} bei vertikalem Abgraben ermitteln. Je nach Modellvorstellung ergeben sich für H_{gr} unterschiedliche Werte. Bestimmt man H_{gr} aus der Bedingung, daß die Resultierende aus Druck- und Zugspannungen zu Null wird (Bild 3.46a), ergibt sich

$$H_{gr} = \frac{4c}{\gamma} \cdot \tan\left(45 + \frac{\varphi}{2}\right) \tag{3.45}$$

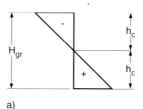

a)

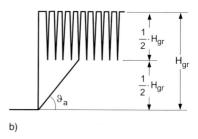

b)

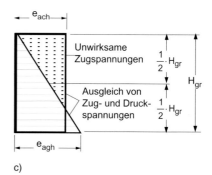

c)

Bild 3.46
Ermittlung der freien Standhöhe mit
a) klassischer Erddrucktheorie
b) und c) Annahme von Schrumpfrissen nach Terzaghi

3.4 Erddruck

Unter der Annahme von Schrumpfrissen (Bild 3.46 b und c) berechnet sich

$$H_{gr} = 2{,}67 \frac{c}{\gamma} \cdot \tan\left(45 + \frac{\varphi}{2}\right) \qquad (3.46)$$

Mobilisierung des Erddrucks

Der aktive Erddruck wird in der Regel bei relativ kleinen Wandverformungen erreicht. Z. B. genügt bei mitteldicht bis dicht gelagerten nichtbindigen oder bei steifen bis halbfesten Böden bereits 1‰ der Wandhöhe bei Parallelverschiebung. Bei Drehung um den Kopfpunkt gibt DIN 4085 etwa 5‰ an. Die Werte sind mindestens doppelt so hoch bei lockerer Lagerung, bei dichter Lagerung können sie noch geringer sein.

Im passivem Fall sind die Verschiebungsbeträge wesentlich höher (Tabelle 3.9). Die Angaben im Gebrauchszustand gehen von einer zweifachen Sicherheit gegenüber dem Grenzzustand aus. Zur Berechnung der Verschiebungen bei anderen Sicherheiten kann auf die Mobilisierungsfunktion der DIN 4085 zurückgegriffen werden (s. auch Abschnitt 10.4.6). Die großen Werte in Tabelle 3.9 verdeutlichen, wie wichtig eine Überprüfung im Einzelfall ist, ob das betrachtete Bauwerk überhaupt in der Lage ist, die zur Aktivierung des Erdwiderstands notwendigen Verformungen ohne Schaden zu überstehen. Im Zweifelsfall müssen die Erdwiderstandswerte reduziert werden.

Tabelle 3.9 Wandbewegung „s" in Prozent zur Wandhöhe „h" nach DIN 4085

Bewegungsart	Zustand		Lagerungsart	
			dicht	locker
a) Fußpunkt- drehung	Bruch	s_B	5 bis 10%	10 bis 30%
	Gebrauch	s_G	2,5%	4%
b) Parallel- verschiebung	Bruch	s_B	3 bis 5%	7 bis 12%
	Gebrauch	s_G	0,5%	0,5%
c) Kopfpunkt- drehung	Bruch	s_B	3 bis 5%	7 bis 12%
	Gebrauch	s_G	0,5%	1%

Wahl des Erddrucks

Der aktive Erddruck ist im allgemeinen gerechtfertigt, wenn die Bewegungsmöglichkeiten des Bauwerks nicht durch besondere Maßnahmen eingeschränkt werden. Die Bilder 3.47 und 3.48 zeigen einige Beispiele aus DIN 4085. Ein erhöhter Erddruck ist z. B. bei Baugruben neben Gebäuden anzusetzen (Bild 3.49). Der Erdruhedruck kann z. B. bei massiven Stützmauern auf Fels maßgebend sein. Weitere Einzelheiten s. DIN 4085.

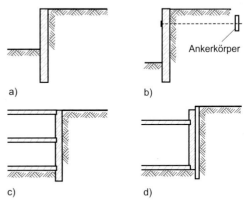

Bild 3.47
In der Regel für aktiven Erddruck zu bemessende Bauwerke nach DIN 4085
a) im Boden eingespannte Ortbetonwand
b) rückverankerte Ortbetonwand
c) in ein Bauwerk einbezogene Ortbetonwand
d) gegen eine Baugrubenwand betoniertes Bauwerk

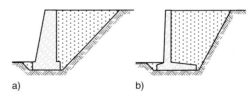

Bild 3.48
Bauwerk in geböschter Baugrube auf Lockergestein
a) Schwergewichtsmauer, b) Winkelstützwand

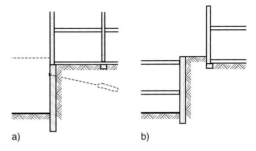

Bild 3.49
In der Regel für erhöhten Erddruck zu bemessende Bauwerke nach DIN 4085
a) Unterfangungswand, b) Ortbetonwand

Verdichtungserddruck

Bei starker Verdichtung von Hinterfüllungen kann auf die Bauwerke ein zusätzlicher Erddruck entstehen. Dazu liegen Berechnungsvorschläge von Petersen [3.25] vor (Bild 3.50). Bei weniger starker Verdichtung kann der Verdichtungserddruck nach Spotka [3.34] abgeschätzt werden.

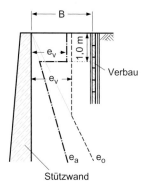

Bild 3.50
Erddrücke bei Verdichtung des Verfüllbodens nach DIN 4085
-·-·- bei verschieblicher Wand,
---- bei unverschieblicher Wand

Hierin bedeuten:
e_v Erddruckordinate infolge Verdichtung
B lichte Breite des Verfüllraumes

Erddruckordinaten e_v in kN/m²

Stützwand	B ≤ 1,0 m	B ≥ 2,5 m
unverschieblich	40	25
verschieblich	25	25
Zwischenwerte geradlinig ermitteln		

Räumlicher Erddruck

Bei begrenzten Flächen wie z. B. bei Schlitzwandlamellen oder bei schmalen Bohlträgern ergeben die Erddrucktheorien häufig unrealistische Ergebnisse. Im aktiven Fall wird der Erddruck überschätzt und im passiven Fall wie z. B. bei Bohlträgern unterschätzt. Um eine unwirtschaftliche Dimensionierung zu vermeiden, wird in diesen Fällen der räumliche Erddruck angesetzt. Formeln zur Berechnung sind z. B. in DIN 4085 oder in DIN V 4085-100 zu finden. Abweichungen vom ebenen Problem ergeben sich auch bei Silos oder Rohren und Tunneln. Dazu sei auf Gudehus [3.10] und Kèzdi [3.17] verwiesen.

Zyklische und dynamische Einwirkungen

Dynamische Einwirkungen z. B. aus Erdbeben können erhebliche Einflüsse auf Erddrücke haben, die bisher nicht vollständig geklärt sind. Nach DIN 4085 können sich die Scherparameter des Bodens verändern. Gleichzeitig treten zusätzliche Horizontalbeschleunigungen auf. Bei wassergesättigten lockeren Feinsanden z. B. kann sich der Boden verflüssigen. Weitere Einzelheiten s. Gudehus [3.10], DIN 4085 und DIN V 4085-100. Unter zyklischer Beanspruchung, bei der Trägheitseffekte keine Rolle spielen, wie z. B. bei Schleusen, können die Erddrücke anwachsen und schließlich einen asymptotischen Grenzwert erreichen. Die quantitative Erfassung ist schwierig, jedoch sind einige grundlegende Gesetzmäßigkeiten bekannt (s. Gudehus [3.10]).

3.5 Böschungs- und Geländebruch

3.5.1 Allgemeines

Unter Böschungsbruch versteht man das Abrutschen einer natürlichen oder künstlich hergestellten Böschung. Befinden sich im Bereich der Böschung oder des Geländesprungs noch Stützbauwerke, spricht man von Geländebruch (vgl. Bild 3.57).

Böschungen und Geländesprünge können je nach geologischen Bedingungen und Belastungen sehr unterschiedliche Versagensmechanismen aufweisen. Dazu sei auf die ausführlichen Darstellungen von Krauter [3.19] und von Prinz [3.26] hingewiesen. Eine häufige Schadensursache sind Wassereinwirkungen. Es ist deshalb äußerst wichtig, das Wasser von den Böschungen fernzuhalten oder die Wasserwirkung bei der Standsicherheitsuntersuchung realistisch zu berücksichtigen.

Zum Nachweis der Standsicherheit wurden sehr viele Berechnungsverfahren entwickelt. Meistens beschränkt man sich auf ebene Versagensmodelle und geht von Starrkörpermechanismen aus. In der Regel werden Gleitkreise untersucht. Man unterscheidet zwischen lamellenfreien Verfahren (Bild 3.51 a) und Lamellenverfahren (Bild 3.51 b). Lamellenfreie Verfahren eignen sich besonders bei Böschungen mit homogenem Bodenaufbau.

3.5 Böschungs- und Geländebruch

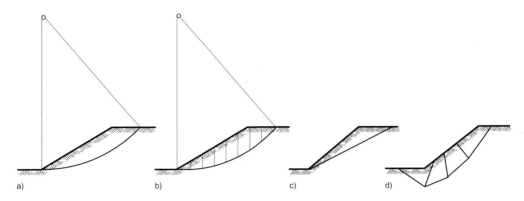

Bild 3.51
Beispiele für Versagensmechanismen
a) Gleitkreis ohne Lamellen, b) Gleitkreis mit Lamellen, c) einfacher Gleitkeil, d) Mehrkörpermechanismus

Durch die Einteilung in Lamellen lassen sich beliebige Bodenschichtungen auf einfache Weise berücksichtigen. Bei entsprechenden geologischen Voraussetzungen – z. B. bei einer Großkluft – kann der maßgebende Mechanismus auch ein einfacher Gleitkeil sein (Bild 3.51 c). Mit Hilfe von Mehrkörpermechanismen (Bild 3.51 d) lassen sich fast beliebige Gleitfugenformen erzeugen.

In den Abschnitten 3.5.2 bis 3.5.4 werden einige der für die Praxis wichtigsten Verfahren vorgestellt:

- das lamellenfreie Gleitkreisverfahren nach Fellenius und Krey
- das Gleitkreisverfahren mit Lamellen nach DIN 4084
- und als Sonderfall eines Gleitkreises mit Radius $R = \infty$ die unendlich lange Böschung bei einem Reibungsboden ohne Kohäsion

Das Verfahren nach Goldscheider/Gudehus mit Mehrkörpermechanismen [3.5, 3.6] ist z. B. ausführlich bei Kolymbas [3.18] dargestellt. Bei langgezogenen Böschungen mit nahezu böschungsparallelen Gleitfugen wird in der Praxis häufig der Standsicherheitsnachweis nach Janbu [3.13] geführt (Bild 3.52). Dazu sei auf Schultze [3.30], Lang et al. [3.21] und das ausführliche Beispiel im Beiblatt 2 zu DIN 4084 hingewiesen. Alternativ lassen sich derartige Fälle oft auch mit einem Dreikörpermechanismus (Bild 3.53) beschreiben.

Maßgebend für Standsicherheitsuntersuchungen von Böschungen und Geländesprüngen mit Stützbauwerken ist DIN 4084 (Ausgabe Juli 1981) mit Erläuterungen in Beiblatt 1 und ausführlichen Berechnungsbeispielen in Beiblatt 2.

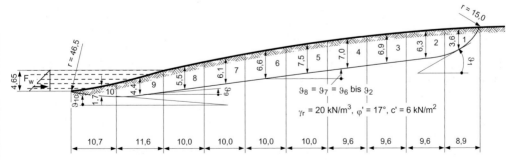

Bild 3.52
Untersuchung der Standsicherheit eines natürlichen Hanges mit gestreckter Gleitfläche nach Janbu, aus DIN 4084, Beiblatt 2

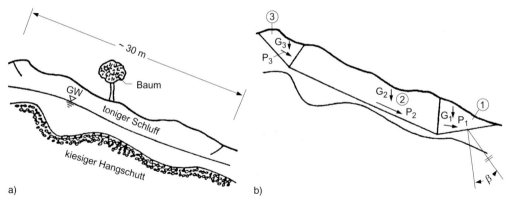

Bild 3.53
Anpassung des Bruchmechanismus an Bewegungsindizien im Gelände und Aufteilung in gegeneinander bewegliche Starrkörper (nach Gudehus [3.9])
a) Geländeprofil, b) vereinfachter Bruchmechanismus

3.5.2 Unendlich lange Böschung bei Reibungsboden ohne Kohäsion

Der maßgebende Mechanismus bei einer unendlich langen Böschung mit Neigung β in einem reinen Reibungsboden mit Reibungswinkel φ sind böschungsparallele Gleitflächen (Bild 3.54a). Die Tiefenlage der Gleitfläche spielt keine Rolle. Der Mechanismus läßt sich als Gleitkreis mit unendlichem Radius und Mittelpunkt im Unendlichen interpretieren und ist somit ein Grenzfall des Gleitkreisverfahrens.

Schneidet man ein Teilstück aus der Böschung heraus, ergeben sich im Grenzzustand die in Bild 3.54a dargestellten Kräfte pro lfd. Meter. Aufgrund der unendlichen Ausdehnung müssen die seitlichen Erddruckkräfte E_l und E_r gleich sein. Das Eigengewicht G steht im Gleichgewicht mit der Normalkraft N und der Reibungskraft T, die sich im Grenzzustand aus

$$T = N \cdot \tan\varphi \qquad (3.47)$$

ergibt (Bild 3.54b). Die Gewichtskomponente parallel zur Gleitfläche beträgt $G \cdot \sin\beta$. Die Normalkraft N berechnet sich zu $G \cdot \cos\beta$. Gleichgewicht in Gleitflächenrichtung ergibt

$$G \cdot \sin\beta = G \cdot \cos\beta \cdot \tan\varphi \qquad (3.48)$$

oder

$$\tan\beta = \tan\varphi \qquad (3.49)$$

im Grenzzustand unabhängig vom Gewicht G.

Gleichung 3.49 besagt, daß der maximale Böschungswinkel gleich dem Reibungswinkel ist. Wenn in der Praxis Böschungen in Sand und Kies – zumindest vorübergehend – wesentlich steiler stehen können als 40° oder 45°, so liegt es an der Kapillarkohäsion. Mit den Angaben für die Kapillarkohäsion in Abschnitt 2.4.7 und dem Dimensionierungsverfahren in Abschnitt 3.5.3 lassen sich die Beobachtungen in der Praxis sehr gut nachvollziehen. Für dauernde Zwecke darf die Kapillarkohäsion nicht angesetzt werden.

Steht die Böschung vollständig unter Wasser, ist in Gleichung 3.48 das Gewicht G′ unter Auftrieb anzusetzen. Wieder ergibt sich Gleichung 3.49.

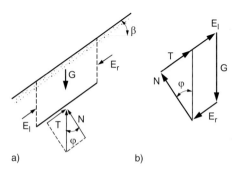

Bild 3.54
Unbegrenzte Böschung in kohäsionslosem Boden (nach Gudehus [3.7])
a) Erdkörper, b) Krafteck

3.5 Böschungs- und Geländebruch

D. h. es spielt keine Rolle, ob eine Böschung trocken oder vollständig in Wasser eingetaucht ist.

Bei Durchströmung ergeben sich dagegen wesentlich geringere Böschungsneigungen; z. B. ergibt sich bei hangparalleler Durchströmung

$$\tan\beta = \frac{\tan\varphi'}{1 + \gamma_w/\gamma'} \qquad (3.50)$$

wobei γ_w die Wichte des Wassers und γ' die Wichte des Bodens unter Auftrieb bezeichnet. Einzelheiten s. z. B. Gudehus [3.7] oder Kolymbas [3.18].

Mit $\gamma_w = 10$ kN/m$^3 \approx \gamma'$ ergibt sich

$$\tan\beta \approx \frac{\tan\varphi'}{2} \qquad (3.51)$$

Gleichung 3.51 besagt, daß bei hangparalleler Durchströmung die mögliche Neigung etwa auf die Hälfte zurückgeht. Dadurch erklärt sich, warum Böschungsrutschungen vor allem während starker Niederschlagsereignisse auftreten.

Die zulässige Böschungsneigung ergibt sich gemäß DIN 4084 aus der Gleichung

$$\tan\beta_{zul} = \frac{\tan\varphi}{\eta} \qquad (3.52)$$

mit einer Sicherheit η gemäß Tabelle 3.10.

Tabelle 3.10 Sicherheit η gemäß DIN 4084 für den Sonderfall böschungsparalleler Gleitfugen

Lastfall	1	2	3
η	1,3	1,2	1,1

3.5.3 Lamellenfreie Gleitkreisverfahren

Bei Böden mit Reibung und Kohäsion c sind böschungsparallele Gleitflächen nicht mehr maßgebend. In diesem Fall wird die Standsicherheit in der Regel mit Gleitkreisverfahren nachgewiesen. Bei homogenem Bodenaufbau eignen sich insbesondere lamellenfreie Verfahren.

Bild 3.55 zeigt die Situation für reibungsfreien Boden. Lage und Radius r des Gleitkreises sind so zu variieren, daß die Sicherheit zu einem Minimum wird. Für einen gewählten Kreis ist zunächst die Gewichtskraft G pro m und ihre Lage zu bestimmen, z. B. durch Aufteilen des Bruchkörpers in geeignete Teilkörper und Aufsummieren. Die Richtung der resultierenden Kohäsionskraft ist parallel zur Sekante des Kreisausschnitts mit Öffnungswinkel ψ (Bild 3.55b). Die Lage der Kohäsionskraft ergibt sich aus dem Radius r_c mit

$$r_c = \frac{r\,\psi}{2 \cdot \sin\dfrac{\psi}{2}} \qquad (3.53)$$

wobei ψ im Bogenmaß zu nehmen ist (Einzelheiten s. Gudehus [3.7]).

Die Richtung der resultierenden Normalkraft N aus den Normalspannungen in der Gleitfuge ist durch zwei Bedingungen festgelegt. Zum einen geht N durch den Schnittpunkt des Gewichts G mit der Kohäsionskraft C. Zum anderen muß N als Resultierende ebenso wie die Normalspannungen σ in der Fuge durch den Kreismittelpunkt verlaufen. Durch Zerlegung der Gewichtskraft G in die Richtungen von N und C

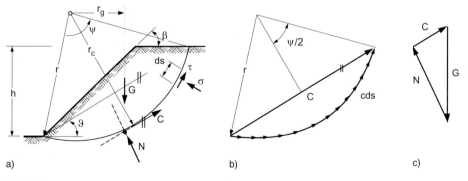

Bild 3.55
Böschungsrutschung in reibungsfreiem Boden (aus Gudehus [3.7])
a) Gleitkreis nach Fellenius, b) Kohäsionskraft, c) Krafteck

ergibt sich aus dem Krafteck die erforderliche Kohäsionskraft C (Bild 3.55c). Die vorhandene Kohäsionskraft C_{vor} ergibt sich aus [3.7]

$$C_{vor} = 2 \cdot r \cdot c \cdot \sin \frac{\psi}{2} \quad (3.54)$$

Die Sicherheit η_c beträgt

$$\eta_c = \frac{C_{vor}}{C} \quad (3.55)$$

Ist zusätzlich noch Reibung vorhanden, setzt sich die resultierende Q in der Gleitfuge aus der resultierenden Normalkraft und der resultierenden Reibungskraft zusammen. Die Resultierende dQ aus der differenziellen Reibungskraft dT und der differenziellen Normalkraft dN berührt den sog. Reibungskreis (Bild 3.56a) mit Radius

$$r_Q = r \cdot \sin \varphi \quad (3.56)$$

Nach Krey [3.20] berührt auch die Resultierende Q den Reibungskreis. Einzelheiten s. [3.7, 3.18]. Somit kann die Richtung von Q aus dem Reibungskreis und dem Schnittpunkt von C und G konstruiert werden.

Zum Nachweis der Standsicherheit kann man folgendermaßen vorgehen. Zunächst zeichnet man den Reibungskreis mit dem zulässigen Reibungswinkel, der aus

$$\tan \varphi_{zul} = \frac{\tan \varphi}{\eta_r} \quad (3.57)$$

bestimmt wird mit der Sicherheit η_r gemäß DIN 4084 (Tabelle 3.11). Somit liegt die Richtung von Q ebenso wie Lage und Richtung von C fest. Aus dem Krafteck (Bild 3.56b) ergibt sich die erforderliche Kohäsionskraft. Aus Gleichung 3.54 und 3.55 erhält man die Sicherheit η_c, die größer als die erforderliche nach DIN 4084 sein muß (Tabelle 3.11).

Tabelle 3.11 Erforderliche Sicherheiten η_r und η_c beim lamellenfreien Verfahren gemäß DIN 4084. Bei $c \leq 20$ kN/m² gilt $\eta_r = \eta_c$, bei $c > 20$ kN/m² gilt $\eta_r/\eta_c = 0{,}75$

Lastfall		1	2	3
η_r		1,3	1,2	1,1
η_c	$c \leq 20$ kN/m²	1,3	1,2	1,1
	$c > 20$ kN/m²	1,73	1,6	1,47

DIN 4084 unterscheidet die Fälle $\eta_r = \eta_c$ bei einer Kohäsion $c \leq 20$ kN/m² und $\eta_r/\eta_c = 0{,}75$ bei $c > 20$ kN/m², d.h. bei $c > 20$ kN/m² sind höhere Sicherheiten auf die Kohäsion erforderlich. Will man genau $\eta_r = \eta_c$ oder $\eta_r/\eta_c = 0{,}75$ erreichen, muß man iterativ vorgehen.

Für einfache Fälle mit

– waagerechtem, unbelastetem Gelände
– durchgehend gleicher Böschungsneigung und mit
– homogenem Boden

wurden von verschiedenen Autoren wie Fellenius, Janbu und Krey/Ehrenberg Kurventafeln aufgestellt (s. Weißenbach [3.38]). Die Grenzhöhe H_{gr} einer Böschung läßt sich bei vorgegebener Böschungsneigung β und einem Boden mit Wichte γ, Reibungswinkel φ und Kohäsion c in der Form

$$H_{gr} = f_\beta \cdot \frac{c}{\gamma} \quad (3.58)$$

bestimmen.

Dabei hängt der Faktor f_β von β und φ ab. Weißenbach hat die Kurventafeln von Krey/Ehrenberg zahlenmäßig ausgewertet, wodurch schnell eine Vordimensionierung durchgeführt werden kann (s. Abschnitt 12.2).

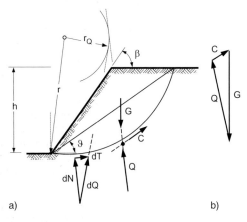

Bild 3.56
Lamellenfreies Verfahren bei Reibung und Kohäsion (nach Gudehus [3.7])
a) Gleitkreis, b) Krafteck

3.5.4 Gleitkreisverfahren mit Lamellen nach DIN 4084

Das Lamellenverfahren nach DIN 4084 eignet sich sowohl für Böschungsbruch- als auch für Geländebruchuntersuchungen (Bild 3.57). Das Verfahren kann angewendet werden bei wechselnden Bodenschichten, bei einer Durchströmung und bei nahezu beliebiger Belastung. Zusätzlich kann die Dübelwirkung aus Ankern oder Pfählen in der Gleitfuge berücksichtigt werden.

In Erweiterung zum lamellenfreien Verfahren werden zusätzlich die inneren Kräfte an der Lamelle berücksichtigt (Bild 3.58). Das Verfahren

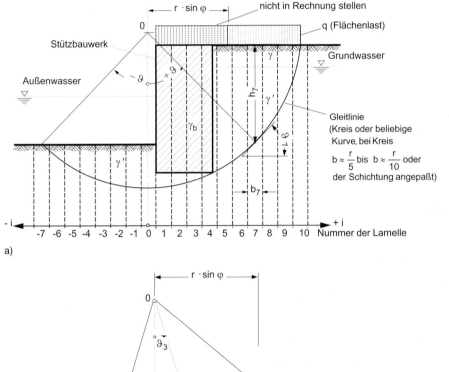

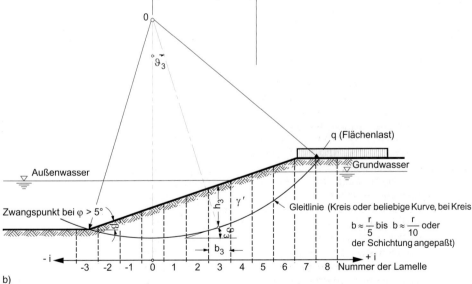

Bild 3.57
Gleitkreisverfahren mit Lamellen gemäß DIN 4084
a) bei einem Geländesprung (Geländebruch), b) bei einer Böschung (Böschungsbruch)

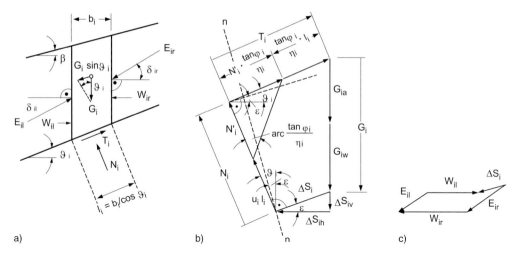

Bild 3.58
Kräftegleichgewicht für die Lamelle i nach DIN 4084, Beiblatt 1
a) Kräfte an der Lamelle i, b) Krafteck für die Lamelle i, c) Krafteck für die resultierende Lamellenseitenkraft S_i

der DIN 4084 geht auf Hultin, Krey und Fellenius zurück und entspricht einem Vorschlag von Bishop aus dem Jahre 1955 [3.1].

Bei der vereinfachten Definition von Bishop wird die Resultierende der Seitenkräfte ΔS_i an der Lamelle in Bild 3.58 als horizontal angenommen ($\varepsilon = 0$). Gleichgewicht ergibt sich durch Division der haltenden Kräfte aus Reibung und Kohäsion mit einem Sicherheitsfaktor η, der als konstant vorausgesetzt und auf Kohäsion und Reibungskräfte gleich angesetzt wird. Der Fehler gegenüber exakten Verfahren, z.B. nach Goldscheider [3.4], bei denen der Winkel ε variiert und zusätzlich das Momentengleichgewicht eingehalten wird, beträgt gemäß DIN 4084 nicht mehr als 5%.

Die Sicherheit η ergibt sich aus

$$\eta = \frac{r \cdot \sum_i T_i + \sum M_s}{r \cdot \sum_i G_i \cdot \sin \vartheta_i + \sum M} \quad (3.59)$$

mit:

$$T_i = \frac{[G_i - (u_i + \Delta u_i) \cdot b_i] \tan \varphi_i + c_i \cdot b_i}{\cos \vartheta_i + \dfrac{1}{\eta} \tan \varphi_i \cdot \sin \vartheta_i} \quad (3.60)$$

Hierin bedeuten, bezogen auf die Längeneinheit senkrecht zur Bildebene:

η Gelände- oder Böschungsbruchsicherheit

G_i Eigenlast der einzelnen Lamelle in kN/m unter Beachtung des Ansatzes der Bodenwichten nach Tabelle 1 in DIN 4084 einschließlich der Auflasten

M   Momente der in G_i nicht enthaltenen Lasten und Kräfte um den Mittelpunkt des Gleitkreises in kNm/m, positiv wenn sie antreibend wirken

M_s Momente um den Mittelpunkt des Gleitkreises in kNm/m, jedoch aus Schnittkräften nach Abschnitt 6e) in DIN 4084, die in T_i nicht berücksichtigt sind

T_i für die einzelne Lamelle vorhandene tangentiale Kraft des Bodens in der Gleitfläche in kN/m

ϑ_i Tangentenwinkel der betreffenden Lamelle zur Waagerechten in Grad, der beim Kreis gleich der Polarkoordinate ist

r   Halbmesser des Gleitkreises in m

b_i Breite der Lamelle in m, die entsprechend der Schichtung des Bodens und der Geländeform gewählt werden kann und bei einem Kreis als Gleitlinie zwischen r/5 und r/10 liegen sollte

φ_i der für die einzelne Lamelle maßgebende Reibungswinkel in Grad nach Abschnitt 8 in DIN 4084

c_i die für die einzelne Lamelle maßgebende Kohäsion in kN/m² nach Abschnitt 8 in DIN 4084

u_i der für die einzelne Lamelle maßgebende Porenwasserdruck in kN/m²

Δu_i der für die einzelne Lamelle maßgebende Porenwasserüberdruck in kN/m² infolge Konsolidieren des Bodens

Die Sicherheit η läßt sich durch die implizite Formulierung nur iterativ bestimmen. Das Verfahren konvergiert aber in der Regel sehr schnell. Wie beim lamellenfreien Verfahren müssen Lage und Durchmesser der Gleitkreise so lange variiert werden, bis sich ein Minimum für η ergibt. In Beiblatt 2 zu DIN 4084 sind ausführliche Beispiele in tabellarischer Form angegeben. Der Aufwand für das Verfahren ist im allgemeinen sehr hoch, so daß in der Praxis auf Programme zurückgegriffen wird.

beratung · planung qualitätssicherung

▼ geotechnik

▼ ingenieurgeologie

▼ hydrogeologie

▼ altlasten

▼ flächenrecycling

▼ deponiebau

▼ lagerstätten

▼ hochwasserschutz

witt + jehle geotechnik GmbH
Zeisigstraße 4 · 56075 Koblenz
Fon 02 61/9 52 69-0 · Fax 02 61/9 52 69-20
www.witt-jehle.de · e-mail info@witt-jehle.de

Schäden im Gründungsbereich

von Klaus Hilmer
1991. 358 Seiten mit 317 Abbildungen und 13 Tabellen. Format: 17 x 24 cm.
Gb. DM 138,-/öS 1007,-/sFr 125,-
ISBN 3-433-01209-1

Durch Schäden im Bereich der Gründung von Bauwerken entstehen oft hohe Sanierungskosten. Anhand konkreter Schadensbeispiele, die im Grundbauinstitut der Landesgewerbeanstalt Bayern gesammelt wurden, gibt das vorliegende Buch Erfahrungen und Empfehlungen weiter. Es leistet so einen wertvollen Beitrag zur Vermeidung von Schadensfällen. Die Beiträge umfassen Flach- und Tiefgründungen, Baugruben und Gräben, Unterfangungen, Abdichtung und Dränung, sowie Böschungen und Stützbauwerke.

Ernst & Sohn
Verlag für Architektur und
technische Wissenschaften GmbH
Bühringstraße 10, 13086 Berlin
Tel. (030) 470 31-284, Fax (030) 470 31-240
mktg@ernst-und-sohn.de
www.ernst-und-sohn.de

4 Grundlagen der Bemessung *

4.1 Überblick

Ein Sicherheitskonzept muß die Risikoakzeptanz der Bevölkerung reflektieren. Erfahrungsgemäß orientiert sich die Risikobereitschaft am Grad der Selbstbestimmung, über die der Risikoträger beim Eingehen einer gewissen Gefährdungssituation verfügt. Die Akzeptanz sinkt daher signifikant vom Risikoszenario Bergsteigen (freiwillig) über Autofahren (großer Selbstbestimmungsgrad), Bahnfahren (geringer Selbstbestimmungsgrad) bis zum Benutzen eines öffentlichen Bauwerks (unfreiwillig). Im Bauwesen bedeutet eine Abnahme der Risikoakzeptanz naturgemäß eine Vergrößerung der Kosten. Dort unterscheidet man drei Stufen der Sicherheitsanalyse:

Stufe 1: Deterministisches Sicherheitskonzept
Stufe 2: Semiprobabilistisches Sicherheitskonzept
Stufe 3: Probabilistisches (stochastisches) Sicherheitskonzept

Die herkömmlichen Normen in Deutschland fußen auf einem deterministischen Sicherheitskonzept. Im Stahlbetonbau (DIN 1045 ab 1972) gilt es beispielsweise als hinreichend sicher, die äußeren Lasten (Eigenlast, Verkehrslast) mit einem Vergrößerungsfaktor, dem globalen Sicherheitsbeiwert γ, zu beaufschlagen. Die daraus resultierenden Bruchschnittgrößen müssen in einem definierten Grenzzustand der Tragfähigkeit von einem Querschnitt aufgenommen werden können. Der globale Sicherheitsbeiwert wird noch davon abhängig gemacht, ob ein Versagen mit Vorankündigung erwartet wird (Stahldehnung im rechnerischen Bruchzustand: $\varepsilon_s \geq 3\,‰$) oder ob mit einem schlagartigen Versagen gerechnet werden muß ($\varepsilon_s \leq 0$). Der globale Sicherheitsbeiwert für Stahlbetontragwerke liegt zwischen $\gamma = 1{,}75$ bis $2{,}10$; er soll alle denkbaren Einflüsse abdecken, beispielsweise

– Schwankungen bei den Lastannahmen
– Nichtbeachtung von Einwirkungen wie Temperatur, Setzungen, ...
– Modellierungsfehler
– Schwankungen in den Materialeigenschaften
– Ungenauigkeiten bei der Bauausführung

Für den Praktiker war dies Konzept einfach und bequem in der Anwendung – und so mancher mag ihm deshalb nachtrauern.

Ingenieurmäßig war das Konzept globaler Sicherheitsbeiwerte zweifellos unbefriedigend; einem Studierenden ist es beispielsweise kaum zu vermitteln, weshalb beim Nachweis der Bruchsicherheit eines Wasserbehälters der Wasserdruck mit dem gleichen Lastvergrößerungsfaktor γ beaufschlagt werden soll, wie die gleichzeitig wirkenden veränderlichen Einwirkungen Schnee oder Wind.

Aus diesem Grunde wurde schon frühzeitig in den Empfehlungen [4.8] des Comité Euro-International du Béton (CEB) ein semiprobabilistisches Konzept beschrieben, das mit Teilsicherheitsbeiwerten arbeitet. Danach werden Risiken, d. h. Streuungen in den Einwirkungen oder Materialeigenschaften, quasi im statu nascendi erfaßt: Einwirkungen, die stark streuen (z. B. Windlasten) werden mit einem größeren Lastbeiwert γ_F beaufschlagt. Einwirkungen, die nur wenig streuen (z. B. Eigenlast oder Wasserdruck) werden mit einem relativ kleinen Lastbeiwert γ_F belohnt. Materialeigenschaften wie Streckgrenze oder Bruchfestigkeit von Werkstoffen, die zuverlässig und kontrolliert herstellbar sind – wie z. B. Stahl – werden mit einem relativ kleinen materialbedingten Sicherheitsbeiwert γ_M vermindert. Solche, die weni-

---
* Verfasser der Abschnitte 4.1 und 4.2:
  Prof. Dr.-Ing. H. G. Schäfer und Dr.-Ing. G. Bäätjer

ger zuverlässig – etwa unter Baustellenbedingungen – produziert werden wie Beton, werden zur Berücksichtigung der natürlichen statistischen Streuungen mit einem entsprechend höheren materialbedingten Reduktionsfaktor bestraft. Im Prinzip ist zwar die Verwendung von festen Beiwerten γ_F oder γ_M deterministisch; da diese Faktoren jedoch aufgrund sorgfältiger probabilistischer Betrachtungen festgelegt werden, erscheint es gerechtfertigt, das Teilsicherheitsbeiwertkonzept als semi-probabilistisch zu bezeichnen.

Bei einem probabilistischen Sicherheitskonzept werden operative Versagenswahrscheinlichkeiten p_f berechnet; sie sollen in Abhängigkeit von den möglichen Schadensfolgen definierte Grenzwerte nicht unterschreiten. Die akzeptierten Versagensrisiken liegen i. a. zwischen $p_f = 10^{-6}$ (normale Bauwerke) und $p_f = 10^{-9}$ (Kernkraftwerke). Der Wert $p_f = 10^{-6}$ bedeutet beispielsweise, daß pro Jahr von 10^6 vergleichbaren Tragwerken theoretisch ein einziges aufgrund unvermeidbarer statistischer Streuungen in den Lastannahmen oder auf der Materialseite versagen darf. Unzulängliches menschliches Handeln oder grobe Fehler werden dabei nicht in die Berechnung mit einbezogen; das sogenannte menschliche Versagen muß durch angemessene Kontrollen und durch Überwachung verhindert werden.

Zur Berechnung der operativen Versagenswahrscheinlichkeit müssen die zufälligen Streuungen der Einwirkungen und der Materialeigenschaften und deren Verteilungsfunktionen bekannt sein. Dies ist jedoch in praxi nur selten der Fall, so daß ein probabilistisches Nachweiskonzept nur in Sonderfällen bei hohem Gefährdungspotential (Kernkraftwerke, Talsperren) zur Anwendung kommt. Künftig sollen jedoch alle Regelwerke für Lastannahmen, Materialparameter und Bemessungsrichtlinien auf probabilistischen Betrachtungen aufbauen, wie dies ansatzweise bei der Festlegung von Teilsicherheitsbeiwerten bereits versucht wird. Grundsätzlich wird man jedoch jede Neuregelung an Erfahrungswerten eichen (kalibrieren). Größere Sprünge, etwa in den Bemessungsergebnissen zwischen herkömmlichen und neuartigen Konzepten wird man vermeiden. Auf diesem Gebiet kann es sich bei Fortschritten immer nur um kleine Schritte handeln.

4.2 Baustoffbemessung

4.2.1 Lastannahmen

Für den Entwurf eines standsicheren und gebrauchstauglichen Bauwerks ist es erforderlich, alle denkbaren Einwirkungen auf das Bauwerk zu berücksichtigen. Die Einwirkungen hängen ab von der Art und der Nutzung des betrachteten Bauwerks, von den örtlichen Gegebenheiten und von den klimatischen Bedingungen. Sie sind somit in der Regel räumlich und zeitlich veränderlich.

Während die Eigenlasten der tragenden und nichttragenden Bauwerksteile als ständige Einwirkungen in Größe und räumlicher Verteilung aus den Bauteilabmessungen und den jeweiligen Raumgewichten in einfacher Weise ermittelt werden können, ist die vollständige und exakte Erfassung der tatsächlichen Nutz- und Verkehrslasten im allgemeinen nicht möglich, da diese aus einer Vielzahl von Einzel- und Teilflächenlasten bestehen, deren Größe und räumliche Zuordnung zufällig und mit der Zeit veränderlich sind. In der Praxis werden diese Lasten im Hochbau vereinfachend als gleichmäßig verteilte Lasten berücksichtigt und in ihrer ungünstigsten Stellung angesetzt. Es handelt sich bei den anzunehmenden Verkehrslasten also um Ersatzlasten, die jedoch in ihrer Wirkung näherungsweise den tatsächlichen Lasten entsprechen.

Die für bauliche Anlagen anzusetzenden Lasten sind derzeit in DIN 1055 geregelt:

DIN 1055 Teil 1   07.78
Lastannahmen für Bauten; Lagerstoffe, Baustoffe und Bauteile; Eigenlasten und Reibungswinkel

DIN 1055 Teil 2   02.76
-; Bodenkenngrößen; Wichte, Reibungswinkel, Kohäsion, Wandreibungswinkel, mit Beiblatt

DIN 1055 Teil 3   06.71
-; Verkehrslasten

DIN 1055 Teil 4   08.86
-; Verkehrslasten – Windlasten bei nicht schwingungsanfälligen Bauwerken. Ergänzungserlaß (06.88)

DIN 1055 Teil 5   06.75
-; Verkehrslasten – Schneelast und Eislast

4.2 Baustoffbemessung

DIN 1055 Teil 6   05.87
-; Lasten in Silozellen, mit Beiblatt

DIN 1055 Teil 1 enthält neben den Raumgewichten der gebräuchlichen Lager- und Baustoffe auch Eigenlasten für Bauteile, die zum Teil aus verschiedenen Baustoffen zusammengesetzt sind, wie übliche Wand- und Deckenkonstruktionen sowie Dachdeckungen. Die in dieser Norm angegebenen Rechenwerte stellen in der Regel Mittelwerte dar. Dabei sind die Baustoffe und Bauteile so klassifiziert, daß die Streuung der Eigenlasten klein ist. Dies trifft nicht immer zu. So ist Holz in allen Feuchtezuständen in einer Klasse zusammengefaßt. Wegen der dort zu erwartenden größeren Streuung werden Quantilwerte oberhalb und unterhalb des Mittelwertes angegeben. Dagegen ist bei größeren Streuungen bei den Lagerstoffen nur ein oberer Wert festgelegt.

Die Rechenwerte der Bodenkenngrößen, die z.B. zur Bestimmung des Erddrucks auf bauliche Anlagen erforderlich sind, können DIN 1055 Teil 2 entnommen werden.

In DIN 1055 Teil 3 sind im wesentlichen die auf Decken und Dächern anzunehmenden Verkehrslasten in Abhängigkeit von der Art der Nutzung festgelegt. Der Einfluß des Gewichtes unbelasteter leichter Trennwände darf dabei vereinfachend durch einen gleichmäßig verteilten Zuschlag zur Verkehrslast berücksichtigt werden. Bei der Bemessung von Bauteilen, welche die Lasten von mehr als drei Vollgeschossen aufnehmen, wie beispielsweise Stützen, Wände und Fundamente, darf die Verkehrslast nach vorgegebenen Regeln ermäßigt werden.

Die in DIN 1055 Teil 4 enthaltenen Windlastannahmen gelten für Bauwerke, die nicht schwingungsanfällig sind. Im gesamten räumlichen Anwendungsbereich der Norm gilt derselbe Berechnungsstaudruck, der sich mit der Höhe nach einer „Treppenlinie" ändert. Damit erfaßt diese Norm keine Resonanzanregung von Baukonstruktionen durch Wind und berücksichtigt nicht, daß die Werte der Windgeschwindigkeiten gleicher Auftretenswahrscheinlichkeit innerhalb des räumlichen Geltungsbereiches der Norm merklich unterschiedlich sind. Genauere Ansätze für Windlasten auf schwingungsanfällige Bauwerke in unterschiedlichen Staudruckzonen enthalten einige Fachnormen, beispielsweise Anhang A von DIN 4228 (02.89) – Werkmäßig hergestellte Betonmaste.

Nach DIN 1055 Teil 5 wird der Rechenwert der Schneelast aus der sogenannten Regelschneelast, deren Werte in Abhängigkeit von der Geländehöhe über NN und der Schneelastzone angegeben sind, ermittelt. Der Regelschneelast liegt das 95%-Quantil der statistischen Verteilung der Jahresmaxima im 30jährigen Beobachtungszeitraum zugrunde. Bei der gleichzeitigen Berücksichtigung der Lasten aus Schnee und Wind darf entweder die Schneelast oder die Windlast auf die Hälfte reduziert werden. Die ungünstigere Lastkombination ist maßgebend. Damit wird der Tatsache Rechnung getragen, daß die Wahrscheinlichkeit des gleichzeitigen Auftretens beider Lasten mit ihrem Größtwert gering ist.

Zusätzlich zur Normenreihe DIN 1055 sind noch weitere Normen von Bedeutung, die Lastannahmen für bestimmte Bauwerksarten oder außergewöhnliche Einwirkungen betreffen, wie beispielsweise DIN 1072 (12.85), welche die Lastannahmen für Straßen- und Wegebrücken regelt oder DIN 4149 (04.81), die unter anderem die Lastannahmen zur Berücksichtigung der Erdbebenwirkung auf übliche Hochbauten in deutschen Erdbebengebieten beschreibt. Nach DIN 1072 werden die Lasten eingeteilt in Hauptlasten (H), Zusatzlasten (Z) und Sonderlasten (S). In ungünstigster Zusammenstellung bilden die Hauptlasten den Lastfall H und die Haupt- und Zusatzlasten den Lastfall HZ. Die Sonderlasten sind jeweils für sich, gegebenenfalls in Kombination mit Haupt- und Zusatzlasten anzusetzen. In Bemessungsnormen, die noch auf dem alten Sicherheitskonzept mit globalen Sicherheitsbeiwerten basieren, wie zum Beispiel DIN 4227 (Spannbeton), werden dann nach den Lastfällen H, HZ und S abgestufte Globalsicherheiten verwendet. Dagegen sind in DIN 1072 für die Lagesicherung, und zwar für die Nachweise der Sicherheit gegen Abheben von den Lagern und der Sicherheit gegen Umkippen, Teilsicherheitsbeiwerte auf der Last- und auf der Widerstandsseite angegeben. Auf eine Trennung nach den Lastfällen H und HZ wird hierbei verzichtet.

DIN 1054 (11.76) gibt an, wie weit ein Baugrund durch Gründungen beansprucht werden darf, damit Bauwerke unter der Einwirkung von Kräften aus überwiegend ruhenden Lasten keine schädlichen Bewegungen erleiden. Nach DIN 1054 zählen Einwirkungen, die durch Veränderungen der Umgebung des Bauwerks, z. B. durch Grundwasserabsenkungen entstehen, je nach ihrer Dauer zu den ständigen Lasten oder zu den Verkehrslasten. In dieser Norm werden drei Lastfälle unterschieden, vgl. Abschnitt 4.3. Die Gliederung der Lastfälle ist nicht zu vergleichen mit der Einteilung der Lasten in die zuvor erwähnten Haupt- und Zusatzlasten. Soweit Gründungen, wie im Hochbau, ohne zusätzliche Belastungsvorschriften berechnet werden, kann der Betriebszustand als Lastfall 1 und der Bauzustand als Lastfall 2 angesetzt werden. Dabei wird angenommen, daß sich die Beanspruchungen während des Bauzustandes nicht auf den Endzustand auswirken. Außerplanmäßige Zustände müssen als Lastfall 3 im einzelnen besonders vereinbart werden. Auch sollten nach DIN 1054 Belastungen, die seltener als einmal in 100 Jahren zu erwarten sind, unter Lastfall 3 eingeordnet werden.

Auf europäischer Ebene werden die Lastannahmen im Eurocode 1 (EC 1) geregelt. Die wichtigsten Teile von EC 1 liegen bereits als europäische Vornorm ENV 1991 vor. Bis Ende des Jahres 1998 waren in deutscher Fassung mit der Bezeichnung DIN V ENV 1991 – Eurocode 1: Grundlagen der Tragwerksplanung und Einwirkungen auf Tragwerke – folgende Teile erschienen:

DIN V ENV 1991-1   12.95
Eurocode 1 Teil 1: Grundlagen der Tragwerksplanung

DIN V ENV 1991-2-1   01.96
Eurocode 1 Teil 2-1: Einwirkungen auf Tragwerke; Wichten, Eigenlasten, Nutzlasten

DIN V ENV 1991-2-2   05.97
Eurocode 1 Teil 2-2: -; Einwirkungen im Brandfall

DIN V ENV 1991-2-3   01.96
Eurocode 1 Teil 2-3: -; Schneelasten

DIN V ENV 1991-2-4   12.96
Eurocode 1 Teil 2-4: -; Windlasten

DIN V ENV 1991-3   08.96
Eurocode 1 Teil 3: -; Verkehrslasten auf Brücken

DIN V ENV 1991-4   12.96
Eurocode 1 Teil 4: -; Einwirkungen auf Silos und Flüssigkeitsbehälter

EC 1 Teil 1 enthält die bauartübergreifenden Grundlagen der Tragwerksplanung mit einem Sicherheitskonzept, das auf der Untersuchung von Grenzzuständen mit Teilsicherheitsbeiwerten γ und Kombinationsbeiwerten ψ beruht. Es wird zwischen den Grenzzuständen der Tragfähigkeit und den Grenzzuständen der Gebrauchstauglichkeit unterschieden. Als Einwirkungen werden sowohl äußere Lasten (direkte Einwirkungen) als auch aufgezwungene oder behinderte Verformungen oder Bewegungen (indirekte Einwirkungen) bezeichnet. Entsprechend ihrer zeitlichen Veränderlichkeit werden die Einwirkungen F in ständige Einwirkungen G, veränderliche Einwirkungen Q und außergewöhnliche Einwirkungen A unterteilt. Für den Nachweis eines Grenzzustandes wird der repräsentative Wert F_{rep} einer Einwirkung verwendet. Der wichtigste repräsentative Wert einer Einwirkung ist ihr charakteristischer Wert F_k. Weitere repräsentative Werte einer veränderlichen Einwirkung sind

– der Kombinationswert $\psi_0 \cdot Q_k$
– der häufige Wert $\psi_1 \cdot Q_k$
– der quasi-ständige Wert $\psi_2 \cdot Q_k$

So werden in einer Einwirkungskombination beispielsweise Kombinationswerte $\psi_0 \cdot Q_k$ verwendet, um die geringere Wahrscheinlichkeit eines gleichzeitigen Auftretens des jeweils ungünstigsten Wertes von mehreren unabhängigen Einwirkungen zu berücksichtigen. Der quasistatische Anteil $\psi_2 \cdot Q_k$ einer veränderlichen Einwirkung entspricht ihrem zeitlichen Mittelwert. Werte für die Kombinationsbeiwerte $\psi_i \leq 1$ sind in Tabelle 9.3 des EC 1 Teil 1 angegeben. Der einer Berechnung zugrunde zu legende Bemessungswert F_d einer Einwirkung ergibt sich allgemein durch Multiplikation des repräsentativen Wertes mit dem Teilsicherheitsbeiwert γ_F:

$$F_d = \gamma_F \cdot F_{rep}$$

Die Teilsicherheitsbeiwerte für ständige, veränderliche und außergewöhnliche Einwirkungen sind für Hochbauten im Grenzzustand der Tragfähigkeit in Tabelle 9.2 des EC 1 Teil 1 angegeben. Die Teilsicherheitsbeiwerte für den Grenzzustand der Gebrauchstauglichkeit sind im allgemeinen gleich 1.

Für jeden kritischen Lastfall wird der Bemessungswert der Beanspruchungen durch Kombination der Bemessungswerte der Einwirkungen ermittelt. Für den Nachweis des Grenzzustandes der Tragfähigkeit gelten in symbolischer Schreibweise die Kombinationsregeln

a) für ständige und vorübergehende Bemessungssituationen (Grundkombination)

$$\sum_{j\geq 1} \gamma_{Gj} G_{kj} + \gamma_P P_k + \gamma_{Q1} Q_{k1} + \sum_{i>1} \gamma_{Qi} \psi_{0i} Q_{ki}$$

b) für außergewöhnliche Bemessungssituationen

$$\sum_{j\geq 1} \gamma_{GAj} G_{kj} + \gamma_{PA} P_k + A_d + \psi_{11} Q_{k1} + \sum_{i>1} \psi_{2i} Q_{ki}$$

Hierin sind γ_G, γ_Q und γ_P die Teilsicherheitsbeiwerte für ständige und veränderliche Einwirkungen sowie für die Vorspannung P. Die Teilsicherheitbeiwerte γ_{GA} und γ_{PA} für die außergewöhnliche Bemessungssituation sind in der Regel gleich 1 zu setzen. In den Kombinationsregeln ist Q_{k1} der charakteristische Wert einer vorherrschenden veränderlichen Einwirkung, die sich auf das Erreichen des betrachteten Grenzzustandes am stärksten auswirkt (Leiteinwirkung). Q_{ki} (i >1) sind die charakteristischen Werte der übrigen veränderlichen Einwirkungen (Begleiteinwirkungen).

Für den Grenzzustand der Gebrauchstauglichkeit werden in EC 1 Teil 1 entsprechend dem repräsentativen Wert der vorherrschenden Einwirkung drei Einwirkungskombinationen unterschieden:

a) charakteristische (seltene) Kombination, maßgebend für irreversible Grenzzustände der Gebrauchstauglichkeit

$$\sum_{j\geq 1} G_{kj} + P_k + Q_{k1} + \sum_{i>1} \psi_{0i} Q_{ki}$$

b) häufige Kombination, maßgebend für reversible Grenzzustände der Gebrauchstauglichkeit

$$\sum_{j\geq 1} G_{kj} + P_k + \psi_{11} Q_{k1} + \sum_{i>1} \psi_{2i} Q_{ki}$$

c) quasi-ständige Kombination, maßgebend für lang andauernde Grenzzustände der Gebrauchstauglichkeit

$$\sum_{j\geq 1} G_{kj} + P_k + \sum_{i\geq 1} \psi_{2i} Q_{ki}$$

Wenn es nicht offensichtlich ist, welche der veränderlichen Einwirkungen dominant ist, so ist jede veränderliche Einwirkung nacheinander als vorherrschend zu untersuchen. Dies kann zu einer Vielzahl von möglichen Kombinationen – und damit auch zu Schwierigkeiten bei der Lastweiterleitung – führen. Eine praxisgerechte Vereinfachung dieser Kombinationsregeln ist noch Gegenstand der Forschung (vgl. Ernst [4.11], Fischer [4.13], Grünberg [4.17], Quast [4.33]).

Bei den Raumgewichten von Baustoffen und Lagerstoffen nach EC 1 Teil 2-1 bestehen gegenüber der DIN 1055 keine wesentlichen Unterschiede. Es fehlen jedoch genauere Angaben über die Eigenlast von üblichen Bauteilen sowie über die pauschale Berücksichtigung des Gewichts von unbelasteten leichten Trennwänden.

Die Verkehrslasten auf Gebäudedecken in Abhängigkeit von der Nutzungsart sind in den Tabellen 6.2 bis 6.4 von EC 1 Teil 2-1 festgelegt. Diese Tabellen enthalten neben den Flächenlasten auch Einzellasten, die alleine wirkend für den Nachweis lokaler Effekte anzusetzen sind. Die Verkehrsflächenlast darf nach EC 1 grundsätzlich abgemindert werden, wenn ihr Einzugsbereich größer als 20 m^2 ist. Die Verkehrslast darf außerdem ermäßigt werden bei der Berechnung von Bauteilen, welche die Lasten von mindestens drei Vollgeschossen aufnehmen. Gegenüber der Regelung nach DIN 1055 ergibt sich bei weniger als sechs Vollgeschossen eine größere und bei mehr als sechs Vollgeschossen eine geringere Abminderung (vgl. Ernst [4.11]).

Die gegenüber der deutschen Norm stark erweiterten Angaben zur Schneebelastung nach EC 1 Teil 2-3 enthalten unter anderem auch Lasten infolge von Schneeverwehungen und Lasten an Dachüberständen infolge eines Schneeüberhangs. Der Regelwert der Schneelast, der von der Schneelastzone und der Höhe über NN abhängt, ist nach EC 1 für Deutschland durchweg größer als derjenige nach DIN 1055 Teil 5.

EC 1 Teil 2-4 enthält umfassende Angaben zur Berechnung von Windlasten sowohl auf nicht schwingungsanfällige als auch auf schwingungsanfällige Bauwerke bis zu einer Höhe von 200 m. Die Windlasten können nach zwei Verfahren ermittelt werden. Das vereinfachte Verfahren ist auf Baukörper anwendbar, die aufgrund ihrer Abmessungen nicht schwingungsanfällig sind. Es darf auf „mittelmäßig" schwingungsanfällige Baukörper angewendet werden, wenn ein dynamischer Beiwert c_d für Böenreaktion berücksichtigt wird. Dagegen muß das „genaue" Verfahren bei schwingungsanfälligen Baukörpern, bei denen der dynamische Beiwert größer als 1,2 ist, benutzt werden.

Bei der Berechnung der Windlasten wird von einem Bezugsstaudruck ausgegangen. Dieser bezieht sich auf die Bezugswindgeschwindigkeit, die als das maximale Zehnminutenmittel der Windgeschwindigkeit in 10 m Höhe über Geländeoberkante bei einem Wind mit einer Wiederkehrperiode von 50 Jahren definiert ist. Der standortabhängige Grundwert der Bezugswindgeschwindigkeit kann für die vier Windzonen in Deutschland – bezogen auf die Geländekategorie II – dem Bild A.2 in EC 1 Teil 2-4, Anhang A, entnommen werden.

Wie dem jeweiligen nationalen Vorwort zu den einzelnen Teilen von EC 1 zu entnehmen ist, ist eine praktische Erprobung in Deutschland bisher nicht geplant. Vielmehr wurde im September 1997 durch den zuständigen Arbeitsausschuß der Beschluß gefaßt, auf der Grundlage der vorliegenden ENV-Fassungen eine neue Generation nationaler Einwirkungsnormen – die Normenreihe DIN 1055 neu – zu schaffen, vgl. Hartz [4.20]. Außerdem ist vorgesehen, entsprechend der Struktur der Eurocodes, eine bauartübergreifende Grundnorm (DIN 1055-100) zu erarbeiten, in der die Grundlagen der Tragwerksplanung beschrieben, das einheitliche Sicherheitskonzept definiert sowie das Verfahren der Teilsicherheitsbeiwerte und die Nachweismethode in den Grenzzuständen dargestellt werden. Dabei sollen die Anwendungsregeln für den Hochbau auch praxisgerecht vereinfachte Lastkombinationen enthalten.

Für die Berechnung und Bemessung von Tragwerken gelten zur Zeit als charakteristische Werte der Einwirkungen grundsätzlich die Werte der DIN-Normen, insbesondere die der Normenreihe DIN 1055.

4.2.2 Beton

Die Grundlagen der Bemessung von Beton- und Stahlbetonbauteilen nach DIN 1045 und die darauf aufbauenden Bemessungshilfsmittel gelten bis zur Betonfestigkeitsklasse B 55. Für hochfeste Betone sind in einer Richtlinie des Deutschen Ausschusses für Stahlbeton (DAfStb) ergänzende Angaben enthalten:

DIN 1045   07.88
Beton und Stahlbeton; Bemessung und Ausführung
DAfStb-Richtlinie für hochfesten Beton; Ergänzung zu DIN 1045/07.88 für die Festigkeitsklassen B 65 bis B 115 (08.95)

Die Bemessung für Biegung und Längskraft ist unter Berücksichtigung des nicht proportionalen Zusammenhangs zwischen Spannung und Dehnung durchzuführen. Da das Superpositionsgesetz nicht gilt, muß die Bemessung immer von den ungünstigsten Kombinationen der Schnittgrößen ausgehen. Die Sicherheit gilt als ausreichend, wenn die vom Querschnitt im Bruchzustand rechnerisch aufnehmbaren Schnittgrößen (R_k) mindestens gleich den mit dem globalen Sicherheitsbeiwert γ vervielfachten Schnittgrößen (S_k) unter Gebrauchslast sind:

$$R_k \geq \gamma \cdot S_k$$

Bei der Biegebemessung wird vollkommener Verbund zwischen Bewehrung und Beton vorausgesetzt, d.h. beide Baustoffe erfahren bei gleichem Abstand von der Nulllinie gleiche Dehnungen. Der Grenzwert der Betonstauchung beträgt $\varepsilon_{bu} = -3{,}5\text{‰}$ bei Biegebeanspruchung und $\varepsilon_{bu} = -2{,}0\text{‰}$ bei zentrischem Druck. Die Stahldehnung wird nach DIN 1045 auf $\varepsilon_{su} = 5\text{‰}$ begrenzt. Ein Mitwirken des Betons auf Zug darf nicht berücksichtigt werden (gerissene Zugzone: Zustand II). Die Verteilung der Betonspannungen über die Druckzonenhöhe ergibt sich nach dem sogenannten Parabel-Recht-

4.2 Baustoffbemessung

eckdiagramm (Bild 11 in DIN 1045). Die Maximalspannung in dieser idealisierten Spannungs-Dehnungslinie entspricht dem Rechenwert β_R der Betondruckfestigkeit, der kleiner ist als die Würfelnennfestigkeit β_{WN}. Mit der Differenz zwischen β_R und β_{WN} werden insbesondere die Unterschiede zwischen Prismen- und Würfelfestigkeit und zwischen Langzeit- und Kurzzeitfestigkeit berücksichtigt. Für die Betonfestigkeitsklassen B 5 bis B 25 erhält man $\beta_R = 0{,}7\ \beta_{WN}$. Für die Betone B 35 bis B 55 wurde nach DIN 1045 der Faktor bei β_{WN} weiter reduziert. Diese zusätzliche Abminderung, die oft als „Angstfaktor" bezeichnet wird, könnte entsprechend dem heute erreichten Qualitätsstandard bei der Betonherstellung entfallen.

Bei der Bemessung insbesondere von unregelmäßigen Querschnitten darf zur Vereinfachung auch das bilineare Spannungs-Dehnungsdiagramm (Bild 10 in DIN 1045) oder der gestutzte rechteckige Spannungsblock (vgl. DAfStb-Heft 220 [4.15]) verwendet werden.

Für den Betonstahl ist die bilineare Spannungs-Dehnungslinie mit einem linear-elastischen und einem ideal-plastischen Bereich (Bild 12 in DIN 1045) anzusetzen, die für Druck und Zug gleich ist und als Maximalspannung die Streckgrenze β_s aufweist. Die Steigung dieser Linie im elastischen Bereich entspricht, anders als bei den stark idealisierten Linien für Beton, dem Elastizitätsmodul.

Wie bereits in Abschnitt 4.1 erwähnt, beträgt der Sicherheitbeiwert für Stahlbeton nach DIN 1045 $\gamma = 1{,}75$ bei Versagen des Querschnitts mit Vorankündigung und $\gamma = 2{,}1$ bei Versagen des Querschnitts ohne Vorankündigung. Mit Vorankündigung durch Rißbildung kann gerechnet werden, wenn die rechnerische Dehnung der Zugbewehrung $\varepsilon_s \geq 3\ ‰$ ist. Bei $\varepsilon_s \leq 0$ liegt ein Bruch ohne Vorankündigung vor. Zwischenwerte für γ sind linear zu interpolieren.

Die zuvor genannten Sicherheitsbeiwerte gelten bei Lastschnittgrößen. Zwangschnittgrößen brauchen dagegen nur mit $\gamma = 1$ berücksichtigt zu werden, da sie sich beim Übergang in den Zustand II durch die mit der Rißbildung verbundene Steifigkeitsreduzierung abbauen.

Die Knicksicherheit von schlanken Druckgliedern aus Stahlbeton gilt nach DIN 1045 als ausreichend, wenn nachgewiesen wird, daß unter den in ungünstigster Anordnung einwirkenden 1,75fachen Gebrauchslasten ein stabiler Gleichgewichtszustand unter Berücksichtigung der Stabauslenkung (Theorie II. Ordnung) möglich ist. Dabei müssen die verwendeten Stabsteifigkeiten ausreichend genau den tatsächlichen Beton- und Bewehrungsquerschnitten und den berechneten Schnittgrößen entsprechen.

Bei der Bemessung für Querkraft erfolgt die Berechnung der Schubbewehrung auf der Grundlage eines Fachwerkmodells bestehend aus dem Druckgurt (Biegedruckzone), dem Zuggurt (Biegezugbewehrung), den in Richtung der Schubrisse im Bruchzustand geneigten Betondruckstreben und den Zugstreben, die der Schubbewehrung entsprechen. Nach der klassischen Fachwerkanalogie, die der Bemessung nach DIN 1045 zugrunde liegt, verlaufen die Gurte parallel und die Druckstreben sind unter 45° geneigt. Die erweiterte Fachwerkanalogie berücksichtigt auch flachere Druckstreben und geneigte Druckgurte.

Nach DIN 1045 wird bei der Querkraftbemessung von dem Grundwert τ_0 der Schubspannung ausgegangen, der sich aus der maßgebenden Querkraft unter Gebrauchslast ergibt. Je nach Höhe von max τ_0 wird der gesamte zugehörige Querkraftbereich gleichen Vorzeichens einem von drei Schubbereichen zugeordnet, die durch die Grenzwerte τ_{01} (τ_{011} für Platten, τ_{012} für Balken), τ_{02} und τ_{03} (DIN 1045, Tabelle 13) festgelegt sind. Der Schubbereich 3 (τ_{02} < max $\tau_0 \leq \tau_{03}$) darf nur für Balken mit einer Querschnittshöhe von mindestens 30 cm ausgenutzt werden. Eine größere Schubspannung als τ_{03} ist nicht erlaubt. Damit werden indirekt die schiefen Hauptdruckspannungen zur Vermeidung eines Betondruckstrebenbruchs begrenzt.

Im Schubbereich 3 ist die sogenannte volle Schubdeckung nachzuweisen, d.h. die Ermittlung der Schubbewehrung nach der klassischen Fachwerkanalogie ist mit dem Grundwert τ_0 durchzuführen. Im Schubbereich 2 darf die Schubbewehrung mit einem gegenüber dem Grundwert τ_0 verringerten Bemessungswert τ berechnet werden (sogenannte verminderte Schubdeckung). Dadurch werden die günstigen Einflüsse der erweiterten Fachwerkanalogie berücksichtigt. Im Schubbereich 1 ist bei Balken eine Mindestschubbewehrung vorzusehen; bei Platten darf auf eine Schubbewehrung verzichtet werden. Die zulässige Stahlspannung der Schubbewehrung beträgt $\beta_s/1{,}75$. Bei Einhaltung der Schubspannungsgrenzen (DIN 1045, Tabelle 13) zusammen mit der erforderlichen Schubsicherung kann eine Bruchsicherheit von mindestens $\gamma = 1{,}75$ vorausgesetzt werden.

Einen Sonderfall der Querkraftbemessung stellt der Nachweis der Sicherheit gegen Durchstanzen von Platten unter Einwirkung hoher Einzellasten dar. Nach DIN 1045 darf in einem gedachten Rundschnitt die rechnerische Schubspannung τ_r infolge der größten Querkraft max Q_r im Gebrauchszustand den größeren von zwei Grenzwerten nicht überschreiten. Ist τ_r geringer als der kleinere Grenzwert, dann kann eine Schubbewehrung entfallen. Bei einer Schubspannung τ_r, die zwischen den beiden Grenzwerten liegt, muß ein rechnerischer Nachweis der Schubsicherung geführt werden. Nach DIN 1045 darf die Schubbewehrung (Durchstanzbewehrung) für $0{,}75$ max Q_r bemessen werden, da man offenbar eine Lastminderung infolge geneigter Druckgurtkräfte unterstellt.

Weitere Hinweise und Erläuterungen zur Bemessung von Stahlbetonbauteilen nach DIN 1045, auch für die Nachweise der Gebrauchstauglichkeit, sind in der umfangreichen Literatur zu finden, z. B. Avak [4.2], DAfStb-Heft 400 [4.4], Bieger [4.7], Franz [4.14], Leonhardt [4.27], Löser [4.29]. Bemessungshilfsmittel sind u. a. in DAfStb-Hefte 220 [4.15] und 240 [4.16], Schneider [4.37], Wendehorst [4.45] und in verschiedenen Jahrgängen des Beton-Kalenders [4.5] zusammengestellt. Ausführliche Bemessungsbeispiele enthält DBV [4.9].

Die Spannbetonnorm DIN 4227 unterscheidet nach dem Vorspanngrad zwischen voller, beschränkter und teilweiser Vorspannung und nach der Verbundwirkung zwischen Vorspannung mit sofortigem, mit nachträglichem und ohne Verbund. Die Normenreihe besteht aus folgenden Teilen:

DIN 4227 Teil 1   07.88
Spannbeton; Bauteile aus Normalbeton mit beschränkter oder voller Vorspannung
Änderung A1 – DIN 4227-1/A1 (12.95)

DIN 4227 Teil 2   05.84
-; Bauteile mit teilweiser Vorspannung (Vornorm)

DIN 4227 Teil 3   12.83
-; Bauteile in Segmentbauart; Bemessung und Ausführung der Fugen (Vornorm)

DIN 4227 Teil 4   02.86
-; Bauteile aus Spannleichtbeton

DIN 4227 Teil 5   12.79
-; Einpressen von Zementmörtel in Spannkanäle

DIN 4227 Teil 6   05.82
-; Bauteile mit Vorspannung ohne Verbund (Vornorm)

Bei der Bemessung von beschränkt oder voll vorgespannten Bauteilen für Biegung und Längskraft nach DIN 4227 Teil 1 gilt die Sicherheit als ausreichend, wenn die 1,75fachen Schnittkräfte infolge der Summe der äußeren Lasten und – bei statisch unbestimmten Tragwerken – die 1,0fachen Schnittkräfte infolge Zwang (einschließlich der statisch unbestimmten Wirkung der Vorspannung) vom Querschnitt rechnerisch aufgenommen werden (sogenannter Bruchsicherheitsnachweis). Die Gesamtdehnung des Spannstahls im Bruchzustand setzt sich aus der aufgebrachten Vordehnung und der Zusatzdehnung unter der jeweiligen Lastkombination zusammen. Die zugehörige Spannung im Spannstahl ergibt sich aus der bilinearen Spannungs-Dehnungslinie mit der Streckgrenze als Größtwert. Der Rechenwert β_R der Betonfestigkeit ist abweichend von DIN 1045 für alle Festigkeitsklassen einheitlich mit $\beta_R = 0{,}6\,\beta_{WN}$ anzusetzen. Neben dem Bruchsicherheitsnachweis, der dem für Stahlbeton entspricht, sind noch die Beton- und Spannstahlspannungen unter Gebrauchslast nachzuweisen.

Für die Beanspruchung aus Querkraft sind nach DIN 4227 Teil 1 Spannungsnachweise sowohl für den Gebrauchszustand als auch für den rechnerischen Bruchzustand zu führen. Im rechnerischen Bruchzustand werden längs des Tragwerks zwei Zonen unterschieden: Zone a, in der Biegerisse nicht zu erwarten sind und Zone b, in der sich die Schubrisse aus Biegerissen entwickeln. Die Sicherheit gegen Schubbruch ist ausreichend, wenn in Zone b die Schubspannungen nach Zustand II, in Zone a die nach der Fachwerkanalogie berechneten schiefen Hauptdruckspannungen, die entsprechenden Grenzwerte (DIN 4227 Teil 1, Tabelle 9, Zeilen 56–63) nicht überschreiten und die Schubbewehrung – falls die maßgebenden Spannungsgrenzen (Tabelle 9, Zeilen 50–55) überschritten sind – nach der Fachwerkanalogie mit den in der Norm festgelegten Druckstrebenneigungen bemessen wird.

Für weitergehende Ausführungen mit Hinweisen und Erläuterungen zur Bemessung von Spannbetonbauteilen nach DIN 4227 wird auf die Literatur verwiesen, z.B. Bieger [4.7], Leonhardt [4.27, Teil 5], Zerna [4.46], DAfStb-Heft 320 [4.3], Beton-Kalender [4.5]. Ausführliche Bemessungsbeispiele enthält u.a. Rossner [4.35].

Auf europäischer Ebene werden die Bemessungsgrundlagen einheitlich für Stahlbeton- und Spannbetontragwerke im Eurocode 2 (EC 2) geregelt, der bisher erst als europäische Vornorm ENV 1992 vorliegt. Folgende Teile der deutschen Fassung – DIN V ENV 1992; Eurocode 2: Planung von Stahlbeton- und Spannbetontragwerken – sind bereits erschienen:

DIN V ENV 1992-1   06.92
Eurocode 2 Teil 1-1: Grundlagen und Anwendungsregeln für den Hochbau

DIN V ENV 1992-1-2   05.97
Eurocode 2 Teil 1-2: Allgemeine Regeln – Tragwerksbemessung für den Brandfall

DIN V ENV 1992-1-3   12.94
Eurocode 2 Teil 1-3: Allgemeine Regeln – Bauteile und Tragwerke aus Fertigteilen

DIN V ENV 1992-1-4   12.94
Eurocode 2 Teil 1-4: Allgemeine Regeln – Leichtbeton mit geschlossenem Gefüge

DIN V ENV 1992-1-5   12.94
Eurocode 2 Teil 1-5: Allgemeine Regeln – Tragwerke mit Spanngliedern ohne Verbund

DIN V ENV 1992-1-6   12.94
Eurocode 2 Teil 1-6: Allgemeine Regeln – Tragwerke aus unbewehrtem Beton

DIN V ENV 1992-2   10.97
Eurocode 2 Teil 2: Stahlbeton- und Spannbetonbrücken

Eurocode 2 darf in Deutschland parallel zu den klassischen nationalen Vorschriften DIN 1045 und DIN 4227 probeweise angewendet werden. Dazu wurden vom DAfStb „Richtlinien zur Anwendung von Eurocode 2 – Planung von Stahlbeton- und Spannbetontragwerken" herausgegeben, und zwar zunächst für Teil 1-1 (Ausgabe 04.93, Ergänzung: 06.95) und Teil 1-3 bis Teil 1-6 (jeweils Ausgabe 06.95). Diese Anwendungsrichtlinien enthalten unter anderem Hinweise auf mitgeltende deutsche Normen und Regelwerke sowie Angaben darüber, welche Bestimmungen von der Anwendung ausgenommen bzw. modifiziert anzuwenden sind.

EC 2 unterscheidet wie alle Eurocodes zwischen Prinzipien, die unbedingt einzuhalten sind, und Anwendungsregeln, die durch gleichwertige Regeln ersetzt werden dürfen. Das Sicherheitskonzept beruht auf Teilsicherheitsbeiwerten, wodurch die unterschiedlichen Streuungen der einzelnen Kenngrößen (Einwirkungen und Widerstände) berücksichtigt werden können. Außerdem erfolgt eine klare Trennung in die Grenzzustände der Tragfähigkeit und der Gebrauchstauglichkeit.

Nach EC 2 ist für die Grenzzustände der Tragfähigkeit nachzuweisen, daß die Bemessungswerte S_d der Beanspruchungen (Schnittgrößen) nicht größer sind als die Bemessungswerte R_d der Beanspruchbarkeiten (Bauteilwiderstände):

$$S_d \leq R_d$$

Die Bemessungsschnittgrößen S_d ergeben sich aus den maßgeblichen Einwirkungskombinationen unter Beachtung der Teilsicherheitsbeiwerte γ_F und Kombinationsbeiwerte ψ, (vgl. Abschnitt 4.2.1). Zur Schnittgrößenermittlung sind in EC 2 zusätzlich zu den bekannten Verfahren der linear-elastischen Berechnung und der linear-elastischen Berechnung mit anschließender Momentenumlagerung auch nichtlineare Berechnungsverfahren und Verfahren der Plastizitätstheorie zugelassen. Ab einer bestimmten Momentenumlagerung sind Nachweise der Spannungsbegrenzung im Grenzzustand der Gebrauchstauglichkeit zu führen. Zusätzlich ist zur Sicherstellung eines ausreichend duktilen Tragverhaltens ggf. ein Nachweis der Rotationsfähigkeit in kritischen Abschnitten zu führen.

Die Bauteilwiderstände R_d werden in Verbindung mit den geometrischen Abmessungen der Bauteile aus den durch die Teilsicherheitsbeiwerte γ_M dividierten charakteristischen Materialfestigkeiten (Zylinderdruckfestigkeit f_{ck} des Betons, Streckgrenze f_{yk} des Betonstahls, Zugfestigkeit f_{pk} des Spannstahls) bestimmt: $R_d = R_d(f_{ck}/\gamma_c; f_{yk}/\gamma_s; f_{pk}/\gamma_s)$. Die Teilsicherheitsbeiwerte für Beton und Stahl sind i. a. mit $\gamma_c = 1,5$ und $\gamma_s = 1,15$ anzusetzen.

Die grundlegenden Rechenannahmen für die Ermittlung der Querschnittswiderstände bei den Nachweisen im Grenzzustand der Tragfähigkeit für Biegung und Längskraft entsprechen weitgehend den gleichen Grundlagen wie in DIN 1045 und DIN 4227 Teil 1. Nach EC 2 beträgt der Maximalwert der Druckspannungen im Bemessungsdiagramm für Beton $\alpha \cdot f_{cd} = \alpha \cdot f_{ck}/\gamma_c$. Darin berücksichtigt der Abminderungsbeiwert α vor allem die gegenüber der Kurzzeitfestigkeit geringere Dauerstandfestigkeit des Betons. Im allgemeinen darf $\alpha = 0,85$ angenommen werden. Die Dehnung des Betonstahls ist gemäß Anwendungsrichtlinie bei Annahme einer linearelastischen ideal-plastischen Spannungs-Dehnungsbeziehung auf $\varepsilon_s = 20\textperthousand$ zu begrenzen. Wird dagegen eine Verfestigung oberhalb der Streckgrenze berücksichtigt, dann beträgt der Größtwert der Stahldehnung nach EC 2 $\varepsilon_s = 10\textperthousand$. Der grundsätzliche Verlauf der Spannungs-Dehnungslinien für den Spannstahl entspricht den Verläufen für den Betonstahl. Da Spannstahl keine ausgeprägte Streckgrenze aufweist, ist der Bemessungswert der Streckgrenze mit $0,9 f_{pk}/\gamma_s$ festgelegt.

Die Bemessungsverfahren für Querkraft nach EC 2 weisen insbesondere im Vergleich zu DIN 1045 erhebliche Unterschiede auf. Im Grenzzustand der Tragfähigkeit ist nach EC 2 nachzuweisen, dass der Bemessungswert V_{Sd} der einwirkenden Querkräfte den Bemessungswert V_{Rd} der widerstehenden Querkräfte nicht überschreitet: $V_{Sd} \leq V_{Rd}$. In EC 2 sind drei Bemessungswerte für die Bauteilwiderstände V_{Rd} definiert:

V_{Rd1} Bemessungswert der aufnehmbaren Querkraft in einem Bauteil ohne rechnerische Schubbewehrung

V_{Rd2} Bemessungswert der ohne Versagen des Balkenstegs (Betondruckstreben) aufnehmbaren Querkraft

V_{Rd3} Bemessungswert der aufnehmbaren Querkraft eines Querschnitts in einem Bauteil mit Schubbewehrung

In Querschnitten mit $V_{Sd} \leq V_{Rd1}$ ist rechnerisch keine Schubbewehrung (Querkraftbewehrung) erforderlich. Eine Mindestschubbewehrung muß aber immer vorgesehen werden. Auf diese darf nur in Platten und in Bauteilen von untergeordneter Bedeutung verzichtet werden. In Querschnitten mit $V_{Sd} > V_{Rd1}$ ist eine Schubbewehrung derart anzuordnen, dass $V_{Sd} \leq V_{Rd3}$ ist. Die Bemessungsquerkraft V_{Sd} darf in keinem Querschnitt des Bauteils den durch die Tragfähigkeit der Betondruckstreben begrenzten Wert V_{Rd2} überschreiten.

Die Nachweise im Grenzzustand der Gebrauchstauglichkeit umfassen die Begrenzung der Spannungen für Beton, Betonstahl und Spannstahl, die Begrenzung der Rißbildung bzw. die Einhaltung des Grenzzustandes der Dekompression sowie die Begrenzung der Tragwerksverformungen. Die Nachweise werden jeweils für die seltene, häufige oder quasi-ständige Einwirkungskombination (vgl. Abschnitt 4.2.1) geführt. Dabei ist ein Querschnitt als gerissen zu betrachten, wenn die Betonrandspannung unter der seltenen Einwirkungskombination die mittlere Zugfestigkeit f_{ctm} überschreitet. Die Nachweise sind dann auch auf den niedrigeren Belastungsniveaus im Zustand II zu führen. Dadurch soll der Einfluß der Vorbelastung eines Bauteils auf die Gebrauchseigenschaften berücksichtigt werden.

Für weitergehende Angaben zur Bemessung nach Eurocode 2 wird z.B. auf Bieger [4.6], König [4.24], Kordina [4.25], Mehlhorn [4.31] verwiesen. Ausführliche Bemessungsbeispiele enthalten u. a. DBV [4.10] und Rossner [4.36].

Da in den nächsten Jahren mit einer Überführung des Eurocode 2 in eine Europäische Norm EN nicht zu rechnen ist, wurde zwischenzeitlich auf der Grundlage des EC 2 unter Berücksichtigung der deutschen Stellungnahme ein Entwurf zur neuen DIN 1045 erarbeitet. Die neue DIN 1045 ist folgendermaßen gegliedert:

DIN 1045-1
Tragwerke aus Beton, Stahlbeton und Spannbeton; Teil 1: Bemessung und Konstruktion

DIN 1045-2
-; Teil 2: Betontechnik

DIN 1045-3
-; Teil 3: Ausführung von Bauwerken

Der Entwurf der DIN 1045-1 regelt die Bemessung und Konstruktion von unbewehrten, bewehrten und vorgespannten Tragwerken aus Leicht-, Normal- und hochfestem Beton, vgl. hierzu Zilch [4.47]. Aufgrund der verzögerten europäischen Bearbeitung des EC 2 soll noch im Jahr 1999 die neue DIN 1045 bauaufsichtlich eingeführt werden. Nach einer Übergangszeit bis zum Jahr 2003 sollen die bisherigen Normen DIN 1045 (07.88) und DIN 4227, deren Grundlagen im wesentlichen in den 60er Jahren erarbeitet worden sind, zurückgezogen werden, siehe Beton-Kalender 1999 [4.5, Teil II, S. 16–18].

4.2.3 Stahl

Die Methode der Grenzzustände auf der Basis von Teilsicherheitsbeiwerten bildet bereits die Grundlage für das Sicherheitskonzept der neuen Stahlbaunorm DIN 18800 (11.90).

DIN 18800 Teil 1   11.90
Stahlbauten; Bemessung und Konstruktion
Änderung A1 – DIN 18800-1/A1 (02.96)

DIN 18800 Teil 2   11.90
-; Stabilitätsfälle; Knicken von Stäben und Stabwerken
Änderung A1 – DIN 18800-2/A1 (02.96)

DIN 18800 Teil 3   11.90
-; Stabilitätsfälle; Plattenbeulen
Änderung A1 – DIN 18800-3/A1 (02.96)

DIN 18800 Teil 4   11.90
-; Stabilitätsfälle; Schalenbeulen

Mit diesem Regelwerk wurde erstmals das Sicherheits- und Bemessungskonzept der im Jahre 1981 vom Normenausschuss Bauwesen (NABau) im Deutschen Institut für Normung (DIN) herausgegebenen „Grundlagen zur Festlegung von Sicherheitsanforderungen an bauliche Anlagen" (GruSiBau) [4.18] verwirklicht.

Für einige Bereiche des Stahlbaus (Verbundbau, Brückenbau) gelten derzeit noch Normen, die auf dem alten Konzept mit Globalsicherheitsbeiwerten und zulässigen Spannungen beruhen. Dies trifft entsprechend auch für den Baugrubenverbau zu. Die Anwendung der neuen Normenreihe DIN 18800 in Verbindung mit Normen nach dem alten Sicherheitskonzept wird durch die bauaufsichtlich eingeführte „Anpassungsrichtlinie zu DIN 18800 – Stahlbauten – Teil 1 bis Teil 4 (11.90)", neueste Fassung 12.98, ermöglicht.

Nach DIN 18800 (11.90) ist nachzuweisen, daß die Beanspruchungen S_d die Beanspruchbarkeiten (Querschnittswiderstände) R_d nicht überschreiten. Die Nachweise haben die allgemeine Form

$$S_d/R_d \leq 1$$

Die Beanspruchungen S_d (z.B. Spannungen, Schnittgrößen, Abscherkräfte in Schrauben, Verformungen) sind mit den Bemessungswerten F_d der Einwirkungen zu bestimmen. Die Bemessungswerte F_d ergeben sich aus den charakteristischen Werten F_k der Einwirkungen durch Multiplizieren mit einem Teilsicherheitsbeiwert γ_F und ggf. mit einem Kombinationsbeiwert ψ zu $F_d = \gamma_F \cdot \psi \cdot F_k$. Für den Nachweis der Tragsicherheit sind Einwirkungskombinationen aus den ständigen Einwirkungen G und den ungünstig wirkenden veränderlichen Einwirkungen Q_i zu bilden. Dabei ist im allgemeinen anzusetzen

für G: $\gamma_F = 1{,}35$ und $\psi = 1$
für Q_i: $\gamma_F = 1{,}50$ und $\psi = 0{,}9$ bzw. $\psi = 1$ bei nur einer veränderlichen Einwirkung

Für den Nachweis der Gebrauchstauglichkeit enthält DIN 18800 keine Angaben zu Einwirkungskombinationen.

Die Beanspruchbarkeiten R_d (z.B. Grenzspannungen, Grenzschnittgrößen, Grenzabscherkräfte von Schrauben, Grenzverformungen) sind mit den Bemessungswerten M_d der Widerstandsgrößen (Festigkeiten, Steifigkeiten) zu bestimmen. Die Bemessungswerte M_d ergeben sich i.a. aus den charakteristischen Werten M_k der Widerstandsgrößen nach Division durch den Teilsicherheitsbeiwert γ_M zu $M_d = M_k/\gamma_M$. In der Regel ist beim Tragsicherheitsnachweis

$\gamma_M = 1{,}1$ und beim Nachweis der Gebrauchstauglichkeit $\gamma_M = 1{,}0$ anzusetzen.

Die Nachweise sind wahlweise nach einem der drei Verfahren zu führen:

- Nachweisverfahren Elastisch-Elastisch mit Spannungen
- Nachweisverfahren Elastisch-Plastisch mit Schnittgrößen
- Nachweisverfahren Plastisch-Plastisch mit Einwirkungen oder Schnittgrößen

Dabei sind grundsätzlich Tragwerksverformungen, geometrische Imperfektionen, Schlupf der Verbindungen und planmäßige Außermittigkeiten zu berücksichtigen.

Beim Tragsicherheitsnachweis nach dem Verfahren Elastisch-Elastisch werden die Beanspruchungen und die Beanspruchbarkeiten nach der Elastizitätstheorie berechnet. Als Grenzzustand der Tragfähigkeit wird der Beginn des Stahlfließens definiert. Es ist somit nachzuweisen, daß in allen Querschnitten die aus den Bemessungswerten der Einwirkungen ermittelten Beanspruchungen (Normalspannungen σ, Schubspannungen τ) höchstens den Bemessungswert $f_{y,d} = f_{y,k}/\gamma_M$ der Streckgrenze als Grenznormalspannung $\sigma_{R,d}$ bzw. die Grenzschubspannung $\tau_{R,d} = f_{y,d}/\sqrt{3}$ erreichen: $\sigma/\sigma_{R,d} \leq 1$, $\tau/\tau_{R,d} \leq 1$. Bei einem mehrachsigen Spannungszustand ist die Vergleichsspannung σ_v nach der Hypothese der Gestaltänderungsenergie zu verwenden: $\sigma_v/\sigma_{R,d} \leq 1$.

Beim Tragsicherheitsnachweis nach dem Verfahren Elastisch-Plastisch werden die Beanspruchungen nach der Elastizitätstheorie, die Beanspruchbarkeiten dagegen unter Ausnutzung plastischer Tragfähigkeiten der Querschnitte ermittelt. Als Grenzzustand der Tragfähigkeit wird das Erreichen der Grenzschnittgrößen im vollplastischen Zustand definiert. In keinem Querschnitt dürfen die berechneten Beanspruchungen (Schnittgrößen) unter Beachtung der Interaktion zu einer Überschreitung der Grenzschnittgrößen im vollplastischen Zustand führen. Damit werden die plastischen Reserven des Querschnittes ausgenutzt, nicht aber die eventuell vorhandenen des Systems. Die Grenzbiegemomente M_{pl} im plastischen Zustand sind jedoch auf den 1,25 fachen Wert des elastischen Grenzbiegemomentes M_{el} zu begrenzen, d.h. für den plastischen Formbeiwert $\alpha_{pl} = M_{pl}/M_{el}$ ist $\alpha_{pl} \leq 1{,}25$ einzuhalten.

Beim Tragsicherheitsnachweis nach dem Verfahren Plastisch-Plastisch wird die Traglast des Gesamtsystems berechnet. Die Beanspruchungen werden nach der Fließgelenk- oder Fließzonentheorie und die Beanspruchbarkeiten unter Ausnutzung plastischer Tragfähigkeiten der Querschnitte und des Systems ermittelt. Bei diesem Verfahren werden sowohl die plastischen Querschnittreserven als auch die nur bei statisch unbestimmten Tragwerken vorhandenen plastischen Systemreserven ausgenutzt.

Bei allen Verfahren ist zusätzlich nachzuweisen, dass die auf Druck beanspruchten Querschnittsteile wie Stege und Flansche nicht beulen können. Dazu sind für diese Querschnittsteile als beidseitig oder einseitig gelagerte Plattenstreifen mit der Breite b und der Dicke t die Grenzwerte grenz(b/t) nach DIN 18800 Teil 1 einzuhalten.

Da die Tragglieder und Tragwerke des Stahlbaus als Folge der hohen Materialfestigkeit im allgemeinen relativ schlank und die Wanddicken gering ausfallen, haben die Nachweise gegen Knicken (Biegeknicken und Biegedrillknicken) und Beulen eine große Bedeutung. Diese Stabilitätsfälle werden in DIN 18800 Teil 2 bis Teil 4 behandelt.

Die Gebrauchstauglichkeit wird entweder durch zu große Verformungen oder durch störende Schwingungen eingeschränkt. Konkrete Grenzzustände für den Nachweis der Gebrauchstauglichkeit sind in DIN 18800 jedoch nicht definiert.

Zur Verbindung von Bauteilen werden im Stahlbau vor allem Schrauben und Schweißnähte eingesetzt. Schraubenverbindungen für die Kraftübertragung senkrecht zur Schraubenachse können u.a. als gewöhnliche Scher-/Lochleibungsverbindungen (SL) oder bei besonders vorbehandelten Reibflächen und planmäßiger Vorspannung als gleitfeste vorgespannte Verbindungen (GV) ausgeführt werden. Für diese Verbindungen ist nachzuweisen, daß zum einen die vorhandene Abscherkraft V_a je Scherfuge und Schraube die Grenzabscherkraft $V_{a,R,d}$ und zum anderen die vorhandene Lochleibungskraft V_l einer Schraube an einer Lochwandung die Grenzlochleibungskraft

$V_{l,R,d}$ nicht überschreitet. Bei zugbeanspruchten Schrauben darf die in der Schraube vorhandene Zugkraft N nicht größer als die Grenzzugkraft $N_{R,d}$ sein. Werden Schrauben gleichzeitig auf Zug und Abscheren beansprucht, sind die entsprechenden Grenzwerte unter Beachtung der Interaktion einzuhalten. In gleitfesten planmäßig vorgespannten Schraubenverbindungen sollen Verschiebungen im Gebrauchszustand ausgeschlossen sein. Daher ist für diese Verbindungen zusätzlich ein Gebrauchstauglichkeitsnachweis bezüglich der Grenzgleitkraft zu führen. Anzumerken ist, daß mit der Inanspruchnahme der Reibung bei vorgespannten Verbindungen kein Tragfähigkeitsgewinn verbunden ist.

Verbindungen mit voll durchgeschweißten Nähten (Stumpfnähte, K-Nähte, HV-Nähte) müssen im allgemeinen nicht besonders nachgewiesen werden, da die Spannungen denjenigen im Grundmaterial entsprechen. Für Kehlnähte sind dagegen die einzelnen Spannungskomponenten $\sigma_\perp$, $\tau_\perp$ und $\tau_\parallel$ für sich zu berechnen. Aus ihnen ist der Vergleichswert $\sigma_{w,v}$ der vorhandenen Schweißnahtspannung als Wurzel aus der Quadratsumme der Spannungskomponenten zu bilden. Dieser Vergleichswert darf die Grenzschweißnahtspannung $\sigma_{w,R,d}$ nach DIN 18800 Teil 1 nicht überschreiten.

Für weitere Ausführungen zur Bemessung von Stahlbauten wird auf die Literatur verwiesen, z.B. Hünersen [4.22], Kahlmeyer [4.23], Krüger [4.26], Lindner [4.28], Petersen [4.32], Roik [4.34], Stahlbau-Kalender [4.39], Thiele [4.40].

Parallel zu den nationalen Stahlbaunormen darf in Deutschland probeweise auch die europäische Vornorm ENV 1993 Teil 1-1 (Eurocode 3 Teil 1-1) zusammen mit dem Nationalen Anwendungsdokument (DASt-Richtlinie 103 (11.93): Richtlinie zur Anwendung von DIN V ENV 1993 Teil 1-1) angewendet werden. In deutscher Fassung – DIN V ENV 1993; Eurocode 3: Bemessung und Konstruktion von Stahlbauten – liegen bisher folgende Teile vor:

DIN V ENV 1993-1-1   04.93
Eurocode 3 Teil 1-1: Allgemeine Bemessungsregeln; Bemessungsregeln für den Hochbau

DIN V ENV 1993-1-2   05.97
Eurocode 3 Teil 1-2: -; Tragwerksbemessung für den Brandfall

Eurocode 3 Teil 1-1 stimmt im wesentlichen mit dem Grundkonzept – zum Teil auch mit Detailregelungen – von DIN 18800 (11.90) überein. Zur Bemessung nach EC 3 wird z.B. auf Falke [4.12] und Hirt [4.21] verwiesen und auf die Bemessungsbeispiele in Andrić [4.1] und Vayas [4.41].

4.2.4 Mauerwerk

Für die Bemessung von Mauerwerk gilt DIN 1053. Diese Normenreihe besteht aus den Teilen:

DIN 1053-1   11.96
Mauerwerk; Teil 1: Berechnung und Ausführung

DIN 1053-2   11.96
-; Teil 2: Mauerwerksfestigkeitsklassen aufgrund von Eignungsprüfungen

DIN 1053-3   02.90
-; Teil 3: Bewehrtes Mauerwerk; Berechnung und Ausführung

DIN 1053-4   09.78
-; Teil 4: Bauten aus Ziegelfertigbauteilen

Im folgenden wird die Bemessung von unbewehrtem Mauerwerk behandelt. Wegen der geringen Anwendung von bewehrtem Mauerwerk in Deutschland wird auf diese Bauweise an dieser Stelle nicht weiter eingegangen. Mit DIN 1053-1 liegt eine dem Stand der Technik entsprechende Mauerwerksnorm vor, die zwar noch auf dem klassischen Konzept mit Globalsicherheitsbeiwerten basiert, die aber bereits zahlreiche Regeln aus dem Bereich der europäischen Normung (Eurocode 6) enthält.

DIN 1053-1 regelt die Berechnung sowohl von Rezeptmauerwerk (RM) als auch von Mauerwerk nach Eignungsprüfung (EM) gemäß DIN 1053-2. Die Bemessung erfolgt auf der Basis von Grundwerten σ_0 der zulässigen Spannungen. Für Mauerwerk RM werden die σ_0-Werte in Abhängigkeit von Steinfestigkeitsklassen, Mörtelarten und Mörtelgruppen festgelegt. Für Mauerwerk EM werden sie aus der

Nennfestigkeit β_M des Mauerwerks bestimmt. Nach DIN 1053-1 darf Mauerwerk entweder nach dem „vereinfachten Verfahren" oder nach dem „genaueren Verfahren" berechnet werden. Für die Anwendung des vereinfachten Berechnungsverfahrens müssen gewisse Voraussetzungen erfüllt sein. So sind für Gebäudehöhe, Stützweite der Decken, Mindestwanddicke, Geschoßhöhe (lichte Wandhöhe) und Verkehrslast vorgegebene Grenzwerte einzuhalten.

Beim vereinfachten Berechnungsverfahren brauchen bestimmte Beanspruchungen – z. B. die Biegemomente infolge des Auflagerdrehwinkels der Decken oder die Biegemomente aus ungewollter Lastausmitte und Auslenkung der Wand nach Theorie II. Ordnung – nicht besonders nachgewiesen zu werden. Auch darf der Einfluß der Windlast auf Außenwände beim Spannungsnachweis in der Regel vernachlässigt werden. Dadurch müssen die Wände in den meisten Fällen nur auf zentrischen Druck nachgewiesen werden. Bei zentrischer und exzentrischer Druckbeanspruchung sind die Spannungen im Gebrauchszustand auf der Grundlage einer linearen Spannungsverteilung unter Ausschluß von Zugspannungen zu ermitteln. Die zulässigen Druckspannungen zul σ_D ergeben sich aus den Grundwerten σ_0 und dem Abminderungsfaktor k zu

$$\text{zul } \sigma_D = k \cdot \sigma_0$$

Der Abminderungsfaktor k deckt mehrere Einflüsse ab:

- Traglastminderung bei sogenannten kurzen Wänden (Pfeilern), die u. a. durch Schlitze und Aussparungen geschwächt sind
- Traglastminderung durch Knickgefahr
- Traglastminderung durch den Drehwinkel der Decken bei Endauflagerung

Falls ein Nachweis für ausmittige Last zu führen ist, dürfen sich die Fugen rechnerisch höchstens bis zum Schwerpunkt des Querschnitts öffnen.

Beim genaueren Berechnungsverfahren ist nachzuweisen, daß im Bruchzustand die γ-fache Gebrauchslast aufgenommen werden kann. Dabei sind die Spannungen wie beim vereinfachten Verfahren auf der Grundlage einer linearen Spannungsverteilung ohne Mitwirkung des Mauerwerks auf Zug zu ermitteln. (Die in Wirklichkeit völligere Druckspannungsverteilung im Grenzzustand der Tragfähigkeit wird im Eurocode 6 durch Ansatz eines rechteckförmigen Spannungsblocks berücksichtigt.) Für Wände und „kurze Wände" (Pfeiler), die insbesondere keine Schlitze und Aussparungen enthalten, ist der Sicherheitsbeiwert $\gamma = \gamma_w = 2{,}0$. Für alle anderen „kurzen Wände" gilt $\gamma = \gamma_P = 2{,}5$. Der für das Mauerwerk maßgebende Rechenwert β_R der Druckfestigkeit ergibt sich aus dem Grundwert σ_0 zu

$$\beta_R = 2{,}67 \cdot \sigma_0$$

Bei exzentrischer Beanspruchung darf die Randspannung den Wert $1{,}33 \cdot \beta_R$ und die mittlere Spannung den Wert β_R nicht überschreiten. Damit ergeben sich die folgenden Bemessungsgleichungen:

$$\gamma \cdot \sigma_R \leq 1{,}33 \cdot \beta_R \quad \text{und} \quad \gamma \cdot \sigma_m \leq \beta_R$$

Hierin sind σ_R und σ_m die $1/\gamma$-fachen Spannungen im Bruchzustand bzw. für den Fall, daß der Knicksicherheitsnachweises nicht maßgebend ist, die Spannungen im Gebrauchszustand.

Zusätzlich ist nachzuweisen, daß im Gebrauchszustand infolge der planmäßigen Exzentrizität klaffende Fugen rechnerisch höchstens bis zum Schwerpunkt des Gesamtquerschnitts entstehen. Eine entsprechende Begrenzung für den Bruchzustand gibt es nicht.

Beim genaueren Berechnungsverfahren ist der Einfluß der Drehwinkel an den Deckenauflagern auf die Ausmitte der Lasteinleitung in die Wände zu berücksichtigen. Dies darf durch eine Berechnung des Wand-Decken-Knotens erfolgen, bei der für die Ermittlung der Biegesteifigkeit der Decken und Wände vereinfachend ungerissene Querschnitte und elastisches Materialverhalten zugrunde gelegt werden können.

Der Nachweis der Knicksicherheit darf vereinfachend durch Bemessung der Wand in halber Geschoßhöhe für die planmäßige Exzentrizität e und die zusätzliche Exzentrizität f erfolgen. Die zusätzliche Exzentrizität f erfaßt die ungewollte Ausmitte und die Stabauslenkung nach Theorie II. Ordnung. Sie wird nach DIN 1053-1 in Abhängigkeit von der Schlankheit der Wand, der Knicklänge der Wand und der planmäßigen Lastausmitte ermittelt.

Für weitergehende Angaben zur Bemessung von Mauerwerk, auch zur Bemessung auf Schub und auf Zug parallel zu den Lagerfugen, wird u. a. auf Mauerwerk-Kalender [4.30] und Schneider [4.38] verwiesen.

Die Gebrauchstauglichkeit ist nach DIN 1053 nicht nachzuweisen. Um Schäden aus Zwängungen infolge von Schwinden, Kriechen und Temperaturänderungen zu vermeiden, müssen konstruktive Maßnahmen ergriffen werden.

Für die Bemessung auf europäischer Ebene ist der Eurocode 6 (EC 6) vorgesehen. In deutscher Fassung mit der Bezeichnung DIN V ENV 1996 – Eurocode 6: Bemessung und Konstruktion von Mauerwerksbauten – liegen mittlerweile die Teile 1-1 und 1-2 vor:

DIN V ENV 1996-1-1 12.96
Teil 1-1: Allgemeine Regeln; Regeln für bewehrtes und unbewehrtes Mauerwerk

DIN V ENV 1996-1-2 05.97
Teil 1-2: -; Tragwerksbemessung für den Brandfall

Die vom NABau herausgegebene Richtlinie zur Anwendung von DIN V ENV 1996-1-1 soll den EC 6 in Deutschland anwendbar machen. Durch dieses Nationale Anwendungsdokument (NAD) werden einige Abschnitte für die nationale Anwendung vollständig entfallen wie alle Abschnitte über bewehrtes, vorgespanntes oder eingefaßtes Mauerwerk. Dabei wird auf entsprechende DIN-Regeln verwiesen.

Die Grundlagen für die Bemessung von Mauerwerk sind nach DIN 1053-1 und nach Eurocode 6 Teil 1-1 weitgehend gleich. Wegen der zugrunde liegenden abweichenden Sicherheitskonzepte sind die Bemessungsverfahren jedoch anders aufgebaut und daher nicht direkt vergleichbar.

4.3 Bemessung Bodenmechanik und Grundbau

Im Bereich Bodenmechanik und Grundbau sieht das klassische Sicherheitskonzept mit Globalsicherheitsfaktoren drei Lastfälle vor (s. DIN 1054, Nov. 76):

Lastfall 1:
Ständige Lasten und regelmäßig auftretende Verkehrslasten (auch Wind). Zu den ständigen Lasten zählen unter anderem die Eigenlast des Bauwerks, ständig wirkende Erddrücke, Erdlasten und Wasserdrücke (z. B. auch Strömungsdruck aus Grundwassergefälle). Die Verkehrslasten umfassen unter anderem auch Lasten nach DIN 1055 Teil 3 und DIN 1072, wechselnde Erd- und Wasserdrücke und Eisdruck.

Lastfall 2:
Zu den Lasten des Lastfalls 1 kommen noch gleichzeitig, aber nicht regelmäßig auftretende große Verkehrslasten und Belastungen hinzu, die nur während der Bauzeit auftreten.

Lastfall 3:
Lastfall 3 beinhaltet gleichzeitig zu den Lasten aus den Lastfällen 1 und 2 mögliche außerplanmäßige Lasten z. B. durch Ausfall von Betriebs- und Sicherungsvorrichtungen und infolge von Unfällen.

Den einzelnen Lastfällen sind in der Regel abgestufte Globalsicherheitsfaktoren zugeordnet. Zum Beispiel sind bei Fundamenten die berechneten Grundbruchlasten im Lastfall 1 mit einem Sicherheitsfaktor $\eta = 2$, im Lastfall 2 mit 1,5 bzw. mit 1,3 im Lastfall 3 abzumindern. Das gleiche gilt für den Nachweis der Gleit- und Auftriebssicherheit von Fundamenten oder der Berechnung von zulässigen Pfahllasten (s. DIN 1054, Nov. 76). Bei der Berechnung von Baugrubenwänden wird der Erdwiderstand im Wandfußbereich ebenfalls durch einen Globalsicherheitsfaktor geteilt (s. Empfehlungen des Arbeitskreises Baugruben, EAB).

Zu beachten ist allerdings, daß die Sicherheitsfaktoren unterschiedlich sind, z. B. $\eta = 2{,}0$ beim Grundbruch und $\eta = 1{,}5$ beim Nachweis der Gleitsicherheit jeweils im Lastfall 1. Dies bedeutet nicht ein unterschiedliches Sicherheitsniveau. Wie man mit Hilfe von Berechnungen auf wahrscheinlichkeitstheoretischer Grundlage zeigen kann, hängen die Globalsicherheitsfaktoren unter anderem vom System ab (Gudehus [4.19]), was aber in der bisherigen Praxis nicht zu Schwierigkeiten geführt hat.

Die Berechnungen nach dem klassischen Sicherheitskonzept sehen nicht durchgängig Globalsicherheitsfaktoren vor. Eine Ausnahme bildet zum Beispiel der Nachweis der Geländebruchsicherheit nach DIN 4084, Juli 1981. Bei den in DIN 4084 vorgesehenen Verfahren werden der Reibungsbeiwert tan φ und die Kohäsion c mit Teilsicherheitsbeiwerten dividiert, ohne allerdings die Einwirkungen z.B. aus Eigengewicht zu erhöhen wie im neuen Sicherheitskonzept. Das gleiche gilt auch für den Grundbruchnachweis. DIN 4017, August 79, läßt neben dem Nachweis mit einem Globalsicherheitsfaktor auch einen Nachweis mit Teilsicherheitsfaktoren auf die Scherbeiwerte zu, was allerdings in der Praxis selten durchgeführt wird. Eine weitere Sonderstellung nehmen auch die Berechnungen von Stützkonstruktionen gemäß den Empfehlungen des Arbeitsausschusses Ufereinfassungen (EAU) ein. Bei Spundwandberechnungen z.B. werden Erddrücke und Erdwiderstände mit reduzierten Scherparametern ermittelt, und beim Sicherheitsnachweis des Erdwiderstands wird ein Faktor $\eta_p = 1$ angesetzt. Die Beispiele zeigen, daß auch beim klassischen Sicherheitskonzept nicht ausschließlich mit Globalsicherheitsfaktoren gearbeitet wird.

Die geplante Einführung des neuen Sicherheitskonzepts im Bereich Bodenmechanik und Grundbau ist mit vielen Diskussionen und Vorschlägen verbunden. Einzelheiten s. Weißenbach [4.43]. Aufgrund der GruSiBau [4.18] wurde ab dem Jahre 1981 versucht, das Teilsicherheitskonzept auf statischer Grundlage auch im Erd- und Grundbau umzusetzen. 1987 wurde der „Model Code" auf europäischer Ebene veröffentlicht, ohne jedoch eine unmittelbare Wirkung zu erzeugen. Nach Inkrafttreten der „Bauproduktenrichtlinie" des Rats der Europäischen Gemeinschaft im Dez. 1988 wurde durch die Kommission der Europäischen Gemeinschaft eine Arbeitsgruppe aus sieben Fachleuten beauftragt, den Eurocode EC 7 „Foundations" auszuarbeiten. Geplant war, zusammen mit den übrigen Eurocodes europaweit einheitliche Regeln für Entwurf, Bemessung und Ausführung zu schaffen. Im März 1990 wurde ein vorläufiger Entwurf „Eurocode 7, Geotechnics" verabschiedet. Ein wesentlicher Gedanke dieses Entwurfs war, auf der Grundlage des probabilistischen Sicherheitskonzepts Teilsicherheitsbeiwerte auf die Bodenkenngrößen Reibung und Kohäsion vorzusehen und damit generell sowohl Schnittgrößen von Konstruktionsteilen als auch die Sicherheit gegen Versagen im Boden nachzuweisen (sogenannter Fall C). Eine Schwäche dieses Konzepts ist, daß sich in vielen Fällen eine Unterbemessung von Konstruktionsteilen ergibt (Weißenbach [4.42]). Aufgrund der Einwände wurde der inzwischen in ENV 1997-1 umbenannte EC 7 ergänzt um den sogenannten Fall B, bei dem Teilsicherheitsfaktoren auf Kräfte wie z.B. Erddrücke anzusetzen sind. Im November 1994 erschien die englischsprachige Fassung vom Eurocode 7 als Vornorm ENV 1997-1 „Geotechnical Design, General Rules" und im April 1996 die deutschsprachige Fassung DIN V ENV 1997-1 „Entwurf, Berechnung und Bemessung in der Geotechnik; Teil 1: Allgemeine Regeln". Trotz der Verbesserungen wird DIN V ENV 1997-1 in dieser Form aus deutscher Sicht nur als bedingt anwendbar gesehen. Hauptkritikpunkte sind, daß sich teilweise ein nicht hinnehmbares niedriges Sicherheitsniveau und teilweise aber auch viel zu große Sicherheiten und damit unwirtschaftliche Abmessungen ergeben. Eine ausführliche Diskussion der Schwachpunkte erfolgt bei Weißenbach [4.43].

Parallel zu den Eurocodes wurde DIN 1054 überarbeitet und im Frühjahr 1996 als DIN V 1054-100 zusammen mit dem Nationalen Anwendungsdokument (NAD) und dem Normenpaket 100 veröffentlicht. Zu diesem Paket gehören zum Beispiel DIN V 4017-100 oder DIN V 4084-100. DIN V 1054-100 weicht von der gleichzeitig veröffentlichten Fassung der ENV 1997-1 in wesentlichen Punkten ab. Z.B. werden die langjährig bewährten Lastfälle LF 1 bis LF 3 anstelle der Kombinationsbeiwerte ψ nach ENV 1991-1 zur Berücksichtigung des gleichzeitigen Auftretens von veränderlichen Lasten beibehalten. Die Teilsicherheitsbeiwerte werden ausschließlich auf die einwirkenden Kräfte bezogen. Einzelheiten s. Weißenbach [4.43].

Wie die öffentliche Diskussion auf mehreren Veranstaltungen im Jahre 1996 zeigte, weist auch DIN V 1054-100 große Schwachpunkte auf [4.43]:

– Durch die Anwendung von Partialsicherheitsfaktoren noch vor der Ermittlung der Schnittgrößen erhält man ein fiktives System, das unrealistisch ist bei der Ermittlung der Verschiebungen.

- Aus demselben Grund können sich je nach Belastung von der Wirklichkeit abweichende Exzentrizitäten beim Nachweis des Grundbruchs und Gleitens von Fundamenten ergeben.
- Die starke Differenzierung der möglichen Nachweisfälle führt zu zwei umfangreichen und unübersichtlichen Tabellen mit insgesamt 99 Teilsicherheitsbeiwerten für den Grenzzustand der Tragfähigkeit.
- Die Anwendung der Teilsicherheitsbeiwerte bringt Schwierigkeiten bei Federmodellen und Finite-Elemente-Berechnungen mit sich.
- Es sind zwei Berechnungsgänge notwendig. Mit den Bemessungseinwirkungen wird der Grenzzustand der Tragfähigkeit nachgewiesen und mit charakteristischen Einwirkungen die Gebrauchstauglichkeit. Dies bedeutet eine Erleichterung gegenüber der ENV 1997–1, die drei Berechnungsgänge erfordert, ist aber immer noch umständlich.

Auf der Grundlage der Kritikpunkte wurde als deutsche Stellungnahme zum EC 7 ein neuer Gegenvorschlag entwickelt, der sich nach Weißenbach [4.43] wie folgt darstellt:

a) Entwurf des Bauwerks, Wahl der Grundabmessungen, Festlegung des statischen Systems.

b) Ermittlung der charakteristischen Einwirkungen, z.B. von Eigengewicht, aktivem Erddruck, erhöhtem aktivem Erddruck und Wasserdruck sowie von Vorverformungen.

c) Ermittlung der charakteristischen Schnittgrößen S_{ki}, z.B. Querkräfte, Auflagerkräfte und Biegemomente, in allen für die Bemessung maßgebenden Schnitten durch die Konstruktion und in den Berührungsflächen zwischen der Konstruktion und dem Boden, soweit erforderlich getrennt nach den Ursachen.

d) Ermittlung der charakteristischen Widerstände R_{ki}
  - der Konstruktionsteile gegen Druck, Zug, Schub und Biegebeanspruchung
  - des Bodens, z.B. Erdwiderstand, Grundbruchwiderstand, Pfahlwiderstand und Herausziehwiderstand von Ankern und Bodennägeln
  - durch Rechnung, Probebelastung oder auf Grund von Erfahrungswerten

e) Ermittlung der für die Bemessung maßgebenden Kräfte in jedem maßgebenden Schnitt durch die Konstruktion und in den Berührungsflächen
  - in Form von Bemessungsschnittgrößen S_{di} durch Multiplikation der charakteristischen Schnittgrößen S_{ki} mit den Teilsicherheitsbeiwerten γ_G bzw. γ_Q
  - in Form von Bemessungswiderständen R_{di} durch Division der charakteristischen Widerstände R_{ki} mit den Teilsicherheitsbeiwerten γ_R für das jeweilige Material, z.B. Stahl, Stahlbeton oder Boden

f) Nachweis der Grenzgleichgewichtsbedingung

$$\Sigma S_{di} \leq \Sigma R_{di}$$

g) Nachweis der Gebrauchstauglichkeit unter Verwendung der zusammen mit den charakteristischen Schnittgrößen ermittelten Verformungen.

Die Teilsicherheitsbeiwerte für Baustoffwiderstände sind aus ENV 1992 (Beton und Stahlbeton), ENV 1993 (Stahl) und ENV 1995 (Holz) zu entnehmen, die Teilsicherheitsbeiwerte für Bodenwiderstände der Zusammenstellung in Tabelle 4.1.

Eine ausführliche Diskussion des neuen Vorschlags mit Berechnungsbeispielen findet sich bei Weißenbach, Gudehus und Schuppener [4.44].

Der deutsche Gegenvorschlag soll als neue DIN 1054 umgesetzt werden. Es ist davon auszugehen, daß die neue DIN 1054 vor dem entsprechenden Eurocode vorliegt. Einen Überblick über den Stand der Normung (Nov. 1998) gibt Hartz [4.20]. Es ist abzusehen, daß im Bereich Bodenmechanik und Grundbau die alte DIN 1054, Nov. 76, noch einige Zeit Gültigkeit haben wird und die endgültige Umsetzung des Teilsicherheitskonzepts noch einiger Diskussionen bedarf. Aus diesen Gründen bezieht sich das vorliegende Buch noch vollständig auf das alte Sicherheitskonzept.

4.4 Übersicht Baugrundnormen

Durch den europäischen Normungsprozeß sind, wie in dem vorausgegangenen Abschnitt be-

Tabelle 4.1 Teilsicherheitsbeiwerte nach dem deutschen Vorschlag (Weißenbach [4.43])

a) Sicherheit gegen Auftrieb

Lastfall		LF 1	LF 2	LF 3
Ungünstige ständige Einwirkungen	$\gamma_{G,sup}$	1,00	1,00	1,00
Günstige ständige Einwirkungen	$\gamma_{G,inf}$	0,90	0,90	0,95
Ungünstige veränderliche Einwirkungen	γ_Q	1,10	1,05	1,00

b) Tragfähigkeit der Konstruktionsteile

Lastfall		LF 1	LF 2	LF 3
Einwirkungen				
Ständige Einwirkungen	γ_G	1,35	1,20	1,00
Ungünstige veränderliche Einwirkungen	γ_Q	1,50	1,30	1,00
Erdruhedruck aus ständigen Lasten	γ_{E0}	1,20	1,10	1,00
Bodenwiderstände				
Erdwiderstand und Grundbruchwiderstand	γ_{Ep}, γ_{Gr}	1,40	1,30	1,20
Gleitwiderstand aus Reibung oder Kohäsion	γ_{Gl},	1,10	1,05	1,05
Pfahlwiderstände				
Pfahlwiderstand auf Druck bei Pfahlprobebelastungen	γ_{Pc}	1,30	1,30	1,30
Pfahlwiderstand auf Zug bei Pfahlprobebelastungen	γ_{Pr}	1,40	1,40	1,40
Pfahlwiderstand auf Druck und Zug bei Ansatz von Erfahrungswerten	γ_P	1,40	1,40	1,40
Zugwiderstände				
Stahlzugglied bei aktivem Erddruck und Auftrieb	γ_M	1,35	1,35	1,35
Stahlzugglied bei Ansatz von Erdruhedruck	γ_M	1,20	1,20	1,20
Verpreßkörperwiderstand	γ_A	1,20	1,15	1,10

c) Sicherheit gegen Geländebruch und Böschungsbruch

Lastfall		LF 1	LF 2	LF 3
Einwirkungen				
Ständige Einwirkungen	γ_G	1,00	1,00	1,00
Ungünstige veränderliche Einwirkungen	γ_Q	1,30	1,20	1,00
Bodenwiderstände				
Scherfestigkeit	γ_φ, γ_c	1,30	1,20	1,10

d) Sicherheit gegen hydraulischen Grundbruch

Lastfall		LF 1	LF 2	LF 3
Eigengewicht	γ_{Ginf}	0,90	0,90	0,90
Strömungskraft bei günstigem Untergrund	γ_S	1,35	1,30	1,20
Strömungskraft bei ungünstigem Untergrund	γ_S	1,80	1,60	1,35

schrieben, zur Zeit viele Vorschriften in Überarbeitung. Die wesentlichen alten Normen im Bereich Baugrund sind in den DIN-Taschenbüchern 36 „Erd- und Grundbau" (1991) und 113 „Erkundung und Untersuchung des Baugrunds" (1993) zusammengefaßt. Eine aktuelle Übersicht ist z.B. bei Wendehorst „Bautechnische Zahlentafeln" [4.45] in der jeweils neuesten Auflage für alle Bereiche des konstruktiven Ingenieurbaus zu finden.

4.4 Übersicht Baugrundnormen

Die folgende Übersicht über Baugrundnormen entspricht dem Stand Ende 1998:

Übersichtsnormen

DIN 1054	11.76 Baugrund; Zulässige Belastung des Baugrunds mit Bbl. (11.76)
DIN 1055 Teil 2	02.76 Lastannahmen für Bauten: Bodenkenngrößen
DIN 1080 Teil 2	03.80 Begriffe, Formelzeichen und Einheiten im Bauingenieurwesen; Bodenmechanik und Grundbau
DIN V ENV 1991-1	12.95 Eurocode 1: Grundlagen der Tragwerksplanung
DIN V ENV 1997-1	04.96 Eurocode 7: Entwurf, Berechnung und Bemessung in der Geotechnik; Allgemeine Regeln [1]
DIN V 1054-100	04.96 Sicherheitsnachweise im Erd- und Grundbau [1]

Baugrunderkundung

DIN 4020	10.90 Geotechnische Untersuchungen für bautechnische Zwecke mit Bbl. 1
DIN 4021	10.90 Baugrund; Erkundung durch Schürfe, Bohrungen sowie Entnahme von Proben
DIN 4022 Teil 1	09.87 Benennen und Beschreiben von Boden und Fels; Schichtenverzeichnis für Bohrungen ohne durchgehende Gewinnung von gekernten Proben im Boden und Fels
DIN 4022 Teil 2	03.81 -; Schichtenverzeichnis für Bohrungen im Fels
DIN 4022 Teil 3	05.82 -; Schichtenverzeichnis für Bohrungen mit durchgehender Gewinnung von gekernten Proben im Boden (Lockergestein)
DIN 4023	03.84 Baugrund- und Wasserbohrungen; Zeichnerische Darstellung der Ergebnisse
DIN 4094	12.90 Baugrund, Erkundung durch Sondierungen mit Bbl.
DIN 4096	05.80 Baugrund, Flügelsondierung, Maße des Gerätes, Arbeitsweise, Auswertung
DIN 18196	10.88 Bodenklassifikation für bautechnische Zwecke

Berechnungsnormen

DIN 4017 Teil 1	08.79 Grundbruchberechnung von lotrecht, mittig belasteten Flachgründungen mit Bbl.
DIN 4017 Teil 2	08.79 Grundbruchberechnung von schräg und außermittig belasteten Flachgründungen mit Bbl.
DIN 4018	09.74 Berechnung des Sohldruckes unter Flachgründungen mit Bbl. 1 (5.81)
DIN 4019 Teil 1	04.79 Setzungsberechnung bei lotrechter mittiger Belastung mit Bbl. 1
DIN 4019 Teil 2	02.81 Setzungsberechnung bei schräg und außermittig wirkender Belastung mit Bbl. 1
DIN 4084	07.81 Gelände und Böschungsbruchberechnungen mit Bbl. 1 und Bbl. 2 (9.83)
DIN 4085	02.87 Berechnung des Erddruckes für starre Stützwände und Widerlager mit Bbl. 1 und Bbl. 2 (6.89)
DIN V 4017–100	04.96 Berechnung des Grundbruchwiderstandes von Flachgründungen
DIN V 4019–100	04.96 Setzungsberechnungen
DIN V 4084–100	04.96 Böschungs- und Geländebruchberechnungen
DIN V 4085–100	04.96 Berechnung des Erddrucks
DIN V 4126–100	04.96 Berechnung von Schlitzwänden

---

[1] Eurocode 7 und „Normenpaket 100" (s.u.) sind als Vornormen keine technischen Baubestimmungen

Gründungselemente und Gründungsverfahren

DIN 4014	03.90 Bohrpfähle, Herstellung, Bemessung und Tragverhalten
DIN 4026	08.75 Rammpfähle, Herstellung, Bemessung und zulässige Belastung mit Bbl.
DIN 4093	09.87 Einpressungen in Untergrund und Bauwerke; Richtlinie für Planung und Bauausführung
DIN 4107	01.78 Setzungsbeobachtungen an entstehenden und fertigen Bauwerken
DIN 4123	05.72 Gebäudesicherungen im Bereich von Ausschachtungen, Gründungen und Unterfangungen
DIN 4124	08.81 Baugruben und Gräben; Böschungen, Arbeitsraumbreiten, Verbau
DIN 4125	11.90 Verpreßanker; Kurzzeitanker und Daueranker; Bemessung, Ausführung und Prüfung
DIN 4126	08.86 Ortbetonschlitzwände; Konstruktion und Ausführung
DIN 4127	08.86 Schlitzwandtone für stützende Flüssigkeiten
DIN 4128	04.83 Verpreßpfähle (Ortbeton- u. Verbundpfähle) mit kleinem Durchmesser

Europäische Ausführungsnormen Spezialtiefbau

pr EN 1536	10.97 Bohrpfähle
pr EN 1538	10.97 Schlitzwände
pr EN 1537	02.98 Anker
pr EN 12063	10.95 Spundwände

Schutz der Bauwerke gegen Wasserangriff

DIN 4030 Teil 1	06.91 Beurteilung betonangreifender Wässer, Böden und Gase; Grundlagen und Grenzwerte
DIN 4030 Teil 2	06.91 -; Entnahme und Analyse von Wasser- und Bodenproben
DIN 4095	06.90 Dränung zum Schutz baulicher Anlagen; Planung, Bemessung, Ausführung
E DIN 18195 Teil 1	12.96 -; Bauwerksabdichtungen mit bahnenförmigen Werkstoffen; Definition, Allgemeines
E DIN 18195 Teil 2	12.96 -; Stoffe
E DIN 18195 Teil 3	12.96 -; Verarbeitung der Stoffe
E DIN 18195 Teil 4	12.96 -; Abdichtungen gegen Bodenfeuchtigkeit; Bemessung und Ausführung
E DIN 18195 Teil 5	12.96 -; Abdichtungen gegen nichtdrückendes Wasser, Bemessung und Ausführung
E DIN 18195 Teil 6	12.96 -; Abdichtung gegen von außen drückendes Wasser; Bemessung und Ausführung
E DIN 18195 Teil 7	12.96 -; Abdichtung gegen von innen drückendes Wasser; Bemessung und Ausführung

Schutz der Bauwerke gegen Erschütterungen

DIN 4024 Teil 1	04.88 Maschinenfundamente; Elast. Stützkonstruktionen für Maschinen mit rotierenden Massen
DIN 4024 Teil 2	04.88 -; Steife (starre) Stützkonstruktionen für Maschinen mit periodischer Erregung
DIN 4025	10.58 Fundamente für Amboß-Hämmer, Hinweise für die Bemessung und Ausführung
DIN 4149	04.81 Bauten in deutschen Erdbebengebieten mit Bbl.
DIN 4150 Teil 1	09.75 Vornorm Erschütterungen im Bauwesen; Grundsätze, Vorermittlung und Messung von Schwingungsgrößen

DIN 4150 Teil 2   12.92 -; Einwirkungen auf Menschen in Gebäuden
DIN 4150 Teil 3   05.86 -; Einwirkungen auf bauliche Anlagen

Untersuchung von Bodenproben (Versuchsnormen)

DIN 18 121 Teil 1   04.98 Wassergehalt, Bestimmung durch Ofentrocknung
DIN 18 121 Teil 2   09.89 -; Bestimmung durch Schnellverfahren
E DIN 18 122 Teil 1   07.97 Zustandsgrenzen (Konsistenzgrenzen), Bestimmung der Fließ- und Ausrollgrenze
DIN 18 122 Teil 2   02.87 -; Bestimmung der Schrumpfgrenze
DIN 18 123   11.96 Bestimmung der Korngrößenverteilung
DIN 18 124   07.97 Bestimmung der Korndichte
DIN 18 125 Teil 1   08.97 Bestimmung der Dichte des Bodens, Labormethoden
DIN 18 125 Teil 2   05.86 -; Feldmethoden
DIN 18 126   11.96 Bestimmung der Dichte nichtbindiger Böden bei lockerster und dichtester Lagerung
DIN 18 127   11.97 Proctor-Versuch
DIN 18 128   11.90 Bestimmung des Glühverlustes
DIN 18 129   11.96 Kalkgehaltsbestimmung
DIN 18 130 Teil 1   05.98 Bestimmung des Wasserdurchlässigkeitsbeiwertes, Laborversuche
DIN 18 130 Teil 2   Bestimmung der Wasserdurchlässigkeit im Felde (i. Vorber.)
E DIN 18 132   12.95 Bestimmung des Wasseraufnahmevermögens
E DIN 18 134   08.95 Plattendruckversuch
DIN 18 135   Eindimensionaler Kompressionsversuch (i. Vorber.)
DIN 18 136   08.96 Bestimmung der einaxialen Druckfestigkeit
DIN 18 137 Teil 1   08.90 Bestimmung der Scherfestigkeit, Begriffe und grundsätzliche Versuchsbedingungen
DIN 18 137 Teil 2   -; Dreiaxialversuch
E DIN 18 137 Teil 3   -; Direkter Scherversuch

Allgemeine Technische Vertragsbedingungen (ATV)

DIN 18300   06.96 Erdarbeiten
DIN 18301   06.96 Bohrarbeiten
DIN 18303   05.98 Verbauarbeiten
DIN 18304   05.98 Ramm-, Rüttel- und Preßarbeiten

Empfehlungen mit normativem Charakter, herausgegeben von der Deutschen Gesellschaft für Geotechnik (Auswahl)

EAB   Empfehlungen des Arbeitskreises „Baugruben", 3. Aufl. Berlin: Wilhelm Ernst & Sohn, 1994
EAU   Empfehlungen des Arbeitsausschusses „Ufereinfassungen"; 9. Aufl. Berlin: Wilhelm Ernst & Sohn, 1998
DGEG   Empfehlungen für den Bau und die Sicherung von Böschungen. Die Bautechnik 12 (1962)
DGEG   Empfehlungen für die Anlage und Ausbildung von Bermen, Geotechnik, S. 225, 1989
GDA   Empfehlungen des Arbeitskreises Geotechnik und Altlasten, 3. Aufl., Berlin: Wilhelm Ernst & Sohn, 1997
ETB   Empfehlungen des Arbeitskreises Tunnelbau. Berlin: Wilhelm Ernst & Sohn, 1995

EVB	Empfehlungen, Verformung des Baugrundes bei baulichen Anlagen. Berlin: Wilhelm Ernst & Sohn, 1993
AK5	Empfehlungen des Arbeitskreises 5: Statisch axiale Probebelastungen, Geotechnik 16, Heft 3 (1993). -: Dynamische Pfahlprüfungen, Geotechnik 14, H. 3 (1991) -: Statische Probebelastungen quer zur Pfahlachse, Geotechnik 17, H. 2 (1994)

5 Einzel- und Streifenfundamente

5.1 Auswahlkriterien und Überblick

Einzel- und Streifenfundamente zählen ebenso wie Gründungsplatten zu den Flachgründungen im Gegensatz zu Tiefgründungen wie z. B. Pfähle.

Einzelfundamente bieten sich z. B. an als Gründung von

- Stützen
- Treppenhauskernen
- turmartigen Bauwerken

Sie stellen im allgemeinen die wirtschaftlichste Form dar, um Bauwerkslasten in den Baugrund einzuleiten.

Streifenfundamente sind sinnvoll bei

- Stützenreihen mit vergleichbar geringem Abstand
- der Abtragung von Horizontallasten
- bei Grenzfundamenten mit exzentrischer Belastung und Zugbändern

Plattengründungen werden ausgeführt

- bei einem engen Stützenraster
- wenn die Anforderungen an Tragfähigkeit und Setzungen nur mit unverhältnismäßig großen Einzelfundamenten erfüllt werden können, z. B. bei schlechtem Baugrund oder großen Lasten
- bei anstehendem Grundwasser
- bei großen Horizontallasten, die über Sohlreibung abgetragen werden sollen

Plattengründungen werden ausführlich in Kapitel 6 behandelt.

Einzel- und Streifenfundamente setzen einen ausreichend tragfähigen Baugrund voraus, d. h. in der Regel mindestens mitteldichte Sand- und Kiesböden oder mindestens steife bindige Böden. Reicht die Baugrundqualität nicht von vornherein aus, können Flachgründungen auch mit verschiedenen Bodenverbesserungsmaßnahmen kombiniert werden, die in Kapitel 7 behandelt werden.

Die Dimensionierung von Einzel- und Streifenfundamenten ist vom Grundsatz her sehr kompliziert, weil die Gründung Teil eines hochgradig statisch unbestimmten Systems ist, bestehend aus Bauwerk, Gründung und Baugrund (Bild 5.1a). Notwendig sind ingenieurmäßige Vereinfachungen [5.18]. Meistens werden die Lasten unabhängig von der Wechselwirkung zwischen Gründung und Bauwerk ermittelt (Bild 5.1b). Ist der Abstand der einzelnen Fundamente genügend groß, kann die gegenseitige Beeinflussung vernachlässigt werden (Bild 5.1c). Übrig bleibt in der Regel das einzeln zu dimensionierende Fundament mit fest vorgegebenen Lasten (Bild 5.1d).

Häufig werden die Setzungsdifferenzen zwischen den einzelnen Fundamenten bei Wohnhäusern oder Industriehallen nicht weiterverfolgt und durch entsprechende Dimensionierung so begrenzt, daß die Rückwirkung auf das Bauwerk vernachlässigt werden kann. Die genannten Vereinfachungen treffen in der Regel zu. Im Einzelfall kann es jedoch notwendig sein, die gegenseitige Beeinflussung im Untergrund nachzuweisen, z. B. bei einem engen Stützenraster, oder bei setzungsempfindlichen Konstruktionen den Einfluß von Setzungsdifferenzen auf das aufgehende Bauwerk zu überprüfen.

Einzel- und Streifenfundamente werden in Schnitten quer zur Längsrichtung meistens als starr betrachtet. Legt man die lineare Elastizitätstheorie und die Lösung von Boussinesq für einen unendlich langen, in Querrichtung starren Gründungsstreifen mit mittiger Belastung zugrunde [5.7], ergeben sich an den Rändern

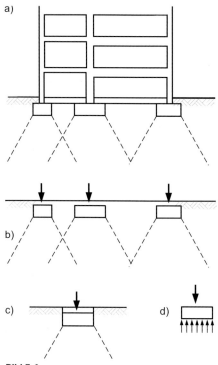

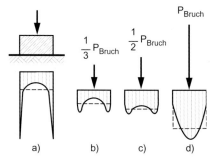

Bild 5.2
Sohldruckverteilung unter starrem Fundament
(nach Baldauf und Timm [5.1])
a) theoretische Verteilung nach Boussinesq
b) tatsächliche Verteilung durch Fließen des Bodens unter den Kanten
c) Sohldruckverteilung unter Gebrauchslast und Annäherung durch geradlinige Begrenzung
d) Sohldruckverteilung unter der Bruchlast

Bild 5.1
Gesamtsystem und schrittweise Vereinfachung
(nach Baldauf und Timm [5.1])
a) Gesamtsystem aus Bauwerk + Gründung + Baugrund
b) unter Vernachlässigung der Bauwerkssteifigkeit
c) unter Vernachlässigung der gegenseitigen Beeinflussung von Nachbarfundamenten
d) unter Vernachlässigung der Zusammendrückbarkeit des Baugrunds

bis ins Unendliche reichende Spannungsspitzen (Bild 5.2a). Durch plastisches Fließen werden diese Spitzen jedoch abgebaut (Bild 5.2b). Messungen [5.11] zeigen, daß im Gebrauchszustand eher eine gleichmäßige Verteilung zutrifft (Bild 5.2c), die beim Grundbruch eine Verlagerung zur Mitte hin erfährt (Bild 5.2d). In der Praxis rechnet man deshalb für Gebrauchszustände häufig näherungsweise mit einer konstanten Verteilung, die auch beim Nachweis des Grundbruchs angesetzt werden darf. Bei ausmittiger Belastung setzt man ebenfalls eine lineare Verteilung an. Solange rechnerisch keine Zugspannungen auftreten, wird mit der Navierschen Balkentheorie unter Voraussetzung ebener Querschnitte gerechnet. Man erhält trapezförmige Verteilungen (Spannungstrapezverfahren). Bei großer Exzentrizität würden sich rechnerisch Zugspannungen ergeben, die der Boden jedoch im allgemeinen nicht übertragen kann. Es stellt sich eine sogenannte klaffende Fuge ein. Man rechnet wiederum mit einer linearen (dreieckförmigen) Verteilung der Druckspannungen, deren Resultierende mit der Resultierenden der angreifenden Kräfte im Gleichgewicht steht (Bild 5.3).

Das Spannungstrapezverfahren führt zu unrealistischen Ergebnissen, wenn bei langen Streifenfundamenten konzentrierte Einzellasten angreifen. Unter den Lasten ergeben sich Spannungskonzentrationen, die besser mit dem Bettungsmodul- oder mit dem Steifemodulverfahren modelliert werden können (s. Kapitel 6).

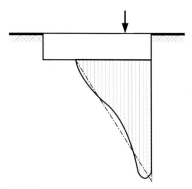

Bild 5.3
Sohldruckverteilung unter ausmittiger Belastung bei einem starren Fundament [5.1]

Sowohl für eine Vordimensionierung und auch zur endgültigen Dimensionierung können die Tabellenwerte der DIN 1054 herangezogen werden. Zu beachten sind allerdings die Voraussetzungen, wozu in der Regel auch eine ausreichende Baugrunderkundung gehört.

Je nach Fundamentbreite, Einbindetiefe und Setzungsempfindlichkeit der aufgehenden Konstruktion ergeben sich bei nichtbindigen Böden zulässige Bodenpressungen zwischen 200 und 700 kN/m^2 und bei bindigen Böden Werte zwischen 100 und 500 kN/m^2 (Einzelheiten s. Abschnitt 5.2).

Grundsätzlich nachzuweisen sind:
– die Grundbruchsicherheit
– die Setzungen
– die Kippsicherheit bei exzentrischer Belastung
– die Gleitsicherheit bei Horizontallasten
– die Sicherheit gegen Auftrieb bei Grundwasser oberhalb der Fundamentsohle

Je nach Lage des Fundaments, z. B. am Rande einer Böschung, muß noch die Geländebruchsicherheit überprüft werden.

Gemäß DIN 1054 müssen Fundamente frostsicher gegründet sein, d. h. die Einbindetiefe soll im Flachland mindestens 0,8 m, in höheren Lagen mindestens 1,2 m betragen. Etwas größere Tiefen werden von Prinz [5.14] empfohlen, weil Messungen größere Frosteindringtiefen als 0,8 m auch im Flachland ergeben haben. Zu beachten ist zudem eine mögliche Frosteinwirkung während der Bauzeit. Zum Beispiel kann der Frost über ungesicherte Kelleröffnungen eindringen und vom Kellerfußboden aus durch einseitige Einwirkung zu Schäden führen.

Als Baustoffe kommen für Einzel- und Streifenfundamente sowohl bewehrter als auch unbewehrter Beton in Frage. Für weitere Hinweise zu Entwurfsgrundlagen und Auswahlkriterien wird auf [5.1, 5.15, 5.18] verwiesen.

5.2 Bodenmechanische Bemessung
5.2.1 Lotrecht mittige Belastung

Wie in Abschnitt 5.1 dargelegt, wird von einer konstanten Sohlpressung ausgegangen. Unter den Voraussetzungen

– mindestens mitteldichte Lagerung bei nichtbindigen Böden
– mindestens steifplastische Konsistenz bei bindigen Böden ($I_C > 0,75$)
– annähernd gleichmäßige Baugrundverhältnisse bis in eine Tiefe, die der zweifachen Fundamentbreite entspricht
– die Geländeoberfläche und die Schichtgrenzen verlaufen annähernd waagerecht
– Grundwasserabstand zur Fundamentsohle nicht kleiner als die maßgebliche Fundamentbreite

dürfen die Tabellenwerte der DIN 1054 zur Bemessung herangezogen werden (Tabelle 5.1). Weitere Einzelheiten s. DIN 1054.

Die Tabellenwerte gelten für Streifenfundamente. Bei Rechteck- und Kreisfundamenten dürfen die Werte unter bestimmten Voraussetzungen um 20 % erhöht werden. Eine Erhöhung ist ebenfalls möglich, wenn eine dichte Lagerung nachgewiesen wird. Die Werte müssen bei hochstehendem Grundwasserspiegel reduziert werden (s. DIN 1054).

Bei nichtbindigen Böden unterscheidet DIN 1054 zwischen setzungsempfindlichen und setzungsunempfindlichen Bauwerken. Zum Beispiel muß bei den Tabellenwerten für setzungsunempfindliche Bauwerke und Fundamentbreiten bis zu 1,5 m von Setzungen von etwa 2 cm ausgegangen werden. Breitere Fundamente können noch höhere Setzungen erfahren. Die angegebenen Bodenpressungen für setzungsempfindliche Bauwerke sind bei Breiten bis 1,5 m mit Setzungen von etwa 1 cm und bei größerer Breite von etwa 2 cm verbunden.

Bei bindigem Baugrund betragen die Setzungen etwa 2–4 cm, wenn die Tabellenwerte angewendet werden. Zu beachten ist, daß sich bei geringerem Abstand der Fundamente durch gegenseitige Beeinflussung wesentlich höhere Setzungsbeträge ergeben können. Die Angaben der DIN 1054 für Fels sind ebenfalls in Tabelle 5.1 aufgenommen.

In die Tabellenwerte der DIN 1054 sind sowohl der Grundbruch- als auch der Setzungsnachweis eingearbeitet. Zum Beispiel ist bei kleineren Fundamentbreiten und nichtbindigen Böden der Grundbruch maßgebend, bei größeren sind die Setzungen entscheidend. Ist der Grundbruch

Tabelle 5.1 Zusammenstellung der Bodenpressungen bzw. Sohldrücke in kN/m² nach DIN 1054 (1976) (nach Türke [5.19])

Nichtbindiger Baugrund	Einbindetiefe d	Streifenfundamente mit Breiten von					
		0,5 m	1 m	1,5 m	2 m	3 m	5 m
		Setzungsempfindliche Bauwerke					
Kies und Sand mitteldicht GE, GW, GI SE, SW, SI GU, SU, GT	0,5 m 1 m 1,5 m 2 m	200 270 340 400	300 370 440 500	330 360 390 420	280 310 340 360	220 240 260 280	176 192 208 224
		Setzungsunempfindliche Bauwerke					
	0,5 m 1 m 1,5 m 2 m	200 270 340 400	300 370 440 500	400 470 540 600	500 570 640 700	500 570 640 700	500 570 640 700

Bindiger Baugrund	Einbindetiefe d	Streifenfundamente mit Breiten von					
		≤ 2 m	5 m	≤ 2 m	5 m	≤ 2 m	5 m
		steif		halbfest		fest	
Schluff UL	0,5 m 1 m 1,5 m 2 m	130 180 220 250	91 126 154 175	130 180 220 250	91 126 154 175	– – – –	– – – –
Kies und Sand schluffig-tonig GU, SU, ST, GT̄, ST̄	0,5 m 1 m 1,5 m 2 m	150 180 220 250	105 126 154 175	220 280 330 370	154 196 231 259	330 380 440 500	231 266 308 350
Schluff + Ton UM, TL, TM	0,5 m 1 m 1,5 m 2 m	120 140 160 180	84 98 112 126	170 210 250 280	119 147 175 196	280 320 360 400	196 224 252 280
Ton TA	0,5 m 1 m 1,5 m 2 m	90 110 130 150	63 77 91 105	140 180 210 230	98 126 147 161	200 240 270 300	140 168 189 210

Fels	nicht brüchig, nicht oder nur wenig angewittert		brüchig, oder mit deutlichen Verwitterungsspuren	
gleichmäßig und fest wechselnd oder klüftig	4000 2000		1500 1000	

maßgebend, nehmen die Spannungen mit der Breite zu. Dagegen nehmen die Spannungen ab, wenn die Setzungen als Kriterium herangezogen werden, weil mit zunehmender Flächengröße bei konstanter Spannung die Setzungen zunehmen. Das Konzept der Tabellenwerte wurde auch in die Entwürfe der Normen unter Berücksichtigung des neuen Sicherheitskonzepts aufgenommen. Es findet sich praktisch unverändert im Anhang C der DIN V 1054-100 wieder.

Treffen die Voraussetzungen von DIN 1054 nicht zu, ist ein separater Grundbruch- und Setzungsnachweis zu führen. Bei Streifen-, Rechteck-, Quadrat- und Kreisfundamenten darf der Grundbruchnachweis nach DIN 4017 Teil 1 geführt werden. Grundlage ist die dreigliedrige Gleichung für Streifenfundamente, die durch Formfaktoren auf andere Grundrißformen erweitert wurde (s. Abschnitt 3.3). Bei unregelmäßigen Grundrissen, Fundamenten mit abgestufter Sohlfläche, geschichtetem Baugrund oder Fundamenten in unmittelbarer Nachbarschaft sei auf die Ausführungen von Smoltczyk und Netzel [5.18] verwiesen.

Setzungen werden in der Regel nach dem Konzept der lotrechten Spannungen gemäß DIN 4019 Teil 1 berechnet. Ausgehend von einem schlaffen Lastbündel werden die lotrechten Spannungen in den maßgeblichen Tiefen, z. B. mit Hilfe der Tafeln von Steinbrenner, berechnet. Die Setzungen der einzelnen Schichten ergeben sich aus den jeweiligen Zusatzspannungen und Steifemoduli. Bei starren Fundamenten, die in der Regel vorliegen (s. Abschnitt 5.1), werden die Setzungen des Flächenmittelpunkts mit dem Faktor 0,75 korrigiert oder man bezieht sich auf den kennzeichnenden Punkt. Die theoretischen Grundlagen sowie zulässige Setzungen und Setzungsdifferenzen sind in Abschnitt 3.2 dargestellt. Einzelheiten s. DIN 4019 Teil 1. Ist bei bindigen Böden mit Porenwasserüberdruck zu rechnen, werden die Endsetzungen mit zeitlicher Verzögerung erreicht. Der zeitliche Verlauf kann mit Hilfe der Konsolidierungstheorie abgeschätzt werden. Darüber hinaus können bei Tonböden auch nach dem Abklingen von Porenwasserüberdrücken die Setzungen durch sekundäres Kriechen weiter zunehmen (s. Abschnitt 3.2.1).

5.2.2 Lotrecht außermittige Belastung

Bei lotrecht außermittiger Belastung darf, wie in Abschnitt 5.1 dargelegt, mit einer linearen Spannungsverteilung gerechnet werden. Für den Fall einer exzentrisch angeordneten Stütze mit den Vertikallasten G_1, G_2 und P sowie dem Moment M (Bild 5.4) ergibt sich die resultierende Vertikallast V aus

$$V = G_1 + G_2 + P \qquad (5.1)$$

Zunächst wird der Fall einer einachsig ausmittigen Biegung in Richtung der Fundamentseite a betrachtet. In Richtung von b sollen keine Ausmittigkeiten vorhanden sein.

Die Exzentrizität e berechnet sich aus

$$e = \frac{M - a_1 (G_1 + P)}{V} \qquad (5.2)$$

Der Einfachheit halber wird e als positiv vorausgesetzt.

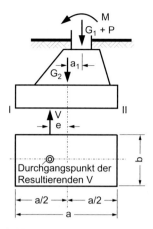

Bild 5.4
Einachsige ausmittige Biegung eines Rechteckfundamentes mit exzentrisch angeordneter Stütze [5.15]

Nach den Regeln der Festigkeitslehre für Balken mit Rechteckquerschnitt berechnen sich die Randspannungen σ_I und σ_{II}

$$\sigma_{I,II} = \frac{V}{a \cdot b} \left(1 \pm \frac{6e}{a} \right) \qquad (5.3)$$

solange $e \leq a/6$ beträgt und somit keine rechnerischen Zugspannungen auftreten. Der Bereich bis $e = a/6$ wird als „Kern" oder innerer Kern bezeichnet und die Begrenzung mit $e = a/6$ als 1. Kernweite [5.7]. Läßt man bis zum Schwerpunkt der Sohle eine klaffende Fuge zu, ergibt sich für die Randspannung σ_R der dreieckförmigen Verteilung im Druckbereich (Bild 5.5)

$$\sigma_R = \frac{2V}{3e'_x b} \qquad (5.4)$$

mit:

$$e'_x = \left(\frac{a}{2} - e \right) \qquad (5.5)$$

Gleichung 5.4 gilt im Bereich $a/6 \leq e \leq a/3$ (äußerer Kern). Die maximal zulässige Exzentrizität $e = a/3$ wird als 2. Kernweite bezeichnet.

Gemäß DIN 1054 darf bei ständigen Lasten keine klaffende Fuge auftreten. Für die Gesamtlast ist die klaffende Fuge bis zur Mitte zu begrenzen. Dadurch wird nach DIN 1054 zu-

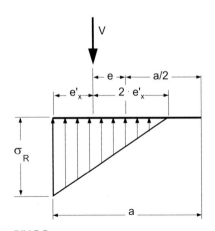

Bild 5.5
Spannungsverteilung bei klaffender Fuge im Bereich
a/6 ≤ e ≤ a/3

sammen mit dem Nachweis der Grundbruchsicherheit das Kippen der Fundamente vermieden.

Bei zweiachsiger Ausmittigkeit mit den Exzentrizitäten e_x und e_y (Bild 5.6a) sind die Verhältnisse komplizierter. Für einen Rechteckquerschnitt ergibt sich bei Lage der Resultierenden im inneren Kern keine klaffende Fuge. Die maximale Eckspannung beträgt

$$\sigma_E = \frac{V}{ab}\left(1 + \frac{6e_x}{a} + \frac{6e_y}{b}\right) \quad (5.6)$$

Der Bereich des inneren Kerns wird durch eine Raute oder näherungsweise durch die in Bild 5.6b eingezeichnete Treppenkurve begrenzt.

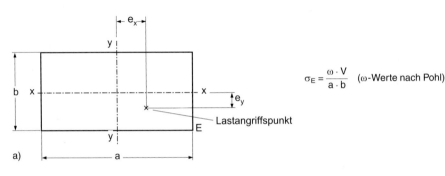

$\sigma_E = \dfrac{\omega \cdot V}{a \cdot b}$ (ω-Werte nach Pohl)

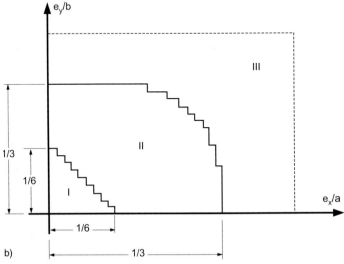

Bild 5.6
Ermittlung der Eckspannungen bei Rechteckfundamenten
a) Grundriß, b) Abgrenzung von innerem und äußerem Kern (nach Pohl [5.3])

5.2 Bodenmechanische Bemessung

Die Umhüllende des äußeren Kerns ist näherungsweise durch die Ellipse

$$\left(\frac{e_x}{a}\right)^2 + \left(\frac{e_y}{b}\right)^2 = \frac{1}{9} \quad (5.7)$$

festgelegt. Alternativ ergibt sich nach Pohl die in Bild 5.6b eingezeichnete Treppenkurve. Nach Pohl berechnet sich die maximale Randspannung σ_E aus

$$\sigma_E = \frac{\omega \cdot V}{ab} \quad (5.8)$$

mit ω nach Tabelle 5.2. Weitere Hinweise zu diesem Verfahren sind z. B. bei Graßhoff und Kany [5.7] zu finden. In derselben Literaturstelle werden auch Angaben zu kreis- und kreisringförmigen Sohlflächen gemacht, sowie Fundamente mit beliebiger Form behandelt.

Die Tabellenwerte der DIN 1054 dürfen auch bei exzentrischem Lastangriff zum Nachweis von Setzungen und Grundbruch verwendet werden, wenn die rechnerischen Seitenlängen

$$a' = a - 2 e_x \quad (5.9a)$$

und

$$b' = b - 2 e_y \quad (5.9b)$$

zugrunde gelegt werden. D. h. man stellt sich eine verkleinerte Fundamentfläche mit a' und b' vor, die zentrisch belastet ist, und läßt die Restbereiche weg. Die Tabellenwerte beziehen sich dabei auf die kleinere Seitenlänge, die mit b' bezeichnet wird.

Wie bei mittig belasteten Fundamenten ist im allgemeinen ein Setzungs- und ein Grundbruchnachweis zu führen. Die Grundbruchsicherheit bei exzentrischer Belastung kann nach DIN 4017 Teil 2 nachgewiesen werden, wobei wie in DIN 1054 von einer rechnerischen Grundfläche gemäß Gleichung 5.9 ausgegangen wird. Bei zusätzlicher Horizontalbelastung sind noch Neigungsbeiwerte zu berücksichtigen (s. Abschnitt 3.3).

Zum Nachweis der Verformungen bei exzentrischer Belastung sind neben der mittleren Set-

Tabelle 5.2 ω-Werte (nach Pohl [5.3])

Werte für e_y/b																		
0,34	4,17	4,42	4,69	4,98	5,28	5,62	5,97											
0,32	3,70	3,93	4,17	4,43	4,70	4,99	5,31	5,66	6,04	6,46								
0,30	3,33	3,54	3,75	3,98	4,23	4,49	4,78	5,09	5,43	5,81	6,23	6,69						
0,28	3,03	3,22	3,41	3,62	3,84	4,08	4,35	4,63	4,94	5,28	5,66	6,08	6,56					
0,26	2,78	2,95	3,13	3,32	3,52	3,74	3,98	4,24	4,53	4,84	5,19	5,57	6,01	6,51				
0,24	2,56	2,72	2,88	3,06	3,25	3,64	3,68	3,92	4,18	4,47	4,79	5,15	5,55	6,01	6,56			
0,22	2,38	2,53	2,68	2,84	3,02	3,20	3,41	3,64	3,88	5,15	4,44	4,77	5,15	5,57	6,08	6,69		
0,20	2,22	2,36	2,50	2,66	2,82	2,99	3,18	3,39	3,62	3,86	4,14	4,44	4,79	5,19	5,66	6,23		
0,18	2,08	2,21	2,35	2,49	2,64	2,80	2,98	3,17	3,38	3,61	3,86	4,15	4,47	4,84	5,28	5,81	6,46	
0,16	1,96	2,08	2,21	2,34	2,48	2,63	2,80	2,97	3,17	3,38	3,62	3,88	4,18	4,53	4,94	5,43	6,04	
0,14	1,84	1,96	2,08	2,21	2,34	2,48	2,63	2,79	2,97	3,17	3,39	3,64	3,92	4,24	4,63	5,09	5,66	
0,12	1,72	1,84	1,96	2,08	2,21	2,34	2,48	2,63	2,80	2,98	3,18	3,41	3,68	3,98	4,35	4,78	5,31	5,97
0,10	1,60	1,72	1,84	1,96	2,08	2,20	2,34	2,48	2,63	2,80	2,99	3,20	3,46	3,74	4,08	4,49	4,99	5,62
0,08	1,48	1,60	1,72	1,84	1,96	2,08	2,21	2,34	2,48	2,64	2,82	3,02	3,25	3,52	3,84	4,23	4,70	5,28
0,06	1,36	1,48	1,60	1,72	1,84	1,96	2,08	2,21	2,34	2,49	2,66	2,84	3,06	3,32	3,62	3,98	4,43	4,98
0,04	1,24	1,36	1,48	1,60	1,72	1,84	1,96	2,08	2,21	2,35	2,50	2,68	2,88	3,13	3,41	3,75	4,17	4,69
0,02	1,12	1,24	1,36	1,48	1,60	1,72	1,84	1,96	2,08	2,21	2,36	2,53	2,72	2,95	3,22	3,54	3,93	4,42
0,00	1,00	1,12	1,24	1,36	1,48	1,60	1,72	1,84	1,96	2,08	2,22	2,38	2,56	2,78	3,03	3,33	3,70	4,17
	0,00	0,02	0,04	0,06	0,08	0,10	0,12	0,14	0,16	0,18	0,20	0,22	0,24	0,26	0,28	0,30	0,32	0,34
	Werte für e_x/a																	

zung zusätzlich noch die Verkantungen gemäß DIN 4019 Teil 2 nachzuweisen. Dabei genügt es bei einachsiger Exzentrizität in der Regel, die Setzungen in Fundamentmitte und an den Außenkanten zu berechnen. Bei zweiachsiger Exzentrizität müssen die Setzungen an allen vier Eckpunkten bestimmt werden. Die Ermittlung der Setzungen ist wesentlich aufwendiger als bei zentrischer Belastung, weil zum einen mehrere Punkte berücksichtigt werden müssen und zum anderen die Zusatzspannungen infolge Fundamentbelastung durch Überlagerung von rechteck- und dreieckförmigen Belastungsflächen berechnet werden müssen. Die Grundlagen sind in Abschnitt 3.2 dargestellt. Trotz des verhältnismäßig hohen Aufwands darf keine allzu große Genauigkeit erwartet werden.

Bei hochliegendem Schwerpunkt des Bauwerks, wie z. B. bei Türmen, können durch die Verkantung zusätzliche Momente und damit ein Fortschreiten der Neigung verursacht werden. In diesen Fällen ist die Stabilität nachzuweisen (s. Abschnitt 5.2.4).

5.2.3 Aufnahme von Horizontallasten

Horizontalkräfte können verschiedene Auswirkungen auf die Fundamente haben.

Je nach Lage der Horizontalkraft erhöht sich das Moment und damit die Exzentrizität in der Sohlfläche. Beim Grundbruchnachweis reduziert sich entsprechend die zur Verfügung stehende Fläche. Gleichzeitig weist die Resultierende in der Sohlfläche eine Neigung auf. Dies wird in der Grundbruchgleichung durch Neigungsfaktoren berücksichtigt, wodurch sich bei sonst gleichen Bedingungen die Grundbruchsicherheit vermindert (s. Abschnitt 3 und DIN 4017 Teil 2).

Bei Anwendung der Tabellenwerte der DIN 1054 ergeben sich bei Horizontalkräften ähnliche Auswirkungen. Bei vergrößerter Exzentrizität ist die rechnerisch zur Verfügung stehende Grundfläche zu reduzieren. Zusätzlich müssen die Tabellenwerte mit dem Faktor $(1-H/V)^2$ bei Wirkung in Richtung der Schmalseite bzw. mit $(1-H/V)$ bei Wirkung in Richtung der Längsseite abgemindert werden.

Sind Horizontalkräfte vorhanden, fordert DIN 1054 einen Gleitsicherheitsnachweis. Die Gleitsicherheit

$$\eta_g = \frac{H_s + E_{pr}}{H} \quad (5.10)$$

muß mindestens die Werte der Tabelle 5.3 erreichen. Dabei bezeichnet

- H die horizontale Resultierende der Einwirkungen
- H_s den Sohlwiderstand
- E_{pr} den ansetzbaren Anteil des Erdwiderstands

Tabelle 5.3 Gleitsicherheit η_g nach DIN 1054

Lastfall	1	2	3
η_g	1,5	1,35	1,2

Falls Horizontalkräfte in zwei Richtungen gleichzeitig wirken, wird die Resultierende

$$H = \sqrt{(H_x^2 + H_y^2)} \quad (5.10a)$$

angesetzt. Der Sohlwiderstand H_s ergibt sich aus der Vertikallast V und dem Sohlreibungswinkel δ_{sf} zu

$$H_s = V \cdot \tan \delta_{sf} \quad (5.11)$$

Der Sohlreibungswinkel darf bei Ortbetonfundamenten mit $\delta_{sf} = \varphi'$ und bei Betonfertigteilen mit $\delta_{sf} = \frac{2}{3} \varphi'$ angesetzt werden. Eine Kohäsion darf nicht berücksichtigt werden.

Der rechnerische Vorteil von Spornen liegt darin, daß die maßgebliche Gleitfuge im Boden verläuft und dort die Kohäsion angesetzt werden darf.

Der anrechenbare Erdwiderstand E_{pr} ist vorsichtig anzusetzen und sollte höchstens $E_{pr} = 0,5 E_p$ betragen. Dabei sollte der Boden mindestens mittlere Lagerungsdichte oder steife Konsistenz aufweisen. Außerdem ist zu prüfen, ob die zur Aktivierung notwendigen Verformungen mit dem Bauwerk verträglich sind. Die Verschiebungswege von E_p können über die Angaben in DIN 4085 abgeschätzt werden. Bei Porenwasserüberdrücken in der Sohlfläche sind gesonderte Betrachtungen notwendig (s. DIN 1054).

Über die Sohlspannungsverteilung aus Horizontalkräften ist wenig bekannt. Näherungsweise dürfen die Horizontalkräfte im gleichen

Verhältnis wie die Vertikalkräfte verteilt werden (s. DIN 4019 Teil 2).

Die Setzungsanteile aus Horizontalkräften sind meistens sehr gering und werden in der Regel vernachlässigt. Sollen sie trotzdem berücksichtigt werden, wird auf die Beispiele in DIN 4019 Teil 2, Abschnitt 2.3 verwiesen. Die theoretischen Grundlagen und Einflußfaktoren für die Vertikalspannungen in beliebiger Tiefe bei konstanter und dreieckförmiger Schubspannungsverteilung sind bei Kany [5.8] und Siemer [5.17] zu finden.

Weitere Hinweise zu Besonderheiten geben Smoltczyk und Netzel [5.18].

5.2.4 Besondere Bauwerke und Grundrisse

Bei flach gegründeten hohen Türmen können durch wie auch immer verursachte kleinere Auslenkungen des Schwerpunkts zusätzliche Momente auftreten, die zur Instabilität führen. Gemäß DIN 4019 Teil 2 ist in diesen Fällen ein Stabilitätsnachweis zu führen. Die in DIN 4019 angegebene Gleichung geht von einem mittleren Verformungsmodul des Baugrunds aus, der jedoch im Einzelfall schwer zu bestimmen ist. Praktikabler ist das bei Schultze und Horn [5.16] vorgeschlagene Verfahren, das von einem geschichteten Baugrund und Steifemoduli E_i ausgeht.

Einzelheiten der Berechnung sind bei Fischer [5.5] und in den Empfehlungen des Arbeitskreises „Baugrund, Berechnungsverfahren" [5.4] zu finden. Eine Übertragung auf elliptische Grundrisse oder Rechteckplatten ist nach [5.5] möglich. Zur Verbesserung der Stabilität können die in Bild 5.7 angegebenen Möglichkeiten angewendet werden (Einzelheiten s. [5.18]).

In den bisherigen Betrachtungen wurde von Streifen- und Rechteckfundamenten ausgegangen. Je nach Grundriß kann die Berechnung der Spannungsverteilung sehr aufwendig werden. Hierzu sei auf die Ausführungen von Graßhoff und Kany [5.7] verwiesen, die ausführlich das Spannungstrapezverfahren behandeln, z. B. auch für Kreis- und Kreisringfundamente. Fundamentflächen mit polygonalem Grundriß bringt Dimitrov [5.3], einige häufig vorkommende T-förmige Fundamentflächen werden bei Kirschbaum [5.9] behandelt.

Die Setzungen von beliebig geformten Grundrißflächen können durch Superposition ermittelt werden. Hinweise zur Grundbruchberechnung bei Fundamenten mit unregelmäßigem Grundriß geben Smoltczyk und Netzel [5.18].

5.3 Konstruktive Ausführung und Baustoffbemessung der Gründung

5.3.1 Überblick

Einzel- und Streifenfundamente werden heute in der Regel in Beton ausgeführt. In Frage kommen unbewehrte, bewehrte und in Sonderfällen auch vorgespannte Fundamente.

Bild 5.8 zeigt einige Ausführungsbeispiele. Unbewehrte Fundamente sind in den Bildern 5.8a bis 5.8d dargestellt. Um Beton zu sparen, können auch abgetreppte Formen gewählt werden. Allerdings ist der erhöhte Schalungsaufwand gegenzurechnen. Bei der abgeschrägten Form (5.8d) ist die Schalung gegen Auftrieb zu sichern. Unbewehrte Fundamente werden in der Regel ohne Sauberkeitsschicht hergestellt.

Bei standfestem Boden kann wie z. B. bei der Form in Bild 5.8a auf eine seitliche Schalung verzichtet werden. Unbewehrte Fundamente müssen so konstruiert werden, daß Spaltzugspannungen klein bleiben (s. Abschnitt 5.3.2), was eine gewisse Höhe mit sich bringt.

Ist diese Höhe nicht vorhanden oder wird der Betonverbrauch zu groß, bieten sich bewehrte Fundamente an (Bild 5.8e bis 1). Bild 5.8e stellt eine Grundform dar. Eine Abschrägung der Oberseite wie z. B. in Bild 5.8g ist ohne Schalung bis etwa

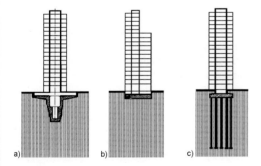

Bild 5.7
Stabilisierung hoher Bauwerke durch
a) Pilzfundament, b) Nachstellvorrichtung, c) kombinierte Pfahl-Platten-Gründung
(nach Smoltczyk und Netzel [5.18])

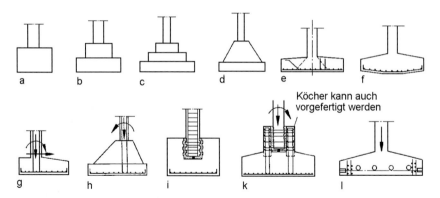

Bild 5.8
Beispiele für bewehrte und unbewehrte Fundamente (in Anlehnung an Smoltczyk und Netzel [5.18])

25° Neigung möglich. Ein Vorteil der Querschnittsverdickung zur Lasteinleitung hin ist der Abbau von Spannungsspitzen an den Rändern und die Verlagerung der Sohldruckverteilung zur Mitte hin [5.18]. Die Bilder 5.8 g und h zeigen Varianten bei exzentrischer Lasteinleitung. Die Bilder 5.8 i und k beinhalten Lösungen für Ortbeton-Fundamente im Fertigteilbau. Die Variante i) wird als Blockfundament mit ausgespartem Köcher, die Form k) als Becher-, Hülsen- oder Köcherfundament bezeichnet. Um eine günstige Kraftübertragung von der Stütze in den Köcher zu erreichen, sollten sowohl die Köcherinnenseiten als auch die Stützenflächen profiliert werden. Um die Schalung leicht ausbauen zu können, sollten die Köcher innen nach oben leicht konisch ausgelegt werden.

In Sonderfällen, wenn z. B. bei aggressivem Grundwasser völlige Rissefreiheit gefordert wird, können die Fundamente auch vorgespannt werden (Bild 5.8 l). Weitere Einzelheiten siehe [5.18]). Allgemeine Hinweise zur Baustoffbemessung sind in Abschnitt 4.2 zusammengestellt.

5.3.2 Unbewehrte Fundamente

Die erforderlichen Breiten bei Streifenfundamenten oder die Fläche bei Einzelfundamenten ergeben sich aus der zulässigen Spannung, die in der Regel entweder aus den Tabellen der DIN 1054 oder aus einer Setzungs- bzw. Grundbruchberechnung ermittelt werden kann. Die notwendige Höhe d hängt von der zulässigen Neigung n der Lastausbreitung gemäß DIN 1045 im Fundament ab (Bild 5.9).

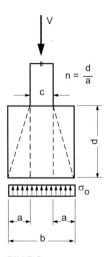

Bild 5.9
Lastausbreitung in unbewehrten Fundamenten (nach Baldauf und Timm [5.1])

In Abhängigkeit von der Fundamentbreite b, der Stützenbreite c und der Neigung n ergibt sich bei Streifenfundamenten die erforderliche Fundamentdicke.

$$d \geq \frac{1}{2}(b-c) \cdot n \qquad (5.12)$$

Die n-Werte hängen von der Betonqualität und der gewählten Bodenpressung ab (Tabelle 5.4).

Bei Rechteckfundamenten ist die größere Seitenlänge maßgebend. Bei leicht exzentrischer Belastung geht man von der rechnerischen Grundfläche mit den Seiten a' und b' gemäß

Tabelle 5.4 n-Werte für die Lastausbreitung nach DIN 1045, vgl. [5.6]

Boden-pressung σ_0 in kN/m² ≤	100	200	300	400	500
B 5	1,6	2,0	2,0	unzulässig	
B 10	1,1	1,6	2,0	2,0	2,0
B 15	1,0	1,3	1,6	1,8	2,0
B 25	1,0	1,0	1,2	1,4	1,6
B 35	1,0	1,0	1,0	1,2	1,3

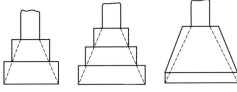

Bild 5.10
Lastausbreitung bei abgestuften Fundamentkörpern [5.1]

Gleichung 5.9 für ein fiktiv mittig belastetes Fundament aus. Wenn mit b' die größere Seitenlänge bezeichnet wird, ergibt sich die erforderliche Dicke aus

$$d \geq \frac{1}{2}(b' - c) \cdot n \qquad (5.13)$$

Falls die Fundamente abgestuft ausgeführt werden sollen, muß die durch n vorgegebene Lastausbreitung innerhalb des Fundamentkörpers liegen (Bild 5.10).

Soll für genauere Untersuchungen die Biegezugfestigkeit des unbewehrten Betons berücksichtigt werden, wird auf die Ausführungen von Smoltczyk und Netzel [5.18] verwiesen.

5.3.3 Ermittlung der Biegemomente bei bewehrten Fundamenten

Steht z.B. die in Abschnitt 5.3.2 geforderte Höhe nicht zur Verfügung, müssen die Fundamente bewehrt werden. Der Verlauf der Schnittgrößen ist gemäß DIN 1045, Abschnitt 22.7 nach der Plattentheorie zu ermitteln. Die Bodenpressung darf bei Einzel- und Streifenfundamenten in der Regel als konstant oder geradlinig verteilt angenommen werden (s. Abschnitte 5.1 und 5.2).

Bei mittig belasteten quadratischen oder rechteckförmigen Einzelfundamenten verlaufen die Hauptmomente in Stützennähe rotationssymmetrisch [5.12]. Vereinfachend dürfen die Fundamente jedoch zweiachsig für die Momente m_x und m_y parallel zu den Fundamentkanten bemessen werden. Gemäß Heft 240 des Deutschen

Verteilung von M_x im Schnitt I - I

	c_y/b_y	0,1	0,2	0,3
Anteile am Gesamt-moment in %		7	8	9
		10	10	11
		14	14	14
		19	18	16
Summe		50	50	50

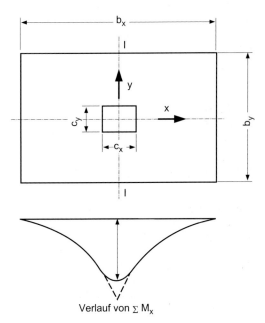

Bild 5.11
Verlauf der Biegemomente in der betrachteten Richtung und Verteilung rechtwinklig dazu für ein mittig belastetes rechteckiges Einzelfundament [5.6]

Ausschusses für Stahlbeton [5.6] ergibt sich das größte Moment für die gesamte Fundamentbreite in einem betrachteten Schnitt zu

$$\max M = \frac{N_{st} \cdot b}{8}(1 - c/b) \qquad (5.14)$$

Dabei bezeichnet N_{st} die Stützenlast ohne Fundamenteigengewicht, das bei der Berechnung der Momente vernachlässigt werden darf, c die Stützenbreite und b die Fundamentbreite in der jeweils betrachteten Richtung (Bild 5.11).

Bei gedrungenen Fundamenten mit $c/b > 0{,}3$ dürfen die Momente und damit die Bewehrung gleichmäßig über die betrachtete Breite verteilt werden. In den anderen Fällen dürfen die Momente gemäß dem Vorschlag in Heft 240 verteilt werden (s. Bild 5.11).

Auf ausreichende Betondeckung der Bewehrung ist zu achten, weil die Biegemomente zu den Rändern hin stark abfallen und dadurch hohe Verbundspannungen auftreten. Am Rande verbleiben zwar keine hohen Zugkräfte. Dennoch wird empfohlen, die Bewehrung ohne Abstufung bis zum Rand durchzuführen und dort sorgfältig zu verankern [5.12].

Die bisherigen Betrachtungen können auch sinngemäß auf Streifenfundamente übertragen werden. Bei gleichmäßigem Baugrund und gleicher Belastung genügt nach [5.12] eine schwache Längsbewehrung von etwa 10 % der Hauptbewehrung. Bei ungleichmäßigem Baugrund oder konzentrierten Einzellasten in Längsrichtung dagegen, muß auch bei Streifenfundamenten die Momentenverteilung in der Längsrichtung näher untersucht werden. Dazu eignet sich z. B. das Bettungsmodulverfahren (s. Kapitel 6).

Bei einfach-exzentrischer Belastung ergeben sich trapez- oder dreieckförmig verteilte Bodenpressungen, die aus den Gleichungen 5.3 und 5.4 berechnet werden können.

Im allgemeinen genügt es jedoch im Hochbau von einer konstanten Bodenpressung in der Ersatzfläche gemäß DIN 1054 z.B. auszugehen (s. Gleichung 5.9). In Bild 5.12 sind beispielhaft die Gesamtmomente in Plattenmitte bei konstanter Bodenpressung σ_0 und bei einer linearen Verteilung mit der Randspannung σ_R nach Baldauf und Timm [5.1] zusammengestellt. Eine Ausrundung wurde dabei nicht berücksichtigt.

Bei zweiachsiger Ausmittigkeit sind die Verhältnisse komplizierter, vor allem bei klaffender Fuge. Die Spannungsverteilungen können nach den Vorschlägen von Graßhoff/Kany [5.7] und Dimitrov [5.3] berechnet werden (s. auch Abschnitt 5.2.2).

Formeln zur Berechnung der Gesamtmomente M_x und M_y aus den Spannungsprismen sind bei Baldauf und Timm zusammengestellt [5.1]. Als Näherungsberechnung ohne Rechenanlage und zur Kontrolle von numerisch ermittelten Ergebnissen kann auch vereinfacht von einer konstanten Bodenpressung und der Ersatzfläche nach Gleichung

Bereich		Moment M_{Trap}
$0 \leq \frac{e}{b} \leq 0{,}167$		$M_{Trap} = V \cdot b \dfrac{3 + 12\frac{e}{b}}{24}$
$0{,}167 \leq \frac{e}{b} \leq 0{,}333$		$M_{Trap} = V \cdot b \dfrac{4 - 9\frac{e}{b}}{27\left(1 - 2\frac{e}{b}\right)^2}$

Bereich		Moment M_{Recht}
$0 \leq \frac{e}{b} \leq 0{,}25$		$M_{Recht} = V \cdot b \dfrac{1}{8\left(1 - 2\frac{e}{b}\right)}$
$0{,}25 \leq \frac{e}{b} \leq 0{,}333$		$M_{Recht} = V \cdot e$

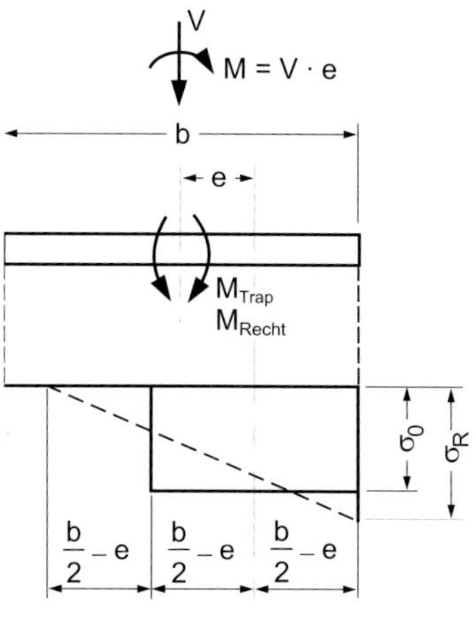

Bild 5.12
Gesamtmoment in Plattenmitte aus den Bodenpressungen (nach Baldauf und Timm [5.1])
M_{Trap} Moment berechnet aus Spannungstrapez bzw. Spannungsdreieck mit Randspannung σ_R
M_{Recht} Moment aus Spannungsrechteck mit konstanter Pressung σ_0

5.9 ausgegangen werden. Im allgemeinen empfiehlt es sich jedoch, auf einschlägige Rechenprogramme zurückzugreifen, die auch bei zweiachsiger Biegung den ausfallenden Zugbereich und die klaffende Fuge berücksichtigen.

5.3.4 Weitere Hinweise zu bewehrten Fundamenten

Durch die konzentrierte Lasteinleitung von der Stütze in das Fundament besteht die Gefahr, daß die zulässigen Schubspannungen im Fundamentkörper überschritten werden. Aus diesem Grund ist der Nachweis der Sicherheit gegen Durchstanzen, nach DIN 1045, Abschnitt 22.5 im Schnitt $(c + h)/2$ zu führen (Bild 5.13).

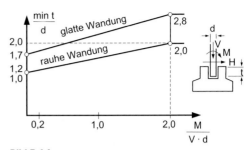

Bild 5.14
Zweckmäßige Einbindetiefe min t für Stützen in Köcherfundamenten [5.18]

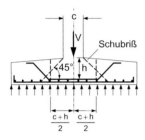

Bild 5.13
Maßgeblicher Schnitt beim Schubnachweis [5.18]

Der Nachweis ist ausführlich in Heft 240 des Deutschen Ausschusses für Stahlbeton [5.6] oder z.B. bei Löser et al. [5.12] oder bei Baldauf/Timm [5.1] beschrieben. Es wird empfohlen, die Dicke so zu wählen, daß auf eine Schubbewehrung verzichtet werden kann. Weitere Hinweise s. Smoltczyk und Netzel [5.18].

Bei der Einspannung vorgefertigter Stützen, auch zu Montagezwecken, ist die Beschaffenheit der Köcherinnenflächen und der Stützenoberfläche von entscheidender Bedeutung. Man unterscheidet zwischen glatten und rauhen Schalungsflächen. Durch die schlechtere Verbundwirkung bei glatten Oberflächen sind im Vergleich zu rauhen erheblich größere Einbindetiefen notwendig (Bild 5.14).

Die Erklärung liegt in der unterschiedlichen Tragwirkung. Bei glatten Wandungen werden Momente und Horizontalkräfte über ein horizontales Kräftepaar eingeleitet (Bild 5.15a), und die Normalkraft wird unmittelbar über den Köcherboden in das Fundament übertragen. Bei genügend profilierten Becher- und Stützenwandungen mit einer Profiltiefe > 1,5 cm kommt zusätzlich noch ein vertikales Kräftepaar hinzu, wodurch in horizontaler Richtung eine Entlastung stattfindet (Bild 5.15b). Einzelheiten der Bewehrungsführung sind bei Leonhard und Mönnig [5.10] dargestellt. Ein Bemessungsbeispiel ist in [5.2] zu finden. Über neuere Versuchsergebnisse berichten Mainka und Paschen [5.2, 5.13].

Bei Blockfundamenten darf die Bemessung auf Biegung und auf Durchstanzen wie für ein monolithisch hergestelltes Fundament erfolgen, wenn die Profilierungen wie in Bild 5.16 und die Vergußmaßnahmen sorgfältig ausgeführt wurden [5.18]. Bei glatten Köcherwänden ist die Einbindetiefe zu erhöhen (Bild 5.14). Außerdem ist ein Durchstanzen zu überprüfen.

An Grundstücksgrenzen können häufig einseitige Fundamente nicht vermieden werden. Zur Verbesserung der ungünstigen Tragwirkung (Bild 5.17a) empfehlen Leonhard und Mönnig in kurzen Abständen – ungefähr 12 d – eine Aussteifung durch Querwände oder Querpfeiler (Bild 5.17b und c), um eine Verdrehung zu verhindern. Die Fundamente sind dann allerdings entsprechend auf Torsion zu bewehren.

Zwei Lösungen für die Ausbildung von Kellerwand und Fundament sind in Bild 5.18 dargestellt (biegesteifer Rahmen in Bild 5.18a und eine Zugbandlösung mit einer auf Zug bewehrten Bodenplatte in Bild 5.18b).

Bei der Zugbandlösung wird das Moment aus der Vertikalkraft mit der Exzentrizität e durch eine Reibungskraft an der Fundamentsohle aufgenommen. Geht man dabei vom Sohlreibungs-

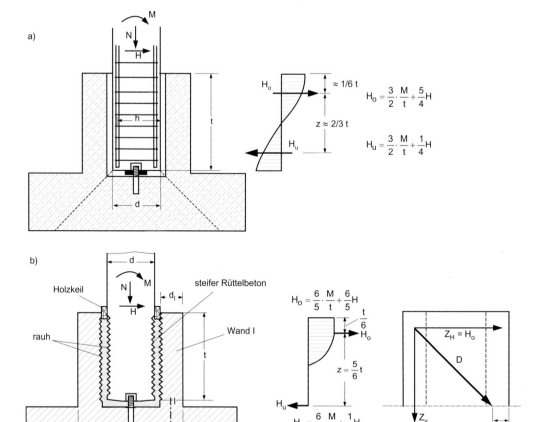

Bild 5.15
Annahme für Kraftübertragung zwischen Stütze und Becher in Becherfundamenten mit a) glatten Schalungsflächen, b) rauhen Flächen (nach Leonhard und Mönnig [5. 10])

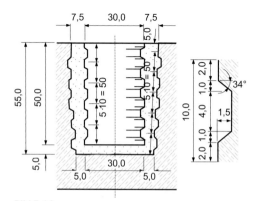

Bild 5.16
Profilierungen bei Blockfundamenten [5.18]

winkel δ_s und einer Sicherheit η_g aus, ergibt sich eine erforderliche Fundamenthöhe

$$h = \eta_g \frac{e}{\tan \delta_s} \qquad (5.15)$$

Die Reibungskraft

$$R = \frac{V \cdot \tan \delta_s}{\eta_g} \qquad (5.16)$$

wird dabei durch Zugbewehrung über die Fundamentplatte zu einem benachbarten Fundament abgeleitet, wo eine entsprechende Gegenkraft zur Verfügung stehen muß.

5.3 Konstruktive Ausführung und Baustoffbemessung der Gründung

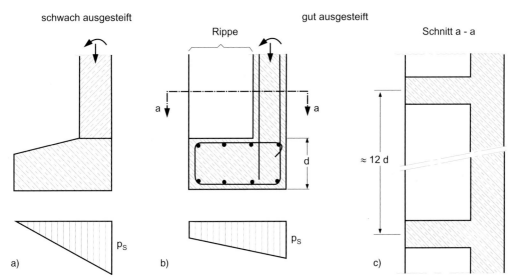

Bild 5.17
Einseitige Streifenfundamente an Grundstücksgrenzen und Aussteifung durch Querwände [5.10]

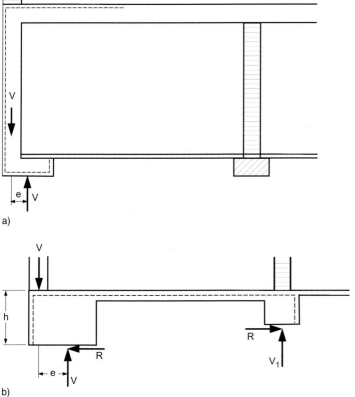

Bild 5.18
Grenzmauerfundamente.
a) Lösung als biegesteifer Rahmen,
b) mit Zugband

Das Praxiswissen für Gründungsprobleme

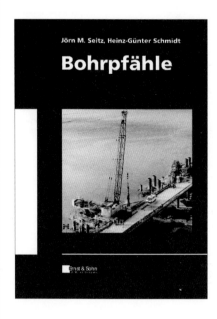

von Jörn M. Seitz
und Heinz-Günter Schmidt
2000. Ca. 700 Seiten mit zahlreichen
Abbildungen und Tabellen. 17 x 24 cm.
Gb. ca. DM 260,-/öS 1898,-/sFr 231,-
ISBN 3-433-01308-X
Erscheinungstermin: Dezember 1999

Das Buch enthält eine umfassende Darstellung aller zu beachtenden Aspekte bei Bohrpfahlgründungen für die Planung und Bauausführung einschließlich Schadensfälle, Sanierungen und zahlreiche Musterprojekte. Viele Bauwerke können nur durch den Einsatz von Bohrpfählen sicher gegründet werden. Mit Bohrpfählen werden tragfähige Bodenschichten erreicht und große Setzungen ausgeschlossen. Im vorliegenden Buch wird die Bohrpfahlgründung umfassend erläutert.

Der Beschreibung verschiedenster Pfahltypen, ihrer Herstellung und Verwendung folgen wichtige Hinweise zur Planung und Ausführung von Bohrpfahlgründungen. Bohrverfahren mit unterschiedlichen Rohrtypen und Bohrwerkzeugen werden vorgestellt. Konstruktionsdetails und Bewehrungshinweise ergänzen den Abschnitt zur Bemessung der Pfähle. Möglichkeiten zur Verbesserung der Tragfähigkeit des Baugrundes werden erläutert und Meß- und Prüfeinrichtungen für Probebelastungen in einem separaten Kapitel behandelt.

Beispiele zu Schadensfällen mit Rechtsurteilen, Sanierungen und die Beschreibung zahlreicher Musterprojekte runden das Buch ab.

Ernst & Sohn
Verlag für Architektur
und technische Wissenschaften GmbH
Bühringstraße 10, 13086 Berlin
Tel. (030) 470 31-284
Fax (030) 470 31-240
mktg@ernst-und-sohn.de
www.ernst-und-sohn.de

6 Plattengründungen

6.1 Auswahlkriterien und Überblick

Plattengründungen werden häufig ausgeführt. Gründe dafür sind:

- Bei engem Stützenraster werden Einzelfundamente in der Regel unwirtschaftlich. Trotz der größeren Betonmasse wird eine Platte häufig durch Wegfall von Schalungskosten und einen vereinfachten Aushub kostengünstiger.
- Bei schlechtem Baugrund ist das Setzungs- und Grundbruchverhalten von Platten im Vergleich zu Einzel- und Streifenfundamenten wesentlich günstiger. Die mittleren Setzungen sind bei Platten geringer. Außerdem zeigt die Erfahrung, daß auch die Setzungsunterschiede, bezogen auf die größte Setzung, bei Platten etwa 30% kleiner sind als bei aufgelösten Gründungen [6.17]. D.h. durch eine Platte werden die Setzungen vergleichmäßigt. Ein weiterer Vorteil ist die Möglichkeit, örtliche Fehlstellen im Baugrund besser zu überbrücken.
- Gründungsplatten können gegen Grundwasser abgedichtet werden.
- Bei Platten können große Horizontallasten häufig einfacher als bei Einzelfundamenten in den Baugrund übertragen werden.
- Der Grundbruchnachweis ist ebenso wie der Nachweis der Horizontallasten bei Platten in der Regel nicht maßgebend. Die mittleren Setzungen können nach den in Abschnitt 3.2 aufgeführten Verfahren berechnet werden.

Die Dicke einer Platte ergibt sich bei Belastung aus Einzelstützen in der Regel aus dem Durchstanznachweis nach DIN 1045, sonst aus der Biegebemessung. Falls sich dabei unwirtschaftliche Dicken ergeben, bietet es sich an, hochbelastete Stützen oder Stützenreihen durch Pilzkopf- oder Balkenkonstruktionen zu verstärken [6.15].

Einer der wichtigsten Faktoren für die Wirtschaftlichkeit einer Platte ist die Biegebemessung, deren Ergebnis entscheidend von der Sohldruckverteilung abhängt.

Bei Einzel- und Streifenfundamenten reicht in der Regel das Spannungstrapezverfahren völlig aus (s. Kapitel 5). Die geradlinige Sohlspannungsverteilung und damit die Biegemomente ergeben sich aus der Laststellung und der Querschnittsgeometrie.

Bei Platten dagegen muß im Normalfall die Wechselwirkung oder Interaktion zwischen Bauwerk und Baugrund mit berücksichtigt werden, um zu einer wirtschaftlichen Lösung zu kommen. Hierbei gehen sehr viele Faktoren ein wie z.B:

- der Baugrund und das Baugrundmodell
- die Steifigkeit des Bauwerks
- Bauzustände
- Betonkriechen

Je nach Berücksichtigung der einzelnen Faktoren lassen sich beliebig komplizierte Modelle aufstellen. Im Einzelfall muß entschieden werden, welcher Aufwand sich tatsächlich lohnt oder erforderlich ist. Zum Beispiel wird man in einfachen Fällen auch bei Platten auf das Spannungstrapezverfahren zurückgreifen, das in der Regel jedoch unwirtschaftlich ist.

Als Baugrundmodell haben sich in der Praxis das

- Bettungsmodul- und das
- Steifemodulverfahren

durchgesetzt, wobei das Bettungsmodulverfahren wegen der einfacheren Handhabung in der Regel bevorzugt wird. Zu beachten ist hierbei die richtige Wahl eines Bettungsmoduls, der am besten aus einer Setzungsberechnung abgeschätzt werden sollte.

Die Steifigkeit des Bauwerks kann wie das Baugrundmodell einen sehr großen Einfluß auf die Biegemomente haben, wie die Ausführungen im Abschnitt 6.2.4 zeigen. Entscheidend ist hierbei das Steifigkeitsverhältnis von Bauwerk zu Boden und nicht die Einzelsteifigkeit. Häufig begnügt man sich zur Bestimmung der Bauwerkssteifigkeit mit der Biegesteifigkeit der Platte und vernachlässigt den Überbau. Bauzustände und Betonkriechen werden nur im Ausnahmefall berücksichtigt.

In Abhängigkeit von der Komplexität des Modells kann der Rechenaufwand enorm ansteigen. Das Spannungs-Trapezverfahren eignet sich im Normalfall leicht für eine Handrechnung. Beim Bettungsmodulverfahren kann in einfachen Fällen auf Tabellenwerke und Kurventafeln zurückgegriffen werden (z. B. Wölfer [6.21], Graßhoff [6.4] oder Stiglat/Wippel [6.18]). Dagegen wird man beim Steifemodulverfahren ebenso wie bei komplizierten Modellen nur noch mit Computerprogrammen arbeiten, die in zahlreicher Form zur Verfügung stehen [6.5]. Mit verschiedenen Verfahren durchgerechnete Beispiele sind in DIN 4018 Beiblatt 1 und bei Graßhoff und Kany [6.5] zusammengestellt.

6.2 Ermittlung von Biegemomenten und Sohldruckverteilung

Zur Ermittlung von Biegemomenten muß die Sohlspannungsverteilung bekannt sein. Die einfachste Methode ist das Spannungstrapezverfahren. Dabei begnügt man sich allein mit den Gleichgewichtsbedingungen. Formänderungen des Baugrunds und des Bauwerks werden nicht berücksichtigt und die Verträglichkeitsbedingungen werden vernachlässigt. Beim Bettungsmodulverfahren wird der Baugrund durch voneinander unabhängige linear-elastische Federn ersetzt. Bei starren Platten führen Spannungstrapez- und Bettungsmodulverfahren zu dem selben Ergebnis. Das Steifemodulverfahren geht vom linear-elastischen Halbraum aus und kommt in der Regel der Wirklichkeit am nächsten, hat allerdings bei starren Platten den Nachteil, daß sich an den Rändern theoretisch unendlich große Spannungsspitzen ergeben.

6.2.1 Spannungstrapezverfahren

Das Spannungstrapezverfahren geht von der Navierschen Biegetheorie und damit von der Formtreue des Querschnitts aus. Die Sohldruckverteilung ist im ebenen Fall linear und im räumlichen Fall durch eine Ebene begrenzt. Bekannt sein müssen die vertikale Resultierende V aus Auflast, Auftrieb und Fundamenteigenlast, deren Exzentrizität und das Widerstandsmoment der Platte. Die Formeln zur Berechnung des Sohldrucks sind dieselben wie bei starren Einzel- und Streifenfundamenten. Sie sind für einfache Fälle bei Streifen- und Rechteckfundamenten in Abschnitt 5.2 zusammengestellt. Eine ausführliche Darstellung findet sich bei Graßhoff und Kany [6.5], die unter anderem auch Formeln für Kreis- und Kreisringfundamente angeben. Dimitrov [6.3] bringt Formeln für einige Fundamentflächen mit polygonalem Umriß zur Bestimmung der 1. Kernwerte und der zugehörigen Randspannungen. Kirschbaum [6.8] behandelt häufig vorkommende T-förmige Querschnitte.

Bei beliebig geformter Sohlfläche kann auf das Programm ELPLA [6.5] zurückgegriffen werden. Aus der Sohlspannungsverteilung können direkt die Biegemomente bestimmt werden (s. auch Kapitel 5). Die Einfachheit des Spannungstrapezverfahrens beruht darauf, daß sowohl die Formänderungen im Baugrund als auch im Bauwerk nicht betrachtet werden müssen. Dieser Vorteil ist gleichzeitig aber auch ein Nachteil, weil dadurch besonders biegeweiche Platten überdimensioniert werden. Zum Beispiel konzentrieren sich die Sohlspannungen bei biegeweichen Fundamentplatten unterhalb von Stützen und Wandscheiben, was zu einer Reduzierung von Momenten im Vergleich zum Spannungstrapezverfahren führt. Vertretbar ist das Verfahren vor allem bei Bauwerken der geotechnischen Kategorie 1 nach DIN 4020 (s. Abschnitt 2.2.1). Dazu gehören z. B. einfache bauliche Anlagen wie setzungsunempfindliche Bauwerke mit Stützenlasten bis 250 kN. Details s. DIN 4020. Allerdings kann das Verfahren auch auf der unsicheren Seite liegen wie z. B. bei steifen, mittig belasteten Fundamenten, die sehr tief gegründet sind [6.5].

6.2.2 Bettungsmodulverfahren

Das Bettungsmodulverfahren geht auf Winkler [6.20] im Jahre 1867 zurück. Für einen elastischen Balken der Biegesteifigkeit EI setzt er voraus, daß die Sohlspannung σ_0 an jeder Stelle x proportional ist zur Einsenkung y an der Stelle x, d. h.

$$\sigma_0 = k_s \cdot y \qquad (6.1)$$

Der Proportionalitätsfaktor k_s wird als Bettungsmodul, früher Bettungsziffer, bezeichnet und hat die Dimension Kraft pro Länge hoch drei. Dieses Baugrundmodell wird auch als Winklerscher Halbraum bezeichnet. Mechanisch kann es als ein System linear elastischer Federn gedeutet werden, die im Boden voneinander entkoppelt sind (Bild 6.1a).

Die Vereinfachung besteht darin, daß sich in Wirklichkeit die Verformungen an den einzelnen Stellen gegenseitig beeinflussen und eine Untergrundkoppelung besteht. Durch Änderung der Federsteifigkeit (Bild 6.1b) läßt sich zwar eine Koppelung simulieren, was aber wenig Sinn macht. Besser ist es dann gleich auf das Steifemodulverfahren zurückzugreifen.

Die erste Anwendung geht auf Zimmermann [6.22] im Jahre 1930 zurück. Sie ist noch heute bei der Berechnung des Eisenbahnoberbaus üblich.

Kombiniert man die Gleichung

$$y'' = -\frac{M}{EI} \qquad (6.2)$$

für den Navierschen Biegebalken mit Gleichung 6.1 und eliminiert die Größe y, erhält man die lineare Differentialgleichung 4. Ordnung für das Moment M

$$\frac{d^4 M}{dx^4} + \frac{4}{L_E^4} M = 0 \qquad (6.3)$$

Gleichung 6.3 gilt für Einzellasten sowie konstante und linear von x abhängige Streckenlasten p, sonst geht noch die zweite Ableitung von p ein [6.11]. L_E bezeichnet die elastische Länge, die sich aus der Balkensteifigkeit EI, der Balkenbreite b und dem Bettungsmodul über die Gleichung

$$L_E = \sqrt[4]{\frac{4 EI}{k_s \cdot b}} \qquad (6.4)$$

ergibt.

Für zahlreiche Randbedingungen läßt sich Gleichung 6.3 geschlossen lösen. Zum Beispiel ergibt sich für eine Einzellast P auf einem unendlich langen Gründungsbalken (Bild 6.2) die Lösung [6.5]

$$\sigma_0(x) = \frac{P}{2 L_E \cdot b} e^{-\frac{x}{L_E}} \left(\cos \frac{x}{L_E} + \sin \frac{x}{L_E} \right) \quad (6.5a)$$

und

$$M(x) = \frac{P \cdot L_E}{4} e^{-\frac{x}{L_E}} \left(\cos \frac{x}{L_E} + \sin \frac{x}{L_E} \right) \quad (6.5b)$$

Die Lösung ist eine Schwingung, die durch eine e-Funktion gedämpft wird. Bild 6.3 zeigt ein ausgewertetes Beispiel. Deutlich erkennbar sind die starken Einsenkungen und Sohldrücke unterhalb der Last. In einem bestimmten Abstand verliert die Lösung ihre Gültigkeit, wenn sich rechnerisch Zugspannungen ergeben.

Die Lösung der Differentialgleichung läßt sich allgemein in der Form

$$\sigma_0(x) = \frac{P}{L_E \cdot b} \cdot n \qquad (6.6a)$$

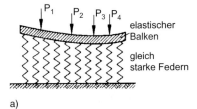

a)

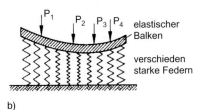

b)

Bild 6.1
Baugrundmodell des klassischen Bettungsmodulverfahrens [6.5]
a) konstanter Bettungsmodul
b) veränderlicher Bettungsmodul

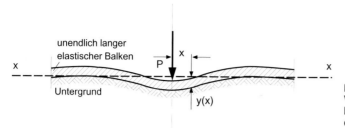

Bild 6.2
Verformung eines mit einer Einzellast P belasteten, unendlich langen und elastischen Gründungsbalkens auf dem Winklerschen Halbraum

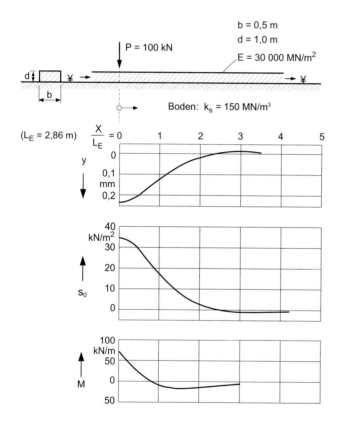

Bild 6.3
Beanspruchung des beidseitig unendlich langen Balkens durch eine Einzellast P = 100 kN, Beispiel [6.11]

und

$$M(x) = P \cdot L_E \cdot m \qquad (6.6\,b)$$

darstellen. Die Einflußwerte m und n sind in zahlreichen Veröffentlichungen tabelliert, z. B. bei Wölfer [6.21] oder Graßhoff [6.4]. Bild 6.4 zeigt die Auswertung von Kögler und Scheidig für einige ausgewählte Fälle.

Durch die Kurventafeln kann auf einfache Weise eine Einteilung in starre und biegsame Gründungsbalken erfolgen. Entscheidend ist neben der Laststellung der Parameter λ in Bild 6.4. Betrachtet man z. B. den Balken mit einer Einzellast in der Mitte, sind bis $\lambda = 1$ die Einflußwerte n_1, n_2 und n_3 gleich und somit ergibt sich an jeder Stelle dieselbe Bodenpressung und damit auch Durchbiegung wie für

6.2 Ermittlung von Biegemomenten und Sohldruckverteilung

Einzellast in der Mitte

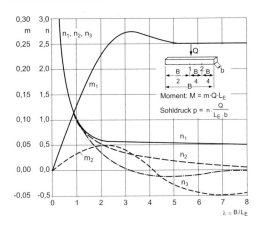

Einzellasten an beiden Enden

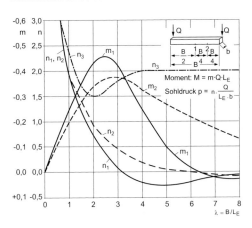

Mehrere Einzellasten

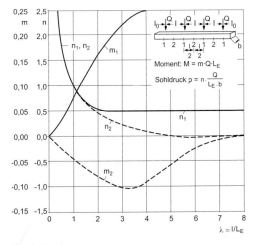

Einzellasten nahe den Enden

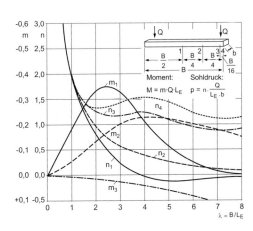

Elastische Länge

$$L_E = \sqrt[4]{\frac{4 \cdot E \cdot I}{k_s \cdot b}}$$

E = Elastizitätsmodul [kN/m²]
I = Trägheitsmoment des Balkens [m⁴]
b = Breite des Balkens [m]
k_s = Bettungsmodul [kN/m³]

Bild 6.4
Beispielhafte Lösungen für Gleichung 6.6 (nach Kögler und Scheidig [6.10])

einen starren Balken. Bei steigendem λ werden die Einflußwerte unterschiedlich, wodurch sich allmählich eine ausgeprägte Setzungsmulde ergibt. Anzumerken ist, daß sich ein Balken oder eine Platte je nach Untergrundverhältnissen starr oder biegsam verhalten kann. Bei weichem Untergrund ergibt sich eher starres Verhalten, bei sehr festem Baugrund verhält sich der Balken eher biegsam.

Einer der wesentlichen kritischen Punkte beim Bettungsmodulverfahren ist die quantitative Festlegung des Bettungsmoduls. Wäre z.B. der Bettungsmodul eine Konstante, müßten sich bei verschiedener Flächengröße und konstanter Flächenpressung konstante Einsenkungen ergeben. Dies ist jedoch nicht der Fall, wie aus Bild 6.5 hervorgeht. Bild 6.5 zeigt die Zunahme der Setzungen bei starren Ein-

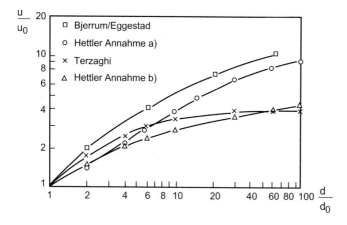

Bild 6.5
Einfluß der Fundamentgröße auf die Setzungen (Vergleich verschiedener Vorschläge von Terzaghi und Bjerrum, Eggestad und Hettler [6.6])

zelfundamenten gemäß den Vorschlägen verschiedener Autoren, die teils auf rein empirischen, teils auch auf theoretischen Überlegungen beruhen [6.6].

Dabei bezeichnet d den Vergleichsdurchmesser eines Fundaments, der sich durch Umrechnung der Fundamentflächen in ein flächengleiches Kreisfundament ergibt. Als Bezugsgröße wurde $d_0 = 30$ cm gewählt. Die Einsenkung u bezieht sich auf den Durchmesser d und u_0 auf d_0. Terzaghi [6.19] schlägt für quadratische Fundamente der Breite b die Abschätzformel

$$u = u_0 \left(\frac{2b}{b + b_0} \right)^2 \qquad (6.7)$$

vor, die sich gut mit der Modelltheorie von Hettler [6.6] deckt.

Unter Verwendung von Gleichung 6.1 ergibt sich daraus die Abhängigkeit

$$k_s = k_{s0} \left(\frac{b + b_0}{2b} \right)^2 \qquad (6.8)$$

die in Bild 6.6 dargestellt ist. Zum Vergleich ist noch das Ergebnis auf der Grundlage des linear elastischen Halbraums

$$k_s = k_{s0} \cdot \frac{b}{b_0} \qquad (6.9)$$

angegeben.

Demnach nimmt der Bettungsmodul umgekehrt proportional zur Breite ab. Bild 6.6 zeigt, daß zum einen der Bettungsmodul mit der Fundamentgröße abnimmt und damit keine konstante Größe ist. Zum anderen ergeben sich je nach theoretischem Ansatz stark abweichende Ergebnisse. Deshalb darf man selbst bei einer Korrektur eine nicht allzu große Genauigkeit erwarten.

Aus den genannten Gründen kann die Verwendung von Tabellenwerten, ein einfacher und sehr bequemer Weg, nur eine grobe Näherung darstellen. Tabelle 6.1 zeigt Erfahrungswerte

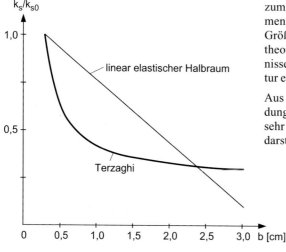

Bild 6.6
Abhängigkeit des Bettungsmoduls von der Fundamentbreite bei quadratischen Fundamenten

Tabelle 6.1 Erfahrungswerte für Bettungsmoduli (nach Wölfer [6.21])

Bodenart	k_s (MN/m³)
leichter Torf- und Moorboden	5– 10
schwerer Torf- und Moorboden	10– 15
feiner Ufersand	10– 15
Schüttungen von Humus, Sand, Kies	10– 20
Lehmboden naß	20– 30
Lehmboden feucht	40– 50
Lehmboden trocken	60– 80
Lehmboden trocken hart	100
festgelagerter Humus m. Sand u. wenig Steinen	80–100
dasselbe mit vielen Steinen	100–120
feiner Kies mit viel feinem Sand	80–100
mittlerer Kies mit feinem Sand	100–120
mittlerer Kies mit grobem Sand	20–150
grober Kies mit grobem Sand	150–200
grober Kies mit wenig Sand	150–200
grober Kies mit wenig Sand, sehr fest gelagert	200–250

für verschiedene Böden, die auf Wölfer [6.21] zurückgehen.

Die Werte reichen von 5 MN/m³ bei Torf- und Moorböden bis zu 250 MN/m³ bei sehr fest gelagertem Kies. Die Herkunft der Werte ist nicht genannt. Es ist zu vermuten, daß die Angaben aus Rückrechnungen von einzelnen Setzungsmessungen stammen und insofern nur für den betrachteten Einzelfall gelten. Die Treffsicherheit bei der Auswahl eines Tabellenwertes kann deshalb nicht allzu hoch eingeschätzt werden. Die Genauigkeit verbessert sich jedoch dadurch, daß bei der Bestimmung der Biegemomente der Bettungsmodul mit der 4. Wurzel eingeht (s. Gleichungen 6.4 und 6.6 b) und eine fehlerhafte Einschätzung teilweise ausgeglichen wird.

Von dem Weg, den Bettungsmodul aus Plattendruckversuchen nach DIN 18134 zu bestimmen, und gegebenenfalls über Gleichung 6.8 oder 6.9 auf die Fundamentgröße umzurechnen, ist eher abzuraten. Der Grund liegt in der begrenzten Tiefenwirkung der Lastplatten, die sich auf 1 bis 2 d, also etwa 30 bis 60 cm bei einem Plattendurchmesser von 30 cm erstreckt und die maßgeblichen Baugrundbereiche der auszuführenden Plattengründung nur bedingt erfaßt werden.

Für die Praxis am brauchbarsten hat sich die Festlegung des Bettungsmoduls aus Setzungsberechnungen erwiesen. Im Normalfall ergibt sich aus der Setzungsberechnung an jeder Stelle der Platte ein anderes Verhältnis aus Sohldruck und Setzung, d. h. k_s ist nicht konstant. Man behilft sich dadurch, daß man k_s aus einer mittleren Spannung und der dazugehörigen mittleren Setzung berechnet. Gegebenenfalls ist z. B. bei großen Platten, bei stark unterschiedlichem Baugrund oder bei stark unterschiedlichen Lasten die Platte in einzelne Unterabschnitte zu unterteilen und für jeden Bereich ein Bettungsmodul festzulegen. Der Vorteil dieses Verfahrens ist, daß auch Schichtungen ohne Schwierigkeiten berücksichtigt werden können. Die Festlegung des Bettungsmoduls ist Aufgabe des Baugrundgutachters und sollte in Abstimmung mit dem Tragwerksplaner erfolgen.

Bei einigermaßen homogenem Baugrund mit annähernd konstantem Steifemodul kann der Bettungsmodul auch aus der einfachen Setzungsformel

$$s = f \cdot \frac{\sigma_0 \cdot b}{E_s} \tag{6.10}$$

abgeschätzt werden [6.5]. Dabei bezeichnet E_s den mittleren Steifemodul und b die kleinere Fundamentseite. Der Setzungsbeiwert f hängt vom Verhältnis der Seitenlängen a/b und der Dicke d_s der setzungsweichen Schicht ab. Gemäß DIN 4019 beträgt die für die Setzung maßgebliche Tiefe etwa das 1 bis 2 fache der kleineren Fundamentseite. Somit kann d_s/b etwa 1 bis 2 gesetzt werden. Der Setzungsbeiwert f bestimmt sich nach Kany [6.5] für den kennzeichnenden Punkt. Kurventafeln sind in [6.5] angegeben.

Legt man die Setzung s_M für den Fundamentmittelpunkt eines schlaffen Lastbündels zugrunde, ergibt sich nach Steinbrenner

$$s_M = 2 \cdot f_M \frac{\sigma \cdot b}{E_s} \tag{6.11}$$

mit f_M aus Bild 6.7.

Unter Verwendung von Gleichung 6.1 und Gleichung 6.11 ergibt sich die Schätzformel für den Bettungsmodul

$$k_s \approx \frac{E_s}{b \cdot 2 f_M} \tag{6.12}$$

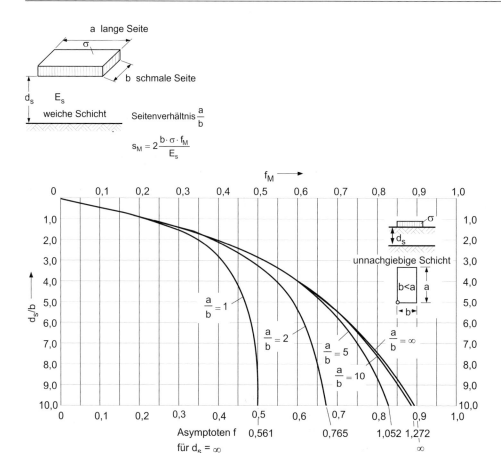

Bild 6.7
Einflußzahlen f_M für die Setzungen im elastischen Halbraum mit konstantem Steifemodul E_s und einer Poissonzahl $\nu = 0$ unter dem Mittelpunkt einer gleichmäßig verteilten Flächenlast mit rechteckigem Grundriß (nach Steinbrenner [6.16])

Das Bettungsmodulverfahren bietet gegenüber dem Spannungstrapezverfahren den großen Vorteil, daß Formänderungsbedingungen des Bauwerks und des Untergrunds eingehen und damit z. B. Sohldruckkonzentrationen unter Lasteinleitungsstellen modelliert werden können. Es weist jedoch eine ganze Reihe von Schwächen auf, wie die vorausgegangenen Ausführungen gezeigt haben. Deshalb haben verschiedene Autoren Verbesserungsvorschläge gemacht. Baldauf [6.1] führt zum Beispiel eine Koppelung der Federn ein. Andere Verfasser variieren den Bettungsmodul, um dem Verhalten eines linear elastischen Halbraumes näher zu kommen [6.5].

Nachdem es in den letzten Jahren ohne wesentlich größeren Aufwand möglich ist, mit Computerprogrammen den linear elastischen Halbraum zu erfassen, scheint es sinnvoll, auf Erweiterungen des Bettungsmodulverfahrens zu verzichten und direkt das Steifemodulverfahren anzuwenden.

6.2.3 Steifemodulverfahren

Das Steifemodulverfahren basiert auf dem linear elastischen und isotropen Halbraum. Boussinesq [6.2] hat für verschiedene Lastfälle als erster Lösungen erarbeitet. Als Stoffkenngrößen gehen in die Lösung der E-Modul nach Hooke und die Poissonzahl ν ein. Für linear elastische Materialien wie z. B. Stahl läßt sich der E-Modul im einaxialen Zugversuch bei unbehinderter Seitendehnung bestimmen. Der in der Bodenmechanik übliche Steifemodul E_s

wird dagegen bei behinderter Seitendehnung im Kompressionsversuch ermittelt (s. Abschnitt 2.4.6). Zwischen den beiden Kenngrößen besteht die Beziehung

$$E = \frac{1 - \nu - 2\nu^2}{1 - \nu} E_s \qquad (6.13)$$

Nur bei $\nu = 0$ gilt $E = E_s$. Wie in Abschnitt 2.4.6 dargelegt, ist jedoch der Unterschied zwischen E und E_s bei den in der bodenmechanischen Praxis üblichen ν-Werten relativ gering.

Steifemodul und E-Modul werden deshalb häufig gleichgesetzt. Insofern begründet sich die vom Grundsatz her nicht korrekte Bezeichnung Steifemodulverfahren [6.5]. Im Gegensatz zum Bettungsmodul, der z. B. von der Größe der Gründungsfläche abhängt, ist der Steifemodul eine Bodenkenngröße. Am einfachsten läßt sich der Steifemodul auf der Grundlage von Erfahrungswerten festlegen. Näherungswerte sind in Tabelle 2.15 zusammengestellt. Wie in Abschnitt 2.4.6 dargelegt, hängt der Steifemodul vom Druckniveau ab und ist zudem bei Entlastung wesentlich geringer als bei Erstbelastung. Daraus kann geschlossen werden, daß der Steifemodul genaugenommen an jeder Stelle des Untergrunds unterschiedlich ist und zudem noch von der Größe der Belastung abhängt. Somit wird ersichtlich, daß auch an das Steifemodulverfahren nicht allzu große Genauigkeitsanforderungen gestellt werden dürfen. Es ist jedoch für praktische Zwecke ausreichend und erfaßt das tatsächliche Verhalten von Bauwerk und Untergrund wesentlich besser als das Spannungstrapez- und das Bettungsmodulverfahren. Zur Verbesserung der Genauigkeit kann der Steifemodul zur Tiefe hin auf der Grundlage von Kompressionsversuchen oder verbesserten Bestimmungsgleichungen (s. Abschnitt 2.4.6) abgestuft werden. Der Einfluß aus Be- und Entlastung beim Bodenaushub und der anschließenden Wiederbelastung durch das aufgehende Bauwerk läßt sich leicht bei der Setzungsabschätzung berücksichtigen, z. B. bei Anwendung der Kurventafeln und Tabellenwerte von Kany [6.5].

Ein weiterer Nachteil des Steifemodulverfahrens sind die bis ins Unendliche reichenden Spannungsspitzen an den Fundamenträndern, die um so stärker ausgeprägt sind, je steifer die Gründung ist, und nur bei schlaffen Lastbündeln verschwinden. Zum Beispiel ergibt sich bei einem unendlich langen, in Querrichtung starrem Fundamentstreifen der Breite b nach Boussinesq [6.2] für die Sohlpressung σ_x, normiert mit der mittleren Spannung σ_{0m}, die Gleichung

$$\frac{\sigma_x}{\sigma_{0m}} = \frac{2}{\Pi \sqrt{1 - \left(\frac{2x}{b}\right)^2}} \qquad (6.14)$$

(s. Bild 6.8). In Wirklichkeit treten infolge Plastifizierung die Spannungsspitzen nicht auf, und es kommt zu Umlagerungen zur Mitte hin. Durch Diskretisierung bei der numerischen Lösung wie z. B. bei Kany [6.7] werden die Spitzen geglättet.

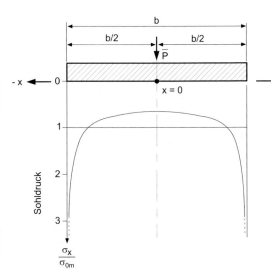

Bild 6.8
Sohldruck- und Biegemomentenverteilung eines in Querrichtung starren und unendlich langen Gründungsstreifens mit mittiger Linienlast P̄ (nach Boussinesq [6.5])

Die Ermittlung von Bodenpressungen mit dem Steifemodulverfahren erfolgt in der Regel mit Computermethoden. Graßhoff und Kany geben einen ausführlichen Überblick über verschiedene Berechnungsverfahren und bringen zahlreiche Beispiele [6.5]. In einfachen Fällen kann auch mit Hilfe von tabellarischen und graphischen Hilfsmitteln von Hand gerechnet werden. Dazu sei z. B. auf Kany verwiesen [6.7].

6.2.4 Einfluß der Bauwerkssteifigkeit

Die Bauwerks- und die Bodensteifigkeit haben einen großen Einfluß auf die Sohldruckverteilung und damit auf die Biegemomente. Zur Klassifizierung von Bauwerken kann eine dimensionslose Systemsteifigkeit definiert werden. Die Systemsteifigkeit hängt neben dem Verhältnis aus Bauwerks- und Bodensteifigkeit unter anderem noch von den Lasten und der Fundamentgeometrie ab [6.5]. Bei rechteckigen Fundamentbalken ergibt sich unter Vernachlässigung der aufgehenden Konstruktion gemäß DIN 4018 die Systemsteifigkeit

$$K_s = \frac{E_g \cdot I_g}{E_s \cdot l^3 \cdot b} = \frac{E_g}{12 E_s}\left(\frac{d}{l}\right)^3$$

für das Steifemodulverfahren (6.15)

und

$$K_c = \frac{E_g \cdot I_g}{k_s \cdot l^4 \cdot b} = \frac{E_g}{12 k_s \cdot l}\left(\frac{d}{l}\right)^3 = \frac{1}{4}\left(\frac{L_E}{l}\right)^4$$

für das Bettungsmodulverfahren (6.16)

mit:
b Breite des Balkens
d Dicke des Balkens
l Länge des Balkens
L_E Elastische Länge
k_s Bettungsmodul
E_g E-Modul des Gründungsbalkens
I_g Trägheitsmoment des Gründungsbalkens

Bei Kreisplatten mit Durchmesser D ergibt sich für das Steifemodulverfahren

$$K_s = \frac{E_g}{12 E_s}\left(\frac{d}{D}\right)^3 \qquad (6.17)$$

Bild 6.9 zeigt den Einfluß der Systemsteifigkeit K_s nach Gleichung 6.17 für eine Kreisplatte unter konstanter Last nach Borowicka [6.5]. Bei einem schlaffen Fundament mit $K_s = 0$ ergibt

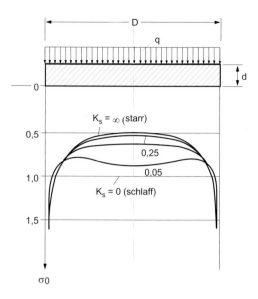

Bild 6.9
Sohldruckverteilung σ_0 unter einer Kreisplatte verschiedener Steifigkeit K_s auf dem elastisch-isotropen Halbraum mit Gleichlast q (nach Borowicka aus [6.5])

sich eine konstante Sohldruckverteilung und bei starrem Verhalten die analytische Lösung mit bis ins Unendliche reichenden Spannungsspitzen.

In der Natur kommen starre Bauwerke nicht vor, sondern starres Verhalten wird nur annähernd erreicht und kann z. B. über die Abweichungen von der starren Lösung definiert werden. DIN 4018 z. B. definiert ein Fundament als starr, wenn 90 % des größten Moments bei starrem Verhalten erreicht werden. Hier besteht ein Ermessensspielraum, so daß sich je nach Autor und Theorie unterschiedliche Einstufungen ergeben, wie aus Tabelle 6.2 hervorgeht.

Die praktische Bedeutung dieser Einstufung besteht darin, daß für nahezu starre Bauwerke vereinfacht gerechnet werden darf. Zum Beispiel ergeben Bettungsmodul- und Spannungstrapezverfahren bei starrem Verhalten dieselben Sohldrücke. Für beide Theorien darf dabei von linearen Verteilungen ausgegangen werden. Bei schlaffen Bauwerken dürfen vereinfachend die Lösungen für einseitig unendlich lange Balken verwendet werden (s. Gleichung 6.5). In allen anderen Fällen muß gemäß DIN 4018 das Steifemodul- oder das Bettungsmo-

6.2 Ermittlung von Biegemomenten und Sohldruckverteilung

Tabelle 6.2 Vorgeschlagene Grenzen für die Unterteilung der Systemsteifigkeit von Balken nach DIN 4018, Beiblatt 1

Meyerhof	Blama	Vesic	Pasternak	Bezeichnung der Steifigkeit	
$K = K_s = K_c$	K_s	K_c	K_c		
∞	∞	∞	∞	starr, kurz	
10^{-1} 0,100	~ 0,1	0,650	0,650	halbstarr, mittelkurz, mittelsteif	biegsam, kurz, gedrungen
10^{-2} 0,010	0,01	0,010		halbschlaff, mittellang, mittelweich	
10^{-3} 0,001	0,001	0,004	0,0025	schlaff, lang	
0,000	0,000	0,000	0,000	schlank, weich	

dulverfahren zugrunde gelegt werden. Wird mit EDV-Programmen gearbeitet, sind die Unterschiede automatisch berücksichtigt.

Je nach Untergrundsteifigkeit kann sich das gleiche Fundament einmal biegeweich oder nahezu starr verhalten, wie aus Bild 6.10 hervorgeht. Verglichen werden Steifemodul- und Bettungsmodulverfahren, wobei die Parameter so gewählt werden, daß für die praktisch vorkommenden Bereiche möglichst gute Übereinstimmung herrscht.

Bei $k_s = 0,2$ MN/m^3 ist die Spannungsverteilung nahezu linear und das Bettungsmodulverfahren entspricht nahezu dem Spannungstrapezverfahren (s. gestrichelte Linie). Die Systemsteifigkeit $K_c \approx 0,08$ zeigt den Übergang zu starrem Verhalten an.

Bei $k_s = 200$ MN/m^3 ergibt sich $K_c \approx 0,0008$, das Fundament ist als schlaff zu bezeichnen. Dies zeigt sich deutlich durch die ausgeprägten Spannungskonzentrationen unter den Einzellasten und dem rechnerischen Zugbereich dazwischen. Wie eine Vergleichsrechnung zeigt, stimmen die mit Computerprogrammen erhaltenen Berechnungen in diesem Fall sehr gut mit der analytischen Lösung für eine Einzellast auf einem unendlich langen Gründungsbalken (Gleichung 6.5) überein.

Die gleichen Überlegungen gelten auch für die Ergebnisse aus dem Steifemodulverfahren. Bei $E_s = 0,3$ MN/m^2 erhält man die für ein nahezu starres Fundament typische Sohlspannungsverteilung mit den Spannungsspitzen an den Rändern und dem Minimalwert in der Mitte (Gleichung 6.14). Weiterhin auffällig ist die Umkehrung des Vorzeichens des Maximalmoments beim Vergleich des nahezu starren mit dem

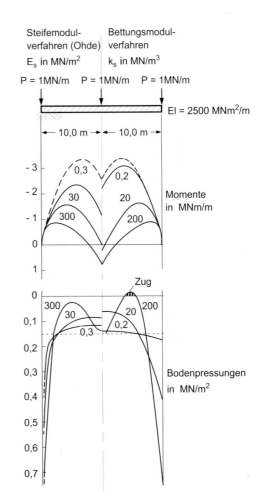

Bild 6.10
Momentenlinien und Sohldruckverteilungen eines Gründungsbalkens nach dem Spannungstrapezverfahren (- - -) sowie nach dem Steifemodul- und dem Bettungsmodulverfahren in Abhängigkeit von der Baugrundsteifigkeit (nach Schmidt und Seitz [6.15])

schlaffen Fundament (weitere Einzelheiten zur Berechnung s. [6.15]).

Bei den bisherigen Betrachtungen wurde der Einfluß der Biegesteifigkeit der aufgehenden Konstruktion nicht beachtet. Die Biegesteifigkeit des gesamten Bauwerks $E_b \cdot I_b$ setzt sich additiv zusammen aus der Biegesteifigkeit der Gründung $E_g \cdot I_g$ und der Biegesteifigkeit der aufgehenden Bauwerkskonstruktion $E_B \cdot I_B$ [6.5]

$$E_b \cdot I_b = E_g \cdot I_g + E_B \cdot I_B \qquad (6.18)$$

Die Biegesteifigkeit $E_g \cdot I_g$ der Gründungsplatte ist in der Regel einfach zu bestimmen (s. z.B. Gleichungen 6.15 bis 6.17). Die exakte Erfassung der ideellen Steifigkeit der aufgehenden Bauwerkskonstruktion ist dagegen wegen vielfältiger Einflüsse kaum möglich. Theoretisch können sich je nach Steifigkeit des Überbaus stark unterschiedliche Momentenlinien ergeben, wie aus Bild 6.11 hervorgeht. Smoltczyk und Netzel [6.17] haben dabei die aufgehende Bauwerkskonstruktion noch einmal unterteilt in aufgehende Wände oder Stützen und den Überbau. Untersuchungen aus der Praxis [6.5] zeigen, daß z.B. wegen Biegerißbildung, Schwinden und Kriechen der Bauteile und Setzungen während der Bauzeit die theoretische Steifigkeit kaum zum Tragen kommt. Man setzt deshalb z.B. bei Decken und Unterzügen die Anteile nach dem Satz von Steiner häufig nicht an oder berücksichtigt nur das in der Regel steife Kellergeschoß. Weitere Einzelheiten s. DIN 4018, Beiblatt 1, Smoltczyk und Netzel [6.17] sowie Graßhoff und Kany [6.5].

Aus den genannten Gründen vernachlässigt man häufig die Wirkung der aufgehenden Bauwerkskonstruktion und rechnet nur mit der Biegesteifigkeit der Gründung allein wie in den Gleichungen 6.15 bis 6.17.

6.2.5 Weitere Einflüsse

Bei geschichtetem Baugrund sind gesonderte Überlegungen notwendig. Das Spannungstrapezverfahren ist unabhängig vom Baugrund und kann deshalb keine Hinweise auf mögliche Schiefstellungen oder Setzungen geben.

Bei Anwendung des Bettungsmodulverfahrens kann eine Bodenschichtung in einfacher Weise berücksichtigt werden, wenn der Bettungsmodul aus einer Setzungsberechnung bestimmt wird. In diesem Fall können bei unterschiedlichem Setzungsverhalten bereichsweise abgestufte Bettungsmoduli angesetzt werden. Bei auskeilenden setzungsweichen Schichten kann der Bettungsmodul auch stetig an die Verhältnisse angepaßt werden. Dies setzt allerdings die Anwendung entsprechender EDV-Programme voraus, bei denen die Bettungsfedern an jeder Stelle frei gewählt werden können.

Vor allem bei dünnen Platten, extremen Laststellungen und festem Baugrund können sich rechnerische Zugspannungen ergeben [s. z.B. Bild 6.10]. In diesen Fällen stehen Programme zur Verfügung, bei denen Teilflächen mit negativem Sohldruck iterativ ausgeschaltet werden [6.5]. Stehen die Bodenplatten im Grundwasser, muß der Auftrieb von der übrigen Vertikalbelastung abgezogen werden. Zusätzlich muß die Auftriebssicherheit nachgewiesen werden (s. Abschnitt 9.5).

Bei geringem Auftrieb ändern sich die maßgeblichen Bemessungsmomente nur wenig (Bild 6.12a und b). Dagegen können bei starkem Auftrieb rechnerische Zugspannungen auftreten (Bild 6.12c), die mit entsprechenden Programmen eliminiert werden können.

Biegemomente und Sohldruckverteilungen können noch durch eine Reihe weiterer Faktoren beeinflußt werden wie z.B. durch Kriechen im Baugrund, unterschiedliche Temperaturen, Kriechen und Rißbildung im Beton und Sohlschub. Hierzu wird auf die ausführliche Diskussion bei Smoltczyk und Netzel [6.17] sowie Graßhoff und Kany [6.5] verwiesen.

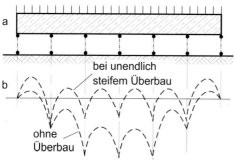

Bild 6.11
Einfluß der Überbausteifigkeit bei großer Mächtigkeit der zusammendrückbaren Schicht
(nach Smoltczyk und Netzel [6.17])
a) System, b) Momentenlinien für zwei Grenzfälle

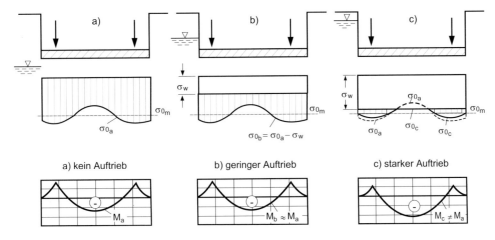

Bild 6.12
Einfluß des Sohlwasserdruckes auf die Sohldruckverteilung σ_0 und die Biegemomente M (nach Graßhoff und Kany [6.5])

6.3 Hinweise zur Konstruktion und Betonbemessung

Die Biegebemessung von Bodenplatten erfolgt nach den Regeln der DIN 1045. Wegen der vielen rechnerischen Unsicherheiten sollte die Anordnung von Bewehrung im Zweifelsfall großzügig gewählt werden. Im Vergleich zu Deckenplatten ist die Bewehrungsführung bei Bodenplatten gerade umgekehrt, weil die großflächigen Lasten von unten angreifen. Als Bewehrung werden bevorzugt Baustahlmatten eingesetzt. Häufig läßt man die Bewehrung auch unten aus konstruktiven Gründen durchlaufen.

Die Plattendicke wird in der Regel so gewählt, daß auf eine Schubbewehrung verzichtet werden kann. Bei Einzellasten aus Stützen muß ein Durchstanznachweis geführt werden. Hier gelten dieselben Bedingungen wie bei Einzelfundamenten (s. Abschnitt 5.3).

Geschoßbauten mit parallel verlaufenden tragenden Wänden werden aus bautechnischen Gründen häufig auf Platten gegründet. In diesen Fällen darf man die Platten einachsig gespannt als Balken rechnen. Vor allem bei weichem Untergrund und weichem Überbau bildet sich eine ausgeprägte Setzungsmulde mit entsprechend großen Biegemomenten (Bild 6.13a). Durch aussteifende Längswände kann die Muldenbildung sehr stark reduziert werden, und die Tragwirkung ist ähnlich wie bei einem Durchlaufträger (Bild 6.13b).

Für Gründungsplatten bei Einfamilienhäusern genügen häufig Dicken von 20 bis 30 cm. Bild 6.14 zeigt beispielhaft die Bewehrungsführung. Die oberen Matten laufen durch, während die unteren abgestuft werden können. Schubbewehrung ist meistens nicht notwendig. Die Platten werden auf einer Sauberkeitsschicht betoniert. Weitere Einzelheiten s. Leonhardt und Mönnig [6.12].

Bei Gründungsplatten mit Einzelstützen besteht häufig Durchstanzgefahr. In diesen Fällen empfiehlt sich eine Verstärkung der Platte unter den Stützen, die so tief anzulegen ist, daß keine Schubbewehrung erforderlich wird (Bild 6.15). Leonhardt und Mönnig schlagen als zweckmäßige Dicke der Platte $d \geq l/45 \geq 20$ cm vor, wobei l den Stützenabstand bezeichnet.

Einer der wichtigsten Punkte bei der Bewehrungsführung ist die Beschränkung der Rißbreite, wodurch sich häufig eine durchgängige Bewehrung ergibt. Vor allem durch das Abfließen der Hydratationswärme und Schwinden können unkontrollierte Risse entstehen, die zu Einschränkungen der Gebrauchstauglichkeit oder der Tragfähigkeit führen. Durch entsprechende Anordnung der Bewehrung können die Rißbreiten auf ein zulässiges Maß beschränkt werden. Vom Grundsatz her ist es dabei günstiger, viele Stäbe mit geringem Einzelquerschnitt als einige wenige, große Stäbe einzulegen. Der Bewehrungsgrad hängt z. B. von den Anforde-

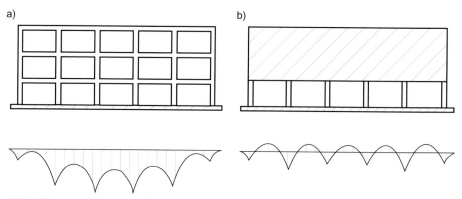

Bild 6.13
Qualitativer Momentenverlauf in einer Gründungsplatte (nach Leonhardt und Mönnig [6.12])
a) bei ausgeprägter Setzungsmulde z. B. bei großer Mächtigkeit weicher Bodenschichten und bei weichem Überbau
b) bei Tragwirkung ähnlich wie Durchlaufträger, z. B. bei großer Mächtigkeit weicher Schichten und bei steifem Überbau, bzw. bei kleiner Mächtigkeit und steifem oder weichem Überbau

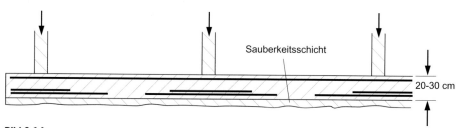

Bild 6.14
Bewehrung einer Gründungsplatte bei Verhalten wie Durchlaufträger (nach Leonhardt und Mönnig [6.12])

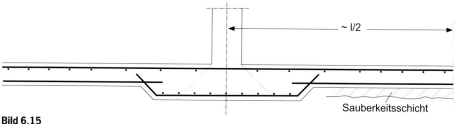

Bild 6.15
Verstärkung von Gründungsplatten unter Einzellasten (nach Leonhardt und Mönnig [6.12])

rungen, der Aggressivität des Wassers und dem Dichtungssystem ab. Steht kein Grundwasser an, sind die Platten gegen Bodenfeuchte und eventuell nicht drückendes Grundwasser aus Niederschlägen oder Sickerwasser abzudichten. Im Grundwasser ist eine Abdichtung gegen sog. drückendes Wasser zu gewährleisten, wobei heute bevorzugt wasserundurchlässiger Beton (sogenannte weiße Wannen) gegenüber hautförmigen Abdichtungen (sogenannte schwarze Wannen) eingesetzt wird. Hierzu wird auf Kapitel 9 und die Literatur zur Rißbreitebeschränkung, z. B. [6.14], sowie zu weißen Wannen, z. B. [6.13], verwiesen. Neben der statischen Konzeption wird das Rißverhalten vor allem durch betontechnologische Maßnahmen während der Bauausführung, wie z. B. Verwendung von geeigneten Betonrezepturen sowie von Zusatzmitteln oder durch geeignete Nachbehandlung [6.17] wesentlich verbessert.

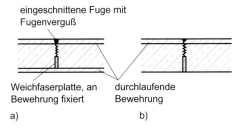

Bild 6.16
Scheinfugen in Bodenplatten des Hochbaus
(nach Smoltczyk und Netzel [6.17])
a) beidseitige Bewehrung
b) nur einseitige Bewehrung oben

Schwachpunkte gegenüber Bodenfeuchte, Sikkerwasser und Grundwasser sind neben möglichen Rissen vor allem Fugen. Man unterscheidet zwischen Fugen zur Aufnahme von Bewegungen wie z.B. Setzungsfugen, Dehnfugen oder Scheinfugen und Arbeitsfugen [6.9]. Im folgenden werden nur einige kurze Hinweise gegeben. Ausführlich ist die Fugenproblematiik bei Klawa [6.9] sowie bei Lohmeyer [6.13] behandelt.

Gemäß DIN 1045 wird z.B. für übliche Bauwerke ein Dehnfugenabstand vom ca. 30 bis 45 m empfohlen. Heute können jedoch fugenlose Gebäude und dazugehörige Bodenplatten bis über 100 m Länge ohne Schwierigkeiten hergestellt werden [6.17]. Voraussetzung ist jedoch ein gleichmäßiges Setzungsverhalten. Sind in einzelnen Gebäudeabschnitten unterschiedliche Setzungen zu erwarten, müssen Setzfugen angeordnet werden. Beim Herstellen der Bodenplatten ist man heute bestrebt, unter Vermeidung von Schwind- und Arbeitsfugen die Platte in einem Zug zu betonieren. Arbeitsfugen lassen sich jedoch am Übergang von der Sohle zur Wand in der Regel nicht umgehen. Je nach Anforderungen stehen verschiedene konstruktive Lösungen zur Verfügung [6.13]. Wenn keine besonderen Anforderungen an die Dichtigkeit bestehen, kann durch Anordnung von Scheinfugen die Bewehrung zur Rissebeschränkung gegenüber fugenlosen Platten verringert werden [6.17]. Durch eine Querschnittsschwächung außen oder innen entstehen Sollrißstellen, die Zerrungsspannungen aus Temperatur und Schwinden abbauen. Bild 6.16 zeigt zwei mögliche Ausbildungsformen. Die Abstände betragen je nach Verhältnissen etwa 8 bis 15 m.

7 Flachgründungen in Kombination mit Bodenverbesserung

7.1 Überblick

Bei schlechtem Baugrund ergeben sich selbst bei Plattengründungen mit geringen Bodenpressungen häufig zu große Setzungen oder die Grundbruchsicherheit reicht nicht aus. Vor der Entscheidung für eine Tiefgründung wird man aus wirtschaftlichen Überlegungen heraus in diesen Fällen zunächst prüfen, ob nicht durch geeignete Bodenverbesserungsmaßnahmen die Tragfähigkeit in ausreichendem Maße erhöht werden kann.

Zur Baugrundverbesserung stehen eine ganze Reihe von Verfahren zur Verfügung (Bild 7.1), die nach Smoltczyk und Hilmer [7.14] unter die Oberbegriffe

- Verdichtung
- Bodenaustausch
- Bodenverfestigung

eingeordnet werden können.

Nicht alle Verfahren haben für die Gründung von Hochbauten dieselbe Bedeutung. Häufig

Bild 7.1
Systematik der Baugrundverbesserung (nach Smoltczyk [7.14])

wird in der Praxis ein Bodenaustausch durchgeführt. Dabei wird der weiche Untergrund durch tragfähigen Boden wie z. B. Kiessandgemische oder Recycling-Material ersetzt.

Wird nur ein Teil des schlechten Baugrunds ausgetauscht, spricht man von Teilersatz oder Polstergründung. In der Regel wird der Bodenaustausch im Trockenen – unter Umständen erfordert dies eine Grundwasserabsenkung – durchgeführt. Wichtig ist eine sehr gute Verdichtung des eingebauten Materials. Die wirtschaftliche Grenze liegt in der Regel bei einer Dicke der ausgetauschten Schicht von 1 bis 2 m. Ein derartiger Bodenaustausch ist oft nur geeignet, wenn die Lasten nicht zu hoch sind wie bei Wohnhäusern mit maximal 4 bis 5 Geschossen oder wie bei leichteren Industriegebäuden.

Besteht der Baugrund aus locker gelagerten Sanden und Kiesen mit einem Schluffanteil kleiner als 5 % und ist genügend Platz zur Verfügung, kann die Tragfähigkeit durch eine Rütteldruckverdichtung mit Tiefenrüttlern erhöht werden. Mit zunehmenden Schluff- und Tonanteilen lagern sich die Böden durch Vibrationen nicht mehr um. In diesen Fällen kombiniert man die Tiefenrüttlung mit einer Zugabe von grobkörnigem Material. Das Verfahren wird mit Rüttelstopfverdichtung bezeichnet. Die Einsatzbereiche der beiden Verfahren gehen aus Bild 7.2 hervor. Durch Zementzugaben entstehen vermörtelte Stopfsäulen. Wird der entstandene Hohlraum durch Beton ersetzt, spricht man von Betonrüttelsäulen. Bei einer Rütteldruckverdichtung liegen die wirtschaftlichen Tiefen zwischen 4 und 25 m [7.7]. Rüttelstopfsäulen, vermörtelte Stopfsäulen und Betonrüttelsäulen werden häufig mit Tiefen von 5–10 m ausgeführt. Bei allen drei Verfahren wird der Boden teilweise ersetzt. Somit gehören sie zu den Verfahren mit Bodenteilersatz.

Einige der in Bild 7.1 aufgeführten Verfahren haben in Verbindung mit Hochbaugründungen weniger Bedeutung und werden deshalb hier nur kurz behandelt.

Dazu gehört z. B. die Verdichtung bindiger Böden durch Aufbringen von Oberflächenlasten. Im Gegensatz zu grobkörnigen Böden lagern sich feinkörnige infolge Vibrationen und Erschütterungen nicht um. Durch eine Auflast wird der bindige Boden zusammengedrückt und gleichzeitig das Wasser herausgequetscht. Wegen der geringen Durchlässigkeit dieser Böden kann dieser Vorgang Jahre benötigen. Durch Unterstützung mit Sanddräns z. B. läßt sich die Konsolidierung zwar verkürzen. Jedoch hat man im Hochbau selten mehrere Monate oder Jahre Zeit, um diese Verfahren einsetzen zu können. Eine ausführliche Beschreibung und Fallbeispiele sind bei Smoltczyk und Hilmer [7.14] zu finden.

Weniger relevant bei standardmäßigen Hochbauten ist auch ein Bodenvollaustausch im Nassen durch Spül- und Naßbaggerverfahren [7.1,

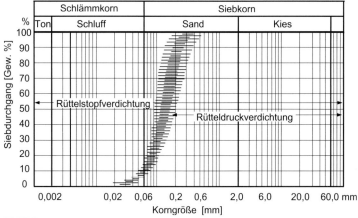

Bild 7.2
Anwendungbereiche für die Untergrundverbesserung mit Tiefenrüttlern (nach Schmidt und Seitz [7.13])

7.2 Bodenaustausch

7.14]. Das gleiche gilt für das Sprengen und die dynamische Intensivverdichtung.

Injektionen, Hochdruckinjektionen (Düsenstrahlverfahren) und das Gefrierverfahren werden bei Hochbauten in der Regel in Verbindung mit Unterfangungen eingesetzt und werden deshalb in Kapitel 11 behandelt. Noch relativ neu ist das Tiefmischverfahren, auch als Deep Soil Mixing Method, Colmix-Verfahren oder Mixed-in-Place-Verfahren bekannt [7.13]. Dabei wird zum Beispiel durch Schneckenbohrer Zementsuspension in den Boden eingebracht, um den Untergrund zu verfestigen. Zu den genannten Verfahren gibt es zahlreiche Varianten und Einsatzmöglichkeiten (siehe Schmidt und Seitz [7.13] und die dort zitierte Literatur).

7.2 Bodenaustausch

Soll ein Bodenaustausch oder ein Teilaustausch durchgeführt werden, sind eine Reihe von Vorüberlegungen anzustellen. Dazu gehören:

– In der Regel sollte ein Bodenaustausch im Trockenen durchgeführt werden. Deshalb ist zunächst der Grundwasserstand festzustellen, wobei nicht der höchstmögliche Wasserstand, sondern der während der Bauzeit höchstmögliche Wasserstand entscheidend ist. Unter günstigen Bedingungen kann der Aushub mit einer offenen Wasserhaltung kostengünstig kombiniert werden (s. Abschnitt 10.3). Dabei muß geklärt werden, ob das Grundwasser belastet ist.
– Die Entsorgung des anfallenden Bodenaushubs ist zu planen. Dabei ist zu prüfen, ob der Boden Schadstoffbelastungen aufweist. Selbst geringe Schadstoffgehalte können die Entsorgungskosten sehr stark verteuern und damit die Maßnahme unwirtschaftlich machen.
– Anhand einer Setzungsberechnung kann die erforderliche Dicke der Bodenaustauschschicht festgelegt werden. Bild 7.3 zeigt ein durchgerechnetes Beispiel. Geht man im vorliegenden Fall von 2 cm zulässiger Setzung aus, müßte die Pufferschicht etwa 2,5 m dick sein. Für die Pufferschicht wurde im vorliegenden Fall ein Steifemodul von 60 MN/m^2 angesetzt. Bei günstigen Bedingungen ist auch ein Wert von E_s = 80 MN/m^2 zu erreichen.

Zur Festlegung der einzubauenden Bodenmassen sind insbesondere zwei Punkte zu beachten. Der Austausch ist nur dann statisch voll wirksam, wenn die Lastausbreitung unter den Fundamenten berücksichtigt wird (Bild 7.4). Zu-

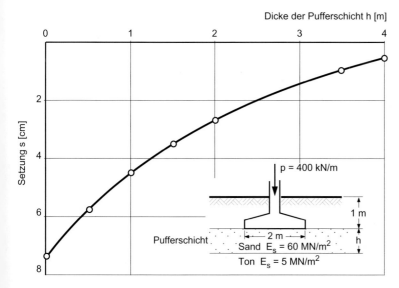

Bild 7.3
Setzungsmindernder Einfluß einer Pufferschicht, Rechenbeispiel (nach Smoltczyk und Hilmer [7.14])

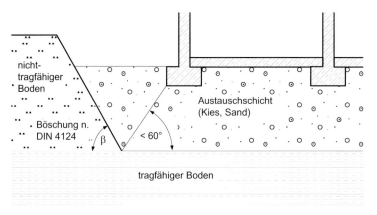

Bild 7.4
Berücksichtigung der Spannungsausbreitung bei der Bemessung eines Bodenaustauschs (nach Smoltczyk und Hilmer [7.14])

sätzlich muß bei der Berechnung des Austauschvolumens der Böschungswinkel für die Baugrube gemäß DIN 4124 angesetzt werden.

Um die Wirksamkeit der Austauschmaßnahme zu verbessern, empfiehlt es sich, den Untergrund im Bereich der Baugrubensohle gut zu verdichten.

Als Einbaumaterialien eignen sich gut abgestufte Kiessande, die eine hohe Verdichtungsfähigkeit besitzen. Infrage kommen auch güteüberwachte Recyclingmaterialien. Es empfiehlt sich dabei jedoch, im Einzelfall Art und Herkunft im Hinblick auf eine eventuelle Schadstoffbelastung, Eignung zur Verdichtung und eine mögliche Sackungsneigung bei Benässung zu überprüfen.

Bei der Beurteilung einer Bodenverdichtung lehnt man sich in der Regel an die Technischen Vorschriften, Richtlinien und Merkblätter des Straßenbaus an [7.14].

Dazu gehören:

- Merkblatt für die Bodenverdichtung im Straßenbau, Ausg. 1972
  Aufsteller: Arbeitsgruppe Untergrund-Unterbau der Forschungsgesellschaft für das Straßenwesen, Köln [7.10]
- Zusätzliche Technische Vertragsbedingungen und Richtlinien für Erdarbeiten im Straßenbau (ZTVE-StB 94)
  Herausgeber: Bundesminister für Verkehr, 1994 und Forschungsgesellschaft für Straßen- und Verkehrswesen e.V. [7.16]
- Bodenerkundung im Straßenbau / Teil 1:
  Richtlinien für die Beschreibung und Beurteilung der Bodenverhältnisse, Ausg. 1968
  Aufsteller: Arbeitsgruppe Untergrund-Unterbau der Forschungsgesellschaft für das Straßenwesen, Köln [7.3]
- Vorläufiges Merkblatt für die Ausführung von Probeverdichtungen, Ausg. 1968
  Aufsteller: Arbeitsgruppe Untergrund-Unterbau der Forschungsgesellschaft für das Straßenwesen, Köln [7.15]

Einen Überblick über gebräuchliche Verdichtungsgeräte gibt Bild 7.5.

Die Eignung der Geräte für verschiedene Bodenarten, empfohlene Schütthöhen und die Anzahl der Übergänge geht aus Tabelle 7.1 hervor.

Die Qualität der Schüttung wird soweit möglich mit Hilfe des Proctorversuchs nach DIN 18127 beurteilt (s. Abschnitt 2.4.9). In der Praxis bedeutet dies, daß man mit dem Einbaumaterial Proctorversuche durchführt, die Proctordichte bestimmt und nach Verdichtung auf der Baustelle das Ergebnis kontrolliert. Richtwerte für den Verdichtungsgrad in Anlehnung an die ZTVE [7.16] können Tabelle 7.2a und b entnommen werden.

Die Kontrolle der Verdichtung erfolgt in der Regel mit Plattendruckversuchen (s. Abschnitt 2.2.7). Dabei bedient man sich häufig der Zuordnung zwischen dem Verdichtungsgrad Φ_{Pr} und dem Verformungsmodul E_{V2} der Tabelle 7.3. Zusätzlich sollen die Verhältnis-

7.2 Bodenaustausch

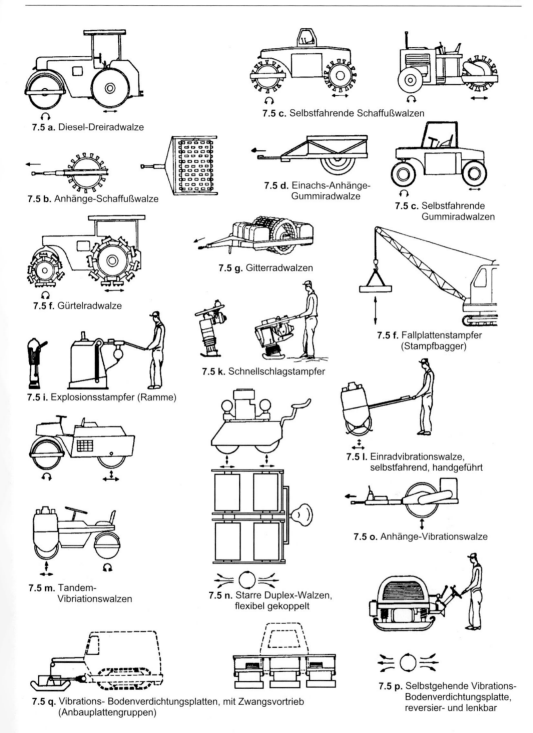

Bild 7.5
Oberflächenverdichter im Erdbau (Quelle: Merkblatt für die Bodenverdichtung im Straßenbau [7.10])

Tabelle 7.1 Anhaltswerte für den Geräteeinsatz [7.10]

		Eignung (E), Schütthöhe (H) und Übergänge (Ü) abhängig von:															
		Bodenart[1]											Baustellenbedingungen				Bemerkungen
		Lockergestein										Felsgestein Steine und Blöcke bis 400 mm Kantenlänge (nicht bindig)		Damm und Einschnitt Arbeitsfläche		Bauwerkshinterfüllung	Leitungsgräben[2]	
Geräteart		grobkörnig (nicht bindig) Sande – Kiese			feinkörnig (bindig) Schluffe – Tone dazu bindige Sande			gemischtkörnig (bindig) Mischböden schwach steinig						eng	frei			
	E	H cm	Ü Anz.	E	H cm	Ü Anz.	E	H cm	Ü Anz.	E	H cm	Ü Anz.	E	E	E	E	
1	2	3	4	5	6	7	8	9	10	11	12	13	14	15	16	17	18
statisch																	
Glattwalze	○	10–20	4–8	○	10–20	4–8	○	10–20	4–8	○[3]			○	○			+ empfohlen ○ meist geeignet
Schaffußwalze				+	20–30	8–12	○	20–30	8–12		20–30	8–12	○	+			[1] siehe Abschn. 4
Gummirad- selbstfahrend walze gezogen	+ +	20–30 30–50	6–10 6–10	+ +	20–30 30–40	6–10 6–10	○ +	20–30 30–40	6–10 6–10				+ +	+ +			[2] Einsatz in bzw. oberhalb der Leitungszone siehe „Merkblatt für das Zufüllen von Leitungsgräben"
Gürtelradwalze				+	20–30	6–8	+	20–30	6–8	○[3]	30–40	8–12	+	+			[3] nur für mürbes und weiches Gestein
Gitterradwalze				○[4]	20–30	6–10	+	20–30	6–10	+	50–80	2–4[7]	○	○			[4] für trockene Böden zu empfehlen
dynamisch																	
Fallplattenstampfer	○	20–50	3–5	+	20–40	2–4[7]	+	50–70	2–4[7]	○[3]	30–50	3–5	+	+			[5] für Grabenverfüllung u. entspr. eingespannte Böden empfohlen
Explosionsstampfer	○[5]	20–40	2–4	○[5]	10–20	2–4	○[5]	20–30	2–4		40–60 50–100	4–6 4–6	○ +	+ +	○ +	○ +	[6] Einsatz leichter Geräte nur in beengten Arbeitsflächen
Schnellschlagstampfer	+ + +	30–50 40–60 50–80	3–5 3–5 3–5	○[4] ○[4]	20–30 30–40	3–4 3–4	○ + +	20–40 30–50 40–60	3–5 3–5 3–5	○ +			○	+ + +			[7] Zahl der Schläge/ Punkt
Anhänge- leicht (<5 Mp) vibrations- mittel walze schwer (>8 Mp)	+[6] +	20–40 30–50	4–6 4–6	○[6] ○	10–20 10–30	5–8 5–8	○[6] +	20–30 20–40	5–8 5–8	○[3]	30–50	5–8	+ +	+ +	○ ○	○	[8] Fliehkraft
Duplex- leicht (<2,5 Mp) walze schwer (>2,5 Mp)	+ +	20–40 30–50	4–6 4–6				○	20–40	5–8				+ +	○ ○	+	+	
Tandem- leicht (<5 Mp) Vibr.-walze schwer (>5Mp)	○	30–50	3–5	+	20–40	6–10	+	20–40	6–10	+[3]	30–50	6–10	○ +	○ +	+ ○	○	
Vibr. Schaffußwalze	+ +	20–40 30–60	5–8 4–6	+	20–30	6–8	○ ○	10–20 20–40	5–8 4–6	○[3]	30–50	4–6	+ +	○ +	+ ○	+ ○	
Vibrat.- leicht (<2 MpFk)[8] platten schwer (>2 MpFk)																	

7.3 Rütteldruckverdichtung

Tabelle 7.2 Anforderungen an die Mindestwerte für den Verdichtungsgrad D_{Pr} (nach [7.16])

a) bei grobkörnigen Böden

	Bereich	Bodengruppen	D_{Pr} in %
1	Planum bis 1,0 m Tiefe bei Dämmen und 0,5 m Tiefe bei Einschnitten	GW, GI, GE SW, SI, SE	100
2	1,0 m unter Planum bis Dammsohle	GW, GI, GE SW, SI, SE	98

b) bei gemischt- und feinkörnigen Böden

	Bereich	Bodengruppen	D_{Pr}
1	Planum bis 0,5 m Tiefe	GU, GT, SU, ST	100
		GU*, GT*, SU*, ST*, U, T, OK, OU, OT	97
2	0,5 m unter Planum bis Dammsohle	GU, GT, SU, ST OH, OK	97
		GU*, GT*, SU*, ST*, U, T, OU, OT	95

Tabelle 7.3 Richtwerte für die Zuordnung von Verdichtungsgrad D_{Pr} und Verformungsmodul E_{V2} bei grobkörnigen Bodengruppen (nach [7.16])

Boden-gruppen	Verdichtungsgrad D_{Pr} in %	Verformungsmodul E_{V2} in MN/m²
GW, GI	≥ 100	≥ 100
	≥ 98	≥ 80
	≥ 97	≥ 70
GE, SE, SW, SI	≥ 100	≥ 80
	≥ 98	≥ 70
	≥ 97	≥ 60

Tabelle 7.4 Richtwerte für den Verhältniswert E_{V2}/E_{V1} in Abhängigkeit vom Verdichtungsgrad (nach [7.16])

Verdichtungsgrad D_{Pr}	Verhältniswert E_{V2}/E_{V1}
≥ 100 %	≤ 2,3
≥ 98 %	≤ 2,5
≥ 97 %	≤ 2,6

werte E_{V2}/E_{V1} in Tabelle 7.4 eingehalten werden. Weitere Einzelheiten s. ZTVE-StB 94 mit dem Kommentar von Floß [7.5] sowie Smoltczyk und Hilmer [7.14].

Zu beachten ist wegen der begrenzten Einwirkungstiefe (etwa 2 × Plattendurchmesser), daß lagenweise geprüft werden muß. Bei größerer Tiefe kann der Verdichtungserfolg über Ramm- und Drucksondierungen überprüft werden. Eine örtliche Probenahme mit Ersatzmethoden (Abschnitt 2.2.7) wird heute aus wirtschaftlichen Gründen kaum noch durchgeführt. Bei stark grobkörnigen Böden wie Felsschüttungen ist der Proctorversuch wegen seiner begrenzten Größe ungeeignet, es muß auf andere Methoden ausgewichen werden [7.14].

7.3 Rütteldruckverdichtung

Die Rütteldruckverdichtung wurde in Deutschland in den dreißiger Jahren durch die Firma Keller entwickelt. Vom Prinzip her handelt es sich um überdimensionale Betonrüttelflaschen, deren Durchmesser etwa 30–40 cm und deren Länge etwa 2 bis 4 m beträgt. Bild 7.6 zeigt beispielhaft den Aufbau eines Rüttlers.

Durch Eigengewicht, Schwingungen und unter Zuhilfenahme von Druckwasser wird der Rüttler zunächst abgesenkt und danach in vorher festgelegten Stufen und Zeitintervallen wieder gezogen (Bild 7.7). Eine Zugabe von Fremdmaterial ist möglich.

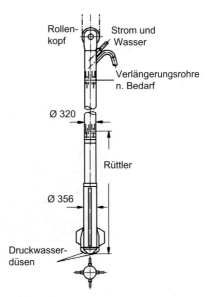

Bild 7.6
Schnitt durch einen Tiefenrüttler (nach Arz [7.1])

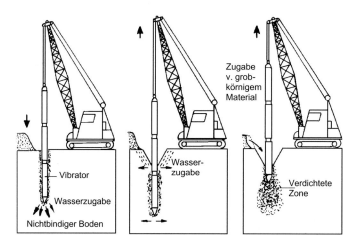

Bild 7.7
Rütteldruckverfahren
(Quelle: Merkblatt für die Untergrundverbesserung durch Tiefenrüttler [7.11])

Besonders geeignet ist das Verfahren bei locker gelagerten reinen Sanden und Fein- bis Mittelkiesen (Bild 7.2). Die wirtschaftlichen Tiefen betragen bis zu 25 m. Bild 7.8 zeigt beispielhaft für einen bestimmten Sand und einen bestimmten Rüttler die erreichbare Lagerungsdichte in Abhängigkeit vom Abstand a bei einem dreieckförmigen Raster, das häufig zugrundegelegt wird.

Üblich sind Rastermaße von 1,5 bis 3 m, so daß bei quadratischer Anordnung jedem Verdichtungspunkt zwischen 2,25 und 9 m^2 Fläche zugeordnet sind. Bei großflächigen Verdichtungen mit modernen schlagkräftigen Rüttlern wird mit Rastern von etwa 15 m^2 gearbeitet. Bild 7.9 zeigt ein ausgeführtes Beispiel. Der Verdichtungserfolg wird durch die durchgeführten schweren Rammsondierungen (DPH) belegt.

Es sei darauf hingewiesen, daß beim Rütteldruckverfahren die Vorhersage des Verdichtungserfolgs schwierig ist. Es empfehlen sich – zumindest bei größeren Bauvorhaben – Vorversuche, wobei der Ausführungserfolg verhältnismäßig zuverlässig, schnell und wirtschaftlich mit Sondierungen überprüft werden kann.

Das Verfahren ist mit einer ausführlichen Qualitätskontrolle verbunden (vgl. auch „Merkblatt für die Untergrundverbesserung durch Tiefenrüttler" der Forschungsgesellschaft für das Straßenwesen [7.11]).

Nach Beendigung der Tiefenverdichtung muß der oberflächennahe Bereich bis in etwa 0,5 m Tiefe mit herkömmlichen Geräten wie Glattwalzen nachverdichtet werden.

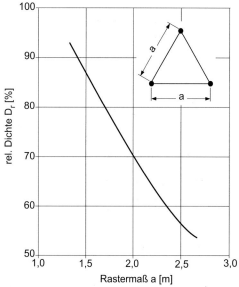

Bild 7.8
Ausführungsbeispiel für Rastermaß a und erreichbare relative Lagerungsdichte D_r (nach Thorburn, entnommen aus [7.1])

Die Rüttelwirkung nimmt relativ schnell ab. Bei vorhandenen benachbarten Fundamenten geht man von einem notwendigen Abstand aus, der durch eine 45°-Linie gegeben ist (Bild 7.10). Je nach Untergrundverhältnissen reicht jedoch dieser Sicherheitsabstand nicht aus, um Schäden zu vermeiden. Bei empfind-

7.4 Rüttelstopfverdichtung

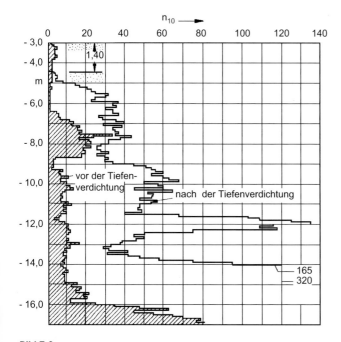

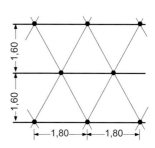

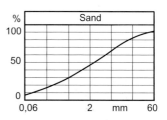

Bild 7.9
DPH-Testergebnisse, Raster und Kornverteilung für eine Tiefenverdichtung
(nach Engelhardt und Kirsch, entnommen aus [7.1])

Bild 7.10
Abschätzung des erforderlichen Abstands

lichen Gebäuden sollten Probeversuche durchgeführt und mit Messungen verbunden werden.

Weitere Einzelheiten sind bei Arz et al. [7.1] sowie Smoltczyk und Hilmer [7.14] und der jeweils angegebenen Literatur zu finden.

7.4 Rüttelstopfverdichtung

Bereits bei Boden mit Schluff- und Tonanteilen zwischen 5 und 15% kann beim Rütteldruckverfahren die Eigenverdichtung nicht mehr ausreichen. In diesem Fall und darüber hinaus bei größeren bindigen Anteilen kann eine Bodenverbesserung mit Rüttelstopfsäulen durchgeführt werden. Standardmäßig erfolgt die Herstellung mit Schleusenrüttlern, in Sonderfällen auch mit Geräten ohne Schleuse.

Bild 7.11 zeigt die Arbeitsvorgänge. Zunächst wird der Rüttler abgesenkt. Beim Ziehen werden die entstehenden Hohlräume schrittweise mit grobkörnigem Material wie z.B. Kies, Schotter oder Splitt, z.B. mit Durchmesser 20–70 mm, von unten aufgefüllt. Nach jeder Auffülltiefe wird durch Absenken des Rüttlers

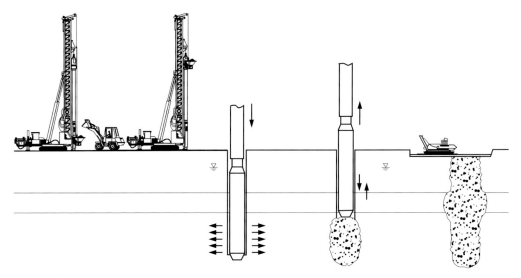

Bild 7.11
Arbeitsvorgänge beim Rüttelstopfverfahren (nach Firma Keller)

1 Vorbereiten
Mit der Rüttlertragraupe wird der am Mäkler geführte Schleusenrüttler über dem eingemessenen Punkt ausgerichtet und das Gerät hydraulisch abgestützt. Ein Frontlader belädt den Materialkübel.

2 Füllen
Der Materialkübel wird am Mast hochgefahren und entleert seinen Inhalt in die Schleuse. Nach dem Schließen der Schleusenklappe unterstützt Preßluft den Materialfuß zur Austrittsstelle an der Rüttlerspitze.

3 Einfahren
Der Rüttler verdrängt und durchfährt den Boden bis zur geplanten Tiefe, unterstützt von austretender Druckluft und der Kraft der Mastwinden.

4 Verdichten
Noch dem Erreichen der Endtiefe wird der Rüttler etwas angehoben, wobei das Zugabematerial unter Druckluft in den sich bildenden Hohlraum eintritt. Beim Wiederversenken wird dieses in den Boden gedrückt und verdichtet.

5 Abschließen
So baut sich die Rüttelstopfsäule in alternierenden Schritten bis zur geplanten Höhe auf. Beim Herrichten des Feinplanums ist eine Nachverdichtung der Aushubsohle oder der Einbau einer Ausgleichsschicht erforderlich.

das Material verdichtet und je nach Bodenart mehr oder weniger seitlich verdrängt.

Die üblichen Säulendurchmesser liegen zwischen 0,6 und 1 m. Bei weichen Böden ergeben sich größere und bei steifen Böden kleinere Durchmesser. Die Säulenabstände liegen in der Regel zwischen 1 und 3 m und die Tiefen zwischen 5 und 12 m, die aber auch bis zu 20 m betragen können. Nach der Fertigstellung der Säulen muß die Oberfläche verdichtet werden. Nach heutiger Auffassung wird oberhalb der Säulen keine Ausgleichsschicht mehr aufgebracht, es sei denn aus baubetrieblichen Gründen muß eine entsprechende Tragschicht wegen der Befahrbarkeit vorgesehen werden.

Bei Hochbaugründungen liegen die wirtschaftlichen Tiefen häufig bei Säulenlängen zwischen 5 und 10 m. Sind die zu verbessernden Schichten nur 1–2 m dick, ist in der Regel ein Bodenersatz wirtschaftlicher, bei sehr mächtigen Weichschichten führen häufig Pfähle zu kostengünstigeren Lösungen. Die Hauptwirkung der Stopfsäulen liegt in einer Reduzierung der Setzungen. Die Steifigkeiten der verbesserten Schichten können maximal etwa um den Faktor 4 bis 5 erhöht werden. Strebt man Fundamentsetzungen von 1 bis 2 cm an, dürfen die Werte im nicht verbesserten Zustand etwa 5–10 cm nicht überschreiten. D. h. bei sehr schlechtem Baugrund und hohen Lasten reicht die Verbesserungswirkung möglicherweise nicht aus, und es müssen andere Verfahren gewählt werden.

Stopfsäulen können großflächig, z. B. unter Plattengründungen mit Gleichlasten, aber auch örtlich begrenzt unter Einzel- und Streifenfundamenten eingesetzt werden (Bild 7.12). In der

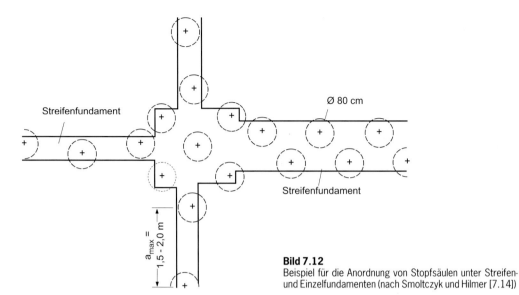

Bild 7.12
Beispiel für die Anordnung von Stopfsäulen unter Streifen- und Einzelfundamenten (nach Smoltczyk und Hilmer [7.14])

Regel werden die Säulen bis auf den tragfähigen Baugrund geführt. Aber auch sogenannte schwimmende Gründungen sind möglich. In jedem Fall muß überlegt werden, welche Setzungen noch unterhalb der Stopfsäulen zu erwarten sind. Die Erhöhung der Steifigkeit bezieht sich nämlich nicht auf die Gesamtsetzungen, sondern nur auf den verbesserten Teil. Betragen zum Beispiel die Gesamtsetzungen 6 cm mit einem Anteil von 1 cm unterhalb der geplanten Säulentiefe und der Reduktionsfaktor liegt bei 5, ergeben sich nach Einbringung der Säulen noch Gesamtsetzungen von etwa 2 cm.

Hauptanwendungsgebiet sind Wohn- und Geschäftsbauten mit bis zu 5 Stockwerken sowie Industriehallen mit nicht allzu großen Lasten.

Ein Vorteil des Verfahrens ist, daß kein Bodenaushub anfällt. Dadurch entfallen im Vergleich zum Bodenaustausch oder zu Bohrpfählen Entsorgungskosten, die bei belasteten Böden beträchtlich sein können. Voraussetzung ist allerdings in diesen Fällen, daß eine Überbauung des belasteten Untergrunds zulässig ist. Erfolgreich wurden Rüttelstopfsäulen auch im Bereich von Bauschuttdeponien eingesetzt, wenn nicht allzu große Betonblöcke eingebaut waren. Das Verfahren kommt an seine Grenze, wenn sehr weiche oder breiige Böden anstehen und die seitliche Stützung nicht ausreicht oder wie bei Torf durch Zersetzung allmählich verloren geht.

Zur Bemessung der Säulen wurden verschiedene Lösungen entwickelt, z. B. von Balaam und Poulos [7.2] oder Smoltczyk [7.14]. Meistens wird in der Praxis das Verfahren von Priebe [7.12] angewendet. Bild 7.13 zeigt eine Bemessungstafel für großflächige Säulenraster wie z. B. unter Platten. Zunächst wird die Setzung ohne Baugrundverbesserung berechnet. Aus dem Verhältnis von Rasterfläche A zu Säulenquerschnittsfläche A_s kann bei bekanntem Reibungswinkel φ_s des Säulenmaterials der Faktor n zur Steifigkeitsverbesserung ermittelt werden. Der Reibungswinkel des Säulenmaterials wird in der Regel mit $\varphi_s = 40°$ angesetzt. Die Schwierigkeit liegt in der richtigen Einschätzung des Säulendurchmessers, wozu große praktische Erfahrung notwendig ist. Insofern ist es empfehlenswert, daß die ausführende Firma die endgültige Bemessung durchführt. Priebe hat sein Verfahren erweitert [7.12]. Dabei können Volumenänderungen des Säulenmaterials, der Einfluß der Tiefe auf die Tragfähigkeit sowie die Auswirkung von Einzel- und Streifenfundamenten berücksichtigt werden. Gegenüber einer Anordnung mit unendlich großem Raster reduzieren sich wegen der Lastausbreitung die Setzungen bei Säulengruppen unter Einzel- und Streifenfundamenten (Einzelheiten s. [7.12]).

Neu ist ein Bemessungsvorschlag von Kolymbas [7.9]. Das Verhältnis der Steifemoduli E_{s1}

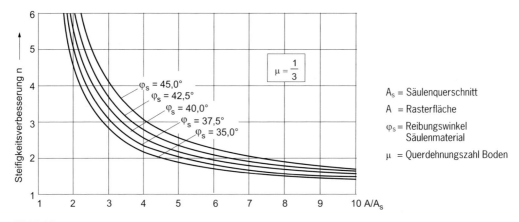

Bild 7.13
Baugrundverbesserung durch Rüttelstopfverdichtung bei größflächigem Säulenraster (nach Priebe [7.12])

mit Stopfsäulen zu E_{s0} ohne Säulen ergibt sich aus

$$\frac{E_{s1}}{E_{s0}} = \left[\left(\frac{\tan(45+\varphi_B/2)}{\tan(45-\varphi_s/2)}\right)^2 - 1\right]\frac{A_s}{A} + 1 \quad (7.1)$$

mit:
φ_S Reibungswinkel des Stopfsäulenmaterials
φ_B Reibungswinkel der Gesamtscherfestigkeit des Bodens (s. Abschnitt 2.4.7)
A_s Flächenanteil der Säulen
A Fläche ohne Säulen

Der Grenzzustand der Tragfähigkeit ist in der Regel nicht maßgebend. Für einen rein kohäsiven Boden hat Brauns [7.4] einen Berechnungsvorschlag entwickelt [7.1]. Im Zweifelsfall werden Probebelastungen empfohlen.

Wichtig ist eine umfangreiche Qualitätskontrolle während der Herstellung, um die Rechenannahmen und die einzelnen Verfahrensschritte zu überprüfen [7.14]. Dazu gehört u. a. die Dokumentation folgender Daten:

– Versenktiefe
– Schottermenge
– Herstellzeit
– Leistungsaufnahme des Rüttlers

Weitere Einzelheiten zum Verfahren sind bei Arz et al. [7.1], Smoltczyk und Hilmer [7.14] sowie bei Kirsch [7.8] und der jeweils zitierten Literatur zu finden.

7.5 Vermörtelte Stopfsäulen und Betonrüttelsäulen

Varianten der Stopfsäulen sind vermörtelte Stopfsäulen und Betonrüttelsäulen, die als unbewehrte Pfähle in Anlehnung an DIN 1054 bezeichnet werden können. Grundlage für die Herstellung in der Praxis sind bauaufsichtliche Zulassungen, weil wesentliche Merkmale weder DIN 1054 noch DIN 4014 entsprechen. Bei den vermörtelten Stopfsäulen wird in der Regel mit den Zuschlagstoffen Zementsuspension über eine Rohrleitung zugeführt. Bei den Betonrüttelsäulen wird beim Ziehen anstatt grobkörnigem Material Beton über eine Betonzuleitung bis zur Rüttelspitze eingebracht. In der Regel werden die Säulen auf tragfähige Schichten aufgesetzt. Der Vorteil des Verfahrens liegt darin, daß auf Dauer eine seitliche Stützung des Bodens nicht unbedingt erforderlich ist, da monolithische Gründungselemente entstehen. Während der Herstellphase muß jedoch eine Mindeststützung vorhanden sein, so daß die undränierte Kohäsion $c_u \geq 15$ kN/m² betragen sollte. Bei der Festlegung von c_u sollte der Baugrundgutachter beachten, daß die Anforderungen an die Stützung während der kurzen Bauphase unterschiedlich sind z. B. im Vergleich zu auf Dauer belasteten Fundamenten, bei denen ein höheres Sicherheitsbedürfnis besteht.

Betonrüttelsäulen und vermörtelte Stopfsäulen werden hauptsächlich mit Längen von 5 bis 12 m hergestellt. Technisch sind aber auch größere Längen möglich und je nach Randbedingungen auch wirtschaftlich.

Die äußere Tragfähigkeit liegt etwa bei 600 kN für vermörtelte Stopfsäulen und Betonrüttelsäulen, wenn man von einer Einbindung in den tragfähigen Baugrund und etwa 2 cm Setzung ausgeht [7.6]. Im Einzelfall sind jedoch auch unter Umständen geringere Lasten anzusetzen, z. B. bei ungünstigen Bodenverhältnissen oder setzungsempfindlichen Gebäuden.

Die innere Tragfähigkeit ist bei Betonrüttelsäulen in der Regel nicht maßgebend. Bei vermörtelten Stopfsäulen ist der Wasser-Zementwert der Suspension auf die äußere Tragfähigkeit abzustimmen [7.6].

Wie bei den einfachen Stopfsäulen ist auch bei vermörtelten Stopfsäulen und Betonrüttelsäulen eine sorgfältige Qualitätskontrolle während der Ausführung sehr wichtig.

Wenn Immobilien ohne Grund mobil werden...

Wenn Bauwerke den festen Grund verlieren (z.B. durch Ausspülung der Fundamente), können sie leicht in Bewegung geraten. Die Folge sind Schieflagen, Setzrisse und vieles mehr.

Erka Pfahl stellt Objekte auf eine neue Basis.

Leistungen mit Preßpfählen

- Unterfangungen, setzungsarm mit Rückverankerung (Patent).
- Nachgründungen, setzungsfrei auch im Innenbereich.
- Mit firmenseitigem Ballast (Patent).
- Beseitigung von Setzungsschäden.
- Heben und Senken von Bauwerken unterhalb der (Keller-)Sohle (Patent)
- Unterfahrungen

Zusätzliche Leistungen beim Einsatz des ERKA-Pfahlsystems in begrentem Umfang

- Beton-Sanierung
- Spunddielen im Innenbereich verpressen (Patent)
- Baugrubensicherungen
- Risse-Verpressungen

...von Grund auf sicher!

Unterfangen
Nachgründen
Stabilisieren
Heben und
Senken von
Gebäuden

ERKA Pfahl GmbH
SPEZIAL-TIEFBAU
Hermann-Hollerith-Straße 7 · 52499 Baesweiler
Telefon (02401) 9180-0 · Telefax (02401) 88476

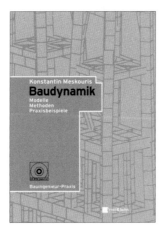

Baudynamik

Modelle - Methoden - Praxisbeispiele

von Konstantin Meskouris
1999. 389 Seiten mit 231 Abb. und 10 Tab. 17 x 24 cm.
Br. DM 118,-/öS 861,-/sFr 105,-   ISBN 3-433-01326-8

In diesem Buch, das sich sowohl an Studierende des Bauingenieurwesens als auch an in der Praxis tätige Bauingenieure wendet, werden Methoden und Modelle der Baudynamik erläutert und die wichtigsten, für die Lösung baudynamischer Aufgaben benötigten Werkzeuge in Form von 52 Anwendungsprogrammen auf CD-ROM präsentiert. Diese Programme können vom Benutzer unmittelbar zur Lösung seiner baudynamischen Probleme eingesetzt werden, wobei die vielen durchgerechneten Beispiele Hilfestellung leisten.

Ernst & Sohn Verlag für Architektur und technische Wissenschaften GmbH
Bühringstraße 10, 13086 Berlin, Tel. (030) 470 31-284, Fax (030) 470 31-240
mktg@ernst-und-sohn.de   www.ernst-und-sohn.de

Ernst & Sohn
A Wiley Company

8 Tiefgründungen

8.1 Überblick und Auswahlkriterien

Scheidet bei wenig tragfähigen Böden eine Flachgründung oder eine Flachgründung in Kombination mit Bodenverbesserungsmaßnahmen aus wirtschaftlichen und technischen Gründen aus, können die Lasten über Tiefgründungen in den ausreichend tragfähigen Untergrund eingeleitet werden (Beispiel s. Bild 8.1).

Die heute am häufigsten eingesetzte Tiefgründungsart sind Pfähle, die in Abschnitt 8.2 näher behandelt werden. In dem Bestreben der Firmen, am Markt wettbewerbsfähig zu sein, werden eine Vielzahl von Pfahlsystemen angeboten, so daß eine vollständige Übersicht kaum möglich ist. Grundsätzlich unterscheidet man zwischen Fertigpfählen und Ortbetonpfählen. Fertigpfähle können aus Holz, Stahl, Stahlbeton oder Spannbeton bestehen. Zu den pfahlartigen Bauteilen gehören auch Rüttelstopfsäulen, vermörtelte Stopfsäulen und Betonrüttelsäulen, die in Kapitel 7 „Flachgründungen in Kombination mit Bodenverbesserung" behandelt werden. Wichtige Punkte bei der Auswahl eines Pfahlsystems sind:

- Art und Größe der Lasten
- Anforderungen an die Setzungen
- Größe der Gründungsmaßnahme
- Bodenverhältnisse
- Grundwasserverhältnisse
- Räumliche Verhältnisse auf der Baustelle
- Lärm und Erschütterungen
- Nachbarbebauung

Bei Pfählen sind u. a. folgende Vorschriften zu beachten:

DIN EN 1536
Ausführung von besonderen geotechnischen Arbeiten (Spezialtiefbau) „Bohrpfähle"

DIN EN 12699
Verdrängungspfähle

DIN V ENV 1997-1
Entwurf, Berechnung und Bemessung in der Geotechnik, Teil 1: Allgemeine Regeln

DIN 1054
Baugrund: Zulässige Belastung des Baugrunds

DIN V 1054-100
Baugrund – Sicherheitsnachweise im Erd- und Grundbau – Teil 100: Berechnung nach dem Konzept der Teilsicherheitsbeiwerte

DIN 1045
Beton- und Stahlbetonbau; Bemessung und Ausführung

DIN 4014
Bohrpfähle; Herstellung, Bemessung und Tragverhalten

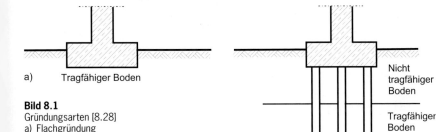

Bild 8.1
Gründungsarten [8.28]
a) Flachgründung
b) Tiefgründung

DIN 4026
Rammpfähle; Herstellung, Bemessung

DIN V 4026-500
Verdrängungspfähle – Teil 500: Herstellung

DIN 4128
Verpreßpfähle (Ortbeton- und Verbundpfähle) mit kleinem Durchmesser

DIN 18301
VOB Teil C: Allgemeine Technische Vertragsbedingungen für Bauleistungen (ATV) Bohrarbeiten

DIN 18304
VOB Teil C: Allgemeine Technische Vertragsbedingungen für Bauleistungen (ATV) Rammarbeiten

EAU
Empfehlungen des Arbeitskreises Ufereinfassungen 1996

ZTV-K 96
Zusätzliche Technische Vorschriften für Kunstbauten

EBK 90
Ergänzende Bestimmungen für Kunstbauten im Bereich der Straßenverwaltung Rheinland-Pfalz

Durch die geplante Einführung des neuen Sicherheitskonzeptes liegen bereits eine Reihe von Vornormen und Entwürfen vor, die in der obigen Aufstellung teilweise mitaufgeführt sind.

Senkkästen sind eine weitere Art der Tiefgründung (s. Abschnitt 8.3), die aber im Vergleich zu Pfählen eine weitaus geringere Bedeutung auf dem Markt haben. Man unterscheidet zwischen offenen und geschlossenen Senkkästen. Offene Senkkästen mit kleinerem Durchmesser werden auch als Brunnen bezeichnet. Üblich ist in diesem Fall auch der Begriff Schachtgreiferverfahren. Senkkästen werden eingesetzt bei Tiefkellern für Hochbauten, Pumpwerken, Brückenpfeilern, im Tunnelbau und bei Kaimauern. Wirtschaftliche Vorteile können Senkkästen bei schwer zugänglichen Wasserbaustellen bieten oder bei großen Hindernissen im Boden. Zu den Tiefgründungen zählen auch Bohrpfahl- und Schlitzwände, die in der Regel gleichzeitig als Bestandteil des festen Bauwerks und als verformungsarme Verbauwand genutzt werden (s. Kapitel 10).

8.2 Pfähle

8.2.1 Pfahlarten

Pfähle können nach unterschiedlichen Gesichtspunkten eingeteilt werden, z. B. nach

– Art der Lastabtragung
– Art der Beanspruchung
– Einzel- oder Gruppenpfähle
– Art der Herstellung

Je nach Lastabtragung unterscheidet man zwischen

– Spitzendruckpfählen (Bild 8.2 a)
– Mantelreibungspfählen (Bild 8.2 b)

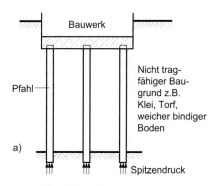
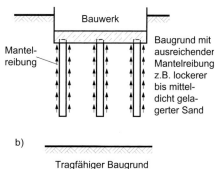
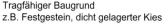

Bild 8.2
Lastabtragung bei Pfählen (Buja, aus [8.28]). a) Spitzendruckpfahl, b) Mantelreibungspfahl

- Pfählen, die kombiniert auf Spitzendruck und Mantelreibung tragen
- auf Biegung beanspruchte Pfähle bei Horizontalbelastung

Bei Mantelreibungspfählen in nur bedingt tragfähigen Böden spricht man auch von einer schwebenden Pfahlgründung (Bild 8.3).

Unter dem Gesichtspunkt der Art der Beanspruchung lassen sich die Pfähle einteilen in

Bild 8.3
Schwebende Pfahlgründung (Buja [8.3])

- axial belastet auf Druck oder Zug
- horizontal belastet auf Biegung
- belastet mit negativer Mantelreibung

Negative Mantelreibung kann z.B. auftreten, wenn bei zusammendrückbaren Deckschichten nachträglich Aufschüttungen aufgebracht oder Gebäude erstellt werden (Bild 8.4).

Einzelpfähle und Pfahlgruppen können teilweise stark unterschiedliches Verhalten aufweisen. Pfahlgruppen erfahren z.B. bei konstanter Einzelpfahlbelastung mit zunehmender Breite erhöhte Setzungen (Bild 8.5). Die Tragfähigkeit bei Druck-, Zug- und Horizontalbelastung kann sich ebenfalls erheblich verändern.

Einer der wichtigsten Gesichtspunkte bei der Einteilung ist die Art der Herstellung. Die Art der Herstellung ist deshalb so wichtig, weil sie entscheidend für die Tragfähigkeit ist. Bild 8.6 zeigt das Tragverhalten von vier völlig identischen Stahlrohrpfählen, deren Herstellung sich nur in der Art der Spülhilfe unterscheidet. Trotzdem ergeben sich enorme Unterschiede im Tragverhalten. Ähnliches gilt z.B. auch für Bohrpfähle mit und ohne Mantelverpressung (Bild 8.7).

Die Normen fassen aus diesem Grund Pfähle mit gleichem Herstellverfahren zusammen:

- DIN 4026 (alt)   Rammpfähle
- DIN V 4026-500 Verdrängungspfähle
- DIN 4014   Bohrpfähle
- DIN 4128   Verpreßpfähle mit kleinem Durchmesser

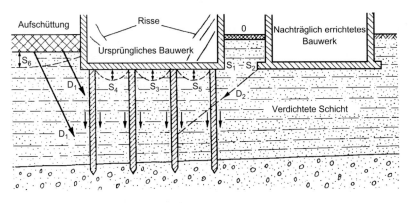

Bild 8.4
Negative Mantelreibung, hervorgerufen durch Gebäudelasten (Buja [8.3])

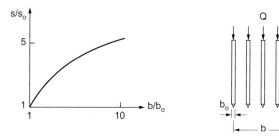

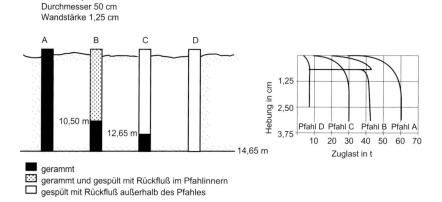

Bild 8.5
Qualitativer Verlauf der Setzung s einer quadratischen Pfahlgruppe im Verhältnis zur Setzung s_0 des Einzelpfahls in Abhängigkeit von b/b_0 (nach Skempton, entnommen aus Hettler [8.13])

Bild 8.6
Stahlrohrpfähle, ohne und mit unterschiedlicher Spülhilfe gerammt, welche die Tragfähigkeit beim Zugversuch nach den angegebenen Last-Hebungs-Linien herabsetzt (nach Mc Clelland 1974, entnommen aus Franke [8.9])

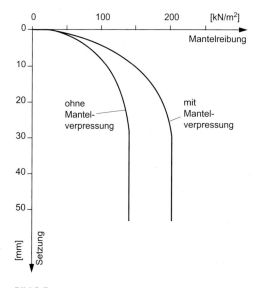

Bild 8.7
Erhöhung der Tragfähigkeit eines Schneckenortbeton-Pfahls, ⌀ 750 mm, l = 18,80 m, durch Mantelverpressung im sandigen Schluff (nach Firma Bauer)

Verdrängungspfähle

Die Vornorm DIN V 4026-500 umfaßt

– Fertigpfähle
– Ortbeton-Verdrängungspfähle
– verpreßte Verdrängungspfähle

Fertigpfähle beinhalten die klassischen vorgefertigten Rammpfähle aus Stahl, Stahlbeton oder Holz, die durch die alte DIN 4026 abgedeckt waren. Früher wurden Rammpfähle von einem schlagenden Bären mit einem auf das Rammgut abgestimmten Gewicht eingetrieben. Heute werden Fertigpfähle durch verschiedene Techniken wie Rammen, Rütteln, Drücken, Drehen oder Drehen und Drücken in den Baugrund eingebracht.

Bei Ortbeton-Verdrängungspfählen wird mit einem Vortreibrohr ein Hohlraum hergestellt, in den anschließend Beton und gegebenenfalls eine Bewehrung eingebracht wird.

Verpreßte Verdrängungspfähle sind Fertigpfähle mit einem gegenüber dem Schaft vergrößerten Schuh an der Pfahlspitze. Der während des Einbringens entstehende Hohlraum wird mit Zementsuspension verfüllt oder verpreßt.

Gemeinsames Merkmal der Verdrängungspfähle ist, daß in den meisten Fällen beim Einbringen der Boden durch Verdichtung und Verspannung verbessert wird. Dabei spielt die Art des verwendeten Geräts eine große Rolle. In der Regel sind die Setzungen im Gebrauchszustand klein und werden vernachlässigt. Die Tragfähigkeitsangaben der DIN 4026 gelten nur für Fertigpfähle. Aus dem genannten Grund werden keine Setzungen berücksichtigt wie z. B. bei Bohrpfählen. Zu beachten ist, daß bei vielen Verdrängungspfahlsystemen Belästigungen durch Lärm und Erschütterungen auftreten, die in dicht besiedelten Gebieten häufig nicht zulässig sind. Ein weiterer Nachteil der Verdrängungspfähle ist, daß Hindernisse ein Einbringen erschweren oder gar verhindern können. In diesen Fällen sind Bohrpfähle häufig besser geeignet.

Die mit Endlosschnecken mit und ohne Seelenrohr hergestellten Bohrpfähle verdrängen zwar auch den Boden mehr oder weniger stark, werden jedoch als Teilverdrängungspfähle den Bohrpfählen und nicht den Vollverdrängern zugeordnet. Geräte- und Verfahrenstechnik bei den einzelnen Verdrängungspfahltypen sind ausführlich bei Buja [8.3] dargestellt. Hinweise zu Wartung und Kosten finden sich bei Schnell [8.28].

Fertigpfähle haben gegenüber Ortbetonverdrängungspfählen den Vorteil, daß durch die Vorfertigung in einem Werk eine gleichmäßigere Qualität gewährleistet ist und sofort nach dem Einbringen eine Belastung möglich ist. Nachteilig sind die vorgegebenen Längen, die manchmal zu kurz oder zu lang sind.

Rundholzpfähle haben heute nur noch eine untergeordnete Bedeutung. Sie werden z. B. für provisorische Bauten oder bei Gründungen, die ständig unter Wasser sind, eingesetzt. Holzpfähle weisen eine hohe Widerstandsfähigkeit gegen Säuren und aggressive Wässer auf.

Stahlbeton-Fertigrammpfähle können schlaff bewehrt sein oder aus Spannbeton gefertigt werden. Unterschiedliche Querschnittsformen sind zwar möglich (Bild 8.8), üblich sind jedoch quadratische Querschnitte mit Seitenlängen zwischen 25 und 40 cm. Die Pfahllängen können bis ca. 19 m betragen. Mittels bauaufsichtlich zugelassener Kupplungen können die Pfähle bei Bedarf verlängert werden. Besondere Vorschriften sind beim Beladen, Lagern und Aufnehmen der Pfähle zu beachten (s. Bild 8.8). Der Pfahlkopf muß beim Rammen geschützt werden, z. B. durch ein Weichholzfutter.

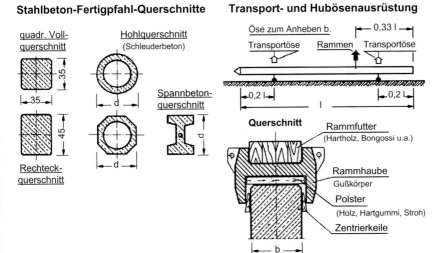

Bild 8.8
Querschnittsformen für Stahlbeton-Fertigrammpfähle, Rammhaube und Transportausrüstung (nach Buja [8.3])

Als Stahlrammpfähle kommen grundsätzlich alle handelsüblichen Profile in Frage. Bevorzugt werden jedoch IBP-Träger und Stahlrohre (Bild 8.9). Im Gegensatz zu Stahlbetonfertigpfählen können Stahlpfähle ohne Schwierigkeiten verladen, gelagert und gerammt werden. Durch Schweißverbindungen sind beliebige Verlängerungen möglich. Zur Verbesserung der Tragfähigkeit können Fußverstärkungen angebracht werden (Bild 8.9). Allerdings ist in diesen Fällen die Tragfähigkeit durch Probebelastungen nachzuweisen. Bereits vorliegende Ergebnisse dürfen bei vergleichbaren Verhältnissen übertragen werden. Weitere Einzelheiten siehe [8.3, 8.9, 8.26, 8.27].

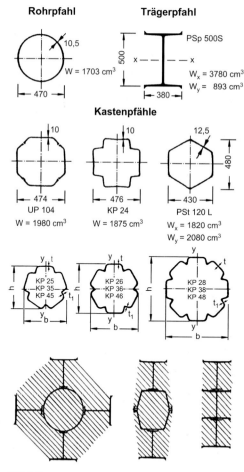

Bild 8.9
Verschiedene Stahlpfahl-Profile,
unten: Fußverstärkungen (nach Buja [8.3])

Ortbeton-Verdrängungspfähle können auf verschiedene Weise hergestellt werden:

– Durch Rammen oder Rütteln eingebrachte Pfähle werden allgemein als Ortbeton-Rammpfähle bezeichnet. Dazu gehören z. B. der Franki-Ortbeton-Rammpfahl und der Simplex-Ortbeton-Rammpfahl.
– Durch Drehen oder Drehen und Drücken hergestellte Pfähle werden als Verdrängungsbohrpfähle oder Schraubpfähle bezeichnet. Dazu gehört z. B. der Atlas-Pfahl der Firma Franki, der Fundex-Pfahl und der Tubex-Preß-Pfahl.
– Durch Drücken und Pressen eingebrachte Pfähle werden häufig für Nachgründungen oder Maßnahmen mit geringer Bauhöhe eingesetzt.

Nachfolgend werden beispielhaft einige Pfahlsysteme vorgestellt. Eine umfassende Übersicht ist bei Buja [8.3] zu finden.

Als Beispiel für Ortbeton-Rammpfähle sei der Franki-Pfahl stellvertretend näher erläutert. Der Pfahl wurde bereits Ende des vorherigen Jahrhunderts entwickelt. Das Rammrohr wird durch Innenrammung eingebracht, was sich vorteilhaft auf den Lärmpegel auswirkt. Die Pfahldurchmesser liegen zwischen 335 und 610 mm. Die Neigungen können bis 4 : 1 betragen. Die Arbeitsschritte bei der Herstellung gehen aus Bild 8.10 hervor.

Der Atlas-Pfahl gehört zu den Verdrängungsbohrpfählen. Die Herstellung wird in Bild 8.11 gezeigt.

- Phase 1
  Zunächst wird das Bohrrohr schraubenartig eingebohrt.
- Phase 2
  Nach Erreichen der Solltiefe wird der Bewehrungskorb eingesetzt.
- Phase 3
  Das Bohrrohr wird mit weichem KR-Beton gefüllt.
- Phase 4
  Herausschrauben, Ziehen des Rohres und Betonieren des Pfahls.
- Phase 5
  Pfahl fertiggestellt, Kapparbeiten und Aushub auf Sollhöhe.

8.2 Pfähle

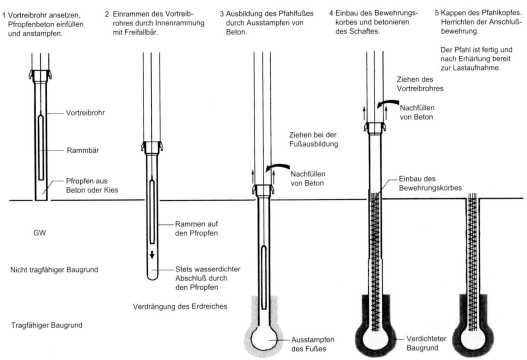

Bild 8.10
Arbeitsschritte bei der Herstellung des Franki-Ortbeton-Rammpfahls [8.3]

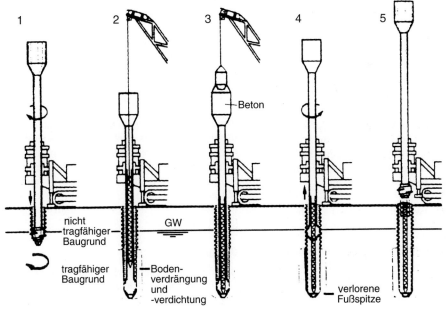

Bild 8.11
Herstellung eines Franki-Atlas-Pfahls (nach Firma Franki)

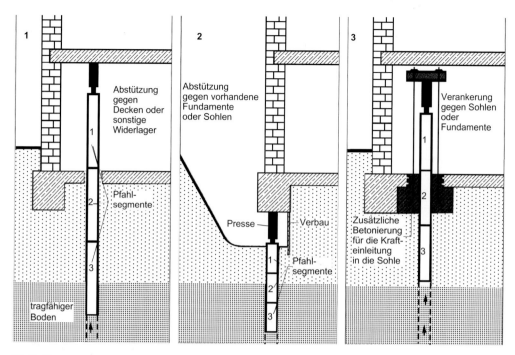

Bild 8.12
Anwendungsbeispiele für eingepreßte Verdrängungspfähle [8.3]

Der Pfahl kann wegen der erschütterungsfreien und geräuscharmen Herstellung in Wohngebieten, Kurgebieten sowie unmittelbar neben vorhandenen Gebäuden eingesetzt werden. Die Pfahldurchmesser liegen zwischen 41 und 56 cm. Neigungen bis 4 : 1 sind möglich.

Verwendungsbeispiele für eingepreßte Verdrängungspfähle sind in Bild 8.12 dargestellt.

Zu den **verpreßten Verdrängungspfählen** gehört der MV-Pfahl (Mantel-Verpreß-Pfahl). Verwendet wird der Pfahl überwiegend bei hohen Zugkräften und gleichzeitigen hohen Anforderungen an die Korrosionssicherheit.

Die Arbeitsphasen gehen aus Bild 8.13 hervor.

- Phase 1
  Während des Einbringens des Pfahls wird der entstandene Hohlraum fortlaufend mit Zementsuspension verfüllt, bei größeren Querschnitten auch Zugabe von Kies oder Splitt.
- Phase 2/3
  Nach Erreichen der Gründungssohle wird ein Stampfbeton hergestellt und durch die Abdichtglocke heruntergedrückt.
- Phase 4
  Verpressung mit 5 bis 15 bar.
- Phase 5
  Entfernung des eventuell überstehenden Betonpropfens und Herrichten des Pfahlkopfs.

Zu den Verdrängungspfählen zählen auch Fertigrammpfähle aus duktilen Gußeisenrohren, auch als Duktilpfahl bezeichnet. Duktilpfähle können mit und ohne Mantelverpressung hergestellt werden und sind besonders bei kleineren Maßnahmen wirtschaftlich. Einzelheiten sind bei Hettler [8.11] sowie bei Schmidt und Seitz [8.26] zu finden.

Bohrpfähle

Bei den Bohrpfählen wird ein Hohlraum im Untergrund hergestellt und anschließend gegen den anstehenden Boden in Ortbetonbauweise betoniert [8.3]. Durch verschiedene Maßnahmen wie z. B. eine Verrohrung oder Flüssig-

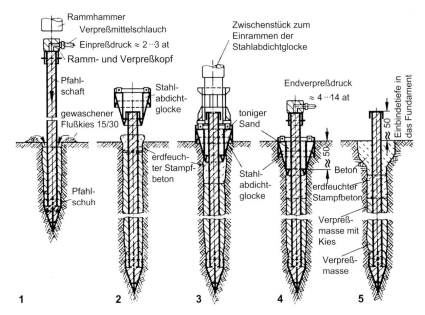

Bild 8.13
Arbeitsphasen bei der Herstellung eines Original-MV-Pfahls [8.3]

keitsdruck wird eine Auflockerung oder eine Bodenentspannung weitgehend verhindert. Es entsteht jedoch nicht die hohe Verspannungs- und Verdichtungswirkung wie bei Verdrängungspfählen.

Mit Endlosschnecken hergestellte Bohrpfähle sind je nach Geometrie der Bohrwerkzeuge im Übergangsbereich zu den Verdrängungspfählen einzuordnen. Beim Eindrehen und Ziehen der Schnecken wird ein geringer Teil des Bodens gefördert, so daß man von Teilverdrängern spricht, die im folgenden den Bohrpfählen zugerechnet werden.

Bohrpfähle sind üblicherweise rund mit Durchmessern zwischen 0,3 und 3 m und auch mehr. Sonderformen wie z. B. einzelne Schlitzwandelemente, sog. Barrettes, werden jedoch auch den Bohrpfählen zugeordnet [8.26].

Bohrpfähle können gut an Lasten und den Baugrund angepaßt werden, weil man in der Regel Einbindelängen in den tragfähigen Baugrund und Durchmesser in weiten Bereichen variieren kann. Ein Vorteil ist der zusätzliche Bodenaufschluß während des Bohrvorgangs. Allerdings entfällt die Kontrolle der Tragfähigkeit anhand des Einbringwiderstands wie z. B. bei Fertigrammpfählen. Bohrpfähle können auch mit Fußerweiterungen hergestellt werden. Durch die zunehmende Tendenz zu größeren Pfahldurchmessern haben Fußerweiterungen jedoch stark an Bedeutung verloren [8.3].

Von den insgesamt über 200 bekannten Pfahlsystemen umfassen etwa die Hälfte Bohrpfähle [8.3], so daß im folgenden nur stellvertretend einige Pfahltypen vorgestellt werden können. Eine ausführliche Darstellung von Geräten und Verfahren findet sich bei Buja [8.3] sowie Schmidt und Seitz [8.27].

Zunächst werden **verrohrte Bohrpfahlsysteme** behandelt. Bei kurzen Pfählen und relativ geringer Mantelreibung an der Verrohrung (lockere bis mitteldichte Sande und Kiese, weiche bis steife bindige Böden) wird vereinzelt noch verrohrt gebohrt, indem das Bohrrohr über eine statische Auflast, alternativ auch durch Einrütteln und Einrammen eingebracht wird. Der Bodenaushub kann z. B. über einen Seilbagger mit Bohrgreifer erfolgen (Bild 8.14). Dabei ist darauf zu achten, daß das Bohrrohr immer dem Aushub vorauseilt.

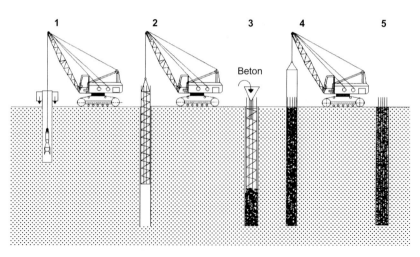

Bild 8.14
Bohrpfahlherstellung: Verrohrtes Bohren mit statischer Auflast (nach Buja [8.3])

Die Arbeitsphasen sind in Bild 8.14 zu erkennen:

- Phase 1
  Am Ansatzpunkt mit Bohrgreifer einen Voraushub vornehmen, Bohrrohr ansetzen, Belastungsgewicht anbringen und bis auf Sohltiefe abteufen; soweit erforderlich, Bohrrohr verlängern.

- Phase 2
  Säubern der Bohrlochsohle; falls vorgesehen, Bewehrungskorb einstellen.

- Phase 3
  Betonieren des Bohrpfahls (bei vorhandenem Grundwasser im Kontraktorverfahren).

- Phase 4
  Ziehen des Bohrrohrs; je nach Länge des Bohrpfahls ist ein Wechsel mit dem Betoniervorgang nötig. Abhängig von Länge und Schwierigkeitsgrad kann zum Ziehen ein leichter Vibrationsrüttler eingesetzt bzw. der Baggerausleger abgestützt werden.

- Phase 5
  Fertiger Pfahl, Kappen auf Sollhöhe.

Sobald die Mantelreibungskräfte am Bohrrohr groß werden, reichen die Kräfte aus statischer Last nicht mehr aus, um die Verrohrung einzubringen. In diesen Fällen kann eine hydraulische Verrohrungsmaschine eingesetzt werden (Bild 8.15). Das Greiferbohrverfahren mit hydraulischer Verrohrungsmaschine ist grundsätzlich für alle Bodenformationen geeignet, auch dort, wo sehr viel Meißelarbeit erforderlich ist. In unmittelbarer Nähe von Bebauungen sind die systembedingten Erschütterungen zu beachten. Übliche Pfahldurchmesser betragen zwischen 60 und 250 cm. Bohrtiefen sind bis ca. 70 m möglich. Bei eingeschränkter Höhe stehen Trägergeräte mit extrem kurzen Auslegern zur Verfügung. Je nach Gerätetyp genügen bereits Höhen von $\geq 4{,}65$ m [8.3].

Die Arbeitsphasen in Bild 8.15:

- Phase 1
  Ansetzen und Ausrichten der Verrohrungsmaschine, Einsetzen des 1. Bohrrohres und oszillierendes Eindrücken mit der Verrohrungsmaschine.

- Phase 2
  Bodenaushub im Greiferbohrverfahren und gleichzeitiges Nachsetzen der Bohrrohre und Verrohren; falls erforderlich, zusätzlich Meißeleinsatz.

- Phase 3
  Soweit erforderlich, Säubern der Bohrlochsohle, bei trockenen Bohrungen und entsprechendem Durchmesser Befahren der Bohrlochsohle zur Kontrolle. Einsetzen des Bewehrungskorbes, wenn vorgesehen.

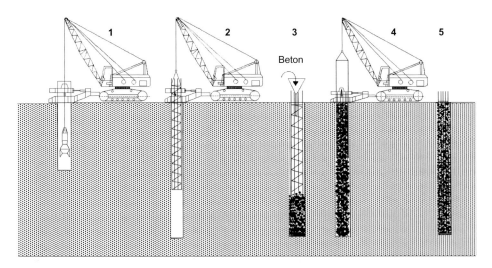

Bild 8.15
Bohrpfahlherstellung: Verrohrtes Bohren mit hydraulischer Verrohrungsmaschine (nach Buja [8.3])

- Phase 4
  Einbau der Beton-Schüttrohre bei Grundwasser, Betoneinbau und gleichzeitiges oszillierendes Ziehen der Bohrrohre. Der Betonüberstand muß nach DIN 4014 30 bis 50 cm betragen. Bei größeren Kapphöhen entstehen je nach Pfahldurchmesser erhebliche Kosten.
- Phase 5
  Fertiger Pfahl, Kapparbeiten, Umsetzen der Bohreinheit.

Das dominierende Pfahlherstellungssystem ist das Drehbohrverfahren. Heutzutage sind Durchmesser bis 300 cm und Bohrtiefen bis zu 80 m möglich. Eine Variante ist das Kelly-Drehbohren mit einer sogenannten Primärverrohrung, die direkt mit dem Kraftdrehkopf verbunden ist (Bild 8.16).

Die Arbeitsphasen in Bild 8.16:

- Phase 1
  Bohrgerät in Position bringen, Bohrrohranfänger aufnehmen und mit dem Kraftdrehkopf so weit wie möglich eindrehen.
- Phase 2
  Fördern des Bohrguts mit Bohrschnecke bzw. Bohreimer und Nachsetzen der Bohrrohre, evtl. Meißelarbeit.

Ergänzender Hinweis: Sofern mit Wasserüberdruck gerechnet werden muß, rechtzeitig für ausreichende Wasserauflast sorgen. Insbesondere bei bindigen Böden die Sogwirkung (Luftpumpenprinzip) vermeiden, die zum Grundbruch führen kann.

Gegenmaßnahmen: Beim Schneckenbohren den Andruck reduzieren und das Werkzeug oftmals anheben, damit der Boden nicht in die Wendeln gepreßt wird und so gegen die Rohrwandung sich vollkommen abdichtet. Es sind nur Bohreimer mit Entlüftungskanal zu verwenden.

- Phase 3
  Nach Säubern der Bohrlochsohle mit Bohreimer (glatte Schneide ohne Schneiden-Pilot) Einsetzen des Bewehrungskorbes.
- Phase 4
  Einbau des Betoniertrichters mit Führungsrohr bei trockener Bohrung, Einlassen der durchgehenden Betonierrohre für das Kontraktorverfahren, Betonieren des Bohrpfahls bei gleichzeitigem Drehen, Ziehen und Abbauen der Bohrrohre.
- Phase 5
  Fertigstellung des Pfahls und nach Betonabbindung Kappen des Pfahls auf Soll-Höhe.

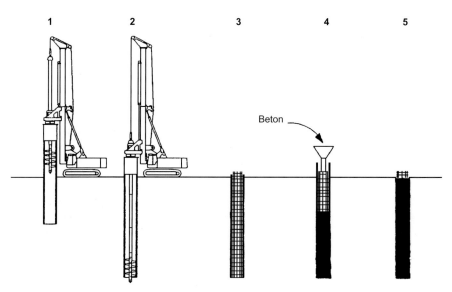

Bild 8.16
Bohrpfahlherstellung: Drehbohren mit Primärverrohrung (nach Buja [8.3])

Vorteile des Verfahrens sind hohe Bohrleistungen, große Bewegungsmöglichkeit und die Möglichkeit, unmittelbar neben vorhandenen Gebäuden zu bohren.

An Böschungen und in engen Baugruben hat das HW-Verfahren (nach Hochstrasser-Weise) Vorteile, weil die Verrohrung unabhängig vom Bohrbagger eingebracht wird. Der Aushub erfolgt mit üblichen Bohrgreifern und bei Hindernissen mit Meißeln. Typisch für das Verfahren ist das Abteufen der Verrohrung mit einer druckluftangetriebenen Drehschwinge (Bild 8.17).

Eine weitere Besonderheit ist das Ziehen der Verrohrung unter Kombination von Druckkraft und Schwingenwirkung, wodurch der Beton gut verdichtet wird. Bild 8.18 zeigt die Herstellungsphasen.

Die Arbeitsphasen in Bild 8.18:

- Phase 1
  Setzen des Führungsrohres mit einer speziellen Rammvorrichtung.
- Phase 2
  Absenken des eingestellten Bohrrohres durch Greiferaushub (soweit erforderlich, mit Meißeleinsatz) bei schlagender Schwinge.
- Phase 3
  Einbau des Bewehrungskorbes, Einbringung des Betons mit Fallrohr bei trockener Bohrung. Bei Wasserandrang wird der Beton über eine Druckluftschleuse oder mit Betonierrohr im Kontraktorverfahren eingebracht. Verschließen des Betonierrohres mit einem Sicherheitsdeckel, Beaufschlagung mit Druckluft und die Rückgewinnung des Bohrrohres bei gleichzeitiger Betätigung der Schwinge. Der unter Luftdruck stehende Beton tritt kontinuierlich am Rohrende aus und drückt des Bohrrohr hoch, das vom Bagger gehalten wird. Somit wird sichergestellt, daß die Betonsäule nicht abreißt und bei guter Verdichtung des Betons eine innige Verzahnung mit dem Boden erreicht wird.
- Phase 4
  Nachdem der Pfahl fertiggestellt ist, erfolgt nach dem Abbinden des Betons das Kappen und schließlich das Umsetzen der Geräte auf den nächsten Bohrpunkt.

Zu den **unverrohrten Bohrpfählen** zählt man:

- unverrohrte, flüssigkeitsgestützte Pfähle
- Schneckenbohrpfähle mit durchgehender Schnecke
- unverrohrte Pfähle in standfestem Boden

8.2 Pfähle

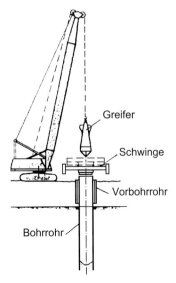

Bild 8.17
Geräte beim HW-Bohrverfahren [8.3]

Bei flüssigkeitsgestützten Pfählen übernimmt eine Flüssigkeit anstatt der Verrohrung die Stützung der Bohrlochwandung. Häufig werden Bentonitsuspensionen eingesetzt. Deshalb wird auch der Begriff suspensionsgestützte Bohrpfähle verwendet. Bei zügiger Herstellung ist in Ton- und Sandböden kein Abfall der Mantelreibung zu beobachten, so daß die Tragfähigkeitsangaben von DIN 4017 für verrohrt hergestellte Bohrpfähle auch bei Suspensionsstützung angewendet werden dürfen. Falls die Bohrung vor dem Betonieren länger als 10 Stunden mit Tonsuspension gefüllt ist, muß der Filterkuchen im Bereich der Krafteintragungslänge entfernt werden oder die Mantelreibung auf 2/3 der Tabellenwerte in DIN 4014 reduziert werden.

Das Verfahren ist vor allem bei größeren Durchmessern von Bedeutung. Dort lassen sich große Bohrleistungen erzielen. Nachteile sind

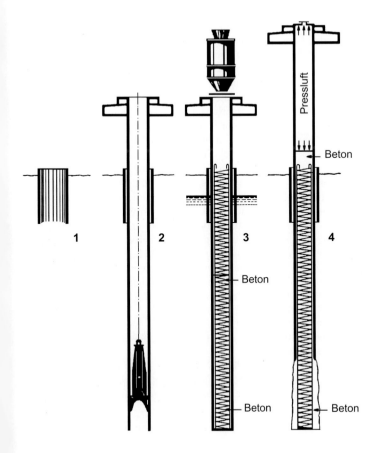

Bild 8.18
Bohrpfahlherstellung nach dem HW-Verfahren [8.3]

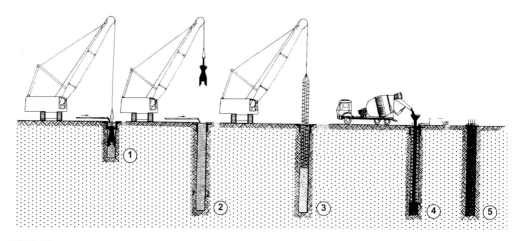

Bild 8.19
Bohrpfahlherstellung: Unverrohrtes Bohren mit Flüssigkeitsstützung (nach Buja [8.3])

die hohen Kosten für die Einrichtung der Bentonitaufbereitungsanlage sowie für das Bentonit selbst und dessen Entsorgung. Die Querschnittsformen sind beliebig. Die möglichen Durchmesser liegen zwischen 0,7 und 2,5 m bei Tiefen bis ca. 70 m. Bild 8.19 zeigt beispielhaft die Herstellung.

Die Arbeitsphasen in Bild 8.19:

- Phase 1
  Herstellen einer Leitwand oder Setzen eines Führungsrohres.

- Phase 2
  Abteufung der Bohrung mit Schlitzwandgreifer oder Bohrgreifer bis zur Endtiefe bei gleichzeitiger Stützung der Bohrlochwandung durch Bentonitsuspension.

- Phase 3
  Einstellen des Bewehrungskorbes.

- Phase 4
  Einbau der Betonschüttrohre und Betonieren im Kontraktorverfahren bei gleichzeitigem Abpumpen der vom Beton verdrängten Stützflüssigkeit. Die abgepumpte Bentonitsuspension wird über eine Regenerierungsanlage geleitet und dem Kreislauf wieder zugeführt.

- Phase 5
  Fertigstellung des Pfahls, Umsetzen des Geräts auf den nächsten Bohrpunkt, späteres Kappen des Pfahls.

Bei den Schneckenbohrpfählen mit durchgehender Schnecke unterscheidet man die Verfahren mit dünnem und mit dickem Seelenrohr. Bei beiden Methoden wird eine Endlosschnecke korkenzieherartig bis zur Endtiefe eingedreht. Andruck und Drehzahl der Schnecke müssen so gesteuert werden, daß die Schneckenwendel auf voller Länge gefüllt ist und damit eine Stützung der Bohrlochwandung gewährleistet wird. Das Gleiche gilt beim Ziehen der Schnecke unter gleichzeitigem Betonieren. Der wesentliche Unterschied bei dickem und bei dünnem Seelenrohr besteht in der Einbringung der Bewehrung. Bei dünnem Seelenrohr kann die Bewehrung nur nachträglich z.B. unter Einsatz von Rüttlern und einem Führungsträger eingebracht werden. Oft sind diese Pfähle unbewehrt oder erhalten nur eine Kopfbewehrung. Die Arbeitsabläufe bei dünnem Seelenrohr sind in Bild 8.20 dargestellt. Die üblichen Durchmesser liegen zwischen 400 und 1000 mm Schneckendurchmesser und einem Seelenrohr von 100–150 mm bei Längen bis etwa 40 m.

Die Arbeitsphasen in Bild 8.20:

- Phase 1
  Eindrehen der Endlosschnecke bei kontinuierlicher Bodenförderung.

- Phase 2:
  Einpressen von Beton durch das Seelenrohr

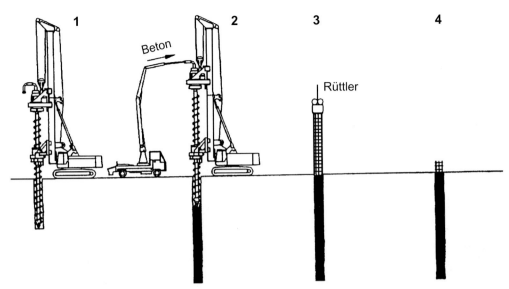

Bild 8.20
Bohrpfahlherstellung: Unverrohrt mit durchgehender Schnecke und dünnem Seelenrohr (nach Buja [8.3])

mittels Betonpumpe bei gleichzeitigem Ziehen der Bohrschnecke ohne Drehbewegung. Ziehgeschwindigkeit auf Betondruck und -menge abstimmen, um Fehlstellen und Einschnürungen zu vermeiden.

- Phase 3
  Einrütteln bzw. Eindrücken des mit entsprechenden Betonabstandhaltern versehenen Bewehrungskorbes (sofern vorgesehen).

- Phase 4
  Fertiggestellter Pfahl, Bohrgerät auf den nächsten Bohrpunkt umsetzen, Kappen des Pfahls nach Betonabbindung und Pfahlkopffreilegung.

Schneckenbohrpfähle mit dickem Seelenrohr gehören trotz der großen Verdrängungseffekte nicht wie Franki-Ortbeton-Rammpfähle oder Atlaspfähle zu den Vollverdrängern, weil eine Teilbodenförderung besteht. Bei leicht bohrbaren Böden haben Schneckenbohrpfähle die kostengünstigen Ortbeton- und Fertigrammpfähle vielerorts abgelöst. Ein Vorteil ist die praktisch erschütterungsfreie Herstellung, so daß der Pfahl auch unmittelbar neben vorhandenen Gebäuden und Anlagen hergestellt werden kann. Übliche Durchmesser liegen zwischen 420 und 640 mm bei Längen bis zu 40 m.

Wie bereits dargestellt, besteht der wesentliche Unterschied zu Schneckenbohrpfählen mit dünnem Seelenrohr darin, daß eine Bewehrung vor dem Betonieren eingebaut werden kann (Bild 8.21). Durch die Verdrängungseffekte und den hohen Druck beim Betonieren ergeben sich hohe Tragfähigkeiten, weshalb Pfahlprobebelastungen empfehlenswert sind. Durch nachträgliche Mantelverpressung können die Lasten noch zusätzlich gesteigert werden. Schneckenbohrpfähle können einzeln oder auch in Gruppen hergestellt werden und können auch für Bohrpfahlwände verwendet werden. Die Grenzen des Pfahls liegen bei festgelagerten Böden, Fels, Geröll und bei Hindernissen.

Die Arbeitsphasen in Bild 8.21:

- Phase 1
  Bohrgerät in Position bringen, Niederbringen der Verdrängerschnecke, bei Bedarf Verlängern der Bohrschnecke.

- Phase 2
  Trennen des Kraftdrehkopfes (KDK) von der Schnecke und Einbau des Bewehrungskorbes in das Seelenrohr.

Ergänzender Hinweis: Abstandhalter sind bei diesem Verfahren nicht erforderlich, da der

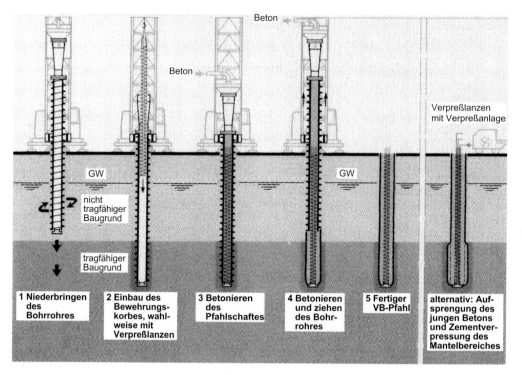

Bild 8.21
Bohrpfahlherstellung: Unverrohrt mit durchgehender Schnecke und dickem Seelenrohr (nach Buja [8.3])

Wendelüberstand eine ausreichende Betondeckung gewährleistet. Sofern eine Mantelverpressung vorgenommen werden soll, Verpreßlanzen in den Bewehrungskorb einbauen.

- Phase 3
  Verbindung zwischen KDK und Schnecke wiederherstellen und Betonieren des Pfahlschaftes über den Betonierkopf des KDK mit Betonpumpe.
- Phase 4
  Einpressen des Betons und Ziehen der Bohrschnecke ohne Drehbewegung.
- Phase 5
  Fertigstellung des Pfahls, Umsetzen des Bohrgerätes auf den nächsten Bohrpunkt, Kapparbeiten nach Freilegung des Pfahlkopfes.
- Phase 6
  Phase 6 kommt zur Anwendung, wenn eine Mantelverpressung vorgesehen ist.

Bei den unverrohrt hergestellten Pfählen in standfesten Böden kommen verschiedene Verfahren zum Einsatz. Zu beachten sind die Hinweise in DIN 4014.

Eine weitere Bohrpfahlvariante sind die sogenannten **VdW-Pfähle**. Das VdW (= Vor-der-Wand)-Verfahren bietet den Vorteil, daß gerätebedingt direkt neben Gebäuden abgebohrt werden kann, während bei gängigen Pfählen ein Arbeitsraum von 60–80 cm verloren geht. Es kommen verschiedene Drehbohranlagen mit Bohrdurchmessern zwischen 10 und 40 cm, Pfahllängen bis ca. 15 m und Neigungen von 5:1 zum Einsatz (Einzelheiten s. [8.3]).

Eine neue Entwicklung bei den Großbohrpfählen sind sogenannte **Energiepfähle**. Dieser Pfahltyp wird mit Wärmetauschleitungen ausgerüstet, so daß dem Untergrund Energie in Form von Wärme oder Kälte entzogen werden kann, die zu Heiz- oder Kühlzwecken genutzt werden kann. Einzelheiten s. Schmidt und Seitz [8.26].

Verpreßpfähle mit kleinem Durchmesser

Grundlage für die Planung, Herstellung und Beurteilung von Verpreßpfählen mit einem Durchmesser kleiner als 300 mm ist DIN 4128.

Es wird unterschieden zwischen

- Ortbetonpfählen mit einem Mindestdurchmesser von 150 mm und
- Verbundpfählen mit einem Mindestdurchmesser von 100 mm

Ortbetonpfähle haben eine durchgehende Längsbewehrung aus Betonstahl. Sie können mit Beton nach DIN 1045 oder mit Zementmörtel hergestellt werden. Verbundpfähle weisen ein vorgefertigtes Tragglied aus Stahl oder Stahlbeton auf. Häufig werden GEWI-Stäbe verwendet. Durch den Verpreßvorgang werden im Vergleich zum Durchmesser hohe Traglasten erzielt. Die Lastabtragung erfolgt fast ausschließlich über Mantelreibung. Eine Nachverpressung ist möglich. Bild 8.22 zeigt beispielhaft einige Verpreßpfahlsysteme.

Vorteile von Verpreßpfählen sind:

- geringe Setzungen
- unter beengten Verhältnissen herstellbar
- anpassungsfähig in der Länge und an die Baugrundverhältnisse

Nachteile sind:

- geringe Biegesteifigkeit
- große Sorgfalt bei der Herstellung erforderlich

Bevorzugtes Einsatzgebiet sind die Sanierung mangelhafter Gründungen sowie Unterfangungen (weitere Einzelheiten s. [8.2, 8.3, 8.9, 8.26–8.28]).

8.2.2 Tragfähigkeit in axialer Richtung

Allgemeines

Pfähle werden meistens senkrecht oder nur mit sehr geringer Neigung zum Lot hergestellt, so daß in der Regel die Tragfähigkeit in axialer Richtung mit der vertikalen Tragfähigkeit identisch ist.

Man unterscheidet zwischen innerer und äußerer Tragfähigkeit. Die innere Tragfähigkeit ergibt sich aus der Bemessung des Pfahlbaustoffs.

Maßgebend ist z.B. bei Stahlbeton DIN 1045. Wichtig sind aber auch die Bemessungshinweise zu den verschiedenen Pfahltypen in DIN 4026, DIN 4014 und DIN 4128. Knicken ist im allgemeinen nach DIN 1054 nicht zu untersuchen. Ausnahmen sind jedoch freistehende Pfähle und Pfähle in Weichböden. Nach DIN 4128 ist bei Verpreßpfählen ein Knicksicherheitsnachweis erforderlich, wenn die undränierte Kohäsion c_u unter 10 kN/m² liegt. Bei Bohrpfählen gemäß DIN 4014 liegt die Grenze bei $c_u \leq 15$ kN/m². Der Nachweis kann bei Bohrpfählen entfallen, wenn $c_u > 15$ kN/m² oder die Konsistenz $I_C > 0,25$ beträgt. Knickformeln für Pfähle sind z.B. bei Kolymbas [8.16] zusammengestellt.

Die äußere Tragfähigkeit hängt maßgeblich von dem anstehenden Boden oder Fels ab. Im allgemeinen darf die äußere Tragfähigkeit gemäß DIN 1054 und DIN 4026 nicht aufgrund erdstatischer Berechnungen bestimmt werden. Der Grund ist die starke Abhängigkeit der äußeren Tragfähigkeit vom Einbauverfahren, das durch rechnerische Modelle kaum nachvollzogen werden kann. Grundlage für die Bestimmung der Tragfähigkeit sind vielmehr Pfahlprobebelastungen und daraus abgeleitete Verfahren zur rechnerischen Ermittlung. Liegen keine Probebelastungen für eine geplante Baumaßnahme oder Probebelastungen aus vergleichbaren Verhältnissen vor, greift man in der Praxis meistens auf die Vorschläge von DIN 4014 für Bohrpfähle, DIN 4026 für Rammpfähle und DIN 4128 für Verpreßpfähle zurück. Für verschiedene Pfahlsysteme liegen auch Firmenangaben vor.

Die zulässigen Lasten ergeben sich unter Beachtung der Sicherheitsbeiwerte nach DIN 1054, die in Tabelle 8.1 zusammengestellt sind.

Die Tragfähigkeitsangaben sind je nach Bodenart an unterschiedliche Parameter gekoppelt. Bei nichtbindigen Böden greift man in der Regel auf Sondierwiderstände zurück. Die zuverlässigsten Korrelationen liefert der Sondierspitzendruck aus Drucksondierungen, die aber mehr oder weniger auf Sandböden beschränkt sind. Für die vielseitiger einsetzbare schwere Rammsonde (DPH) und den Standard-Penetration-Test (STP) werden in DIN 4014 näherungs-

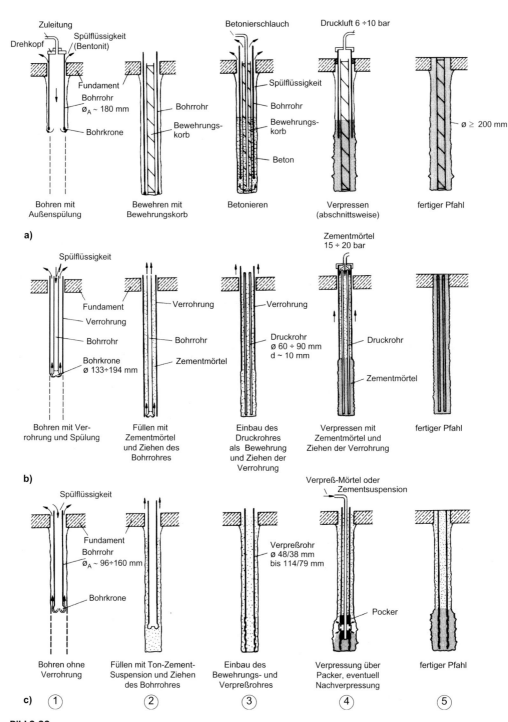

Bild 8.22
Systeme von Verpreßpfählen (nach Koreck [8.18])
a) Ortbetonpfahl, b) Verbundpfahl, c) Verbundpfahl mit Mehrfach-Verpreßsystem

Tabelle 8.1 Erforderliche Sicherheiten gegen Bruch nach DIN 1054

Pfahlart	Anzahl der unter gleichen Verhältnissen ausgeführten Probebelastungen	Sicherheit bei Lastfall 1	2 mindestens	3	Zeile Nr.
Druckpfähle	1	2	1,75	1,5	1
	≥2	1,75	1,5	1,3	2
Zugpfähle mit Neigungen bis 2:1	1	2	2	1,75	3
	≥2	2	1,75	1,5	4
Zugpfähle mit einer Neigung von 1:1	≥2	1,75	1,75	1,5	5
Pfähle mit größerer Wechselbeanspruchung (Zug u. Druck)	≥2	2	2	1,75	6

weise gültige Umrechnungsformeln angegeben. Zwischen dem Sondierspitzendruck q_c in MN/m² und der Schlagzahl N_{10} je 10 cm Eindringung bei der schweren Rammsonde gilt als Faustformel

$$q_c \approx N_{10} \qquad (8.1)$$

Die Umrechnung zwischen N_{30} aus dem Standard-Penetration-Test und q_c geht aus Tabelle 8.2 hervor.

Tabelle 8.2 Umrechnung zwischen dem Spitzendruck q_c in MN/m² der Spitzendrucksonde und der Schlagzahl N_{30} (Schläge je 30 cm Eindringung) beim Standard-Penetration-Test nach DIN 4014

Bodenart	q_c/N_{30}
Fein- bis Mittelsand Leicht schluffiger Sand	0,3 bis 0,4
Sand Sand mit etwas Kies	0,5 bis 0,6
Weitgestufter Sand	0,5 bis 1,0
Sandiger Kies Kies	0,8 bis 1,0

Tabelle 8.3 Näherungsweise angenommener Zusammenhang zwischen der Scherfestigkeit c_u und der Konsistenz I_C [8.26]

c_u in MN/m²	I_C
0	0,5
0,025	0,5
0,1	1
0,2	über 1

Bei bindigen Böden ist die undränierte Kohäsion der maßgebliche Kennwert, der z. B. in Triaxialversuchen im Labor bestimmt werden kann. Voraussetzung sind allerdings aus Bohrungen entnommene Sonderproben der Güteklasse 1. Indirekt darf c_u auch aus der Konsistenz bestimmt werden (s. Tabelle 8.3). Werden bei bindigen Böden Flügelsondierungen durchgeführt, müssen die Ergebnisse in Abhängigkeit von der Plastizitätszahl I_P abgemindert werden (Bild 8.23). In Fels ist der maßgebliche Parameter die einaxiale Druckfestigkeit q_u.

Neben der zulässigen Tragfähigkeit aus Grenzlasten sind auch die Pfahlsetzungen zu beachten. Entscheidend sind häufig weniger die Ma-

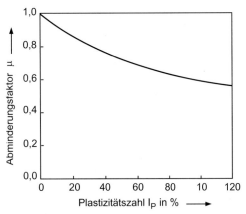

Bild 8.23
Abminderungsfaktoren μ bei Anwendung der Flügelsonde zur Bestimmung von c_u nach DIN 4014

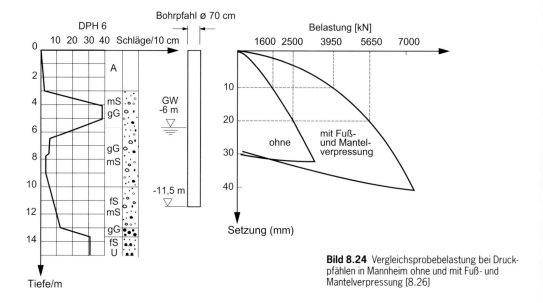

Bild 8.24 Vergleichsprobebelastung bei Druckpfählen in Mannheim ohne und mit Fuß- und Mantelverpressung [8.26]

ximalsetzungen s_{max}, sondern die Differenzsetzungen Δs. Erfahrungsgemäß darf man von folgenden Werten ausgehen [8.2, 8.9]:

$$\Delta s \approx \frac{1}{3} s_{max} \quad \text{bei Bohrpfählen} \quad (8.2\,a)$$

und

$$\Delta s \approx \frac{1}{4} s_{max} \quad \text{bei Rammpfählen} \quad (8.2\,b)$$

Rammpfähle zeigen wegen der Vergleichmäßigung des Bodens beim Einbringen ein etwas günstigeres Verhalten.

In der bisherigen Praxis verzichtet man bei Fertigrammpfählen nach DIN 4026 auf den Nachweis der Setzungen, die im Gebrauchszustand etwa zwischen 10 und 20 mm betragen. Zukünftig soll aber, wie bei Bohrpfählen nach DIN 4014 bereits üblich, auch bei Rammpfählen eine Last-Setzungslinie konstruiert werden (s. Franke [8.9]). Durch Mantel- und Fußverpressungen können die Setzungen reduziert, aber auch die Tragfähigkeit erhöht werden (Bild 8.24). Die Verminderung der Setzung ist vor allem bei setzungsempfindlichen Gebäuden auf Bohrpfählen von Bedeutung, weil Bohrpfähle in der Regel erst bei größeren Setzungen als bei Rammpfählen wirtschaftlich

werden. Bisher wurde eine ganze Reihe von Versuchen an mantel- und fußverpreßten Pfählen durchgeführt [8.9]. Allgemeine Angaben liegen jedoch noch nicht vor, so daß man im Einzelfall auf Probebelastungen angewiesen ist.

Bei Druck-Pfahlgruppen erhöhen sich in der Regel die Setzungen, wie das Beispiel von Skempton für Rammpfähle in Bild 8.25 zeigt. Gemäß DIN 1054, Abschnitt 5.2.3 müssen die zusätzlichen Setzungen aus Gruppenwirkung

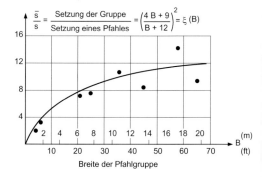

Bild 8.25
Gruppensetzungsfaktor ξ in Abhängigkeit von der Breite B etwa quadratischer Pfahlgruppen in Sand (nach Skempton aus [8.9])

8.2 Pfähle

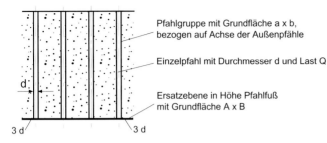

- Fläche $A \times B = (a + 2 \times 3d)(b + 2 \times 3d)$
- Mittlere Bodenpressung $\frac{\Sigma Q_i}{A \times B}$
- Setzung der Ersatzebene s_E berechnen
- Gesamtsetzung = $s_{Einzelpfahl} + s_E$

Pfahlgruppe mit Grundfläche a x b, bezogen auf Achse der Außenpfähle

Einzelpfahl mit Durchmesser d und Last Q

Ersatzebene in Höhe Pfahlfuß mit Grundfläche A x B

Bild 8.26
Beispiel zur Ermittlung der Setzung von Pfahlgruppen

berücksichtigt werden. In der Regel geht man dabei von einer gleichmäßig belasteten Ersatzebene in Höhe des Pfahlfußes aus (Bild 8.26). Bei ungleichmäßiger Lastverteilung muß man gegebenenfalls auch mit mehreren Einzelflächen rechnen. Zur Berücksichtigung der Gruppenwirkung genügt häufig der Setzungsnachweis. Doch kann in Einzelfällen (z. B. bei Pfahlrosten neben Geländesprüngen) gelegentlich auch der Nachweis einer ausreichenden Grundbruch-, Geländebruch- oder Gleitsicherheit notwendig sein (s. Erläuterungen zu DIN 1054 und Franke [8.9]).

Bei Zugpfahlgruppen sind gesonderte Betrachtungen notwendig. Hierbei ist zu beachten, daß bei engen Abständen die aufnehmbare Zugkraft durch das verfügbare Gegengewicht des Bodens begrenzt ist (Bild 8.27). Einzelheiten und Rechenvorschläge sind bei Franke [8.9] zu finden.

Bei zyklischen Schwell- und Wechselbelastungen kann bei großen Amplituden die Mantelreibung abnehmen und es zu Umlagerungen zur Pfahlspitze kommen. Es ist deshalb ratsam, in solchen Fällen die Mantelreibung vorsichtig anzusetzen (Einzelheiten s. Franke [8.9]).

Die theoretischen Grundlagen zur axialen Pfahltragfähigkeit sind ausführlich bei Franke [8.9] dargestellt. Dort finden sich auch Hinweise zur Berechnung der negativen Mantelreibung, wenn sich z. B. die Bodenschichten infolge Geländeauflast stärker als die Pfähle setzen.

Verdrängungspfähle

Angaben zur Tragfähigkeit von Verdrängungspfählen finden sich in den zur Zeit gültigen Normen nur in DIN 4026, die Fertigrammpfähle aus Holz, Beton und Stahl mit verschiedenen Querschnitten umfaßt. Die Werte in den Tabellen 8.4 (Holzpfähle), 8.5 (Betonpfähle) und 8.6 (Stahlpfähle) sind an eine Reihe von Voraussetzungen geknüpft.

Die Böden müssen ausreichend tragfähig sein, d. h. die Sondierspitzendrücke in nichtbindigen Böden müssen $q_c \geq 10$ MN/m^2 betragen. Bindige Böden müssen annähernd halbfeste Konsistenz aufweisen mit $I_C \approx 1,0$. Bei besonders tragfähigen Böden mit $q_c \geq 15$ MN/m^2 oder bindigen Böden mit fester Konsistenz dürfen die Tabellenwerte um 25 % erhöht werden. Weitere Voraussetzungen kommen hinzu. Die Mindesteinbindelänge muß 5 m betragen. Unterhalb der Pfahlspitze muß der tragfähige Baugrund bis zu der in Bild 8.28 angegebenen Tiefe anstehen.

Um die Pfähle vor Beschädigungen zu schützen, sind die in Bild 8.29 dargestellten Mindestabstände einzuhalten.

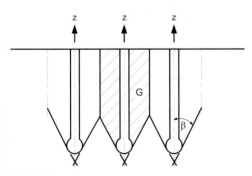

Bild 8.27
Begrenzung der aufnehmbaren Zugkraft durch das verfügbare Gegengewicht des Bodens [8.26]

Tabelle 8.4 Zulässige Druckbelastung von Rammpfählen aus Holz nach DIN 4026 (Zwischenwerte sind geradlinig einzuschalten)

Einbindetiefe in den tragfähigen Boden	Zulässige Belastung in kN[1] $d_{Fuß}$ in cm				
m	15	20	25	30	35
3	100	150	200	300	400
4	150	200	300	400	500
5	–	300	400	500	600

[1] 1 kN ≈ 0,1 Mp

Tabelle 8.5 Zulässige Druckbelastung von Rammpfählen mit quadratischem Querschnitt[2] aus Stahlbeton und Spannbeton nach DIN 4026 (Zwischenwerte sind geradlinig einzuschalten)

Einbindetiefe in den tragfähigen Boden	Zulässige Belastung in kN[1] Seitenlänge $a^{[2]}$ in cm				
m	20	25	30	35	40
3	200	250	350	450	550
4	250	350	450	600	700
5	–	400	550	700	850
6	–	–	650	800	1000

[1] 1 kN ≈ 0,1 Mp
[2] Gilt auch für annähernd quadratische Querschnitte, wobei für a die mittlere Seitenlänge einzusetzen ist.

Tabelle 8.6 Zulässige Druckbelastung von Rammpfählen aus Stahl nach DIN 4026 (Zwischenwerte sind geradlinig einzuschalten)

Einbindetiefe in den tragfähigen Boden	Zulässige Belastung in kN[1]				
	Stahlträgerpfähle[2] Breite oder Höhe in cm		Stahlrohrpfähle[3] Stahlkastenpfähle[3] d bzw. a in cm[4]		
m	30	35	35 bzw. 30	40 bzw. 35	45 bzw. 40
3	–	–	350	450	550
4	–	–	450	600	700
5	450	550	550	700	850
6	550	650	650	800	1000
7	600	750	700	900	1100
8	700	850	800	1000	1200

[1] 1 kN ≈ 0,1 Mp
[2] Breite I-Träger mit Höhe:Breite ≈ 1:1 z.B. IPB- oder PSp-Profile (vgl. „Stahl im Hochbau", Verlag Stahleisen mbH Düsseldorf; „Betonkalender", Verlag von Wilhelm Ernst & Sohn, Berlin-München; Grundbau-Taschenbuch, Band I, 2. Auflage, Verlag von Wilhelm Ernst & Sohn, Berlin-München 1966, Abschnitt 2.6; „Peiner Kastenspundwand, Peiner Stahlpfähle", Handbuch für Entwurf und Ausführung, 3. Auflage 1960).
[3] Die Tabellenwerte gelten für Pfähle mit geschlossener Spitze. Bei unten offenen Pfählen dürfen 90% der Tabellenwerte angesetzt werden, wenn sich mit Sicherheit innerhalb des Pfahles ein fester Bodenpfropfen bildet.
[4] d = äußerer Durchmesser eines Stahlrohrpfahles bzw. mittlerer Durchmesser eines zusammengesetzten, radialsymmetrischen Pfahles.
a = mittlere Seitenlänge von annähernd quadratischen oder flächeninhaltsgleichen rechteckigen Kastenpfählen.

Bei Zugpfählen darf eine zulässige Mantelreibung von 25 MN/m^2 angesetzt werden, insofern mindestens ausreichend tragfähige nichtbindige Böden oder annähernd halbfeste bindige Böden anstehen und keine nennenswerten Erschütterungen auf den Pfahl einwirken (weitere Einzelheiten s. DIN 4026).

Bei anderen Verdrängungspfahlsystemen kann man auf Firmenangaben zurückgreifen. Tabelle 8.7 zeigt zum Beispiel Anhaltswerte für die Traglasten von Franki-Ortbeton-Rammpfählen. Der Nachweis der Tragfähigkeit kann entweder über die sog. Norm-Rammarbeit erfolgen oder durch eine entsprechende Fußbemessung

8.2 Pfähle

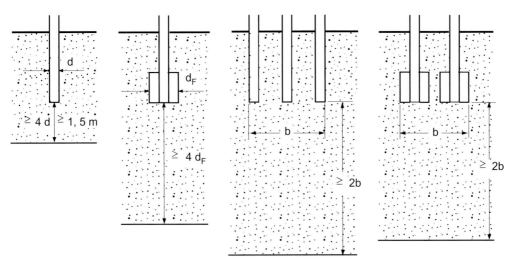

Bild 8.28
Erforderliche Tiefe des tragfähigen Baugrunds nach DIN 4026

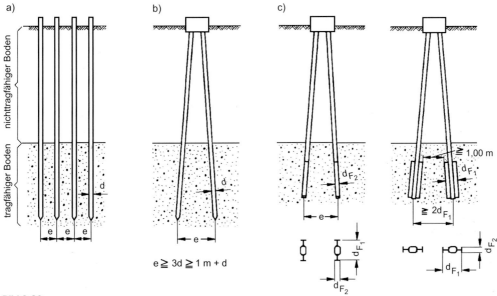

Bild 8.29
Mindestabstände nach DIN 4026
a) bei gleichgerichteten Rammpfählen
b) bei gespreizten Rammpfählen
c) bei gespreizten Rammpfählen mit angeschweißten Flügeln als Fußverstärkung

Tabelle 8.7 Tragfähigkeitstabellen von Ortbeton-Rammpfählen System Franki (aus [8.3])

Druckbelastung äußere Tragfähigkeiten					Zugbelastung äußere Tragfähigkeiten				
Vor-treib-rohr $\varnothing$	Gebrauchslast in nichtbindigen Böden		Gebrauchslast in halb-festen bindigen Böden		Vor-treib-rohr $\varnothing$	Gebrauchslast in nichtbindigen Böden		Gebrauchslast in halb-festen bindigen Böden	
	mit Norm-Rammarbeit	mit Fuß-bemessung	mit Norm-Rammarbeit	mit Fuß-bemessung		mit Norm-Rammarbeit	mit Fuß-bemessung	mit Norm-Rammarbeit	mit Fuß-bemessung
mm	kN	kN	kN	kN	mm	kN	kN	kN	kN
335	900	1000	900	1000	335	250	400	250	350
355	950	1100	950	1100	355	300	450	300	400
420	1350	1800	1350	1400	420	400	800	400	600
510	1600	2200	1600	1800	510	500	1100	500	750
560	2000	2800	2000	2200	560	560	1250	560	850
610	2400	3500	2400	2600	610	610	1400	610	1000

mit variabler Grundfläche und Höhe. Voraussetzung zum Erreichen der in Tabelle 8.7 angegebenen Lasten sind in der Regel mindestens mitteldichte nichtbindige Böden mit $q_c \geq 7$ MN/m^2 oder halbfeste bindige Böden. Die Ausgestaltung der Pfahlgeometrie erfolgt im Einzelfall und durch Vergleich mit Probebelastungen aus ähnlichen Verhältnissen. Ähnliche Traglasten lassen sich z. B. auch mit Simplex-Ortbeton-Rammpfählen erreichen (s. Buja [8.3]).

Die Angaben in Tabelle 8.8 beziehen sich auf den Atlas-Pfahl, ein Beispiel für einen Verdrängungsbohrpfahl. Voraussetzungen sind in der Regel mitteldichte Böden oder steife bis halbfeste bindige Böden und Eindrücklängen von 3–4 m in den tragfähigen Baugrund. Auch hier wird im Einzelfall der Nachweis der Tragfähigkeit durch einen Vergleich mit Probebelastungen geführt. Weitere Tragfähigkeitsangaben, z. B. zu Fundex-Pfählen und Tubex-Preß-Pfählen, sind bei Buja [8.3] zu finden.

Tabelle 8.8 Franki-Atlas-Pfahl: Tabelle der zulässigen Belastung (aus [8.3])

Technische Daten				
Pfahl-Nenn-$\varnothing$ in cm	41	46	51	56
D_s in mm	410	460	510	560
D_b in mm	510	560	610	660
zuläss. Belastung in kN	1000	1200	1400	1600

Bohrpfähle

Bohrpfähle dürfen nach DIN 4014 dimensioniert werden. DIN 4014 enthält Angaben zur Konstruktion von Widerstandsetzungslinien sowohl für nichtbindige als auch bindige Böden und deckt Pfahldurchmesser von 0,3 bis 3 m ab. Für Felsböden werden Bruchwerte für Spitzendruck und Mantelreibung ohne Kopplung an Setzungen angegeben.

Bei den Lockergesteinen hat man im Gegensatz zu Fertigrammpfählen die Setzungen mit einbezogen. Man stützt sich dabei auf die Erfahrung, daß sich abgesehen von lastempfindlichen, sehr steifen statisch unbestimmten Konstruktionen im Hoch- und im Industriebau ein zulässiges Setzungsmaß von 2–4 cm bei vorwiegend auf Spitzendruck tragenden Pfählen bewährt hat [8.9]. Das Verfahren nach DIN 4014 beruht auf der Auswertung von zahlreichen Probebelastungen an verrohrt und unverrohrt mit Stützflüssigkeit hergestellten Bohrpfählen. Wegen der unterschiedlichen Arbeitslinien trennt man in Spitzendruck und Mantelreibung. Während die Mantelreibung häufig schon bei 1 bis 2 cm voll aktiviert ist, kann der Spitzendruck je nach Pfahldurchmesser erst bei einigen Dezimetern seine volle Größe erreichen. Sowohl der Pfahlfußwiderstand Q_s als auch der Pfahlmantelwiderstand Q_r hängen von der Pfahlsetzung s ab. Beide zusammen ergeben den Gesamtwiderstand Q. Somit gilt:

$$Q(s) = Q_r(s) + Q_s(s) \qquad (8.3)$$

Der Pfahlmantelwiderstand wird bilinear modelliert, wobei die Grenzsetzung s_{rg} von der gesamten Mantelreibungskraft Q_{rg} im sog. Bruchzustand abhängt.

$$s_{rg} \text{ (in cm)} = 0{,}5\, Q_{rg} \text{ (in MN)} + 0{,}5 \leq 3 \text{ cm} \qquad (8.4)$$

8.2 Pfähle

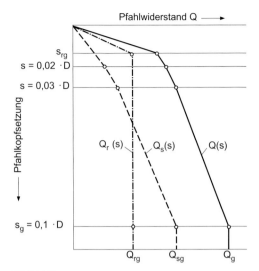

Bild 8.30
Konstruktion der Widerstandsetzungslinie nach DIN 4014

Der Pfahlfußwiderstand Q_s wird abschnittsweise durch Geraden simuliert, wobei die Grenzsetzung s_g bei 10% des Pfahldurchmessers D angesetzt wird. Bild 8.30 zeigt beispielhaft die Konstruktion der Widerstandsetzungslinie.

Für den Pfahlmantelwiderstand bei s_{rg} gilt

$$Q_{rg} = \Sigma A_{mi} \tau_{mf,i} \qquad (8.5)$$

mit:
A_{mi} Pfahlmantelfläche im Bereich der Bodenschicht i
$\tau_{mf,i}$ Bruchwert der Mantelreibung in der Bodenschicht i

Die Werte für τ_{mf} nach DIN 4014 gehen aus Tabelle 8.9 (nichtbindige Böden) und Tabelle 8.10 (bindige Böden) hervor.

Der Pfahlfußwiderstand $Q(s)$ berechnet sich aus

$$Q_s(s) = A_F \, \sigma_s(s) \qquad (8.6)$$

mit:
A_F Pfahlfußfläche
$\sigma_s(s)$ Pfahlspitzenwiderstand in Abhängigkeit von der bezogenen Pfahlkopfsetzung s/D

Tabelle 8.9 Bruchwert τ_{mf} der Mantelreibung in nichtbindigen Böden nach DIN 4014

Festigkeit des nichtbindigen Bodens bei einem mittleren Sondierspitzenwiderstand q_c MN/m²	Bruchwert τ_{mf} der Mantelreibung MN/m² [a]
0	0
5	0,04
10	0,08
≥ 15	0,12

[a] Zwischenwerte dürfen linear interpoliert werden.

Tabelle 8.10 Bruchwert τ_{mf} der Mantelreibung in bindigen Böden nach DIN 4014

Festigkeit des bindigen Bodens bei einer Kohäsion im undränierten Zustand c_u MN/m²	Bruchwert τ_{mf} der Mantelreibung MN/m² [a]
0,025	0,025
0,1	0,04
≥ 0,2	0,06

[a] Zwischenwerte dürfen linear interpoliert werden.

Die Pfahlspitzenwiderstände $\sigma_s(s)$ in Abhängigkeit von s/D können der Tabelle 8.11 (nichtbindige Böden) und 8.12 (bindige Böden) entnommen werden. Die Tabellenwerte sind an eine ganze Reihe von Voraussetzungen gebunden, die im einzelnen DIN 4014 zu entnehmen sind.

Die zulässigen Lasten ergeben sich durch Division der Maximallast aus der konstruierten Widerstandsetzungslinie mit den Sicherheitsfaktoren gemäß DIN 1054 in Tabelle 8.1, wobei für Druckpfähle Zeile 1 maßgebend ist. Zusätzlich sind die Setzungen auf Verträglichkeit zu prüfen, was im Einzelfall kleinere Lasten als nach dem Traglastkriterium ergeben kann. Bei nicht kreisförmigen Bohrpfählen (Schlitzwandelemente) sind die Abminderungsfaktoren nach DIN 4014 für die Spitzendrücke zu beachten, bei Pfahlgruppen gelten die Hinweise von DIN 1054.

Zugpfähle dürfen analog bemessen werden unter Beachtung von

$$s_{rgzug} = 1{,}3 \, s_{rg} \qquad (8.7)$$

Tabelle 8.11 Pfahlspitzenwiderstand σ_s in MN/m² in Abhängigkeit von der auf den Pfahl(fuß)durchmesser bezogenen Pfahlkopfsetzung s/D bzw. s/D_F und dem mittleren Sondierspitzenwiderstand in nichtbindigen Böden nach DIN 4014

Bezogene Pfahl-kopfsetzung s/D bzw. s/D_F	Pfahlspitzenwiderstand σ_s MN/m² [a] bei einem mittleren Sondierspitzen-widerstand q_c MN/m²			
	10	15	20	25
0,02	0,7	1,05	1,4	1,75
0,03	0,9	1,35	1,8	2,25
0,10 = s_g	2,0	3,0	3,5	4,0

[a] Zwischenwerte dürfen linear interpoliert werden. Bei Bohrpfählen mit Fußverbreiterung sind die Werte auf 75% abzumindern.

Tabelle 8.12 Pfahlspitzenwiderstand σ_s in Abhängigkeit von der auf den Pfahl(fuß)durchmesser bezogenen Pfahlkopfsetzung s/D bzw. s/D_F in bindigen Böden nach DIN 4014

Bezogene Pfahl-kopfsetzung s/D bzw. s/D_F	Pfahlspitzenwiderstand σ_s MN/m² [a] bei einer Kohäsion im undränierten Zustand c_u MN/m²	
	0,1	0,2
0,02	0,35	0,9
0,03	0,45	1,1
0,10 = s_g	0,8	1,5

[a] Zwischenwerte dürfen linear interpoliert werden. Bei Bohrpfählen mit Fußverbreiterung sind die Werte auf 75% abzumindern.

d. h. die Grenzsetzung ist bei Zugbelastung um 30% im Vergleich zur Druckbeanspruchung zu vergrößern.

DIN 4014 macht keine Aussage zur Wirkung von Mantel- oder Fußverpressungen. Anhaltswerte für Mantelreibung und Spitzendruck aus Probebelastungen in mitteldicht bis dicht gelagerten Sanden und Kiesen können Tabelle 8.13 entnommen werden. Die Angaben der Firma Bauer können jedoch nicht als allgemein verbindlich angesehen werden. Grundsätzlich müssen im Einzelfall bei Nachverpressungen Probebelastungen durchgeführt werden, falls keine Ergebnisse aus vergleichbaren Verhältnissen vorliegen.

Bruchwerte σ_{sf} für den Pfahlspitzenwiderstand und für die Mantelreibung τ_{mf} in Fels können Tabelle 8.14 entnommen werden. DIN 4014 geht dabei von der einaxialen Druckfestigkeit q_u des Gesteins aus (weitere Einzelheiten s. DIN 4014 und [8.26]).

Tabelle 8.14 Bruchwert σ_{sf} für den Pfahlspitzenwiderstand und für die Mantelreibung τ_{mf} im Fels in Abhängigkeit von der einaxialen Druckfestigkeit des Gesteins q_u nach DIN 4014

q_u MN/m²	σ_{sf} MN/m²	τ_{mf} MN/m²
0,5	1,5	0,08
5,0	5,0	0,5
20,0	10,0	0,5

Zwischenwerte dürfen linear interpoliert werden.

Tabelle 8.13 Mantelreibungs- und Spitzendruckwerte (nach Firma Bauer aus [8.3]) [a]

Variante / Setzung	Spitzendruck ohne Fuß-verpressung kN/m²	Spitzendruck mit Fuß-verpressung kN/m²	Spitzendruck mit Mantel-verpressung kN/m²	Mantel-reibung ohne Fuß-verpressung kN/m²	Mantel-reibung mit Fuß-verpressung kN/m²	Mantel-reibung mit Mantel-verpressung kN/m²
s = 10	650	1400	650	100	100	220
s = 20	1300	2000	1300	150	150	300
s = s_{grenz}	3500	4500	3500	150	150	300

[a] Die angegebenen Werte gelten nur bei einwandfrei gelungener Injektionsmaßnahme.

Verpreßpfähle mit kleinen Durchmessern

Verpreßpfähle mit Durchmessern <300 mm werden in DIN 4128 behandelt. Der Nachweis der äußeren Tragfähigkeit ist aufgrund von Pfahlprobebelastungen zu erbringen. Dazu sollen mindestens 2 Pfähle, jedoch wenigstens 3% aller Pfähle untersucht werden. Alternativ dürfen auch Ergebnisse von Probebelastungen unter vergleichbaren Verhältnissen herangezogen werden. Die Sicherheitsbeiwerte sind abweichend von DIN 1054 gemäß Tabelle 8.15 einzuhalten.

Tabelle 8.15 Sicherheitsbeiwerte η für Verpreßpfähle nach DIN 4128

Verpreßpfähle als		η bei Lastfall nach DIN 1054		
		1	2	3
Druckpfähle		2,0	1,75	1,5
Zugpfähle mit	0 bis 45° Abweichung zur Vertikalen	2,0	1,75	1,5
	80° Abweichung zur Vertikalen	3,0	2,5	2,0
Bei Zugpfählen sind die Werte zwischen 45 und 80° zu interpolieren				

Die vergleichsweise hohen Sicherheitsfaktoren bei stark geneigten Pfählen erklären sich dadurch, daß man ein ähnliches Sicherheitsniveau wie bei Verpreßankern nach DIN 4125 erreichen möchte, die eine Prüfung bei jedem Anker fordert, was bei Verpreßpfählen nicht der Fall ist.

Zur Beurteilung des Tragverhaltens unter Druckbelastung dürfen auch Zugversuche durchgeführt werden. Falls im Ausnahmefall keine Probebelastungen ausgeführt werden, darf mit den Grenzmantelreibungswerten der Tabelle 8.16 gerechnet werden. Spitzendruck

Tabelle 8.16. Grenzmantelreibungswerte für Verpreßpfähle nach DIN 4128

Bodenart	Druckpfähle MN/m^2	Zugpfähle MN/m^2
Mittel- und Grobkies	0,20	0,10
Sand und Kiessand	0,15	0,08
Bindiger Boden	0,10	0,05

darf dabei zusätzlich nicht angesetzt werden. Die Tabellenwerte liegen erfahrungsgemäß weit auf der sicheren Seite. Die zulässigen Mantelreibungswerte ergeben sich durch Teilen der Grenzwerte mit den Sicherheitsfaktoren aus Tabelle 8.15 (weitere Hinweise s. DIN 4128).

8.2.3 Aufnahme von Horizontallasten

Pfähle können auf verschiedene Weise horizontal belastet werden. Greifen Horizontalkräfte oder Momente an, spricht man auch von „aktiver" Horizontalbeanspruchung im Gegensatz zu „passiver" Beanspruchung bei Fließbewegungen weicher Böden um den Pfahl herum (Bild 8.31).

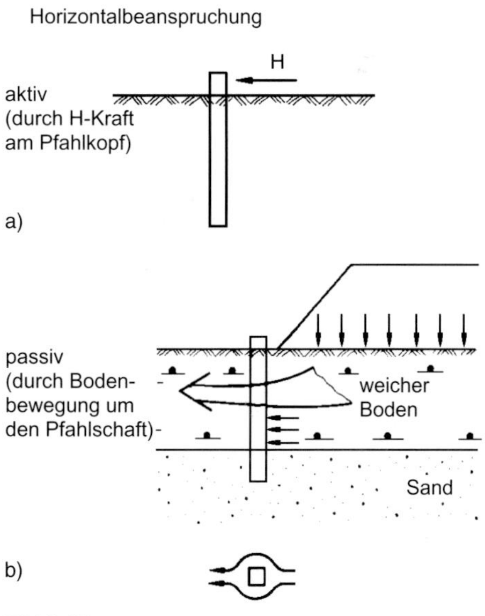

Bild 8.31
Definition der a) „aktiven" und b) „passiven" Horizontalbeanspruchung (nach de Beer aus [8.9])

Aktive Horizontalbeanspruchung

Bei dünnen Pfählen wie z. B. Fertigrammpfählen aus Beton werden Horizontallasten in der Regel über Schrägpfähle mit reiner Normalkraftbeanspruchung aufgenommen (Bild 8.32). Bei Bohrpfählen mit großen Durchmessern, die nur unter großen Schwierigkeiten geneigt hergestellt werden können, werden die Horizontalkräfte über seitliche Bettung in den Untergrund abgetragen (Bild 8.33).

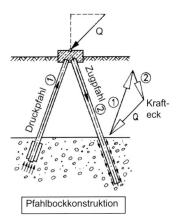

Bild 8.32
Abtragung von Horizontalkräften über Schrägpfähle [8.3]

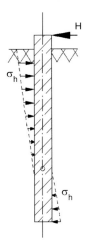

Bild 8.33
Abtragung von Horizontallasten über seitliche Bettung [8.3]

Die Berechnung horizontal belasteter Pfähle wird heute üblicherweise mit dem Bettungsmodulverfahren durchgeführt. Das Verfahren ist ausführlich in Abschnitt 6.2 erläutert, wobei sich Pfähle und Plattenbalken vom Grundsatz her bis auf die Randbedingungen und eventuell die Verteilung des Bettungsmoduls nicht unterscheiden. Lösungen wurden von verschiedenen Autoren erarbeitet (s. Franke [8.9]). Für den Fall eines über die Tiefe konstanten Bettungsmoduls sei auf die ausführliche Herleitung der Lösung bei Kolymbas [8.16] hingewiesen. Franke hat auf der Grundlage der Tafeln von Titze Pfahlkopfverschiebungen, Verdrehungen und Biegemomente in dimensionsloser Form dargestellt (Bild 8.34). Die Kurventafeln beziehen sich auf frei drehbare Pfahlköpfe unter Momenten- und Horizontalkraftbelastung, sowohl für konstanten Bettungsmodulverlauf als auch einen linear mit der Tiefe zunehmenden Bettungsmodul.

Die Annahme eines konstanten Bettungsmoduls trifft in etwa die Verhältnisse bei einem überkonsolidierten Tonboden, während bei einem Sandboden der Bettungsmodul eher linear mit der Tiefe zunimmt. Verschiebungen, Verdrehungen und Momente sind in Abhängigkeit des Parameters $\lambda = L/L_0$ dargestellt. Dabei bezeichnet L die Pfahllänge und L_0 die elastische Länge. Wie aus Bild 8.34 hervorgeht, nehmen ab $\lambda > 3$ die dargestellten Kurven einen konstanten Verlauf an. Das heißt, eine Pfahlverlängerung bringt ab $\lambda > 3$ keine Änderung des Tragverhaltens mehr mit sich. Dieser Grenzfall wird als sogenannter langer Pfahl bezeichnet (Franke [8.9]), bei dem das Fußende keine relevanten Verschiebungen mehr erfährt im Gegensatz zum sogenannten kurzen Pfahl. Ein weiterer Grenzfall sind starre Pfähle, die eine reine Drehbewegung mit vernachlässigbaren Durchbiegungen vollführen.

Die Ergebnisse in Bild 8.34 sind eher von theoretischem Interesse, weil man in der Praxis selten einen homogenen Baugrund antrifft. Bei Schichtung mit verschiedenem Bettungsmodul werden die Berechnungen heute mit numerischen Methoden durchgeführt. Wichtig ist die Begrenzung der Bettungsspannungen durch den passiven Erddruck mit k_p-Werten nach DIN 4085 (s. DIN 4014, Abschnitt 7.4.2). Franke [8.9] schlägt darüber hinaus vor, im LF 1 die k_p-Werte auf 50 % zu begrenzen.

Die Bestimmung des Bettungsmoduls ist ähnlich problematisch wie bei Flachgründungen. Als grobe Anhaltswerte sind die Angaben von Sturzenegger in Tabelle 8.17 einzuschätzen. Tatsächlich hängt der Bettungsmodul nicht nur von der Bodenart, sondern auch von den Pfahlabmessungen, der Pfahloberfläche sowie von Art, Größe und Dauer der Belastung ab. Aus diesem Grund fordert DIN 4017, daß Größe und Verteilung des Bettungsmoduls aus horizontalen Probebelastungen zu ermitteln sind, wenn eine aus der Tragwerksplanung vorgege-

8.2 Pfähle

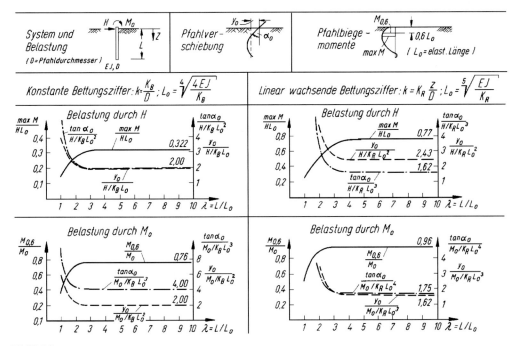

Bild 8.34
Dimensionslose Darstellung von Pfahlkopfverschiebung, -verdrehung und Biegebeanspruchung von Pfählen ohne Kopfeinspannung bei aktiver Horizontalbeanspruchung (entwickelt aus den Tafeln von Titze, nach Franke [8.9])

Tabelle 8.17
Anhaltswerte für den horizontalen Bettungsmodul (nach Sturzenegger aus Baldauf/Timm [8.2])

Baugrundverhältnisse	k_s [MN/m³]
Aufschüttung aus Humus, Sand, Kies	10 bis 20
leichter Torf- oder Moorboden	5 bis 10
schwerer Torf- oder Moorboden	10 bis 15
Lehmboden – naß – feucht – trocken – hart	 20 bis 30 40 bis 50 60 bis 80 100
angeschwemmter Sand Feinkies, stark feinsandig Mittel- bis Grobkies, grobsandig Grobkies, schwach grobsandig, sehr dicht	10 bis 15 80 bis 100 120 bis 150 200 bis 250

bene Horizontalverschiebung oder Winkelverdrehung des Pfahlkopfes nicht überschritten werden darf. Aber auch dieser Weg ist wegen der Nichtlinearität des Bodens nur begrenzt genau. Eine weitere Schwierigkeit ergibt sich dadurch, daß Probepfähle meistens frei drehbare Pfahlköpfe aufweisen aber in Wirklichkeit die Pfahlköpfe eingespannt oder teilweise eingespannt sind.

Sofern es nur auf die hinreichend zutreffende Ermittlung der Biegemomente ankommt, darf der Bettungsmodul k_s gemäß DIN 4014 aus der Gleichung

$$k_s \approx \frac{E_s}{D} \qquad (8.8)$$

ermittelt werden. Dabei bezeichnet E_s den Steifemodul (s. Abschnitt 2.4.6) und D den Pfahldurchmesser. Bei D > 1 m darf mit D = 1 m gerechnet werden. Der Anwendungsbereich ist auf maximal 2 cm Verschiebung oder 3% des Durchmessers begrenzt, wobei der kleinere Wert maßgebend ist.

Für Sande und Kiese hat Terzaghi den Vorschlag

$$k_s = k_R \frac{z}{b} \qquad (8.9)$$

unterbreitet, wobei k_R einen Hilfswert (s. Tabelle 8.18), z die Tiefe und b die Pfahlbreite bezeichnet. Im Grundwasser sind 60% der k_R-Werte in Tabelle 8.18 anzusetzen. Gleichung 8.9 deckt sich relativ gut mit nichtlinearen Bettungsansätzen (s. Hettler [8.12]).

Tabelle 8.18 k_R-Werte nach Terzaghi für linear mit der Tiefe zunehmenden Bettungsmodul aus [8.9]

Sondierspitzendruck q_c (MN/m^2)	k_R (MN/m^3)
5 ... 10	2,0
10 ... 15	6,5
> 15	18,0

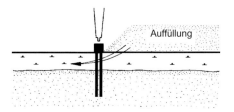

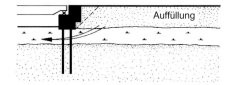

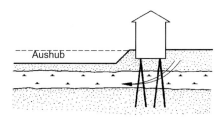

Bei stoßartiger Belastung im Sinne von Anprall darf näherungsweise der Bettungsmodul mit den 3 fachen Werten angesetzt werden (s. DIN 4014). Unter Schwell- und Wechselbelastung nimmt k_s ab (vgl. Schmidt [8.24] und Hettler [8.12]).

In Pfahlgruppen tragen die einzelnen Pfähle auch bei gleichen Pfahlkopfverschiebungen nicht dieselben Lastanteile. Ein Berechnungsvorschlag zur Verteilung der Lasten findet sich in DIN 4014 Abschnitt 7.4.3.

Bild 8.35
Häufige Schadensfälle aus passivem Seitendruck auf Pfähle [8.9]

Passive Horizontalbeanspruchung

Passive Horizontalbeanspruchungen aus Fließdruck treten vorwiegend bei weichen marinen Sedimenten wie dem norddeutschen Klei oder den Seetonen Süddeutschlands auf, wenn Aufschüttungen Bodenbewegungen verursachen und gleichzeitig die Pfähle durch Bauwerke oder festere Schichten festgehalten werden (Bild 8.35). Die rechnerische Erfassung ist ziemlich schwierig. Häufig wird der Fließdruck nach Wenz [8.30] oder nach Winter [8.31] abgeschätzt. Zu dieser Frage hat die damalige Deutsche Gesellschaft für Erd- und Grundbau (heute Deutsche Gesellschaft für Geotechnik) eine Empfehlung herausgegeben [8.8]. Dort sind Einzelheiten der Berechnung festgelegt. Wegen der starken Unsicherheiten in den Rechenmodellen ist zu überlegen, ob nicht die Wirkung des Fließdrucks durch konstruktive Maßnahmen wie Bodenaustausch, Vorbelastungen oder Abschirmkonstruktionen eingeschränkt oder verhindert werden kann [8.8, 8.9].

8.2.4 Probebelastungen und Prüfung von Pfählen

Gemäß DIN 1054 soll die äußere Tragfähigkeit bei axialer Beanspruchung aus Pfahlprobebelastungen ermittelt werden. In der Regel werden statische Pfahlprobebelastungen durchgeführt. Daneben stehen auch dynamische Verfahren zur Verfügung, die vergleichsweise kostengünstiger sind, aber sehr viel mehr Erfahrung als statische Methoden erfordern. Die modernen Auswerteverfahren, die auf der Theorie der Wellenausbreitung basieren, sind wesentlich zuverlässiger als die früher üblichen Rammformeln, die in Verbindung mit Fertigrammpfählen häufig verwendet wurden. Bei Einsatz entsprechender Fallgewichte kann mit dynamischen Methoden auch die Tragfähigkeit eines Bohrpfahls abgeschätzt werden. Besonders vorteilhaft ist die Kombination eines statischen mit mehreren dynamischen Versuchen. Dadurch kann bei hoher Zuverlässigkeit der Aussagen mit relativ geringem Aufwand eine große Zahl von Pfählen geprüft werden. Werden verhältnismäßig kleine Signale z. B. durch Hammerschlag aufgebracht, kann im Rahmen einer „Low-Strain"-Prüfung die Integrität eines Pfahls geprüft werden. Als zerstörungsfreie Prüfmethode der Integrität eignen sich auch Ultraschallmessungen [8.26].

Horizontale Probebelastungen sind weniger aufwendig und dann erforderlich, wenn die Horizontalverschiebungen mit hoher Genauigkeit bestimmt werden sollen.

Axiale statische Probebelastungen

Axiale Probebelastungen sind vor allem bei Großbohrpfählen relativ teuer und lohnen in der Regel nur dann, wenn bei entsprechend großen Bauwerken durch ein günstigeres Tragverhalten entsprechende Einsparungen möglich sind. Die Pfahlgeometrie, Lasten und Herstellverfahren sollen beim Probepfahl und den späteren Bauwerkspfählen möglichst identisch sein, damit die Vergleichbarkeit gegeben ist. Soll die Dimensionierung der Bauwerkspfähle an die Ergebnisse der Probebelastung angepaßt werden, muß die Probebelastung in der Regel vor Ausführung des Bauwerks durchgeführt werden, was häufig zeitlich nicht immer einfach ist. Bei Probebelastungen an Gründungspfählen darf die Integrität und die Gebrauchstauglichkeit nicht in unzulässigem Maß verändert werden. Planung, Messung und Versuchsdurchführung sind ausführlich in den Empfehlungen des Arbeitskreises der damaligen Gesellschaft für Erd- und Grundbau (DGEG) „Statische axiale Probebelastungen von Pfählen" dargelegt [8.20]. Im folgenden werden nur einige allgemeine Gesichtspunkte erläutert.

Bei Druckbelastungen ist die Erstellung eines Widerlagers für die Zugbelastung der Reaktionskräfte verhältnismäßig aufwendig. Gebräuchlich als Widerlagerkonstruktion sind z. B. Preßkronen mit Verpreßankern und Traversen in Verbindung mit Zugpfählen (Bild 8.36).

Anker oder Reaktionspfähle müssen einen genügend großen Abstand aufweisen, um die Ergebnisse nicht zu verfälschen (Bild 8.36).

Spitzendruck und Mantelreibung sollten wegen der unterschiedlichen Arbeitslinien getrennt erfaßt werden. Die früher übliche und kostengünstige Methode, zunächst eine Druckbelastung durchzuführen und anschießend in einen Zugversuch die Mantelreibung zu erfassen, verfälscht die Ergebnisse und kann nicht empfohlen werden. Wie Messungen zeigen, fällt die Mantelreibung bei dieser Vorgehensweise im Zugversuch ab, so daß der Spitzendruck überschätzt wird [8.9]. Anzuraten ist deshalb eine Erfassung des Spitzendrucks mit elektrischen oder hydraulischen Druckmeßdosen. Die Längskraft kann durch verschiedene Systeme indirekt gemessen werden, z. B. durch Dehnungsmeßstreifen, die an der Bewehrung angebracht sind, oder durch Extensometer. Die Meßsysteme erfassen die Änderung der Verschiebungen.

Daraus läßt sich unter Kenntnis des Pfahlquerschnitts und des Pfahl-E-Moduls die Längskraftentwicklung berechnen. Bild 8.37 zeigt ein typisches Meßergebnis für Spitzendruck und Mantelreibung aus einer Probebelastung an einem Großbohrpfahl mit 1,2 m Durchmesser und 10,5 m Länge [8.25]. Durch entsprechende Anordnung der Meßgeber kann die Entwicklung der Mantelreibung in unterschiedlichen Tiefen erfaßt werden.

Bei Zugpfählen ist die Widerlagerkonstruktion wesentlich einfacher, wie aus Bild 8.38 hervorgeht.

Horizontale statische Probebelastungen

Horizontale Probebelastungen können wesentlich einfacher als axiale durchgeführt werden. Z. B. können zwei Pfähle, die eng benachbart sind, durch eine Presse auseinandergedrückt werden (Bild 8.39). Bei größerem Abstand können die Pfahlköpfe über ein Spannglied zusammengezogen werden, wenn eine gegenseitige Beeinflussung der Pfähle nicht zu befürchten ist. Nach Schmidt [8.24] genügt in vielen Fällen die Messung der Pfahlkopfverschiebung mit einer Meßuhr und der Pfahlkopfverdrehung mit einem Nivelliergerät zur hinreichenden Beurteilung des Tragverhaltens.

Die gesamte Biegelinie kann durch Neigungsmesser, sog. Inklinometer, erfaßt werden, wenn in den Pfahlschaft ein Führungsrohr einbetoniert wird. Biegemomente können durch Dehnungsmeßstreifen gemessen werden. Bild 8.40 zeigt ein Beispiel, wie durch Rückrechnung unter Annahme verschiedener Bettungsmoduli die Biege- und die Momentenlinie gut nachgerech-

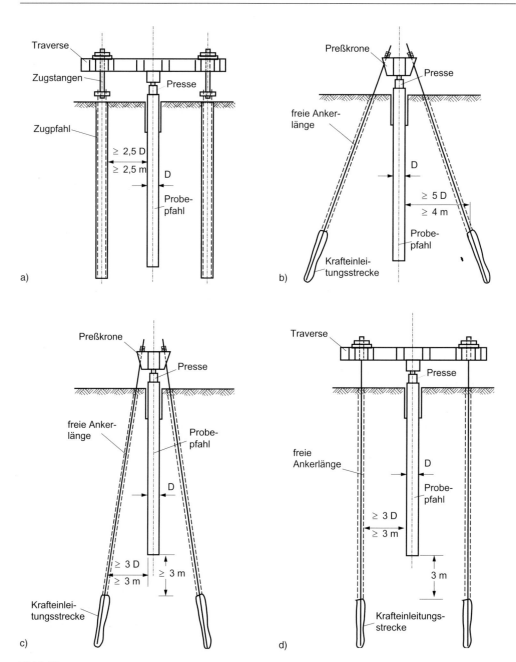

Bild 8.36
Widerlagerkonstruktionen und Mindestabstände zwischen der Belastungseinrichtung und dem Probepfahl [8.20]
a) Traverse und Zugpfähle
b) sternförmig angeordnete, gespreizte Verpreßanker mit hochliegenden Krafteinleitungsstrecken
c) sternförmig angeordnete, gespreizte Verpreßanker mit tiefliegenden Krafteinleitungsstrecken
d) parallel zum Probepfahl angeordnete Verpreßanker mit tiefliegenden Krafteinleitungsstrecken

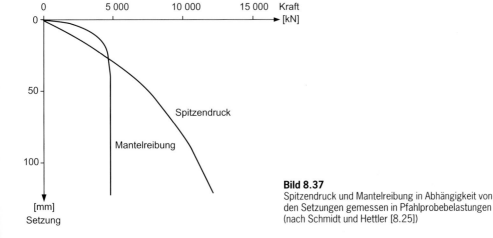

Bild 8.37
Spitzendruck und Mantelreibung in Abhängigkeit von den Setzungen gemessen in Pfahlprobebelastungen (nach Schmidt und Hettler [8.25])

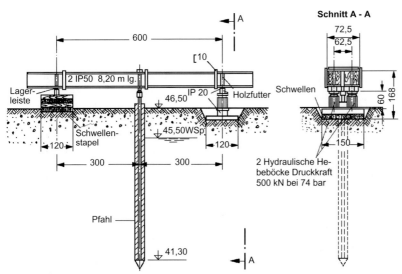

Bild 8.38
Belastungseinrichtung der Fa. Bilfinger + Berger Bauaktiengesellschaft für einen RV-Zugpfahl [8.26]

net werden können. Weitere Einzelheiten siehe Schmidt [8.24] und Franke [8.9].

Dynamische Pfahlprüfungen

Die älteste dynamische Pfahlprüfung beruht auf Rammformeln, die bis ins 18. Jahrhundert zurückreichen. Die Idee besteht darin, daß die Energie eines Rammbären gleichgesetzt wird mit der Arbeit, die ein Rammpfahl beim Eindringen in den Boden verrichtet. Wie die Praxis gezeigt hat, weist das mechanische Modell Schwachpunkte auf. Rammformeln sollten deshalb an statischen Probebelastungen geeicht werden, um einigermaßen zuverlässige Vorhersagen für die Tragfähigkeit liefern zu können. Ausführliche Beispiele sind bei Franke [8.9] zu finden.

Die neuen Prüfverfahren beruhen nicht auf einer Energiebilanz sondern auf der Theorie der Wellenausbreitung. Beim CAPWAP (Case Pile Wave Analysis Program)-Verfahren wird der zu prüfende Pfahl durch ein diskretes Mo-

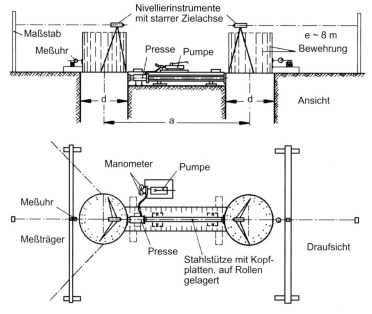

Bild 8.39
Versuchseinrichtung für eine horizontale Probebelastung an Bauwerkspfählen mit einfacher Meßvorrichtung [8.26]

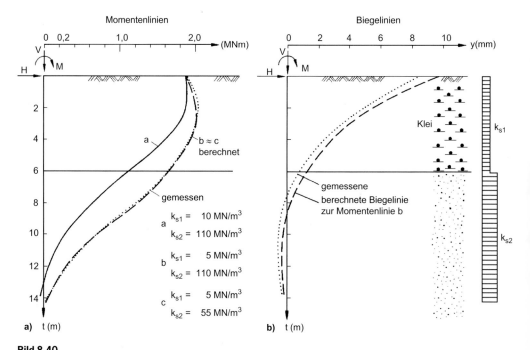

Bild 8.40
Ermittlung angemessener Bettungsmoduli k_{s1} und k_{s2} im 2-Schichten-Fall für gemessene Biege- und Momentenlinien eines Pfahles unter aktiver Horizontalbeanspruchung (nach Franke [8.9])

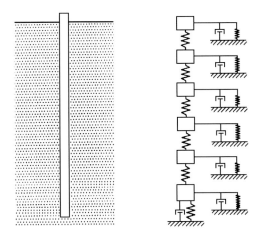

Bild 8.41
Ersetzung des Pfahls durch ein diskretes Modell aus Massen, Federn, Dämpfern und Reibungselementen (nach Kolymbas [8.16])

dell aus Massen, Federn, Dämpfern und Reibungselementen ersetzt (Bild 8.41).

Am Pfahlkopf werden die Geschwindigkeit über einen Geschwindigkeitsgeber und die Dehnung mit einem Dehnungsmeßstreifen in Abhängigkeit der Zeit gemessen, und aus der Dehnung der Kraftverlauf am Pfahlkopf berechnet (Bild 8.42). Die freien Konstanten werden mit Hilfe eines Programms solange variiert, bis eine möglichst gute Übereinstimmung zwischen gemessenen und prognostizierten Signalen besteht. Die Eindeutigkeit der Lösung kann aller-

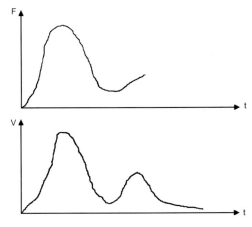

Bild 8.42
Aufzeichnungen der Kraft und der Geschwindigkeit am Pfahlkopf [8.16]

dings mathematisch nicht nachgewiesen werden [8.17]. Als Ergebnis der CAPWAP-Analyse ergibt sich die statische Lastsetzungskurve sowie die Verteilung der Mantelreibung. Das Verfahren liefert zwar eine Grenzlast, die jedoch nicht identisch sein muß mit der tatsächlichen Tragfähigkeit. Die angegebene Grenzlast ist eine untere Schranke, die aufgrund der Pfahlbewegungen unter dem Schlag nachgewiesen wurde.

Das Verfahren ist ausführlich von Klingmüller in [8.26] beschrieben. Mit den dynamischen Prüfmethoden hat sich auch der Arbeitskreis 5 der DGEG beschäftigt und eine Empfehlung zusammengestellt [8.10]. Dynamische Prüfverfahren eignen sich für verschiedene Bereiche. Bei Rammpfählen kann durch Messungen während des Rammens die Tragfähigkeit ermittelt werden. Außerdem ist es möglich, mit Hilfe von Messungen den Rammvorgang aus rammtechnischer Sicht zu optimieren, z. B. im Hinblick auf Drehzahl und Unwucht [8.26].

Bei Bohrpfählen muß im Unterschied zu Rammpfählen zur Vorhersage der Tragfähigkeit eine spezielle Belastungseinrichtung eingesetzt werden.

Üblicherweise werden Freifallgewichte von 5, 10 oder gar 20 t verwendet. Mit Fallhöhen von 2 bis 4 Metern können Stoßkräfte in der Größenordnung von bis zu 50 MN erzeugt werden [8.26].

Interessiert nicht die gesamte Last-Setzungskurve, sondern nur die Grenzlast Q_g, kann nach einem Verfahren von Kolymbas aus dem Geschwindigkeitsverlauf am Pfahlkopf (Bild 8.42) Q_g abgeschätzt werden mit der Gleichung

$$Q_g \approx Z \left(v_1 - \frac{1}{2} v_2 \right) \qquad (8.10)$$

Dabei bezeichnen v_1 und v_2 die ersten beiden Maxima in der $v(t)$-Kurve in Bild 8.42 und

$$Z = \frac{A \cdot E}{c} \qquad (8.11)$$

die Impedanz des Pfahlquerschnitts

mit:
A Pfahlfläche
E E-Modul des Pfahlbaustoffs
c Wellengeschwindigkeit, Materialkonstante
 mit $c_{Beton} = 3{,}5 \div 4{,}5$ m/ms, $c_{Stahl} = 5{,}7$ m/ms

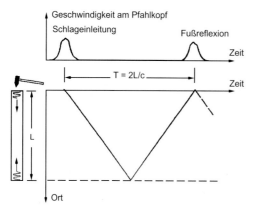

Bild 8.43
Ort-Zeit-Zusammenhang bei der Stoßprüfung
(nach Klingmüller aus [8.26])

Die Integrität von Ortbeton-Pfählen und Fertigbeton-Rammpfählen kann mit Hilfe der sog. „Low-Strain"-Prüfung nach den Empfehlungen des Arbeitskreises 5 der DGEG [8.10] nachgewiesen werden. Mit Hilfe eines Hammers z. B. wird ein Signal am Pfahlkopf aufgebracht. Hat der Pfahl über die Tiefe eine konstante Impedanz nach Gleichung 8.11, so erscheint die erste Reflexion des Signals am Pfahlfuß eines Pfahls der Länge L wieder am Pfahlkopf zur Zeit 2 L/c (Bild 8.43).

Vergrößerungen oder Einschnürungen des Pfahlquerschnitts führen zu Impedanzänderungen und zu Abweichungen beim gemessenen Geschwindigkeits-Zeitverlauf am Pfahlkopf (Bild 8.44). Auf diese Weise kann die Tiefenlage von Fehlstellen ziemlich genau lokalisiert werden. Allerdings sind keine Aussagen zu der Länge von Fehlstellen oder zur Lage innerhalb eines Querschnitts möglich. Eine ausführliche Beschreibung findet sich bei Klingmüller in [8.26].

8.2.5 Konstruktive Ausbildung

Pfähle sollten möglichst nahe an Krafteinleitungspunkten angeordnet werden. Kraftumleitungen sollten aus konstruktiven und wirtschaftlichen Gründen vermieden werden. Bei Einzellasten sollten die Pfähle direkt darunter hergestellt werden. Falls ein Einzelpfahl wegen der Lastgröße nicht ausreicht, sollte eine Pfahlgruppe im Lastschwerpunkt angeordnet werden. Eine gleichmäßige Pfahlverteilung ist unter Streifen- und Flächenlasten günstig, weil dadurch in der Regel ein gleichmäßiges Tragverhalten erwartet werden kann [8.29].

Darüber hinaus sind bei verschiedenen Pfahltypen einige Besonderheiten zu beachten.

Fertigrammpfähle nach DIN 4026

Stahlbetonfertigrammpfähle werden meistens mit quadratischem Querschnitt hergestellt. Die erforderlichen Querschnittsabmessungen hängen unter anderem auch von der Pfahllänge ab. Als Richtwerte können die Angaben in Tabelle 8.19 verwendet werden [8.2].

Tabelle 8.19 Richtwerte für den Mindestquerschnitt von Stahlbeton-Fertigpfählen [8.2]

Pfahllänge	Mindestquerschnitt
≤ 6 m	20/20 cm^2
≤ 9 m	25/25 cm^2
≤ 12 m	30/30 cm^2
≤ 18 m	35/35 oder 30/40 cm^2
≤ 22 m	40/40 oder 35/45 cm^2

In der Bemessung sind auch die Beanspruchungen beim Transport und beim Rammen zu beachten. Die Nennfestigkeit des Betons muß beim Abheben des Pfahls vom Fertigungsboden ≥ 25 MN/m^2 und zu Beginn des Rammens ≥ 35 MN/m^2 betragen. Im allgemeinen werden

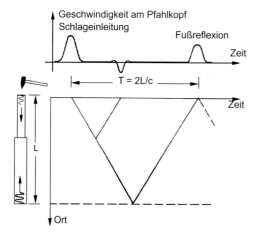

Bild 8.44
Reflexion bei einer Querschnittsvergrößerung
(nach Klingmüller [8.25])

8.2 Pfähle

Betone der Güteklasse B 45 und B 55 verwendet. Die Betonüberdeckung muß mindestens 30 mm, bei betonschädlichen Wässern und Böden mindestens 40 mm betragen. Außerdem ist DIN 4030 zu beachten. Pfahlspitzen werden üblicherweise nicht ausgebildet, weil sie als Führung nur auf den ersten Metern von Vorteil sind und bei nicht konzentrischem Sitz eher schaden als nützen [8.9]. Der Längsbewehrungsanteil schlaff bewehrter Pfähle soll bei Längen über 10 m nicht weniger als 0,8 % des Pfahlquerschnitts betragen. Bei massiven Rechteckpfählen sind mindestens 4 Längsstäbe in den Ecken des Pfahlquerschnitts anzuordnen. Der Durchmesser der Querbewehrung soll mindestens 5 mm betragen. Der Abstand der Bügel oder die Ganghöhe einer Wendel soll 12 cm nicht übersteigen.

Am Kopf und am Fuß des Pfahles muß auf je 1 m Länge die Ganghöhe der Wendel bzw. der Abstand der Querbewehrung auf etwa 5 cm verringert werden. Bild 8.45 zeigt beispielhaft die Bewehrung eines Stahlbetonrammpfahls. Weitere Einzelheiten auch zu Stahl- und Holzpfählen s. DIN 4026 sowie [8.9, 8.26, 8.28].

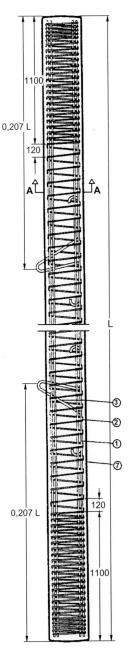
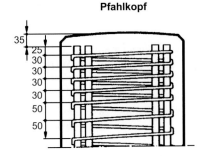
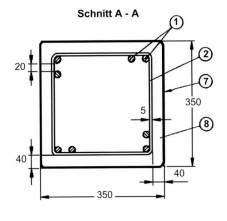

Bild 8.45
Bewehrung eines Stahlbeton-Rammpfahls der Firma Centrum (aus [8.28])

Bohrpfähle nach DIN 4014

Bohrpfähle sind nach DIN 1045 zu bemessen. Sie können bewehrt oder unbewehrt hergestellt werden. Es muß mindestens ein Beton der Festigkeitsklasse B 25 verwendet werden. Eine höhere Festigkeitsklasse als B 25 darf in der Regel nicht angesetzt werden (s. dazu DIN 4014, Abschnitt 5.2). Das Größtkorn des Zuschlags darf für bewehrte Bohrpfähle unter 0,4 m Durchmesser 16 mm nicht überschreiten.

Der Zementgehalt muß je nach Zuschlagsgemisch mindestens 350 kg/m^3 bzw. 400 kg/m^3 betragen. Der Wasser-Zementwert muß kleiner als 0,6 sein. Die Betondeckung darf 50 mm nicht unterschreiten. DIN 4030 ist zu beachten.

Auf eine Bewehrung darf bei Schaftdurchmessern $D \geq 0,5$ m verzichtet werden, wenn sie statisch nicht erforderlich ist. Besteht eine lastverteilende Wirkung aus Pfahlrostplatten, Pfahljochen oder ähnlichen Konstruktionen, darf auch bei Pfählen mit $D < 0,5$ m auf eine Bewehrung verzichtet werden. Schrägpfähle sind immer zu bewehren. Bei Zugpfählen ist die Bewehrung über die ganze Länge unvermindert zu führen.

Bewehrungskörbe für Bohrpfähle weisen einige typische Merkmale auf [8.26], die unbedingt zu beachten sind (Bild 8.46):

– Es ist Betonrippenstahl mit einem Mindestdurchmesser von 16 mm zu verwenden. Der Durchmesser der Querbewehrung muß mindestens 6 mm betragen.
– Distanzringe dienen der Aussteifung und zur Montage des Korbs.
– In den Distanzring am Fuß wird ein Kreuz aus Flachstahl eingeschweißt. Beim Betonieren dient es als Widerlager für den Frischbeton, um ein Hochziehen des Korbs zu verhindern.
– Muß ein Bewehrungskorb gestoßen werden, z. B. bei langen Pfählen und begrenzter Arbeitshöhe des beim Einbau eingesetzten Baggers, wird der untere Abschnitt nach dem Einbau mit dem oberen durch Seilklemmen verbunden. Die Seilklemmen dienen dabei nur der Montage. Die Kraftüberleitung wird durch einen Übergreifungsstoß nach DIN 1045 gewährleistet.

Weitere Hinweise s. DIN 4014 sowie [8.2, 8.26, 8.28].

Verpreßpfähle mit kleinem Durchmesser nach DIN 4128

Wie in Abschnitt 8.2.1 dargelegt, unterscheidet man zwischen Ortbetonpfählen und Verbundpfählen. Ortbetonpfähle sind nach DIN 1045 zu

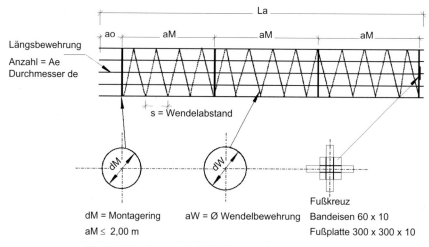

Bild 8.46
Bewehrungskorb – üblicher Standard (aus Buja [8.3])

Tabelle 8.20 Mindestmaße der Betondeckung der Bewehrung bzw. des Stahltraggliedes nach DIN 4128

Zeile	Aggressivitätsgrad		Betondeckung [1), 5)] in mm
	Betonangriff nach DIN 4030	Zulässige Stahlaggressivität nach DVGW-Arbeitsblatt GW 9	
1	nicht angreifend	aggressiv, schwach aggressiv oder praktisch nicht aggressiv [4)]	30
2	nicht angreifend, jedoch mit einem Sulfatgehalt, der nach DIN 4030 als schwach angreifend klassifiziert ist		30[2)]
3	schwach angreifend		35[3)]
4	stark angreifend		45[3)]

[1)] Die Werte gelten für Beton; bei Verwendung von Zementmörtel dürfen die Werte um 10 mm vermindert werden.
[2)] Zur Herstellung des Pfahlschaftes ist ein HS-Zement zu verwenden.
[3)] Die Pfähle dürfen nur dann eingesetzt werden, wenn durch ein Gutachten eines Sachverständigen in Fragen der Stahl- und Betonkorrosion bestätigt wird, daß das Dauertragverhalten durch zeitabhängige Verminderung der Mantelreibung nicht beeinträchtigt wird. Anstelle der Erhöhung der Betondeckung dürfen im Bereich außerhalb der Krafteintragungs- länge andere Schutzmaßnahmen getroffen werden (siehe DIN 1045, Ausgabe Dezember 1978, Abschnitt 13.3), die Betondeckung muß jedoch mindestens Tabelle 1, Zeile 1 entsprechen.
[4)] Bei Verpreßpfählen für vorübergehende Zwecke dürfen die Pfähle auch in gegenüber Stahl stark aggressiven Böden ein- gebaut werden, wenn von einem Sachverständigen nachgewiesen wird, daß das Tragverhalten nicht beeinträchtigt wird.
[5)] Bei Pfählen für vorübergehende Zwecke dürfen die Werte um 10 mm verringert werden.

bewehren. Für die Betondeckung sind die Werte der Tabelle 8.20 einzuhalten.

Bei Verbundpfählen ist das Tragglied zentrisch anzuordnen. Tragglieder aus Beton sind nach DIN 1045 zu bemessen. Die Ausbildung von Traggliedern aus Stahl hat nach DIN 1050 zu erfolgen. Die Stahltragglieder sind auf der ganzen Länge gegen Korrosion zu schützen. Für die Betondeckung gilt ebenfalls Tabelle 8.20. Diese beinhaltet auch betonangreifenden Boden und Grundwasser im Sinne von DIN 4030 oder aggressiv im Sinne des DVGW-Arbeits- blatts GW9 [8.4]. Weitere Einzelheiten s. DIN 4128 sowie [8.3, 8.26, 8.28].

8.2.6 Pfahlroste

Hinweise zu kleinen Pfahlgruppen und Einzelpfählen

Konstruktiv am besten ist es, aufwendige Pfahl- rost-Konstruktionen zu vermeiden. Am ein- fachsten ist es in der Regel, die Pfähle direkt unter den Lasten anzuordnen. Reichen Einzel- pfähle nicht aus, können mehrere Pfähle vorge- sehen werden, die über eine Pfahlkopfplatte verbunden sind. Horizontalkräfte können auf verschiedene Weise aufgenommen werden. Be- trägt der waagerechte Kraftanteil bei senkrech- ten Einzelpfählen oder Pfahlrosten nicht mehr als 3% der Vertikallast im Lastfall 1 (5% im Lastfall 2) kann im allgemeinen auf einen be- sonderen Nachweis verzichtet werden (s. Bei- blatt zu DIN 1054). Sollen die Horizontalkräfte über Schrägpfähle aufgenommen werden, ist die begrenzte Neigung bei Bohrpfählen zu be- achten, die im Normalfall bei 8:1 bis 10:1 liegt. Unter erhöhtem Aufwand sind je nach Pfahltyp auch Neigungen bis 4:1 möglich. Eine weitere Möglichkeit ist die Abtragung der Horizontalkraft über seitliche Bettung, wenn der Pfahldurchmesser, die Pfahllänge und die Bodenverhältnisse ausreichend sind. Pfahlgrup- pen, die aus wenigen Einzelpfählen bestehen, werden meistens über Pfahlkopfplatten verbun- den, die im Verhältnis zum Pfahlabstand relativ dick sind. In diesem Fall bilden sich steile Druckstreben D zwischen dem lastbringenden Teil wie z.B. Stützen und den Pfählen aus (Bild 8.47). Die Horizontalkomponenten müs- sen mit Zugbändern Z aufgenommen werden. Weitere Einzelheiten s. Leonhardt und Mönnig [8.19] sowie Baldauf und Timm [8.2].

Berechnung

Zunächst sind die maßgeblichen Lasten aus Eigengewicht, durch vertikale und horizontale Verkehrslasten, aus Wind-, Erd- und Wasser- druck zusammenzustellen. In der Regel wird

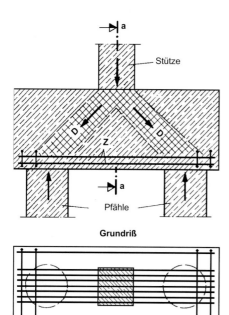
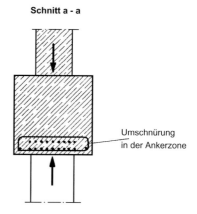

Bild 8.47
Kraftverlauf in einer einfachen Pfahlkopfplatte für 2 Pfähle unter Einzelstütze und zugehörige Bewehrung (nach Leonhardt und Mönnig [8.19])

man versuchen, die Lasten über Normalkräfte in den Pfählen abzutragen.

Bei statisch bestimmten Systemen sind die Pfahlkräfte unabhängig von den Steifigkeitsverhältnissen der Konstruktion. Die Pfahlkräfte lassen sich allein durch Kräftezerlegung ermitteln. Im räumlichen Fall ergeben sich 6 Freiheitsgrade und damit müssen theoretisch bereits 6 Pfähle vorhanden sein, um alle Lastkombinationen durch Normalkräfte aufnehmen zu können. In der Regel wird man jedoch versuchen so zu vereinfachen, daß man mit ebenen Systemen rechnen kann, worauf sich die folgenden Betrachtungen im wesentlichen beschränken. Ebene Pfahlrostsysteme sind statisch bestimmt, wenn sich drei Pfähle nicht in einem Punkt schneiden und nicht parallel sind. Die Pfahlkraftermittlung kann zeichnerisch, z. B. mit dem Culmann-Verfahren (Bild 8.48), oder analytisch erfolgen. Fertige Lösungen sind als sogenannte „m-Formeln" im Beton-Kalender 1987, Teil II [8.26] zusammengestellt (s. Bild 8.49).

Statisch unbestimmte Systeme lassen sich auf verschiedene Weise berechnen. Die Lösungsmethoden von Nökkentved [8.22] oder Schiel [8.23] z. B. gehen von folgenden Voraussetzungen aus (Bild 8.50):

– starre Kopfkonstruktion
– unverschiebliche Bodenschicht
– Pfähle wirken als Pendelstützen und werden nur durch Normalkräfte beansprucht
– Pfahlverhalten linear elastisch mit Dehnsteifigkeit EF
– Pfähle nicht gekoppelt

Die Lösung der Aufgabe wurde von verschiedenen Autoren unterschiedlich angegangen. Smoltczyk und Lächler [8.29] beschreiben ausführlich den Lösungsweg von Schiel in Matrizenschreibweise, die sich unmittelbar in eine Programmrechnung umsetzen läßt. Neben dem

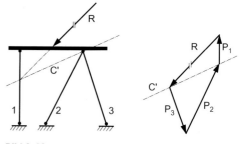

Bild 8.48
Pfahlkraftermittlung bei drei Pfahlrichtungen (nach Culmann [8.26])

8.2 Pfähle

Bei Schrägpfählen ist $P = P^V \sqrt{1 + \dfrac{1}{m^2}}$ Pfahlneigung m:1
n = Anzahl der Pfähle

Fall 1: $m_1 = m_2 = m$
Pfahl Nr 1   2

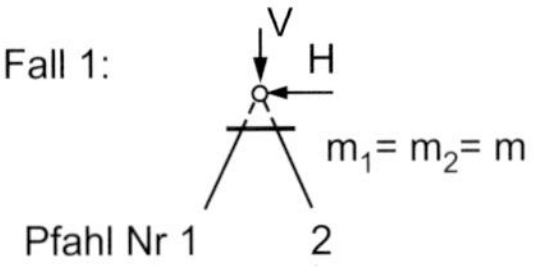

$P^V_{1,2} = \dfrac{V}{2} \pm H \dfrac{m}{2}$

Fall 2: $m_1 \neq m_2$
1   2

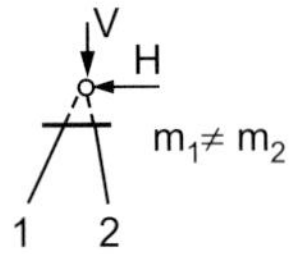

$P^V_1 = V \dfrac{m_1}{m_1 + m_2} + H \dfrac{m_1 \cdot m_2}{m_1 + m_2}$

$P^V_2 = V \dfrac{m_2}{m_1 + m_2} - H \dfrac{m_1 \cdot m_2}{m_1 + m_2}$

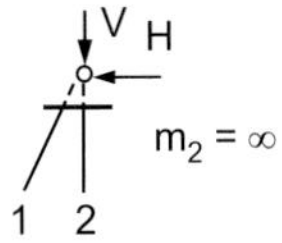

wenn $n_1 \neq n_2$
Faktor für V, H u. M
$\cdot \dfrac{1}{n_1}$ bzw. $\dfrac{1}{n_2}$

Fall 3: $m_2 = \infty$
1   2

$P^V_1 = H \cdot m_1$
$P_2 = V - H \cdot m_1$

Fall 4:
1   2

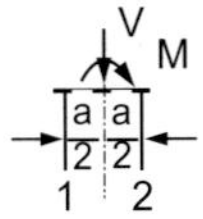

$P_{1,2} = \dfrac{V}{2} \mp \dfrac{M}{a}$

Fall 5: $m_1 = m_2 = m_3 = m$
1 2 3

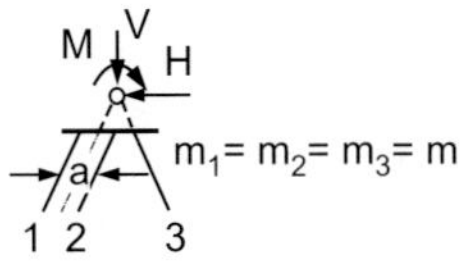

$P^V_{1,2} = \dfrac{V}{4} + H \dfrac{m}{4} \mp \dfrac{M}{a}$

$P^V_3 = \dfrac{V}{2} - H \dfrac{m}{2}$

Fall 6: $m_1 = m_2 \neq m_3$
1 2 3

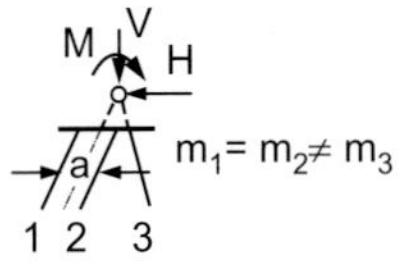

$P^V_{1,2} = \dfrac{m_1}{2(m_1 + m_3)} + H \dfrac{m_1 \cdot m_3}{2(m_1 + m_2)} \mp \dfrac{M}{a}$

$P^V_3 = V \dfrac{m_3}{m_1 + m_3} - H \dfrac{m_1 \cdot m_3}{m_1 + m_3}$

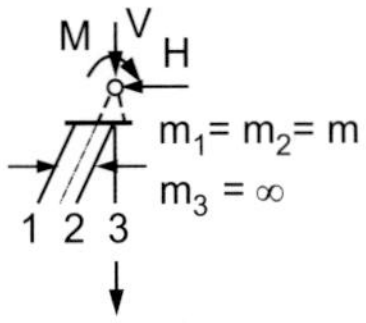

$n_1 \neq n_2 \neq n_3$
Faktor für V u. H
$\cdot \dfrac{1}{n_1 + n_2}$ bzw. $\dfrac{1}{n_3}$

M siehe [8.26]

Fall 7: $m_1 = m_2 = m$, $m_3 = \infty$
1 2 3

$P^V_{1,2} = H \dfrac{m}{2} \mp \dfrac{M}{a}$

$P_3 = V - H \cdot m$

Fall 8: $m_2 = m_3 = m$
1 2   3 4

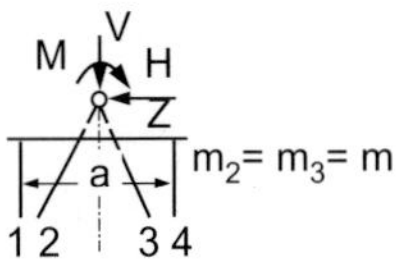

$P_{1,4} = \dfrac{V}{4} \mp \dfrac{M}{a}$

$P^V_{2,3} = \dfrac{V}{4} \pm H \dfrac{m}{2}$

Es muß Symmetrie zur Z – Achse vorhanden sein. Wenn $n_1 \neq n_2$

$P_{1,4} = \dfrac{V}{\Sigma n} \pm \dfrac{M}{a \cdot n_1}$

$P^V_{2,3} = \dfrac{V}{\Sigma n} \pm H \dfrac{M}{2 \cdot n_2}$

Bild 8.49
Berechnung der Pfahlkräfte nach der „m-Formel" (aus [8.26])

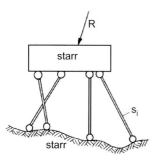

Bild 8.50
Statisches System beim Verfahren von Schiel [8.23]

allgemeinen räumlichen Fall werden auch die Formeln für einige Sonderfälle angegeben wie

- Pfahlrost mit nur senkrechten Pfählen
- ebener Pfahlrost
- ebener Pfahlrost mit einer Symmetrieachse
- ebener Pfahlrost mit 3 Pfählen
- ebener Pfahlrost mit nur zwei Pfahlrichtungen
- räumlicher Pfahlrost mit ein oder zwei Symmetrieebenen
- axialsymmetrischer Pfahlrost

Weitere Einzelheiten s. Smoltczyk und Lächler [8.29] und die dort zitierte Literatur.

Bei Hochbauten ist häufig die Voraussetzung eines starren Überbaus nicht gegeben. Bild 8.51 zeigt am Beispiel eines Balkens der Biegesteifigkeit EI auf drei Pendelstützen, der Dehnsteifigkeit EF und der Länge l unter einer Einzellast P bzw. einer Streckenlast p bei einer Stützweite a den Einfluß des Steifigkeitsverhältnisses

$$m = \frac{6 \cdot l \cdot EI}{EF \cdot a^3} \qquad (8.12)$$

auf die Lastverteilung. Wie aus Bild 8.51 hervorgeht, können je nach Steifigkeitsverhältnis die Pfahlkräfte erheblich von der Lösung bei einem starren Überbau mit $Q_1 = Q_2 = Q_3 = 1/3\,P$ bei einer Belastung mit einer Einzellast P bzw. mit $\bar{Q}_1 = \bar{Q}_2 = \bar{Q}_3 = 1/3\,(2\,ap)$ abweichen. Im vorliegenden Fall ergibt sich ab m > 50 starres Verhalten für den Überbau.

Biegsame Pfahlroste werden zweckmäßigerweise mit EDV-Programmen berechnet und können z. B. als Platte auf elastischen Federn modelliert werden. Die Schwierigkeit besteht darin, die Federsteifigkeit der Pfähle zu bestimmen. Geht man zunächst vom einfachsten Fall gelenkig gelagerter Vertikalpfähle aus, können die Federsteifigkeiten aus der Last-Setzungslinie der Pfähle ermittelt werden. Bei Bohrpfählen bietet es sich an, die theoretischen Kurven der DIN 4014 zugrunde zu legen und für den in Frage kommenden Lastbereich zu linearisieren. Bei Rammpfählen kann die Last-Verschiebungskurve nach dem Verfahren von Franke [8.9] näherungsweise bestimmt werden. Bei nicht genormten Pfählen kann man sich behelfen, indem man auf Probebela-

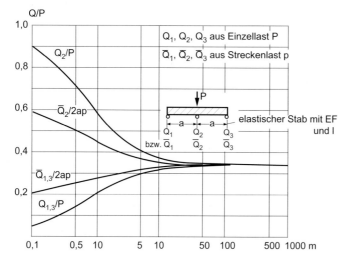

Bild 8.51
Einfluß der Steifigkeit des Überbaus auf die Auflagerkräfte (nach Smoltczyk und Lächler [8.29])

stungsergebnisse aus vergleichbaren Verhältnissen zurückgreift. Bei Pfahlgruppen muß bei der Ermittlung der Federsteifigkeit noch die zusätzliche Setzung aus Gruppenwirkung einbezogen werden.

Eine horizontale Bettung kann mit Hilfe von Horizontalfedern berücksichtigt werden. Dabei können die Federsteifigkeiten mit Hilfe des Bettungsmodulverfahrens (s. Abschnitt 8.2.3) festgelegt werden. Das Gleiche gilt auch für in der Platte eingespannte Pfähle. Weitere Einzelheiten s. Smoltczyk und Lächler [8.29]. Bei Pfahlgruppen ist das unterschiedliche Tragverhalten gemäß DIN 4014 zu berücksichtigen. Ein Berechnungsbeispiel findet sich im Betonkalender, Teil II [8.26].

8.3 Senkkästen

8.3.1 Allgemeines

Senkkästen sind ein Bauverfahren, das in der Regel im Grundwasser oder im offenen Wasser angewendet wird. Man unterscheidet zwei Absenkverfahren:

- offene Senkkästen (Bild 8.52 a)
- geschlossene Senkkästen (Bild 8.52 b)

Unter offenen Senkkästen versteht man oben und unten offene Gründungskörper, aus denen der Boden fortlaufend mit einem Bagger oder einem Saugschlauch ausgehoben wird. Unter den Außenkanten des Senkkastens muß sich fortlaufend ein Grundbruch einstellen, um den Absenkvorgang zu ermöglichen. Bei kleinerem Durchmesser spricht man auch von Brunnengründungen, die vom Prinzip her wie Bohrpfähle mit großen Durchmessern wirken und Bauwerkslasten punktweise auf tieferliegende Bodenschichten übertragen (Bild 8.53 a). Größere Senkkästen umschließen in der Regel die gesamte Gründungsfläche und bilden folglich eine tiefergelegte Flachgründung (Bild 8.53 b).

Geschlossene Senkkästen funktionieren vom Prinzip her wie offene. Der Unterschied liegt darin, daß der Aushub unter Druckluft erfolgt. Daher kommen auch die Bezeichnungen Drucklufsenkkasten oder Druckluft-Caisson. Eine massive, druckluftahaltende Decke bildet mit den seitlichen Schneiden eine nach unten offene Arbeitskammer. Mit Hilfe der Druckluft

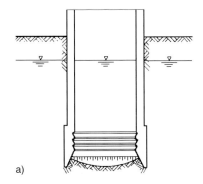

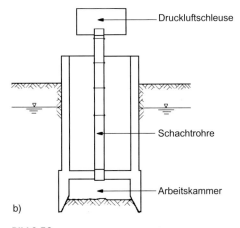

Bild 8.52
Senkkastensysteme, a) offener Senkkasten, b) geschlossener Senkkasten (nach Radomski [8.2])

wird das Wasser aus der Arbeitskammer verdrängt. Der Zugang zu der Arbeitskammer erfolgt über Schleusen.

Die Anwendungsgebiete von Senkkästen sind:

- Brückenpfeilergründungen in Wasser
- Kaimauern
- U-Bahn-Tunnel
- Pumpwerke
- Tiefkeller für Hochbauten
- als Brunnen noch vereinzelt Ersatz für Pfähle

Der Vorteil von Senkkästen besteht darin, daß sie gleichzeitig Gründungs-, Verbau- und Wasserhaltungsmaßnahmen ersetzen. In der Nähe von vorhandenen Bauwerken ist zu prüfen, ob sich der entstehende Absenktrichter nicht schädlich auf die Nachbarbauwerke auswirkt.

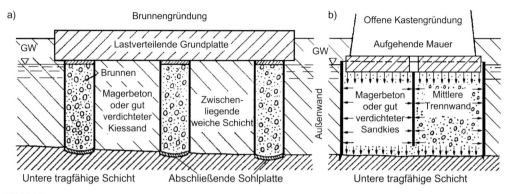

Bild 8.53
Prinzip der Senkkastengründung a) bei kleiner Fläche (Brunnen), b) bei großer Fläche (nach Buja [8.3])

Wegen der hohen Technisierung bei Verbau-, Abdichtungs- und Pfahlsystemen und den damit verbundenen Preisvorteilen ist die früher weit verbreitete Anwendung von Senkkästen stark zurückgegangen. Sie werden vor allem im Hochbau nur noch selten eingesetzt. Aus diesem Grund sind die folgenden Ausführungen relativ knapp gehalten. Ausführliche Darstellungen sind bei Lingenfelser [8.21], Bachus [8.1], Buja [8.3], Radomski [8.2] und im Beton-Kalender [8.26] zu finden.

Für Senkkästen gibt es keine speziellen Vorschriften. Zu beachten sind DIN 1054, DIN 1045 sowie die Empfehlungen des Arbeitsausschusses Ufereinfassungen (EAU). Bei Druckluftbetrieb sei insbesondere auf die Verordnung über Arbeiten in Druckluft (Druckluftverordnung, Bundesgesetzblatt vom 14.10.1972) hingewiesen.

8.3.2 Herstellung

Bild 8.54 zeigt schematisch den Arbeitsablauf bei offenen Senkkästen. Zunächst wird der untere Senkkastenabschnitt erstellt bzw. das erste Fertigteilstück versetzt. Danach beginnen die Ausschachtungsarbeiten. Handschachtungen werden heute nur noch in Ausnahmefällen

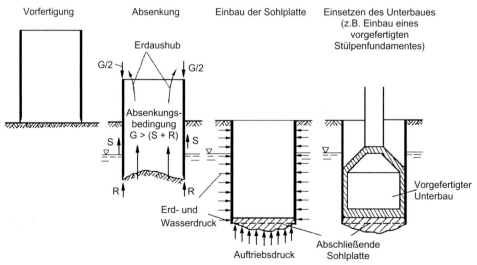

Bild 8.54
Arbeitsablauf bei offenen Senkkästen (nach Buja [8.3])

8.3 Senkkästen

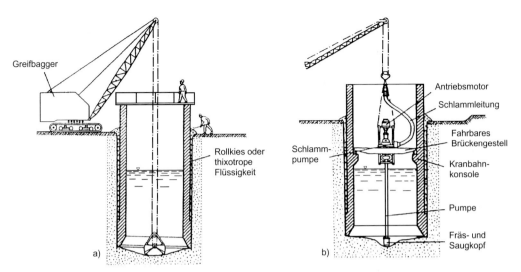

Bild 8.55
Aushub bei offenen Senkkästen, a) Baggerschachtung, b) hydromechanischer Aushub (nach Buja [8.3])

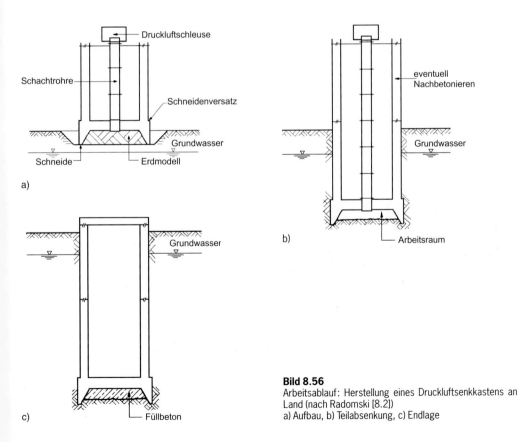

Bild 8.56
Arbeitsablauf: Herstellung eines Druckluftsenkkastens an Land (nach Radomski [8.2])
a) Aufbau, b) Teilabsenkung, c) Endlage

durchgeführt. Üblich ist eine Baggerschachtung mit Hydraulikbaggern, soweit dies von der Tiefe möglich ist, oder mit Seilbaggern mit Normal- oder Brunnengreifern (Bild 8.55a). Bei locker gelagerten rolligen Böden und weichen Schluffen kann der Aushub auch hydromechanisch erfolgen (Bild 8.55b), z.B. mit sogenannten Mammutpumpen, die mit Fräs- und Saugkopf ausgestattet sind.

Nach Erreichen der Solltiefe wird die Sohle betoniert. Falls kein Wasser vorhanden ist, wird mit Betontrichtern und Führungsrohr gearbeitet. Unter Wasser wird der Beton im Kontraktorverfahren eingebracht.

Bei der Herstellung von geschlossenen Senkkästen mit Druckluft wird vom Prinzip her ähnlich vorgegangen. Zunächst werden die Schneiden und die Arbeitskammerdecke auf einem Erdmodell hergestellt. Danach wird je nach Arbeitsablauf ein Teil oder der gesamte Senkkasten betoniert. Nach Aushub des Erdmodells und Installation der Druckluftanlage beginnt die Absenkung (Bild 8.56). Die Höhe der Arbeitskammer beträgt ca. 2 bis 3 m. Nach Abschluß des Absenkvorgangs wird die Arbeitskammer mit Beton oder Sand verfüllt, wodurch eine flächenhafte Gründung entsteht. Varianten der Herstellung z.B. im Dock mit Einschwimmen oder von einer künstlichen Insel aus sind bei Lingenfelser [8.21] beschrieben.

8.3.3 Konstruktion

Die überwiegende Anzahl der Senkkästen wird heute in Stahlbeton ausgeführt, selten in Stahl.

Der Grundriß kann vom Prinzip her beliebig gewählt werden. Zu bevorzugen ist jedoch in der Regel die Kreisform, weil dabei das Verhältnis von Mantelfläche, die für den Absenkwiderstand maßgeblich ist, zu Grundrißfläche am kleinsten wird. Die Außenwände werden heute bevorzugt senkrecht mit einem Absatz hergestellt im Gegensatz zu den früher üblichen sich nach oben verjüngenden Querschnitten. Durch den Absatz von üblicherweise 3–10 cm kann sich der Boden entspannen, und der Erddruck sowie die Wandreibung verringern sich. Bild 8.57 zeigt einige Querschnittsformen.

Ein wesentlicher Bestandteil des Senkkastens ist die Schneide. Die zu wählende Form hängt im wesentlichen von der Bodenart und den Lasten ab. Bild 8.58 zeigt beispielhaft den Zusammenhang zwischen Lastübertragung und Schneidenform. Je nach Absenktiefe und Bodenschichtung ändern sich die Schneidenkräfte, so daß verschiedene Bauzustände untersucht werden müssen.

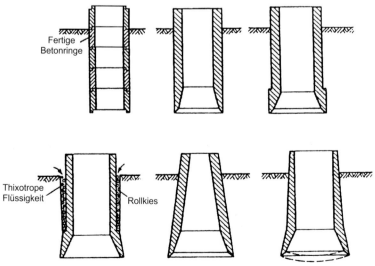

Bild 8.57
Verschiedene Brunnenmantelausbildungen (nach Buja [8.3])

8.3 Senkkästen

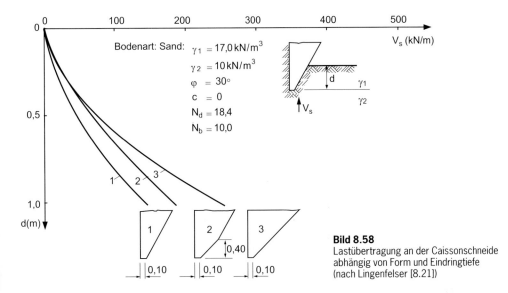

Bild 8.58
Lastübertragung an der Caissonschneide abhängig von Form und Eindringtiefe (nach Lingenfelser [8.21])

8.3.4 Berechnungshinweise

Die Berechnung setzt sich aus verschiedenen Teilen zusammen:

- Nachweis des Absenkvorgangs
- Schnittgrößen und Bauteilabmessung in verschiedenen Zuständen
- Nachweis der Standsicherheit und der Gebrauchstauglichkeit im Anfangs- und im Endzustand

Im folgenden werden nur einige senkkastenspezifische Punkte kurz behandelt. Ausführliche Hinweise sind bei Erler [8.7], Lingenfelser [8.21], im Beton-Kalender 1982 [8.26] und der dort zitierten Literatur zu finden.

Bild 8.59 zeigt am Beispiel des Druckluftcaissons die an einem Senkkasten wirkenden Kräfte. Eigengewicht und Ballast müssen so eingestellt werden, daß während des Absenkvorgangs gezielt ein Grundbruch an den Schneiden entsteht. Dazu wird für jede Absenktiefe ein Absenkdiagramm erstellt, aus dem die Kräftebilanz hervorgeht (Bild 8.60). Eigenlasten, Wasser- und Luftdruck sowie ein eventueller Ballast lassen sich ziemlich exakt berechnen. Beim Erddruck auf die Seitenwände und bei der Berechnung der Reibungskräfte ist man auf Erfahrungswerte angewiesen. Ähnliches gilt für die Ermittlung der Schneidenlast.

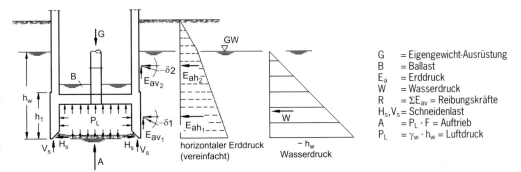

Bild 8.59
Kräfte am Druckluftcaisson (nach Lingenfelser [8.21])

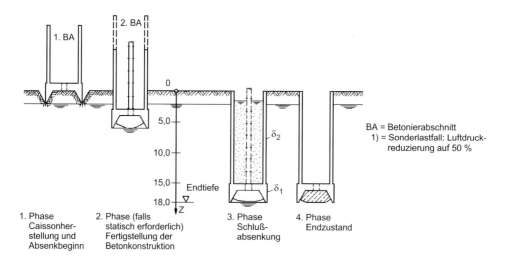

Bild 8.60
Wesentliche Bauphasen und Absenkdiagramme (mit Wandschmierung) (nach Lingenfelser [8.21])

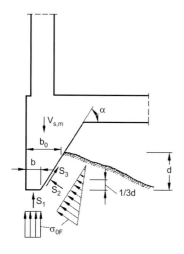

σ_{OF} Spitzendruck der Schneide
S_1 Widerstand der Schneidenspitze $S_1 = b \cdot \sigma_{OF}$
S_2 Widerstand der Schneidenflanke
S_3 Reibungswiderstand der Schneidenflanke
     $S_3 = \mu \cdot S_2$ mit $\mu = \tan \varphi/2$ bis $\tan 2/3\, \varphi$
d   Eindringtiefe
V_s Vertikale Schneidenlast:
     $V_s = S_1 + S_2 \cos\alpha + S_3 \sin\alpha$
$V_{s,m}$ Auflast s. [8.21]
b   Aufstandsbreite der Schneide
b_0 äquivalente Fundamentbreite (DIN 4017)

Bild 8.61
Kräfte an der Senkkastenschneide zur Ermittlung des Schneiden-Eindringwiderstands (nach Lingenfelser [8.21])

Der Spitzendruck σ_{0f} der Schneide (Bild 8.61) wird aus der Grundbruchgleichung nach DIN 4017 berechnet, indem man sich ein Streifenfundament der Breite b und der Einbindetiefe d vorstellt. Die Bestimmung des Gleichgewichtszustands erfolgt iterativ.

Bei der Bemessung der Schneide und der aufgehenden Bauteile ist zu beachten, daß infolge der notwendigen ungleichmäßigen Bodenentnahme die Schneidenbelastung aus dem Boden nicht gleichmäßig verteilt ist. Hierzu liegen empirische Lastverteilungsfaktoren vor.

Wie in Abschnitt 8.3.1 erwähnt, bildet sich infolge Bodenentspannung, Umlagerungs- und Verdichtungsvorgängen ein Absenktrichter an der Geländeoberfläche. Als Richtwert für die Begrenzung der Setzungsmulde wird ein Winkel von $\delta_a = 45 + \varphi/2$ angesetzt (Bild 8.62). Die Größe der Absenkung hängt von vielen Faktoren ab und ist kaum bestimmbar.

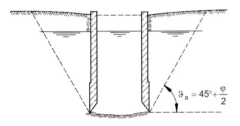

Bild 8.62
Setzungsmulde (nach Erler [8.7])

8.4 Kombinierte Pfahl- und Platten-Gründung

Bei kombinierten Pfahl-Platten-Gründungen wird die lotrechte Last nicht nur allein durch die Pfähle, sondern teilweise auch durch die Platte ähnlich wie bei einer Flachgründung abgetragen.

Bisher wurden in der Praxis nur selten kombinierte Pfahl-Plattengründungen gebaut. Gemäß DIN 1054, Abschnitt 5.2.1 sind Pfahlgründungen im allgemeinen so zu bemessen, daß die Kräfte aus dem Bauwerk allein durch die Pfähle auf den Baugrund übertragen werden. Im Beiblatt zur DIN 1054 wird jedoch nicht ausgeschlossen, daß zumindest bei kurzzeitig wirkenden Kräften ein Anteil über die Pfahlkopfplatte direkt auf den Baugrund abgegeben wird. Ein Nachweis, um welchen Anteil es sich dabei handelt, sei nach dem gegenwärtigen Stand der technischen Kenntnis nicht möglich. DIN 1054 (Stand 1976) läßt aber durchaus zu, durch Fugen getrennte Bauwerksteile unterschiedlich zu gründen. Z. B. können die Stützen einer Halle auf Pfähle gesetzt werden und die Stapellasten über eine Platte direkt abgetragen werden.

Wie das Beispiel einiger Frankfurter Hochhäuser zeigt, können kombinierte Pfahl-Plattengründungen eine Reihe von Vorteilen aufweisen (Katzenbach [8.15]). So kann z.B. bei Hochhäusern das Risiko von Setzungen und Verkantungen minimiert werden. Gleichzeitig sind wirtschaftliche Vorteile möglich. Die Brauchbarkeit des neuen Konzepts konnte anhand von Frankfurter Hochhäusern nachgewiesen werden, wie die ausgeführten Beispiele in Bild 8.63 zeigen.

Ein allgemein gültiges Rechenverfahren ist zur Zeit nicht bekannt. Grundsätzlich lassen sich zwei Fälle unterscheiden (vgl. Schmidt, Beton-Kalender 1998 [8.26]).

Im ersten Fall werden die Pfähle planmäßig bis zur äußeren Grenzlast beansprucht. Man geht dabei wie in Bild 8.64b von ideal plastischem Fließen aus. Dies trifft z.B. bei Pfählen in bindigen Böden häufig sehr gut zu. Wegen der konstanten Last können die Pfähle als wegunabhängige äußere Lasten angesetzt werden (Bild 8.64c). Über die Bettung im Boden trägt die Platte mit. Wichtig ist bei dieser Art der Dimensionierung, daß die Gesamtsetzungen immer größer oder gleich der Grenzsetzung s_f der Pfähle beim Erreichen der Grenzlast Q_f sind. Die Pfähle stellen somit ein Element dar, um die Setzungen zu reduzieren und gleichzeitig die Biegemomente in der Platte günstig zu beeinflussen.

Im zweiten Fall werden die Pfähle für den Gebrauchszustand bemessen (Bild 8.64d). Ihr Last-Setzungsverhalten kann näherungsweise durch eine Federkonstante $K = Q_{zul}/s_{zul}$ beschrieben werden. Die Kontaktpressung zwischen Platte und Boden kann über einen Bettungsmodul erfaßt werden.

Schwierigkeiten bei der Bemessung ergeben sich dadurch, daß eine Wechselwirkung (Inter-

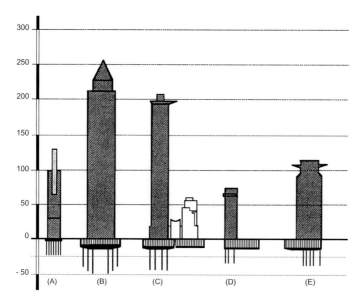

Bild 8.63
Pfahl-Platten-Gründungen in Frankfurt am Main (nach El-Mossallamy und Franke [8.6])

(A) Torhaus
(B) Messeturm
(C) Westendstr. 1
(D) American-Express
(E) Japan-Center

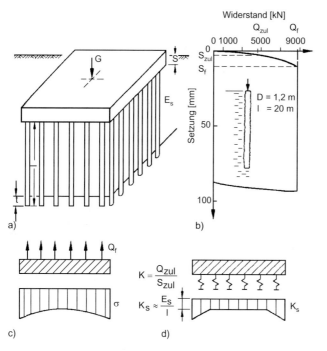

Bild 8.64
Kombinierte Pfahl-Platten-Gründung (nach Schmidt [8.26])
a) Bauwerk
b) Widerstands-Setzungs-Linie eines Großbohrpfahls in Ton
c) statisches System bei einer Plattengründung mit Pfahlunterstützung, $s \geq s_f$
d) statisches System für eine Pfahlgründung bei Mitwirkung der Kopfplatte, $s \leq s_{zul}$

8.4 Kombinierte Pfahl- und Platten-Gründung

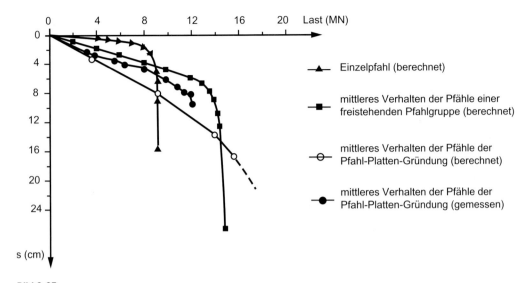

Bild 8.65
Beispiel Last-Setzungs-Verhalten eines Einzelpfahls verglichen mit den entsprechenden Setzungsmittelwerten für eine freistehende Pfahlgruppe und für eine ausgeführte Pfahl-Plattengründung (nach El-Mossallamy und Franke [8.6])

aktion) zwischen Platte, Pfählen und Boden besteht. Dadurch weicht das Bettungsverhalten zwischen Platte und Boden von einer reinen Plattengründung ab, und die bekannten Verfahren zur Bestimmung des Bettungsmoduls (s. Kapitel 6) können nicht ohne weiteres angewendet werden. Numerische Untersuchungen von El-Mossallamy [8.5, 8.6] zeigen, daß die Last-Setzungskurven der Pfähle stark unterschiedlich sein können, je nachdem ob es sich um Einzelpfähle, um Pfähle in freistehenden Pfahlgruppen oder um Pfähle in einer Pfahl-Platten-Gründung handelt (Bild 8.65). Insofern ist die Last-Setzungskurve eines Einzelpfahls als Grundlage der Berechnung nur eine grobe Näherung.

Wer nicht auf numerische Berechnungen wie El-Mossallamy [8.6, 8.5] zurückgreifen will, kann den Lastanteil β der Pfähle auch über eine Formel von Kolymbas [8.16] abschätzen:

$$\beta \leq e^{-(K_0 \cdot \mu \cdot l \cdot \pi \cdot d/A)} \qquad (8.13)$$

mit:
K_0 Seitendruckbeiwert im Boden
μ Reibungskoeffizient zwischen Pfahl und Boden
l Pfahllänge
d Pfahldurchmesser
A die auf einen Pfahl entfallende Grundrißfläche

Gleichung 8.13 wurde für Innenpfähle aufgestellt (Einzelheiten s. [8.16]).

Steht eine Pfahl-Platten-Gründung an, empfiehlt es sich, die Dimensionierung in enger Zusammenarbeit zwischen Tragwerksplaner, Baugrundgutachter, Prüfingenieur und geotechnischem Fachprüfer auszuarbeiten. Neben der Frage der anzusetzenden Federsteifigkeit für Boden und Pfähle ist insbesondere die Sicherheit bezüglich der Tragfähigkeit sorgfältig zu diskutieren. In diesem Zusammenhang wird auf die Vorschläge von Katzenbach [8.14] verwiesen.

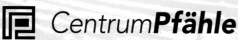

CentrumPfähle
Pfahlgründungen

Wir sind Ihr bundesweiter Partner für die Beratung, Planung und Ausführung von Tiefgründungen.

Fünf gute Gründe, mit uns zu arbeiten:

- Über ein Jahrhundert Erfahrung.
- Schnelles und wirtschaftliches Arbeiten.
- Herstellung, Lieferung und Einbau in einer Hand.
- Typengeprüfte Querschnitte.
- Qualitätskontrolle vor, während und nach dem Einbau.
- Rufen Sie uns an.

- Fertigteilpfähle
- Injektionspfähle
- Energiepfähle
- Minipfähle
- Bohrpfähle
- Verbau

Hauptsitz Hamburg
F.-Ebert-Damm 111
D-22 047 Hamburg
Telefon 040.696 72 0
Telefax 040.696 72 222

Niederlassung Bielefeld
Gestermannstr. 69
D-33 775 Versmold
Telefon 05423.**93 04 81**
Telefax 05423.93 04 82

Niederlassung Karlsruhe
Donauring 71
D-76 344 Eggenstein
Telefon 07247.**96 30 60**
Telefax 07247.20 555

Niederlassung Rostock
Gewerbestraße 2
D-18 299 Kritzkow
Telefon 038454.**20 625**
Telefax 038454.20 626

CentrumPfähle GmbH

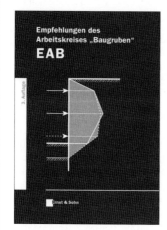

Empfehlungen des Arbeitskreises "Baugruben" (EAB)

Herausgegeben von der Deutschen Gesellschaft für Geotechnik e.V.
3. Auflage 1994. 166 Seiten mit 86 Abb. 14,8 x 21 cm.
Gb. DM 78,-/öS 569,-/sFr 70,-   ISBN 3-433-01278-4

Dieses Buch enthält 74 Empfehlungen, die der Arbeitskreis "Baugruben" der Deutschen Gesellschaft für Geotechnik e.V. verabschiedet hat.
Zielsetzung dieser Empfehlungen ist die Vereinheitlichung und die Weiterentwicklung der Verfahren, nach denen Baugrubenumschließungen entworfen, berechnet und ausgeführt werden. Die Empfehlungen haben damit einen normenähnlichen Charakter.

Ernst & Sohn Verlag für Architektur und technische Wissenschaften GmbH
Bühringstraße 10, 13086 Berlin, Tel. (030) 470 31-284, Fax (030) 470 31-240
mktg@ernst-und-sohn.de   www.ernst-und-sohn.de

9 Bauen und Wasserwirkungen*

9.1 Erscheinungsformen des Wassers, Lastfälle und bautechnische Maßnahmen

Wasser tritt in vielfältigen Erscheinungsformen auf und ist Gegenstand verschiedener Disziplinen wie z.B. der Geologie (vgl. Fecker und Reik [9.13]), der Hydrologie (vgl. Maniak [9.24]) oder der Bodenkunde (vgl. Scheffer und Schachtschnabel [9.31]). Die Erscheinungsform des Wassers ist dabei eng mit der Bodenart gekoppelt [9.18]. Die für Gründungszwecke wichtigsten Zusammenhänge zwischen Boden und Wasser gehen aus Bild 9.1 hervor, das auf Muth [9.26] und Emig [9.9] zurückgeht.

Man unterscheidet zwischen:

– Oberflächenwasser
– Sickerwasser
– Schichtwasser
– Stauwasser und
– Grundwasser

Sickerwasser, das infolge der Oberflächenspannung an den Körnern haftet, wird als Haftwasser bezeichnet. Wird Wasser infolge Kapillarwirkung über den Grundwasserspiegel angehoben, spricht man von Kapillarwasser. Der geschlossene Kapillarbereich enthält keine Luft. Er geht nach oben in den offenen Bereich über.

Oberflächenwasser kann bei starken Niederschlägen und vor allem bei Hanglagen je nach Bodenversiegelung sehr große Abflußmengen erreichen. Durch geeignete bautechnische Maßnahmen wie z.B. Abfanggräben oder eine dichte Geländeoberfläche mit Gefälle, das von der Bauwerkswand wegführt, muß das Wasser von den Gebäudewänden ferngehalten werden (vgl. Hilmer [9.18]).

Niederschläge, die nicht als Oberflächenwasser abfließen oder verdunsten, dringen als Sickerwasser in den Boden ein. Bei Sanden und Kiesen mit großer Durchlässigkeit ($k \geq 10^{-4}$ m/s) fließt dabei das Sickerwasser in der Regel direkt bis zum Grundwasser, ohne Bauwerkswände mit einem hydrostatischen Wasserdruck zu beanspruchen. In bindigen Böden dagegen sind die Fließgeschwindigkeiten sehr viel geringer, und das Sickerwasser kann vorübergehend aufstauen. Vor allem im Hinterfüllungsbereich neben Wänden kann sich Stauwasser bilden und zeitweise einen hydrostatischen Wasserdruck aufbauen. Man spricht in diesem Fall von kurzzeitig drückendem Wasser.

Sammelt sich Sickerwasser in durchlässigeren Zwischenlagen und fließt in einzelnen Schichten ab, spricht man von Schichtwasser. In bergigen Regionen kann sich darüber hinaus Hangwasser bilden, das wie das Schichtwasser zunächst vorübergehend einen hydrostatischen Druck auf Bauwerkswände ausüben kann.

Beim Grundwasser sind die Hohlräume des Bodens zusammenhängend ausgefüllt, und die Bewegung des Wassers ist ausschließlich durch die Schwerkraft bestimmt. Grundwasser übt einen hydrostatischen Druck, eventuell noch einen Strömungsdruck, auf Bauwerke aus und wird als drückendes Wasser bezeichnet.

Grundwasser, das durch Poren fließt wie in Lockergesteinsböden, heißt Porengrundwasser. Bei Fels mit ausgeprägtem Trennflächengefüge fließt das Wasser in der Regel durch Klüfte, daher die Bezeichnung Kluftgrundwasser.

Je nach Erscheinungsform des Wassers werden Bauwerke unterschiedlich beansprucht.

Man unterscheidet gemäß DIN 18195 (Aug. 83) die folgenden Lastfälle:

– drückendes Wasser
– nichtdrückendes Wasser
– Bodenfeuchte

---
* Für die wertvollen Hinweise bei der Erstellung von Kapitel 9 sei Herrn Dipl.-Ing. Deuchler herzlich gedankt.

	Bodenart oder Schichtenfolge	Verhaltensweise des Wassers im Boden	Ortsübliche Bezeichnung der Erscheinungsform des Wassers (keine Normbezeichnung)
1	Mutterboden	Niederschläge kurzzeitig aufstauend	Oberflächenwasser
2	Sand oder Kies stark durchlässig	schnell versickernd (Durchlässigkeit mind. $k = 10^{-4}$ m/s)	Sickerwasser
3	Schichtenwechsel zu geringer durchlässigen Bodenschichten	aufstauend, aber Stauwasser dann langsam versickernd	Stauwasser
4	eingeschlossene Bodenschichten größerer Durchlässigkeit, meist geneigt	rasche Wasserabgabe in Neigungsrichtung	Schichtenwasser
5	schluffige Sande schwach durchlässig	langsam versickernd	Sickerwasser
6	Schluff oder Ton schwer durchlässig	Wasser haltend und kapillar aufsteigend	Kapillarwassersaum
7	ständig gefüllte Bodenporen	geschlossener Wasserspiegel	Grundwasser [1]
8	Bem. [1] Der höchste Grundwasserstand (HGW) ermittelt sich aus den langjährigen höchsten gemessenen Grundwasserständen bzw. Hochwasserständen.		

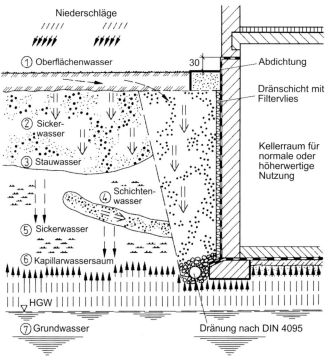

Bild 9.1
Zusammenhänge zwischen Bodenarten, Verhaltensweise und Erscheinungsformen des Wassers (nach Emig [9.9] und Muth [9.26])

Es sei darauf hingewiesen, daß seit September 1998 ein aktueller Entwurf der DIN 18195 vorliegt, der einige Änderungen beinhaltet. Zum Beispiel unterteilt E DIN 18195 die Beanspruchungsarten in:

- Bodenfeuchtigkeit und nichtstauendes Sickerwasser
- Stauwasser, drückendes Wasser mit schwacher Beanspruchung
- drückendes Wasser mit starker Beanspruchung

Die vorliegenden Betrachtungen beziehen sich auf die alte DIN 18195 (Aug. 83), teilweise werden die zu erwartenden Änderungen aufgezeigt.

Eine der wichtigsten Fragen ist die Lage des Grundwasserspiegels. Zu klären sind der höchste Wasserstand während der Standzeit des Gebäudes und während der Bauzeit (s. Abschnitt 9.2). Taucht das Gebäude in das Grundwasser ein, muß der maßgebliche Wasserdruck als Belastung angesetzt werden und die Auftriebssicherheit ist nachzuweisen (s. Abschnitt 9.5). Zusätzlich ist zu klären, ob das Grundwasser aggressiv gegenüber den verwendeten Baustoffen ist (s. Abschnitt 9.2). Die Dichtung muß gegenüber drückendem Wasser ausgeführt werden (s. Abschnitt 9.4).

Steht das Grundwasser unterhalb der Bauwerkssohle an, ist eine Abdichtung gegen Bodenfeuchte aus Schicht- und Kapillarwasser vorzusehen. Dies gilt allerdings nur für gut durchlässige Sande und Kiese mit einem k-Wert $\geq 10^{-4}$ m/s und bei ebenem Gelände. E DIN 18195 zieht die Grenze bei einem k-Wert $> 10^{-3}$ m/s.

Bei bindigem Boden muß trotz tiefliegendem Grundwasserspiegel im Bereich der Verfüllungen auf jeden Fall mit Wasserdrücken aus Stauwasser auf die Bauwerkswände gerechnet werden (Bild 9.2). Es ist deshalb eine Dränage vorzusehen (s. Abschnitt 9.3) und gleichzeitig eine Abdichtung gegen nicht drückendes Grundwasser einzubauen.

Das Gleiche gilt bei Hanglagen, wo sich selbst bei gut durchlässigem Boden aus Schicht- und Bergwasser Wasserdrücke aufbauen können. Auch hier ist eine Dränage notwendig. Falls das

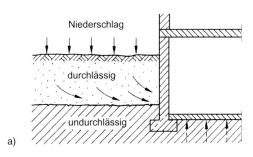
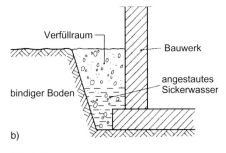

Bild 9.2
Stauwasserbildung (nach Cziesielski [9.5])
a) bei undurchlässigen Schichten,
b) im Bereich von Baugrubenverfüllungen

Wasser aus einer geplanten Dränage nicht abgeführt werden kann, ist in den beiden genannten Fällen gegen drückendes Wasser abzudichten.

Nach E DIN 18195 sind auch in diesem Bereich Änderungen vorgesehen. Bodenfeuchtigkeit und bindiger Boden mit Dränage werden in derselben Kategorie behandelt. Wird auf eine Dränage verzichtet, ist gegen drückendes Wasser mit schwacher Beanspruchung abzudichten.

9.2 Grundwasseruntersuchungen

Nach der Statistik sind 15% aller Bauschäden auf Feuchtigkeit im Keller oder ähnliches zurückzuführen [9.28]. Dies verdeutlicht, wie wichtig die Kenntnis der maßgeblichen Wasserstände ist. Dabei schützt eine trockene Baugrube während der Bauzeit noch nicht vor späteren Schäden.

Gemäß einem Merkblatt der Deutschen Gesellschaft für Geotechnik „Wasserhaltungen" [9.25] unterscheidet man folgende Wasserstände:

- HHGW: höchstmöglicher Wasserstand
- HGW: für die Bauzeit anzunehmender Höchststand
- MGW: mittlerer Wasserstand
- NGW: niedriger Wasserstand
- NNGW: niedrigster Grundwasserstand

Zur Bemessung von Dränagen, Abdichtungen und Bauwerken unter Auftrieb ist insbesondere der höchstmögliche Wasserstand (HHGW) von Bedeutung. Der HHGW ist nur in seltenen Fällen mit dem während der Baugrunderkundung (s. Abschnitt 2.2.6) angetroffenen Wasserstand identisch, bei dem noch jahreszeitliche und langjährige Schwankungen zu berücksichtigen sind. Informationen darüber können bei den zuständigen Behörden wie z. B. den Tiefbauämtern erhalten werden. Sollten keine Daten vorliegen, wird der höchste erkundete Wasserstand um ein Sicherheitsmaß erhöht, das unter anderem von der Baugrundschichtung abhängt. Prinz [9.28] schlägt eine Erhöhung um 0,5 bis 1,5 m und auch mehr vor. Zweifellos handelt es sich dabei häufig um eine schwierige Aufgabe, unter Berücksichtigung der Wirtschaftlichkeit und des Schadensrisikos den richtigen Weg zu finden [9.18]. Hilfreich sind dabei häufig Informationen aus der Nachbarbebauung. Weiterhin ist zu berücksichtigen, daß sich durch Wasserhaltungen auf Großbaustellen, Wasserwerke und langjährige Niederschlagsdefizite besonders niedrige Wasserstände ergeben können.

Wenn Bauwerke in das Grundwasser hineinreichen, ist zu prüfen, ob das Wasser betonaggressiv ist. Maßgeblich für die Beurteilung ist DIN 4030, die neben Wässern auch noch Böden und Gase miteinschließt. Im Teil 1 (Ausgabe Juni 1991) sind Grundlagen und Grenzwerte zusammengestellt, Teil 2 beinhaltet die Entnahme und Analyse von Wasser- und Bodenproben. DIN 4030 bezieht sich auf das Angriffsvermögen von Wässern vorwiegend natürlicher Zusammensetzung und gilt nicht für konzentrierte Lösungen wie z. B. für einige Industrieabwässer.

Gemäß DIN 4030 Teil 2 sind bei Wässern folgende Parameter zu untersuchen:

- Farbe
- Geruch (unveränderte Probe)
- Temperatur
- Kaliumpermanganatverbrauch, Angabe in mg $KMnO_4$/l bzw. nach Multiplizieren mit dem Faktor 0,25 in g O_2/m^3
- Härte (Gesamthärte, Angabe in mg CaO/l; 10 mg CaO/l = 0,179 mmol Erdalkalien (DIN 4030 T2)
- Härtehydrogencarbonat (Karbonathärte, mg CaO/l; 10 mg CaO/l = 0,357 mmol/l)
- Differenz zwischen Härte und Härtehydrogencarbonat
- Chlorid (Cl^-), Angabe in mg/l bzw. durch Multiplizieren mit dem Faktor 28,2 in $mmol/m^3$
- Sulfid (S^{2-}), Angabe in mg/l bzw. durch Multiplizieren mit dem Faktor 31 in $mmol/m^3$
- pH-Wert
- Kalklösekapazität, Angabe in mg CaO/l bzw. durch Multiplizieren mit dem Faktor 1,5696 in mg CO_2/l oder mit dem Faktor 17,8 in mmol CaO/m^3
- Ammonium (NH_4^+), Angabe in mg/l bzw. durch Multiplizieren mit dem Faktor 55,4 $mmol/m^3$
- Magnesium (Mg^{2+}), Angabe in mg/l bzw. durch Multiplizieren mit dem Faktor 41,4 in $mmol/m^3$
- Sulfat (SO_4^{2-}), Angabe in mg/l bzw. durch Multiplizieren mit dem Faktor 10,4 in $mmol/m^3$

Einzelheiten zur Probenahme und Wirkung der Schadstoffe sind DIN 4030 und bei Prinz [9.28] zu entnehmen.

Die im Wasser enthaltenen freien Säuren, kalklösenden Kohlensäuren, Ammonium- und Magnesiumionen sowie weiche Wässer führen in Beton zu Lösungs- und Auslaugungserscheinungen. Wässer mit Sulfaten können Trüberscheinungen bewirken.

DIN 4030 unterscheidet zwischen drei Angriffsgraden:

- schwach angreifend
- stark angreifend
- sehr stark angreifend

Die jeweils maßgeblichen Parameter können Tabelle 9.1 entnommen werden.

Um die Bauwerke vor den Schadstoffen zu schützen, sind Betone mit hohem Widerstand gegen chemische Angriffe vorzusehen. Die notwendigen Maßnahmen sind in DIN 1045, Abschnitt 6.5.7.5, zusammengestellt.

Tabelle 9.1 Grenzwerte zur Beurteilung des Angriffsgrades von Wässern vorwiegend natürlicher Zusammensetzung gemäß DIN 4030 (nach Prinz [9.28])

	Untersuchung	Angriffsgrade		
		schwach angreifend	stark angreifend	sehr stark angreifend
1	pH-Wert	6,5 bis 5,5	5,5 bis 4,5	unter 4,5
2	kalklösende Kohlensäure (CO_2); in mg/l, best. mit dem Marmorversuch nach Heyer	15 bis 40	40 bis 100	über 100
3	Ammonium (NH_4^+) in mg/l	15 bis 30	30 bis 60	über 60
4	Magnesium (Mg^{2+}) in mg/l	300 bis 1000	1000 bis 3000	über 3000
5	Sulfat (SO_4^{2-}) in mg/l	200 bis 600	600 bis 3000	über 3000

9.3 Dränage

9.3.1 Entwurfsgrundlagen

Bei bindigem Untergrund und Hanglagen ist eine Dränage erforderlich, um den Boden so zu entwässern, daß kein drückendes Stauwasser entstehen kann (Bild 9.3). Gleichzeitig ist eine Abdichtung gegen nicht drückendes Wasser ausreichend (s. Abschnitt 9.4). Wird auf eine Dränage verzichtet, muß gegen drückendes Wasser abgedichtet werden.

Zur Planung einer Dränage sind verschiedene Punkte von besonderer Bedeutung (vgl. Cziesielski [9.5], Hilmer [9.18] und Prinz [9.28]):

– Größe, Form sowie Oberflächengestalt des Einzuggebiets
– Art, Schichtung und Durchlässigkeit des Untergrunds einschließlich wasserführender Schichten
– höchster Grundwasserstand aufgrund langjähriger Beobachtungen
– chemische Beschaffenheit des Wassers im Hinblick auf Baustoffaggressivität sowie Verkalkungen und Verockerungen
– wasserrechtliche Genehmigungen zum Ableiten oder Versickern des Wassers bzw. Anschlußerlaubnis an die städtische Kanalisation

Dränagen bestehen in der Regel aus Dränanlagen vor Wänden und unter Bodenplatten. Erdüberschüttete Decken können ebenfalls mit Dränschichten ausgeführt werden. Planung, Bemessung und Ausführung von Dränagen sind in DIN 4095 geregelt. Die Norm unterscheidet zwischen Regelausführungen und Sonderfällen. Der Regelfall liegt vor, wenn die in Tabelle 9.2 genannten Voraussetzungen gegeben sind. Abflußspende, Ausführung und Dicke von Dränschichten sowie Richtwerte für Dränleitungen und Kontrollvorrichtungen können für den Regelfall gemäß den Angaben der DIN 4095 (s. Abschnitt 9.3.3) dimensioniert werden, ohne daß besondere Nachweise notwendig sind. Die Regelausführung soll dazu dienen, in einfachen Fällen wie z.B. bei kleineren Wohngebäuden den Architekten die Planung einer Dränanlage zu ermöglichen. Größere Bauten und Tiefbaumaßnahmen sind meistens als Sonderfall einzustufen.

9.3.2 Konstruktive Ausbildung

Dränanlagen vor Wänden bestehen aus folgenden Elementen (Bild 9.4):

– Wandabdichtung (z.B. geklebte Bitumenbahn)

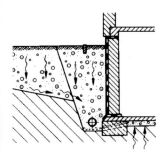

Bild 9.3
Abdichtung mit Dränung bei Stau- und Sickerwasser in schwach durchlässigen Böden nach DIN 4095

Tabelle 9.2 Voraussetzungen für Regelfall nach DIN 4095

a) Richtwerte vor Wänden

Einflußgröße	Richtwert
Gelände	eben bis leicht geneigt
Durchlässigkeit des Bodens	schwach durchlässig
Einbautiefe	bis 3 m
Gebäudehöhe	bis 15 m
Länge der Dränleitung zwischen Hochpunkt und Tiefpunkt	bis 60 m

b) Richtwerte auf Decken

Einflußgröße	Richtwert
Gesamtauflast	bis 10 kN/m^2
Deckenteilfläche	bis 150 m^2
Deckengefälle	ab 3 %
Länge der Dränleitung zwischen Hochpunkt und Dacheinlauf/ Traufkante	bis 15 m
Angrenzende Gebäudehöhe	bis 15 m

c) Richtwerte unter Bodenplatten

Einflußgröße	Richtwert
Durchlässigkeit des Bodens	schwach durchlässig
Bebaute Fläche	bis 200 m^2

- Schutzschicht (Sickerschicht, z. B. Dränsteine können auch gleichzeitig Schutzschicht sein)
- Filterschicht (z. B. Filtervlies)
- Hinterfüllung

In der Praxis gibt es zahlreiche Varianten. Zum Beispiel kann die Filterschicht, die das Ausschlemmen von Bodenteilchen verhindert und die Sickerschicht, die das Wasser zur Dränleitung führt, zu einem Mischfilter mit beiden Funktionen zusammengefaßt werden. In früheren Jahren wurden häufig vertikale Kiesschichten als Sickerschicht und Filterschichten aus Sand hergestellt. Aus Kostengründen werden heute eher Dränsteine mit vorgehängtem Filtervlies, Dränmatten oder Dränplatten aus Polystyrol oder Hartschaum verwendet [9.18]. Die Bilder 9.5 und 9.6 zeigen Ausführungsbeispiele gemäß DIN 4095. In Bild 9.7 ist ein Ausführungsbeispiel bei Gebäuden in Hanglage dargestellt.

Die Dränleitung muß gemäß DIN 4095 alle erdberührten Wände erfassen. Sie ist bei Gebäuden möglichst als geschlossene Ringleitung (Bild 9.8) zu planen. Spülrohre mit mindestens DN 300 sollen bei einem Richtungswechsel der Dränleitung angeordnet werden. Der Abstand der Spülrohre soll höchstens 50 m betragen. Der Übergabeschacht soll mindestens DN 1000 betragen.

Bei Dränanlagen unter Bodenplatten darf bis 200 m^2 Grundfläche eine Flächendränschicht ohne Dränleitungen zur Ausführung kommen. Die Entwässerung muß z. B. durch Durchbrüche mit ausreichendem Querschnitt (mindestens DN 50) sichergestellt sein. Bei Flächen über 200 m^2 sind Dränleitungen und eventuell Kontrollvorrichtungen vorzusehen (Bild 9.9).

Dränanlagen auf Decken werden in der Regel mit Kiesschüttungen der Körnung 8/16 und einer Dicke >15 cm sowie einem Filtervlies ausgeführt [9.5]. Weitere Anforderungen sind DIN 4095 zu entnehmen.

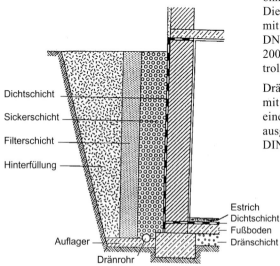

Bild 9.4
Querschnitt-Schemaskizze einer Dränung (nach Probst [9.29])

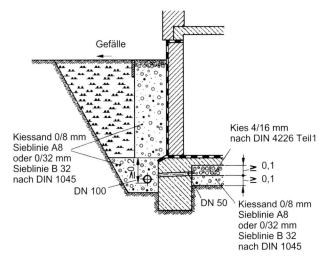

Bild 9.5
Beispiel einer Dränanlage mit mineralischer Dränschicht nach DIN 4095

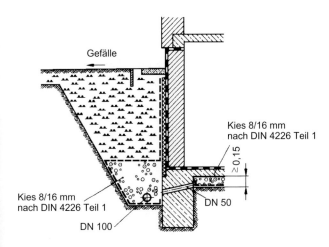

Bild 9.6
Beispiel einer Dränanlage mit Dränelementen nach DIN 4095

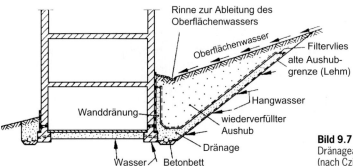

Bild 9.7
Dränageanlagen bei Gebäuden in Hanglage (nach Cziesielski [9.5])

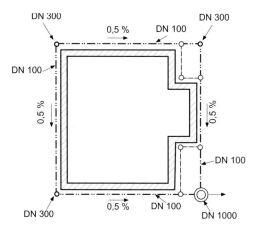

Bild 9.8
Beispiel einer Anordnung von Dränleitungen, Kontroll- und Reinigungseinrichtungen bei einer Ringdränung (Mindestabmessungen) nach DIN 4095

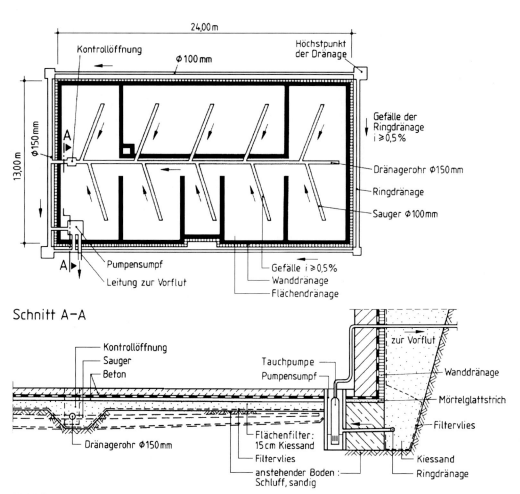

Bild 9.9
Beispiel eines Flächendräns unterhalb Bodenplatte (A > 200 m²) (nach Cziesielski [9.5])

Eine der wichtigsten Voraussetzungen für eine Dränanlage ist eine ausreichende Vorflut. Im Idealfall kann das anfallende Wasser auch bei Höchstwasserstand in der Vorflut im freien Gefälle abgeleitet werden.

DIN 4095 nennt noch andere Möglichkeiten, weil diese Voraussetzung selten gegeben ist. Gemäß den Abwassersatzungen ist ein Anschluß der Dränage an das Mischsystem verboten. Bei Regenwasserkanälen droht insbesondere bei starken Niederschlägen ein Rückstau, so daß z. B. Rückstauklappen eingebaut werden müssen. Dies erfordert jedoch eine regelmäßige Wartung ebenso wie der Einbau einer Hebeanlage, bei der zusätzlich noch ein Notstromaggregat zur Verfügung stehen muß. Unter diesem Gesichtspunkt ist genau zu prüfen, ob nicht einer Wannenabdichtung der Vorzug zu geben ist.

Eine weitere Möglichkeit zur Ableitung des anfallenden Wassers ist die Versickerung im Boden, wenn der Grundwasserspiegel ausreichend tief liegt.

Zur Verfügung stehen folgende Möglichkeiten:

– Flächenversickerung
– Muldenversickerung
– Rohr- und Rigolenversickerung
– Schachtversickerung (Bild 9.10)

Die Dimensionierung kann nach dem ATV Arbeitsblatt A 138 [9.2] erfolgen. Häufig scheitert jedoch die Möglichkeit einer Versickerung an der mangelnden Durchlässigkeit des Untergrunds. Bei gut durchlässigem Boden, der eine Voraussetzung für eine Versickerungsanlage ist, wird in der Regel keine Dränage gebraucht und umgekehrt ist eine Dränage in der Regel bei bindigen, wenig durchlässigem Boden erforderlich.

Weitere Einzelheiten sind bei Hilmer [9.18] zu finden, der wie Muth [9.27] einen ausführlichen Kommentar zu DIN 4095 verfaßt hat.

9.3.3 Bemessung

DIN 4095 unterscheidet bei der Bemessung zwischen Regel- und Sonderfällen. Die Voraussetzungen für den Regelfall sind in Abschnitt 9.3.1 dargestellt. Im Regelfall sind keine besonderen Nachweise notwendig. Die Abflußspende zur Bemessung nichtmineralischer, verformbarer Dränelemente kann Tabelle 9.3 entnommen werden.

Tabelle 9.3 Abflußspende zur Bemessung nichtmineralischer Dränelemente im Regelfall nach DIN 4095

Lage	Abflußspende
vor Wänden	0,30 l/(s · m)
auf Decken	0,03 t/(s · m^2)
unter Bodenplatten	0,005 t/(s · m^2)

Baustoffanforderungen und Dicken mineralischer Dränschichten sind in Tabelle 9.4 zusammengestellt.

Anforderungen an Dränleitungen können Tabelle 9.5 entnommen werden.

Hilmer [9.18] weist darauf hin, daß anstatt Kies 8/16 mm auch die Körnung 4/8 mm sehr gut geeignet ist und sich unter Bodenplatten besser einbauen läßt. Vorsicht ist geboten bei Kalkschotter und aggressivem Wasser.

Im Sonderfall sind folgende Untersuchungen notwendig [9.27]:

– Größe und Form des Geländes
– Bodenprofil
– Wasseranfall
– Bodenwasserhaushalt
– Vorflut
– statische Nachweise für die Dränschicht und die Dränleitung unter Berücksichtigung des Zeitstandverhaltens

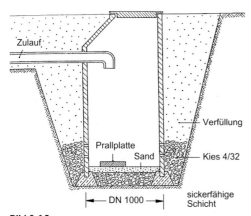

Bild 9.10
Beispiel eines Sickerschachtes für geringe Abflüsse (nach Hilmer [9.18])

Tabelle 9.4 Beispiele für die Ausführung und Dicke der Dränschicht mineralischer Baustoffe für den Regelfall nach DIN 4095

Lage	Baustoff	Dicke in m min.
vor Wänden	Kiessand z. B. Körnung 0/8 mm (Sieblinie A 8 oder 0/32 mm Sieblinie B 32 nach DIN 1045)	0,50
	Filterschicht, z. B. Körnung 0/4 mm (0/4 a nach DIN 4226 Teil 1) und Sickerschicht, z. B. Körnung 4/16 mm (nach DIN 4226 Teil 1)	0,10 0,20
	Kies, z. B. Körnung 8/16 mm (nach DIN 4226 Teil 1) und Geotextil	0,20
auf Decken	Kies, z. B. Körnung 8/16 mm (nach DIN 4226 Teil 1) und Geotextil	0,15
unter Bodenplatten	Filterschicht z. B. Körnung 0/4 mm (0/4 a nach DIN 4226 Teil 1) und Sickerschicht z. B. Körnung 4/16 mm (nach DIN 4226 Teil 1)	0,10 0,10
	Kies, z. B. Körnung 8/16 mm (nach DIN 4226 Teil 1) und Geotextil	0,15
um Drän- rohre	Kiessand z. B. Körnung 0/8 mm (Sieblinie A 8 oder 0/32 mm Sieblinie B 32 nach DIN 1045)	0,15
	Sickerschicht z. B. Körnung 4/16 mm (nach DIN 4226 Teil 1) und Filterschicht z. B. Körnung 0/4 mm (0/4 a nach DIN 4226 Teil 1)	0,15 0,10
	Kies, z. B. Körnung 8/16 mm (nach DIN 4226 Teil 1) und Geotextil	0,10

Tabelle 9.5 Richtwerte für Dränleitungen und Kontrolleinrichtungen im Regelfall nach DIN 4095

Bauteil	Richtwert min.
Dränleitung	Nennweite DN 100 Gefälle 0,5 %
Kontrollrohr	Nennweite DN 100
Spülrohr	Nennweite DN 300
Übergabeschacht	Nennweite DN 1000

– hydraulische Nachweise der Dränelemente
– Festlegung der Durchlässigkeitsbeiwerte und Abflußspende

Der Wasseranfall ist mit geohydrologischen Verfahren nachzuweisen [9.24]. Anhaltswerte gibt DIN 4095. Sie sind in Tabelle 9.6 zusammengestellt. Die Werte beziehen sich auf Wände, Decken sowie den Bereich unter Bodenplatten und hängen von Bodenart und Bodenwasser ab.

Die erforderliche Dichte d der Sickerschicht aus mineralischen Baustoffen ergibt sich aus dem Dränzufluß q' in l/(s · m), dem hydraulischen Gefälle i und dem Durchlässigkeitsbeiwert k der Sickerschicht aus

$$d = \frac{q'}{k \cdot i} \qquad (9.1)$$

Für die Bemessung vor der Wand ist i = 1 zu setzen, bei Decken ist das Deckengefälle maßgebend. Dränmatten, Dränbahnen und Dränplatten werden in der Regel mit Hilfe von Nomogrammen der Hersteller dimensioniert. Zur Filterschicht macht DIN 4095 keine Angaben.

Die erforderlichen Durchmesser der Dränleitung aus gewellten Kunststoffdränrohren und für Rohre aus haufwerkporigem Beton werden nach Prandtl-Colebrook bei einer Betriebsrauhigkeit k_b = 2 mm berechnet. Bild 9.11 zeigt das dazugehörige Bemessungsnomogramm aus DIN 4095. Weitere Einzelheiten können den Arbeiten von Muth [9.27] Hilmer [9.18] und DIN 4095 entnommen werden.

9.3.4 Weitere Hinweise

Vor dem Bau einer Dränage sollten im Rahmen der Planungsphase Vor- und Nachteile gegenüber einer Abdichtung gegen drückendes Wasser ausführlich zwischen Bauherrn, Architekten und Fachingenieuren diskutiert werden. Die Kosten spielen dabei eine untergeordnete Rolle, wie die Untersuchungen von Wilmes et al. [9.32] gezeigt haben.

Für eine Dränanlage spricht [9.18]:

– das Wasser wird von Gebäuden ferngehalten
– die notwendigen Abdichtungsarbeiten können von der Baufirma ausgeführt werden

- bei Gebäuden mit komplizierten Grundrissen ist eine Dränung einfacher auszuführen als eine Abdichtung gegen drückendes Wasser

Gegen eine Dränanlage spricht:
- geeignete rückstaufreie Vorfluter sind oft nicht vorhanden
- Rückstausicherungen und Hebeanlagen erfordern einen hohen Wartungs- und Betriebsaufwand
- der Untersuchungsumfang kann größer werden
- die Schadensanfälligkeit (Verschlammen, Verockerung, Verkalkung) ist höher
- die Dränage muß ständig gewartet werden

Tabelle 9.6 Abflußspenden für die Bemessung der Dränelemente im Sonderfall nach DIN 4095 (aus Muth [9.27])

Be-reich	Abflußspende vor Wänden		Abflußspende auf Decken		Abflußspende unter Bodenplatten	
	Bodenart und Bodenwasser (Beispiel)	Abflußspende q' in 1/(s·m)	Überdeckung (Beispiel)	Abflußspende q in 1/(s·m^2)	Bodenart (Beispiel)	Abflußspende q in 1/(s·m^2)
gering	sehr schwach durchlässige Böden ohne Stauwasser; kein Oberflächenwasser	unter 0,05	unverbesserte Vegetationsschichten (Böden)	unter 0,01	sehr schwach durchlässige Böden	unter 0,001
mittel	schwach durchlässige Böden mit Sickerwasser; kein Oberflächenwasser	von 0,05 bis 0,10	verbesserte Vegetationsschichten (Substrate)	von 0,01 bis 0,02	schwach durchlässige Böden	von 0,001 bis 0,005
groß	Böden mit Schichtwasser oder Stauwasser; wenig Oberflächenwasser	über 0,10 bis 0,30	bekieste Flächen	über 0,02 bis 0,03	durchlässige Böden	über 0,005 bis 0,010

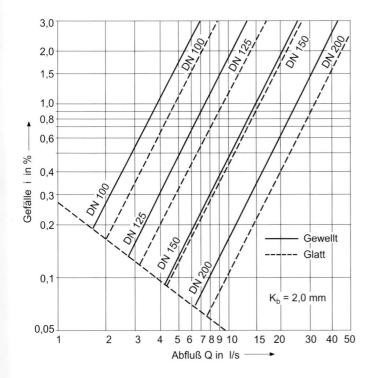

Bild 9.11 Bemessungsnomogramm für Dränleitungen nach DIN 4095 (aus Muth [9.27])

In Zusammenhang mit Schäden sei auf mögliche Einflüsse durch Bepflanzung im Nahbereich von Dränleitungen hingewiesen, was zu Verwurzelungen führen kann. Bäume sollten deshalb einen Mindestabstand von 6–8 m und Sträucher von 3 m zur Dränleitung aufweisen. Im Rahmen der Wartung sollten die Leitungen einmal jährlich auf Funktionstüchtigkeit geprüft werden. Leitungen sind bei Bedarf zu spülen.

9.4 Abdichtungen

9.4.1 Überblick

Abdichtungen müssen vielfältigen Anforderungen genügen [9.5]:

Physikalische Anforderungen:
– sie müssen in erster Linie wasserdicht oder wasserundurchlässig sein
– sie müssen gegenüber thermischen Beanspruchungen bei der Verarbeitung und im Einbauzustand widerstandsfähig sein

Chemische Widerstandsfähigkeit:
– sie müssen aggressiven Wässern standhalten. Zum Beispiel können bestimmte Stoffe durch Öle und Fette zerstört werden. Kohlensäure und Sulfate greifen Beton an

Standsicherheit:
– die Standsicherheit der Gebäude darf nicht beeinträchtigt werden, z.B. durch Gleiten von Gebäudekörpern

Maßgebliche Vorschriften sind:

- DIN 18195 (August 1983) Bauwerksabdichtungen mit den Teilen 1 bis 10 (Hinweis: seit 1993 in Überarbeitung, seit September 98 liegt ein neuer Entwurf als Gelbdruck vor)
  Teil 1: Allgemeines, Begriffe
  Teil 2: Stoffe
  Teil 3: Verarbeitung der Stoffe
  Teil 4: Abdichtungen gegen Bodenfeuchtigkeit, Bemessung und Ausführung
  Teil 5: Abdichtungen gegen nichtdrückendes Wasser, Bemessung und Ausführung
  Teil 6: Abdichtungen gegen von außen drückendes Wasser, Bemessung und Ausführung
  Teil 7: Abdichtungen gegen von innen drückendes Wasser, Bemessung und Ausführung
  Teil 8: Abdichtungen über Bewegungsfugen
  Teil 9: Durchdringungen, Übergänge, Abschlüsse
  Teil 10: Schutzschichten und Schutzmaßnahmen

- DIN 18336, VOB Verdingungsordnung für Bauleistungen, Teil C: Allgemeine Technische Vertragsbedingungen für Bauleistungen: Abdichtungsarbeiten

Ferner sei auf die Vorschrift der Deutschen Bahn DS 835 zur Abdichtung von Ingenieurbauwerken hingewiesen. DIN 18 195 als übergeordnete Norm deckt nicht alle in der Praxis gängigen Dichtungssysteme ab. Dichtungsschlämmen wurden zum Beispiel früher durch bauaufsichtliche Zulassungen abgedeckt. Seit März 1992 werden die Prüf- und Baugrundsätze in einem Merkblatt abgehandelt (s. Abschnitt 9.4.3). Ähnliches gilt für viele Dichtungssysteme, die auf dem Markt angeboten werden.

Die Einwirkungen durch Wasser werden gemäß DIN 18 195 (Aug. 83) in drei Lastfälle unterteilt (Bild 9.12 a):

– Bodenfeuchte
– nichtdrückendes Wasser
– drückendes Wasser

Drückendes Wasser wird noch einmal unterteilt in von außen und von innen drückend, wobei von innen drückendes Wasser z.B. im Schwimmbad- und im Behälterbau von Bedeutung ist.

Abdichtungen gegen Bodenfeuchtigkeit sind bei allen unterirdischen Bauteilen als Mindestsicherung vorzusehen, um das Eindringen bzw. das Aufsteigen von Feuchtigkeit zu unterbinden. Bei nichtdrückendem Wasser in Verbindung mit Dränagen (s. Abschnitte 9.1 und 9.3) muß die Abdichtung drucklos fließendes Wasser ableiten. DIN 18195 unterscheidet zwischen mäßiger und hoher Beanspruchung. Abdichtungen gegen drückendes Wasser müssen dauerhaft gegen Wasserdruck beständig sein. Die Anforderungen an die Abdichtungen hängen unter anderem von der Eintauchtiefe ab.

9.4 Abdichtungen

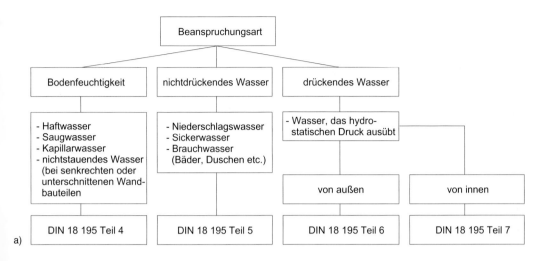

Bauteilart, Einbausituation, Wasserart			Beanspruchungsart	Notwendiges Abdichtungsverfahren (zutreffender Normteil)
Erdberührte Wände und Bodenplatten oberhalb des Grundwasserspiegels	nichtbindiger Boden ($k > 10^{-3}$ m/s)		Bodenfeuchtigkeit und nichtstauendes Sickerwasser	DIN 18195-4
Kapillarwasser	bindiger Boden	mit Dränung[1)]		
Haftwasser	($k < 10^{-3}$ m/s)	ohne Dränung[2)]	Stauwasser, drückendes Wasser, *schwache Beanspruchung*	DIN 18195-6 Abschnitt 9
Sickerwasser				
Erdberührte Wände und Bodenplatten im Grundwasser			drückendes Wasser *starke Beanspruchung*	DIN 18195-6 Abschnitt 8
Dachdecken und Naßraumteile[3)] Niederschlagswasser	Balkone u. a[5)] im Wohnungsbau		nichtdrückendes Wasser, mäßige Beanspruchung	DIN 18195-6 Abschnitt 8.2
Sickerwasser	genutzte Dachflächen[6)]		nichtdrückendes Wasser	DIN 18195-5
Anstauwasser[4)]	intensiv begrünte Dächer[4)]		hohe Beanspruchung	Abschnitt 8.3
Brauchwasser	gewerbliche Naßräume, Schwimmbäder, nicht genutzte Dachflächen, Extensivbegrünung		nichtdrückendes Wasser	DIN 18531
Wasserbehälter, Becken; Brauchwasser			drückendes Wasser von innen	DIN 18195-7

Anmerkung: [1)] Dränung nach DIN 4095; [2)] bis zu *Tiefen von 3 m* unter Geländeoberkante, sonst Zeile 5; [3)] Definition »Naßraum« siehe DIN 18195-1, Abschnitt 3.30; [4)] bis ca. 10 m Anstauhöhe von Intensivbegrünung; [5)] Genauere Beschreibung dieser Bauteilgruppe siehe DIN 18195-5; Abschnitt 7.2; [6)] Genauere Beschreibung dieser Bauteilgruppe s. DIN 18195-5, Abschnitt 7.3.

Bild 9.12
a) Beanspruchungsarten für Abdichtungen [9.5] gemäß DIN 18 195 (Aug. 83)
b) Zuordnung zwischen Bauteilsituation, Beanspruchungsart und Abdichtungsverfahren nach E DIN 18195 (Sep. 1998)

Wie bereits in Abschnitt 9.1 erwähnt, liegt seit September 1998 ein neuer Entwurf der DIN 18195 als Gelbdruck vor, der die Lastfälle leicht modifiziert und eine direkte Zuordnung zwischen Bauteilsituation, Beanspruchungsart und Abdichtungsverfahren vorgibt (Bild 9.12 b). Die folgenden Betrachtungen beziehen sich jedoch auf DIN 18195 (Aug. 83).

Man unterscheidet zwischen Hautabdichtungen und starren Abdichtungen. Bei Hautabdichtungen wurden früher ausschließlich bituminöse Stoffe verwendet, so daß sich der Begriff „schwarze Wanne" eingebürgert hat. Zu den starren Abdichtungen gehört unter anderem wasserundurchlässiger Beton (WU-Beton). Abdichtungen mit WU-Beton werden auch als „weiße Wanne" bezeichnet.

In der Praxis sind die folgenden Dichtungssysteme vertreten. Zu den Hautabdichtungen gehören:

– bitumenverklebte Abdichtungen
– lose verlegte Kunststoff-Dach- und Dichtungsbahnen
– Spritz- und Spachtelabdichtungen
– Noppen- und Flächendränsysteme

Starre Abdichtungen umfassen u. a.:

– WU-Beton
– Dichtungsschlämmen

Die Anforderungen an die Dichtungssysteme steigen mit höherem Belastungsgrad. Es empfiehlt sich, die Sicherheiten nicht zu knapp vorzusehen, weil die Herstellungskosten für Abdichtungen im Vergleich zu den Gesamtkosten lediglich einen geringen Teil einnehmen und bei Schäden jedoch hohe Folgekosten entstehen können.

In diesem Zusammenhang ist eine sorgfältige Planung und Bauausführung von höchster Bedeutung.

Abdichtungen stellen ein umfangreiches Gebiet dar. Sie umfassen vertikale und horizontale Wandabdichtungen sowie Abdichtungen von Bodenplatten. Hierzu kommen noch Fugen und Durchdringungen (Bild 9.13). Im Rahmen des Buches kann nur eine grobe Übersicht gegeben werden. Eine umfangreiche Darstellung des Gebiets findet sich z. B. bei Haack et al. „Abdichtungen im Gründungsbereich und auf genutzten Decken" [9.17], Cziesielski „Lehrbuch der Hochbaukonstruktion" [9.5], Klawa und Haack „Tiefbaufugen" [9.21] und Lohmeyer „Weiße Wannen" [9.22].

9.4.2 Wasserundurchlässiger Beton

Wasserundurchlässiger Beton (WU-Beton) wird heute vielseitig eingesetzt. Die abdichtungstechnische Funktion wird durch die Betonzusammensetzung und die Rißweitenbeschränkung erreicht. Im Gegensatz zu Abdichtungen auf bituminöser oder auf Kunststoffbasis ist WU-Beton nicht wasserdicht, sondern wasserundurchlässig. Durch Kapillarität, Temperaturunterschiede und Druckdifferenzen findet ein Feuchtetransport statt, der bei der vorgesehenen Nutzung zu berücksichtigen ist.

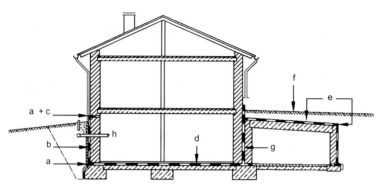

Bild 9.13
Übersicht über Abdichtungsbereiche (nach Emig und Haack [9.12])

a Waagerechte Abdichtung in Wänden und Abdichtungsübergang Sohle-Wand
b Senkrechte Wandabdichtung
c Abschluß der Wandabdichtung im Sockel- und Wandbereich
d Sohlen- bzw. Fußbodenabdichtung
e Deckenabdichtung, erdüberschüttet und Übergang zur Wand im Erdreich
f Abdichtungsanschlüsse bei Terrassen und Balkonen
g Abdichtungen im Bereich von Bewegungsfugen
h Durchdringungen

Die Vorteile einer Abdichtung mit WU-Beton sind [9.22]

- der Beton übernimmt die tragende und die dichtende Funktion gleichzeitig
- vereinfachte statische und konstruktive Gestaltung des Baukörpers ohne Rücksicht auf zulässige Flächenpressung oder mangelnde Reibung einer Abdichtungshaut
- Bauzeitverkürzung und geringere Abhängigkeit vom Wetter im Vergleich zu Hautabdichtungen
- eventuelle Undichtigkeiten sind schnell zu orten und einfacher zu beheben, weil Schadstellen und Wasseraustrittsstellen identisch sind

Demgegenüber stehen im Vergleich zu Hautabdichtungen eine Reihe von Nachteilen:

- Die Bauteile müssen möglichst rissefrei im Sinne von vielen feinverteilten Rissen konstruiert werden.
- Um Zwängungen abzubauen, müssen Bauwerksfugen vorgesehen werden, die durch Sonderkonstruktionen abzudichten sind.
- Bauteilabmessungen, Schalung und Bewehrungsanordnung sind auf günstige Betonierbarkeit einzurichten.
- Für Keller mit hochwertiger Nutzung wie Lager- und Aufenthaltsräume ist wegen der Feuchtetransporte WU-Beton allein nicht ausreichend. In diesen Fällen sind Zusatzmaßnahmen wie eine Hautabdichtung z. B. notwendig.

Wichtige Regelwerke für WU-Beton sind:

- DIN 1045: Beton und Stahlbeton
- VOB Teil C: Allgemeine Technische Vorschriften für Bauleistungen: Beton- und Stahlbetonarbeiten
- DBV-Merkblatt „Weiße Wanne" des Deutschen Betonvereins

Zur Nachbesserung von Betonflächen oder Betonbauteilen sei hingewiesen auf den

- Leitfaden Instandsetzen von Stahlbetonoberflächen des Bundesverbands der Deutschen Zementindustrie [9.23] und die
- ZTV SIB 90 des Bundesministeriums für Verkehr [9.34]

Die Füllung von Rissen wird geregelt mit der

- ZTV-RISS des Bundesministeriums für Verkehr [9.33]

Die erforderlichen Nachweise für WU-Beton-Konstruktionen sind im Regelfall (s. Cziesielski [9.5]):

- Beurteilung des Grundwassers hinsichtlich betonangreifende Wässer gemäß DIN 4030 (s. Abschnitt 9.2)
- Bemessung nach DIN 1045 (Bauteildicke $d \geq 30$ cm, Betonüberdeckung $c \geq 4$ cm)
- Nachweis der Rißweitenbeschränkung auf $w = 0,15$ mm entsprechend DIN 1045 und Heft 400 des DAS Stb [9.6]
- Nachweis der Auftriebssicherung (s. Abschnitt 9.5)
- Feuchtebilanz

Die Rißweite kann durch den Bewehrungsgehalt und die Bewehrungsabmessungen gesteuert werden. Bei der Rißweitenbeschränkung kann je nach Lastfall noch einmal differenziert werden. Bei drückendem Wasser z. B. können sich je nach Druckhöhe und Bauteildicke auch kleinere Rißweiten als $w = 0,15$ mm ergeben [9.22].

Die Feuchtebilanz ergibt sich durch Gegenüberstellung der Leckwassermengen mit der durch Verdunsten aufnehmbaren Feuchtemenge in den angrenzenden Räumen. Eine Sicherheit von 1,5 ist einzuhalten. Formeln für den Feuchtetransport und die aufnehmbare Feuchtemenge sind z. B. bei Cziesielski [9.5] und Lohmeyer [9.22] zu finden. Anhaltswerte für Leckwassermengen können Tabelle 9.7 entnommen werden, die von einem Arbeitskreis des Unterausschusses des Deutschen Städtetags empfohlen wurden [9.3].

Zur Vermeidung von Rissen sind die Bauwerke durch Dehnfugen zu untergliedern und möglichst zwängungsfrei zu konstruieren. Dabei sind Dehnfugen und Arbeitsfugen, wie z. B. eine Untersuchung aus dem Tunnelbau zeigt, eine häufige Ursache für Schäden [9.3]. Fugen müssen deshalb äußerst sorgfältig konstruiert und ausgeführt werden. Umfangreiche Hinweise und Beispiele sind bei [9.16, 9.17, 9.21, 9.22] zu finden.

Tabelle 9.7 Durchfeuchtungskriterien (Leckwassermenge: Gramm pro Quadratmeter und Tag) (aus Baldauf und Timm [9.3])

Dichtigkeitsgrad	Feuchtigkeitsmerkmale	Verwendungszweck des unterirdischen Hohlraumbaues	Leckwassermenge g/m² d
1	vollständig trocken	Lager-, Aufenthaltsräume	< 1
2	weitgehend trocken	U-Bahn-Tunnel	< 10
3	kapillare Durchfeuchtung	Straßen- und Fußgängertunnel	< 100
4	schwaches Tropfwasser	Eisenbahntunnel	< 500
5	Tropfwasser	Abwasserstollen	< 1000

Drei der wichtigsten Punkte beim Einsatz von WU-Beton sind die Betontechnologie sowie der Einbau und die Qualitätskontrolle auf der Baustelle, wovon der Ausführungserfolg entscheidend abhängt.

Nach Cziesielski [9.5] lassen sich die Anforderungen an die Betonzusammensetzung und die Verarbeitung wie folgt zusammenfassen:

- Sieblinie B nach DIN 1045 (Größtkorn 8 mm bei weicher Konsistenz)
- Zementgehalt mindestens 270 kg/m³, in der Praxis meistens ≥ 300 kg/m³ (Zement mit geringer Hydratationswärmeentwicklung)
- geringer w/z-Wert (≤ 0,6)
- Wassereindringtiefe ≤ 50 mm (Prüfung nach DIN 1048)
- Fallhöhe beim Einbringen des Betons 10 bis 20 cm
- Nachverdichtung 1,5 bis 4,0 h nach Betonieren
- Nachbehandlung (Feuchthalten, möglichst frühes Abdecken mit Wärmedämmung t ≤ 25 h nach dem Betonieren)

Bei der Ausführung von WU-Beton ist zu beachten, daß die Baustellen als sogenannte B II-Baustellen einer besonderen Güteüberwachung und Qualitätssicherung nach den Regeln der DIN 1045 unterliegen. In Ausnahmefällen, wenn mit einem erhöhten Zementgehalt von 350 kg/m³ bei einem Größtkorn von 35 mm bzw. von 400 kg/m³ bei einem Größtkorn von 16 mm gearbeitet wird, darf WU-Beton auch auf B I-Baustellen eingebaut werden.

In der Praxis kommen immer wieder Fehlstellen bei WU-Beton vor, die zu Durchfeuchtungen führen können. Alle diese Fehlstellen können in der Regel nachträglich abgedichtet werden. Als Bestandteil des Bauens mit WU-Beton stehen eine ganze Reihe von Möglichkeiten zur Verfügung, die ausführlich z. B. bei Lohmeyer [9.22] beschrieben sind.

Wichtigstes Einsatzgebiet von WU-Beton ist der Lastfall drückendes Wasser unter Beachtung der Nutzungseinschränkung wegen Durchfeuchtung. Bei nichtdrückendem Wasser in Verbindung mit Dränagen wird man im Einzelfall prüfen, ob eine Anwendung sinnvoll ist. Beim Lastfall Bodenfeuchte ist in der Regel eine Hautdichtung an den Außenwänden und eine kapillarbrechende Schicht an der Sohle des Bauwerks in Verbindung mit Normalbeton sinnvoll.

9.4.3 Dichtungsschlämmen

Mineralische Dichtungsschlämmen gehören wie WU-Beton, Putze oder Spritzmörtel zu den starren Abdichtungen. Sie eignen sich im Gründungsbereich sowohl bei Alt- als auch bei Neubauten zur Abdichtung gegen Bodenfeuchtigkeit, gegen nichtdrückendes und teilweise auch gegen drückendes Wasser. Man unterscheidet zwischen starren und flexiblen Dichtungsschlämmen. Die zulässige Rißbreite ist bei flexiblen Schlämmen auf 0,2 mm festgesetzt. Starre Schlämme sind dagegen nicht in der Lage, irgendwelche Risse im Untergrund schadlos zu überstehen [9.10]. Die für Abdichtungen maßgebliche Norm DIN 18195 deckt weder WU-Beton noch Dichtungsschlämmen ab, sondern umfaßt Bitumenwerkstoffe, Kunststoffdichtungsbahnen und Metallbänder. Bis 1988 wurde der Einsatz von Dichtungsschlämmen über allgemeine bauaufsichtliche Zulassungen geregelt. Nach dem Wegfall der Zulassungen werden Dichtungsschlämme in einem Merkblatt des Industrieverbands Bauchemie und Holzschutzmittel [9.20] erfaßt mit den Abschnitten:

1. Allgemeine Angaben
2. Anwendungsbereich
3. Verarbeitung
4. Schutzmaßnahmen und Gebäudeentsorgung
5. Qualitätssicherung
6. Prüfvorschriften
7. Zitierte und mitgeltende Normen und Regelwerke
8. Richtzeichnungen häufig vorkommender Detailpunkte

In den Produktbeschreibungen und technischen Merkblättern muß der Einsatz und der Anwendungsbereich von den Herstellern beschrieben werden.

Flexible Dichtungsschlämmen eignen sich [9.12] z. B.

- als Schutz gegen Bodenfeuchte im Sinne von DIN 18195 Teil 4 (hier auch starre Dichtungsschlämmen möglich)
- als Abdichtung gegen nichtdrückendes Wasser im Sinne von DIN 18195 Teil 5
- zur nachträglichen Abdichtung von Kellerinnenflächen
- zur Abdichtung von Spritzwasserbereichen

Modifizierte Schlämmen können auch bei aggressivem Grundwasser mit schwachem und starkem Angriffsgrad nach DIN 4030 eingebaut werden. Die Bilder 9.14 und 9.15 zeigen beispielhaft eine Kellerabdichtung gegen Bodenfeuchte und nichtdrückendes Wasser bei gemauerten und bei Stahlbetonwänden.

Dichtungsschlämmen benötigen einen einwandfreien Untergrund, der aus

- gefügedichtem Beton mit mindestens der Festigkeitsklasse B 15
- Mauerwerk aus Steinen nach DIN 105 und DIN 106 sowie aus gefügedichtem Beton nach DIN 398 und DIN 18153 mindestens der Festigkeitsklasse 6 in Mörtelgruppe II a nach DIN 1053, vollfugig vermauert, fugenbündig abgestrichen und naß abgequastet
- mindestens 10 mm dickem Putz nach DIN 18550 Mörtelgruppe II

bestehen kann. Weitere Einzelheiten siehe [9.10, 9.20].

Voraussetzung für eine gute Abdichtungswirkung ist eine sorgfältige Ausführung. Die Beschichtung muß in mindestens zwei Arbeitsgängen aufgebracht werden. Mindestschichtdicken und Auftragsmengen können Tabelle 9.8

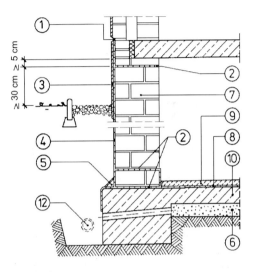

Bild 9.14
Beispiel einer Kellerabdichtung gegen Bodenfeuchtigkeit und nichtdrückendes Wasser (sinngemäß DIN 18195 Teil 4 und Teil 5) bei gemauerten Wänden auf einer Stahlbetonsohle mit oder ohne Streifenfundament [9.20]

1. Sockelverkleidung (Spritzwasserabdichtung 3) durch Fuge von Wandputz oder der Verblendung trennen und elastisch nach DIN 18540 verfugen
2. Waagerechte Abdichtung in den Wänden gegen aufsteigende Feuchtigkeit nach DIN 18195 Teil 4 Abschn. 5 – auch aus Dichtungsschlämme möglich
3. Spritzwasserschutz nach DIN 18195 Teil 4 Abschn. 5.1.2 ≥ 15 cm über O.F. Gelände aus FS-Dichtungsschlämme
4. Außenwandabdichtung aus Dichtungsschlämmen, vorwiegend flexibel, mind. 2-lagig; Trockenschichtdicke ≥ 2 mm auf sauberem Untergrund
5. Hohlkehle für den Anschluß an die Flächenabdichtung ≥ 10 cm
6. Kapillarbrechende Schicht, ≥ 15 cm dick, Wasserdurchlässigkeitsbeiwert $k \geq 10^{-4}$ m/s; erforderlichenfalls zur Dränung entwässert
7. Kellerwand – Mauerwerk oder Beton
8. Sohlenabdichtung, vorwiegend aus flexibler Schlämme (Schwindrißbildung)
9. Kellerestrich, gleichzeitig Schutz- und Nutzschicht
10. Kellersohle, Rißbildung durch konstruktive Maßnahmen minimieren, d. h. Arbeitsfugen und deren Dichtung bzw. entsprechende Bewehrungsanordnung
12. Dränung nach DIN 4095, Aufstau max. 0,2 m über Rohrsohle und immer unter O.F. Kellerbeton

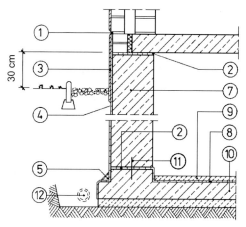

Bild 9.15
Beispiel einer Kellerabdichtung bei einer Stahlbetonsohle und Stahlbetonwänden gegen Bodenfeuchtigkeit und nichtdrückendes Wasser (sinngemäß DIN 18195 Teil 4 und Teil 5) [9.24]

1. Sockelverkleidung (Spritzwasserabdichtung 3) durch Fuge von Wandputz oder der Verblendung trennen und elastisch nach DIN 18540 verfugen
2. Waagerechte Abdichtung in den Wänden gegen aufsteigende Feuchtigkeit nach DIN 18195 Teil 4 Abschn. 5 – auch aus Dichtungsschlämmen möglich
3. Spritzwasserschutz nach DIN 18195 Teil 4 Abschn. 5.1.2 ≥ 15 cm über O.F. Gelände aus FS-Dichtungsschlämme
4. Außenwandabdichtung aus Dichtungsschlämmen, vorwiegend flexibel, mind. 2-lagig; Trockenschichtdicke ≥ 2 mm auf sauberem Untergrund
5. Hohlkehle für den Anschluß an die Flächenabdichtung ≥ 10 cm
7. Kellerwand – Mauerwerk oder Beton
8. Sohlenabdichtung, vorwiegend aus flexibler Schlämme (Schwindrißbildung)
9. Kellerestrich, gleichzeitig Schutz- und Nutzschicht
10. Kellersohle, Rißbildung durch konstruktive Maßnahmen minimieren, d.h. Arbeitsfugen und deren Dichtung bzw. entsprechende Bewehrungsanordnung
11. Fugensicherung durch Blech oder Arbeitsfugenband im aufgekanteten Wandbereich. Damit ergeben sich für das Bewehren keine Behinderungen und das vielerorts noch geforderte Hochziehen der Abdichtung in der Wand wird erfüllt.
12. Dränung nach DIN 4095, Aufstau max. 0,2 m über Rohrsohle und immer unter O.F. Kellerbeton

entnommen werden. Nach dem Aufbringen ist die Beschichtung mindestens 24 Stunden feucht zu halten und gegen extreme Witterung (z.B. Regen, Frost, direkte Sonnenbestrahlung) zu schützen. Die Beschichtung ist außerdem gegen Beschädigungen zu schützen.

Weitere Einzelheiten s. [9.10, 9.20] sowie DIN 18195 Teil 10. Die Ausführung ist mit einer

Tabelle 9.8 Auftragsmenge für Beschichtungen mit Dichtungsschlämmen [9.22]

Wasserbeanspruchung	Auftragsmenge	Schichtdicke
Bodenfeuchte	≈ 2,5 bis 3,0 kg/m²	≈ 1,5 bis 3,0 mm
nichtdrückendes Wasser	≈ 3,5 bis 4,0 kg/m²	≈ 2,0 bis 3,5 mm
Wasserbehälter mit Wassertiefen < 5 m	≈ 5,0 bis 5,5 kg/m²	≈ 2,5 bis 4,0 mm

umfangreichen Qualitätssicherung und Prüfvorschriften verbunden, die aus dem Merkblatt für Dichtungsschlämmen [9.20] hervorgehen.

Wie bei wasserundurchlässigem Beton müssen die Übergänge Wand–Sohle, Fugen und Durchdringungen sorgfältig geplant und ausgeführt werden. Beispiele dazu sind bei Emig [9.10] zu finden.

9.4.4 Bitumenverklebte Abdichtungen

Bitumenabdichtungen und auch kombinierte Kunststoff-Bitumenabdichtungen stehen für alle drei Lastfälle (Bodenfeuchte, nichtdrückendes und drückendes Wasser) zur Verfügung. Die wesentlichen Stoffkennwerte sind in DIN 18195 Teil 2 (Stoffe) aufgeführt.

Zusätzlich sei auf Braun [9.4] „Anwendungsbezogene Baustoffkunde" verwiesen.

Die Einbauverfahren sind in DIN 18195 Teil 3 geregelt. Die Verklebung der Abdichtungsbahnen mit- und untereinander kann nach verschiedenen Verfahren erfolgen wie nach dem Bürstenstreich-, dem Gieß-, dem Gieß- und Einwalz, dem Schweiß- und dem Flämmverfahren.

Die Dichtfunktion übernimmt in der Regel das Bitumen auch bei der Verwendung von Trägereinlagen aus Metallbändern oder Kunststoffen. Die Bahnen werden mehrlagig aufgebracht. Dadurch erhöht sich die Sicherheit, und eventuelle Fehlstellen werden durch die nächste Lage überdeckt. Die Anzahl der Lagen hängt vom System und vom Lastfall ab. Einzelheiten sind in DIN 18195 geregelt. Teil 4 behandelt den Lastfall Bodenfeuchte, Teil 5 nichtdrückendes Wasser und Teil 6 von außen drückendes Wasser. Bewegungsfugen sind in Teil 8 geregelt.

Die Abdichtung muß sorgfältig geplant werden und umfaßt viele Bereiche. Konstruktive Lösungen zu

- waagerechten Abdichtungen in Wänden
- senkrechten Wandabdichtungen
- Abschlüssen im Sockel- und Wandbereich
- Sohlen und Fußbodenabdichtung
- Deckenabdichtungen
- Abdichtungsanschlüssen bei Terrassen
- Fugen
- Durchdringungen

sind ausführlich bei Emig und Haack [9.12] dargestellt.

9.4.5 Lose verlegte Kunststoff-Dichtungsbahnen

Abdichtungen aus lose verlegten Kunststoffbahnen werden den dehnfähigen, sogenannten weichen Abdichtungen zugerechnet.

Nach Haack [9.14] kommen folgende thermoplastischen Stoffe zum Einsatz:

- weichmacherhaltiges Polyvinylchlorid (PVC-P) nach DIN 16740 und DIN 16938
- Ethylen-Copolimerisat-Bitumen (ECB) nach DIN 16729
- Polyethylen niedriger Dichte (PE-LD), sehr niedriger Dichte (PE-VLD) und hoher Dichte (PE-HD)

Abdichtungen aus lose verlegten Kunststoffbahnen sind normmäßig derzeit nur für nichtdrückendes Wasser in DIN 18195 Teil 5 und für von innen drückendes Wasser in Teil 7 erfaßt. In der Praxis behilft man sich in anderen Fällen, in dem man sinngemäß eine bis 1988 gültige Zulassung des Instituts für Bautechnik [9.1] für ein bestimmtes PVC-P-Bahnenprodukt anwendet und auf Verlegeanleitungen diverser Hersteller zurückgreift. Zusätzlich sei auf die DS 853 der Deutschen Bahn [9.8] hingewiesen. Regelaufbauten nach DIN 18195 und [9.1] können Tabelle 9.9 entnommen werden. Die Verlegung der Bahnen erfolgt lose und einlagig ohne vollflächige Verklebung mit dem Bauwerk. Die einlagige Ausführung erfordert einen besonders hohen Schutz vor Perforationen und sonstigen Beschädigungen. Die Nähte der einzelnen Bahnen müssen sorgfältig ausgeführt und auf Dichtigkeit geprüft werden. Die Produkte müssen im Herstellwerk einer umfangreichen Qualitätskontrolle unterliegen.

Als Schutz vor Perforationen werden Kunststoffvliese auf Basis von Polyester, Polypropy-

Tabelle 9.9 Regelaufbauten für Abdichtungen mit lose verlegten Kunststoff-Dichtungsbahnen bei unterschiedlichen Beanspruchungen nach DIN 18195 und [9.1]

Zeile	Beanspruchung		Zulässige Pressung der Abdichtung [MN/m^2]	Eintauchtiefe [m]	Abdichtungsstoff	Bahnendicke [mm]	Schutzlage
0	1		2	3	4	5	6
1	nichtdrückendes Wasser (DIN 18195 Teil 5)	mäßig	1,0	0	PVC-P (DIN 16938)	1,2	oben
2		hoch				1,5	oben und unten
3	von innen drückendes Wasser z. B. bei Behältern oder Schwimmbecken (DIN 18195 Teil 7)		1,0	≤ 9	PVC-P (DIN 16938)	1,5	a)
4					ECB	2,0	a)
5				>9	PVC-P (DIN 16938)	2,0	a)
6					ECB	2,0	a)
7	von außen drückendes Wasser (IfBt-Zulassung)		1,0	> 9	PVC-P (DIN 16938)	2,0	a)

a) Schutzlagen oder Schutzschichten sind je nach den bauwerksspezifischen Gegebenheiten anzuordnen

len oder Polyethylen mit einem Flächengewicht von 300 g/m² und mehr eingesetzt. Eine Faltenbildung muß verhindert werden.

Die kostruktive Ausbildung z. B. im Wand-, Sohlen- und Deckenbereich geht aus den Verlegeanleitungen der Bahnhersteller hervor. Beispiele dazu, ebenso wie Hinweise zur Fugengestaltung und zu Durchdringungen sind bei Haack [9.14] zu finden.

Bei lose verlegten Kunststoff-Dichtungsbahnen müssen grundsätzlich Schutzschichten im Sinne von DIN 18195, Teil 10 angeordnet werden. Infrage kommen z. B. Mauerwerk, Ortbeton, Mörtel, Keramik und Betonplatten sowie Kunststoffschaumplatten.

9.4.6 Spritz- und Spachtelabdichtungen

Spritz- und Spachtelabdichtungen weisen den großen Vorteil auf, daß praktisch nahtlos alle Flächen einschließlich geometrisch komplizierter Teilbereiche sowie An- und Abschlüsse überdeckt werden können. Die Sicherheit gegen Einbaufehler läßt sich ähnlich wie bei mehrlagig geklebten Bitumenbahnen durch mindestens zwei voneinander unabhängige Arbeitsvorgänge erreichen.

Man unterscheidet zwischen Spritz- und Spachtelabdichtungen auf Bitumenbasis und Kunststoffabdichtungen. Letztere werden hauptsächlich auf Dächern, in Behältern, in Naßräumen, in Tunnel- und Trogbauwerken sowie auf Parkdecks, aber weniger im Gründungsbereich von Hochbauten, eingesetzt und deshalb nicht weiter betrachtet. Einzelheiten zu aufgespritzen Kunststoffabdichtungen sind bei Haack [9.15] zu finden.

Neben den in DIN 18195 erfaßten Abdichtungssystemen auf Bitumenbasis wie Asphaltmastix werden in der Praxis auch kunststoffmodifizierte Bitumenemulsionen eingesetzt. Als sogenannte Dickbeschichtungen kommen sie als Schutz gegen Bodenfeuchte, nichtdrückendes und drückendes Wasser in Frage. Die Anforderungen sind in einem ibh-Merkblatt [9.19] geregelt (Tabelle 9.10).

Kalt verarbeitbare, kunststoffmodifizierte Bitumen-Emulsionen werden z. B. bei Stützwänden, bei Kellergeschossen von Gebäuden, bei Balkonen, Terrassen und Tiefgaragen verwendet. Sie kommen aber auch innerhalb von Wohngebäuden in Duschen und Bädern als Schutz gegen Brauchwasser zum Einsatz.

Während der Verarbeitung sind bestimmte Witterungsverhältnisse notwendig. Einzelheiten sind den Verarbeitungs- und Ausführungshinweisen der Hersteller zu entnehmen. Als Abdichtungsuntergrund sind alle mineralischen Bauteile geeignet. Die Aufbringung der Schutzschicht kann im Streich-, Spachtel- oder Spritzverfahren erfolgen. Die aufzubringenden Schichtdicken hängen vom Einzelfall ab. Zum Schutz gegen Bodenfeuchtigkeit muß die Trockenschichtdicke mindestens 3 mm betragen. Bei nichtdrückendem Wasser sind ebenfalls 3 mm und bei drückendem Wasser mindestens 4 mm Dicke erforderlich. Einzelheiten sind dem ibh-Merkblatt [9.19] und der Richtlinie für die Planung und Ausführung von Abdichtungen unberührter Bauteile mit kunststoffmodifizierten Bitumendickbeschichtungen [9.30] zu entnehmen.

Die Anforderungen an die Rißüberbrückung gehen aus Tabelle 9.10 hervor.

Ausführungsbeispiele bei verschiedenen Lastfällen sind in den Bildern 9.16 (Bodenfeuchte), 9.17 (nichtdrückendes Wasser) und 9.18 (drückendes Wasser) dargestellt.

Tabelle 9.10 Anforderungen an kaltverarbeitbare, kunststoffmodifizierte Beschichtungsstoffe auf Basis von Bitumenemulsionen [9.19]

Lfd. Nr.	Zusammensetzung und Eigenschaften	Kennwerte
1	Zusammensetzung der Flüssigkomponente	
1.1	Bindemittel	> 35 M.-%
1.2	Füllstoffe	< 40 M.-%
2	Rohdichte des verarbeitungsfertigen Produktes	Wert ist anzugeben
3	Eigenschaften der Trockenschicht	
3.1	Wärmebeständigkeit	$\geq +70\,°C$
3.2	Kältebeständigkeit	$\leq +4\,°C$
3.3	Wasserundurchlässigkeit	
3.3.1	nichtdrückendes Wasser	$\geq 0{,}05\ N/mm^2$ (0,5 bar)
3.3.2	drückendes Wasser	$\geq 0{,}5\ N/mm^2$ (5 bar)
3.4	Rißüberbrückung	
3.4.1	nichtdrückendes Wasser	$\geq 2\ mm$
3.4.2	drückendes Wasser	$\geq 5\ mm$

9.4 Abdichtungen

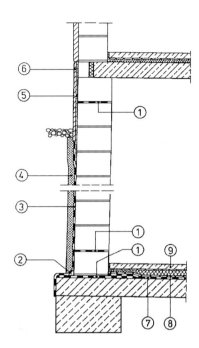

Bild 9.16
Beispiel einer Abdichtung von Außenwänden und Bodenplatten gegen Bodenfeuchtigkeit [9.19]
1 Horizontalabdichtung aus bitumenverträglichen Dichtungsbahnen bzw. Dichtungsschlämmen
2 Hohlkehle nach Vorgabe des Produktherstellers
3 Wandabdichtung
4 Schutzschicht z. B. aus Dränplatten oder Bautenschutzplatten
5 Abdichtung im Spritzwasserbereich mit Dichtungsschlämme
6 Außenputz- oder Sockelbekleidung
7 Bodenabdichtung
8 Trennlage
9 Estrich auf Dämmschicht

In Sonderfällen kann die Bodenplatte beim Lastfall Bodenfeuchtigkeit auch alternativ zu Bild 9.16 ausgebildet werden. Dies gilt auch für andere Dichtungssysteme wie z. B. bitumenverklebte Abdichtungen. Bei Kellerräumen mit untergeordneter Funktion, bei denen eine erhöhte Luftfeuchtigkeit akzeptiert werden kann, genügt auch ein Schutz durch eine kapillarbrechende Schicht mit einer Dicke von 15 cm im Fußbodenbereich gegen aufsteigende Bodenfeuchtigkeit (Bild 9.19).

Weitere Einzelheiten z. B. zu Fugen und Durchdringungen sind einem Beitrag von Haack [9.15] zu entnehmen.

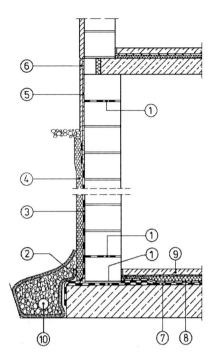

Bild 9.17
Beispiel einer Abdichtung von Außenwänden und Bodenplatten gegen nichtdrückendes Wasser [9.19]
1 Horizontalabdichtung aus bitumenverträglichen Dichtungsbahnen bzw. Dichtungsschlämmen
2 Hohlkehle nach Vorgabe des Produktherstellers
3 Wandabdichtung
4 Drän- und Schutzschicht
5 Abdichtung im Spritzwasserbereich mit Dichtungsschlämme
6 Außenputz- oder Sockelbekleidung
7 Bodenabdichtung
8 Trennlage
9 Estrich auf Dämmschicht
10 Dränung nach DIN 4095

9.4.7 Noppenbahnen und Flächendränsysteme

Noppenbahnen können als Schutz gegen Bodenfeuchte und in Verbindung mit Dränagen bei nichtdrückendem Wasser eingesetzt werden. Bis 1988 war die Anwendung durch bauaufsichtliche Zulassungen geregelt, die auf der Grundlage eines von der FMPA Stuttgart aufgestellten Prüfprogramms erteilt wurden. Auch heute noch wird die Planung und Ausführung in Anlehnung an die früheren Zulassungen durchgeführt (Einzelheiten s. Emig [9.11]).

Durch die Noppen, die in der Regel etwa 8 mm hoch sind, entsteht zwischen Wand und Bahn

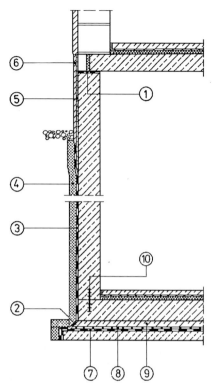

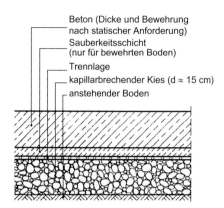

Bild 9.19
Erdberührende Fußböden bei Kellerräumen mit untergeordneter Nutzung (nach Cziesielski [9.5])

Bild 9.18
Beispiel einer Abdichtung von Außenwänden und Bodenplatten gegen von außen drückendes Wasser [9.19]
1 Horizontalabdichtung aus bitumenverträglichen Dichtungsbahnen bzw. Dichtungsschlämmen
2 Hohlkehle nach Vorgabe des Produktherstellers
3 Wandabdichtung
4 Schutzschicht z. B. aus Dränplatten oder Bautenschutzplatten
5 Abdichtung im Spritzwasserbereich mit Dichtungsschlämme
6 Außenputz oder Sockelbekleidung
7 Bodenabdichtung
8 Trennlage
9 Schutzbeton
10 Arbeitsfugenband (stellt zusätzliche Sicherung dar)

ein Luftpolster. Dieses Luftpolster erhöht die Diffusionsfähigkeit der Wände, und es entsteht eine zusätzliche Wärmedämmwirkung.

Die Bahnen werden als Rollware mit 20 m Länge und einer Breite von 2,40 m geliefert. Im Überlappungsbereich müssen die Noppen fest ineinander greifen. Die Befestigung erfolgt mit firmenspezifischen Verankerungen.

Noppenbahnen als Dichtung gegen Bodenfeuchte und drückendes Wasser haben bei kleineren Bauwerken den Vorteil, daß durch die Breite von 2,40 m häufig der gesamte Wandbereich ohne waagerechten Stoß eingekleidet werden kann. Voraussetzung sind allerdings ebene und glatte Wandflächen. Ein weiterer Vorteil ist, daß Füllboden nahezu problemlos eingebaut werden kann.

Bei nichtdrückendem Wasser kommen Doppelnoppenbahnen mit einseitiger Vlieskaschierung zur Bodenseite hin zum Einsatz. Das Vlies wirkt als Filter zum Boden und verhindert das Einschlämmen von Bodenteilchen.

Zwischen Vlies und Noppenbahnen kann das anfallende Schicht- und Sickerwasser nach unten zu Dränagerohren abgeleitet werden. Durch die Verbindung von Dichtung und vertikaler Dränage ergeben sich wirtschaftliche Vorteile. Eine ähnliche Wirkung haben Flächendränsysteme aus Filtersteinen, Dränplatten und Dränmatten [9.11]. Konstruktive Details bei der Ausführung, auch bei Fugen und Durchdringungen, können den Ausführungen von Emig [9.11], Hilmer [9.18] und Firmenunterlagen entnommen werden.

9.5 Sicherung gegen Auftrieb

Gemäß DIN 1054 Abschnitt 4.1.3.4 muß die Sicherheit gegen Auftrieb nachgewiesen werden. Aus dem Bauwerk dürfen zur Berechnung der Gewichtskraft G nur Eigenlasten und keine Verkehrslasten angesetzt werden. Die Auftriebskraft A ist im Schwerpunkt des Fundaments an-

9.5 Sicherung gegen Auftrieb

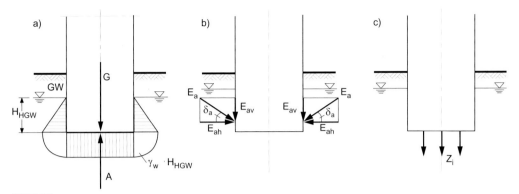

Bild 9.20
Nachweis der Auftriebskraft (nach [9.7])
a) nur Eigengewicht, b) bei Ansatz von seitlichen Erddruckkräften, c) mit Zugverankerung

zusetzen (Bild 9.20a). Die Auftriebssicherheit η_a ist nachgewiesen, wenn

$$\eta_a \geq \frac{G}{A} \qquad (9.2)$$

erfüllt ist mit η_a nach Tabelle 9.11. Wichtig ist dabei die Kenntnis des höchstmöglichen Wasserstands (HHGW) nach Abschnitt 9.2. Sind im Eigengewicht G Bodenlasten enthalten, müssen die Wichten aus DIN 1055 Teil 2 sowohl bei bindigen als auch bei nichtbindigen Böden gemäß den Abschnitten 5.4 und 6.4 bei erdfeuchtem Boden um 2 kN/m³, im Falle von wassergesättigtem oder unter Auftrieb stehendem Boden um 1 kN/m³ vermindert werden.

Tabelle 9.11 Mindestsicherheiten gegen Sohlwasserdruck nach DIN 1054

1	Lastfall	1	2	3
2	η_a	1,10	1,10	1,05
3	η_r	1,40	1,10	1,20

Reicht die Auftriebssicherheit gemäß Gleichung 9.2 nicht aus, kann z. B. durch Ansatz seitlicher Bodenkräfte E_{av} (Bild 9.20b) oder durch Zugelemente (Bild 9.20c) die Sicherheit erhöht werden. Allerdings sind bei den Bodenkräften E_{av} und den Zugkräften Z_i größere Sicherheiten η_r anzusetzen (siehe Tabelle 9.11).

Der Nachweis ist in der Form

$$\frac{G}{\eta_a} + \frac{\Sigma Z_i}{\eta_r} + \frac{\Sigma E_{av}}{\eta_r} \geq A \qquad (9.3)$$

zu führen. Als Zugelemente kommen zum Beispiel Verpreßanker (s. Abschnitt 10.2) oder Zugpfähle (s. Abschnitt 8) in Frage. Verpreßanker müssen als Daueranker mit erhöhtem Korrosionsschutz ausgestattet werden. Bei Zugpfählen aus Stahlprofilen sind entsprechende Abrostungsraten zu berücksichtigen.

Eine weitere Möglichkeit zur Erhöhung der Auftriebssicherheit besteht darin, seitlich auskragende Sporne als Auflager für den Hinterfüllungsboden vorzusehen (Bild 9.21).

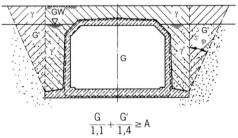

$$\frac{G}{1,1} + \frac{G'}{1,4} \geq A$$

Bild 9.21
Tunnelquerschnitt mit seitlichen Spornen zur Erhöhung der Auftriebssicherheit (nach Baldauf und Timm [9.3])
G Eigenlast (ständige Lasten aus Bauwerk und Boden über der Gründungssohle)
G' Durch Reibung aktivierte Erdlast
γ Wichte des feuchten Bodens (oberhalb des Grundwasserspiegels)
γ' Wichte des Bodens unter Auftrieb (unterhalb des Grundwasserspiegels)

10 Baugruben

10.1 Baugrubenkonstruktionen

10.1.1 Einführung

Am einfachsten ist in der Regel die Herstellung von Baugruben mit freien Böschungen ohne Sicherungsmaßnahmen (s. Abschnitt 10.1.2). Diese Bauweise stößt allerdings an technische und wirtschaftliche Grenzen
- bei zunehmender Tiefe, wenn die Kosten für Mehraushub und Wiederverfüllung stark anwachsen
- bei beengten Platzverhältnissen
- bei hochstehendem Grundwasser
- bei vorhandener Bebauung

Ist eine freie Böschung nicht möglich, kommen als Sicherungsmaßnahmen hauptsächlich
- Trägerbohlwände
- Spundwände
- Pfahlwände
- Schlitzwände
- Elementwände

in Frage (s. Abschnitte 10.1.3 bis 10.1.7). Stützbauwerke aus Bodenvernagelung, Bewehrter Erde und Kombinationen von Erde und Geotextilien werden in Kapitel 12 behandelt.

Sondermaßnahmen sind notwendig bei
- grundwasserschonenden Bauweisen
- Baugruben neben Bauwerken
- weichen Böden

(s. Abschnitte 10.1.8 bis 10.1.10)

Die Sicherung von schmalen Gräben für Kanäle und Leitungen ist ausführlich bei Weißenbach [10.35] behandelt.

10.1.2 Baugruben ohne besondere Sicherung

Gemäß DIN 4124 „Baugruben und Gräben" dürfen senkrechte Wände nur bis zu Tiefen von maximal 1,25 m ohne besondere Sicherung hergestellt werden, wenn gleichzeitig die anschließende Geländeoberfläche nicht stärker als 1:10 bei nichtbindigen Böden bzw. 1:2 bei bindigen Böden geneigt ist (Bild 10.1a). Bei Fels und mindestens steifen bindigen Böden darf der Bereich zwischen 1,25 m und 1,75 m über der Sohle unter 45° geböscht werden, wenn das anschließende Gelände nicht steiler als 1:10 ansteigt (Bild 10.1b). Müssen die Baugrubenränder betreten werden, sind mindestens 60 cm breite, möglichst waagerechte Schutzstreifen vorzusehen, die z. B. von Aushubmaterial freizuhalten sind.

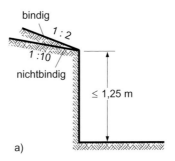

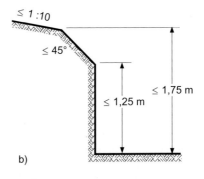

Bild 10.1
Baugrubenwände ohne Sicherung
a) nichtbindige und bindige Böden
b) Fels und mindestens steife bindige Böden

Bei größeren Aushubtiefen müssen die Wände abgeböscht werden. Ohne rechnerischen Standsicherheitsnachweis dürfen folgende Böschungswinkel nicht überschritten werden:

- $\beta = 45°$ bei nichtbindigen oder weichen bindigen Böden
- $\beta = 60°$ bei steifen oder halbfesten bindigen Böden
- $\beta = 80°$ bei Fels

Zur Beurteilung der Konsistenz genügen Handversuche nach DIN 4022:

- Weich ist ein Boden, der sich kneten läßt.
- Steif ist ein Boden, der sich kneten und in der Hand zu 3 mm dicken Röllchen ausrollen läßt, ohne zu reißen oder zu zerbröckeln.
- Halbfest ist ein Boden, der beim Versuch, ihn zu 3 mm dicken Röllchen auszurollen, zwar bröckelt und reißt, aber noch feucht genug ist, um ihn erneut zu Klumpen formen zu können.

Die Angaben für die Aushubtiefen bei senkrechten und abgeböschten Wänden unterliegen einer ganzen Reihe von Einschränkungen. Geringere Wandhöhen und Böschungsneigungen können sich ergeben bei:

- Störungen des Bodengefüges durch Klüfte oder Verwerfungen
- zur Einschnittsohle hin einfallender Schichtung oder Schieferung
- nicht oder nur wenig verdichteten Verfüllungen oder Aufschüttungen
- Grundwasserabsenkungen durch offene Wasserhaltungen
- Zufluß von Schichtenwasser
- nicht entwässerten Fließsandböden
- starken Erschütterungen aus Verkehr, Rammarbeiten, Verdichtungsarbeiten oder Sprengungen

Ein Nachweis der Standsicherheit nach DIN 4084 ist notwendig, wenn

- bei senkrechten Wänden die oben genannten Bedingungen nicht erfüllt sind,
- die Böschung mehr als 5 m hoch ist oder bei geböschten Wänden die oben angegebenen Böschungswinkel überschritten werden, wobei eine Böschungsneigung von mehr als 80° in keinem Fall zulässig ist,
- einer der oben genannten Einflüsse vorliegt und die zulässige Wandhöhe bzw. die Böschungsneigung nicht nach vorliegenden Erfahrungen zuverlässig festgelegt werden kann,
- vorhandene Leitungen oder andere bauliche Anlagen gefährdet werden können,
- das Gelände neben der Graben- bzw. Böschungskante stärker als 1:10 ansteigt oder unmittelbar neben dem Schutzstreifen von 0,60 m eine stärker als 1:2 geneigte Erdaufschüttung bzw. Stapellasten von mehr als 10 kN/m^2 zu erwarten sind,
- die nach der Straßenverkehrszulassungsordnung vom 23.4.1965 (StVZO) allgemein zugelassenen Straßenfahrzeuge sowie Bagger oder Hebezeuge bis zu 12 t Gesamtgewicht nicht einen Abstand von mindestens 1,00 m zwischen der Außenkante der Aufstandsfläche und der Graben- bzw. Böschungskante einhalten,
- schwerere Fahrzeuge und Fahrzeuge mit höheren Achslasten, z.B. Straßenroller und andere Schwertransportfahrzeuge sowie Bagger oder Hebezeuge von mehr als 12 t Gesamtgewicht nicht einen Abstand von mindestens 2,00 m zwischen der Außenkante der Aufstandsfläche und der Graben- bzw. Böschungskante einhalten.

Anhaltswerte für die Größenordnung der rechnerisch möglichen Böschungswinkel können Tabelle 10.1 entnommen werden. Voraussetzung ist allerdings, daß sich keiner der zuvor genannten Einflüsse negativ auswirkt.

Sollen Bermen angeordnet werden, z.B. zum Auffangen von abrutschenden Erdmassen oder zum Einrichten von Wasserhaltungsanlagen, sind die Anforderungen von DIN 4124 zu beachten.

Eine der größten Einwirkungen auf Böschungen ist das Wasser. Eine Durchströmung ist auf jeden Fall zu verhindern, weil die Standsicherheit gefährdet sein kann. Niederschlagswasser ist in der Regel weniger problematisch. Selbst gewaltige Gewitterregen übersteht eine Böschung im allgemeinen ohne größeren Schaden (Weißenbach [10.35]). Zur Erosionssicherung eignen sich z.B. Abdeckungen aus Kunststofffolien oder eine Abdeckung aus bewehrtem oder unbewehrtem Beton oder Spritzbeton.

Tabelle 10.1 Mögliche Böschungsneigungen (nach Weißenbach [10.32])

Bodenart	Baugrubentiefe	Böschungsneigung	
		max β	max tan β
Reiner, locker gelagerter Sand	1 m	53°	1 : 0,75
	2 m	45°	1 : 1,00
	3 m	41°	1 : 1,15
	4 m	38°	1 : 1,25
	5 m	36°	1 : 1,40
Reiner, mitteldicht gelagerter Sand	1 m	70°	1 : 0,35
	2 m	59°	1 : 0,60
	3 m	53°	1 : 0,75
	4 m	48°	1 : 0,90
	5 m	45°	1 : 1,00
Lehmiger Sand	1 m	79°	1 : 0,20
	2 m	63°	1 : 0,50
	3 m	57°	1 : 0,65
	4 m	53°	1 : 0,75
	5 m	50°	1 : 0,85
Verkitteter Kiessand	1 m	85°	1 : 0,10
	2 m	70°	1 : 0,35
	3 m	63°	1 : 0,50
	4 m	59°	1 : 0,60
	5 m	55°	1 : 0,70
Weicher Lehm	1 m	90°	1 : ∞
	2 m	61°	1 : 0,55
	3 m	45°	1 : 1,00
	4 m	37°	1 : 1,30
	5 m	32°	1 : 1,60
Steifer Lehm	1 m	90°	1 : ∞
	2 m	79°	1 : 0,20
	3 m	63°	1 : 0,50
	4 m	55°	1 : 0,70
	5 m	50°	1 : 0,85
Halbfester Lehm	1 m	90°	1 : ∞
	2 m	90°	1 : ∞
	3 m	82°	1 : 0,15
	4 m	69°	1 : 0,40
	5 m	60°	1 : 0,60

10.1.3 Trägerbohlwände

Trägerbohlwände bestehen aus senkrechten Stahltraggliedern mit einem Abstand zwischen etwa 1 bis 3 m, die von der Geländeoberkante aus in den Boden eingebracht werden [10.1, 10.35]. Der Bereich zwischen den Trägern wird während des Aushubs schrittweise durch einen Verbau aus Holz, Stahl oder Beton ausgekleidet. Die Horizontalkräfte aus dem Erddruck werden über Steifen oder Verpreßanker und Fußauflagerung im Boden abgetragen. Je nach Bauart sind Gurtungen vorgesehen. Ein typisches Beispiel ist in Bild 10.2 dargestellt. In der ursprünglichen Form, die beim Bau der Berliner U-Bahn um die Jahrhundertwende entwickelt wurde, handelte es sich um gerammte I-Träger mit eingekeilten Holzbohlen als Ausfachung [10.35], daher auch die Bezeichnung „Berliner Verbau".

Voraussetzung von Trägerbohlwänden ist ein tiefliegender oder abgesenkter Grundwasserspiegel.

Heute werden die Träger meistens nicht mehr gerammt oder einvibriert, sondern in Bohrlöcher eingestellt [10.1]. Der verbleibende Zwischenraum wird mit nicht rieselfähigem Bodenmaterial verfüllt. Falls kein geeigneter natürlicher Boden ansteht, kann auch ein durch Zement schwach gebundenes Sand-Kies-Gemisch verwendet werden. Die Träger bestehen aus I-, IPB-, PSP- oder Doppel-U-Profilen. Sollen die Träger gerammt werden, ist auf die Rammbarkeit zu achten, d. h. Doppel-U-Profile kommen kaum in Frage. Die Träger müssen neben den Horizontalkräften auch Vertikallasten aus Erddruck und eventuell Verpreßankern aufnehmen. Gerammte Träger sind deshalb entsprechend tief einzubauen. Bei eingestellten Trägern wird häufig ein Betonpfropfen in Verbindung mit Stahlplatten vorgesehen. Soll der Träger später wieder gezogen werden, so kann zwischen Beton und Stahl ein Bitumenanstrich aufgebracht werden.

Für die Ausfachung zwischen den Trägern bestehen zahlreiche Möglichkeiten wie z. B. Holzbalken, Kanthölzer, Rundhölzer, Kanaldielen, Stahlbeton und Spritzbeton [10.35]. Die Einzelteile der Ausfachung müssen jeweils auf einem Fünftel der Trägerbreite aufliegen.

Mit dem Einbau der Ausfachung ist je nach Bodenart spätestens bei einer Aushubtiefe von

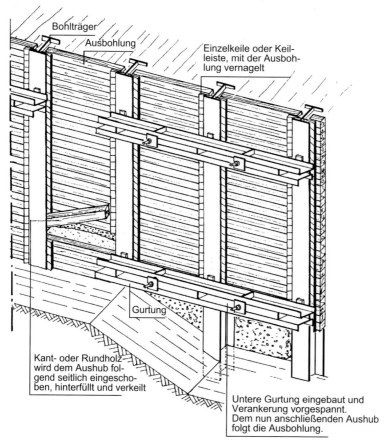

Bild 10.2
Beispiel für eine Trägerbohlwand (nach Rübener [10.26])

1,25 m zu beginnen. Der Einbau der weiteren Ausfachung darf im allgemeinen nur 0,5 bis 1 m hinter dem Aushub zurück sein. Bei schwierigen Bedingungen wie z. B. bei trokkenen, locker gelagerten Sandböden kann es erforderlich sein, die Abgrabtiefe auf die Höhe der Ausfachung zu beschränken.

Beim Holzverbau werden in der Regel Bohlen mit einer Dicke zwischen 12 bis 16 cm verwendet. Sie werden von oben nach unten eingebaut und an der Rückseite mit Boden verfüllt. In kritischen Fällen wie z. B. bei locker gelagerten nichtbindigen Böden oder Fließsanden sind die Bohlen gegen Herabfallen durch aufgenagelte Laschen oder Hängestangen zu sichern [10.35]. Die Bohlen müssen durch Hartholzkeile gegen das Erdreich verspannt werden. Besteht die Gefahr, daß die Keile sich lockern und herausfallen, sind sie durch Leisten zu sichern.

Betonausfachungen bestehen in der Regel aus ca. 15 cm starkem Stahlbeton unter Verwendung einer einhäutigen Schalung [10.1]. Spritzbeton wird in Lagen von 5 bis 8 cm mit und ohne Bewehrungsmatten aufgebracht. Der Vorteil liegt darin, daß im Gegensatz zu Holzbohlen praktisch keine Hohlräume entstehen, die zu Setzungen an der Geländeoberfläche führen können. Die Spritzbetonschale kann in halbrunder Form hergestellt werden (Bild 10.3), so daß sich ein für die Tragwirkung günstiges Gewölbe ergibt [10.1].

Bei Fels ist je nach Zustand nur eine teilweise Sicherung notwendig. Unter günstigen Umständen kann auch ganz auf eine Ausfachung ver-

Bild 10.3
Spritzbetonausfachung mit Bewehrung (nach Schnell [10.28])

zichtet werden. Gegebenenfalls sind zwischen den Trägern Drahtnetze anzubringen, um ein Herunterfallen von Felsbrocken zu verhindern [10.35].

Zum Trägerbohlverbau wurden zahlreiche Varianten entwickelt wie z. B. der Münchner, der Heidelberger und der Essener Verbau (Einzelheiten s. [10.1, 10.28, 10.35]).

10.1.4 Spundwände

Spundwände werden seit ca. 100 Jahren als Baugrubenverbau eingesetzt. Sie sind als weitgehend wasserdicht anzusehen. Ihr bevorzugtes Einsatzgebiet liegt bei wasserdichten Baugruben und bei Böden, die auch kurzzeitig nicht ausreichend standfest sind wie z. B. Fließsandschichten und breiige bis weiche bindige Böden. Wegen der hohen Widerstandsmomente können bei entsprechender Profilwahl große Stützweiten überbrückt werden.

Häufig werden die Profile Larssen und Hoesch verwendet (Bild 10.4). Das System Larssen gehört zu den U-Profilen, bei denen das Schloß in der Nullinie liegt. Bei dem Z-Profil, System Hoesch, liegt das Schloß auf der Druck- und der Zugseite. Darüber hinaus stehen Profile wie die Larssen-Winkelform, die Peiner-Kastenspundwand und kombinierte Spundwände zur Verfügung, die aber bei Baugruben seltener eingesetzt werden [10.35]. Für Eckbereiche gibt es spezielle Profile. Profiltabellen sind z. B. in den Spundwandhandbüchern der großen Hersteller oder bei [10.19] zu finden.

Die Unterschiede der U- und Z-Profile liegen in den statischen und rammtechnischen Eigenschaften [10.28]. U-Profile sind statisch ungünstiger, weil die Schlösser und damit der schwächste Punkt der Schubübertragung im Bereich der größten Schubspannungen liegen. Meistens reicht jedoch die Schloßreibung aus. Hilfreich ist die Verwendung von verschweiß-

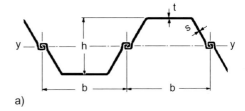

a)

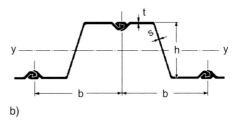

b)

Bild 10.4
a) Profil Larssen als Beispiel für U-Profil
b) Profil System Hoesch als Beispiel für Z-Profil

ten Doppelbohlen. Dagegen ergeben sich bei den U-Profilen rammtechnische Vorteile hinsichtlich der Lagegenauigkeit [10.28].

Bei besonderen Anforderungen an die Wasserdichtigkeit stehen Schloßdichtungen aus Polyurethan oder aus Bitumenkitten zur Verfügung [10.1].

Die üblichen Stahlsorten sind St Sp 37, St Sp 45 und St Sp S.

Spundwände werden hauptsächlich eingerammt oder einvibriert. In der Regel werden Doppelbohlen eingesetzt, üblich sind aber auch Einfach- und Dreifachbohlen. Generell ist bei nichtbindigen Böden das Rammen mit schneller Schlagfolge oder das Einvibrieren die schnellste und wirtschaftlichste Methode. In bindigen Böden sind langsam schlagende Rammbären mit hoher Schlagenergie von Vorteil (Einzelheiten s. [10.28]).

In schwierigen Böden stehen Spülhilfen zur Verfügung. Häufig werden in diesen Fällen aber auch vor dem Rammen Auflockerungsbohrungen z. B. mit Endlosschnecken durchgeführt. Sind größere Hindernisse vorhanden, können vorab Bohrungen hergestellt und mit einem geeigneten Material wiederverfüllt werden.

Soll eine wasserdichte Baugrube mit einer Spundwand hergestellt werden und scheidet gleichzeitig eine Rammung aus Lärmschutz- und Erschütterungsgründen aus, können Spundwände und Schlitzwände zu einer Dichtwand kombiniert werden (Bild 10.5). Dabei übernimmt die Spundwand die tragende und die Schlitzwand die dichtende Funktion.

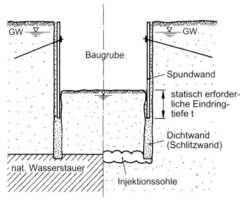

Bild 10.5
Kombination Schlitzwand mit eingehängter Spundwand (nach Schnell [10.28])

Für innerstädtische Bereiche wurden Einpreßgeräte entwickelt, mit denen Spundbohlen geräuscharm und erschütterungsfrei eingedrückt werden können. Der Einsatzbereich ist jedoch auf weiche bis halbfeste Tone und Schluffe oder locker bis mitteldicht gelagerte Kiese und Sande beschränkt. Durch Auflockerungsbohrungen kann der Einsatzbereich jedoch erheblich erweitert werden.

In der Regel werden Spundwände nach Abschluß der Baumaßnahme wieder gezogen. Bei längerer Standzeit im Boden kann der Ziehvorgang stark behindert sein, weil nichtbindige Böden zur Verkrustung und bindige zum Ankleben neigen können. Festsitzende Bohlen lassen sich häufig durch einige Rammschläge aber wieder lockern.

Als Gurte werden in der Regel U-Profile, IPB-Profile oder Stahlbetonbalken eingesetzt [10.35]. Bei Gurten aus Stahl können Rammungenauigkeiten z. B. durch Stahlplatten oder eingeschweißte Stege ausgeglichen werden.

Horizontalkräfte aus Erddruck können durch Steifen oder Verpreßanker aufgenommen werden. Sollen Verpreßanker gegen drückendes Wasser hergestellt werden, sind zusätzliche Maßnahmen notwendig [10.16].

10.1.5 Bohrpfahlwände

Pfahlwände zählen zu den verformungsarmen Verbauarten. Die Gründe liegen zum einen in den relativ hohen Trägheitsmomenten im Vergleich zu Trägerbohlwänden. Bei sorgfältiger Herstellung bleibt der Spannungszustand im Boden nahezu unverändert, so daß kaum Bodenbewegungen entstehen. Bei Rückverankerung kann die Horizontalverformung auf 1 bis 2‰ der Wandhöhe begrenzt werden [10.29]. Bohrpfahlwände eignen sich deshalb auch für die Bereiche in unmittelbarer Nähe von Bebauungen. Bei entsprechender Ausführung sind die Wände wasserdicht.

Die üblichen Pfahldurchmesser liegen zwischen 300 und 1500 mm, wobei die kleineren Durchmesser von 300 bis 400 mm ohne Zwischenraum unmittelbar vor Gebäuden hergestellt werden können, so daß sich diese Verbauart auch als Ersatz für Unterfangungen eignet. Bild 10.6 zeigt einige typische Anwendungsfälle. Die Pfähle werden in der Regel vertikal

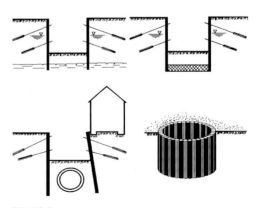

Bild 10.6
Typische Anwendungsfälle für Pfahlwände (nach Stocker und Walz [10.29])

10.1 Baugrubenkonstruktionen

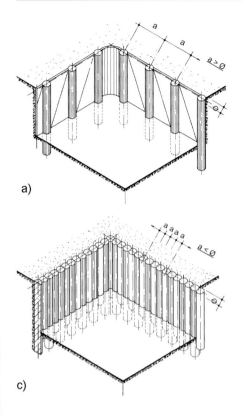

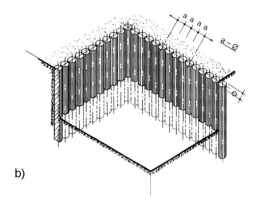

Bild 10.7
Pfahlwand-Typen (nach Stocker und Walz [10.29])
a) aufgelöste Wand, b) tangierende Wand,
c) überschnittene Wand

ausgeführt, jedoch sind auch Neigungen bis 1:10 möglich [10.29]. Ein weiterer Vorteil ist die Anpassungsfähigkeit im Grundriß, die praktisch jede geometrische Form zuläßt. Nachteile sind die hohen Kosten und die begrenzte Tiefe, die aus wirtschaftlichen und Genauigkeitsgründen bei etwa 25 m liegt. Wegen der hohen Kosten, die höher als bei Spundwänden und einem Trägerbohlverbau liegen, werden Pfahlwände häufig als Bestandteil des Bauwerks konzipiert.

Man unterscheidet drei Wandtypen (Bild 10.7):

– Bei überschnittenen Pfahlwänden werden zunächst die unbewehrten Primärpfähle 1, 3, 5 usw. hergestellt und anschließend die bewehrten Zwischenpfähle 2, 4, 6 usw.. Auf diese Weise entsteht eine wasserdichte Wand. Bei der Festlegung des Überschneidungsmaßes geht man in der Regel von 0,5 bis 1% Abweichung der Pfähle von der Vertikalen aus.
– Tangierende Pfahlwände bestehen aus aneinandergereihten Pfählen, die aus Herstellungsgründen etwa 2 bis 5 cm lichten Abstand aufweisen.
– Aufgelöste Pfahlwände werden in einem bestimmten Abstand, der sich aus den statischen Erfordernissen ergibt, hergestellt. Die Zwischenräume werden in der Regel mit Spritzbeton gesichert. Die Ausfachung kann entweder bewehrt mit Biegebeanspruchung oder unbewehrt als Gewölbe ausgeführt werden (Bild 10.8).

Häufig ist es unzweckmäßig, die Bohrpfahlwände bis zur Geländeoberkante herzustellen. In diesen Fällen kann der obere Teil der Baugrube durch Steckträger, die in den Pfählen einbetoniert werden, und einer Holzbohlenausfachung gesichert werden. Der Vorteil dieser Bauart liegt darin, daß der obere Verbau leicht rückbaubar ist.

10.1.6 Schlitzwände

Schlitzwände gehören wie Bohrpfahlwände zu den verformungsarmen Verbauarten. In Kombination mit einer Rückverankerung können die

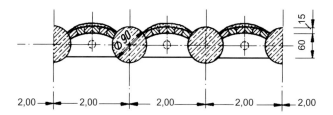

Bild 10.8
Beispiel für eine aufgelöste Pfahlwand mit unbewehrter Spritzbetonausfachung, als Gewölbe ausgebildet (nach Arz et al. [10.1])

Verformungen auf 1 bis 2‰ der Wandhöhe begrenzt werden [10.29]. Schlitzwände sind günstig bei tiefen Baugruben, naher Randbebauung, hohen Vertikallasten und anstehendem Grundwasser. Die Wirtschaftlichkeit kann entscheidend verbessert werden, wenn die Schlitzwände als Bestandteil der Gebäude integriert werden. Der Vorteil gegenüber Bohrpfahlwänden ist die höhere Wasserdichtigkeit, weil die Fugenlängen bei Lamellenbreiten von 2 bis 5 m wesentlich geringer sind und damit der Restwasseranfall reduziert wird.

Nachteile gegenüber Spundwänden und Trägerbohlwänden sind die höheren Kosten. Die Bohrpfahlwand kann im Vergleich zur Schlitzwand mit geringeren Dicken hergestellt werden. Sie ist auch dann häufig noch neben belasteten Einzelfundamenten möglich, wenn die Standsicherheit der suspensionsgestützten Lamellen nicht mehr gegeben ist. Bohrpfahlwände sind häufig kostengünstiger bei kleinen Wandflächen, geringen Tiefen und beengten Platzverhältnissen. Ein weiterer Nachteil der Schlitzwände ist die teure Entsorgung der Suspension und des mit Suspension verunreinigten Aushubmaterials.

Die Wandstärken liegen zwischen 40 und 120 cm, in Verbindung mit Fräsen können auch bis zu 3 m erreicht werden [10.29]. Die erreichbaren Tiefen liegen bei 40 m und mehr, bei Fräsen auch über 100 m. Bei sorgfältiger Herstellung und günstigen Bedingungen beträgt die Genauigkeit der Vertikalität bis zu 0,5 % der Wandhöhe. Die Herstellung kann als gegreifte oder gefräste Wand erfolgen. Bei der gegreiften Wand stehen Tieflöffel bis üblicherweise 12 m Tiefe, Seilgreifer bei Tiefen bis ca. 40 m und Hydraulikgreifer, die an einer Kellystange geführt sind oder an einem Seil hängen können, zur Verfügung. Bei größeren Tiefen bis 100 m und mehr wird heute normalerweise die Fräse eingesetzt.

Schlitzwände können im Einphasen- oder im Zweiphasenverfahren hergestellt werden.

Beim Zweiphasenverfahren wird zunächst der Aushub des Schlitzes im Schutze einer nicht erhärtenden Stützflüssigkeit durchgeführt, die in der Regel aus einer Bentonitsuspension besteht. Aber auch Wasser im Extremfall und Polymer-Flüssigkeiten sind möglich.

Nach Erreichen der Endtiefe wird der Bewehrungskorb eingesetzt und im Kontraktorverfahren betoniert, bei dem die Suspension von unten nach oben verdrängt wird.

Beim Einphasenverfahren erhärtet die stützende Flüssigkeit allmählich und wird nicht mehr ausgetauscht. Diese Methode wird hauptsächlich bei Dichtwänden oder in Kombination mit eingestellten Spundwänden eingesetzt.

Allerdings sind auch eingestellte Spundwände in Kombination mit dem Zweiphasenverfahren möglich, wobei als zweite Phase Beton eingebaut wird [10.28].

Die Vorgehensweise bei der Herstellung wird im folgenden beispielhaft bei der Zweiphasenwand dargestellt (Bild 10.9).

Zunächst werden die Leitwände aus Ortbeton oder Fertigteilen gebaut. Sie dienen hauptsächlich:

– zur Führung des Greifers
– zur Stützung der oberen Bodenschichten
– als Auflager für Bewehrungskörbe und hydraulische Pressen beim Ziehen der Abschalrohre
– als Vorratsbehälter für die Stützflüssigkeit

Übliche Höhen sind 0,8 bis 1,5 m, die Form hängt von den örtlichen Gegebenheiten ab. Bild 10.10 zeigt einige Ausführungsbeispiele. Bei hochliegendem Grundwasser ist es teilweise erforderlich, die Leitwand über die Ge-

10.1 Baugrubenkonstruktionen

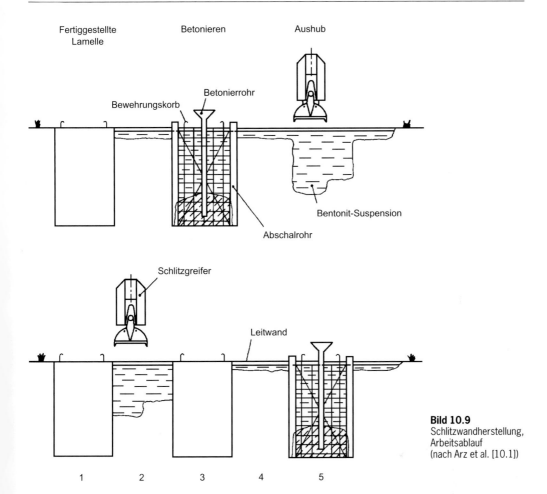

Bild 10.9 Schlitzwandherstellung, Arbeitsablauf (nach Arz et al. [10.1])

ländeoberkante hinaus zu betonieren, um mit der Suspension einen ausreichenden Gegendruck gegen Wasser und Boden zu gewährleisten. Nach der Fertigstellung der Leitwände erfolgt der Aushub der Primär- oder Vorläuferlamellen im Schutze einer Stützflüssigkeit, die in der Regel aus Wasser und Bentonit besteht. Bodenaushub und Verluste an Suspension müssen laufend durch Zupumpen neuer Stützflüssigkeit ersetzt werden. Für den Fall, daß der Spiegel plötzlich absackt, z.B. durch Anschneiden von Hohlräumen, muß immer ein ausreichender Vorrat zur Verfügung stehen. Ist ein Schlitzelement – übliche Breiten sind 2,5 bis 7,5 m – fertiggestellt, werden die Abschalrohre aus Stahl eingebaut. Sie gewährleisten eine senkrechte, halbkreisförmig ausgebildete Trennfuge zur Nachbarlamelle.

Danach werden die Bewehrungskörbe als Ganzes oder bei großen Tiefen in einzelnen Schüssen, die z.B. durch Seilklemmen verbunden werden, eingestellt. Anschließend wird im Kontraktorverfahren bei gleichzeitigem Abpumpen der Stützflüssigkeit betoniert. Die Stützflüssigkeit wird regeneriert und kann mehrfach wiederverwendet werden.

Nach dem Erhärten des Betons werden die Abschalrohre mit hydraulischen Ziehvorrichtungen wieder gewonnen. Der Zeitpunkt des Ziehens muß richtig gewählt sein. Auf der einen Seite muß der Beton genügend hart sein, um ein Ausfließen bei der Herstellung der Nachbarlamelle zu verhindern. Andererseits darf die Festigkeit nicht so hoch sein, daß die Abschalrohre nicht mehr gezogen werden können.

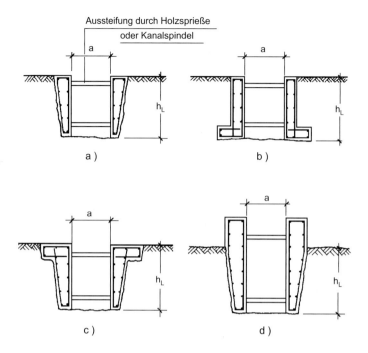

Bild 10.10
Leitwandformen
(nach Arz et al. [10.1])

Nach der Fertigstellung der Primärlamellen 1, 3, 5 (Bild 10.9) werden die Sekundär- oder Nachläuferlamellen hergestellt. Alternativ kann auch kontinuierlich mit der Abfolge 1, 2, 3 usw. gearbeitet werden (Einzelheiten s. [10.1, 10.28, 10.29, 10.32]).

Die Herstellung von Schlitzwänden muß durch eine umfangreiche Qualitätssicherung begleitet werden. Die wichtigsten Normen sind:

- DIN 4126: Ortbeton – Schlitzwände, Konstruktion und Ausführung
- DIN 4127: Schlitzwandtone für stützende Flüssigkeiten, Anforderungen, Prüfverfahren, Lieferung, Güteüberwachung,
- DIN 18313: Schlitzwandarbeiten mit stützenden Flüssigkeiten

Die Stützflüssigkeit muß nach DIN 4127 einer Reihe von Anforderungen genügen. Die Scherfestigkeit und das Fließverhalten müssen so eingestellt werden, daß die Verarbeitbarkeit, die Verdrängbarkeit durch den Beton, die Pumpbarkeit und das Eindringverhalten optimal sind. Hierzu sind Kompromisse notwendig. Die Standsicherheit des Schlitzes und der Nachweis der Stabilität der einzelnen Bodenkörner gegen Herausfallen erfordern eine möglichst hohe Scherfestigkeit und damit eine dickflüssige Suspension, während für den Aushubbetrieb möglichst dünnflüssige Suspensionen vorteilhaft sind. In der Praxis üblich sind Suspensionen mit Dichten zwischen 1,03 und 1,05 t/m^3, d.h. die Suspensionen weisen im Vergleich zu Wasser nur eine geringfügig höhere Dichte auf. Allerdings kann die Dichte durch Verunreinigungen während des Aushubs bis auf 1,3 t/m^3 ansteigen [10.28].

Bereits bei der Planung der Baustelle sollte das Entsorgungskonzept der gebrauchten Suspension und des verunreinigten Aushubs geklärt werden.

Der Beton muß den Anforderungen an Unterwasserbeton nach DIN 1045 und DIN 4126 genügen. Das Ausbreitmaß soll zwischen 55 und 60 cm liegen. Die übliche Betongüte ist B 25. Bei der Bewehrung sind die Anforderungen der DIN 4126 zu beachten. Besonderheiten ergeben sich z.B. bei den Stababständen und der Betondeckung.

Zur Fugenkonstruktion mit Abschalrohren, die einen langen Sickerweg ergeben und relativ preisgünstig sind, stehen alternative Systeme zur Verfügung wie Fertigteile und Fugenbänder, die zur Zeit die beste Dichtwirkung ergeben [10.29]. Allerdings sind selbst bei aufwendigen Dichtkonstruktionen die Anforderungen

- „vollständig trocken", z. B. Kellerwände für Lager- und Aufenthaltsräume
- „weitgehend trocken", z. B. für temporäre Zufluchtsräume

ohne dichte Verblendung nicht erreichbar [10.29].

Bei sachgerechter Ausführung ist die Kategorie „kapillare Durchfeuchtung", z. B. für Tiefgaragen ohne Frostgefährdung möglich (Einzelheiten s. [10.29], vgl. auch Abschnitt 9.4.2).

10.1.7 Elementwände

Elementwände sind eine Weiterentwicklung der rückverankerten Trägerbohlwand, wobei die Träger und Gurtungen entfallen. Voraussetzung ist, daß der Boden vorübergehend standsicher ist, so daß ein 1,5 bis 2,5 m tiefer Aushub durchgeführt werden kann. Zunächst wird die freigelegte Böschungsfläche mit Spritzbeton und gegebenenfalls mit Bewehrungsmatten gesichert. Danach werden Verpreßanker hergestellt und nach dem Erhärten mit Stahlbetonelementen verspannt (Bild 10.11). Je nach Standsicherheit des Bodens wird abschnittsweise vorgegangen, und es bleiben zur zusätzlichen Sicherung Bermen stehen (Bild 10.12).

Der Erddruck wird über die Betonelemente und die Verpreßanker in die tieferen Bodenschichten eingeleitet. Die Anzahl, Tragkraft und Länge der Anker sowie die Größe und der Ab-

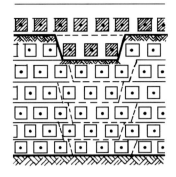

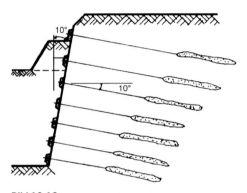

Bild 10.12
Abschnittsweises Vorgehen bei aufgelöster Elementwand (nach Schnell [10.28])

stand der Betonplatten hängen von den Festigkeitseigenschaften des Bodens ab. Grenzfälle sind die geschlossene Elementwand bei geringer Scherfestigkeit und die Sicherung von Fels mit Spritzbeton und Ankern allein.

Die bisherige Erfahrung zeigt, daß Elementwände bei schwierigen Geländeverhältnissen vorteilhaft sind [10.1].

10.1.8 Grundwasserschonende Bauweisen

Grundwasserschonende Bauweisen haben in den letzten Jahren vor allem im innerstädtischen Bereich Absenkungsmaßnahmen immer mehr verdrängt. Dafür gibt es eine Reihe von Gründen:

- Der Grundwasserschutz läßt häufig größere Eingriffe nicht zu.
- Größere Absenkungsmaßnahmen können Wasserwerke und damit die Wasserversorgung beeinträchtigen.

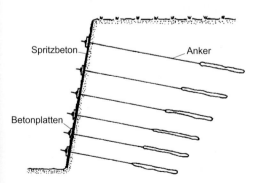

Bild 10.11
Aufgelöste Elementwand (nach Arz et al. [10.1])

- Absenkungen des Grundwasserspiegels können in Verbindung mit setzungsweichen Schichten zu Schäden, vor allem an historischer Bausubstanz führen. Biologische Zersetzungsprozesse bei alten Pfahlgründungen können beschleunigt werden. Die Vegetation kann beeinträchtigt werden.
- Kontaminiertes Grundwasser muß in der Regel vor der Ableitung gereinigt werden, was sehr hohe Kosten mit sich bringen kann. Häufig ist der Verursacher nicht bekannt oder nicht greifbar.

Als Alternative werden die Baugruben im Schutz einer Grundwasserabsperrung hergestellt, was in der Regel die Lage des Grundwasserspiegels relativ wenig beeinträchtigt. Als vertikale Dichtelemente stehen z.B. zur Verfügung:

- Bohrpfahlwände
- Schlitzwände
- Spundwände
- kombinierte Spund- und Dichtwände, sowie
- Dichtwände in Kombination mit Böschungen und natürlichen Grundwasserstauern

Die Absperrung der Sohle ist ebenfalls nach unterschiedlichen Verfahren möglich. Am einfachsten und kostengünstigsten sind natürliche Stauer, z.B. durchgehende Ton- und Schluffschichten sowie unverwitterter Fels, die in nicht allzu großen Tiefen anstehen. Die vertikalen Dichtelemente werden dabei bis in die natürliche Dichtsohle hineingebaut (Bild 10.13 a).

Weitere Sohlabdichtungssysteme sind:

- hochliegende Sohlen ohne Verankerung (Bild 10.13 b)
- hochliegende Sohlen mit Verankerung (Bild 10.13 c)
- tiefliegende Sohlen (Bild 10.13 d)

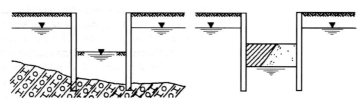

a) Natürliche Dichtsohle aus bindigem Boden

b) Hochliegende Sohle ohne Verankerung
 - Unterwasserbeton
 - Düsenstrahlsohle
 - Frostkörper

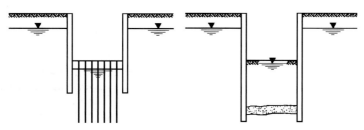

c) Hochliegende verankerte Sohle
 - Unterwasserbetonsohle
 - Düsenstrahlsohle

d) Tiefliegende Sohle
 - Düsenstrahlsohle
 - Injektionssohle
    aus Zementsuspension
    aus Feinstzementsuspension
    aus Silikatgel (Weichgel)
 - Frostkörper

Bild 10.13
Sohlabdichtungssysteme (nach Borchert [10.7])

10.1 Baugrubenkonstruktionen

Hochliegende Sohlen ohne Verankerung werden hauptsächlich aus Unterwasserbeton hergestellt. Aus wirtschaftlichen Gründen darf der Wasserüberdruck allerdings in der Regel 3 m nicht übersteigen [10.7]. Weitere Varianten sind Düsenstrahlsohlen und selten Frostkörper.

Durch eine Verankerung können die hochliegenden Sohlen auch bei großem Wasserüberdruck noch wirtschaftlich gebaut werden. Günstiger sind allerdings in diesen Fällen tiefliegende Weichgel- und Zementsohlen. Tabelle 10.2 gibt einen Überblick über Vor- und Nachteile verschiedener Systeme.

Unterwasserbetonsohlen werden üblicherweise nicht bewehrt. Neuerdings wird aber auch Stahlfaserbeton eingesetzt [10.7]. Der Arbeitsablauf bei der Herstellung ist in Bild 10.14 dargestellt. Das Betonieren kann nach verschiedenen Verfahren wie z.B. dem Kontraktor- oder dem Hydroventilverfahren erfolgen [10.28]. Nach dem Leerpumpen der Baugrube muß die nicht verankerte Sohle mit 1,1 facher Sicherheit den Auftrieb aufnehmen. Als zusätzliche Auftriebssicherung stehen zur Rückverankerung der Sohle üblicherweise Rüttelinjektionspfähle und Verpreßanker zur Verfügung. Die Pfähle werden dabei vor dem Betonieren der Sohle von einem Ponton aus hergestellt. Die Verpreßanker dagegen werden nach dem Betonieren, aber vor dem Leerpumpen abgeteuft. Neben den hier vorgestellten Arbeitsabläufen und Konstruktionen sind noch weitere Varianten möglich, z.B. mit Bewehrung oder Einbindung in die seitlichen Dichtelemente [10.28].

Die Dicke von unbewehrten Sohlen ohne Rückverankerung liegt etwa zwischen 1 und 4 m, rückverankerte Sohlen haben Dicken zwischen 1 bis 3 m. Die Unterwasserbetonsohlen sind nicht absolut wasserdicht. Üblich sind Durchlässigkeitsbeiwerte nach Darcy zwischen $k = 10^{-8}$ bis 10^{-10} m/s [10.28].

Alternativ kann eine hochliegende rückverankerte Sohle auch im Düsenstrahlverfahren hergestellt werden. Allerdings sind nur Wasserdruckdifferenzen bis etwa 8 m möglich, weil die Verbundspannungen zwischen Verankerungselementen und Sohle relativ gering sind. Mit den üblichen Dicken von 1,5 m ergeben sich Zugkräfte pro Pfahl oder Anker von ca. 230 kN. Bei tiefliegender Düsenstrahlsohle und Baugrubenbreiten <16 m können zum Nachweis der Auftriebssicherheit unter Ansatz eines Gewöl-

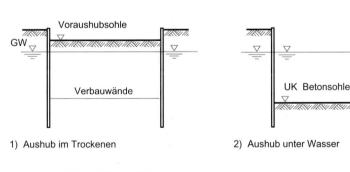

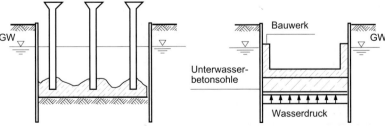

Bild 10.14
Arbeitsablauf bei Unterwasserbetonsohlen (nach Schnell [10.28])

Tabelle 10.2 Vergleich verschiedener Sohlabdichtungssysteme (nach Borchert [10.7])

	Ausführungsgrenzen	Tiefenlage UK T_s bzw. T_w	Durchlässigkeit	Risiken Leckagen	Risiken Havarien (Sohlaufbruch)	GW-Beeinflussung durch Baustoffe	Beeinflussung der GW-Strömung	Kosten
Hochliegend unverankert								
Unterwasserbetonsohle	$h < -3$ m Wirtschaftlichkeit	Sohle $t + h$ Wand $t + d_s + 2$ m	gering	gering	gering	sehr gering Beton	gering (Wände)	mittel
Düsenstrahlsohle	$h < -3$ m Wirtschaftlichkeit	Sohle und Wand $t + h \times 2{,}2$	mittel	hoch	mittel	gering Zementsuspension	gering (Wände)	mittel
Hochliegend verankert								
Unterwasserbetonsohle	$h < -17$ m Wandbemessung	Sohle $t + d_s$ Wand $t + \sim 5$ m	gering	gering	mittel	sehr gering Beton	mittel (Wände)	hoch
Düsenstrahlsohle	$h < -8$ m Verankerung	Sohle $t + \sim 2$ m Wand $t + \sim 5$ m	mittel	hoch	hoch	gering Zementsuspension	mittel (Wände)	sehr hoch
Tiefliegende Düsenstrahlsohle	$h < -10$ m Bohrgenauigkeit	Sohle/Wand $1{,}23 \times h + t$	mittel-hoch	hoch	gering	gering Zementsuspension	hoch	sehr hoch
Tiefliegende Injektionssohle								
Zement	nur Kiese und $h < -10$ m	Sohle und Wand $1{,}22 \times h + t$	mittel - hoch	hoch	gering	gering Zementsuspension	hoch	günstig
Feinstzement	nur Fein- und Mittelsande $h < -10$ m	$1{,}22 \times h + t$	mittel - hoch	hoch	gering	gering Feinstzementsuspension	hoch	sehr hoch
Weichgel	keine bindigen Böden und Kiese $h < -10$ m	$1{,}25 \times h + t$	gering	mittel	gering	mittel Weichgel	hoch	günstig
Systemmaße								

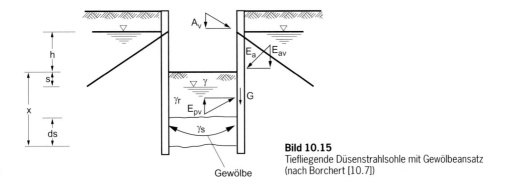

Bild 10.15
Tiefliegende Düsenstrahlsohle mit Gewölbeansatz (nach Borchert [10.7])

bes zusätzliche Vertikalkräfte aus Wandreibung, Wandgewicht und Verankerungen der seitlichen Dichtelemente angesetzt werden (Bild 10.15). Dadurch ist eine Reduzierung der Tiefenlage um bis zu 4 m möglich [10.7].

Wichtig bei den Düsenstrahlsohlen ist eine sorgfältige Herstellung mit einer guten Überschneidung der einzelnen Säulen, um die Wasserdichtigkeit gewährleisten zu können. Hier liegen beträchtliche Risiken. Vorteile sind, daß das Düsenstrahlverfahren in praktisch allen Böden angewendet werden kann. Die erreichbaren Durchlässigkeiten liegen bei $k \leq 10^{-7}$ m/s.

Tiefliegende Injektionssohlen aus Zement-, Feinstzement- und Weichgelen brauchen in der Regel keine hohe Festigkeit aufzuweisen, sondern übernehmen nur dichtende Funktion. Die Tiefenlage ergibt sich aus der Auftriebssicherheit (Bild 10.16). Im Gegensatz zum Düsenstrahlverfahren wird bei der Injektion das Korngefüge kaum verändert, weil die Suspensionen in die Poren eingepreßt werden (Einzelheiten s. [10.18]). Dadurch ist der Anwendungsbereich beschränkt: Zementinjektionen auf Kiese und Sande, Feinstzement auf Fein- und Mittelsande und Weichgele auf Fein- bis Grobsande. Bild 10.17 zeigt schematisch die Herstellung einer Injektionssohle. Die Injektion kann im Manschettenrohr- oder auch im Ventilkörperverfahren erfolgen [10.28].

Alle vorgestellten Verfahren beeinflussen mehr oder weniger den Grundwasserstrom und die Grundwasserqualität. Die Veränderungen im Grundwasserstrom sind in der Regel minimal, die geringen Restwassermengen führen kaum zur Absenkung des Grundwasserspiegels. Dagegen kann sich der ph-Wert im Wasser stark ändern. Bei Weichgelen wird Natronlauge freigesetzt mit entsprechenden negativen Auswirkungen im Grundwasser. Aber auch Zementinjektionen und das Düsenstrahlverfahren führen zu Veränderungen des ph-Wertes, allerdings in geringerem Ausmaß. Eine ausführliche Diskussion erfolgt in [10.6].

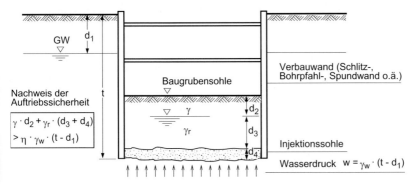

Bild 10.16
Erforderliche Tiefenlage von Injektionssohlen (nach Schnell [10.28])

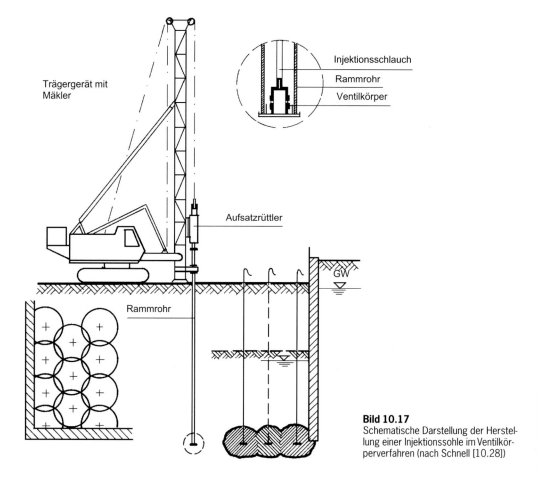

Bild 10.17
Schematische Darstellung der Herstellung einer Injektionssohle im Ventilkörperverfahren (nach Schnell [10.28])

10.1.9 Baugrubenwände neben Bauwerken

Bei Bauwerken in der Nähe von Baugrubenwänden sind in der Regel zusätzliche Maßnahmen zur Begrenzung der Verformungen notwendig. Erfahrungsgemäß betragen selbst bei ausgesteiften, für den aktiven Erddruck bemessenen Wänden bei nichtbindigen und bei steifen bis halbfesten bindigen Böden die horizontalen Verformungen 1‰ und die Setzungen etwa 2‰ der Wandhöhe [10.35]. Der Einflußbereich der Setzungen beträgt nach Weißenbach [10.35] bei nichtbindigen Böden etwa das 0,6 bis 2fache der Baugrubentiefe. Bei weichen bis steifen bindigen Böden werden sowohl größere Setzungen als auch Reichweiten beobachtet. Besonders ungünstig sind wegen der Drehung um den Fußpunkt im Boden eingespannte, nicht gestützte Wände. Bei weichen Böden können in diesem Fall die Horizontalverformungen schon bei 5 m hohen Wänden bereits 20 cm betragen.

Die Verformungen können durch eine Reihe von Maßnahmen eingeschränkt werden. Beim Trägerbohlverbau kann die Abgrabtiefe auf ein Minimum reduziert werden. Bohlen können mit Vorkrümmung eingebaut werden. Die Träger können dicker gewählt werden, so daß die Biegesteifigkeit erhöht wird. Anker und Steifen können in einem engeren Raster angeordnet werden.

Stehen ausgesprochen rollige Kiese und Sande, Fließsande oder weiche bindige Böden an, sollten alternativ zur Trägerbohlwand besser vorgespannte Schlitz- und Pfahlwände vorgesehen werden. In Extremfällen muß das Bauwerk auch direkt unterfangen werden.

Tabelle 10.3 Konstruktive Maßnahmen an Baugruben neben Bauwerken (nach Weißenbach [10.35])

Unempfindliches Bauwerk	Konstruktive Maßnahme	Empfindliches Bauwerk
$\vartheta_F < 30°$	Keine besonderen Maßnahmen	$\vartheta_F < 15°$
$30° < \vartheta_F < 45°$	Vorspannung der Holzbohlen	$15° < \vartheta_F < 30°$
$45° < \vartheta_F < 60°$	Mäßige Vorspannung der Steifen bzw. Anker	$30° < \vartheta_F < 45°$
$60° < \vartheta_F < 75°$	Starke Vorspannung der Steifen bzw. Anker	$45° < \vartheta_F < 60°$
$\vartheta_F > 75°$	Anordnung einer Schlitzwand oder Pfahlwand Unterfangung des Bauwerks	$60° < \vartheta_F < 75°$ $\vartheta_F > 75°$

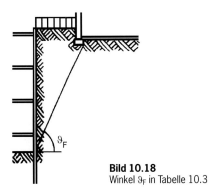

Bild 10.18 Winkel ϑ_F in Tabelle 10.3

Eine erste Einstufung der notwendigen Maßnahmen kann nach Weißenbach [10.35], siehe Tabelle 10.3, erfolgen. Unterschieden wird nach empfindlichen und unempfindlichen Bauwerken. Beurteilungsparameter ist der Winkel ϑ_F nach Bild 10.18, der sich aus der Verbindungsgeraden zwischen Fundamenthinterkante und dem Schnittpunkt Verbau-Baugrubensohle mit der Horizontalen ergibt. Bei ungünstigen Bodenverhältnissen sind aber auch bereits bei größerem Abstand des Bauwerks umfangreichere Maßnahmen nach Tabelle 10.3 notwendig. Weiterhin ist zu beachten, daß häufig eine Bemessung mit dem aktiven Erddruck nicht ausreichend ist (Einzelheiten s. Weißenbach [10.35]).

10.1.10 Baugruben in weichen Böden

Bei Baugruben in weichen Böden können wegen der geringen Scherfestigkeit vor allem drei Problemkreise zu Schwierigkeiten führen [10.12]:

– mangelndes Fußauflager
– Sohlaufbruch
– Gleiten des geankerten Blocks

Vergleichsberechnungen zeigen sehr häufig bei weichen Böden, daß trotz Verwendung von biegesteifen Verbauarten und großen Einbindetiefen die Verformungen des Fußauflagers nicht ausreichend begrenzt werden können. Gegenmaßnahmen können sein, daß auf das Fußauflager verzichtet wird und die Stützung z. B. über Steifen erfolgt.

Oft kann jedoch wegen der Gefahr des Sohlaufbruchs nicht auf eine Einbindung der Wand verzichtet werden. In diesen Fällen bietet es sich an, abschnittsweise eine Unterbetonschicht mit Dicken d = 30 cm einzubringen, was häufig kostengünstiger als ein abschnittsweises Betonieren der endgültigen Bauwerkssohle ist. Die Abschnittsbreiten werden auf Erfahrungsgrundlage festgelegt. Die Stützung des Wandfußes kann vorab auch vor allem bei tiefen Baugruben über eine Düsenstrahlsohle auf der gesamten Baugrubenfläche eingebaut werden. Nachteile sind die hohen Kosten. Vorteilhaft ist die geringe Wandeinbindung.

Um einen Sohlaufbruch zu verhindern, kann wie bei einem mangelnden Fußauflager das Bauwerk abschnittsweise erstellt werden. Weitere Varianten sind größere Einbindetiefen der vertikalen Verbauwand und eine Sohlverankerung in Kombination mit abschnittsweise eingebrachter Unterbetonsohle oder Düsenstrahlsohle.

Falls die Geländebruchsicherheit des geankerten Blocks nicht ausreichend ist, können die Anker verlängert werden. Alternativ hilft eine Stützung durch Steifen, eine abschnittsweise hergestellte Unterbetonsohle oder eine Düsenstrahlsohle. Bild 10.19 zeigt als Beispiel einen Schnitt durch die Bauteile 1/2 und 3 der Baugrube Karstadt in Rosenheim [10.12].

Auf eine weitere Schwierigkeit sei hingewiesen. Während die Bohrpfahlwandherstellung bei größeren c_u-Werten keine besonderen Maßnahmen beim Bohren und Betonieren erfordert, können bei kleineren c_u-Werten kaum fehlerfreie Pfähle garantiert werden. Es kann z. B. Boden

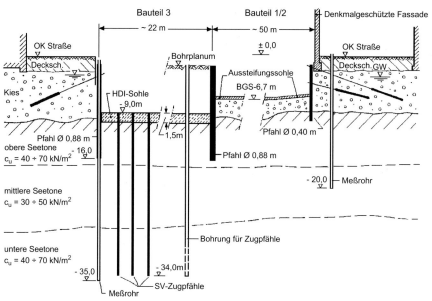

Bild 10.19
Schnitt durch die Baugrube Karstadt in Rosenheim (nach Gollup [10.12])

beim Bohren eingetrieben werden oder es sind Bodeneinschlüsse beim Pfahl möglich [10.12].

10.2 Verankerungen

Zur Aufnahme von Horizontalkräften kommen Steifen, Schrägpfähle, Ankerwände, Ankerplatten, nicht vorgespannte und vorgespannte Anker in Frage [10.35].

Am meisten kommen heute vorgespannte Verpreßanker zum Einsatz [10.1]. Durch die freien Arbeitsräume ergeben sich im Vergleich zu ausgesteiften Baugruben bei Verpreßankern große baubetriebliche Vorteile. Verpreßanker in Böden wurden erstmals 1958 durch die Firma Bauer eingesetzt und haben seither ihren Siegeszug angetreten. Die Bemessung, Ausführung und Prüfung von Verpreßankern in Boden und Fels ist in DIN 4125 (Nov. 1990) geregelt. Eine ausführliche und umfassende Darstellung von Verpreßankern ist bei Ostermayer [10.22] zu finden. Auf europäischer Ebene liegt die Vornorm EN 1597 vor. DIN 4125 unterscheidet zwischen Temporärankern (Kurzzeitanker) für eine Einsatzzeit von maximal zwei Jahren und Permanentankern (Daueranker) für den dauernden Gebrauch. Die beiden Typen unterscheiden sich hauptsächlich im Korrosionsschutz. Während bei Temporärankern ein sogenannter einfacher Schutz genügt, wird bei Dauerankern ein sogenannter doppelter Korrosionsschutz gefordert. Bei Baugruben werden in der Regel Temporäranker eingebaut. In Ausnahmefällen werden aber auch Anker mit erhöhtem Korrosionsschutz eingesetzt, die z. B. den Kopf von Dauerankern aufweisen und sonst wie Temporäranker ausgebildet sind.

Verpreßanker bestehen aus dem Ankerkopf, dem Zugglied aus in der Regel hochfestem Spannstahl und dem Verpreßkörper (Bild 10.20).

Als Zugglieder werden Einstabspannglieder, Stabbündel und Litzenbündel verwendet. Im Bereich der freien Stahllänge muß sich das Spannglied frei bewegen können, um einen Kurzschluß zwischen Verpreßkörper und Baugrubenwand zu verhindern. Als einfacher Korrosionsschutz wird in diesem Bereich bei Temporärankern ein PE-Hüllrohr verwendet. Bei Dauerankern wird zusätzlich noch Zementleim oder eine Fettmasse zwischen Spannglied und Hüllrohr eingepreßt (Beispiele s. [10.22]). Für die verschiedenen Typen von Spanngliedern stehen entsprechende Ankerköpfe zur Verfügung (Bild 10.21), die häufig aus dem Spannbetonbau stammen.

10.2 Verankerungen

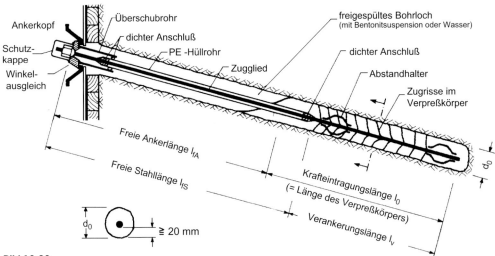

Bild 10.20
Schema eines Temporärankers (nach Ostermayer [10.22])

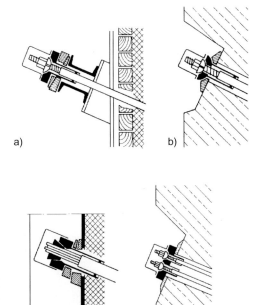

Bild 10.21
Ausführung von Ankerköpfen (nach Ostermayer [10.22])
a) Einstabanker: Mutter und Keilscheiben für Bohlträgerwand
b) Einstabanker: Mutter und Kugelkalotte für Betonwand
c) Bündelspannglied: Keilverankerung und Keilscheiben für Spundwand
d) Bündelspannglied: Muttern und Auflagerplatte mit Mörtelausgleich

Die Kopfausbildung eines Permanentankers ist wesentlich aufwendiger als bei dem Beispiel für einen Temporäranker in Bild 10.20. Einzelheiten sind in den bauaufsichtlichen Zulassungen geregelt.

Im Verpreßkörper wird die Kraft vom Anker in den Boden eingeleitet. Man unterscheidet zwischen Verbundankern wie in Bild 10.20 und Druckrohrankern. Bei den Druckrohrankern wird die Kraft zunächst in ein Druckrohr eingeleitet, das den Verpreßkörper vom Ankerende her auf Druck beansprucht. Trotz der damit zusammenhängenden Vorteile wird der Druckrohranker wegen der hohen Kosten in der Praxis selten eingesetzt. Bei Permanentankern wird das Stahlzugglied zusätzlich noch durch ein Hüllrohr und eine Zementsteinschicht gegen Korrosion geschützt. Einzelheiten sind auch hier in den Zulassungen geregelt.

Die Bohrungen zur Herstellung von Ankern weisen in der Regel Durchmesser zwischen 80 und 150 mm und Längen bis zu 50 m auf. Die Neigung nach unten ist beliebig und ist in der Regel > 10° gegen die Horizontale. Je nach Bodenverhältnissen stehen verrohrte und unverrohrte Bohrverfahren zur Verfügung [10.22]. Die Herstellung von Verpreßankern ist beispielhaft in Bild 10.22 dargestellt. Ein Nachverpressen ist in der Regel nur bei bindigen Böden zur Erhöhung der Tragfähigkeit sinnvoll

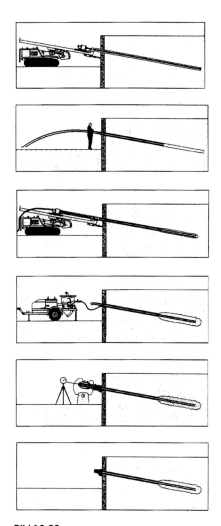

Bild 10.22
Ankerherstellung bei verrohrter Bohrung nach Prospekt Firma Bauer, Schrobenhausen

1. **Herstellen des Bohrloches**

   durch Schlagbohren, Drehbohren, Spülbohren oder Schneckenbohren

2. **Einführen des Ankerzuggliedes**

   und Auffüllen des Bohrlochs mit Zementleim

3. **Ziehen des Bohrgestänges**

   mit Primärverpressung

4. **Bei Bedarf Nachverpressen des Ankers**

5. **Prüfen und Festlegen des Ankers**

   auf gewünschte Vorspannlast nach Aushärten des Verpreßguts

6. **Fertiger Verpreßanker**

und muß entsprechend sorgfältig durchgeführt werden [10.16].

Die innere Tragfähigkeit der Zugglieder hängt von der Stahlgüte, den Querschnitten und der Anzahl der verwendeten Litzen oder Stäbe ab. Üblich sind zulässige Lasten zwischen ca. 200 und 620 kN. Bei Litzensystemen sind auch Kräfte von 1100 kN und mehr möglich. Eine Zusammenstellung von zulässigen Lasten ist in [10.22] zu finden.

Die äußere Tragfähigkeit hängt im wesentlichen von der Herstellungsart und der Bodenart ab. Bild 10.23 zeigt die Grenzlasten von Ankern in nichtbindigen Böden. Wichtige Parameter sind die Bodenart (z. B. Sand oder Kies) und die Dichte. Ab etwa 4 m hat die Tiefe keinen Einfluß mehr auf die Tragfähigkeit. Auffällig ist die unterproportionale Zunahme mit der Krafteinleitungslänge, die durch Entfestigungsvorgänge in der Scherfuge am Verpreßkörper (progressiver Bruch) erklärt wird.

Grenzwerte der Mantelreibung für nichtbindige Böden sind in Bild 10.24 zusammengestellt. Neben Bodenart und Konsistenz spielt die Her-

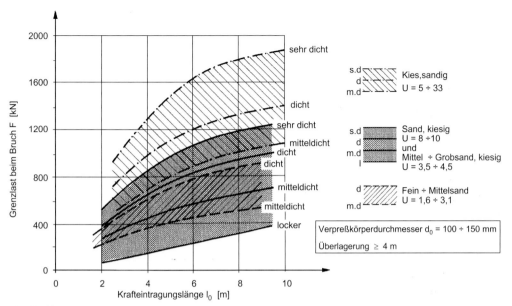

Bild 10.23
Grenzlast von Ankern in nichtbindigen Böden (nach Ostermayer [10.22])

stellungsart eine wesentliche Rolle (Bild 10.24a mit Nachverpressung, Bild 10.24b ohne Nachverpressung). Bei Fels sei auf die Angaben von Ostermayer verwiesen. Die zulässigen Ankerkräfte können durch Abminderung der Werte in den Bildern 10.23 und 10.24 mit einem Sicherheitsfaktor von mindestens 1,75 besser 2 oder mehr abgeschätzt werden [10.22]. Unabhängig davon ist jeder eingebaute Anker durch Zugversuche zu prüfen.

Man unterscheidet zwischen Grundsatz-, Eignungs-, Abnahme- und Nachprüfungen. Grundsatzprüfungen müssen als Grundlage für eine bauaufsichtliche Zulassung bei Permanentankern und auch bei Temporärankern, sofern sie nicht DIN 4125 entsprechen, erfolgen [10.22]. Eignungsprüfungen sind dagegen auf jeder Baustelle an mindestens drei Ankern je Hauptbodenart durchzuführen. Bei Baugruben mit Temporärankern darf auf eine Eignungsprüfung verzichtet werden, wenn Versuche in vergleichbaren Böden vorliegen (Einzelheiten s. [10.22] und DIN 4125).

Die Tragkraft von Ankern kann sich selbst bei nur leichten Untergrund- und Herstellungsunterschieden stark ändern, so daß DIN 4125 eine Abnahmeprüfung bei jedem Anker fordert.

Temporäranker sind im Regelfall bis zur 1,25 fachen und Permanentanker bis zur 1,5 fachen Gebrauchslast in abgekürzter Form zu prüfen (Einzelheiten s. DIN 4125). Nach der Abnahmeprüfung werden die Anker festgelegt. Dabei beträgt die Vorspannkraft im allgemeinen annähernd die Gebrauchskraft. Bei Baugruben sind die Einzelheiten in den Empfehlungen des Arbeitskreises Baugruben (EAB) zu finden.

Nachprüfungen werden in der Regel nur bei Permanentankern durchgeführt, wenn z.B. Änderungen in den Ankerkräften zu befürchten sind. Bei Temporärankern werden Nachprüfungen vorgesehen, wenn die Einsatzdauer 2 Jahre überschreitet und Korrosionsschäden nicht ausgeschlossen werden können. Sollen Nachprüfungen durchgeführt werden, ist auf eine entsprechende Ankerkopfkonstruktion zu achten.

Die Bemessung von Ankern und Sicherheitsfaktoren sind in DIN 4125 festgelegt. Die Sicherheitsfaktoren sind unterschiedlich bei Verpreßkörpern und Stahlzuggliedern. Beim Erdruhedruck sind die Faktoren kleiner, weil man von zusätzlichen Sicherheiten bei den Lasten ausgeht, wenn im Versagensfall der Erddruck bis zum aktivem Zustand absinkt.

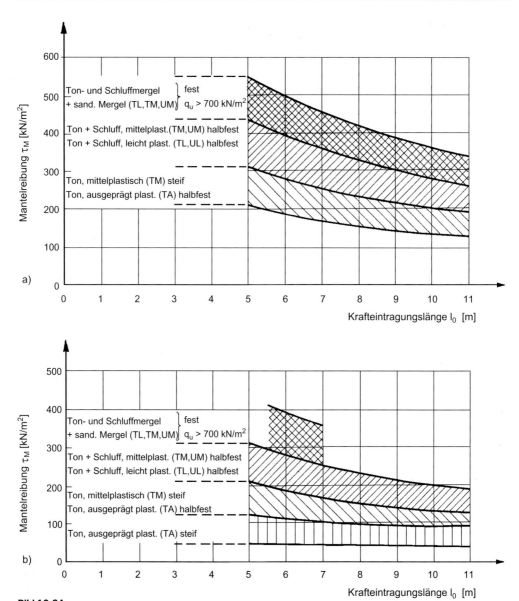

Bild 10.24
Grenzwerte der mittleren Mantelreibung bei Ankern in bindigen Böden (nach Ostermayer [10.22])
a) mit Nachverpressung, b) ohne Nachverpressung

Die Tragfähigkeit von Verpreßankern kann durch Schwell- und dynamische Belastung beeinflußt werden. In diesen Fällen sind zusätzliche Überlegungen notwendig [10.22]. Ist der Abstand der einzelnen Anker geringer als der 10fache Verpreßkörperdurchmesser, nimmt die Grenzlast ab. Deshalb sollte bei den üblichen Verpreßkörperdurchmessern von 100 bis 150 mm ein Abstand von 1,5 m nicht unterschritten werden. Ist dies nicht möglich, müssen mehrere Anker einer Gruppenprüfung nach DIN 4125 unterzogen werden. Nach DIN 4125 betragen die Grenzabstände 1,0 m bei Gebrauchslasten < 700 kN und 1,5 m bei höheren Lasten.

Weitere Hinweise zum Entwurf und der Berechnung verankerter Konstruktionen sind in Abschnitt 10.4 zu finden. Außerdem sei auf die ausführlichen Darlegungen von Ostermayer verwiesen [10.22].

10.3 Baugruben und Wasserhaltung

10.3.1 Vorüberlegungen

Ziel einer Wasserhaltung ist, durch Absenkung des Grundwasserspiegels eine Baugrube trocken zu halten, so daß zum Beispiel Verfahren wie der Trägerbohlverbau ohne Behinderungen ausgeführt werden können.

Bereits zu Beginn der Planungsphase müssen folgende Fragen geklärt werden:
- Ist eine wasserrechtliche Genehmigung überhaupt möglich?
- Sind Schäden an der Nachbarbebauung zu erwarten?
- Ist das Grundwasser mit Schadstoffen belastet und welche Zusatzkosten entstehen dadurch?

Falls aus diesen Gründen eine Grundwasserabsenkung nicht möglich oder sinnvoll ist, kann auf grundwasserschonende Bauweisen ausgewichen werden (s. Abschnitt 10.1.8). Grundwasserabsenkungen und die Wiederversickerung sind genehmigungspflichtige Benutzungen im Sinne des Wasserhaushaltsgesetzes und den ergänzenden Landesgesetzen [10.15, 10.23]. Sie bedürfen einer Erlaubnis bzw. Bewilligung durch die Untere Wasserbehörde. Die Einleitung von Grundwasser in die örtliche Kanalisation ist zwar auch genehmigungsbedürftig. Sie unterliegt jedoch nicht dem Wasserhaushaltsgesetz, sondern den gemeindlichen Satzungen und ist somit ein rechtlich getrennter Vorgang.

Planung und Ausführung von Wasserhaltungen bei Baugruben sind Gegenstand eines Merkblatts der Deutschen Gesellschaft für Geotechnik [10.10]. Dabei ist ein wichtiger Punkt der für die Dimensionierung maßgebliche Grundwasserstand. Häufig ist während der Bauzeit der höchstmögliche Grundwasserstand (HHGW) nicht identisch mit dem für die Bauzeit anzunehmendem Höchststand (HGW), was für die Ausführung Vorteile haben kann. Die Baugrunderkundung muß die Bodenschichtung im gesamten Einflußbereich der Wasserhaltung umfassen. Bei Sanden und Kiesen ist etwa das Zwanzigfache der Absenkungstiefe um die Baugruben herum zu erkunden [10.25]. Bei bindigen Böden und offenen Wasserhaltungen genügt häufig der unmittelbare Baugrubenbereich und die nächste Umgebung. Wegen der möglichen Setzungen sind auch die Zusammendrückungsparameter im Bereich der Nachbarbebauung zu bestimmen. Die Durchlässigkeit des Bodens muß bekannt sein. In der Regel empfiehlt sich eine Probegrundwasserabsenkung. Bei länger laufenden Anlagen ist unabhängig von einer eventuellen Schadstoffbelastung die chemische Zusammensetzung des Wassers von Bedeutung (weitere Einzelheiten s. [10.25]).

10.3.2 Überblick Wasserhaltungsverfahren

Man unterscheidet zwischen offenen Wasserhaltungen und einer Grundwasserabsenkung mit Hilfe von vertikalen Brunnen (Bild 10.25).

Voraussetzung für eine offene Wasserhaltung sind standfester Boden und die Beherrschung der Schleppkraft, so daß auf der Eintrittsfläche mit der Höhe h_0 kein oder kaum Boden ausgeschwemmt wird. Die Absenkhöhe ist in der Regel auf 0,5 bis 1 m beschränkt (Einzelheiten s. Abschnitt 10.3.3).

Im Gegensatz zu einer offenen Wasserhaltung wird bei einer Grundwasserabsenkung mit Brunnen das Wasser vor dem Aushub abgesenkt. Wird das Wasser über Saugpumpen abgeleitet, spricht man von Flachbrunnen, die als einstaffelige oder mehrstaffelige Anlagen ausgebildet sein können. Wegen der begrenzten Wirkung der Saugpumpen werden bei größeren Tiefen Druckpumpen in den einzelnen Brunnen installiert. Man spricht in diesen Fällen von Tiefbrunnen.

Grobkörnige Böden können allein durch Schwerkraftwirkung entwässert werden. Bei Feinsanden und Schluffen reicht die Schwerkraft allein wegen Kapillar- und Adsorptionskräften nicht aus, so daß die Entwässerung durch Vakuum unterstützt werden muß. Ein weiterer natürlicher Effekt des Vakuums ist, daß Fließböden stabilisiert werden. Bei Feinschluffen und Tonböden kann wegen der hohen

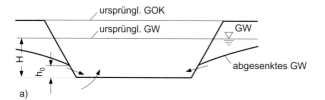

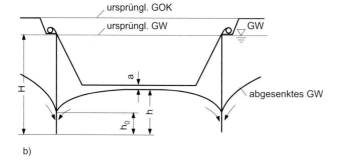

Bild 10.25
Wasserhaltungsverfahren
(nach Szechy und Rappert, aus [10.25])
a) offene Haltung
b) Brunnenabsenkung

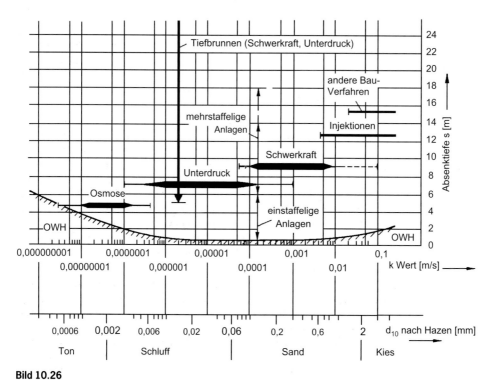

Bild 10.26
Anwendungsbereiche der Wasserhaltungsverfahren (nach Herth und Arndts [10.15])
Bei den Osmose-, Unterdruck- und Schwerkraftverfahren sind die jeweils günstigen Bereiche besonders hervorgehoben

10.3 Baugruben und Wasserhaltung

Adsorptionskräfte nur mit Hilfe elektrischer Kräfte eine Entwässerung möglich werden.

Man unterscheidet daher [10.25]:

- Schwerkraftabsenkung
- Vakuumentwässerung
- Elektroosmose

Die Einsatzgebiete der verschiedenen Wasserhaltungsverfahren gehen aus Bild 10.26 hervor.

Die anfallenden Wassermengen in Abhängigkeit der Durchlässigkeit und Absenktiefen können mit Tabelle 10.4 grob abgeschätzt werden.

Anhaltswerte über die Reichweite und den Verlauf der Absenkkurven sind in Bild 10.27 angegeben. Beide hängen sehr stark vom Durchlässigkeitsbeiwert k ab. Während die Reichweite bei $k = 10^{-7}$ m/s nur etwa 4 m beträgt, werden bei $k > 10^{-2}$ m/s bis zu 350 m erreicht.

Tabelle 10.4 Bodenarten, Körnungen, Durchlässigkeitsziffern, Entwässerungsmöglichkeiten, anfallende Wassermengen[a] (nach Mertzenich [10.21])

Bodenarten			Ton	Schluff			Sand			Kies		
				fein	mittel	grob	fein	mittel	grob	fein	mittel	grob
Korngröße	von	in mm	<0,002	0,002	0,005	0,02	0,05	0,2	0,5	2	6	30
	bis			0,005	0,02	0,05	0,2	0,5	2	6	20	60
Durchlässigkeitsziffer k		cm/s	10^{-8}–10^{-6}	10^{-5}	10^{-4}	10^{-3}	10^{-2}	10^{-1}	1	>1	>1	>1
		m/s	10^{-10}–10^{-8}	10^{-7}	10^{-6}	10^{-5}	10^{-4}	10^{-3}	10^{-2}	10^{-1}		
Fließgeschwindigkeit cm/s			0,000001	0,00001	0,0001	0,001	0,01	0,1	1	>1	>1	>1
Wasseranfall in m³/h je lfd. m Filtergalerie[b] bei Wasserabsenkung von … m		1	0,03	0,3	0,4	0,9	2,2	3	6,3			
		2	:	0,3	0,45	1,1	2,5	3,6	7,1			
		3	:	0,4	0,5	1,3	2,8	4,4	8,1			
		4	:	0,4	0,6	1,5	3,2	5,2	9,3			
		5	:	0,4	0,6	1,7	3,7	6,5	10,8			
		6	:	0,4	0,6	1,9	4,3	8	12,5			
		7	:	0,4	0,6	2,1	5	9,4	14,5			
		8	:	0,4	0,6	2,3	5,8	11,1	17			
		9	0,2	0,4	0,6	2,5	6,7	13	20			

[a] Die gegebenen Wassermengen sind Anhaltswerte und gelten für die durch d_{10} charakterisierten Bereiche.
[b] Der Wasserandrang tritt bei einseitig abgesaugten Gräben auf. Bei beidseitiger Absaugung oder allseitig mit Filtern umgebenen Baugruben vermindert sich die Wassermenge wegen der gegenseitigen Beeinflussung auf das 0,7fache.

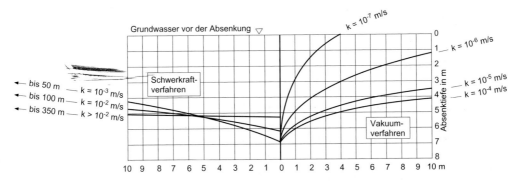

Bild 10.27
Absenkkurven nach dem Schwerkraftverfahren und dem Vakuumverfahren in Abhängigkeit von den Durchlässigkeitswerten (nach Mertzenich [10.21])

Im folgenden werden die verschiedenen Wasserhaltungsverfahren näher beschrieben. Die Elektroosmose wird in Deutschland relativ selten eingesetzt und wird deshalb nicht näher behandelt (Einzelheiten s. [10.15, 10.25]).

10.3.3 Offene Wasserhaltung

Die offene Wasserhaltung ist im Vergleich zu den anderen Verfahren mit dem geringsten Aufwand verbunden.

In Mulden, offenen Gräben oder Dränen wird das Wasser gesammelt und von den Tiefpunkten aus über Pumpensümpfe einer Vorflut zugeführt. Die Maßnahmen müssen dem Aushub entsprechend vorauseilen, so daß möglichst im Trockenen gearbeitet werden kann. Treten an einzelnen Stellen der Böschung Quellen auf, können die kritischen Punkte mit einem Belastungsfilter gesichert werden.

Horinzontale Dränstränge können z.B. aus Kiessand bestehen. Zur Erhöhung der Abflußmengen können umkieste Dränrohre von 150 bis 400 mm eingesetzt werden. Das Kiesmaterial muß gegenüber dem anstehenden Boden filterfest, z.B. nach den Regeln von Terzaghi, ausgebildet sein. Einzelheiten s. [10.25]. Falls die Körnungen zu unterschiedlich sind, können mehrstufige Filter oder Filtervliese eingebaut werden. Das gleiche gilt für die Ausbildung von Pumpensümpfen (Bild 10.28).

Dränstränge und Pumpensümpfe sollten nicht unter den späteren Fundamenten angelegt werden, weil durch Bodenentzug nachfolgend Setzungsschäden eintreten können. Falls aus baubetrieblichen Gründen doch notwendig, müssen die Dränstränge und Pumpensümpfe nach Gebrauch verfüllt oder verpreßt werden.

Die offene Wasserhaltung ist in ihrem Einsatzgebiet begrenzt. In kiesigen Böden beträgt die maximale Absenktiefe 1 bis 2 m, bei sandigen Böden etwa 0,5 bis 1 m. Bei Feinsanden und Schluffen, die zum Fließen neigen, kommt das Verfahren an seine Grenzen. Weitaus günstiger sind standfeste Böden wie klüftiger Fels, stark bindige Böden und verkittete Kiese mit nicht zu großer Durchlässigkeit. In diesen Fällen sind auch Absenktiefen von 4 bis 6 m möglich. Ein besonders kritischer Punkt kann bei einer offenen Wasserhaltung auch die Baugrubensohle sein. Bei vertikalem Zufluß nach oben, können die Strömungskräfte zu einem hydraulischen Grundbruch führen (s. Abschnitt 10.4). Als Gegenmaßnahmen kommen Kiesfilter oder Entspannungsbohrungen in Frage.

10.3.4 Absenkung durch Schwerkraft und vertikale Brunnen

Grundwasserabsenkungen mit vertikalen Brunnen und Schwerkraftwirkung werden hauptsächlich in Sanden und Kiesen mit Durchlässigkeiten zwischen $k = 10^{-2}$ und $k = 10^{-5}$ m/s durchgeführt (s. Abschnitt 10.3.2).

Man unterscheidet zwischen Flachbrunnen- und Tiefbrunnenanlagen. Steht die Brunnensohle auf einer undurchlässigen Schicht, spricht man von vollkommenen Brunnen. Unvollkommene Brunnen dagegen binden nur teilweise in den Grundwasserleiter ein.

Bei Flachbrunnen wird das Wasser über Saugpumpen gefördert, die in der Praxis kaum mehr als 8 m Saughöhe aufweisen. Unter Berücksichtigung des Zulauftrichters können mit derartigen Anlagen Absenkungen bis maximal ca. 4 m erreicht werden. Bei größeren Absenktie-

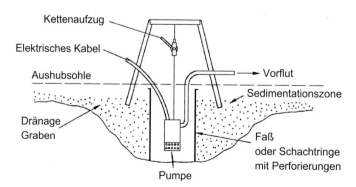

Bild 10.28
Beispiel Pumpensumpf
(nach Rieß [10.25])

10.3 Baugruben und Wasserhaltung

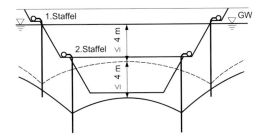

Bild 10.29
Zweistaffelige Absenkungsanlage mit Flachbrunnen
(nach Schmidt und Seitz [10.27])

fen können mehrstaffelige Anlagen angeordnet werden (Bild 10.29). Alternativ kommen auch Tiefbrunnen zum Einsatz.

Die Bohrdurchmesser von Flachbrunnen liegen in der Regel zwischen 250 und 400 mm. Die Brunnen bestehen aus Filterrohren und Filterkies (Bild 10.30). Der Durchmesser der Filterrohre beträgt zwischen 150 und 300 mm. Der Ringraum aus Filterkies soll eine Mindeststärke von 50 mm aufweisen (Einzelheiten s. [10.15, 10.21, 10.25]).

Das Wasser wird über Saugrohre abgepumpt und in Sammelleitungen gefaßt. Die Lage und Anzahl der Brunnen kann über eine Berechnung abgeschätzt werden (s. Abschnitt 10.3.7).

Anstelle von gebohrten Brunnen können nach amerikanischem Vorbild Flachbrunnenanlagen auch mit Spülfilter oder Wellpointanlagen ausgerüstet werden. Dabei werden 2- bis 4-Zoll-Filter mit einem Aufsatzrohr in den Boden eingespült. Vorteilhaft sind die geringen Herstellungskosten. Nachteile sind Versandungsgefahr und das geringe Fassungsvermögen, so daß häufig eine große Anzahl von Brunnen notwendig wird. In Feinböden werden Spülfilteranlagen als Vakuumbrunnen eingesetzt (s. Abschnitt 10.3.5).

Tiefen über 4 m können auch ohne Staffelung mit Tiefbrunnen abgesenkt werden. Dabei wird in jeden Brunnen eine Unterwasserpumpe eingebaut (Bild 10.31). Die Bohrdurchmesser liegen zwischen 400 und 1500 mm; die Filterdurchmesser liegen zwischen 200 und 1250 mm [10.27].

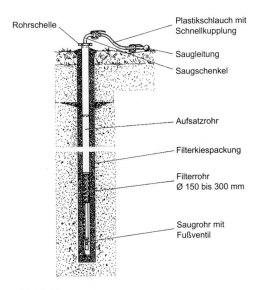

Bild 10.30
Flachbrunnen mit Saugschenkel und Saugrohr
(nach Schmidt und Seitz [10.27])

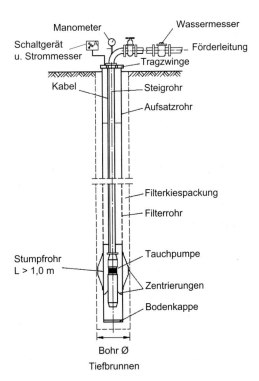

Bild 10.31
Tiefbrunnen mit eingehängter Tauchpumpe
(nach Schmidt und Seitz [10.27])

10.3.5 Vakuumanlagen

Bei schwach durchlässigen Böden, wie Mittelsanden und Feinsanden mit Schluffanteilen ($k < 10^{-4}$ m/s), reicht die Schwerkraft allein zur Entwässerung nicht aus. Durch Aufbringen eines Vakuums wird ein zusätzliches Gefälle zur Entwässerung erzeugt. Gleichzeitig wird der Boden stabilisiert.

Bei geringen Absenktiefen bis etwa 4 m genügen Vakuumbrunnen, die in Aufbau und Ausstattung den Wellpointanlagen in Abschnitt 10.3.4 gleichen. Wegen der geringen Reichweite betragen die Abstände in der Regel nur ca. 1,5 m. Im Boden wirkt allerdings nur der Teil des Vakuums, der nicht zur Hebung und Förderung des angesaugten Wassers benötigt wird. Wichtig ist, daß keine Falschluft angezogen wird. Deshalb sind die Brunnen am Kopf sorgfältig abzudichten (Bild 10.32). Eventuell müssen die Baugrubenböschungen mit Folien abgedeckt oder mit Zementsuspension gesichert werden.

Bei größeren Absenktiefen können Vakuum-Tiefbrunnen eingesetzt werden (Bild 10.33).

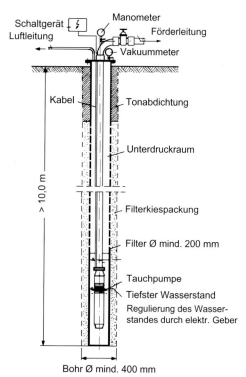

Bild 10.33
Vakuumtiefbrunnen (nach Rieß [10.25])

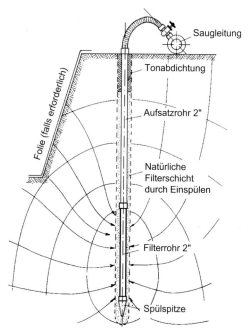

Bild 10.32
Strömungs- und Druckverhältnisse an einem Vakuumbrunnen (nach Rieß [10.25])

Der Vorteil dieser Brunnen ist, daß der Unterdruck voll auf die Bohrlochwandung aufgebracht wird, weil das anfallende Wasser über separate Tauchpumpen zur Oberfläche gedrückt und gefördert wird. Wichtig ist eine gute Abdichtung der Brunnenrohre. Für die Dimensionierung ist die Kenntnis des Durchlässigkeitsbeiwerts k_L des Bodens für Luft von großer Bedeutung, der in der Praxis aus der Durchlässigkeit für Wasser abgeleitet wird. Für die Bemessung wichtig ist der Luftbedarf, um die Anzahl der Vakuumpumpen und den Brunnenabstand richtig festlegen zu können. Von geringer Bedeutung sind dagegen die Wassermengen (Einzelheiten s. [10.25]).

10.3.6 Wiederversickerung

Um die Eingriffe in den Grundwasserhaushalt möglichst gering zu halten, wird häufig das Wasser in kombinierten Anlagen durch Versickerung wieder dem Grundwasserleiter zugeführt. Neben den ökologischen Kriterien wird häufig auch aus wirtschaftlichen Betrachtungen heraus wegen der in der Regel hohen Einleitungsgebühren in die Kanalisation eine Wiederversickerung durchgeführt.

Die Einleitung in den Untergrund kann oberflächlich über Sickerrohrstränge oder Versickerungsgräben erfolgen, was allerdings ausreichend Platz und entsprechend durchlässige Böden in den oberflächennahen Bereichen voraussetzt. Eine ausführliche Darstellung der verschiedenen Möglichkeiten einer Oberflächenversickerung erfolgt im ATV-Regelwerk A 138 [10.2].

Häufiger werden Brunnen eingesetzt, die im wesentlichen mit Entnahmebrunnen identisch sind (s. Bild 10.34). Ein wichtiger Gesichtspunkt ist, daß sich zwischen Entnahme- und Versickerungsbrunnen kein Kurzschluß bildet. Die Abstände sind ausreichend zu bemessen. Es ist zu überprüfen, daß durch den Aufstau nicht benachbarte Keller und Tiefgaragen gefährdet sind.

Die Praxis zeigt, daß mit klassischen Berechnungsansätzen die tatsächlichen Versickerungsmengen weit überschätzt werden. Man mindert deshalb die Durchlässigkeitsbeiwerte stark ab, nach [10.25] auf 25 %.

10.3.7 Berechnung der Wassermengen

Die maßgebliche Größe bei der Berechnung von Wassermengen ist der Durchlässigkeitsbeiwert k, der sich in weiten Grenzen bewegt (Abschnitt 2.4.8) und deshalb sorgfältig – am besten in Pumpversuchen (s. Abschnitt 2.2.6) – bestimmt werden sollte. Selbst wenn ausführliche Voruntersuchungen vorliegen, dürfen die Erwartungen an die Genauigkeit der berechneten Wassermenge nicht zu hoch gesetzt werden wegen der immer noch zahlreichen Fehlerquellen. Dazu gehören z. B. Modellfehler in den Berechnungsverfahren. Schichten, die in der Durchlässigkeit nach oben oder unten abweichen und in der Baugrunderkundung nicht erfaßt wurden, können zu Änderungen der Wassermengen um mehrere Hundert Prozent führen.

Die folgenden Berechnungshinweise sollen einen Überblick über gängige analytische Verfahren geben. Ausführliche Betrachtungen mit Beispielen finden sich in [10.15, 10.25]. Alternativ können die Wassermengen auch numerisch mit Finite-Elemente- oder Finite-Differenzen-Verfahren berechnet werden, was bei komplizierten Randbedingungen Vorteile mit sich bringt. Hierbei sei z. B. auf [10.8, 10.17] verwiesen.

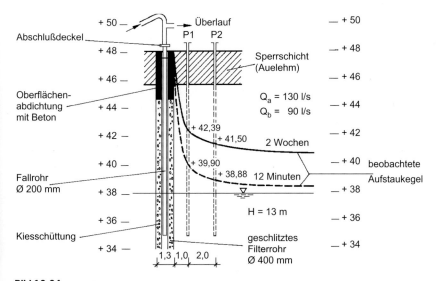

Bild 10.34
Beispiel für Sickerbrunnen mit 2 Meßpegeln und Oberflächenabdichtung (nach Rieß [10.25])

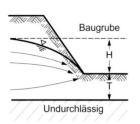
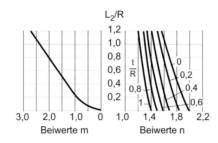

$$q = k \cdot H^2 \left[\left(1 + \frac{t}{H}\right) \cdot m + \frac{L_1}{R}\left(1 + \frac{t}{H} \cdot n\right) \right]$$

$t = H$ bei $T > H$ (m) L_1/L_2 = Länge/Breite der Baugrube
$t = T$ bei $T < H$ (m)
$t = 0$ bei $T = 0$ R = Reichweite
T ist der Abstand zwischen Baugrubensohle und der
Oberkante Wasserstauer (Aktive Zone)

Bild 10.35
Berechnung der Baugrubenzuströmung (nach Davidenkoff [10.9, 10.25])

Bei offenen Wasserhaltungen kann die zuströmende Wassermenge q mit einem Verfahren von Davidenkoff [10.9] abgeschätzt werden (Bild 10.35).

Die Reichweite R ergibt sich dabei nach Sichardt aus

$$R = 3000 \cdot s \cdot \sqrt{k} \qquad (10.1)$$

wobei für die Absenktiefe s bei offenen Wasserhaltungen s = H mit H nach Bild 10.35 zu setzen ist.

Die Wassermenge Q von Einzelbrunnen wird in der Regel nach dem Verfahren von Dupuit (1869) und Thiem (1870) mit der Gleichung

$$Q = \frac{\pi \cdot k \, (H^2 - h^2)}{\ln R - \ln r} \qquad (10.2)$$

berechnet (Bild 10.36). Dabei bezeichnet H die Mächtigkeit des Aquifers, h die abgesenkte Höhe, r den Brunnenradius und R die Reichweite, die nach Gleichung 10.1 abgeschätzt werden kann. Gleichung 10.2 wurde unter idealisierten Bedingungen abgeleitet, die in der Praxis nur selten zutreffen. Es darf deshalb nicht eine allzu hohe Genauigkeit erwartet werden. Reicht der Brunnen wie in Bild 10.36 bis zum Grundwasserstauer, spricht man von einem vollkommenen Brunnen, der von unten keinen Zustrom erfährt. Bei tiefer liegender Aquifersohle und unvollkommenen Brunnen wird die zusätzlich

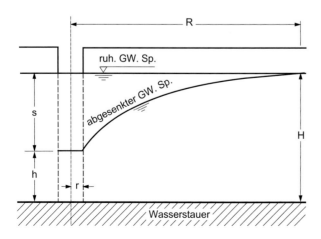

Bild 10.36
Wasserzufluß zu einem vollkommenen Brunnen mit freiem Grundwasserspiegel (nach Herth und Arndts [10.15])

10.3 Baugruben und Wasserhaltung

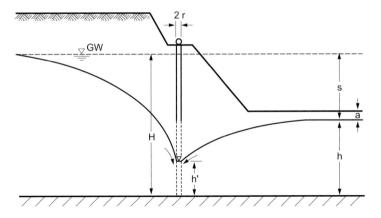

Bild 10.37
Bezeichnungen bei einer Mehrbrunnenanlage (in Anlehnung an Prinz [10.23])

von unten zuströmende Wassermenge mit einem Zuschlag von 10 bis 30 % zu Q nach Gleichung 10.2 abgeschätzt (Einzelheiten s. [10.25]).

Für andere Verhältnisse wie gespannte oder teilweise gespannte Grundwasserleiter lassen sich analog zu Gleichung 10.2 geschlossene Formeln herleiten. Diesbezüglich wird auf die ausführliche Diskussion bei [10.15] und [10.25] verwiesen.

Bei Mehrbrunnenanlagen wird das Grundwasser gleichzeitig an mehreren Stellen abgesenkt. Für diesen Fall hat erstmals Forchheimer ein Berechnungsverfahren aufgestellt [10.25]. Eine ausführliche Herleitung und Beispiele sind bei [10.15, 10.25] zu finden. Zunächst wird die notwendige Absenkung s festgelegt, wobei ein Sicherheitszuschlag a von etwa 0,5 m zum Trockenhalten der Baugrube zu berücksichtigen ist (Bild 10.37). Die Baugrube selbst wird zunächst als Einzelbrunnen mit einem Ersatzradius A_{RE} aufgefaßt. In erster Näherung kennzeichnet A_{RE} den Radius eines Brunnens, der sich durch Gleichsetzen mit der von dem Brunnen umschlossenen Grundfläche ergibt (Bild 10.38). Modifikationen ergeben sich bei langgestreckten Baugruben [10.25]. Die Reichweite R kann überschläglich mit der Formel von Sichardt abgeschätzt werden.

Sind H, h, R und A_{RE} festgelegt, wird die gesamte zuströmende Wassermenge aus

$$Q = \frac{\pi \cdot (H^2 - h^2)}{\ln R - \ln A_{RE}} \quad (10.3)$$

berechnet.

Danach sind Anzahl n, Anordnung und Durchmesser der Brunnen festzulegen. Die Anzahl n ergibt sich aus dem Fassungsvermögen des Einzelbrunnens

$$q = 2\pi \cdot r \cdot h' \quad (10.4)$$

wobei die benetzte Filterhöhe h' zunächst geschätzt wird. Das Produkt $n \cdot q$ soll möglichst Q nach Gleichung 10.3 betragen.

Danach ist die ausreichende Absenkung an den kritischen Stellen über die Mehrbrunnen-

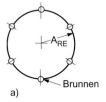

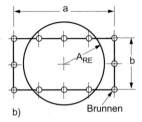

Bild 10.38
Mehrbrunnenanlage und Ersatzbrunnen
(nach Herth und Arndts [10.15])
a) kreisförmige, b) rechteckige Baugrube

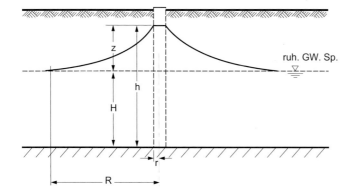

Bild 10.39
Versickerungsbrunnen bei Grundwasser mit freier Oberfläche (nach Rieß [10.25])

formel von Forchheimer nachzuweisen. Zusätzlich muß die Wirksamkeit der Einzelbrunnen überprüft werden. Dabei unterscheidet sich die in [10.25] vorgeschlagene Vorgehensweise von der Methode in [10.15]. Schnelles Absenken und unvollkommene Brunnen werden über Zuschläge berücksichtigt. Die Berechnung erfolgt in der Regel iterativ und setzt Erfahrung voraus, um schnell zum Ziel gelangen zu können.

Zur Bemessung von Vakuumanlagen müssen Luft- und Wassermengen abgeschätzt werden. Der Luftverbrauch wird auf empirischer Grundlage festgelegt. Der Wasserandrang wird in der Praxis meistens nach Kovacz berechnet, der von der Dupuit-Thiemschen Brunnenformel und Korrekturfaktoren für den Einfluß des Vakuums ausgeht (Einzelheiten s. [10.25]).

Der Wasserabfluß Q_s bei einer Versickerung in Einzelbrunnen wird mit der Dupuit-Thiemschen Brunnenformel berechnet. Unter Berücksichtigung des Vorzeichens ergibt sich

$$Q_s = \frac{\pi \cdot k (2H \cdot z + z^2)}{\ln R - \ln r} \qquad (10.5)$$

Dabei bezeichnet z den Aufstau (Bild 10.39). Die Durchlässigkeitsbeiwerte sind, wie bereits erwähnt, bei Versickerungsbrunnen vorsichtig anzusetzen. Bei Grundwasser mit gespannter Oberfläche lassen sich ebenfalls analytische Formeln herleiten [10.25].

Zur Berechnung der Wassermengen bei flächenhafter Versickerung sei auf das ATV-Regelwerk A 138 [10.2] verwiesen.

10.4 Berechnung von Baugrubenwänden *

10.4.1 Allgemeines

Im folgenden wird ein Überblick über Grundideen und Prinzipien bei der Berechnung und Bemessung von Baugrubenkonstruktionen gegeben. Detailfragen können mit Hilfe weiterführender Fachliteratur, wie beispielsweise von Weißenbach [10.34, 10.35] sowie den maßgebenden Vorschriften geklärt werden. Hierzu gehören insbesondere Lastansätze, die Bemessung der Einzelteile und weitergehende Überlegungen bei Sonderkonstruktionen.

Die Berechnung, Bemessung und Konstruktion von Baugrubenwänden ist in den Empfehlungen des Arbeitskreises Baugruben (EAB) geregelt [10.11]. Auf die Fachnormen des Deutschen Instituts für Normung DIN bzw. des Europäischen Komitees für Normung CEN wird an den entsprechenden Stellen in den EAB jeweils verwiesen.

Das statische Grundsystem einer Baugrubenkonstruktion kann, wie in Bild 10.40 vereinfacht dargestellt, folgendermaßen aufgefaßt werden: Die auf der Wandrückseite einwirkende Belastung ist durch die Stützkonstruktion aufzunehmen und auf natürliche oder konstruktive Abstützungen abzutragen. Als Abstützungen kommen neben dem Fußauflager der Wand, Steifen und Verankerungen in Frage. Es ist sinnvoll und üblich, die Einwirkungen („Actio") und Widerstände („Reactio") gedanklich zu trennen. Alle auf der Wandrückseite angreifenden Kräfte werden als Einwirkung, die

---
* Verfasser der Abschnitte 10.4.1 bis 10.4.7: Dr.-Ing. D. Besler

10.4 Berechnung von Baugrubenwänden

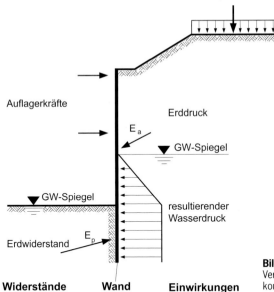

Widerstände **Wand** **Einwirkungen**

Bild 10.40
Vereinfachtes Modell für den Lastabtrag bei Baugrubenkonstruktionen

auf der Wandvorderseite angreifenden haltenden Kräfte als Widerstände des Gesamtsystems aufgefaßt. Getrennt werden diese Teilsysteme durch die Baugrubenwand. Sie muß so bemessen sein, daß sie in der Lage ist, den beschriebenen Lastabtrag zu gewährleisten:

– Einwirkende Kräfte sind in der Regel der aktive bzw. erhöhte aktive Erddruck und der resultierende Wasserdruck.
– Als Widerstände kommen der vor dem einbindenden Wandabschnitt anrechenbare Erdwiderstand und die Anker- bzw. Steifenkräfte in Frage.

Bei den herkömmlichen Berechnungsverfahren zur Berechnung der Einbindetiefen, Schnittgrößen und Reaktionskräfte werden die einwirkenden Spannungen auf der Wandrückseite mit dem anrechenbaren, durch einen Sicherheitsfaktor reduzierten Erdwiderstand vor dem einbindenden Wandabschnitt überlagert. Diese Überlagerung ist beispielhaft in Bild 10.41 dargestellt.

Nachzuweisen ist die Standsicherheit und gegebenenfalls die Gebrauchstauglichkeit der Gesamtkonstruktion und seiner Einzelteile.

10.4.2 Aktiver Erddruck bei nicht gestützten Wänden

Die Grundlagen der Erddrucktheorie sind in Kapitel 3 dargestellt. Im folgenden werden die wichtigsten, zur Berechnung von Baugrubenkonstruktionen notwendigen Formeln zusammengestellt.

Für Bodeneigengewicht läßt sich der maßgebliche Gleitflächenwinkel ϑ_a (s. Bild 10.42) aus den Gleichungen

$$\tan(\vartheta_a) = \frac{\sin \varphi + f_{\vartheta_a} \cdot \cos(\varphi + \delta_a - \alpha)}{\cos \varphi - f_{\vartheta_a} \cdot \cos(\varphi + \delta_a - \alpha)} \quad (10.6)$$

mit dem Hilfswert

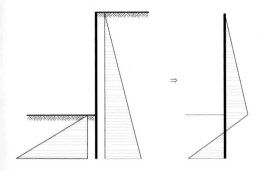

Bild 10.41
Überlagerung der einwirkenden Belastung mit dem anrechenbaren Erdwiderstand

$$f_{\vartheta_a} = \frac{\cos(\alpha + \varphi)}{\sin(\varphi + \delta_a) + \sqrt{\dfrac{\sin(\varphi + \delta_a) \cdot \cos(\alpha + \beta) \cdot \cos(\delta_a - \alpha)}{\sin(\varphi - \beta)}}} \quad (10.7)$$

bestimmen.

φ bezeichnet den Reibungswinkel des Bodens. Die Definitionen der Winkel α, β und δ_a können Bild 10.42 entnommen werden.

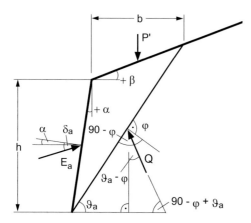

Bild 10.42
Winkeldefinitionen

Der maßgebliche aktive Erddruck aus Bodeneigengewicht ergibt sich zu

$$E_{ag} = \frac{1}{2} \cdot K_a \cdot \gamma \cdot h^2 \quad (10.8)$$

mit dem aktiven Erddruckbeiwert

$$K_a = \frac{\cos^2(\varphi + \alpha)}{\cos^2\alpha \cdot \cos(\delta_a - \alpha) \cdot \left[1 + \sqrt{\dfrac{\sin(\varphi + \delta_a) \cdot \sin(\varphi - \beta)}{\cos(\delta_a - \alpha) \cdot \cos(\alpha + \beta)}}\right]^2} \quad (10.9)$$

In der Regel interessiert hauptsächlich die Horizontalkomponente des aktiven Erddrucks. Diese läßt sich zu

$$E_{agh} = \frac{1}{2} \cdot K_{ah} \cdot \gamma \cdot h^2 \quad (10.10)$$

bestimmen. Der horizontale Erddruckbeiwert beträgt

$$K_{ah} = K_a \cdot \cos(\delta_a - \alpha) =$$

$$\frac{\cos^2(\varphi + \alpha)}{\cos^2\alpha \cdot \left[1 + \sqrt{\dfrac{\sin(\varphi + \delta_a) \cdot \sin(\varphi - \beta)}{\cos(\delta_a - \alpha) \cdot \cos(\alpha + \beta)}}\right]^2}$$

$$(10.11)$$

Für den Fall der senkrechten Wand ($\alpha = 0$) und ebener Geländeoberfläche ($\beta = 0$) vereinfacht sich Gleichung 10.11 zu

$$K_{ah} = \frac{\cos^2\varphi}{\left[1 + \sqrt{\dfrac{\sin(\varphi + \delta_a) \cdot \sin(\varphi)}{\cos(\delta_a)}}\right]^2} \quad (10.12)$$

Die K_{ah}-Werte in Gleichung 10.12 sowie die zugehörigen Gleitflächenwinkel sind in [10.34] tabelliert.

Mit Hilfe des Beiwertes K_{ah} läßt sich auch der aktive Erddruck aus großflächigen Auflasten p und aus Kohäsion c bestimmen:

$$E_{aph} = p \cdot K_{ah} \cdot h \quad (10.13)$$

$$E_{ach} \approx -2 \cdot c \cdot \sqrt{K_{ah}} \cdot h \quad (10.14)$$

Der Gesamterddruck wird durch Überlagerung der Einzelkomponenten aus Eigengewicht, großflächiger Auflast und Kohäsion ermittelt. Die Vertikalkomponente ergibt sich zu

$$E_{av} = E_{ah} \cdot \tan(\delta_a - \alpha) \quad (10.15)$$

Die Verteilung der aktiven Erddruckspannungen wird in Anlehnung an die Theorie von Rankine für Drehung um den Fußpunkt angenommen. Der Erddruck aus Bodeneigengewicht

10.4 Berechnung von Baugrubenwänden

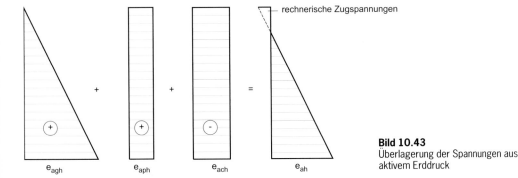

Bild 10.43
Überlagerung der Spannungen aus aktivem Erddruck

nimmt danach mit der Tiefe linear zu und hat eine dreieckförmige Verteilung. Der Erddruck aus großflächiger Auflast und Kohäsion hat über die Wandhöhe einen konstanten Verlauf. Es sind also

$$e_{agh}(z) = \gamma \cdot K_{ah} \cdot z \quad (10.16\,a)$$

$$e_{aph} = p \cdot K_{ah} \quad (10.16\,b)$$

$$e_{ach} \approx -2 \cdot c \cdot \sqrt{K_{ah}} \quad (10.16\,c)$$

Die Gesamterddruckspannungen ergeben sich, wie in Bild 10.43 dargestellt, durch Überlagerung zu

$$e_{ah}(z) = e_{agh}(z) + e_{aph} + e_{ach} \quad (10.17)$$

Bei geschichteten Böden mit Schichtdicken h_i und Wichten γ_i läßt sich die aktive Erddruckspannung in einer bestimmten Tiefe aus der Summe aller dort wirkenden Auflasten aus dem Eigengewicht der oberhalb liegenden Bodenschichten, eventuellen großflächigen Auflasten p und Kohäsion bestimmen:

$$e_{ah}(z) = (p + \Sigma \gamma_i \cdot h_i) \cdot K_{ah} + e_{ach} \quad (10.18)$$

Die zugrundegelegte Annahme der Drehung um den Fußpunkt trifft bei nicht gestützten Baugrubenwänden zu. Somit können die angegebenen Spannungsverteilungen als realistisch angesehen werden. Jedoch ergeben sich bei kohäsiven Böden und geringen Geländeauflasten im oberen Wandbereich rechnerische Zugspannungen, die nicht in Ansatz gebracht werden dürfen und zu Null gesetzt werden.

Zudem ist bei kohäsiven Bodenschichten immer zu überprüfen, ob der Mindesterddruck maßgebend ist. Der Mindesterddruckbeiwert beträgt $K_{ach} = 0{,}20$ bzw. $K_{ach} = 0{,}15$, wenn örtliche Messungen durchgeführt werden. Es muß kontrolliert werden, ob anstelle des Erddrucks aus Bodeneigengewicht und Kohäsion der Mindesterdduck von

$$E_{ah} = \frac{1}{2} \cdot \gamma \cdot K_{ach} \cdot h^2 \quad (10.19)$$

größer und damit maßgebend wird.

10.4.3 Aktiver Erddruck bei gestützten Wänden

Bei gestützten Wänden liegen bezüglich der Wandbewegungsart andere Verhältnisse vor. Typische Verformungsbilder sind in Bild 10.44 dargestellt.

Es wird näherungsweise davon ausgegangen, daß die Gesamtgröße des aktiven Erddrucks bei gestützten Wänden die gleiche Größe hat wie bei Wänden, die sich um den Fußpunkt drehen.

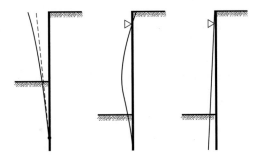

Bild 10.44
Typische Wandverschiebungen bei gestützten und nicht gestützten Baugrubenwänden

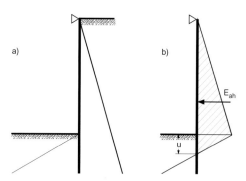
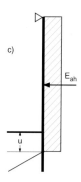
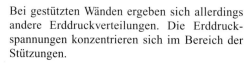

Bild 10.45
Erddruckspannungen bei gestützten Baugrubenwänden
a) separate Berechnung,
b) Überlagerung, c) Umlagerung

Bei gestützten Wänden ergeben sich allerdings andere Erddruckverteilungen. Die Erddruckspannungen konzentrieren sich im Bereich der Stützungen.

Bei der praktischen Berechnung wird der Erddruck zunächst in seiner klassischen Verteilung wie bei nicht gestützten Wänden ermittelt. Es folgt dann die Überlagerung mit dem anrechenbaren Erdwiderstand und die Ermittlung der Lage u des Belastungsnullpunkts. Alle Erddruckspannungen oberhalb des Belastungsnullpunkts werden dann zu einer wirklichkeitsnahen Lastfigur umgelagert. Das Vorgehen ist in Bild 10.45 beispielhaft dargestellt.

Vorgaben hierzu finden sich in den EAB [10.11]. Für den Fall einer einmaligen Stützung sind die dort empfohlenen Lastbilder in Bild 10.46 dargestellt.

Weitere Angaben, insbesondere zu mehrfach gestützten Wänden, finden sich in den EAB [10.11].

Auch bei gestützten Wänden ist zu überprüfen, ob der Mindesterddruck maßgebend ist.

10.4.4 Erhöhter aktiver Erddruck und Erdruhedruck

Bei Baugruben neben bestehender setzungsempfindlicher Bebauung ist in der Regel ein verformungsarmer Verbau vorgeschrieben. In diesem Fall reicht die Bewegung der Baugrubenwand nicht aus, um den zunächst vorhandenen Erdruhedruck auf den aktiven Erddruck abfallen zu lassen. Üblicherweise wird die erforderliche Mobilisierungsverschiebung mit

$$s_a = 0{,}001 \cdot H, \quad \text{also mit } 1\text{‰} \qquad (10.20)$$

der Wandhöhe abgeschätzt. Dieser Wert gilt für mitteldicht gelagerte nichtbindige Böden. Bei geringeren Lagerungsdichten oder bei bindigen Böden mit geringerer als halbfester Konsistenz können die Verschiebungen noch wesentlich größer sein.

Ist die tatsächliche Wandbewegung kleiner, wird der Gesamterddruck anteilig aus dem Erdruhedruck und dem Grenzwert des aktiven Erddrucks berechnet. Die EAB [10.11] sehen die folgenden Abstufungen vor:

1. $E_h = 0{,}75 \cdot E_{0h} + 0{,}25 \cdot E_{ah}$
   für $s = 0{,}05 \cdot s_a$ bis $0{,}15 \cdot s_a$ \hfill (10.21 a)

2. $E_h = 0{,}50 \cdot E_{0h} + 0{,}50 \cdot E_{ah}$
   für $s = 0{,}15 \cdot s_a$ bis $0{,}30 \cdot s_a$ \hfill (10.21 b)

3. $E_h = 0{,}25 \cdot E_{0h} + 0{,}75 \cdot E_{ah}$
   für $s = 0{,}30 \cdot s_a$ bis $0{,}50 \cdot s_a$ \hfill (10.21 c)

Der Seitendruckbeiwert für den Erdruhedruck aus Bodeneigengewicht beträgt

$$K_0 \approx 1 - \sin \varphi \qquad (10.22)$$

Der Erdruhedruck aus großflächigen Auflasten kann nach den Angaben in [10.33] ermittelt werden.

Mit dem Ansatz eines erhöhten aktiven Erddrucks oder des Erdruhedrucks muß gleichzeitig die Sicherheit auf den Grenzerdwiderstand erhöht werden, weil auch beim Fußauflager der Wand geringere Verschiebungen auftreten. Bei Ortbeton- und Spundwänden wird in der Regel die Sicherheit von $\eta_p = 1{,}5$ (siehe Abschnitt 10.4.6) auf $\eta_p = 2{,}0$ erhöht. Bei Trägerbohlwänden beträgt die erforderliche Sicherheit gegen den Grenzerdwiderstand in diesem Fall $\eta_p = 3{,}0$ anstelle von $\eta_p = 2{,}0$.

10.4 Berechnung von Baugrubenwänden

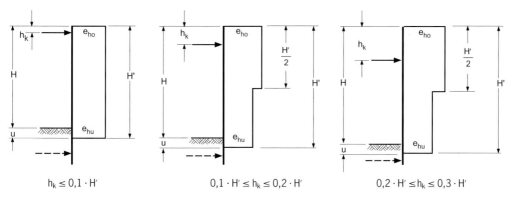

Bild 10.46
Wirklichkeitsnahe Lastfiguren für einmal gestützte Wände nach EAB [10.11]

10.4.5 Erddruck aus Linienlasten und Streifenlasten

Sind auf der Geländeoberfläche Linien- oder Streifenlasten vorhanden, kann sich je nach Randbedingungen das Maximum des aktiven Erddrucks auch unter einem anderen Winkel als $\vartheta = \vartheta_a$ einstellen (Bild 10.47). Man spricht in diesem Fall von einer Zwangsgleitfuge, die unter $\vartheta = \vartheta_z$ geneigt ist. Aus diesem Grund werden die Erddruckformeln auch für beliebige Winkel ϑ benötigt. In der Praxis hat es sich eingebürgert, daß Zwangsgleitfugen nur für den Fall von ungestützten Wänden untersucht werden. Der Erddruck ist in diesem Fall für $\vartheta = \vartheta_a$ und $\vartheta = \vartheta_z$ zu berechnen, wobei der größere Wert maßgebend ist. Bei gestützten Wänden dagegen ist nur der Fall $\vartheta = \vartheta_a$ zu berechnen.

Die Gesamtlast des Erddrucks kann, wie in Bild 10.48 dargestellt, bei gegebenem Gleitflächenwinkel ϑ, bekanntem Reibungswinkel φ und Wandreibungswinkel δ_a aus dem Gleichgewicht der am Gleitkeil angreifenden Kräfte bestimmt werden.

Für kohäsionslose Böden und waagerechte Geländeoberfläche ergibt sich der Gesamterddruck aus dem Gleitkeilgewicht G und den Geländeauflasten $\bar{p}$ und p zu

$$E_{ah} = (G + \bar{p} + p \cdot b_p) \frac{\sin(\vartheta - \varphi) \cdot \cos\delta_a}{\cos(\vartheta - \varphi - \delta_a)} \quad (10.23)$$

Die Einzelkomponenten E_{agh}, $E_{a\bar{p}h}$ und E_{aph} lassen sich somit jeweils separat bestimmen. Für den Gleitflächenwinkel $\vartheta = \vartheta_a$ kann der Erddruck mit dem in [10.33] tabellierten Beiwert

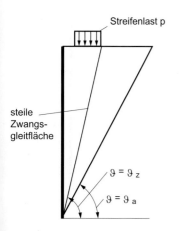
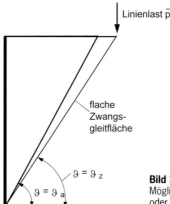

Bild 10.47
Mögliche Zwangsgleitfuge bei Linien- oder Streifenlasten

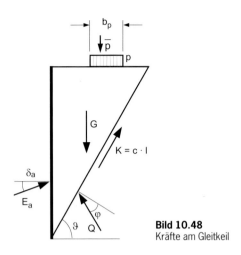

Bild 10.48
Kräfte am Gleitkeil

K_{aph} berechnet werden. Die Erddruckresultierende ergibt sich zu

$$E_{ah} = (G + \bar{p} + p \cdot b_p) \cdot K_{aph} \quad (10.24\,a)$$

mit:

$$K_{aph} = \frac{\sin(\vartheta_a - \varphi) \cdot \cos\delta_a}{\cos(\vartheta_a - \varphi - \delta_a)} \quad (10.24\,b)$$

Liegt kohäsiver Boden vor, beträgt der Erddruckanteil aus Kohäsion

$$E_{ach} = -2 \cdot c \cdot \frac{\cos\varphi \cdot \cos\delta_a}{\cos(\vartheta - \varphi - \delta_a) \cdot \sin\vartheta} \quad (10.25)$$

Im Falle $\vartheta = \vartheta_a$ ergibt sich näherungsweise der Wert wie in Abschnitt 10.4.2

$$E_{ach} = -2 \cdot c \cdot \sqrt{K_{ah}} \cdot h \quad (10.26)$$

Die Erddruckspannungen aus Bodeneigengewicht, Kohäsion und großflächiger Auflast können entsprechend Bild 10.43 verteilt werden. Bei der Verteilung aus Linien- und Streifenlasten unterscheidet man zwischen Gleitkörpern, die unter $\vartheta = \vartheta_a$ geneigt sind, und Gleitkörpern mit Zwangsgleitfugen.

Ist die Gleitfläche $\vartheta = \vartheta_a$ maßgebend, weil beispielsweise eine gestützte Wandkonstruktion vorliegt, so können die Erddruckanteile entsprechend Bild 10.49 über die Wandhöhe verteilt werden.

Bei einer Linienlast $\bar{p}$ mit dem Abstand $a_{\bar{p}}$ zur Wand ergibt sich der Abstand zwischen Wandkopf und dem Maximalwert der Erddruckspannungen zu

$$h_{\bar{p}o} = a_{\bar{p}} \cdot \tan\varphi \quad (10.27)$$

Die Höhe der Lastfigur beträgt

$$h_{\bar{p}} = a_{\bar{p}} \cdot \tan\vartheta - h_{\bar{p}o} \quad (10.28)$$

Die maximale Ordinate der Erddruckspannungen aus der Linienlast $\bar{p}$ beträgt

$$e_{a\bar{p}h} = \frac{2 \cdot E_{a\bar{p}h}}{h_{\bar{p}}} \quad (10.29)$$

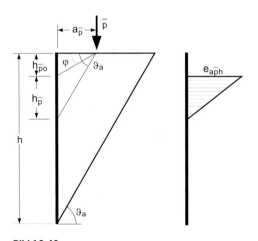

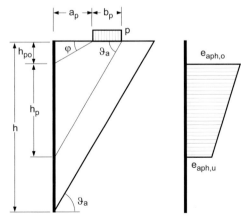

Bild 10.49
Verteilung der aktiven Erddruckspannungen aus Linien- und aus Streifenlasten für $\vartheta = \vartheta_a$

10.4 Berechnung von Baugrubenwänden

Bei einer Streifenlast p mit der Breite b_p und dem Abstand a_p zur Wand ergibt sich die obere Begrenzungslinie der Erddruckfigur zu

$$h_{po} = a_p \cdot \tan \varphi \qquad (10.30)$$

Die Höhe der Lastfigur beträgt

$$h_p = (a_p + b_p) \cdot \tan \vartheta - h_{po} \qquad (10.31)$$

Die Erddrucklastfigur ist ein Trapez mit den Ordinaten

$$e_{aph,o} = \frac{E_{aph}}{h_p} \cdot \left(1 + \frac{a_p}{a_p + b_p}\right) \qquad (10.32)$$

und

$$e_{aph,u} = \frac{E_{aph}}{h_p} \cdot \left(1 - \frac{a_p}{a_p + b_p}\right) \qquad (10.33)$$

Bei nicht gestützten Wänden muß die Zwangsgleitfuge untersucht werden. Ist die Zwangsgleitfuge unter $\vartheta = \vartheta_z$ maßgebend, so kann die Erddruckresultierende, wie in Bild 10.50 dargestellt, auf die Wandfläche verteilt werden.

Bei einer Linienlast $\bar{p}$ ergibt sich der Abstand zwischen Wandkopf und dem Maximalwert der Erddruckspannungen zu

$$h_{\bar{p}o} = a_{\bar{p}} \cdot \tan \varphi \qquad (10.34)$$

Mit

$$h_{\bar{p}} = h - h_{\bar{p}o} \qquad (10.35)$$

ergibt sich die maximale aktive Erddruckspannung aus der Linienlast zu

$$e_{a\bar{p}h} = \frac{2 \cdot E_{a\bar{p}h}}{h_{\bar{p}}} \qquad (10.36)$$

Bei einer Streifenlast p mit der Breite b_p und dem Abstand a_p zur Wand ergibt sich der Abstand zwischen Wandkopf bis zum Maximalwert der Erddruckspannungen analog zu

$$h_{po} = a_p \cdot \tan \varphi \qquad (10.37)$$

Entsprechend ist die Höhe der Trapezfigur

$$h_p = h - h_{po} \qquad (10.38)$$

Die Erddruckordinaten aus der Streifenlast ergeben sich entsprechend dem Vorgehen bei $\vartheta = \vartheta_a$ zu

$$e_{aph,o} = \frac{E_{aph}}{h_p} \cdot \left(1 + \frac{a_p}{a_p + b_p}\right) \qquad (10.39)$$

und

$$e_{aph,u} = \frac{E_{aph}}{h_p} \cdot \left(1 - \frac{a_p}{a_p + b_p}\right) \qquad (10.40)$$

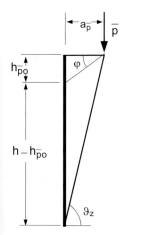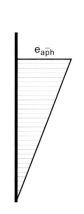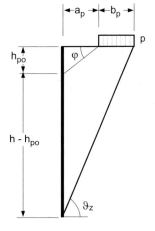

Bild 10.50
Verteilung der aktiven Erddruckspannungen aus Linien- und Streifenlasten für $\vartheta = \vartheta_z$

10.4.6 Erdwiderstand

Wie in Abschnitt 10.4.1 dargestellt, werden die auf der Wandrückseite einwirkenden Belastungen durch die Verbauwand auf die vorhandenen konstruktiven oder natürlichen Abstützungen abgetragen. Vor dem Fußauflager des einbindenden Wandabschnitts wird ein Erdwiderstand mobilisiert (Bild 10.51).

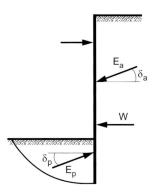

Bild 10.51
Funktion des Fußauflagers

Die Einbindetiefe der Wand muß so bestimmt werden, daß gegen den Erdwiderstand des Grenzzustands eine ausreichende Sicherheit η_p eingehalten wird. Die erforderlichen Sicherheiten können den Empfehlungen des Arbeitskreises „Baugruben" [10.11] entnommen werden. Wenn die Verformungen des Verbaus keine Rolle spielen, beträgt die Sicherheit bei Spund- und Ortbetonwänden $\eta_p = 1{,}5$ und bei Trägerbohlwänden $\eta_p = 2{,}0$.

Für die Größe des Grenzerdwiderstands sind eine Vielzahl von Rechenvorschlägen bekannt. Die Tabellenwerte, die auf der Annahme gekrümmter bzw. gebrochener Gleitflächen beruhen, sind den Werten für ebene Gleitflächen nach Coulomb vorzuziehen. Der Grund liegt darin, daß die Berechnung nach Coulomb je nach Wandreibungswinkel und Reibungswinkel weit auf der unsicheren Seite liegen kann. Bei einem Wandreibungswinkel $\delta = 0$ liefern alle Modelle jedoch denselben K_p-Wert. Zu nennen sind hier die Angaben von Caquot/Kèrisel, Streck/Weißenbach und Goldscheider/Gudehus. Entsprechende Tabellen für Erdwiderstandsbeiwerte K_{ph} sind in [10.14, 10.33] sowie in den üblichen Tabellenwerken abgedruckt.

Eingangsgrößen zur Ermittlung des Erdwiderstandsbeiwertes K_{ph} sind die Geländeneigung β, der Reibungswinkel φ und der Wandreibungswinkel δ_p.

Bei der Festlegung des Wandreibungswinkels δ_p sind insbesondere drei Aspekte zu berücksichtigen:

– die Oberflächenrauhigkeit der Wand
– das verwendete Rechenmodell
– das Gleichgewicht der Vertikalkräfte

Die beiden erstgenannten Punkte sind mit Hilfe der Tabelle 1 der DIN 4085 zu überprüfen. Größere Schwierigkeiten macht zumeist die Forderung nach dem Gleichgewicht der Vertikalkräfte. Grundsätzlich muß überprüft werden, ob der vor dem Wandfuß angesetzte Wandreibungswinkel δ_p und die zugehörige Vertikalkomponente des Erdwiderstandes E_{pv} durch die einwirkenden Vertikallasten überhaupt aktiviert werden können (s. Abschnitt 10.4.8). Eine Fehleinschätzung des Wandreibungswinkels beim Erdwiderstand kann zu unsicheren oder unwirtschaftlichen Ergebnissen führen.

Analog zu den Gleichungen für aktiven Erddruck kann die Erdwiderstandsresultierende mit Hilfe des Beiwerts K_{ph} folgendermaßen bestimmt werden.

$$E_{ph} = E_{pgh} + E_{pch} \qquad (10.41\,a)$$

$$E_{pgh} = \frac{1}{2} \cdot K_{ph} \cdot \gamma \cdot h^2 \qquad (10.41\,b)$$

$$E_{pch} \approx 2\,c\,\sqrt{K_{ph}} \cdot h \qquad (10.41\,c)$$

Bei geschichteten Böden können die Erdwiderstandsspannungen analog zum aktiven Fall mit

$$e_{ph}(z) = \Sigma\,(\gamma_i \cdot h_i) \cdot K_{ph} + e_{pch} \qquad (10.42\,a)$$

und

$$e_{pch} \approx 2\,c\,\sqrt{K_{ph}} \qquad (10.42\,b)$$

ermittelt werden. Der Gesamterdwiderstand ergibt sich aus der Summe der Erdwiderstandsspannungen bis zum Wandfuß.

Die Erdwiderstandsverteilung wird analog zum aktiven Fall angenommen.

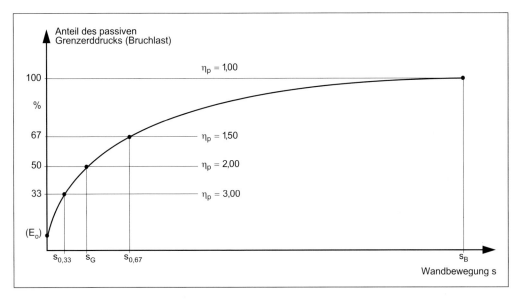

Bewegungsart	Zustand		Lagerungsart	
			dicht	locker
a) Fußpunktdrehung	Bruch	s_B	5 bis 10%	10 bis 30%
	Gebrauch	s_G	2,5%	4%
b) Parallelverschiebung	Bruch	s_B	3 bis 5%	7 bis 12%
	Gebrauch	s_G	0,5%	0,5%
c) Kopfpunktdrehung	Bruch	s_B	3 bis 5%	7 bis 15%
	Gebrauch	s_G	0,5%	1%

Bild 10.52
Wandbewegung „s" in Prozent der Wandhöhe nach DIN 4085, Beiblatt 1

Zur Bestimmung der für die Erdwiderstandsmobilisierung erforderlichen Verschiebungen des Wandfußes können die Angaben des Beiblattes zur DIN 4085 verwendet werden (Bild 10.52). Das Mobilisierungsverhalten des Erdwiderstands kann auch mit Hilfe nichtlinearer Bettungsansätze berücksichtigt werden [10.4].

Bei Trägerbohlwänden wird vor den einbindenden Bohlträgern ein räumlicher Erdwiderstand wirksam. Er ist abhängig von der Bohlträgerbreite, der Einbindetiefe und dem Bohlträgerabstand. Die Größe des räumlichen Erdwiderstands kann nach den Angaben der DIN 4085 oder den Vorschlägen von Weißenbach [10.33] bestimmt werden.

10.4.7 Statische Systeme

Baugrubenwände werden heute in der Regel als Durchlaufträger berechnet. Die Stützungen durch Anker oder Steifen werden dabei als unverschiebliche Auflager modelliert. Bei statisch bestimmten Systemen wie z. B. bei der nichtgestützten, im Boden eingespannten Wand oder der einmal gestützten, im Boden frei aufgelagerten Wand können Einbindetiefen und Auflagerkräfte mit Nomogrammverfahren bestimmt werden. Einzelheiten sind bei Weißenbach [10.35] zu finden. Dort wird auch das hier nicht behandelte Traglastverfahren ausführlich beschrieben.

Eine besondere Bedeutung kommt dem Wandfuß zu, der im folgenden näher behandelt wird.

Man unterscheidet üblicherweise folgende Lagerungsbedingungen des Wandfußes:

- die freie Auflagerung
- die bodenmechanische Einspannung
- die elastische Bettung des einbindenden Wandabschnitts

Die freie Auflagerung der Wand setzt eine Bewegung des einbindenden Wandabschnitts gegen den anstehenden Boden voraus. Die Verschiebung weckt einen Erdwiderstand im Boden.

Zur Bestimmung der Einbindetiefe und zumeist auch für die Bemessung wird eine dreieckförmige Verteilung der Erdwiderstandsspannungen angenommen. Es wird dabei unabhängig von Art und Größe der Wandbewegung rechnerisch der mit einer Sicherheit η_p abgeminderte Erdwiderstand als vorhandene Bodenreaktion angesetzt. Die erforderliche Einbindetiefe und die Bemessungsschnittgrößen werden nach Abzug des aktiven Erddrucks auf der Wandrückseite ermittelt. Oberhalb des Belastungsnullpunkts wird der einwirkende Erddruck bei gestützten Wänden in der Regel umgelagert (s. auch Abschnitt 10.4.3).

Bei einer einmal gestützten, im Boden frei aufgelagerten Wand handelt es sich um ein statisch bestimmtes System, bei dem die Einbindetiefe t_0 unabhängig von Biegesteifigkeiten berechnet werden kann. Mit den Gleichgewichtsbedingungen $\Sigma M = 0$ und $\Sigma H = 0$ gelangt man zu einer numerisch lösbaren kubischen Gleichung für die gesuchte Größe t_0. Dieses Vorgehen liegt auch dem Nomogrammverfahren von Blum zugrunde, welches bei Handrechnungen für die Bestimmung der Einbindetiefe und der Schnittgrößen üblicherweise verwendet wird [10.35].

Eine Formulierung der Randbedingungen für das Fußauflager ist bei dem Verfahren nach Blum nicht notwendig, weil die gesuchten Größen mit den Gleichgewichtsbedingungen ermittelbar sind. Bei Berechnungen nach dem Weggrößenverfahren ist zur Sicherstellung der statischen Bestimmtheit die Anordnung eines solchen Auflagers jedoch erforderlich. Hier gibt es grundsätzlich die zwei in Bild 10.53 dargestellten Möglichkeiten:

- Das Auflager wird zusätzlich zum anrechenbaren Erdwiderstand am Wandfuß angeordnet, womit sich bei der rechnerisch erforderlichen Einbindetiefe die Auflagerkraft zu $B_H = 0$ ergeben muß. Bei der ermittelten Biegelinie ergibt sich der Widerspruch, daß am unverschieblich gelagerten Wandfuß der maximale Erdwiderstand erzeugt werden soll.
- Das Auflager wird stellvertretend für den Gesamterdwiderstand in dessen Angriffspunkt angesetzt. Es ergibt sich damit jedoch eine Biegelinie mit einer Rückdrehung, die den Verschiebungen des Bodens bei der Mobilisierung des Erdwiderstands grundsätzlich widerspricht. Dieses weit verbreitete Vorgehen ist insofern kritisch zu sehen.

Die bodenmechanische Einspannung der Wand setzt die in Bild 10.54 dargestellte Drehung der Wand um einen tiefgelegenen Punkt oberhalb des Wandfußes voraus. Damit kann Erdwiderstand vor und hinter der Wand aktiviert werden. Die zu erwartende Verteilung des Erdwiderstands ist ebenfalls in Bild 10.54 dargestellt. Zur Vereinfachung der Rechnung wird der Erdwiderstand vor der Wand zu dem aus der Berechnung mit freier Auflagerung bekannten Dreieck ergänzt. Um das Gleichgewicht zu

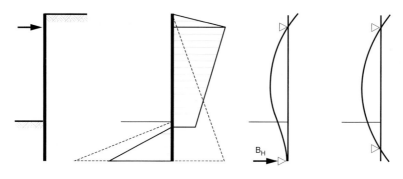

Bild 10.53
Freie Auflagerung im Boden

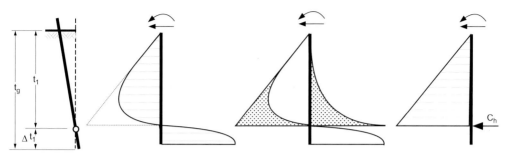

Bild 10.54
Zu erwartende Spannungsverteilung bei bodenmechanischer Einspannung (nach Blum [10.5])

wahren, muß die Ergänzung auf beiden Wandseiten erfolgen. Der Erdwiderstand hinter der Wand wird zusammen mit dem dort ergänzten Erdwiderstand zu einer Einzellast C_h in Höhe des Drehpunkts zusammengefaßt. Diese Darstellung der Einspannsituation wird als Einspannung nach Blum [10.5] bezeichnet.

Zur Bestimmung der erforderlichen Einbindetiefe und für die Bemessung wird analog zur Berechnung mit freier Auflagerung der Erdwiderstand des Grenzzustands mit einer Sicherheit η_p abgemindert. Der abgeminderte Erdwiderstand wird ebenfalls unabhängig von Art und Größe der Wandbewegung und unter Berücksichtigung des auf der Wandrückseite wirkenden aktiven oder erhöhten aktiven Erddrucks angesetzt. Da für die Berechnung der Einbindetiefe t_g zunächst nur die Tiefe t_1 des Drehpunkts ermittelt wird, muß eine Wandlänge Δt_1 zugeschlagen werden, welche berücksichtigt, daß sich der rückdrehende Anteil der Kraft C_h erst unterhalb des Drehpunkts bilden kann. Dieser Zuschlag wird in der Praxis im Regelfall ohne genaueren Nachweis mit $\Delta t_1 = 0{,}20 \cdot t_1$ angesetzt.

Bei einer nicht gestützten, im Boden eingespannten Wand lassen sich die Einbindetiefe und die Schnittgrößen wie bei einer einfach gestützten, im Boden frei aufgelagerten Wand analytisch bestimmen, weil es sich auch hier um ein statisch bestimmtes System handelt. In der Höhe des Wanddrehpunkts ist das Biegemoment $M = 0$. Somit läßt sich die Lage des Drehpunkts bei gegebener Belastung mit Hilfe des Momentengleichgewichts bestimmen. Auch hierfür, sowie für den Fall der einfach gestützten, im Boden eingespannten Wand hat

Blum unter der Annahme einer senkrechten Tangente der Wandbiegelinie am Fußpunkt ein Nomogrammverfahren entwickelt, mit dem die Berechnungen von Hand vorgenommen werden können [10.35]. Ansonsten lassen sich die Einbindetiefen und Zustandsgrößen statisch unbestimmter Wandsysteme mit einfachen Durchlaufträgerprogrammen oder professionellen Baugrubenprogrammen computergestützt ermitteln.

Aufgrund des verbreiteten Einsatzes der EDV werden in der Praxis Baugrubenwände im Einbindebereich häufig mit elastischer Bettung berechnet, um die Interaktion zwischen Wand und anstehendem Baugrund zu erfassen. Die hinter der Wand wirkenden Belastungen wie Wasserüberdruck oder aktiver bzw. erhöhter aktiver Erddruck werden bis zum Wandfuß angesetzt. Erddruckumlagerungen werden in der Praxis näherungsweise nur bis zur Baugrubensohle vorgenommen. Der Baugrund auf der Baugrubenseite wird durch linear elastische Federn idealisiert.

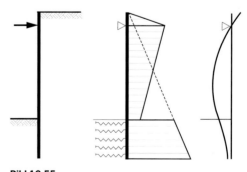

Bild 10.55
Rechenmodell elastische Bettung

Eine Schwierigkeit beim Bettungsmodulverfahren liegt im Ansatz von Größe und Verteilung des Bettungsmoduls. Häufig wird der Bettungsmodul als konstant oder mit der Tiefe geradlinig zunehmend angesetzt. Die Annahme eines von der Tiefe unabhängigen konstanten Bettungsmoduls ist nur bei stark bindigen Böden gerechtfertigt und wird daher in der Empfehlung EB 11 des Arbeitskreises Baugruben für andere Fälle nicht zugelassen. Ansonsten ist zumindest im oberen Bereich der Einbindung die Bettungsreaktion auf die Grenzerdwiderstandsspannungen e_{ph} zu begrenzen.

Von noch größerer Bedeutung als die Verteilung ist die richtige Wahl der Größe des Bettungsmoduls. Die zahlreichen Vorschläge für den Ansatz des mittleren Bettungsmoduls $k_{sh,m}$ unterscheiden sich teilweise deutlich. Nach Terzaghi [10.31] dürfen beispielsweise die Werte der Tabelle 10.5 gewählt werden. Die Größe des Bettungsmoduls nimmt nach Terzaghi mit der Tiefe linear zu. Die angegebenen Werte bezeichnen den Bettungsmodul am Wandfuß und beziehen sich auf nichtbindige Böden.

Tabelle 10.5 Bettungsmoduli $k_{sh,m}$ für ebene Wandsysteme (nach Terzaghi [10.31])

Einfluß des Grundwassers	Lagerungsdichte		
	locker	mitteldicht	dicht
über Wasser	2,5 MN/m³	8 MN/m³	20 MN/m³
unter Wasser	1,6 MN/m³	5 MN/m³	13 MN/m³

Verschiebungsabhängige Werte für den Bettungsmodul sind bei Besler [10.4] zusammengestellt.

10.4.8 Vertikalkräfte

Beim Spannungsnachweis der Verbaukonstruktion sind nicht nur Biegespannungen, sondern auch Normalspannungen aus vertikalen Kräften zu berücksichtigen. Vertikalkräfte müssen jedoch noch in Zusammenhang mit zwei weiteren Fragestellungen nachgewiesen werden [10.35]:

– Nachweis der Vertikalkomponente des Erdwiderstands
– Ableitung der vertikalen Einwirkungen in den Untergrund

Bei der Dimensionierung der Einbindetiefe und des Profils über die Biegemomente ist es in der Regel vorteilhaft, einen möglichst hohen horizontalen Fußwiderstand zu erzeugen, was einen entsprechenden Wandreibungswinkel und damit eine nach oben gerichtete Vertikalkomponente mit sich bringt. Um den Wandreibungswinkel ansetzen zu können, müssen entsprechende Gegenkräfte aus dem aktiven Erddruck oder der Verankerung vorhanden sein. Ungünstig sind in dieser Hinsicht horizontale oder gar zum Verbau schräg nach oben laufende Steifen. Bild 10.56 zeigt die Kräfte bei einer einmal gestützten, im Boden frei aufgelagerten Spundwand. Günstig sind die schräg nach unten gebohrten Anker. Nach [10.11] muß die Sicherheit

$$\eta_v = \frac{E_{av} + G + A_v}{E'_{pv}} \qquad (10.43)$$

mindestens 1,5 betragen. Dabei bezeichnen E_{av} die Vertikalkomponente des aktiven Erddrucks, G das Eigengewicht der Wand, A_v die Vertikalkomponente der Ankerkraft und E'_{pv} die Verti-

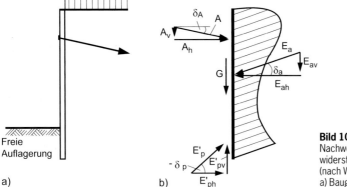

Bild 10.56
Nachweis der Vertikalkomponente des Erdwiderstands bei freiem Bodenauflager (nach Weißenbach [10.34])
a) Baugrubenquerschnitt, b) Kräftespiel

kalkomponente des mit der notwendigen Sicherheit η reduzierten Erdwiderstands (s. Abschnitt 10.4.6).

Bei einer Bodeneinspannung ist zusätzlich noch die Vertikalkomponente C_v der Gegenkraft C zu berücksichtigen, die nach unten wirkend angenommen wird (Bild 10.57).

Es ergibt sich:

$$\eta_v = \frac{E_{av} + G + A_v + C_v}{E'_{pv}} \quad (10.44)$$

Dabei soll die Neigung der Gegenkraft auf $1/3\,\varphi'$ begrenzt werden [10.11]. Wird die Bodeneinspannung nach Blum berechnet, sind in der Regel der Erdwiderstand E'_p und die Ersatzkraft C zu groß im Vergleich zu den tatsächlichen Verhältnissen. Dadurch ergeben sich in Gleichung 10.44 Sicherheitsreserven, und es

genügt deshalb der Nachweis, daß $\eta_v \geq 1$ ist [10.11]. Bei dem genaueren Nachweis nach [10.11] wird die Ersatzkraft nur zur Hälfte angesetzt und der Fußwiderstand auf der Baugrubenseite um die halbe Ersatzkraft reduziert. In diesem Fall erhält man

$$\eta_v = \frac{E_{av} + G + A_v + \frac{1}{2}C_v}{\left(E'_{ph} - \frac{1}{2}C_h\right) \cdot \tan \delta_p} \quad (10.45)$$

mit $\eta_v \geq 1{,}5$ wegen der jetzt fehlenden Sicherheitsreserven. Einzelheiten zum Nachweis finden sich in [10.11, 10.35].

Die Ableitung der Vertikalkräfte aus Erddruck E_{av}, Verankerung A_v, Eigengewicht G und zusätzlichen Auflasten P_N wird über die Bedingung

$$\eta_v = \frac{Q_g}{E_{av} + G + P_N + A_v} \quad (10.46)$$

nachgewiesen (vgl. Bild 10.58). Dabei bezeichnet Q_g die Tragfähigkeit der Baugrubenwände oder der Bohlträger. Die Grenztragfähigkeit wird bei gerammten Bohlträgern und Spundwänden in Anlehnung an DIN 4026 und bei Bohrpfählen, bei in Bohrlöchern gesetzten, im Fußbereich einbetonierten Bohlträgern sowie bei Ortbetonwänden in Anlehnung an DIN 4014 bestimmt (Einzelheiten s. [10.11, 10.35]).

Die erforderliche Sicherheit η_v in Gleichung 10.46 beträgt nach [10.11]:

- $\eta_v \geq 1{,}3$ wenn nur Eigengewicht und Erddruck zu berücksichtigen sind
- $\eta_v \geq 1{,}5$ wenn noch äußere Kräfte hinzukommen
- $\eta_v \geq 2{,}0$ wenn die Vertikalverformungen der Wand begrenzt werden sollen

10.4.9 Nachweis des Erddrucks unterhalb der Baugrubensohle bei Trägerbohlwänden

Bei Trägerbohlwänden wird in der Regel der aktive Erddruck auf die Bohlträger unterhalb der Baugrubensohle vernachlässigt. Somit ist das Gleichgewicht der Horizontalkräfte in der Schnittkraftermittlung nicht enthalten. Zum Nachweis der Horizontalkräfte stellt man sich eine durchgehende Wand unterhalb der Bau-

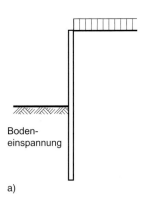
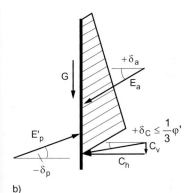

Bild 10.57
Nachweis der Vertikalkomponente des Erdwiderstandes bei Bodeneinspannung (nach Weißenbach [10.34])
a) Baugrubenquerschnitt, b) Kräftespiel

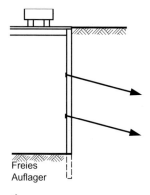

a)

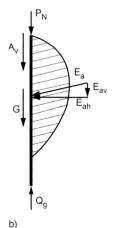

b)

Bild 10.58
Abtragen der Vertikalkräfte in den Untergrund am Beispiel einer im Boden frei aufgelagerten Trägerbohlwand (nach Weißenbach [10.34])
a) Schnitt durch die Baugrube, b) Kräftespiel

grubensohle vor. Auf der Bodenseite hinter der Wand wirkt der aktive Erddruck

$$\Delta E_{ah} = \left(e_{auh} + \frac{1}{2}\gamma \cdot K_{ah} \cdot t\right) \cdot t \qquad (10.47)$$

(Bild 10.59). Dabei entspricht die Tiefe t bei freier Auflagerung der Einbindetiefe der Wand. Bei einer Bodeneinspannung reicht t bis zum theoretischen Auflagerpunkt, wo die Kraft C angreift. Deren Einfluß wird im Nachweis vernachlässigt. Die Wirkung der Belastung oberhalb der Baugrubensohle ist in der Auflagerkraft U_h enthalten. Auf der Baugrubenseite wirkt der Erdwiderstand E_p, der mit einem

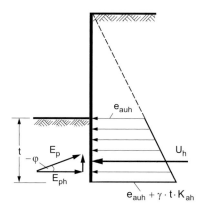

Bild 10.59
Gleichgewicht der Horizontalkräfte unterhalb der Baugrubensohle bei Trägerbohlwänden

Wandreibungswinkel $\delta_p = -\varphi$ angesetzt werden darf [10.11], wenn gekrümmte Gleitflächen der Berechnung von E_p zugrunde gelegt werden.

Nach [10.11] muß die Sicherheit

$$\eta_p = \frac{E_{ph}}{\Delta E_{ah} + U_h} \qquad (10.48)$$

mindestens $\eta_p = 1{,}5$ betragen. Der Nachweis kann in einer Reihe von Sonderfällen entfallen (Einzelheiten s. [10.11]).

Falls eine ausreichende Sicherheit nicht nachgewiesen werden kann, stehen eine Reihe von Möglichkeiten zur Veränderung der Verbaukonstruktionen zur Verfügung [10.11].

10.4.10 Standsicherheit des Gesamtsystems

Die bisherigen Nachweise beschränken sich auf die Verbaukonstruktion. Zusätzlich ist die Standsicherheit des Gesamtsystems bestehend aus

– Verbau
– Steifen oder Ankern
– angrenzendem Bodenkörper
– eventuell angrenzender Bebauung

zu betrachten.

Zum Beispiel muß bei ausgesteiften Baugruben die Geländebruchsicherheit nach DIN 4084 nachgewiesen werden, wenn sich eine schwere Gründung in unmittelbarer Nachbarschaft befindet oder eine steile Böschung sich direkt anschließt (Bild 10.60).

10.4 Berechnung von Baugrubenwänden

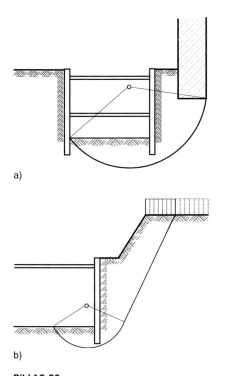

a)

b)

Bild 10.60
Geländebruchuntersuchungen bei ausgesteiften Baugruben [10.11]
a) sehr schwere Gründung, b) sehr steile Böschung

Bei verankerten Wänden unterscheidet man die folgenden Versagensmechanismen:

- Geländebruch mit einem Ausweichen des Wandfußes (Bild 10.61 a)
- ein Kippen der Wand mit einem tiefliegenden Drehpunkt (Bild 10.61 b) infolge ungenügender Ankerlänge

Grundsätzlich sind je nach Randbedingungen beliebige Mechanismen möglich. In der Praxis beschränkt man sich jedoch in der Regel auf die beiden dargestellten Formen.

Der Geländebruchnachweis wird nach DIN 4084 geführt. Die Ankerlänge wird mit dem Standsicherheitsnachweis in der „tiefen" Gleitfuge nach Kranz bemessen. Der ursprüngliche Vorschlag von Kranz bezieht sich auf im Boden frei aufgelagerte Spundwände mit einer Verankerung aus Ankerwänden (Bild 10.62). Kranz führt einen Schnitt hinter der Wand und legt damit den aktiven Erddruck und die Ankerkraft

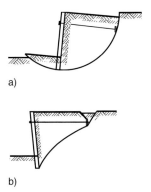

a)

b)

Bild 10.61
Mögliche Bruchzustände bei einmal verankerten Baugrubenwänden (nach Weißenbach [10.35])
a) Gleitflächenausbildung beim Geländebruch
b) Gleitflächenausbildung beim Nachgeben der Verankerung

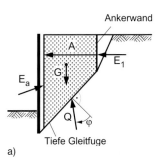

a)

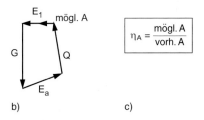

b)   c)

Bild 10.62
Standsicherheit in der tiefen Gleitfuge bei einer einfach verankerten im Boden frei aufgelagerten Wand (nach Ostermayer [10.22])
a) Gleitkörpergeometrie, b) Krafteck, c) Sicherheitsdefinition

frei. Als Widerlager dient der Gleitkörper, der nach unten durch die tiefe Gleitfuge und nach hinten durch die Ankerwand begrenzt ist. Je länger der Anker ist, um so größer ist das Widerlager und damit die mögliche Ankerkraft mögl. A.

Die mögliche Ankerkraft wird verglichen mit der vorhandenen Ankerkraft vorh. A aus der Baugrubenstatik. Die Sicherheit wird definiert zu

$$\eta_A = \frac{\text{mögl.A}}{\text{vorh.A}} \qquad (10.49)$$

und muß nach [10.11] mindestens $\eta_A = 1{,}5$ betragen. Alternativ darf die Sicherheit auch auf die Scherbeiwerte bezogen werden mit

$$\eta_\varphi = \frac{\text{vorh.}\tan\varphi'}{\text{erforderlich}\tan\varphi'} \geq 1{,}2 \qquad (10.50\,\text{a})$$

und

$$\eta_C = \frac{\text{vorh.c}'}{\text{erforderlich c}'} \geq 1{,}6 \qquad (10.50\,\text{b})$$

Trotz der berechtigten Kritik an Schnittführung und Sicherheitsdefinition hat sich der Vorschlag von Kranz in Vergleichsberechnungen bewährt [10.22] und ist nach wie vor Bestandteil der EAB und EAU.

Das Verfahren von Kranz wurde erweitert. Bei Verpreßankern führt die tiefe Gleitfuge durch die Mitte der Verankerungslänge und bei Bodeneinspannung durch den Querkraftnullpunkt (Bild 10.63).

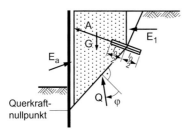

Bild 10.63
Lage der tiefen Gleitfuge bei Wänden mit Verpreßankern und bei Bodeneinspannung (nach Ostermayer [10.22])

Bei mehrfacher Verankerung wird der Nachweis für jede Ankerlage geführt [10.24], wobei die Vorgehensweise beispielhaft für eine zweifach verankerte Wand in Bild 10.64 dargestellt ist.

10.4.11 Sicherheit gegen Aufbruch der Baugrubensohle

Vor allem bei weichen bindigen Böden und tiefen Baugruben besteht die Gefahr, daß die

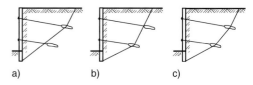

Bild 10.64
Untersuchung verschiedener tiefer Gleitfugen bei einer zweimal verankerten Baugrundwand (nach Weißenbach [10.35])
a) Angenommene Gleitfläche durch den oberen Anker
b) Angenommene Gleitfläche durch den unteren Anker
c) Angenommene Gleitflächen durch beide Anker

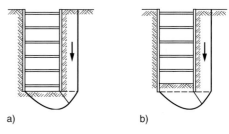

Bild 10.65
Aufbruch der Baugrubensohle (nach Weißenbach [10.35])
a) Verkleidung endet in Höhe der Baugrubensohle
b) Verkleidung bindet unterhalb der Baugrubensohle ein

Sohle nach oben gedrückt wird (Bild 10.65). Versagen tritt nach Weißenbach [10.34] bei der Grenztiefe H_{gr} ein mit

$$H_{gr} = f_H \cdot \frac{c}{\gamma} \qquad (10.51)$$

Dabei bezeichnet f_H einen Faktor, der vom Reibungswinkel φ, der Baugrubenbreite B, der Tiefe H, aber nicht von der Kohäsion c und der Wichte γ abhängt (Tabelle 10.6). Steht unterhalb der Baugrubensohle Grundwasser an, gilt näherungsweise [10.35]

$$H_{gr} = f_H \cdot \frac{c}{\gamma} \cdot \frac{\gamma'}{\gamma} \qquad (10.52)$$

Das Verfahren läßt sich erweitern, wenn der Verbau unterhalb der Baugrubensohle einbindet [10.34], was sich günstig auswirkt.

Die Sicherheit

$$\eta_H = \frac{H_{gr}}{H} \qquad (10.53)$$

Tabelle 10.6 Beiwert f_H zur Ermittlung der zulässigen Baugrubentiefe (nach Weißenbach [10.34])

φ	B ≤ 0,30 · H	B > 0,30 · H
0°	8,3	5,0
2,5°	10,1	5,7
5°	12,4	6,5
7,5°	17,3	11,2
10°	26,2	17,3
12,5°	41,0	23,8
15°	79,8	36,4
17,5°	900	68,6
20°		339

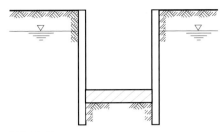

Bild 10.67
Ruhendes Grundwasser bei Trogbauweise

sollte nach Weißenbach [10.35] mindestens 1,5 betragen.

Wie aus Tabelle 10.6 hervorgeht, wächst der Faktor f_H überproportional mit dem Reibungswinkel an, so daß ein Aufbruch der Sohle in der Regel bei nichtbindigen Böden kaum eine Rolle spielt. Allerdings können in diesen Fällen trotzdem Hebungen durch die Entlastung beim Aushub auftreten. Bei Baugrubentiefen von 10 bis 20 m und guten Bodenverhältnissen können die Verformungen in Baugrubenmitte mehrere Zentimeter betragen [10.35].

10.4.12 Baugruben im Wasser

Bei Grundwasserabsenkungen mit Brunnen wird in der Regel der Wasserspiegel soweit abgesenkt, daß Erddruck und Erdwiderstand praktisch nicht durch das Wasser beeinflußt sind (Bild 10.66). In diesen Fällen wird die Berechnung wie bei Baugruben im Trockenen durchgeführt [10.35].

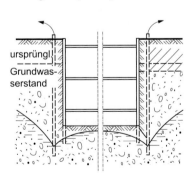

Bild 10.66
Baugrube mit Grundwasserabsenkung durch Brunnen (nach Weißenbach [10.35])

Bei ruhendem Grundwasser wie z. B. bei der Trogbauweise mit Unterwasserbetonsohle (Bild 10.67) wird der aktive Erddruck aus der effektiven Vertikalspannung σ'_z mit

$$\sigma'_z = \sigma_z - u \qquad (10.54)$$

berechnet. Dabei bezeichnet σ_z die totale Spannung und u den Wasserdruck. Steht der Wasserspiegel an der Geländeoberkante, ergibt sich

$$\sigma'_z = \gamma_r \cdot z_1 - \gamma_w \cdot z_1 = \gamma' \cdot z_1 \qquad (10.55)$$

Dabei bezeichnet γ_r die Wichte des Bodens bei Wassersättigung, γ_w die Wichte des Wassers, γ' die Wichte des Bodens unter Auftrieb und z_1 die Tiefe unter Geländeoberkante.

Der horizontale Druck auf die Wand setzt sich aus dem aktiven Erddruck

$$\sigma'_a = \sigma'_z \cdot K_{ah} \qquad (10.56)$$

und dem Wasserdruck

$$\sigma_w = \gamma_w \cdot z_1 \qquad (10.57)$$

zusammen. Im Vergleich zu einem Verbau im Trockenen ist der Horizontaldruck auf der Erdseite insgesamt größer und ungünstiger, weil der aktive Seitendruckbeiwert des Bodens in der Regel etwa bei 0,3 und nicht bei 1 wie bei Wasser liegt und der Wasserdruck voll ohne Umlagerungen ansteht. Deshalb erfordern Baugruben im Grundwasser unter anderem eine besonders sorgfältige Qualitätskontrolle von Ankern und Steifen.

Wird der Wasserspiegel wie in Bild 10.68 z. B. durch eine offene Wasserhaltung im Innern der Baugrube abgesenkt, entsteht eine Grundwas-

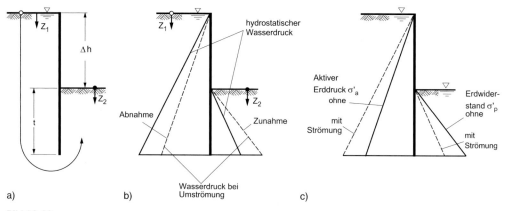

Bild 10.68
Beispiel für umströmte Baugrubenwand
a) Situation, b) Wasserdruckverteilung, c) Erddruckverteilung

serströmung, die einen Strömungsdruck auf das Korngerüst ausübt. Bei Strömung nach unten mit konstantem Gefälle erhöht sich die Wichte unter Auftrieb um das Maß

$$\Delta\gamma = i \cdot \gamma_w \qquad (10.58)$$

wobei i den hydraulischen Gradienten bezeichnet.

Bei einer Strömung nach oben wie auf der Innenseite der Wand verringert sich die Wichte um $\Delta\gamma$ nach Gleichung 10.58. Geht man in einer ersten groben Näherung von einem Mittelwert i_M aus, ergibt sich aus der Wasserspiegeldifferenz Δh und der durchströmten Länge $\Delta h + 2 t$

$$i_M = \frac{\Delta h}{\Delta h + 2 t} \qquad (10.59)$$

Die Auswirkungen der Strömung sind unterschiedlich. Auf der Baugrubenaußenseite erhöht sich der aktive Erddruck σ'_a und der Wasserdruck verringert sich. Es ergibt sich (Bild 10.68)

$$\sigma'_a = (\gamma' + \Delta\gamma) \cdot z_1 \cdot K_{ah} \qquad (10.60\,a)$$

und

$$u = (\gamma_w - \Delta\gamma) \cdot z_1 \qquad (10.60\,b)$$

Auf der Baugrubeninnenseite verringert sich der Erdwiderstand σ'_p und der Wasserdruck erhöht sich im Vergleich zum Fall ohne Strömung.

Man erhält (Bild 10.68)

$$\sigma'_p = (\gamma' - \Delta\gamma) \cdot z_2 \cdot K_{ph} \qquad (10.61\,a)$$

und

$$u = (\gamma_w + \Delta\gamma) \cdot z_2 \qquad (10.61\,b)$$

Kritisch ist der Fall, wenn der Strömungsdruck soweit ansteigt, daß die Wichteänderung $\Delta\gamma$ gerade γ' in Gleichung 10.61 a erreicht. In diesem Grenzfall wird der Boden gewichtslos und verliert seine Festigkeit. Man spricht von hydraulischem Grundbruch. Besonders gefährdet durch hydraulischen Grundbruch sind Feinsand- und Grobschluffböden. Die Sicherheit η_i gegen hydraulischen Grundbruch ist definiert durch

$$\eta_i = \frac{\gamma'}{\Delta\gamma} = \frac{\gamma'}{i \cdot \gamma_w} \qquad (10.62)$$

Sie muß bei Feinsand und Grobschluff $\eta_i \geq 2{,}0$, bei dicht gelagertem Sand und Kies $\eta_i \geq 1{,}5$ betragen.

Die Sicherheit erhöht sich bei bindigen Böden mit Kohäsion, was durch Ansetzen einer Zugfestigkeit berücksichtigt werden kann [10.35].

Bei den bisherigen Betrachtungen zur Wasserdruckverteilung und zum hydraulischen Grundbruch wurde von einem konstanten Gradienten ausgegangen. In Wirklichkeit ist der Gradient eine ortsvariable Größe. Als Folge sind die Wasserdruckverteilungen nicht mehr linear von der Tiefe abhängig, und Gleichung 10.62 ist nicht mehr gültig. Mathematisch korrekte Lösungen ergeben sich durch Berechnung des Strömungsfelds. Grundlage ist das Gesetz von Darcy (s. Kapitel 2) und die Theorie der Potentialstömungen. Die Lösung kann über graphische oder heute besser über numerische Methoden erfolgen [10.13, 10.17, 10.25]. Verbesserte Näherungsformeln zur Berechnung der Wasserdruckverteilung sind von Weißenbach [10.35] zusammengestellt worden.

Für nichtkonstante hydraulische Gradienten kann die Sicherheit gegen hydraulischen Grundbruch nach dem Ansatz von Terzaghi und Peck mit

$$\eta_i = \frac{G'}{S} \qquad (10.63)$$

abgeschätzt werden [10.11]. Gemäß diesem Vorschlag wird über ein Bodenkörpervolumen mit der Höhe t und der Breite t/2 gemittelt.

G' bezeichnet das Gewicht unter Auftrieb und S die resultierende Strömungskraft an der Unterkante des betrachteten Körpers (Bild 10.69).

Dabei ergibt sich S aus dem Strömungsfeld und der dazugehörigen Wasserdruckverteilung.

Falls der Nachweis gegen hydraulischen Grundbruch nicht gelingt, stehen eine Reihe von Gegenmaßnahmen zur Verfügung (Bild 10.70):

– das Aufbringen eines Belastungsfilters, auch als Sofortmaßnahme auf Baustellen gut geeignet
– eine Verlängerung der Wand
– Überlaufbrunnen oder Pumpbrunnen
– tiefliegende Injektionssohle
– Wand-Sohle-Bauweise mit Unterwasserbetonsohle

Die Injektionssohle in Bild 10.70d muß so tief liegen, daß die Auftriebssicherheit gegeben ist. Die Unterwasserbetonsohle in Bild 10.70e muß ebenfalls auftriebssicher sein. Falls das Eigengewicht nicht ausreicht, kann die Sohle rückverankert werden (vgl. Abschnitt 10.1.8). Die Anker müssen so tief gebaut werden, daß das Gesamtsystem aus Sohlplatte und mobilisiertem Bodenkörper auftriebssicher ist (Bild 10.71). Die Öffnungswinkel β in Bild 10.71 sind dabei als grobe Näherung für die untere Begrenzung des Bodenkörpers zu sehen [10.22].

Geht man wie in Bild 10.68 vereinfachend von einem mittleren Gradienten aus, läßt sich die in die Baugrube zufließende Wassermenge Q mit der Gleichung

$$Q = k \cdot \frac{\Delta h}{\Delta h + 2t} \cdot A \qquad (10.64)$$

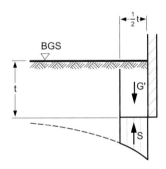

Bild 10.69
Nachweis der Sicherheit gegen hydraulischen Grundbruch (nach Terzaghi und Peck [10.11])

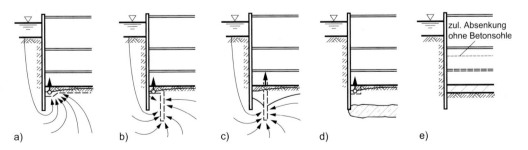

Bild 10.70
Maßnahmen gegen hydraulischen Grundbuch (nach Weißenbach [10.35])
a) Auflastfilter, b) Überlaufbrunnen, c) Pumpbrunnen, d) Undurchlässige Schicht, e) Unterwasserbetonsohle

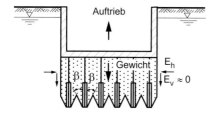

$\eta_a = \dfrac{\text{Gewicht v. Boden + Beton}}{\text{Auftriebskraft}}$	
steifer bindiger Boden	$\beta \approx 20°$
halbfest – fester bindiger Boden und nichtbindiger Boden	$\beta \approx 30°$
Fels	$\beta \approx 45$

Bild 10.71
Ermittlung der Standsicherheit des Gesamtsystems bei Sohlverankerung zur Auftriebssicherung (nach Ostermayer [10.22])

abschätzen, wobei A die Grundfläche der Baugrube bezeichnet. Genauer ergibt sich die Wassermenge durch die Berechnung des Strömungsfelds.

Bei allen bisherigen Betrachtungen der Strömungsfelder wurde von homogenen Verhältnissen bezüglich der Durchlässigkeit ausgegangen. Zum Teil ergeben sich völlig andere Schlußfolgerungen und Maßnahmen bei geschichtetem Boden mit unterschiedlicher Durchlässigkeit oder gar bei gespanntem Grundwasser. Die von Weißenbach [10.35] diskutierten Fälle zeigen auf, wie wichtig eine sorgfältige Baugrunderkundung ist, um ein Scheitern auf der Baustelle mit teuren Folgekosten zu verhindern.

10.4.13 Sondernachweise bei Schlitzwänden

Die Berechnung der Schlitzwände in ausgehärtetem Zustand wurde in den vorherigen Abschnitten behandelt. Zusätzlich ist jedoch die Standsicherheit des suspensionsgestützten Schlitzes während der Aushubphase nachzuweisen. Die Berechnung ist in DIN 4126 geregelt. Das neue Sicherheitskonzept ist in der europäischen Vornorm EN 1538 und der deutschen Vornorm DIN V 4126-100 berücksichtigt.

Folgende Nachweise sind für den Bauzustand zu erbringen:

– Sicherheit gegen Zutritt von Grundwasser in den Schlitz
– Sicherheit gegen Unterschreiten der statisch erforderlichen Spiegelhöhe der Stützflüssigkeit
– Sicherheit gegen Abgleiten von Einzelkörnern oder Korngruppen, auch als innere Standsicherheit bezeichnet
– Sicherheit gegen die Ausbildung von den Schlitz gefährdenden Gleitflächen im Boden, auch als äußere Standsicherheit bezeichnet.

Die Sicherheit gegen den Zutritt von Grundwasser ist in der Regel leicht nachzuweisen. Der Suspensionsdruck gemäß DIN 4126 muß an jeder Stelle des Schlitzes das 1,5 fache des Wasserdrucks betragen. Bei einer Suspensionswichte von 10,3 kN/m³ und mehr stellt dies kein Problem dar, solange der Grundwasserspiegel nicht direkt an der Geländeoberkante oder gespanntes Grundwasser ansteht. In kritischen Fällen können als Gegenmaßnahme die Leitwände erhöht werden.

Die Sicherheit gegen Unterschreiten der statisch erforderlichen Spiegelhöhe der Stützflüssigkeit – z. B. bei Verlust von Suspension, wenn Hohlräume angeschnitten werden – wird durch baubetriebliche Maßnahmen wie eine entsprechende Vorratshaltung gewährleistet.

Die innere Standsicherheit ist über die Gleichung

$$\tau_F \geq \frac{d_{10} \cdot \gamma''}{\tan \operatorname{cal} \varphi} \qquad (10.65)$$

nachzuweisen. Dabei bezeichnet

– d_{10} die Korngröße der untersuchten Bodenschicht bei 10 % Siebdurchgang
– γ'' die Wichte des Bodens unter Auftrieb durch Stützflüssigkeit, wobei γ'' näherungsweise mit γ' unter Auftrieb durch Wasser gesetzt werden darf
– $\operatorname{cal} \varphi$ den Rechenwert des Bodenreibungswinkels
– τ_F die Fließgrenze der Suspension

Die Suspension ist so dick einzustellen, daß Gleichung 10.65 eingehalten ist. Maßgebend ist die grobkörnigste Schicht mit einer Mäch-

10.4 Berechnung von Baugrubenwänden

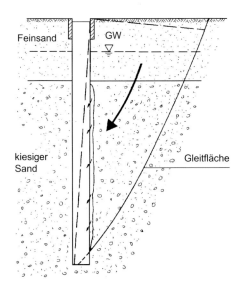

Bild 10.72
Bruchkörpermodell bei Nachweis der „äußeren" Standsicherheit (nach Stocker und Walz [10.30])

tigkeit von mehr als 0,5 m. Der Nachweis nach Gleichung 10.65 kann in bestimmten Fällen entfallen. Einzelheiten s. DIN 4126. Die Herleitung von Gleichung 10.65 wird ausführlich von Stocker und Walz [10.30] beschrieben, ebenso die Berücksichtigung des neuen Sicherheitskonzepts.

Beim Nachweis der äußeren Standsicherheit geht man von einem monolithischen Bruchkörper aus (Bild 10.72). Als Stützkraft wirkt der Suspensionsdruck S abzüglich des Wasserdrucks W. Dabei darf der Suspensionsdruck nur voll angesetzt werden, solange die in den Bodenkörper eindringende Suspensionsmasse sich innerhalb des Bruchkörpers befindet. Andernfalls ist die Stützwirkung – dies gilt vor allem bei grobkörnigen Böden – abzumindern. Einzelheiten s. DIN 4126 sowie [10.3, 10.30]. Auf der einwirkenden Seite ist der Erddruck E anzusetzen, der in der Regel wegen der begrenzten Schlitzbreite als räumliches Problem betrachtet wird. Dadurch wird der Erddruck im Vergleich zum ebenen Fall günstiger. Hierzu liegen zahlreiche Vorschläge vor, die bei Stocker und Walz [10.30] zusammengestellt sind.

Die Sicherheit kann nach DIN 4126 entweder auf die Kräfte oder die Scherparameter bezogen werden. Es gilt

$$\eta_K = \frac{S - W}{E} \quad (10.66)$$

bzw.

$$\eta_\varphi = \frac{\tan \operatorname{cal} \varphi}{\tan \operatorname{erf.} \varphi} \quad (10.67)$$

wobei in beiden Fällen die Bodenkohäsion nur als reduzierte Größe in die Berechnung eingeführt werden darf (Einzelheiten s. DIN 4126). Abgesehen von einfachen Sonderfällen empfiehlt es sich, den Nachweis über EDV-Programme zu führen [10.3, 10.30]. In einer Reihe von Fällen darf der Nachweis der äußeren Standsicherheit entfallen (Einzelheiten s. DIN 4126).

11 Unterfangungen

11.1 Übersicht

Unterfangungen sind mit vielfältigen Ausführungsrisiken verbunden und erfordern daher eine sorgfältige Planung, Ausführung und Überwachung. Insbesondere ist eine enge Zusammenarbeit zwischen Tragwerksplanern und Baugrundgutachtern erforderlich. Wegen der notwendigen Eingriffe in die angrenzenden Grundstücke sind die Maßnahmen mit den Nachbarn abzustimmen. Häufig können die hohen Kosten durch Räumung oder Nutzung der benachbarten Kellerräume erheblich reduziert werden. Je nach Größe der Maßnahme kann unter Umständen ein Abriß oder Teilabriß der Nachbarbebauung mit anschließendem Neubau wirtschaftlich günstiger sein. Durch die großen Unterschiede in den Randbedingungen sind Standardrezepte für die Vorgehensweise kaum möglich, sondern es sind Einzelfalllösungen auszuarbeiten.

Eine Unterfangung ist dadurch definiert, daß Fundamentlasten auf ein tieferes Niveau umgesetzt werden [11.9], wozu eine neue Gründung hergestellt werden muß. Technisch stehen eine Reihe von Möglichkeiten zur Verfügung:

– Klassische Unterfangungen bis 5 m Tiefe

und Vollunterfangungen durch:

– Injektionen mit Zement, Feinstzement und chemischen Stoffen
– Hochdruckdüsenstrahlverfahren, auch Düsenstrahlverfahren, Jet Grouting, HDI (Hochdruckinjektion) und Soilcrete-Verfahren genannt
– Pfähle mit kleinem Durchmesser
– Bodenvernagelung, in der Regel nur in Verbindung mit Zusatzelementen wie vorgespannten Ankern und Pfählen

Vereisungen kommen relativ selten vor und werden nicht näher behandelt (Einzelheiten dazu s. [11.1, 11.6, 11.7]).

Bei Einzelfundamenten sind in der Regel Sonderlösungen notwendig. Dazu gehören auch Schlitzwände und Bohrpfahlwände, die direkt unter die Fundamente gesetzt werden und wegen der erforderlichen Arbeitsraumhöhe einen Teilabriß notwendig machen.

Bei Unterfangungen müssen in Verbindung mit untertägigen Baumaßnahmen die Fundamentlasten eines Bauwerks ganz oder teilweise umgesetzt werden. Solche Maßnahmen gehören eher zum Bereich Tunnelbau und werden daher nicht näher behandelt (Einzelheiten s. [11.7, 11.9]).

11.2 Planung und Vorabsicherungsmaßnahmen

Bei Unterfangungsmaßnahmen sind eine Reihe von Sonderpunkten bei der Planung zu beachten [11.2, 11.9].

Vor Beginn der Unterfangung ist unbedingt der bauliche Zustand der Nachbargebäude zu erfassen. Zweckmäßigerweise sollte dazu ein unabhängiger Sachverständiger eingeschaltet werden. Bereits vorhandene Schadstellen, vor allem Risse, müssen sorgfältig dokumentiert werden. Gegebenenfalls sind Gipsmarken zu setzen.

Der statische Zustand und die Art der Gründung sind festzuhalten. Bei neueren Bauten sind in der Regel Planunterlagen in ausreichendem Umfang bei den Bauämtern vorhanden. Bei älteren Bauwerken fehlen häufig Pläne, was eine komplette Erfassung des Bauwerks mit statischer Nachrechnung nach sich ziehen kann. Unbedingt anzuraten ist ein Vergleich der Pläne mit dem Ist-Zustand, weil durch Umbauten und zum Teil auch Abweichungen von den genehmigten Plänen die Tragkonstruktion völlig verändert sein kann. Zur Überprüfung des statischen Zustands gehört auch eine Überprüfung der Baustoffe. Heutige Baustoffnormen sind häufig zur Beurteilung von älteren und historischen Bauwerken ungeeignet. Unter Umständen müssen Baustoffprüfungen zur Bestimmung der Festigkeit durchgeführt werden.

Die Fundamente älterer Bauwerke – auch aus den 50er Jahren – sind häufig in schlechtem Zustand, weil sie zum Teil aus losen Steinen, schlechtem Mörtel oder Beton bestehen. Durch Schürfe und Freilegen des Bauwerks kann die Beschaffenheit der Fundamente geprüft werden.

Bei historischen Bauwerken sind die Belange des Denkmalschutzes zu klären. Häufig spricht nichts dagegen, eine moderne Grundbaukonstruktion zu wählen.

Die Baugrunduntersuchungen müssen sorgfältig durchgeführt werden. Ist eine klassische Unterfangung vorgesehen, ist insbesondere der Grundwasserstand von großer Bedeutung. Schichtwasser in Verbindung mit Feinsanden oder schluffigen Sanden (Fließsande) kann eine klassische Unterfangung zum Scheitern bringen. Das Baugrundgutachten muß die Frage klären, inwiefern die vorübergehende Standsicherheit beim Abgraben gegeben ist. Häufig bleibt der Boden nur durch die Kapillarkohäsion oder durch versteckte Sicherheiten in der Kohäsion stehen. Bei klassischen Unterfangungen ist zu überprüfen, ob nicht lose Auffüllungen beim Abgraben nachrutschen und zu Schäden führen können. Bei Injektionen muß die Korngrößenverteilung sorgfältig überprüft werden. Sind die Böden zu feinkörnig, scheidet unter Umständen eine Injektion aus.

Je nach baulichem Zustand muß das zu unterfangende Gebäude gesichert werden. Dazu stehen eine Reihe von Maßnahmen zur Verfügung. Über Spannglieder kann der Gewölbeschub aufgenommen werden (Bild 11.1).

Wände können durch Schrägabstützungen oder Spannanker gesichert werden (Bilder 11.2 und 11.3).

Fundamente aus losem Mauerwerk können durch Vorabinjektionen ertüchtigt werden (Bild 11.4).

11.3 Klassische Unterfangung

Bei der klassischen Unterfangung werden im Grundriß abschnittsweise die Fundamente mit maximaler Breite von 1,25 m, ausgehend

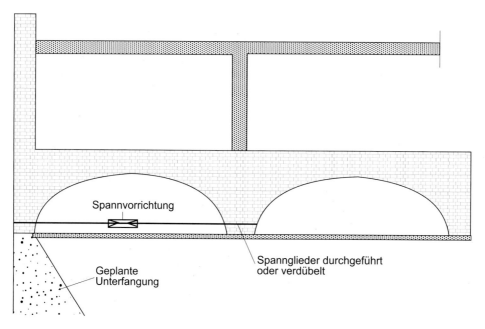

Bild 11.1
Aufnahme des Gewölbeschubes über Zugbänder (nach Hock-Berghaus [11.5])

11.3 Klassische Unterfangung

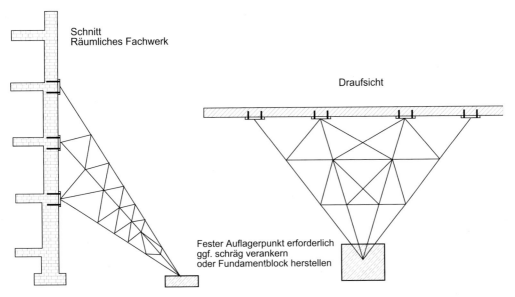

Bild 11.2
Schrägabstützung in die Baugrube (nach Hock-Berghaus [11.5])

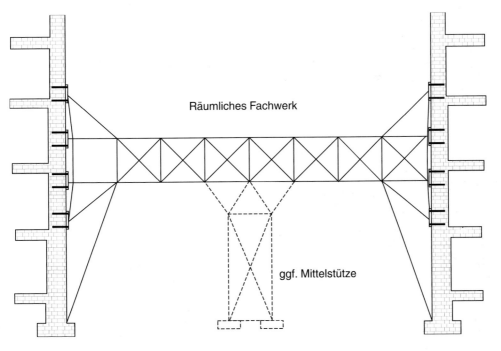

Bild 11.3
Abstützen gegen vorhandene Bebauung (nach Hock-Berghaus [11.5])

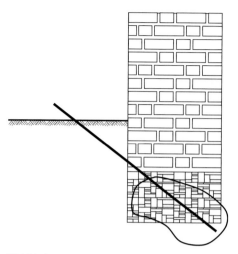

Bild 11.4
Vorabinjektion durch die vorhandene Gründung
(nach Hock-Berghaus [11.5])

Voraussetzung für das Abgraben ist eine ausreichende Standsicherheit des Bodens. Je nach Theorie ergeben sich unterschiedliche Werte für die freie Standhöhe H_{gr} (s. Abschnitt 3.4.7). Geht man von einer unbelasteten Oberfläche, was wegen der Scheibenwirkung der Fundamente in der Regel berechtigt ist, und der Erddrucktheorie für den ebenen Fall aus, kann die freie Standhöhe aus

$$H_{gr} = \frac{4 \cdot c}{\gamma} \tan\left(45 + \frac{\varphi}{2}\right) \qquad (11.1)$$

abgeschätzt werden. Dabei bezeichnet c die Kohäsion und φ den Reibungswinkel. Günstige Effekte ergeben sich durch den räumlich wirkenden Erddruck [11.5], dessen Einfluß in der Schätzformel nicht berücksichtigt wird.

Aus Sicherheitsgründen sollten Abgrabtiefen von mehr als 1 bis 2 m trotz der berechtigten Forderung, die Abschnitte über die gesamte Tiefe in einem Arbeitsgang herzustellen, sorgfältig geprüft werden. Grundsätzlich liegt die Grenze der klassischen Unterfangung i. d. R. bei 5 m gemäß DIN 4123 „Gebäudesicherung im Bereich von Ausschachtungen, Gründungen und Unterfangungen". DIN 4123 gibt noch eine Reihe weiterer Einschränkungen an, z. B.:

– Wohn- und Bürogebäude mit nicht mehr als 5 Vollgeschossen
– Gebäude auf Streifenfundamenten mit Wänden, die als Scheiben wirken

von Schächten oder Stichgräben, freigelegt (Bild 11.5).

Anschließend werden die freigelegten Abschnitte durch Beton- oder Stahlbetonwände oder alternativ auch durch Schwergewichtswände unterfangen. Bei mehr als 2 bis 3 m Höhe empfiehlt sich aus wirtschaftlichen und technischen Gründen eine Verankerung. Bei günstigen Bodenverhältnissen genügt meist eine Pfeilerlösung, wobei die Zwischenbereiche z. B. durch eine Spritzbetonkappe gesichert werden können (Bild 11.6).

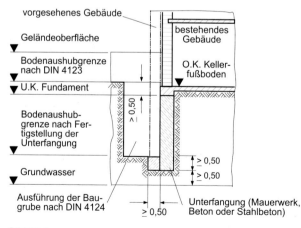
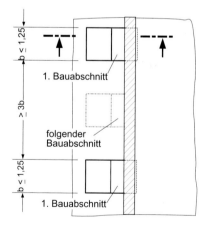

Bild 11.5
Unterfangung – Ausführung nach DIN 4123 (aus [11.2])

11.3 Klassische Unterfangung

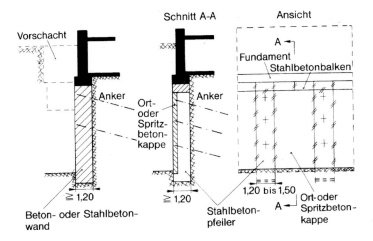

Bild 11.6
Herkömmliche Unterfangung mit Beton- oder Stahlbetonwänden (links) bzw. mit Balken und Pfeilern (rechts), hergestellt im Schachtverfahren (Prinzipdarstellung), (nach Klawa [11.7])

- überwiegend lotrechte Lasten
- neue Baugrube nicht tiefer als 5 m unter der bestehenden Geländeoberfläche

Stützen, Einzelfundamente und Querwände sind gesondert zu betrachten (s. Abschnitt 11.5).

Bei der Reihenfolge der Unterfangungsabschnitte ist darauf zu achten, daß mit den am höchsten belasteten Wandabschnitten zuerst begonnen wird. Beginnt man z. B. wie in Bild 11.7 an den Ecken des Altbaus, werden die unnachgiebigen Lagerpunkte außen geschaffen.

Man erreicht dadurch, daß die Setzungen sich im Zuge der mehrfachen Lastumlagerungen so aufsummieren, daß eine statisch günstige Muldenlagerung entsteht. Bild 11.8 zeigt eine zweckmäßige Reihenfolge nach [11.9]. Zunächst werden die Abschnitte (1) als Absicherung für die Eckunterfangung hergestellt. Danach kommen die Abschnitte (2) unter den Ecken als Festpunkte zur Vermeidung einer ungünstigen Sattellagerung im Zuge der weiteren Arbeiten an die Reihe. Die Punkte (3) können eventuell Querwände sein. Abschließend werden die Bereiche (4) hergestellt.

Die beim Abgraben notwendigen Stichgräben oder Schächte müssen annähernd senkrechte Wände aufweisen. Das heißt, sie sind bei nichtbindigem Boden oder weichem bindigem Boden auf jeden Fall zu sichern. Bei anderen Lockergesteinsböden ist gemäß DIN 4124 erst ab einer Höhe von 1,25 m eine Sicherung erforderlich. Der während der Abgrabung verbleibende Erdkeil muß den Anforderungen der DIN 4123 genügen. Das Beispiel in Bild 11.9 macht deutlich, daß die Vorgaben der DIN 4123 kritisch zu sehen sind, weil die Böschung in Bild 11.9 je nach Bodenkennwerten nicht standsicher ist [11.9].

Beim Betonieren der Unterfangungswände ist auf einen kraftschlüssigen Verbund zum aufgehenden Fundament zu achten. Geeignete Maßnahmen sind hochgezogene Schalungen, großflächige Stahldoppelkeile oder der Einsatz von Quellzement.

Die klassische Unterfangung weist eine Reihe von Nachteilen auf. Sie ist zeitaufwendig, hat einen hohen Lohnkostenanteil, bringt Verformungen mit sich und eignet sich nur für geringe Unterfangungshöhen. Demgegenüber stehen die Vorteile wie geometrische Flexibilität und der Wegfall einer Baustelleneinrichtung, was besonders bei kleinen Maßnahmen zu einem hohen Kostenvorteil führen kann.

Ein Sonderfall stellt Fels der Bodenklasse 7 dar. In diesem Fall kann der Untergrund direkt als Unterfangungsbaustoff genutzt werden. Allerdings ist zu prüfen, ob der Fels nicht durch das Freilegen nach und nach verwittert und zerstört werden kann. Weiterhin ist zu prüfen, ob nicht durch ein ungünstiges Trennflächenge-

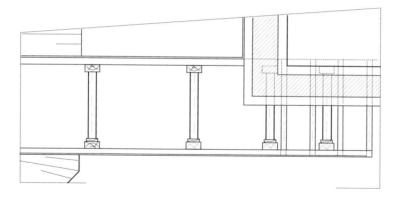

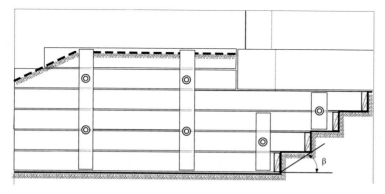

Bild 11.7
Unterfangung einer Hausecke mit Verbau gemäß DIN 4124 (nach Smoltczyk [11.9])

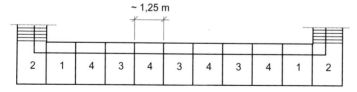

Bild 11.8
Zweckmäßige Reihenfolge der Unterfangungen an einer Giebelwand (nach Smoltczyk [11.9])

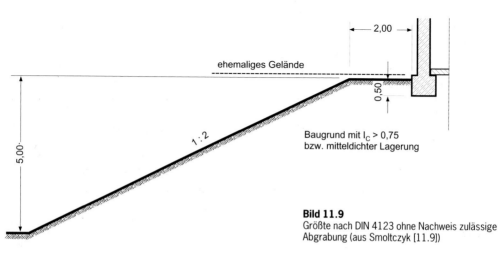

Baugrund mit $I_C > 0{,}75$ bzw. mitteldichter Lagerung

Bild 11.9
Größte nach DIN 4123 ohne Nachweis zulässige Abgrabung (aus Smoltczyk [11.9])

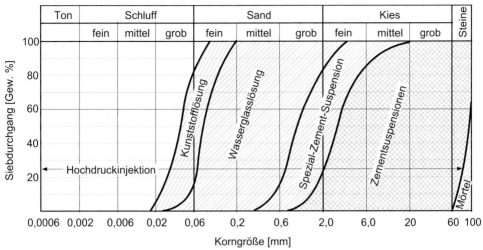

Bild 11.10
Anwendungsbereiche von Injektionsmitteln und Verfahren [11.1]

füge die Standsicherheit gefährdet ist. Bei Fels der Bodenklasse 6 ist auf jeden Fall zu sichern. Allerdings ist die Zuordnung nicht immer unumstritten (vgl. dazu [11.9]).

11.4 Unterfangungen mit Vollsicherung

Bei größeren Tiefen, schwierigen Bodenverhältnissen oder bei einzeln stehenden Stützen ist in der Regel eine klassische Unterfangung aus technischen Gründen nicht mehr sinnvoll und mit zu hohen Risiken verbunden. Die Unterfangung der Fundamentlasten ist bereits vor dem Abgraben herzustellen. Hierzu eignen sich verschiedene Techniken.

Bei der Niederdruckinjektion mit üblichen Drücken bis 20 bar werden die Poren des Bodens mit verschiedenen Mitteln wie Mörtel, Zement, Spezialzement, Wasserglaslösungen oder Kunstharzen verfüllt. Die Injektionsmittel benötigen eine bestimmt Porengröße, so daß der Einsatz nicht in allen Bodenarten möglich ist (Bild 11.10).

Zementinjektionen eignen sich nur bei Kiesböden. Durch die wesentlich höhere Feinheit des Materials und die weitaus geringere Partikelgröße können Feinstzemente auch bei Mittel- und Grobsandböden noch eingesetzt werden. Wasserglaslösungen und Kunstharze eignen sich zwar auch noch bei Feinsanden bzw. Grobschluffanteilen, sind jedoch aus umweltrechtlichen Gründen kaum noch genehmigungsfähig.

Der Injektionskörper wird in der Regel als Schwergewichtswand mit oder ohne Verankerung hergestellt (Bilder 11.11 und 11.12). Bei Wechsellagerungen werden zunächst die grö-

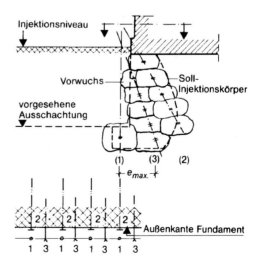

Bild 11.11
Beispiel für eine Unterfangung mit Bodenverfestigung in Form einer Schwergewichtswand mit e_{max} = 0,6 bis 1,0 m je nach Boden und Injektionsmittel (nach Klawa [11.7])

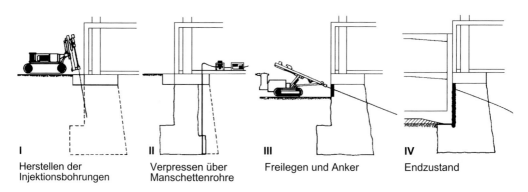

I	II	III	IV
Herstellen der Injektionsbohrungen	Verpressen über Manschettenrohre	Freilegen und Anker	Endzustand

Bild 11.12
Arbeitsablauf bei einer Fundamentunterfangung mit Verankerung [11.1]

beren Bodenschichten injiziert, danach die feineren. Einzelheiten zur Injektionstechnik s. [11.1, 11.8].

Die Planung, Ausführung und Prüfung von Injektionsarbeiten sind in DIN 4093 „Einpressen in den Untergrund" geregelt. Je nach Bodeneigenschaften lassen sich mit Injektionsmitteln folgende Festigkeiten erreichen [11.1]:

Chemische Injektionsmittel	2,00–5,00 N/mm²
Zement	bis 10,00 N/mm²
Feinstzemente	bis 20,00 N/mm²

Beim Düsenstrahlverfahren oder der Hochdruckinjektion gibt es praktisch keine Einschränkungen von der Bodenart her (Bild 11.10). Im Gegensatz zu herkömmlichen Injektionen wird der Boden durch einen Düsenstrahl mit Pumpendrücken von 100 bis 700 bar aufgeschnitten [11.1]. Es handelt sich dabei um ein Bodenaustauschverfahren.

Der Herstellungsvorgang ist in Bild 11.13 dargestellt. Durch das Auffräsen mit einem Düsenstrahl aus Zementsuspension entsteht ein mehr

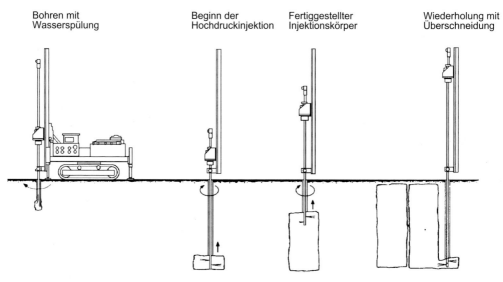

Bohren mit Wasserspülung	Beginn der Hochdruckinjektion	Fertiggestellter Injektionskörper	Wiederholung mit Überschneidung

Bild 11.13
Arbeitsablauf beim Düsenstrahlverfahren [11.1]

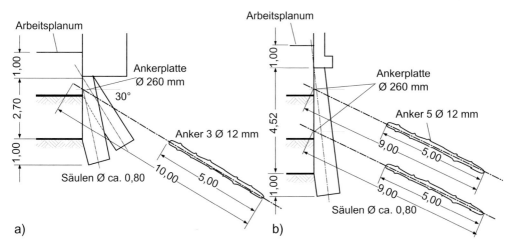

Bild 11.14
Beispiele für a) einfach verankerte Schwergewichtswand und b) zweifach verankerte Wand [11.1]

oder weniger homogener Boden-Zementkörper, für den sich folgende Anhaltswerte ergeben [11.1]:

– Durchmesser von 0,6 m (Schluff) bis 2,0 m (Kies)
– einaxiale Druckfestigkeiten von 10 N/mm² (Schluff und Ton) bis 18 N/mm² (Kiese)
– Wichten von 16 bis 20 kN/m³

Durch Abteufen verschiedener Bohrungen entstehen Wände und Schwergewichtswände. Zwei Beispiele sind in Bild 11.14 dargestellt. Das Düsenstrahlverfahren hat die klassischen chemischen Injektionen wegen deren Schwierigkeiten bei der Genehmigung praktisch verdrängt.

Häufig werden auch Verpreßpfähle mit kleinen Durchmessern d ≤ 30 cm bei Unterfangungsmaßnahmen eingesetzt. Die Herstellung, die Bemessung und die Tragfähigkeit ist in DIN 4128 geregelt. Man unterscheidet zwischen Ortbetonpfählen mit Schaftdurchmessern ≥ 150 mm und spiralumschnürter Längsbewehrung und Verbundpfählen mit Durchmessern ≥ 100 mm und durchgehenden Traggliedern (s. Kapitel 8).

Der Vorteil der Verpreßpfähle gegenüber Pfählen mit größeren Durchmessern ist der verhältnismäßig geringe Platzbedarf und die Möglichkeit, schräge Pfähle bis 30° Neigung ohne Schwierigkeiten herzustellen. Bei Vertikalpfählen genügen bereits 25 cm Wandabstand. Eine Raumhöhe von ≥ 1,8 m und eine Breite von ≥ 1,5 m sind ausreichend [11.2].

Nachteile gegenüber Pfählen mit größeren Durchmessern sind die beim Freilegen relativ geringe Knick- und Biegesteifigkeit. Häufig werden deshalb Stabpfahlwände aus Verpreßpfählen mit einer rückverankerten Spritzbetonverkleidung kombiniert [11.5].

Die innere Tragfähigkeit wird nach DIN 1045 nachgewiesen. Die äußere Tragfähigkeit hängt von der Mantelreibung im Boden ab. Mit den Anhaltswerten der DIN 4128, einem Sicherheitsfaktor von 1,75 und 6 m Einbindelänge ergeben sich folgende Schätzwerte für die zulässigen Vertikallasten [11.7]:

– ca. 400–500 kN bei Kies
– ca. 300 kN bei Sand
– ca. 200 kN bei bindigen Böden

Bild 11.15 zeigt einige typische Anwendungsmöglichkeiten von Verpreßpfählen. Je nach Tragverhalten und Scheibenwirkung der zu unterfangenden Wände können anstatt Streichbalken auch Sprengwerke zur Lastübertragung auf die Pfähle verwendet werden (Bild 11.16). Bild 11.17 zeigt eine Kombinationslösung aus Verpreßpfählen, Ankern, Spritzbetonschale und

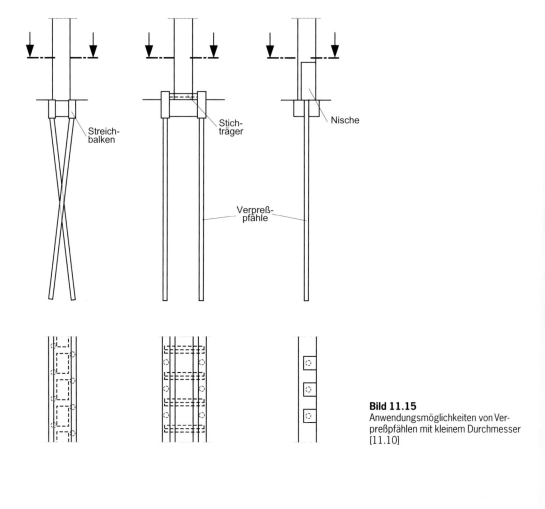

Bild 11.15
Anwendungsmöglichkeiten von Verpreßpfählen mit kleinem Durchmesser [11.10]

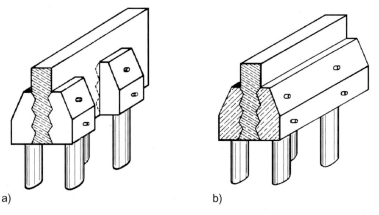

Bild 11.16
Abfangung einer Wand a) durch einzelne Sprengwerke, b) durch Streichbalken und Sprengwerke [11.9]

11.4 Unterfangungen mit Vollsicherung

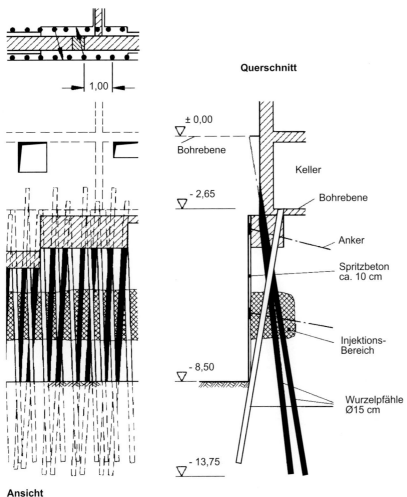

Bild 11.17
Fundamentunterfangung mit schrägen Wurzelpfählen, Ankern und Injektionsaussteifung (nach Scherer [11.2])

Injektionsaussteifung. Ein Teil der Pfähle wurde dabei von außen ab der ursprünglichen Geländeoberkante, der andere Teil vom Keller aus gebohrt.

Verpreßpfähle können auch mit einem verstellbaren Kopf ausgerüstet werden [11.3]. Die Vorteile sind weitestgehende Vorwegnahme von Setzungen und die Möglichkeit, gezielt Hebungen und Setzungen der aufgehenden Gebäude vorzunehmen.

Bild 11.18 zeigt zwei Anwendungsbeispiele. Bei günstigen Bodenverhältnissen können Pfähle mit kleinen Durchmessern auch eingepreßt werden. In [11.5] wird ein entsprechendes Pfahlsystem vorgestellt.

Bodenvernagelungen als Unterfangungsmaßnahme unterliegen einer Reihe von Einschränkungen. Grundsätzlich trägt die schlaffe Bewehrung durch die Bodennägel erst, wenn gewisse Verformungen eintreten. Damit besteht

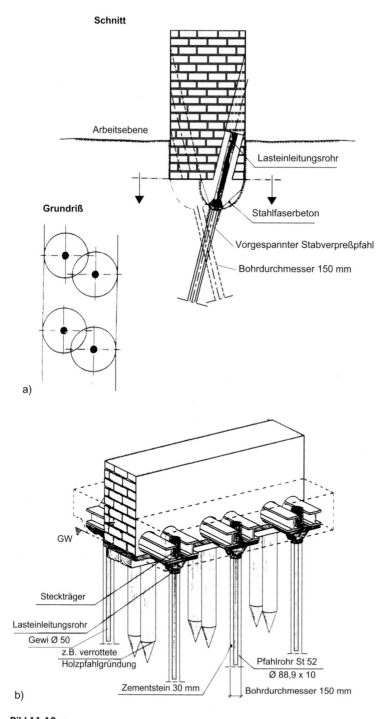

Bild 11.18
Einsatzmöglichkeiten von vorgespannten Stabverpreßpfählen (SVV), zweireihig mit
a) Kopfanschluß an Mauerwerk, b) Kopfanschluß mit Steckträgern (nach Bayerstorfer [11.3])

11.5 Sonderlösungen

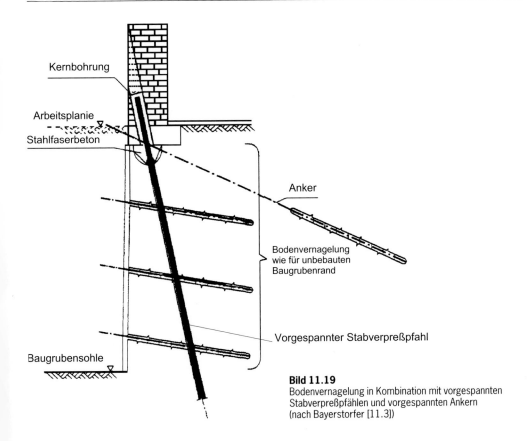

Bild 11.19
Bodenvernagelung in Kombination mit vorgespannten Stabverpreßpfählen und vorgespannten Ankern (nach Bayerstorfer [11.3])

die Gefahr, daß das zu unterfangende Bauwerk Schäden erleidet. Bei Sanden und Kiesen ist daher ohne Zusatzmaßnahmen von einer Vernagelung eher abzuraten. Bei standfesten bindigen Böden oder Böden im Übergangsbereich zu Fels kann eine Bodenvernagelung im Einzelfall möglich und sinnvoll sein.

In [11.5] wird vorgeschlagen, bei Bodenvernagelungen analog zur klassischen Unterfangung vorzugehen. Das heißt, man stellt die einzelnen Abschnitte im Schutz einer Berme oder aus Schächten heraus her, die jedoch gerätetechnisch bedingt eine Mindestbreite aufweisen müssen. Durch das abschnittsweise Vorgehen können nur geringe Bauleistungen erreicht werden, was die Maßnahme stark verteuert.

Sicherer und wirtschaftlicher wird das Verfahren, wenn man die Vernagelung mit vorgespannten Ankern und eventuell auch Verpreßpfählen kombiniert. Bild 11.19 zeigt ein Beispiel. Die vertikale Fundamentlast wird im wesentlichen durch vorgespannte Stabverpreßpfähle aufgenommen. Die Horizontalkräfte werden durch vorgespannte Verpreßanker abgeleitet. Sowohl Pfähle als auch Verpreßanker werden vorab hergestellt und sind mit dem Fundament verbunden. Danach kann die Bodenvernagelung standardmäßig ausgeführt werden. Die Bemessung erfolgt wie für eine unbebaute Baugrubenwand. Wenn die Vertikallasten nicht allzu groß sind, genügt unter Umständen auch eine Lösung mit vorgespannten Verpreßankern allein.

11.5 Sonderlösungen

Die in den vorherigen Abschnitten genannten Verfahren sind bei konzentrierten Lasten aus Pfeilern und Stützen ohne Zusatzmaßnahmen zum Teil nicht anwendbar. In diesen Fällen müssen die Lasten über Hilfskonstruktionen abgefangen werden.

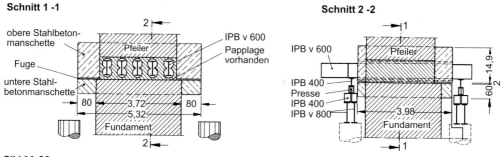

Bild 11.20
Beispiel Pfeilerabfangung mit Querschnittsschwächung (nach Scherer [11.2])

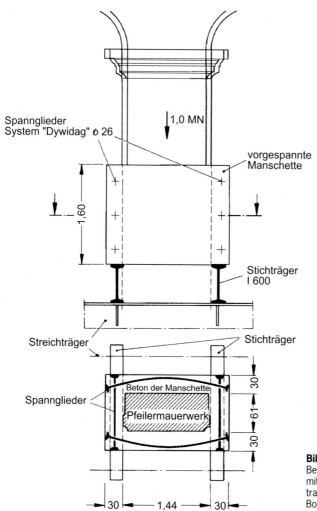

Bild 11.21
Beispiel: Abfangung eines gemauerten Pfeilers mit einer Spannbetonmanschette, Lastübertragung über Reibung auf Stahlbiegeträger und Bohrpfähle (nach Scherer [11.2])

Man unterscheidet zwei Fälle. Weisen die Pfeiler oder Stützen im Querschnitt noch Spannungsreserven auf, können Stich- oder Abfangträger eingezogen werden (Bild 11.20). Art und Ablauf der Arbeiten hängen von den statischen Randbedingungen ab. Verformungen beim Umsetzen aus der Abfangkonstruktion und den Hilfsfundamenten können durch Vorspannen (Spindeln, Pressen oder Keile) ausgeglichen werden.

Ist eine Schwächung des Querschnitts auch vorübergehend nicht möglich, müssen die Lasten indirekt über Reibung in die provisorische Abfangkonstruktion eingeleitet werden (Bild 11.21). Neben den in Bild 11.21 gezeigten Stahlbetonmanschetten sind auch Abfangkonstruktionen aus über Dübel verspannten Strahlprofilen oder Preßringen üblich [11.5].

Bei Quer- und Eckwänden sind in der Regel keine Sondermaßnahmen wie bei konzentrierten Einzellasten notwendig. Jedoch ist sorgfältig zu klären, ob eine Scheibenwirkung vorliegt. Die Reihenfolge der Unterfangung sollte so festgelegt werden, daß eine statisch günstige Muldenlagerung entsteht (vgl. Abschnitt 11.3). Bei Ecken wird eine Abtreppung empfohlen (Bild 11.7), um einen möglichst homogenen Übergang der Setzungen von Giebel- und Querwand zu erreichen [11.9].

Bohrpfähle mit Durchmessern zwischen 0,3 und 3 m können in der Regel wegen des großen Platzbedarfs nur außerhalb der Gebäude hergestellt werden. Einzelpfähle und Bohrpfahlwände, die senkrecht vor der zu unterfangenden Wand hergestellt werden, fallen in den Bereich Baugrubenverbau (s. Kapitel 10). Schrägpfähle, die unter die Gebäude reichen, sind ein Grenzfall. Es sind Neigungen von ca. 1:10 möglich, in Verbindung mit Sondermaßnahmen auch 1:4,7 [11.10]. Im Vergleich zu Vertikalpfählen ergeben sich bei schräger Anordnung höhere Biegemomente und häufig auch größere Verformungen. Deshalb sind entsprechende Aussteifungen und Verankerungen notwendig (Bild 11.22).

Bei sehr großen Tiefen von Fundamentunterfangungen können Schlitzwände von Vorteil sein. Der Platzbedarf beträgt normalerweise etwa 6–7 m in der Höhe und etwa 4 m in der Breite. Spezialgeräte kommen auch mit weni-

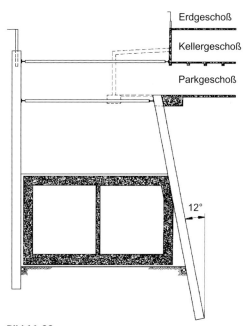

Bild 11.22
Schräge Bohrpfahlwand zur Abfangung des Gebäudes Opernplatz 2, Frankfurt (Querschnittsskizze)
(nach Scherer [11.2])

ger aus, d.h. mit einer Arbeitshöhe von 3,5 m und einer Breite von 1,60 m [11.7]. Ohne Sondermaßnahmen ist deshalb in der Regel eine Schlitzwandherstellung nicht möglich. Häufig muß ein Teilabbruch in Kombination mit Hilfsmaßnahmen durchgeführt werden (Bild 11.23).

Nachteile bei der Schlitzwandherstellung sind Nutzungseinschränkungen im Keller und im Erdgeschoß und die hohen Kosten, bei denen auch der Wiederaufbau der Gebäude zu berücksichtigen ist.

11.6 Rechtliche Fragen

Spezielle gesetzliche Regelungen zu Unterfangungen gibt es nicht (Hock-Berghaus [11.5]). Bei der Planung und Ausführung sind jedoch einige Paragraphen des Bürgerlichen Gesetzbuches besonders wichtig wie z.B. § 903 BGB (Befugnisse des Eigentümers), § 905 BGB (Begrenzung des Eigentums), § 906 BGB (Zuführung unwägbarer Stoffe), § 909 BGB (Vertiefung) und § 921 BGB (Grenzeinrichtungen: Vermutung für gemeinschaftliche Nutzung).

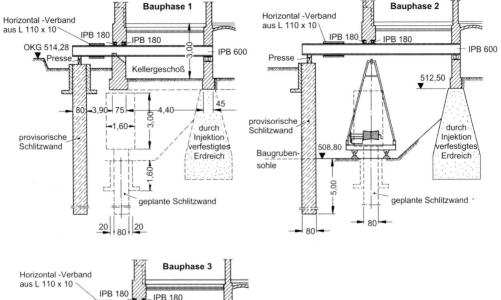

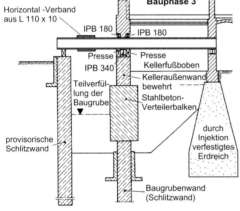

Bild 11.23
Bauphasen 1–3 bei der Unterfangung des Gebäudes Steindorfstraße 19 in München mit einer Schlitzwand (nach Scherer [11.2])

Grundsätzlich ist zu empfehlen, in gutem Einvernehmen mit den Nachbarn Planung und Ausführung durchzuführen. Alle Fragen zur Statik, Ausführung, meßtechnischer Überwachung und Entschädigung sollten vor der Durchführung der Maßnahme schriftlich in beiderseitigem Einvernehmen geklärt werden. Musterverträge dazu liegen vor [11.5].

Dem Architekten als Baufachmann obliegt die Pflicht, dem Auftraggeber alle denkbaren Risiken bei der Ausführung darzulegen und sich auch Auskünfte über Art und Zustand der Nachbarbebauung zu verschaffen. Dabei kommt dem Nachbarn eine allgemeine Hinweis- und Aufklärungspflicht zu. Für die Benutzung von Nachbargrundstücken muß die Genehmigung vom Eigentümer des Grundstücks eingeholt werden. Dies bedeutet, daß im Regelfall eine Unterfangung ohne Zustimmung des Nachbarn nicht möglich ist. Nur in Ausnahmefällen, wenn eine alternative Bauausführung unmöglich oder mit außergewöhnlich hohen Kosten verbunden ist, kann der Nachbar über eine Gerichtsentscheidung zu einer Zustimmung gezwungen werden (weitere Einzelheiten s. [11.4, 11.5]).

12 Sicherung von Böschungen

12.1 Überblick

Wie bei Baugruben ist in der Regel eine Böschung ohne besondere konstruktive Sicherungsmaßnahmen am einfachsten herzustellen. Allerdings sind die Anforderungen an Böschungen für dauerhafte Zwecke wesentlich höher als bei Bauzuständen, um die Langzeitstandsicherheit zu gewährleisten. Besonders kritisch ist die ansetzbare Kohäsion zu prüfen. Die Oberfläche muß auf Dauer gesichert werden, die Entwässerung muß sorgfältig geplant werden und auf Dauer funktionssicher sein.

Kommt aus Platzgründen eine einfache Böschung nicht in Frage, kann der Geländesprung durch eine Reihe konstruktiver Maßnahmen gesichert werden. Die älteste Methode ist die Schwergewichtsmauer. Eine Variante ist die Sicherung mit Gabionen, die aus mit Steinen gefüllten Drahtkäfigen bestehen. Mit der Möglichkeit, bewehrten Beton herzustellen, wurde Anfang des Jahrhunderts die Winkelstützmauer entwickelt, bei der der hinterfüllte Boden einen Teil der Gewichtsfunktion übernimmt. Nach dem gleichen Prinzip sind Konsolmauern einzuordnen. Hauptsächlich bei Felsböschungen, die in sich bereits standsicher sind, werden zur Verkleidung und als Oberflächenschutz Futtermauern eingesetzt. Auf Biegung beanspruchte Konstruktionen sind Spundwände und Schlitzwände, die ausführlich in Kapitel 10 behandelt werden. Sie werden deshalb in diesem Kapitel nicht aufgegriffen. Es sei jedoch auf Unterschiede in der Bemessung hingewiesen. Für Bauzustände dürfen rechnerische Sicherheitsfaktoren gemäß DIN 4124 angesetzt werden. Spundwände für dauernde Zwecke werden durch die Empfehlungen des Arbeitsausschusses Ufereinfassungen (EAU) abgedeckt. Unterschiede zwischen den EAU und den Empfehlungen des Arbeitskreises Baugruben (EAB) bestehen zum Beispiel bei den Erddrucksätzen gestützter Wände (weitere Einzelheiten s. Weißenbach [12.23] und Lackner [12.12]).

In den letzten Jahren sind Raumgitterkonstruktionen zunehmend beliebter geworden, die im Prinzip wie eine Schwergewichtsmauer wirken und in der Regel aus Betonfertigteilen und einer Erdauffüllung bestehen.

Relativ neu sind die Verfahren der Bodenvernagelung und der Bewehrten Erde, obwohl das Prinzip der Bodenbewehrung schon bei den Türmen aus gebrannten Lehmziegeln, den sogenannten Ziggurats, in Mesopotamien bekannt war und erst wieder vor wenigen Jahrzehnten im modernen Grundbau wiederentdeckt wurde. Bei der Bewehrten Erde wird von unten nach oben künstlich ein Geländesprung hergestellt, während bei der Bodenvernagelung in bestehendes Gelände von oben nach unten eingeschnitten und gleichzeitig gesichert wird. Stützmauern aus Kunststoffen und Erde sind ähnlich einzustufen wie die Bodenvernagelung und die Bewehrte Erde, wobei die Bewehrung nicht durch Metallbänder oder Stahlnägel sondern durch Geotextilien übernommen wird.

Im folgenden werden die wichtigsten Böschungssicherungen behandelt. Daneben gibt es eine Vielzahl von Varianten, die z. B. bei Brandl [12.4] näher beschrieben werden.

12.2 Böschungen ohne konstruktive Sicherungsmaßnahmen

Die mögliche Böschungsneigung hängt von vielen Faktoren ab:

– Festigkeitseigenschaften des Untergrunds
– Untergrundaufbau wie z. B. Schichtung
– Alterung, z. B. Entfestigungsvorgänge
– Böschungshöhe
– Durchströmung durch Sicker- oder Grundwasser

- Oberflächenbefestigung
- Witterungseinwirkung, z. B. durch Frost, Verwitterung bei Fels

Die Böschungsneigung wird entweder durch den Böschungswinkel β oder das Verhältnis von Höhe zu Grundseite (z. B. 1 : 1,7 bei β = 30°) beschrieben.

Bei homogenen grobkörnigen Böden ohne Kohäsion ergibt sich der maßgebliche Bruchmechanismus durch hangparallele Gleitflächen. Unter Berücksichtigung der Sicherheit η nach DIN 4084 ergibt sich

$$\tan \beta = \frac{\tan \varphi}{\eta}$$

mit η = 1,3 im Lastfall 1. Bei hangparalleler Durchströmung reduziert sich die Neigung auf

$$\tan \beta = \frac{1}{\eta} \cdot \frac{\tan \varphi}{1 + \frac{\gamma_w}{\gamma'}} \qquad (12.1)$$

Setzt man die Wichte des Wassers γ_w und die Wichte des Bodens unter Auftrieb γ' näherungsweise gleich an, ergibt sich

$$\tan \beta \approx \frac{1}{\eta} \cdot \frac{\tan \varphi}{2} \qquad (12.2)$$

D.h. durch die hangparallele Durchströmung reduziert sich die Böschungsneigung etwa auf die Hälfte. Dadurch erklärt sich u. a., weshalb Böschungen häufig nach stärkeren Regenfällen versagen. Gleichung 12.2 besagt auch, wie wichtig funktionierende Dränagen für die Böschungsstandsicherheit sind.

Anhaltswerte für die Böschungsneigung bei kohäsionslosen Böden können Tabelle 12.1 a) entnommen werden. Voraussetzungen sind, daß kein Sickerwasser aus der Böschung austritt und der Untergrundaufbau homogen ist. Selbst bei nur geringmächtigen bindigen Zwischenlagen sind Abflachungen zu empfehlen [12.15].

Bei Böden mit Reibung und Kohäsion wie bindige oder gemischtkörnige Böden sind keine hangparallelen Gleitflächen als Bruchmechanismus maßgebend, sondern in der Regel Gleitkreise. Man unterscheidet gemäß DIN 4084 lamellenfreie und Lamellenverfahren. In der Praxis durchgesetzt hat sich das Lamellenverfahren von Bishop. Je nach Untergrundaufbau können auch Mehrkörpermechanismen maßgebend sein. Einzelheiten s. DIN 4084 und z. B. Gudehus [12.9] oder Kolymbas [12.10] sowie Abschnitt 3.5.

Bei homogenem Untergrundaufbau und Böschungen ohne Auflasten und Durchsickerung kann die Grenzhöhe H_{gr} für Vordimensionierungen aus der Gleichung

$$H_{gr} = f_\beta \cdot \frac{c}{\gamma} \qquad (12.3)$$

bestimmt werden. Der Faktor f_β hängt vom Reibungswinkel φ und dem Böschungswinkel β_B ab und kann Tabelle 12.2 entnommen werden.

Wie aus Gleichung 12.3 hervorgeht, hängt die Höhe einer Böschung vom Reibungswinkel und

Tabelle 12.1 Anhaltswerte für Böschungsneigungen (nach Floß [12.6], Prinz [12.15])

Bodenart	Bodenklassen nach DIN 18196	Höhe	Neigung
a) Grobkörnige Böden	GW, GI, SW, SI:	h < 12 m h > 12 m	1 : 1,5 1 : 1,5 bis 1,7
	GE, SE:	h < 12 m h > 12 m	1 : 1,7 1 : 1,5 bis 2,0
	Feinsand		1 : 2,0
b) Feinkörnige Böden	UL, TL:	h < 6 m h > 6 m	1 : 1,5 1 : 1,5 bis 2,0
c) Gemischtkörnige Böden	GU, GT:	h < 6 m h > 6 m	1 : 1,5 1 : 1,5 bis 2,0
	GŪ, GT̄: SU, ST, SŪ, ST̄:	h < 12 m 6 < h < 9 m 9 < h < 12 m	1 : 1,25 bis 1,5 1 : 1,5 bis 1,8 1 : 1,8 bis 2,0

12.2 Böschungen ohne konstruktive Sicherungsmaßnahmen

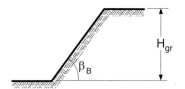

$H_{gr} = f_\beta \cdot \dfrac{c}{\gamma}$

Voraussetzungen:
a) Ebene Böschung
b) Waagerechtes Gelände neben der Böschungskante
c) Keine Belastung neben der Böschungskante
d) Kein Sickerwasser

Tabelle 12.2 Bestimmung der Grenzhöhe von Böschungen (nach Weißenbach [12.22])

β_B	\multicolumn{14}{c}{f_β für $\varphi =$}													
	5°	7,5°	10°	12,5°	17,5°	15°	20°	22,5°	25°	27,5°	30°	32,5°	35°	37,5°	40°
5°	∞														
7,5°	38,8	∞													
10°	22,2	58,8	∞												
12,5°	16,8	30,7	75,0	∞											
15°	13,9	22,7	40,0	100	∞										
17,5°	12,1	16,9	29,0	50,0	117	∞									
20°	11,1	15,2	22,2	35,7	62,5	143	∞								
22,5°	10,2	13,3	18,1	24,8	43,7	69,0	156	∞							
25°	9,62	12,2	15,9	21,3	31,3	47,7	83,3	182	∞						
27,5°	9,15	11,2	14,1	18,1	24,4	32,7	52,7	89,2	198	∞					
30°	8,77	10,5	12,8	16,4	20,8	28,6	40,0	59,5	100	217	∞				
32,5°	8,40	9,86	11,8	14,7	18,0	23,4	30,9	40,6	67,6	111	240	∞			
35°	8,07	9,34	11,1	13,3	16,1	20,0	26,3	34,5	45,5	76,7	125	260	∞		
37,5°	7,77	8,91	10,4	12,2	14,5	17,4	21,7	27,4	34,1	49,1	79,4	114	240	∞	
40°	7,50	8,55	9,82	11,4	13,3	15,6	18,5	22,7	28,5	35,7	47,6	66,7	111	217	∞
42,5°	7,26	8,23	9,35	10,7	12,3	14,3	16,6	19,8	23,9	28,5	35,7	42,7	76,1	112	207
45°	7,05	7,93	8,93	10,1	11,6	13,3	15,4	17,9	21,0	25,7	32,3	40,0	52,6	83,3	111
47,5°	6,85	7,63	8,54	9,57	10,9	12,3	14,1	16,2	18,7	22,2	26,8	32,2	39,7	55,0	77,5
50°	6,67	7,35	8,18	9,10	10,2	11,5	13,0	14,8	17,0	19,6	22,7	27,0	33,1	40,0	55,5
52,5°	6,50	7,09	7,83	8,68	9,65	10,8	12,1	13,7	15,6	17,6	20,2	23,6	28,1	32,5	42,7
55°	6,33	6,85	7,52	8,30	9,17	10,2	11,4	12,8	14,4	16,1	18,5	21,3	24,8	29,5	35,7
57,5°	6,16	6,64	7,25	7,95	8,73	9,62	10,7	11,9	13,3	14,9	16,8	19,0	21,7	25,5	30,1
60°	6,00	6,46	7,01	7,62	8,33	9,09	10,0	11,1	12,3	13,8	15,4	17,2	19,2	22,3	26,3
62,5°	5,83	6,28	6,77	7,32	7,96	8,65	9,47	10,4	11,4	12,8	14,1	15,6	17,4	19,8	23,0
65°	5,68	6,10	6,55	7,04	7,63	8,26	9,00	9,80	10,7	11,8	13,0	14,3	16,0	17,9	20,4
67,5°	5,52	5,92	6,34	6,78	7,30	7,87	8,54	9,25	10,1	11,0	12,0	13,2	14,7	16,4	18,5
70°	5,37	5,75	6,14	6,55	7,00	7,50	8,12	8,77	9,52	10,3	11,2	12,2	13,6	15,1	17,0
72,5°	5,23	5,58	5,94	6,32	6,74	7,20	7,75	8,33	8,99	9,68	10,5	11,3	12,5	13,9	15,6
75°	5,09	5,41	5,75	6,10	6,50	6,92	7,41	7,93	8,50	9,12	9,80	10,6	11,8	12,8	14,3
77,5°	4,96	5,25	5,57	5,90	6,26	6,64	7,07	7,55	8,06	8,61	9,24	9,97	10,8	11,9	13,2
80°	4,83	5,10	5,40	5,71	6,02	6,37	6,75	7,18	7,64	8,13	8,73	9,38	10,1	11,1	12,2
82,5°	4,70	4,94	5,21	5,48	5,77	6,09	6,44	6,81	7,21	7,65	8,20	8,78	9,42	10,3	11,3
85°	4,55	4,77	5,01	5,26	5,53	5,82	6,14	6,45	6,80	7,20	7,69	8,20	8,77	9,52	10,4
87,5°	4,38	4,59	4,81	5,04	5,29	5,56	5,84	6,12	6,43	6,79	7,21	7,66	8,15	8,78	9,51
90°	4,18	4,39	4,61	4,83	5,06	5,30	5,56	5,82	6,10	6,41	6,76	7,14	7,57	8,07	8,62

von dem Kohäsionsfaktor c/γ ab. Im Gegensatz dazu spielt die Höhe bei kohäsionslosen Böden keine Rolle. Bei Anwendung des Verfahrens ist zu beachten, daß $f_β$ mit den reduzierten Scherparametern

$$\tan \varphi_{red} = \frac{\tan \varphi}{\eta_r} \qquad (12.4\,a)$$

und

$$c_{red} = \frac{c}{\eta_c} \qquad (12.4\,b)$$

zu bestimmen ist. Die Sicherheitsfaktoren betragen gemäß DIN 4084 im Lastfall 1

$$\eta_r = 1{,}3 \qquad (12.5\,a)$$

und

$$\eta_c = \begin{array}{l} 1{,}3 \text{ bei } c \leq 20 \text{ kN/m}^2 \\ 1{,}73 \text{ bei } c > 20 \text{ kN/m}^2 \end{array} \qquad (12.5\,b)$$

Anhaltswerte für Böschungsneigungen in bindigen und gemischtkörnigen Böden können Tabelle 12.1 b) und c) entnommen werden. Die Werte für leichtplastische Schluffe (UL) und Tone (TL) setzen mindestens eine steife Konsistenz und keine ungünstig einfallenden Schicht- oder Kluftflächen voraus. Bei mittel- und ausgeprägt plastischen Tonen und Schluffen (UA, UM, TA, TM) muß die Kohäsion bei Langzeitstandsicherheitsbetrachtungen wegen möglicher Quell- und Entfestigungsvorgänge vorsichtig angesetzt werden. Böschungsneigungen sollten nicht steiler als 1:2,0 oder 1:2,5 sein. Löß und Lößlehm ist in der Regel wegen seiner Struktur gut standfest. Neigungen von 1:1,5 bis 1:1,8 werden häufig ausgeführt. Allerdings können diese Böden bei mechanischer Beanspruchung und Wasserzutritt äußerst empfindlich reagieren und dabei ihre Festigkeit verlieren. Einzelheiten s. Prinz [12.15].

Böschungen in Fels sind mit am schwierigsten zu beurteilen. Bei wenig geklüfteten Felsgesteinen sind Neigungen bis zu 70° durchaus möglich. In geschichteten und geklüfteten Felsgesteinen sind die anzusetzenden Scherparameter sehr stark vom Trennflächengefüge abhängig. Großklüfte können ebenso maßgebend sein für den Standsicherheitsnachweis wie die Wasserführung des Gebirges. Eine Zusammenstellung und einen Überblick über Berechnungsverfahren wird in [12.26] gegeben. Häufig ist man jedoch auf Erfahrungswerte angewiesen. In Tabelle 12.3 sind einige Angaben nach Prinz [12.15] zusammengestellt.

Im Einzelfall ist jedoch immer zu prüfen, ob nicht durch verwitterte Zwischenlagen, ungünstiges Trennflächengefüge, Großklüfte oder wasserführende Schichten die Böschungsneigungen flacher gewählt werden müssen.

Um die Oberfläche von Lockergesteinsböden gegen Erosion zu sichern, eignen sich insbesondere ingenieurbiologische Methoden. Zur Verfügung stehen z.B. Deckbauweisen wie Rasenziegel, lebende Äste und Ruten sowie Rasensaaten. Eine ausführliche Beschreibung der verschiedenen Bauweisen findet sich in DIN 18915 (Vegetationstechnik im Landschaftsbau; Bodenarbeiten) und bei Schiechtl [12.17]. Die Wirkung der genannten Oberflächensicherungsmethoden beruht auf folgenden Mechanismen:

– Oberflächenwasser und Sickerwasser werden durch Verdunstungswirkung reduziert
– durch die Pflanzen wird dem Boden Wasser entzogen, was die Festigkeit bei bindigen Böden erhöht
– die Wurzeln wirken wie eine Bewehrung im Boden

Es sei darauf hingewiesen, daß ein Lebendverbau hauptsächlich als Oberflächensicherung dient und die Böschung unabhängig davon in sich standsicher sein muß.

Bei Felsböschungen, die steiler als 1:1 geneigt sind, besteht durch Herausbrechen einzelner Steine und Felsbrocken Steinschlaggefahr. Als Sicherungsmaßnahmen eignen sich Fangzäune oder Fangmauern. Vollsicherungen sind möglich durch Schutznetzverhängungen. Man unterscheidet auf Abstand montierte und eng anliegende Schutznetze (Bild 12.1). Bau und Montage sind ausführlich bei Krauter und Scholz [12.11] beschrieben. Wie Langzeituntersuchungen zeigen, halten die Netze etwa 20 bis 25 Jahre.

Oberflächenwasser sollte zum Schutz der Böschungen gesammelt und abgeleitet werden. Ein Eindringen von Wasser sollte möglichst verhindert werden. Bermen müssen dementsprechend ausgebildet sein (Bild 12.2).

12.2 Böschungen ohne konstruktive Sicherungsmaßnahmen

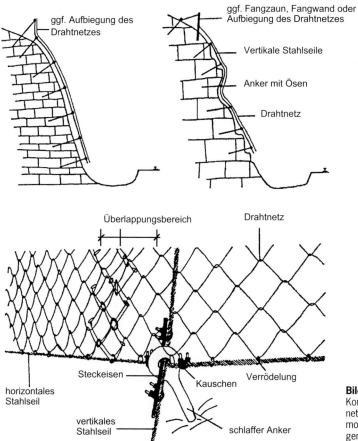

Bild 12.1
Konstruktionsmerkmale einer Schutznetzverhängung (unten). Auf Abstand montiertes (oben links) und enganliegendes (oben rechts) Schutznetz (nach Krauter und Scholz [12.11])

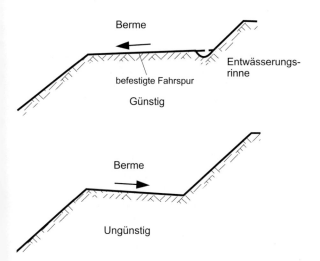

Bild 12.2
Querschnittsausbildung von Bermen (nach Wichter et al. [12.24])

Tabelle 12.3 Erfahrungswerte für Böschungsneigungen in Fels (nach Prinz [12.15])

Geologische Formation	Gesteinsart	Böschungsneigung	Bemerkung
Alte Gebirge	Harte, sandige Tonschiefer	60°–70°	Steinschlagsicherung durch Netzbespannung
	Milde Schiefer	45° oder flacher 1:1,25 bis 1:1,5	bei großer Höhe Flachrutschungen bei starker Verwitterung
	Granit, Diabas	50°–70°	bei günstiger Ausbildung der Trennflächen
	Quarzit, Grauwacke	60° 1:1	bei günstiger Lagerung bei Tonschiefereinlagen
Schichtgesteine des Mesozoikums	Dickbankige, harte Sandsteine	45°–60° eventuell abflachen auf 1:1,5	
	Wechselfolgen des Unteren und Mittleren Bundsandsteins	1:1,25 bis 1:1,5	– –
	Tonsteine des Röt	1:1,5 1:1 bis 50°	– bei stärker mergelig dolomitischer Ausbildung
	Dünnbankige Kalksteine des Unteren Muschelkalks	1:1	bei horizontaler Schichtlagerung
	Dünnbankige Kalksteine des Oberen Muschelkalks	50°–60°	bei horizontaler Schichtlagerung
	Ton- und Mergelsteine des Muschelkalks	1:1,5 1:2	in Störungszonen
	Feinsandsteine des Keupers	1:1,25 bis 1:1,5	
	Tonsteine des Jura z. B. Opalinuston	< 1:2	Starke Rutschanfälligkeit zu erwarten
Tertiäre und quartäre Gesteine	Basalt	≥ 45°	keine tuffitischen Zwischenlagen
	Vulkanische Tuffe		Kritisch im Einzelfall prüfen
	Hangschuttmassen		ähnlich wie gemischtkörnige Böden

Zur Entwässerung von Böschungen stehen verschiedene Möglichkeiten zur Verfügung:

- Sickerschlitze am Böschungsfuß
- Hangparallele Sickerschlitze
- Tiefdränschlitze aus Einkornbeton
- Rigolen

Einzelheiten s. [12.15, 12.16, 12.18].

12.3 Schwergewichtsmauern und Gabionen

Schwergewichtsmauern werden in der Regel so konstruiert, daß in jedem Querschnitt die Resultierende R der einwirkenden Kräfte keine Zugspannungen hervorruft. Dies bedeutet, daß die Exzentrizität $e \leq b/6$ betragen muß (Bild 12.3). Als Baustoffe kommen z. B. unbewehrter Beton und Mauerwerk in Frage. Bei höheren Mauern können unter Umständen auch größere Exzentrizitäten in Verbindung mit einer leichten Bewehrung zu wirtschaftlichen Lösungen führen [12.3].

Je nach Bodenverhältnissen und Geländegeometrie können verschiedene Querschnittsformen eingesetzt werden (Bild 12.4). Für kleine Höhen eignen sich Mauern mit lotrechter Rückwand und konstantem Querschnitt (Bild 12.4a). Gebräuchlich sind auch Ansichtsflächen mit Neigungen n von 1:5 oder 1:10. Bei mittleren Höhen ist es wirtschaftlicher, in Anpassung an

12.3 Schwergewichtsmauern und Gabionen

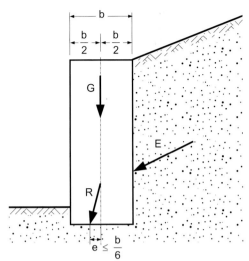

b: Breite
G: Eigengewicht
E: Erddruck
R: Resultierende in einem Querschnitt
e: Exzentrizität

Bild 12.3
Konstruktionsprinzip Schwergewichtsmauer

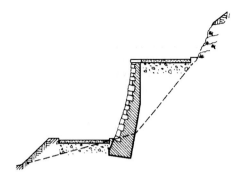

Bild 12.5
„Schöllenen-Mauer" (nach Bendel und Hugi [12.3])

die Einwirkungen den Querschnitt nach oben stärker zu verjüngen (Bild 12.4b). Durch eine Anschrägung zur Bergseite hin (Bild 12.4c) läßt sich der Erddruck verringern (vgl. [12.19]).

Durch konstante und trapezförmige Formen sind die Mauerquerschnitte in vielen Bereichen nicht voll ausgenutzt. Die ideale Form, bei der in jedem Querschnitt die Exzentrizität genau b/6 beträgt, ergibt sich durch Lösung von Integralgleichungen [12.3, 12.19]. Bild 12.5 zeigt ein Beispiel mit variabel geneigter Sichtfläche,

das in Anlehnung an eine optimal gestaltete Querschnittsfläche konstruiert wurde. Beschränkt man sich auf eine einfach geknickte Rückseite (Bild 12.4d), sollte der Knick in den meisten Fällen möglichst hoch angesetzt werden, um der Idealform mit der kleinsten Querschnittsfläche nahe zu kommen. Gemäß schweizerischen Untersuchungen wird bei homogenem Gelände und einer Böschungsneigung von $\beta = 2/3\,\varphi$ empfohlen, den Knick in den oberen Viertelspunkt zu legen [12.19].

Die Fundamente der Schwergewichtsmauern müssen frostsicher gegründet werden. Durch eine Anschrägung läßt sich die Gleitsicherheit erhöhen. Allerdings verringert sich dadurch die Grundbruchsicherheit, weil die Tragfähigkeitsbeiwerte in der Grundbruchgleichung abnehmen. Eine Anschrägung der Sohlfuge wird aber auch aus entwässerungstechnischen Gründen empfohlen. Bild 12.6 zeigt die Skizze eines unbewehrten Fundaments.

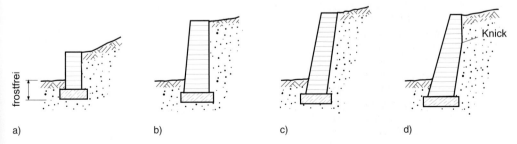

Bild 12.4
Querschnittsformen von Schwergewichtsmauern für a) kleine, b) mittlere und c) bzw. d) größere Höhen, Gründung jeweils frostfrei auf Beton-Streifenfundament (nach Smoltczyk [12.19])

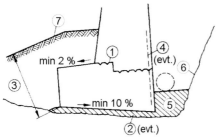

1 Arbeitsfuge
2 Unterbeton
3 Einbindetiefe
4 eventuell Bewehrung
5 Füll- bzw. Ausgleichsbeton
6 Baugrube
7 Geländeoberfläche

Bild 12.6
Skizze eines unbewehrten Fundamentes (nach Bendel und Hugi [12.3])

Aus bodenmechanischer Sicht sind folgende Nachweise zu führen:

– Gleitsicherheitsnachweis nach DIN 1054
– Kippsicherheitsnachweis nach DIN 1054
– Grundbruchsicherheitsnachweis nach DIN 4017 bei schräger und exzentrischer Last
– Nachweis der Setzungen und Verkantungen

Für Vordimensionierungen der Breite b aus der Forderung der Zugspannungsfreiheit sei auf das Verfahren von Smoltczyk [12.19] hingewiesen. Die Breite b aus der Grundbruchsicherheit kann mit den Diagrammen von Gudehus [12.9] abgeschätzt werden.

Bei der Fugenausbildung unterscheidet man folgende Arten:

– Dehnungsfugen
– Arbeitsfugen
– Scheinfugen

Dehnungsfugen sollen Risse infolge Schwind- und Temperaturspannungen verhindern. Sie werden in der Regel senkrecht und durchgängig ausgebildet. Ihr Abstand soll in der Regel zwischen 8 und 12 m liegen, je nach Ausführung sind aber auch kleinere oder größere Abstände angezeigt. Arbeitsfugen sollten möglichst vermieden werden. Beim Übergang vom Fundament zur Mauer werden eine Abtreppung und eventuell Steckeisen empfohlen (Bild 12.6).

Scheinfugen werden aus gestalterischen Gründen vorgesehen. Sie sollten möglichst mit Arbeitsfugen zusammengelegt werden. Einzelheiten zur Fugenausbildung sind in [12.19] zu finden.

Einer der wichtigsten Gesichtspunkte bei der Konstruktion von Stützmauern ist die Entwässerung. Sie umfaßt die Ableitung des Oberflächenwassers und die Dränage der Hinterfüllung. Es ist üblich, Stützmauern, die nicht im Grundwasser stehen, ohne Wasserüberdruck zu bemessen. Um so wichtiger ist eine gut funktionierende, dauerhaft wirkende Dränage. Bild 12.7 zeigt verschiedene grundsätzliche Lösungsmöglichkeiten. Zu beachten ist z.B. bei den Lösungen a) bis c), daß je nach Wasserandrang und Dränagekapazität Wasserwirkungen auf die Wand zu berücksichtigen sind. Ist z.B. der Zufluß aus Schichtwasser größer als die Abflußmenge der Dränage, kann sich das Wasser aufstauen, und es ist ein hydraulischer Wasserdruck anzusetzen. Bildet sich gar ein stationärer Strömungsvorgang, ist zusätzlich ein Strömungsdruck anzusetzen.

Als Dränschicht kommen Steinpackungen, Kies, Einkornbeton (Sickerbeton) oder Filtersteine in Frage. Bild 12.8 zeigt die in der Schweiz gebräuchlichen Ausführungen [12.3, 12.19].

Die Stärke der Dränschichten ist in Tabelle 12.4 angegeben.

Gemäß den schweizerischen Empfehlungen ist das Sickerwasser in gelochten oder porösen Röhren von mindestens 20 cm lichtem Durchmesser und einem Gefälle von mindestens 1% abzuführen. Zum Spülen sind Kontrollschächte anzuordnen. Neben dem Sickerwasser in der Hinterfüllung muß auch das Oberflächenwasser abgeleitet werden. Bild 12.9 zeigt konstruktive Lösungen bei kleinem, mittlerem und großem Wasseranfall.

Bei der Hinterfüllung von Stützmauern ist darauf zu achten, daß kein zu starker Verdichtungserddruck auf der Wand entsteht, der zu Schäden an der Wand und an den Dränageschichten führen kann. Weitere Einzelheiten zu Schwergewichtsmauern s. [12.3, 12.19].

Mauern aus Gabionen zählen ebenfalls zu den Schwergewichtswänden. Gabionen werden

12.3 Schwergewichtsmauern und Gabionen

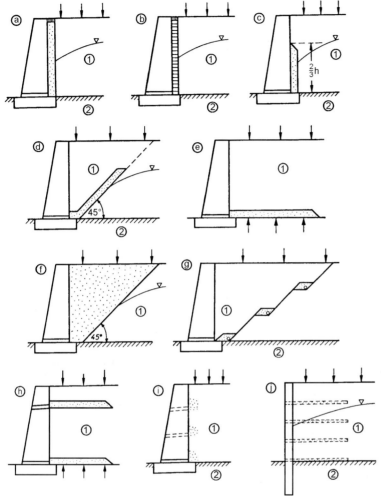

Bild 12.7
Denkbare Anordnungen von Filtern hinter Stützkonstruktionen (nach Floss [12.6])
① bindiger anstehender Boden, gewachsen oder hinterfüllt
② undurchlässiger Untergrund

auch als Drahtschotterkörbe oder Steinkörbe bezeichnet [12.1]. Übliche Maße von Standarddrahtkörben sind 1,0 m Breite, 0,5 bis 1 m Höhe und 1,5 bis 4 m Länge. Das Drahtgeflecht der Gabionen wird in Bündeln auf die Baustelle angeliefert und dort mit Steinen der Körnung von etwa 80–200 mm gefüllt. Die so entstandenen Blöcke werden treppenartig aufeinander geschichtet, wobei die Abtreppung luft- oder erdseitig angeordnet werden kann (Bild 12.10).

Die Neigungswinkel α variieren zwischen 0 und 10°. Gabionenmauern sind sehr flexibel und können gut an das Gebäude angepaßt werden. Sie wirken dränierend auf die Hänge. Allerdings müssen Filterschichten an der Grenze zum anstehenden Boden eingebaut werden. Die Einbindetiefe sollte frostsicher gewählt werden. Bei ungünstigen Bodenverhältnissen sollte ein ca. 0,2 bis 0,3 m dickes Streifenfundament als Unterlage vorgesehen werden. Die Bemessung erfolgt wie bei Schwer-

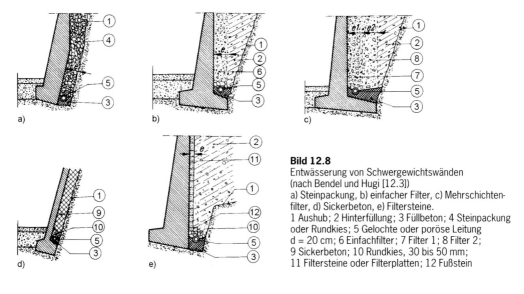

Bild 12.8
Entwässerung von Schwergewichtswänden
(nach Bendel und Hugi [12.3])
a) Steinpackung, b) einfacher Filter, c) Mehrschichtenfilter, d) Sickerbeton, e) Filtersteine.
1 Aushub; 2 Hinterfüllung; 3 Füllbeton; 4 Steinpackung oder Rundkies; 5 Gelochte oder poröse Leitung $d = 20$ cm; 6 Einfachfilter; 7 Filter 1; 8 Filter 2; 9 Sickerbeton; 10 Rundkies, 30 bis 50 mm; 11 Filtersteine oder Filterplatten; 12 Fußstein

Tabelle 12.4 Dränageschichten (nach Bendel und Hugi [12.3])

Bild	Material	Stärke in cm	Anwendung
12.8 a)	Steinpackung oder Rundkies	40 … 80	Bei Stützmauern in Berggegenden und bei grobkörnigem Hinterfüllungsmaterial
12.8 b)	Einfacher Filter	30 … 50	Insbesondere bei sandigem und kiesigem Hinterfüllungsmaterial
12.8 c)	Mehrschichtenfilter	50 … 80	Insbesondere für feinkörnige lehmige Böden
12.8 d)	Sickerbeton	30 … 50	Empfohlen, wo der Filter eine gewisse Festigkeit aufweisen muß, Kornzusammensetzung, Zementdosierung und Stärke sind von Fall zu Fall festzulegen
12.8 e)	Filtersteine	5 … 15	Neueres rationelles Verfahren, insbesondere für kleinere und mittlere Objekte mit vertikaler oder nach vorn geneigter Rückwand … ersetzt in gewissen günstigen Fällen einen Mehrschichtenfilter; bei aggressivem oder stark kalkhaltigem Wasser ist Vorsicht geboten

gewichtsmauern. Nur in Sonderfällen wird die Gleitsicherheit in den Horizontalfugen zwischen den einzelnen Käfigelementen untersucht. Eine ausführliche Darstellung findet sich bei Brandl [12.4].

12.4 Winkelstützmauern und Konsolmauern

Bei Winkelstützmauern übernimmt der Boden einen Teil der Auflastfunktion (Bild 12.11). Die winkelförmige Stahlbetonkonstruktion erfordert eine verhältnismäßig starke Biegebewehrung. Bei weit auskragenden horizontalen Schenkeln eignet sich diese Stützkonstruktion vorwiegend für nachträgliche Schüttungen.

Falls keine begrenzten Oberflächenlasten vorhanden sind oder weder eine Schüttung noch eine gebrochene Geländeoberkante ansteht, dürfen Winkelstützmauern gemäß DIN 4085 mit einer fiktiven lotrechten Rückwand berechnet werden (Bild 12.12)

Der aktive Erddruck ist dabei parallel zur Geländeoberfläche anzusetzen. Alle weiteren Nachweise sind wie für eine Schwergewichtsmauer durchzuführen. Sitzt die Wand auf Fels auf und ist unverschieblich, ist der Erdruhedruck maßgebend.

Sind die Voraussetzungen für eine lotrechte Ersatzwand nicht gegeben, wird mit einer unter

12.4 Winkelstützmauern und Konsolmauern

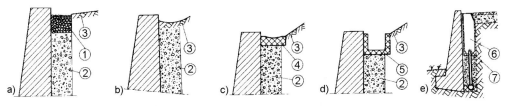

Bild 12.9
Ableitung des Oberflächenwassers (nach Bendel und Hugi [12.3])
a) Einfacher Fall ohne Schale: Geländeneigung weniger als 5%; kleiner Wasseranfall
b) Rasenmulde und
c) Betonschale: Normalfall, mittlere Geländeneigung und mittlerer Wasseranfall
d) Wasserrinne: Geländeneigung mehr als 20%; großer Wasseranfall
e) Schlammsammler
1 = Rundkies 30 bis 50 mm; 2 = Filter; 3 = Kulturerde; 4 = Schale; 5 = Wasserrinne;
6 = Schlammsammler; 7 = Rohr, d_{min} = 20 cm

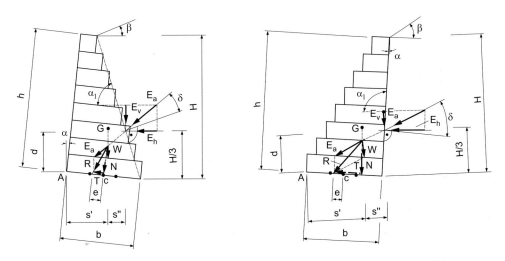

Bild 12.10
Stützmauern aus Gabionen mit Ansatz der Kräfte (nach Brandl [12.4])
a) Mauer mit erdseitiger Abtreppung, b) Mauer mit luftseitiger Abtreppung

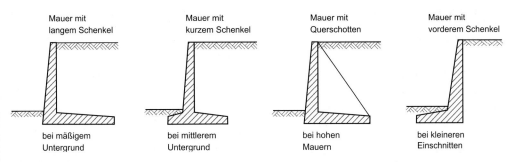

Bild 12.11
Verschiedene Formen von Winkelstützmauern

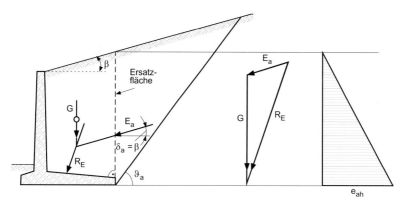

Bild 12.12
Berechnung von Winkelstützmauern mit fiktiver lotrechter Ersatzwand nach DIN 4085

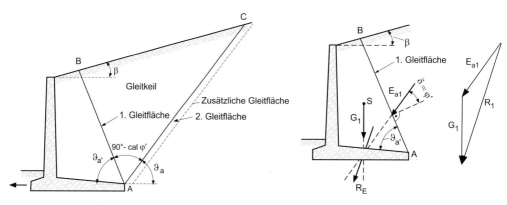

Bild 12.13
Erddruckansatz bei gebrochenem Geländeverlauf, bei begrenzten Oberflächenlasten und bei geschichtetem Baugrund nach DIN 4085

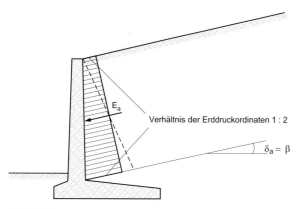

Bild 12.14
Erddruckansatz zur Bemessung des senkrechten Wandteils nach DIN 4085

12.5 Futtermauern

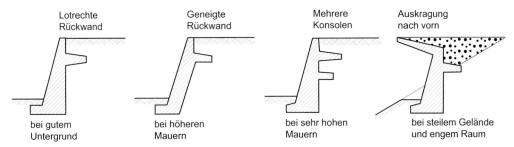

Bild 12.15
Ausbildungsmöglichkeiten von Konsolwänden

ϑ'_a geneigten Gleitfläche gerechnet (Bild 12.13). Weitere Einzelheiten s. DIN 4085.

Die Biegebemessung des senkrechten Wandteils erfolgt mit dem aktiven Erddruck, der ebenfalls parallel zur Böschung geneigt ist. Als Verteilung wird ein Trapez angesetzt, bei dem sich die obere zur unteren Ordinate wie 1:2 verhält (Bild 12.14). Gegebenenfalls ist ein erhöhter Erddruck aus Verdichtung anzusetzen (s. DIN 4085).

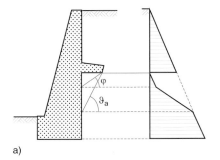

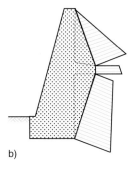

Bild 12.16
Erddruck bei Konsolwänden
a) Berücksichtigung der Konsole
b) Berücksichtigung des Erdkörpers

Bei Konsolwänden wird ähnlich wie bei Winkelstützmauern der Boden als Auflast mit herangezogen (Bild 12.15). Dadurch können sowohl die Ausmittigkeit als auch die Neigung der resultierenden Einwirkung günstig beeinflußt werden.

Bei der Erddruckermittlung wird die Abschirmwirkung der Konsole berücksichtigt (Bild 12.16a). Allerdings ist zusätzlich auch der Erddruck für eine umhüllende gedachte Wand wie in Bild 12.16b anzusetzen.

12.5 Futtermauern

Futtermauern dienen zur Verkleidung von an sich standfesten Böschungen in Fels. Sie sollen das Herausbrechen einzelner Steine bzw. Felspartien verhindern. Man unterscheidet vorgesetzte, anbetonierte, mit Kurznägeln angeheftete und verankerte Futtermauern (Bild 12.17). Für die Bemessung stellt man sich vor, daß aus dem Felsvorstand einzelne Kluftkörper herausgleiten können (Einzelheiten s. [12.4, 12.14]).

Wie bei Schwergewichtswänden ist bei Futtermauern auf eine sorgfältige Entwässerung zu achten, um einen Staudruck zu verhindern. Infrage kommen:

– Entwässerungsöffnungen oder -schlitze in der Mauer
– Entwässerungsschlitze an der Rückseite der Mauer
– Einkornbeton an der Rückseite der Mauer

In [12.4] wird empfohlen, vor allem bei angehefteten Mauern, auch aus Gründen der besseren Bettung, eine Einkornbetonschicht mit Stärken zwischen 0,15 und 0,4 m Dicke vorzusehen.

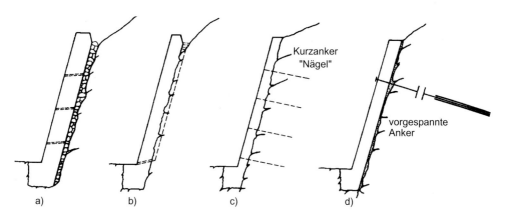

Bild 12.17
Bauarten von Futtermauern im Fels (in Anlehnung an Leopold Müller, aus [12.4])
a) vorgesetzte, b) anbetonierte, c) angeheftete, d) verankerte Futtermauer

12.6 Raumgitterstützkonstruktionen

Raumgitterstützkonstruktionen haben in der letzten Zeit einen außerordentlichen Aufschwung erfahren. Einer der Gründe liegt in dem zunehmenden Umweltbewußtsein und der Nachfrage nach Stützkonstruktionen mit Begrünungsmöglichkeit. Heutige Raumgitterwände sind die moderne Variante der gitterartig aus Holz aufgebauten „Krainerwände" in Süddeutschland und Österreich. Die heutigen Konstruktionen sind in der Regel aus Beton oder Stahlbeton. Man unterscheidet:

– Gelenkige Systeme, deren böschungsparallele Elemente als Läufer bezeichnet werden und die zusammen mit den quer dazu angeordneten Bindern ein räumliches Gitter bilden (Beispiel s. Bild 12.18)

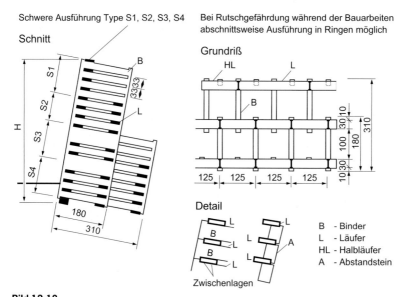

Bild 12.18
Raumgitter-Stützmauer, System „Ebenseer" als Beispiel für gelenkige Systeme; gelenkige Anordnung von Längselementen („Läufern") und Querelementen („Bindern" mit Hammerköpfen) (nach Brandl [12.4])

12.6 Raumgitterstützkonstruktionen

- Systeme aus rahmenartigen Fertigteilen, deren böschungsparallele Teile als Längsriegel und deren quer dazu angeordnete Komponenten als Querriegel bezeichnet werden (Beispiel s. Bild 12.19)
- Kombinationen der beiden zuvor genannten Systeme

Die Systeme können auch mit vorgespannten Ankern kombiniert werden. Die Zellen des Gitters werden in der Regel mit Boden verfüllt. Die meisten Systeme können planmäßig bepflanzt werden oder auch wild begrünen. Mauerhöhen bis ca. 25 m, in abgetreppter Form auch bis zu 50 m können erreicht werden. Eine umfangreiche Darstellung ist bei [12.1] und [12.4] gegeben.

In der Berechnung unterscheidet man zwischen äußerer und innerer Standsicherheit. Bei der äußeren Standsicherheit wird die gesamte Konstruktion als Monolith betrachtet. Als äußerer Erddruck wird der aktive Grenzwert mit linearer Tiefenzunahme angesetzt. Der Wandreibungswinkel δ ist höher als bei anderen Stützkonstruktionen und liegt im Bereich $0{,}75\,\varphi \leq \delta \leq \varphi$. Ein äußerer Wasserdruck braucht bei ausreichend durchlässigem Material nicht angesetzt zu werden. Allerdings sind beim Geländebruchnachweis unter Umständen Wasserwirkungen zu berücksichtigen. Folgende Nachweise der äußeren Standsicherheit sind zu führen:

- Grundbruchsicherheit nach DIN 4017
- Bestimmung der Gleitsicherheit nach DIN 1054 in der Sohlfuge und in maßgeblichen Schnittfugen
- Nachweis, daß keine „klaffende Fuge" in den maßgebenden Schnitten auftritt durch Beschränkung der Exzentrizität der Einwirkungen auf b/6
- Geländebruchsicherheit nach DIN 4084, allerdings in mehreren Horizontalschnitten

Beim Nachweis der inneren Standsicherheit und der Betonfestigkeiten ist zu beachten, daß sich im Innern der Konstruktion nicht ein linear mit der Tiefe zunehmender Erddruck einstellt. Messungen zeigen, daß die Druckverteilung sehr gut mit der Silotheorie durch eine e-Funktion mit asymptotischem Verlauf abgeschätzt werden kann. Die Grundlagen und Einzelheiten der Bemessung sind ausführlich in [12.1, 12.4, 12.21] dargestellt. Die Bemessung erfolgt nach einem Merkblatt für den Entwurf und die Herstellung von Raumgitterwänden und -wällen [12.13].

Umfangreiche Hinweise zur Ausführung werden in [12.4] und [12.13] gegeben. Zum Beispiel sollte bei Wandhöhen über 6 m grundsätzlich ein durchgehendes Streifenfundament vorgesehen werden. Die Verdichtung des Füllmaterials sollte lagenweise durchgeführt werden. Die Wandneigung von Raumgitterkonstruktio-

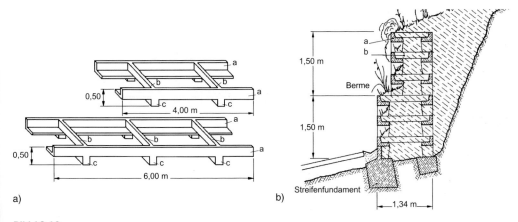

Bild 12.19
Beispiel für Raumgitterstützwand aus rahmenartigen Fertigteilen (nach Brandl [12.4])
a) Elemente der Evergreen-Pflanzenwand: a Längsträger, b Querträger, c Fuß
b) Schnitt durch eine Evergreen-Pflanzenwand: a Längsträger, b Querträger

nen sollte mindestens 10 : 1 oder besser 5 : 1 betragen, um die Begrünung zu erleichtern.

12.7 Bodenvernagelung

Bei der Bodenvernagelung wird der natürlich anstehende Boden mit Betonstahl, den sogenannten Bodennägeln, bewehrt. In der Regel bestehen die Bodennägel aus Gewistahl. Aus Boden, Bewehrung und der mit Matten bewehrten Spritzbetonhaut entsteht ein mehr oder weniger monolithischer Körper. Bild 12.20 zeigt einige Anwendungsbeispiele. Die Bodennägel stellen eine schlaffe Bewehrung dar, so daß zur Begrenzung von Verformungen bei empfindlichen Auflasten eine Kombination mit vorgespannten Ankern zu erwägen ist.

Eine Bodenvernagelung kann als vorübergehende Sicherung von Baugrubenwänden oder als dauernde Sicherung von Geländesprüngen eingesetzt werden. Die Unterschiede bestehen im wesentlichen beim Korrosionsschutz der Bodennägel. Einzelheiten können den bauaufsichtlichen Zulassungen entnommen werden. Eine Bodenvernagelung ist häufig bei kleineren Maßnahmen und beengten räumlichen Verhältnissen wirtschaftlich. Der Anwendungsbereich reicht von allen Lockergesteinsböden bis zum Fels. Wichtig ist, daß der anstehende Boden vorübergehend auf einer Höhe von 1 bis 1,5 m standsicher ist. Zur Unterstützung der vorübergehenden Standsicherheit können in lockeren

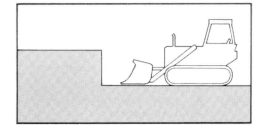

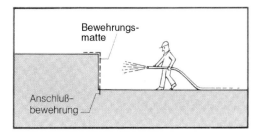

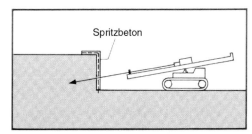

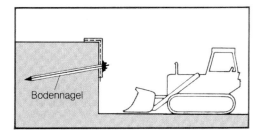

Bild 12.20
Anwendungsbeispiele der Bodenvernagelung
(nach Schmidt und Seitz [12.18])

Bild 12.21
Arbeitsablauf bei einer Bodenvernagelung nach Firma Bauer, Schrobenhausen

12.7 Bodenvernagelung

Sand- und Kiesböden vertikale unbewehrte Kleinpfähle vorab hergestellt werden. Die Wandhöhen reichen bis 14 m und mehr. Der Nagelabstand beträgt in der Regel ca. 1 bis 1,5 m. Die Nagellänge entspricht im Normalfall etwa der 0,5- bis 0,8fachen Wandhöhe. Der Arbeitsfortschritt erfolgt von oben nach unten, d. h. man schneidet in das bestehende Gelände ein (Bild 12.21). Zunächst wird die erste Lage ausgehoben. Danach wird eine bewehrte Spritzbetonhaut aufgebracht. Die Betondicke beträgt ca. 8–15 cm für vorübergehende Zwecke und ca. 15–25 cm bei Dauervernagelungen. Danach werden die Bodennägel mit einer leichten Neigung hergestellt. Der Raum zwischen Boden und Nagel wird mit einer Zementsuspension verfüllt bzw. verpreßt. Die Zementsteindeckung wird durch Abstandshalter gewährleistet. Nachdem die Nägel kraftschlüssig mit der Spritzbetonhaut verbunden sind, kann die nächste Lage hergestellt werden. Neben diesem Standardverfahren sind auch Varianten gebräuchlich [12.4].

Bei ausreichender Nageldichte verhalten sich die Bodenkörper wie ein Monolith. Die Verformungen liegen nach bisherigen Ergebnissen in der Größenordnung von 1 bis 3 Promille der Wandhöhe [12.4]. Modell- und Feldversuche sowie theoretische Überlegungen zeigen, daß der Grenzzustand der Tragfähigkeit durch Starrkörpermechanismen (einfacher Gleitkeil, Zweikörpermechanismus, Gleitkreise) beschrieben werden kann [12.8].

Man unterscheidet zwischen äußerer und innerer Standsicherheit. Bei der äußeren Standsicherheit wird der vernagelte Bodenkörper wie ein Monolith betrachtet. Ähnlich wie bei Schwergewichtswänden sind folgende Nachweise zu führen:

- Gleitsicherheit innerhalb und unterhalb des vernagelten Körpers nach DIN 1054
- Nachweis nach DIN 1054, daß die resultierende Kraft aus ständigen Lasten keine klaffende Fuge erzeugt
- Nachweis der Grundbruchsicherheit nach DIN 4017
- Nachweis der Geländebruchsicherheit nach DIN 4084

Die innere Standsicherheit umfaßt folgende Nachweise:

- Bemessung der Nägel
- Kraftübertragung von den Nägeln in den Untergrund
- Nachweis der Spritzbetonhaut nach DIN 1045
- Durchstanznachweis nach DIN 1045

Zur Bemessung der Nägel wird vereinfachend das Gleichgewicht des Gleitkörpers ABCF in Bild 12.22 untersucht. Bei der Berechnung von E_a in Bild 12.22 ist eine eventuell vorhandene Auflast P_1 zu berücksichtigen. Aus dem Krafteck ergibt sich die für das Gleichgewicht erforderliche Nagelzugkraft Z_{erf}, die der vorhandenen Zugkraft Z_{vorh} gegenübergestellt wird. Die vorhandene Zugkraft ergibt sich aus der Nagelschubkraft T_g pro m Nagellänge und dem zur Verfügung stehenden Nagelanteil unterhalb der Fuge AB. Dabei geht man von einer konstanten Nagelschubkraft aus [12.8], die durch Ausziehversuche nachzuweisen ist.

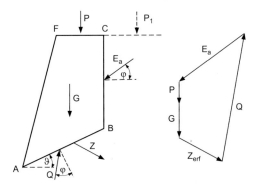

Bild 12.22
Bestimmung der Nagelkräfte (aus Kolymbas [12.10])

Die erforderliche Sicherheit

$$\eta = \frac{Z_{vorh}}{Z_{erf}} \quad (12.6)$$

muß für jeden Winkel ϑ $\eta \geq 2$ betragen. Für Bauzustände darf ϑ auf 1,5 reduziert werden. Die Sicherheit darf alternativ auch auf die Scherfestigkeit bezogen werden [12.4].

Die Kraftübertragung von den Nägeln in den Untergrund wird auf der Baustelle bei 2 bis 5 % der Nägel in Ausziehversuchen nachgewiesen. Bei der Bemessung der Spritzbetonhaut darf der 0,85fache aktive Erddruck mit Rechteckverteilung angesetzt werden. Die Standsicherheitsproblematik wird ausführlich bei Gäßler [12.8] diskutiert. Für weitere Details wird auf [12.4, 12.10, 12.20] verwiesen.

12.8 Bewehrte Erde

Das System „Bewehrte Erde" wurde in den 60er Jahren in Frankreich von Henri Vidal erfunden und zur Praxisreife entwickelt. Es ergeben sich vielfältige Einsatzmöglichkeiten. Vorteilhaft ist das System vor allem dann, wenn Aufschüttungen mit einem Geländesprung geplant sind. Günstig ist das System auch bei weichem Untergrund wegen seiner Setzungsunempfindlichkeit. Ähnlich wie bei der Bodenvernagelung handelt es sich bei der Bewehrten Erde um ein Verbundsystem aus Boden, Bewehrungsbändern und einer Außenhaut. Die Bewehrungsbänder bestehen vorwiegend aus glattem oder quergerripptem Stahl. Für die Außenhaut sind Stahlprofilschalen (Bild 12.23) oder Beton-Fertigteile (Bild 12.24) vorgesehen. Die Herstellung erfolgt abschnittsweise von unten nach oben. Zunächst wird ausgehend von einer Bewehrungslage bis zur nächsten Boden aufgefüllt und verdichtet. Anschließend wird die nächste Bandlage an die bereits aufgestellten Wandelemente angeschlossen und die folgenden Wandelemente gesetzt usw.

Die Mindestlänge der Bänder beträgt ca. die 0,7–0,8fache Wandhöhe H. Die Einbindetiefe sollte bei horizontalem Gelände nicht unter 0,1 H, bei geneigtem Gelände nicht unter 0,2 H liegen (Bild 12.25).

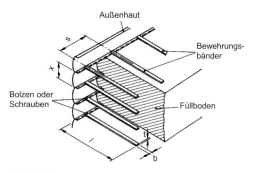

Bild 12.23
Konstruktionsprinzip der „Bewehrten Erde" (Beispiel mit Außenhaut aus Stahlprofilschalen-VR BE 77/81) [12.4]

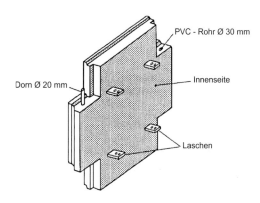

Bild 12.24
Ansicht eines Außenhautelements aus Beton [12.1]

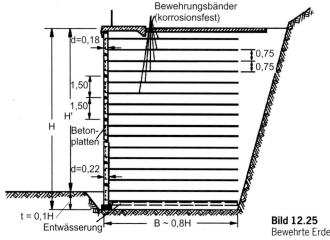

Bild 12.25
Bewehrte Erde mit massiver Außenhaut [12.4]

Wie bei der Bodenvernagelung unterscheidet man zwischen innerer und äußerer Standsicherheit.

Die äußere Standsicherheit umfaßt:
- Grundbruchsicherheit nach DIN 4017
- Gleitsicherheit nach DIN 1054
- Geländebruchsicherheit nach DIN 4084

Zusätzlich dürfen die Winkelverdrehungen $\tan \alpha$ in Richtung der Außenhaut folgende Werte nicht überschreiten:

- $\tan \alpha = 1/300$ für massive Elemente
- $\tan \alpha = 1/100$ für Stahlprofilschalen

Zum Nachweis der inneren Standsicherheit geht man von einem unter $\vartheta_a = 45 + \varphi'/2$ geneigten Gleitkeil aus (Bild 12.26). Als Belastung wird der aktive Erddruck mit einem Wandreibungswinkel $\delta = 0$ und einer linearen Tiefenzunahme angesetzt. Aus dem vertikalen und horizontalen Abstand der Bänder a bzw. s ergibt sich in der Tiefe h_i die auf ein Band entfallende Zugkraft Z_i infolge Erddruck zu

$$Z_i = K_a \cdot \gamma \cdot h_i \cdot a \cdot s \qquad (12.7)$$

wobei γ die Bodenwichte und K_a den Erddruckbeiwert bezeichnet. Die Profilstärke der Bänder muß so gewählt werden, daß mit mindestens 1,5facher Sicherheit ein Bandbruch ausgeschlossen ist. Der Anschluß an die Außenhaut darf jeweils mit 85% der maximalen Bandzugkraft nachgewiesen werden. Bandbreite und Bandlänge sind so zu dimensionieren, daß ein Herausziehen verhindert wird. Dazu ist für das Einzelband eine 1,5fache Sicherheit und für das Gesamtsystem eine 2fache Sicherheit nachzuweisen. Einzelheiten sind in [12.2] geregelt. Umfangreiche Erläuterungen sind in [12.1], [12.4] und [12.7] zu finden.

Neben den Grundlagen zur Berechnung werden in [12.2] auch ausführliche Hinweise zur Ausführung gegeben. Die Außenhaut wird auf ein unbewehrtes Streifenfundament gestellt. Die Füllböden müssen sorgfältig verdichtet werden. Die Anforderungen an den Korrosionsschutz sind zu beachten.

Bewehrte Erde kann nicht nur in engerem Sinne nach Vidal verstanden werden. Bei einer weiter gefaßten Definition kommen auch andere Zugglieder wie Reibungsbänder, Matten oder Gitter in Frage (Einzelheiten dazu s. Brandl [12.4]).

12.9 Stützmauern aus Kunststoffen und Erde

In den letzten Jahren werden zunehmend Stützkonstruktionen auch aus Kunststoffen und Erde hergestellt. Je nach Bauweise können die Kunststoffe verschiedene Funktionen überneh-

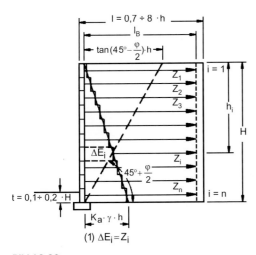

Bild 12.26
„Bewehrte Erde": Geometrie des Bauwerkes und Ansatz des aktiven Erddruckes E_a auf die Außenwand [12.4]. Es gilt $\Delta E_i = Z_i$

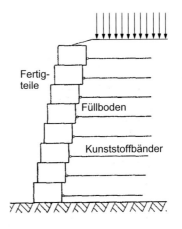

Bild 12.27
Stützmauer aus Fertigteilen mit Kunststoffbänderbewehrung (nach Wichter und Nimmesgern [12.25])

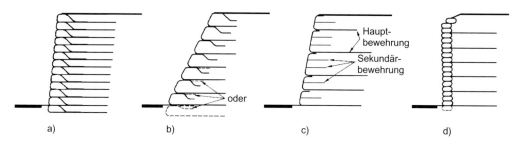

Bild 12.28
Querschnitte von Polsterwänden (nach Brandl [12.4])
a) meist Vliese, b) meist Gewebe, c) Gitter, Gewebe, Vliese,
d) Gewebe oder Kombinationen aus Gewebe/Gitter, Vliese/Gitter

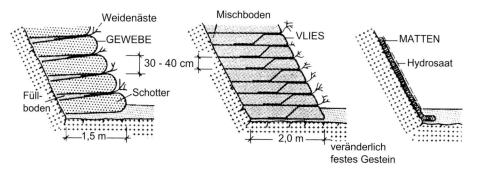

Bild 12.29
Stütz- bzw. Verkleidungsmaßnahme aus begrünbaren Geotextil-Wänden; Breiten je nach Untergrund, Verfüllboden und Geotextil (nach Brandl [12.4])

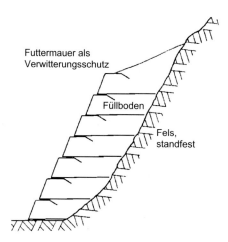

Bild 12.30
Futtermauer aus Kunststoff und Erde
(nach Wichter und Nimmesgern [12.25])

men. Zum Beispiel kann die Außenhaut aus Betonfertigteilen bestehen, woran eine Bewehrung aus Kunststoffbändern angehängt wird (Bild 12.27).

Die Bewehrungslagen können jedoch auch an der Luftseite umgeschlagen werden. In diesem Fall spricht man von Polsterwänden (Bild 12.28).

Als Kunststoffeinlagen kommen Gewebe, Vliese, Gitter und Matten in Frage. Die Materialien bestehen hauptsächlich aus Polyester (PES) und hochdichtem Polyethylen (PEHO) [12.4, 12.25].

Polsterwände weisen eine Reihe von Vorteilen auf. Zum Beispiel ist in der Regel kein Streifenfundament an der Außenhaut erforderlich. Die Konstruktionen sind in der Regel sehr flexibel, so daß die Winkelverdrehung an der Außenhaut nicht nachgewiesen werden muß. Polsterwände können auch begrünt werden (Bild 12.29).

Ist die Böschung in sich bereits standsicher, kann die Verkleidung aus Kunststoff und Erde wie eine Futtermauer wirken (Bild 12.30).

Für die Bemessung gibt es derzeit noch keine allgemein eingeführte und verbindliche Vorschrift [12.25]. Wenn die Bewehrungslagen an Außenwandelementen angeschlossen werden, können sinngemäß die Nachweise wie bei der konventionellen Bewehrten Erde geführt werden (s. Abschnitt 12.8). Soweit bauaufsichtliche Zulassungen vorliegen, sind auch statische Nachweise angegeben. Berechnungshinweise finden sich auch im Merkblatt für die Anwendung von Geotextilien im Erdbau [12.5], in [12.4] sowie in [12.25].

13 Einschätzung der Tragfähigkeit vorhandener Gründungen und ihre Ertüchtigung *

13.1 Allgemeine Bemerkungen

Alte Gebäude zeigen oft Schwächen, deren Ursachen in unzureichender Tragfähigkeit der Fundamente zu suchen sind. Der französische Architekt und Baumeister Planat führte zur Bedeutung der Gründung von Bauwerken in [13.7] an: „Die Fundamente eines Bauwerks sind dessen wichtigster Teil. Selbst wenn die Mauern die notwendige Dicke hätten und sie aus ausgezeichnetem Material bestünden, würden ungleichmäßige Setzungen infolge fehlerhafter Gründungen rasch zu schwerwiegenden Schäden führen. Die Aufmerksamkeit des Baumeisters muß sich deshalb vor allem auf diesen Teil des Bauwerks lenken." Die Bedeutung der Gründung wurde in den vergangenen Epochen unterschiedlich bewertet. Viollet-le-Duc bemerkt dazu im Abschnitt Gründungen seines „Dictionnaire" [13.10]:

„Der Baumeister muß akzeptieren, daß bedeutende Summen für diesen Teil des Bauwerks aufgewendet werden, vielleicht mehr als für das Gebäude selbst, welches allein von Macht und Reichtum zeugt. Dies erklärt, warum einige unserer Kathedralen schlecht gegründet sind." In diesem Zusammenhang führt er die Kathedralen von Troyes, Châlons sur Marne und Meaux an und schreibt weiter: „Die Sorgfalt bei der Ausführung der Gründung von Bauwerken hat sich verändert. Die Römer haben ihre Bauwerke immer auf festen und widerstandsfähigen Boden gegründet, wenn nötig mit Hilfe von Schichten aus Schotter und Steinbrocken, manchmal aus einer Mischung von Bruchstücken gebrannter Erde und einem ausgezeichneten Mörtel, die eine homogene, solide Grundlage bilden."

Viollet-le-Duc fügt hinzu: „Während der romanischen Periode wurden die Bauwerke i.a. schlecht gegründet. Im 12. Jh. erlaubte eine verbesserte Technik, die typischen Fehler romanischer Bauten zu vermeiden. Die gotischen Baumeister hatten allerdings nicht die gleichen Skrupel wie wir: Wenn sie einen gut verdichteten und durch den Einfluß des Wassers verfestigten Boden aus früheren Aufschüttungen vorfanden, so zögerten sie nicht, sich darauf niederzulassen. Morastige Böden und Schwemmland schienen ihnen ausreichender Baugrund zu sein, aber sie gaben der Basis der Fundamente einen guten Unterbau. Sie versäumten es nie, alle Gründungskörper untereinander zu verbinden. Für ein aus Mauern und einzelnen Pfeilern bestehendes Bauwerk bildeteten sie unter dem Boden einen Mauerwerksrost, um alle Teile der Gründung an der Lastabtragung zu beteiligen. Im 14. und 15. Jh. wurden die Gründungen mit großer Sorgfalt auf gewachsenem Boden mit grob behauenen Bruchsteinen hergestellt. Im Bereich der Hauptlastpunkte und unter zahlreichen Verbindungsmauern wurden diese Steine miteinander verbunden durch Holzstücke oder durch Eisenklammern. Zu dieser Zeit sind die Gründungskörper oft mit der gleichen Sorgfalt wie die aufgehenden Bauteile hergestellt worden."

Viele der alten Gebäude haben trotz Schwächen in der Gründung ihre Funktionsfähigkeit über Jahrhunderte bewiesen. Schäden zeigen sich meist in Form von Mauerwerksrissen als Folge von unverträglichen Setzungsunterschieden. Konstruktiv planende Ingenieure, die sich mit der Instandsetzung von alten Bauwerken befassen, müssen sich gegenüber ihrer Tätigkeit bei der Planung von Neubauten völlig umstellen. In der Regel findet man ein Bauwerk vor, das im Lauf seiner Geschichte vielfältige Schäden erlitten hat, die im allgemeinen immer nur notdürftig repariert wurden und meistens nicht dokumentiert sind. Nur durch intensive Beobach-

---

* Verfasser des Kapitels 13: Dr.-Ing. J. Steiner

tung des Bauwerks und seiner Schäden kann auf das oft im Laufe langer Zeiträume eingespielte Tragverhalten und die vorhandenen Bauteilbeanspruchungen geschlossen werden. Das tatsächliche Tragverhalten und der Kraftfluß in alten Bauwerken können nur durch zutreffende Interpretation von Deformationen, Rissen und punktuellen Schäden einigermaßen zuverlässig beurteilt werden. Mit den sonst üblichen bauaufsichtlich eingeführten DIN-Normen kann man an die Aufgabe, die aktuelle Standsicherheit eines geschädigten Bauwerks zu überprüfen, nicht herangehen. Übliche statische Nachweise ohne Berücksichtigung des Verformungs- und Rißzustandes und die gleichzeitige Forderung nach Einhaltung von normgemäßen Sicherheiten sind untaugliche Mittel und würden – rigoros angewendet – das Ende vieler historischer Bauten darstellen.

Der Ingenieur muß vielmehr versuchen, die tatsächliche Standsicherheit unter der aktuellen Belastung und anhand der möglichen Erkenntnisse über die Eigenschaften der Baustoffe abzuschätzen. Das Ergebnis solcher Voruntersuchungen wird in der Regel in einem Gutachten dem Bauherrn und der zuständigen Behörde mitgeteilt. Evtl. Gefährdungen – z. B. drohendes Stabilitätsversagen ohne vorhergehende erkennbare Verformungszunahme – sind dabei aufzuzeigen. Ebenso ist anzugeben, ob die Nutzung einer baulichen Anlage eingeschränkt bzw. untersagt werden muß. Pieper hat in [13.6] die einzelnen Schritte einer Instandsetzungsaufgabe verglichen mit der Arbeit eines Arztes an einem kranken Menschen.

Die **Anamnese** stellt die Suche nach allen Informationen zum Bauwerk, zu seiner Geschichte und zur Entwicklung von Schäden dar.

Die **Diagnose** ordnet Ursachen und Wirkungen einander zu. In dieser Phase wird aufgespürt, warum ein Bauwerk Schäden erlitten hat.

Die **Therapie** schließlich zeigt auf, wie und mit welchen Hilfsmitteln die Schäden behoben werden können. In der Regel werden dabei mit der Bauherrschaft und den zuständigen Denkmalbehörden unterschiedliche Maßnahmen zu diskutieren sein. Für den Ingenieur ist es wichtig, daß an den für die Standsicherheit als kritisch erkannten Punkten eines Bauwerks der Zugewinn an Sicherheit durch bestimmte Maßnahmen abgeschätzt werden kann. Wird z. B. durch den Einbau eines Zugankers die rechnerische Wandspannung eines Mauerwerkspfeilers um ein Drittel reduziert, so ist damit für dieses Bauteil die Erhöhung der punktuellen Sicherheit um 50 % verbunden. Einen solchen Zugewinn an relativer Sicherheit wird in der Regel auch ein Prüfingenieur, der mit Instandsetzungsmaßnahmen vertraut ist, mittragen und akzeptieren. Bei größeren Instandsetzungsmaßnahmen sollte grundsätzlich darauf geachtet werden, daß der Prüfingenieur frühzeitig in die Aufgabe eingebunden wird.

Auch die Durchführung von Instandsetzungsmaßnahmen weicht von der üblichen Tätigkeit des beratenden Ingenieurs ab. Erforderlich sind ins Detail gehende Arbeitsanweisungen in Ausschreibungsunterlagen und in Plänen. Unerläßlich ist auch durchgehende Baustellenpräsenz. Nur so können Instandsetzungsmaßnahmen an Gründungskörpern und am Gebäude selbst, sei es mit Hilfe von Methoden des Ingenieurbaus oder mit Hilfe fast verschütteter handwerklicher Techniken, planmäßig umgesetzt werden. Nur so ist aber auch eine rasche Reaktion auf unvorhergesehene Ereignisse oder neue Feststellungen im Laufe der Arbeiten denkbar. Oftmals werden vor Ort Möglichkeiten für veränderte Konzepte aufgezeigt, die im Sinne wirtschaftlicher Durchführung eines Projekts umgehend einzuplanen sind und rasch zur Baustelle zurückfließen müssen.

Wie bei Neubauten stehen auch bei genutzten historischen Gebäuden die Forderungen der Standsicherheit und der Gebrauchstauglichkeit im Vordergrund. Die buchstabengetreue Anwendung der aktuellen DIN-Normen auch beim Nachweis alter Gebäude ist nicht angebracht. Neue Normen sind nicht für den sensiblen Umgang mit alten Gebäuden gemacht. Viele Gebäude, die seit Jahrhunderten ihre Standsicherheit bewiesen haben, müßten bei Anwendung der heutigen Normen eigentlich schon eingestürzt sein.

13.2 Bauweisen historischer Gründungen

Wegen der für Landwirtschaft und Handel offensichtlichen Vorteile war die Nähe von Gewässern zu allen Zeiten Ausgangspunkt für bedeutende Ansiedlungen.

Die unterschiedliche Qualität der dort anzutreffenden Böden im bodenmechanischen Sinn hängt nicht zuletzt mit der Intensität der Bewegung des Wassers zusammen. So konnten sich im Bereich stärker bewegter Flußabschnitte eigentlich nur nichtbindige körnige Sande und Kiese mit hoher Tragfähigkeit und geringer Setzungsempfindlichkeit absetzen. In ruhigeren Gewässerzonen, z. B. an Seitenarmen großer Flüsse oder an Seeufern konnten sich schichtweise feinkörnige Bestandteile (Schluff) oder organische Substanzen ablagern, was zur Entstehung entsprechend nachgiebiger weicher Schichten führte.

Die Probleme und die Erfahrungen mit solchen Böden (Seeton, Mudde, Torf) führten im Lauf der Zeit zu entsprechenden Reaktionen bei der Gründung von Bauwerken.

13.2.1 Flachgründungen

Flach gegründete Einzel- bzw. Streifenfundamente wurden ausgeführt, wenn man Kiese, Sande oder steife tonige Böden mit einer als ausreichend erachteten Belastbarkeit vorfand. Auf dem Baugrund wurden zunächst – oft unvermörtelt – Natursteine aufgeschichtet, die den eigentlichen Fundamentkörper bildeten (Bild 13.1). Darüber wurde als Übergang zu den aufgehenden Wänden mit vermörtelten Schichten aus Naturstein- oder Ziegelmauerwerk weitergearbeitet.

Bild 13.2
Streifengründung mit gemauertem Sohlgewölbe

In vielen Fällen ergaben sich dabei Bodenpressungen, die weit über den nach heutigen Vorschriften als zulässig erachteten Werten lagen.

Bei entsprechend engen Wandabständen wurde verschiedentlich versucht, mit Hilfe von flachen gemauerten Sohlgewölben die wirksame Fundamentfläche zu vergrößern. In den Außenfeldern war jedoch wegen des unzureichenden Widerlagers die Wirksamkeit solcher Gewölbe zumindest eingeschränkt (Bild 13.2).

Bei weichen Böden mit geringer Tragfähigkeit wurden bis zum 19. Jh., vor allem wenn unterhalb des Grundwasserhorizonts gearbeitet werden mußte, zur Stabilisierung Hilfsmittel aus

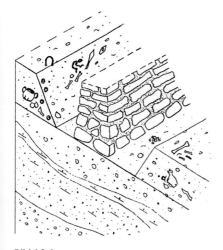

Bild 13.1
Flachgründung aus Natursteinen [13.2]

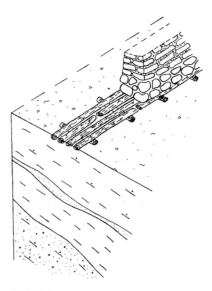

Bild 13.3
Streifenfundament mit Schwellenrost [13.2]

Holz verwendet. Unter den Mauerwerkskörpern wurden dazu rostartig Rundhölzer bzw. Balken aus Eiche- oder aus Kiefernholz verlegt. Mit solchen Schwellenrosten konnten Ungleichmäßigkeiten im Baugrund verteilt und Querwände mit einem gewissen Kraftschluß angeschlossen werden (Bild 13.3).

13.2.2 Tiefgründungen

Darunter versteht man bis zum 19. Jh. die Gründung auf eingerammten Holzpfählen. Sie wurden angewendet, wenn eine tragfähige Schicht erst in größerer Tiefe zu erwarten und ein hoher Grundwasserspiegel vorhanden war.

Bis zum 17. Jh. bestanden die Pfähle meistens aus Nadelhölzern mit einem Durchmesser von 15 bis 20 cm und Längen von 1,50 bis 3,00 m. Meistens erreichten sie nicht die tragfähige Schicht. Bei der sogenannten Spickpfahlgründung wurden die Pfähle mit engem Abstand in die weichen Böden eingerammt. Auf den Pfahlköpfen wurden die Fundamente aus Natursteinblöcken aufgebaut (Bild 13.4).

Bei der Pfahl- bzw. Schwellengründung wurden auf den Pfahlköpfen zunächst Schwellenroste aufgelegt. Erst im 18. Jh. wurden Pfähle mit Längen bis zu 6 m hergestellt, die auch manchmal mit ihrer Spitze die tragfähige Schicht erreichten (Bild 13.5).

Gemauerte Tiefgründungen aus dem 19. Jh. und dem Anfang des 20. Jh. wurden bei Kirchen, Schulen aber auch bei Wohngebäuden an-

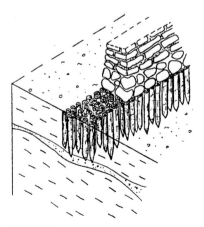

Bild 13.4
Spickpfahlgründung [13.2]

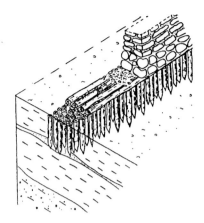

Bild 13.5
Pfahl-Schwellengründung [13.2]

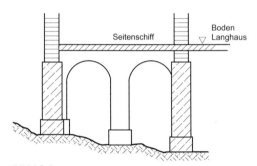

Bild 13.6
Tiefgründung mit bogenartig verbundenen Pfeilern

gewendet. Im allgemeinen wurden dabei tiefliegende Gründungskörper in bogenartig verbundene Mauerpfeiler aufgelöst (Bild 13.6).

13.3 Ursachen für Schäden an der Gründung alter Gebäude

Nach den Bauordnungen sind bauliche Anlagen so zu planen und auszuführen, daß die öffentliche Sicherheit oder Ordnung, insbesondere Leben, Gesundheit oder die natürlichen Lebensgrundlagen nicht bedroht werden und daß sie ihrem Zweck entsprechend ohne Mißstände benutzbar sind. Dies heißt, daß alle baulichen Anlagen – neue und alte – standsicher und auf Dauer gebrauchstauglich sein müssen. Bei alten Gebäuden zeigen sich Probleme in der Gründung im allgemeinen an Rissen, die meistens auf ungleichmäßige Setzungen zurückzuführen sind. Aus dem Verlauf und der Richtung der

13.3 Ursachen für Schäden an der Gründung alter Gebäude

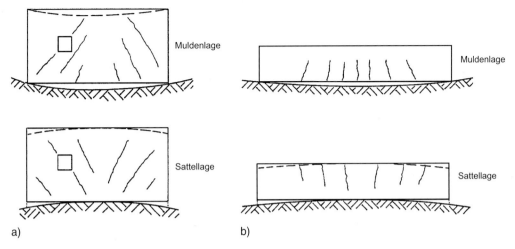

Bild 13.7
Verlauf von Setzungsrissen in Wänden
a) Schubrisse bei hohen Wänden, b) Biegerisse bei langgestreckten, niedrigen Wänden

Risse kann in der Regel darauf geschlossen werden, welcher Gebäudeteil sich stärker gesetzt hat (Bild 13.7).

Ob die Setzungen eines Gebäudes zur Ruhe gekommen sind oder ob es sich um einen noch andauernden Setzungsverlauf handelt, ist anhand der Risse nicht ohne weiteres erkennbar. Das Anbringen geeigneter Gipsmarken (Bild 13.8) ist zwar eine Möglichkeit, relativ rasch anwachsende Rißbreiten nachzuweisen. Zum Nachweis extrem langsam ablaufender Kriechsetzungen mit Zuwachsraten von ca. 0,1 mm/Jahr sind Gipsmarken jedoch nicht geeignet. Über die Erfordernis von Instandsetzungsmaßnahmen an Gründungen entscheidet nicht allein die Tatsache, daß Setzungen ein- und Risse aufgetreten sind. Es muß vielmehr abgeschätzt werden, ob eventuelle weitere Setzungen einem Gebäude Schäden zufügen können, die sowohl die Standsicherheit als auch die Gebrauchstauglichkeit inakzeptabel beeinträchtigen.

Setzungen können verschiedene Ursachen haben (s. Abschnitte 13.3.1 und 13.3.2).

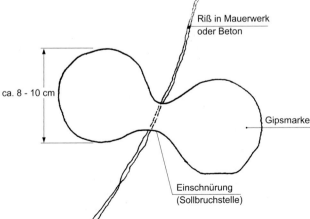

Bild 13.8
Funktionsgerechte Gipsmarke

13.3.1 Grundbrucherscheinungen

Unter Grundbruch versteht man das seitliche Ausweichen des Erdreichs infolge einer zu hohen örtlichen Bodenpressung. Alte Gebäude, die auf nichtbindigen Böden gegründet wurden, hatten in der Regel keine Probleme mit einer ausreichenden Sicherheit gegen Grundbruch. Verschiedentlich, z. B. bei Kirchtürmen mit konzentrierten hohen Lasten auf geringen Flächen und Bodenpressungen von 0,5 N/mm² und mehr zeigte sich jedoch auch grundbruchartiges Versagen (Beispiel 3, Abschnitt 13.5.3).

13.3.2 Setzungen bei Gründung auf nichtbindigem Boden

Bei körnigem, nichtbindigem Baugrund zeigen sich Setzungen in Abhängigkeit von der Bodenpressung fast zeitgleich mit dem Aufbringen der Lasten. Solche Setzungen sind in der Regel kurz nach dem Ende der Bauarbeiten abgeschlossen und führen nicht zu Problemen, wenn nicht eine äußerst ungleichmäßige Lastverteilung zu unterschiedlichen, eventuell unverträglichen Setzungen führt. Nachsetzungen sind bei Gebäuden auf nichtbindigem Baugrund im allgemeinen nur dann zu erwarten, wenn der Grundwasserspiegel erheblich absinkt und der betroffenen Erdschicht der Auftrieb entzogen wird.

13.3.3 Setzungen bei bindigem Baugrund

Wenig problematisch als Baugrund sind auch bindige Schichten, die – in geologischen Zeiträumen gesehen – etwa durch den Druck von Gletschereis vorbelastet waren, dadurch komprimiert wurden und an Festigkeit gewonnen haben. Oft wurden Gebäude in früheren Zeiten jedoch auf geologisch unbelastetem Baugrund z. B. in der Nähe von Flüssen errichtet. Die Reaktion in Form von Setzungen zeigt sich bei solchen Gebäuden in mehreren Phasen.

Grundbruchartige Setzungen treten in weichen Böden dann auf, wenn diese eindeutig überlastet sind. Solche Überlastungen zeigen sich auch bei bindigen Böden in der Regel meistens schon während der Bauphase. Ansonsten stellen sich bei bindigen Böden die Setzungen mit erheblicher Verzögerung ein. Bindige Böden haben einen großen Porenraumanteil, der in der Regel mit Wasser gesättigt ist. Meistens entspricht das Feststoffvolumen in etwa dem Volumen der Poren. Eine weiche, bindige Schicht drückt sich unter Last zusammen, wenn das Wasser aus den Poren herausgedrückt wird. Wegen der geringen Durchlässigkeit bindiger Böden ist dies ein langfristiger Vorgang. Die Last wird zunächst vom Feststoffgerüst und dem Porenwasserüberdruck getragen. Im Zuge der Verringerung des Porenwasservolumens erfolgt eine Lastumlagerung auf den Feststoff. Die damit einhergehende Zusammendrückung wird als Primärsetzung bezeichnet; die Pressung aus Last vergrößert sich auf den Endwert der sogenannten wirksamen Spannung. Bei gleichbleibender Last wird der Boden allerdings weiter komprimiert; man spricht von Sekundär- bzw. Kriechsetzungen. Die jährlichen Setzungsraten klingen zwar mit zunehmender Komprimierung ab und streben einem Endwert zu. Eine Prognose darüber, wie lange die Setzungen andauern können, ist jedoch schwierig und bedarf der Mithilfe eines versierten Baugrundfachmanns. Er hat die Möglichkeit, mit Hilfe von Ödometerversuchen die Zusammendrückbarkeit einer Bodenschicht zu ermitteln und daraus bei sorgfältigem Aufschluß der Schichten in etwa die noch zu erwartenden Setzungen und die dafür erforderliche Zeit rechnerisch abzuschätzen [13.3].

Anhand solcher Prognosen und der daraus abzuleitenden Vergrößerung von Setzungen und insbesondere von Setzungsunterschieden ist im Einzelfall zu entscheiden, ob evtl. weiter zunehmende Rißbildung die Standsicherheit und die Gebrauchstauglichkeit eines Gebäudes beeinträchtigen können. Ist dies der Fall, so sind Instandsetzungsmaßnahmen am Verursacher, der unzureichenden Gründung, angezeigt. In verschiedenen Quellen, siehe z. B. Abschnitt 3.2 und [13.8], werden ertragbare, relative Setzungsunterschiede zwischen mehreren Punkten in Abhängigkeit von ihrem Abstand angegeben. Der Tragwerksplaner muß jedoch in Abhängigkeit vom Aufbau und vom Zustand der Fundamente und der Gebäudewände im konkreten Einzelfall über die Erfordernis und die Intensität von Instandsetzungsmaßnahmen entscheiden. Die genannten Empfehlungen sind nur begrenzt anwendbar, da es sich um Werte für neue Gebäude handelt.

13.3.4 Setzungen infolge Verrottung alter Holzpfahlgründungen

Da die Pfahlspitzen bei alten Gebäuden meistens nicht die tragfähige Schicht erreicht haben, wird die Gebäudelast ähnlich wie bei modernen Pfahl-Plattengründungen (s. Kapitel 8) abgetragen. Mit dieser Lastabtragung sind Langzeitsetzungen in zwei unterschiedlichen Ebenen verbunden.

Die Beständigkeit von Holzpfählen hängt davon ab, ob sie ganz in das Grundwasser eintauchen. Solange dieser Zustand aufrecht erhalten wird, ist eine langfristige Haltbarkeit gewährleistet. Einwirkungen von Bakterien oder von Chemikalien führen nur sehr langsam zur Entfestigung und Beeinträchtigung der Belastbarkeit.

Für die Haltbarkeit von wesentlicher Bedeutung ist die Wassersättigung des Holzes. Deshalb unterliegen Pfahlköpfe über dem Wasserspiegel einer erheblichen Gefährdung. Geht die Wassersättigung infolge sinkender oder schwankender Grundwasserhorizonte verloren, so muß mit Pilzbefall und nachfolgender Zerstörung des Holzes gerechnet werden. Nach Jahresfrist kann die Tragfähigkeit bereits beeinträchtigt sein, die Zerstörung des Holzes und der Verlust der Pfahltragfähigkeit sind dann nicht mehr aufzuhalten.

Bei Spickpfahlgründungen, z. B. am neuen Museum auf der Museumsinsel in Berlin, äußert sich die zunehmende Zerstörung der Holzpfähle in periodisch wiederkehrenden plötzlichen Setzungen infolge des sukzessiven Zusammenbruchs ganzer Pfahlgruppen.

Die Wandlasten werden in einem solchen Fall in die höher gelegene und evtl. weniger tragfähige Fundamentsohle umgelagert. Dadurch werden neben neuen Primärsetzungen wieder langandauernde, evtl. verstärkte Kriechsetzungen mit entsprechender Rißbildung oder Rißaufweitung in den Wänden ausgelöst. Eine kontinuierliche meßtechnische Setzungsbeobachtung mit Hilfe eines Feinnivellements ist deshalb unumgänglich. In der Regel sind bei drohendem Verlust der Tragfähigkeit von Holzpfahlgründungen Instandsetzungsmaßnahmen nicht zu vermeiden.

13.3.5 Setzungen infolge von Baugruben neben Gebäuden

Bei Baugruben größerer Tiefe in unmittelbarer Nähe bestehender Gebäude ist es nicht ausreichend, bei der Bemessung der Baugrubensicherungsmaßnahmen nur auf die Standsicherheit zu achten. Da sich jede horizontale Verformung einer Spundwand oder eines Berliner Verbaus infolge der Volumenumlagerung im Erdreich in Setzungen eines unmittelbar benachbarten Gebäudes auswirken muß, ist grundsätzlich darauf zu achten, daß verformungsarme Bauweisen zur Anwendung kommen und mit Hilfe vorgespannter Verpreßanker nach DIN 4125 hinter nachgiebigen Verbauträgern ein Erddruckzustand erzeugt wird, der Entspannungen verhindert (s. Kapitel 10).

13.3.6 Setzungen infolge Wasserentzug

Baumaßnahmen in unmittelbarer Nähe von bestehenden Gebäuden bedürfen neben einer Sicherung der Baugrubenränder manchmal auch einer Absenkung des Grundwasserspiegels. In Abhängigkeit von der gewählten Technik sind mit einer Grundwasserabsenkung mehr oder weniger weit in die Umgebung reichende Absenktrichter verbunden. Der damit verbundene Auftriebsverlust der betroffenen Schichten führt zu Nachsetzungen, die von alten Gebäuden meistens nicht ohne Schäden ertragen werden.

Schäden infolge Entwässerung bindiger Schichten sind in der Vergangenheit auch dann entstanden, wenn z. B. bei der Neuanlage kommunaler Entwässerungssysteme in Straßen tiefreichende Rohrgräben hergestellt wurden, die als Vorfluter wirkten und zur langsamen Entwässerung benachbarter bindiger Schichten mit nachfolgenden Kriechsetzungen geführt haben (s. Abschnitt 13.5.2, Beispiel 2).

In längeren Trockenperioden kann dem Boden durch Bäume, die in der Nähe von Gebäuden gepflanzt wurden, so viel Wasser entzogen werden, daß die damit einhergehenden Schrumpfungen zu erheblichen Schäden wie z. B. abgerissenen Gebäudeecken führen können. Mit zunehmender Größe und mit zunehmendem Alter eines Baums steigt auch sein Wasserbedarf, so daß sich damit zusammenhängende Schäden erst zu einem entsprechend späten Zeitpunkt einstellen können [13.4, 13.5]. Die Rißbildungen erreichen oft Breiten von mehreren Millimetern, so daß auch in diesen Fällen Instandsetzungsmaßnahmen unumgänglich sind.

13.4 Instandsetzung von schadhaften Gründungen

Die Wahl geeigneter Instandsetzungsmaßnahmen setzt eine sorgfältige Aufnahme der Schäden und eine intensive Suche nach den möglichen Schadensursachen voraus.

Bei unzureichender Grundbruchsicherheit besteht die Möglichkeit, vorhandene Flachgründungen zu verbreitern (s. Abschnitt 13.5.3, Beispiel 3). Wenn das Ziel einer Instandsetzungsmaßnahme darin besteht, langandauernde Setzungsvorgänge zu bremsen, wird man nicht umhinkommen, die Gebäudelasten mit Hilfe einer nachträglichen Tiefgründung in geeignete feste Bodenschichten einzuleiten.

Nachfolgend werden Möglichkeiten der Nachgründung beschrieben.

13.4.1 Fundamentverbreiterung ohne Tieferlegung der Gründungssohle

Eine Fundamentverbreiterung wird im allgemeinen durch den Einbau beidseitiger Streichbalken aus Stahlbeton hergestellt. Solche Balken können wegen des vorübergehenden Abgrabens bis zur vorhandenen Fundamentssohle nur in kürzeren Abschnitten, ähnlich wie bei einer Unterfangung nach DIN 4123, hergestellt werden, damit auch im Bauzustand die Gefahr des Grundbruchs ausgeschlossen wird. Eine sorgfältige Ermittlung der vorhandenen Fundamentbelastung, ggf. vorübergehende Entlastung der zu verbreiternden Fundamente und zielsichere Bodenaufschlüsse durch den Baugrundfachmann sind Voraussetzung für Arbeiten auf dem Niveau der Gründungssohle.

Der Kraftschluß der Streichbalken wird erreicht (Bild 13.9)

- entweder durch Querbalken im Fundamentbereich, die mit den Längsbalken kraftschlüssig verbunden werden
- oder mit Hilfe von abschnittsweise eingebauten Querspanngliedern

Das Gefüge der vorhandenen Fundamentkörper muß mit Hilfe der gängigen Methoden (Injizieren, Vernadeln) vor Beginn der Eingriffe stabilisiert werden. Da bei Maßnahmen der Baugrubensicherung und der Unterfangung nach aller Erfahrung oft improvisiert wird, ist eine lük-

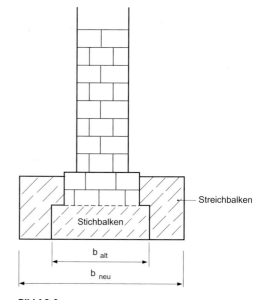

Bild 13.9
Fundamentverbreiterung mit beidseitigen Streichbalken und punktuellen Verbindungsbalken

kenlose Überwachung der Baudurchführung unabdingbar.

13.4.2 Tiefergründung mit Hilfe von Verpreßpfählen

Verpreßpfähle, auch Wurzelpfähle genannt, haben Durchmesser von 100–300 mm und müssen DIN 4128 bzw. geltenden Zulassungen entsprechen (s. Kapitel 8). Die Bohrgeräte zur Herstellung von Verpreßpfählen sind kompakt und relativ leicht zu transportieren. Ein Einsatz im Gebäudeinneren ist deshalb in der Regel ohne weiteres möglich. Die Pfähle tragen die ihnen zugewiesenen Lasten weitestgehend über Mantelreibung in die tragfähigen Schichten ein. Die äußere Pfahltragkraft wird von der Länge der Einbindung bestimmt und erreicht bis zu 500 kN.

Besondere Aufmerksamkeit bei der Instandsetzung vorhandener Gründungen verdient die Übertragung der Lasten in die Pfähle.

Ausreichend breite und hohe Fundamentquerschnitte werden beidseitig durchbohrt. Die Übertragung der Lasten in die Pfähle durch Haftung setzt allerdings eine entsprechende Verbundlänge und eine ausreichend rauhe

Bohrlochwandung voraus. Eine in Anspruch genommene Aufweitung des Pfahlkopfes durch verstärkte Ausspülung zur direkten Lastabtragung an der Unterkante der vorhandenen Gründung kann nicht planmäßig in Anspruch genommen werden, da die Abmessungen und die Festigkeiten solcher becherartiger Aufweitungen nicht kontrollierbar sind.

In Anlehnung an die Verbundregelungen bei vorgefertigten Deckenplatten mit Aufbeton entsprechend Heft 400 des Deutschen Ausschusses für Stahlbeton ist bei ausreichender Rauhigkeit eine zulässige Verbundspannung $\tau_0 < 0{,}5\,\tau_{011}$ nach DIN 1045 akzeptabel. Voraussetzung dafür ist allerdings eine ausreichende Rauhigkeit der Bohrlochoberfläche. Für eine zu übertragende Kraft von 100 kN ergibt sich damit bei Vorhandensein von Beton B 25 und einem Pfahldurchmesser von 25 cm eine Verbundlänge $l_v = 0{,}50$ m.

Mögliche Lastübertragungen sind in Bild 13.10 und 13.11 dargestellt.

Die Lösungen mit Streichbalken (s. Abschnitt 13.5.4, Beispiel 4) haben den Vorteil, daß die Fundamente nicht schräg durchbohrt werden müssen und die Bohrungen mit vorhandenen Holzpfählen kollidieren könnten. Außerdem ergibt sich ein schlüssiges Modell der Kraftübertragung, wenn Streichbalken mit senkrecht neben den vorhandenen Fundamenten gebohrten Pfählen gewählt und die Lasten mit Hilfe von Querprofilen aus Stahl oder mit Hilfe der Vorspannung, wie oben geschildert, in die Tiefgründungskörper eingeleitet werden.

Zu beachten sind mögliche Probleme, wenn nur bestimmte Bereiche einer Wand nachgegründet werden sollen. Verpreßpfähle setzen sich nach geringem Einfedern praktisch kaum noch, während evtl. nicht tief gegründete Wandbereiche sich noch weiter setzen können. Die räumliche Begrenzung von Instandsetzungsmaßnahmen muß deshalb in jedem Einzelfall in der Zusammenarbeit zwischen Tragwerksplaner und Baugrundfachmann abgestimmt werden.

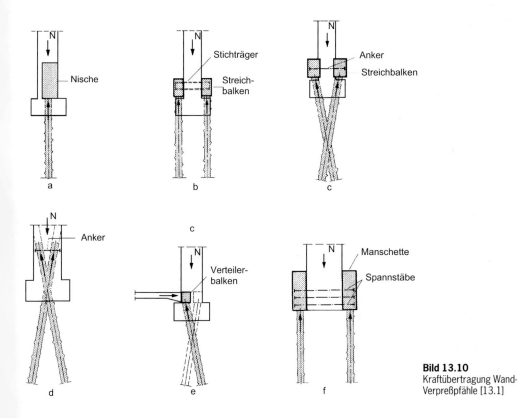

Bild 13.10
Kraftübertragung Wand-Verpreßpfähle [13.1]

13.4.3 Nachgründung mit Hilfe von Hochdruckinjektion

Wegen der Zerstörung evtl. denkmalwürdiger historischer Bausubstanz im Boden unter dem Fundamentbereich ist dieses Verfahren bei der Instandsetzung alter Gründungen nur eingeschränkt anwendbar. Mit dem Verfahren entstehen unterhalb der vorhandenen Gründungskörper unbewehrte Großbohrpfähle. Dazu wird zunächst ein Bohrloch auf die erforderliche neue Gründungstiefe abgeteuft. Mit Hilfe eines rotierenden Hochdruckwasserstrahls (100–400 bar je nach Bodenart) wird von unten her der anstehende Boden zylinderförmig aufgeschnitten. Das gelöste Bodenmaterial wird über den Bohrlochringraum nach oben gespült, gleichzeitig wird der entstehende Hohlraum mit Zementsuspension, die sich mit den Bodenteilchen vermischt, aufgefüllt. So entstehen homogene vermörtelte Säulen, die, nebeneinander gesetzt oder überschnitten, zu Fundamentkörpern beliebiger Größe führen (Bild 13.12).

Der Durchmesser der Säulen ist von der Bodenart, dem Druck des Wasserstrahls und der Ziehgeschwindigkeit des Rohrs abhängig. Die tatsächlich erreichten Durchmesser der Säulen sind bei der Herstellung bereits mechanisch kontrollierbar und werden nach dem Abbinden

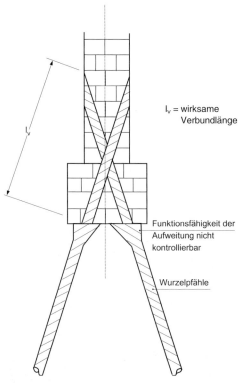

Bild 13.11
Lastübertragung mit schräg gebohrten Wurzelpfählen

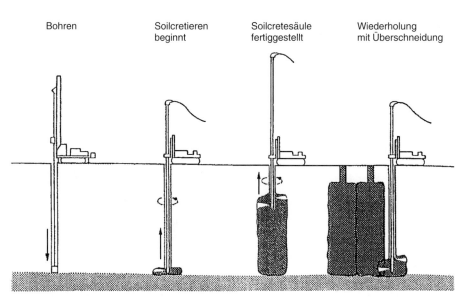

Bild 13.12
Herstellung von HDI-Säulen

durch schräge Kernbohrungen überprüft. Die an den Kernen festzustellende Festigkeit erreicht je nach Bodenart Werte bis zu 5 N/mm². Ein weiterer Vorteil besteht darin, daß der Einsatz der Geräte in bestehenden Gebäuden bereits bei Raumhöhen von ca. 2,50 m möglich ist.

An der Unterkante der vorhandenen Fundamente entsteht beim Ziehen der Injektionsrohre ein direkter Kraftschluß. Auf den Einbau von Hilfskonstruktionen wie Streichbalken o. ä. kann deshalb in der Regel verzichtet werden. Bei begrenzten Flächen mit hohen Lasten, z. B. unter Türmen, ist bei der Anwendung des Verfahrens allerdings zu beachten, daß in Abhängigkeit vom voraussichtlichen Durchmesser der Injektionskörper vorübergehend ein nicht unbeträchtlicher Teil der vorhandenen Fundamentfläche unwirksam ist und die Grundbruchgefahr entsprechend ansteigt.

13.5 Instandsetzung an Beispielen

Die nachfolgenden Beispiele beschreiben einige Instandsetzungsmaßnahmen, bei denen die Schadensursachen im Gründungsbereich zu suchen waren.

13.5.1 Beispiel 1: Evangelische Stadtkirche in Wildbad

Diese Kirche wies viele Risse auf, die immer wieder notdürftig übertüncht worden waren. Zu Beginn der 80er Jahre wurde eine Instandsetzung eingeleitet, als sich Mörtel- und Putzklumpen aus einem Riß in einem Fenstergewölbe gelöst hatten.

Risse zeigten sich umlaufend in den Längswänden des Kirchenschiffs, dort vor allem über den gewölbten Fensteröffnungen. Sie fanden ihre Fortsetzung auch in der geputzten Verkleidung der Decke über dem Kirchenraum (Bilder 13.13 und 13.14). Der Hauptriß wurde im Bereich der größten Konzentration von Rissen in der Deckenverkleidung aufgespürt. An der Wandoberfläche schien er nur 8–10 mm breit zu sein. Nach Abschlagen des Putzes zeigte sich jedoch im Wandmauerwerk ein Spalt von ca. 8–10 cm Breite (Bild 13.15). Er ging vom Fußboden bis zur Traufe durch, seine Breite nahm nach oben zu. Die Risse über den Fenstern hatten Breiten bis zu 5 mm. An verschiedenen Stellen wurden vertikale Scheitelabsenkungen der Bögen über den Fenstern bis zu 5 mm gemessen.

Bild 13.13
Turm der Evangelischen Stadtkirche in Wildbad

Zusammen mit dem Rißbild in der Decke mit der auffälligen Konzentration bei dem beschriebenen Hauptriß konnte vermutet werden, daß Bewegungen stattgefunden haben mußten, in deren Folge sich die stützende Wirkung der Widerlager über den Bögen der Fenster verringert hatte. Das Verformungsbild sprach für eine Sattellagerung des Gebäudes.

Im Zuge der weiteren Voruntersuchungen wurden folgende Maßnahmen veranlaßt:

– Suche nach Dokumenten
– Anlegen von 3 Schürfen zur Erkundung des Baugrundes und zur Erkundung des Fundamentaufbaus bei gleichzeitiger Zuziehung des geologischen Landesamtes

Grundriß M 1:100

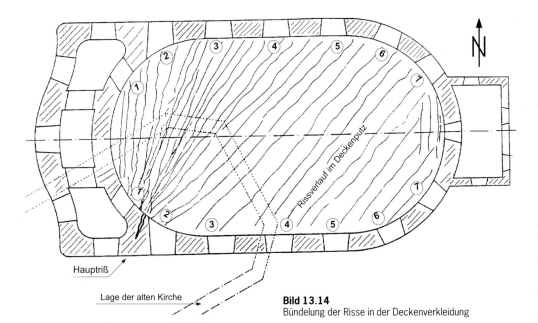

Bild 13.14
Bündelung der Risse in der Deckenverkleidung

Bild 13.15
Stadtkirche Wildbad, Wandriß b ≈ 8 ÷ 10 cm

- Nivellement des umlaufenden Gesimses und Messung einer sichtbaren Schiefstellung des Turms
- meßtechnische Überprüfung der Eigenschwingzahl des Turms und der Amplituden beim Läuten der Glocken

Das Geläute war im Laufe der Bauwerksgeschichte von einer 580 kg schweren Glocke auf 4 Glocken mit insgesamt 3000 kg vergrößert worden.

Neben der Forschung nach den Ursachen war ein wesentliches Ziel der Untersuchung die Beantwortung der Frage, inwieweit die Rißbildungen als abgeschlossen betrachtet werden konnten.

Nach Beendigung der Voruntersuchungen ergab sich folgendes Bild: Im Archiv wurden Dokumente gefunden, aus denen hervorging, daß der Turm während des Kirchenbaus 1748 eingestürzt war. Aus dem Verlauf des Sockelnivellements (Bild 13.16) läßt sich für die Unterkante des Turmhelms eine maximale Auslenkung von ca. 40 cm nach Nordwest rekapitulieren. Diese große Verformung hat wohl zusammen mit dem in schlechter Qualität hergestellten Schalenmauerwerk des Turms den

13.5 Instandsetzung an Beispielen

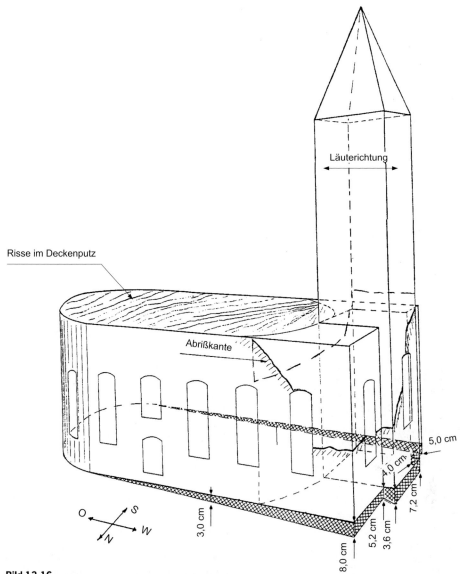

Bild 13.16
Evangelische Stadtkirche Wildbad, Setzungsverlauf

seinerzeitigen Einsturz herbeigeführt. Auf den verbliebenen Mauerwerksresten wurde später wieder aufgebaut. Der Turmstumpf weist eine Auslenkung von 5,6 cm auf. Der obere ergänzte Teil steht dagegen lotrecht. Die Schürfgruben und die weiteren bodenmechanischen Aufschlüsse zeigten, daß die Kirche sehr uneinheitlich gegründet worden war. Der Chorbereich steht auf Festgestein (Rotliegendes), unter dem Turm wird diese Schicht erst vier Meter tiefer angetroffen. Dazwischen liegt eine Schicht aus Enzschotter (sandiger Kies) und eine 1,5 m dicke Zone von verwittertem Rotliegenden. Auch diese Schicht schien zunächst sehr tragfähig zu sein. Sie war jedoch durch Verwitterungsvorgänge plastiziert und erwies sich unter kurzfristig aufgebrachten Lasten als sehr verformungsfähig. Der Verlauf der Setzungslinie und der Verlauf der Festgesteinoberfläche passen zueinander. Die Setzungszunahme im Turmbereich war zurückzuführen auf den großen Massenunterschied gegenüber dem Kirchenschiff. Außerdem war der Turm kraftschlüssig in die anschließenden Kirchenschiffwände eingebunden. Dies führte zunächst zur Mitwirkung größerer Fundamentbreiten an der Übertragung der kirchenschiffseitigen Turmlasten und zu einer weiteren Intensivierung der Schiefstellung des Turms.

Daraus entwickelte sich die angesprochene Sattellagerung und ein „Mitziehen" der Wandbereiche über den Fensteröffnungen mit den ausgeprägten Wandrissen nach Überschreiten der Mauerwerksfestigkeit.

Mitentscheidend für die Beschränkung der Instandsetzung auf die gerissenen Wände war schließlich die Aussage im geologischen Gutachten, daß aller Wahrscheinlichkeit nach dem Bauwerk aus dem Boden keine nennenswerten Verformungen mehr aufgezwungen würden. Dafür sprach auch, daß der nach dem Einsturz wieder aufgebaute Turmteil heute noch lotrecht steht. Auf eine Instandsetzung der Gründung konnte somit verzichtet werden. Die Wände wurden mit Hilfe der gängigen Techniken (Vernadeln und Injizieren) instand gesetzt.

Auf einen Gesichtspunkt sei hier noch kurz hingewiesen. Jeder Fachmann im Team, der auf die Zuarbeit von Sonderingenieuren angewiesen ist, muß sich mit deren Ergebnissen kritisch auseinandersetzen. In Wildbad war es so, daß der Geologe, der die Gegend gut kannte, Aufschlüsse über die ersten Schürfen hinaus zunächst nicht für erforderlich hielt mit dem Argument, hier gebe es nichts Setzungsfähiges. Erst intensive Diskussionen hinsichtlich der Ursachen für die gleichmäßigen Neigungen des Sockels führten schließlich zu weiteren Aufschlüssen des Baugrundes.

Außerdem zeigten Schwingungsmessungen am Kirchturm, daß zwischen dem Turm mit einer Eigenschwingzahl von 2,1 Hz und den maßgebenden dritten Teilschwingzahlen der einzelnen Glocken kein Resonanzzustand bestand und daß die Läutekräfte als Ursache für die Rißbildung ausgeschlossen werden konnten. Dies ist nicht immer so. Deshalb sollten bei dynamisch beanspruchten, gerissenen Bauwerken auch Rißbreitenmessungen während der dynamischen Beanspruchung, z.B. wie während des Läutens, durchgeführt werden. Das Maß der Rißbreitenveränderung gibt Hinweise darauf, wie der dynamische Einfluß auf Rißentstehung und Rißwachstum zu beurteilen ist.

13.5.2 Beispiel 2: Katholische Pfarrkirche in Rettigheim

Die Pfarrkirche in Rettigheim stammt aus dem 19. Jahrhundert und wurde 1956 im Chorbereich wesentlich erweitert. Zu Beginn der 80er Jahre zeigte sich in den Außenwänden eine größere Zahl von Rissen, die auf Setzungen hinwiesen (Bilder 13.17 und 13.18).

Bei den Voruntersuchungen wurden – eher zufällig – auch erhebliche Schäden an den Sparren und den Hängewerken des Dachstuhls über

Bild 13.17
Katholische Pfarrkirche in Rettigheim, Setzungsrisse infolge Kanalisationsarbeiten

dem alten Kirchenschiff festgestellt, insbesondere an den Fußpunkten und an einzelnen Stäben der Sprengwerke. Bodenmechanische Untersuchungen zeigten schließlich auf, daß die Risse in den Außenwänden auf Kanalisationsarbeiten in der Straße vor dem Kirchturm in den 70er Jahren zurückzuführen waren. Der erforderliche Graben war mit Kies verfüllt worden und wirkte als Vorfluter für die ca. 3 m dicke bindige Schicht unter den Fundamenten der Kirche. Zum Turm hin ist der Wassergehalt dieser Schicht durch allmähliche Austrocknung bis zur Schrumpfgrenze gesunken. Für das Bauwerk hatte dies auch in diesem Fall zu einer Sattellagerung mit turmnahen Setzungen bis 5 cm geführt.

Gipsmarken zeigten etwa 5 Jahre nach Beginn der Rißbildung kein Rißwachstum mehr an, so daß 8 Jahre nach Feststellen der Risse die mehrschalig aufgebauten Außenwände instandgesetzt werden konnten. Auch hier konnte auf eine Instandsetzung der gemauerten Fundamente verzichtet werden.

13.5.3 Beispiel 3: Turm der Pfarrkirche St. Sebastian in Ladenburg

Ladenburg ist die älteste Stadtsiedlung der Kurpfalz. Sie ist keltischen Ursprungs und liegt am Neckar zwischen Heidelberg und Mannheim. Ab 74 nach Christus wurde die Stadt von den Römern besiedelt und kastellartig ausgebaut. Kaiser Trajan gab der Stadt im Jahr 98 nach Christus das römische Stadtrecht. Gegen Ende des 5. Jh. fiel der Ort an die Franken, im 7. Jh. ging Ladenburg als Schenkung in das Eigentum des Bistums Worms über. Im Mittelalter, vom 9. bis zum 12. Jh., wurde der Königshof zur bischöflichen Residenz ausgebaut. In dieser Zeit entstand im Bischofshof auch die Sebastianskapelle. Diese Kapelle wurde im 10. Jh. errichtet. Das Kirchenschiff ist in Ost/West-Richtung orientiert. Vor der nördlichen Längswand wurde ein Turm errichtet (Bild 13.19). Die Wände dieses Turms, der über einen kurzen Querbau an das Kirchenschiff angeschlossen ist, sind bis zu 1 m dick und bestehen aus Schalenmauerwerk. Die Fundamente des Turms rei-

Bild 13.18
Detail zu Bild 13.17

Bild 13.19
Turm der Sebastianskapelle in Ladenburg

chen 0,7 m bis 1,15 m unter die Geländeoberfläche und sind nur unwesentlich breiter als die Turmwände. Der quadratische Turmschaft geht im Bereich der Glockenstube über in einen achteckigen Grundriß. Den Abschluß bildet eine gemauerte Turmspitze mit ebenfalls achteckigem Grundriß.

Durch das zuständige Erzbischöfliche Bauamt Heidelberg wurde die Ingenieurgruppe Bauen 1989 mit der Instandsetzungsplanung des Turmes beauftragt, da in den 80er Jahren am Turmschaft Risse mit zunehmender Breite festgestellt worden waren. Es zeigte sich, daß die fast vertikal verlaufenden und vorhandene oder zugemauerte Fenster kreuzenden Risse zu einem Abriß der nordwestlichen Turmecke und zu sichtbaren unterschiedlichen Setzungen im Turmbereich geführt hatten (Bilder 13.20 und 13.21).

Da Ladenburg aufgrund seiner bewegten Vergangenheit ein Zentrum archäologischer Ausgrabungen in Süddeutschland war, konnten ohne große Mühe Informationen zur Baugeschichte und zu früheren baulichen Anlagen im Bereich der Sebastianskapelle aufgespürt werden. Danach befand sich unter dem Turm eine römische Kastellstraße aus Schotter, unmittelbar daneben im Bereich des Kirchenschiffes wurden Reste der Kastellmauer gefunden. Aus dem 19. Jh. ist belegt, daß sich der Turm bereits nach Nordwesten geneigt hatte, und die offensichtlich damals schon vorhandenen Risse 1912 mit Zement verschmiert wurden. 1970 wurden tiefreichende Kanalisationsarbeiten rings um die Kirche durchgeführt.

Neben der Erfassung baugeschichtlicher Daten wurden als weitere Grundlage für die Instandsetzungsplanung Baugrundaufschlüsse veranlaßt. Tragfähige Kiese und Sande wurden dabei erst ca. 5,5 m unter Gelände angetroffen. Unter dem Fundament wurde eine ca. 1 m dicke Auffüllung aus weichem Ton mit Sand und Ziegelresten erbohrt. Darunter folgt 2,5 m dick schluffiger Ton weicher Konsistenz, vermutlich ebenfalls aufgefüllt. Darunter beginnt der gewachsene Untergrund in Form von schluffigem und stark sandigem Ton, der dann in etwa 5,5 m Tiefe in die tragfähigen Kiessande übergeht. Unter den Fundamenten des Turms befinden sich demnach Auffüllungen in Form von überwiegend bindigen Böden geringer Tragfähigkeit.

Mit einer Gesamtlast des Turmes von 5900 kN ergaben sich in der Bodenfuge rechnerische Bodenpressungen von 380 kN/m^2. Grundbruchberechnungen des Baugrundsachverständigen führten zu Sicherheiten η = 0,8 < 1,0. Die Setzungen und die Rißbildungen im Turmmauerwerk wurden zurückgeführt auf Fließerscheinungen im Untergrund infolge unzureichender Grundbruchsicherheit und auf die größere Zusammendrückbarkeit der Auffüllmaterialien im Bereich der Nordwestecke des Turms. Eine Instandsetzung der Gründung war in diesem Fall unumgänglich.

Konventionelle Sicherungsmethoden, z. B. Tiefergründung durch Unterfangung waren nicht möglich, nicht nur aus technischen, sondern auch aus denkmalpflegerischen Gründen. Aus demselben Grund wurde auch die Tiefergründung des Turms mit Hochdruckinjektionssäulen verworfen. Weiter verfolgt wurde zunächst eine Tiefergründung mit Hilfe von Wurzelpfählen. Dazu sollten zwei Pfähle neben den Wänden im Bereich der Nordwestecke eingebracht werden. Unter dem Fundament sollte eine Traverse aus Stahlbeton oder aus Stahl eingebaut werden und die Last des abgerissenen Turmteils in die beiden Pfähle einleiten. Auch diese Variante wurde verworfen wegen der im Bauzustand weiter verringerten Standsicherheit des Turms.

Auf eine Tiefergründung wurde schließlich ganz verzichtet. Statt dessen wurde die Fundamentfläche so vergrößert, daß die Grundbruchsicherheit entscheidend angehoben wurde und weitere Fließerscheinungen im Untergrund nicht mehr zu befürchten waren.

Dazu wurde zunächst abschnittsweise im Innenraum zwischen den Fundamentstreifen eine Stahlbetonplatte mit einer Dicke von 1,0 m eingebaut. Diese Arbeiten nahmen ungewöhnlich viel Zeit in Anspruch, da beim Aushub mittelalterliche Kindergräber angetroffen wurden und von den Archäologen aufgenommen und dokumentiert werden mußten.

Mit Hilfe von ausgestemmten Auflagertaschen wurde die Platte mit dem Fundamentmauerwerk querkraftschlüssig verbunden. Außenseitig wurde – ebenfalls in relativ kurzen Abschnitten – an den drei zugänglichen Seiten des Turms eine U-förmige Klammer aus Stahlbeton zur Verbreiterung der Fundamentfläche einge-

13.5 Instandsetzung an Beispielen 365

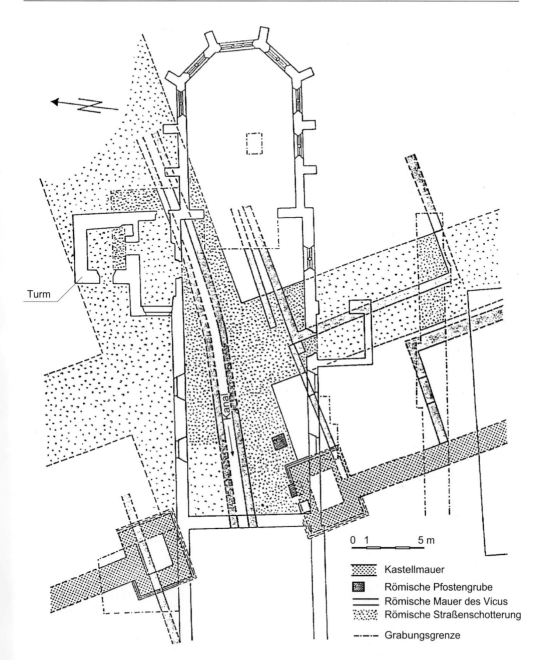

Bild 13.20
Ladenburg, Sebastianskapelle. Lage der römischen Bauten

a) b)

Bild 13.21
Ladenburg, Sebastianskapelle. Setzungsbedingte Risse im Turm
a) Risse in der nördlichen Turmwand, b) Risse in der westlichen Turmwand

baut. Vor dem Betonieren der Betonbauteile wurden die Fundamente waagerecht durchbohrt. In die Bohrungen wurden mit Hüllrohren versehene Spannglieder eingebaut, die nach dem Herstellen der Fundamentflächenvergrößerung gespannt und verpresst wurden und so den notwendigen Kraftschluß zwischen neuen Betonbauteilen und dem Sockelmauerwerk des Kirchturms herbeiführten. Die wirksame Fundamentfläche wurde mit Hilfe dieser Maßnahme auf den 2,3 fachen Wert der ursprünglichen Fundamentfläche vergrößert. Eine solche Vergrößerung war auch nach Meinung des Baugrundsachverständigen ausreichend, um künftig grundbruchartige, nennenswerte Setzungen zu vermeiden (Bilder 13.22 und 13.23).

Die gerissenen Wände wurden auf folgende Weise instandgesetzt:

– Mit Hilfe von Kernbohrungen und endoskopischen Aufnahmen wurde versucht, den Hohlraumgehalt des Schalenmauerwerks abzuschätzen.
– Die Mauerwerksrisse wurden mit Packern versehen und mit Injektionsmörtel gefüllt. Die Rezeptur des Injektionsmörtels wurde auf der Grundlage chemischer Analysen des vorhandenen Mörtels festgelegt.
– In drei Ebenen wurden zur Wiederherstellung des Kraftschlusses die Risse kreuzende Spannanker eingebaut und zur Erzeugung einer Druckspannung in den Rißebenen leicht vorgespannt (Bild 13.23).
– Zur Stabilisierung der Mauerwerksquerschnitte im unmittelbaren Bereich der Bohrkanäle für die Spannanker wurden zusätzlich Nadelanker aus Edelstahl eingebaut.

13.5 Instandsetzung an Beispielen

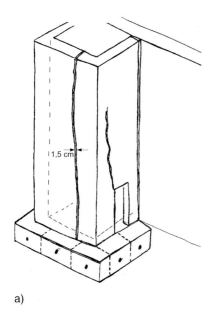

a) b)

Bild 13.22
Ladenburg, Sebastianskapelle
a) Vergrößerung der Fundamentfläche mit Hilfe der Vorspannung, b) Vergrößerung der Fundamentfläche nach Herstellung

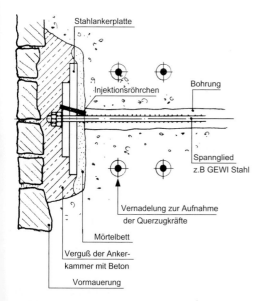

Bild 13.23
Ankerbereich einer Mauerwerksvorspannung

13.5.4 Beispiel 4: Nachgründung des Neuen Museums in Berlin

Der Ausbau einer Spreeinsel zur heutigen Museumsinsel in Berlin geht auf eine Initiative des Preußischen Königs Friedrich Wilhelm IV. im Jahre 1841 zurück. Das Konzept für den Ausbau stammt noch von Schinkel. Nach dessen Tod wurde die Planung von Friedrich August Stüler umgesetzt. Bereits 1850 konnte das neue Museum, ein dreigeschossiges spätklassizistisches Gebäude, der Öffentlichkeit übergeben werden (Bild 13.24).

Erste Risse infolge ungleichmäßiger Setzungen zeigten sich bereits wenige Jahre nach der Fertigstellung des Neuen Museums. Nach dem 1. Weltkrieg wurden mit der Absicht, die Fundamentebene zu stabilisieren, Zuganker eingezogen – allerdings ohne den gewünschten Erfolg. Durch Bombenabwürfe im letzten Jahr des 2. Weltkriegs erheblich beschädigt, blieb das Neue Museum bis in die 80er Jahre hinein eine Wind und Wetter mehr oder weniger

Bild 13.24
Berlin, Neues Museum um 1930

schutzlos ausgesetzte Ruine. Schließlich wurde der Aufbauleitung der DDR der Auftrag erteilt, das Neue Museum instandzusetzen und wieder seiner Bestimmung zuzuführen.

Umfangreiche Analysen zeigten, daß die nicht kriegsbedingten Schäden weitestgehend zurückzuführen waren auf Gründungsprobleme, die zum Zeitpunkt der Bauarbeiten nicht ausreichend erkannt waren. Umfangreiche Baugrunderkundungen wurden erst im Zuge der Errichtung des Pergamonmuseums um die Jahrhundertwende durchgeführt. Dabei zeigte sich:

- Im Bereich der Museumsinsel zwischen Spree und Kupfergraben waren problematische Gründungsverhätnisse zu erwarten. Das Neue Museum wurde im Bereich einer bis zu 30 m tiefen eiszeitlichen Auskolkung errichtet. Diese hatte sich gefüllt mit organisch durchsetzten Erdstoffen, mit Torf- und Muddeschichten unterschiedlicher Mächtigkeit und einer bis zu 6 m dicken Auffüllung aus Sand und Bauschutt. Die tragfähige Sandschicht wurde im südlichen Bereich des Gebäudes bei ca. 6 m, im nordwestlichen Bereich dagegen erst bei etwa 30 m Tiefe angetroffen.

- Unter den aus Kalkstein- und Ziegelmauerwerk bestehenden Streifenfundamenten wurden ca. 2500 Holzpfähle von 7–18 m Länge eingerammt. Die Pfahlspitzen erreichten den tragfähigen Baugrund im nordwestlichen Gebäudebereich nicht, so daß – zumindest in Teilbereichen – von einer schwimmenden Pfahlgründung auszugehen war.

- Schwankende Wasserspiegel und lang andauernde Grundwasserabsenkungen beim Bau des unmittelbar angrenzenden Pergamonmuseums leiteten Fäulnisprozesse in den Holzpfählen und in den Hölzern des Balkenrosts unter den gemauerten Fundamenten ein. Die Tragfähigkeit der Pfahlgründung wurde dadurch entscheidend reduziert. Setzungsmessungen zu Beginn der Instandsetzungsphase zeigten auf, daß nicht nur kontinuierliche Kriechsetzungen eintraten, sondern infolge des Tragfähigkeitsverlusts ganzer Pfahlgruppen immer wieder ruckartige Setzungen zu dokumentieren waren.

- Im Nordwestbereich des Gebäudes wurden maximale Setzungen von ca. 40 cm gemessen. Die für das Wandmauerwerk unverträglichen Setzungsunterschiede führten in den bis zu 3 m dicken durchgemauerten Wänden zu Rissen mit Breiten im dm-Bereich.

Es war offensichtlich, daß eine erfolgversprechende Instandsetzung nur mit Hilfe einer konsequenten Tiefgründung zu erreichen war. Nach umfangreichen Voruntersuchungen [13.9] wurde unter der Führung der DDR-Aufbauleitung mit der Tiefgründung begonnen.

Gewählt wurde dafür eine Lösung mit beidseitig neben dem Streifenfundament niedergebrachten Verpreßpfählen und darüber angeordneten Streichbalken aus Stahlbeton. Unter Berücksichtigung von Wandlasten bis zu 1200 kN/m war vor allem das Problem der Lastübertragung aus den Fundamenten auf die Ersatzkonstruktion zu lösen. Zunächst wurde dafür eine Konstruktion gewählt, bei der die Streichbalken konsolartig an die Bankette angeschlossen wurden (Bild 13.25).

Für die Konsol-Zuganker wurden Spannstähle mit 32 mm Durchmesser aus St 60/90 verwendet, die verbundlos in Mauerwerksbohrungen lagen und zum Korrosionsschutz mit verpreßten Hüllrohren umgeben wurden.

Die Querkräfte wurden mit Hilfe von Großbohrdübeln aus nicht rostendem Stahl in 400 mm tiefe Fundamentbohrungen mit 172 mm Durchmesser eingesetzt und mit Zementsuspension verpeßt. Obwohl umfangreiche Untersuchungen des Fundamentmauerwerks zeigten, daß es einerseits durchgemauert war und in entsprechenden Versuchen an Probekörpern wegen des mehrachsigen Spannungszustands hohe örtliche Beanspruchbarkeit nachgewiesen wurde, waren die örtlichen hohen Pressungen im Bereich der Querkraftdübel von Nachteil. Bis 1991 waren 300 Verpreßpfähle mit der beschriebenen Verdübelungskonstruktion eingebaut. Der Abstand der Pfähle mit 200 mm Durchmesser, die durch innenliegende Stahlrohre mit 108 mm Durchmesser verstärkt wurden, war ausgelegt für eine zulässige Pfahllast von 480 kN. Untersuchungen des Druck-Setzungs-Verhaltens an Probepfählen zeigten, daß bei der zu erwartenden Gebrauchslast mit Setzungen von max. 10 mm zu rechnen war.

Wegen der veränderten technischen Möglichkeiten und anderer wirtschaftlicher Vorausset-

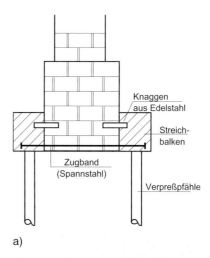

a)

b)

Bild 13.25
a) Ursprüngliche Variante für die Nachgründung
b) Edelstahlknaggen zur Querkraftübertragung

zungen nach der Wende wurde das ursprüngliche Konzept der Tiefgründung überprüft und verändert.

Die Streichbalkenlösung blieb erhalten. Anstelle der Stahlrohrpfähle wurden Mikropfähle nach dem System Stumpp verwendet. Außerdem wurde der Anschluß der Streichbalken

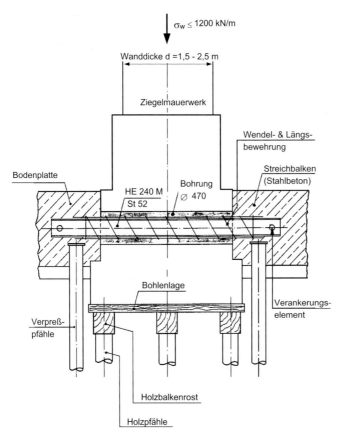

Bild 13.26
Berlin, Neues Museum, Nachgründung mit Streichbalken und biegesteifem Querprofil

an die gemauerten Fundamente verändert. Anstelle der Querkraftdübel wurden in durchgehende Fundamentbohrungen biegesteife Stahlprofile HE 240 M aus St 52 eingebaut und mit Zementsuspension kraftschlüssig verpreßt. Nach umfangreichen Untersuchungen konnte auf besondere Korrosionsschutzmaßnahmen der Stahlprofile in der Fuge zwischen den Streichbalken und den Mauerwerks-Fundamenten verzichtet werden (Bild 13.26).

Die Nachgründung wurde 1997 abgeschlossen. Insgesamt wurden 2568 Verpreßpfähle in unterschiedlichen, an den Horizont des tragfähigen Baugrunds angepaßten Längen, eingebaut. Die größten Setzungen wurden festgestellt mit 10 mm. Auf der Grundlage der jetzt setzungsfreien Nachgründung kann mit dem Wiederaufbau des Gebäudes begonnen werden.

13.6 Schlußbemerkungen

Einige wesentlich erscheinende Gesichtspunkte bei der Planung und der Durchführung von Instandsetzungen alter Gebäude seien kurz zusammengefaßt:

Jedes alte Gebäude stellt mit seinem Erhaltungszustand einen Einzelfall dar, der sich einer ausschließlichen Betrachtung und Beurteilung mit Normen, die für Altbauten nicht gemacht wurden, entzieht.

Bei Instandsetzungen werden die Eckdaten oft von Denkmalpflegern gesetzt, für die baukonstruktive Gesichtspunkte eher von untergeordneter Bedeutung sind. Dazu kommt, daß bei vielen Instandsetzungsmaßnahmen der Bauingenieur zu spät in bereits laufende Arbeiten eingebunden wird.

13.6 Schlußbemerkungen

Das Erkennen von Schadensursachen anhand langjährig eingespielter Spannungs- und Verformungszustände und der Wechselwirkung zwischen Baugrund und Bauwerk setzt Erfahrung und einen „wachen" Ingenieurverstand voraus. Kenntnisse im „normalen" Konstruieren sowie fundiertes Wissen über das Verhalten und das Zusammenwirken von alten und neuen Baustoffen sind unerläßliche Voraussetzungen für das erfolgreiche Angehen von Instandsetzungsaufgaben. Dazu gehört auch die selbstkritische Fähigkeit, rechtzeitig zu erkennen, wenn man der Mithilfe eines Kollegen aus einer anderen Fachrichtung bedarf. Da erfahrungsgemäß der größte Teil der alten Bauten mit Problemen im Gründungsbereich behaftet ist, muß frühzeitig ein Baugrundfachmann in das Planungsteam eingebunden werden. An alle Beteiligten werden hohe Anforderungen gestellt. Diskussionsbereitschaft und der Mut, Planungsansätze zu verändern, sind unerläßliche Voraussetzungen im Sinne der bestmöglichen Lösung. Die aufgewendete Zeit darf nur eine untergeordnete Rolle spielen, Ingenieurverträge müssen entsprechende Spielräume beinhalten.

Bei Schäden, deren Ursache in der Gründung zu suchen ist, muß immer die grundsätzliche Frage geklärt werden, ob auf Instandsetzungsmaßnahmen an der Gründung selbst verzichtet werden kann. Der Schonung denkmalwürdiger Bausubstanz muß dabei der gleiche Stellenwert eingeräumt werden wie der Sicherstellung der Standsicherheit und der Gebrauchstauglichkeit. Oft genügen dem erfahrenen Tragwerksplaner einfache durchschaubare Rechenansätze zur Überprüfung der aktuellen Bauwerksstandsicherheit. Computereinsatz sollte nicht grundsätzlich am Beginn der Arbeit des Tragwerksplaners stehen, er sollte dem Ingenieur im fortgeschrittenen Nachweisstadium vielmehr die Knochenarbeit abnehmen. Mit einfachen Rechenansätzen zutreffende Schlußfolgerungen zu finden, hilft oft, das Kurieren an Symptomen zu vermeiden, während Schadensursachen übersehen werden.

Alte Bauten wurden nicht nach DIN-Normen errichtet, sondern nach den damals anerkannten Regeln der Baukunst. Der erreichbare Grad an Verbesserungen ist an der aktuellen Standsicherheit eines Bauwerks abzuschätzen. Auch bei der Wahl der Ertüchtigungsmaßnahmen sollten einfache aber klare Lösungen gewählt werden anstelle von Maßnahmen, die schwer zu durchschauen und mit Ausführungsrisiken verbunden sind.

14 Dynamisch belastete Fundamente und Erdbebenwirkungen *

14.1 Überblick

Im folgenden Abschnitt werden dynamische Probleme im Grundbau behandelt, auf die der praktisch tätige Ingenieur immer wieder stoßen kann. In den meisten Fällen geht es dabei um die Vermeidung von Erschütterungen, durch die sich Personen belästigt fühlen oder die zu Schäden an Bauwerken sowie an Geräten und anderen empfindlichen Einrichtungen führen. Auch wenn es in diesem Bereich viele Fragen gibt, die nur von sachverständigen Instituten bearbeitet werden können, sollte sich dennoch auch der nicht als Fachmann auf diesem Gebiet ausgewiesene Ingenieur der Problematik von Erschütterungen bewußt sein.

Obschon der folgende Abschnitt für den Laien auf dem Gebiet der Dynamik geschrieben wurde, kommt man nicht umhin, zumindest ansatzweise den theoretischen Hintergrund aufzubereiten (Abschnitt 14.3), auf dem die mehr ins baupraktische Detail zielenden Aussagen fußen. So wird zunächst eine konsistente Beschreibungsweise für Schwingungen vereinbart. Damit erst wird die Charakterisierung der geotechnisch relevanten Schwingungsphänomene ermöglicht.

Die eigentliche Bodendynamik wird in den darauffolgenden Abschnitten 14.4 bis 14.6 dargestellt. Hierbei geht es um die anzusetzenden dynamischen Bodenparameter, die Grundlagen der Wellenausbreitung und um Schwingungen von Fundamenten.

In einem weiteren Abschnitt (14.7) werden Kriterien angegeben, die zur Beurteilung von Erschütterungen dienen, welche auf Menschen, Bauwerke und Maschinen bzw. andere Geräte einwirken. Hierbei spielen normative Festsetzungen eine wichtige Rolle.

Da die meisten vermeidbaren Erschütterungen aus dem Baubetrieb herrühren, insbesondere bei Baustellen des Spezialtiefbaus auftreten, ist diesem Thema ein eigener Abschnitt (14.8) gewidmet. Weiterhin werden Möglichkeiten des Erschütterungsschutzes behandelt (Abschnitt 14.9). Hier sind sowohl aktive Schutzmaßnahmen, welche die Erschütterungsquelle betreffen, als auch passive Schutzmaßnahmen, durch die das betroffene Objekt hinsichtlich der Erschütterungen von der Umgebung abgeschirmt wird, möglich.

Auch in Zentraleuropa ist bei vielen größeren Gebäuden die Erdbebensicherheit nachzuweisen. Die Grundlagen des Erbebeningenieurwesens sind daher in einem eigenen Abschnitt (14.10) erläutert.

In den letzten Jahren sind auch im deutschsprachigen Raum einige umfassende Werke zur Baudynamik im weiteren und zur Bodendynamik im engeren Sinne erschienen (Petersen [14.19], Flesch [14.6, 14.7], Eibl und Häussler-Combe [14.3], Haupt [14.9], Studer und Koller [14.24]). Daher kann auf die Angabe einer Vielzahl von englischsprachigen Fachartikeln verzichtet werden, aus denen man sich bis vor kurzem die Informationen nach Art eines Puzzles zusammentragen mußte. Dessenungeachtet ist in den zitierten Werken des Literaturverzeichnisses eine große Anzahl weiterführender Literatur zu finden.

14.2 Wichtige Normen und Empfehlungen

Normen

DIN 4024:
Maschinenfundamente, Teil 1 und 2, 1988

DIN 4149 Teil 1:
Bauten in deutschen Erdbebengebieten. Lastannahmen, Bemessung und Ausführung üblicher Hochbauten, 1981.

---
* Verfasser des Kapitels 14: Dr.-Ing. J. Verspohl

DIN 4150 Teil 1:
Erschütterungen im Bauwesen, Vorermittlung von Schwingungsgrößen, 1999

DIN 4150 Teil 2:
Erschütterungen im Bauwesen, Einwirkungen auf Menschen in Gebäuden, 1999

DIN 4150 Teil 3:
Erschütterungen im Bauwesen, Einwirkungen auf bauliche Anlagen, 1999

DIN 45669:
Messung von Schwingungsimmissionen, Teil 1 und 2, 1995

DIN IEC 721 Teil 1:
Klassifizierung von Umweltbedingungen, Umwelteinflußgrößen und deren Grenzwerte, Teil 1 und 2, 1993

DIN EN 60068-2-6:
Umweltprüfungen, 1996

Eurocode 8:
Auslegung von Bauwerken gegen Erdbeben (Vornorm), 1997

Richtlinien und Empfehlungen

KTA 2201.1:
Kerntechnischer Ausschuß: Auslegung von Kernkraftwerken gegen seismische Einwirkungen, Teil 2: Baugrund, 1982

VDI-Richtlinie 2057, Bl. 1–3:
Einwirkung mechanischer Schwingungen auf den Menschen, 1987

14.3 Grundlagen der Schwingungstheorie

14.3.1 Allgemeines

Schwingungen von Gebäuden sind äußerst komplexe Vorgänge, insbesondere dann, wenn die Bewegungen über den Untergrund angeregt werden. Es liegt dann eine Wechselwirkung zwischen Boden und Bauwerk vor, die mathematisch sehr schwierig zu beschreiben ist. Da die dynamischen Eigenschaften des Untergrundes oft mit großen Unsicherheiten behaftet sind, sollte man auch die Aussagekraft von FE-Berechnungen nicht überschätzen. Eine Möglichkeit, das dynamische Verhalten des Boden-Bauwerk-Systems zumindest grob abzuschätzen, ist nach wie vor die Rückführung des Problems auf einfache, mathematisch leicht zu be-

schreibende Modelle. Auf diese Weise können viele Schwingungsphänomene, die im Bauwesen von Interesse sind, qualitativ und teilweise auch quantitativ beschrieben werden. Zu diesem Zweck werden im folgenden einige elementare Grundlagen der Schwingungslehre dargestellt.

14.3.2 Beschreibung von Schwingungen

Als Schwingung kann jede Form von hin- und hergehender Bewegung bezeichnet werden. Die anschauliche Beschreibung geschieht dadurch, daß für eine Wegkoordinate x deren Zeitverlauf x(t) angegeben wird. Der einfachste Fall ist hierbei eine harmonische (sinusförmige) Schwingung (Bild 14.1).

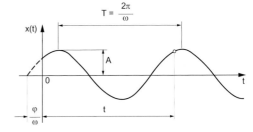

Bild 14.1
Harmonische Schwingung (Sinusschwingung)

Die charakteristischen Größen der harmonischen Schwingung sind in Tabelle 14.1 aufgelistet.

Formal wird eine harmonische Schwingung dargestellt durch

$$x(t) = A \cdot \sin(\omega t + \varphi) \qquad (14.1)$$

wobei der Phasenwinkel φ die Verschiebung gegenüber der reinen Sinusfunktion angibt. Hinsichtlich des generellen Zeitverlaufs x(t) werden zusätzlich zur harmonischen Schwingung die weiteren Typen unterschieden:

- Periodische Schwingungen
  Der Bewegungsverlauf wiederholt sich in gleichen Zeitabständen T. Im Unterschied zur harmonischen Bewegung, wo dies auch der Fall ist, ist der Zeitverlauf innerhalb einer Periode beliebig. Auch regelmäßig aufeinan-

14.3 Grundlagen der Schwingungstheorie

Tabelle 14.1 Bezeichnungen für harmonische Schwingungen

Bezeichnung	Formelzeichen	Zusammenhang mit anderen Größen	Einheit
Wegamplitude	A		m
Schwingungsdauer	T		s
Frequenz	f	$f = \dfrac{1}{T}$	Hz (Schwingungen pro Sekunde)
Kreisfrequenz	ω	$\omega = 2\pi f = \dfrac{2\pi}{T}$	s^{-1}
Phasenwinkel	φ		Winkel im Bogenmaß

derfolgende stoßartige Bewegungen lassen sich als periodische Schwingungen klassifizieren. Die mathematische Beschreibung erfolgt durch Überlagerung mehrerer, auch beliebig vieler harmonischer Zeitverläufe. Jede periodische Funktion kann mittels einer Fourier-Transformation in eine Summe harmonischer Funktionen zerlegt werden.

- Stochastische Schwingungen
Die Bewegung erfolgt unregelmäßig ohne feste Periodendauer und kann mathematisch nur mit statistischen Methoden beschrieben werden.

- Transiente Schwingungen
Die Bewegung erfolgt als einmaliges, mehr oder weniger unregelmäßiges Ereignis.

Die genannten Arten von Schwingungszeitverläufen sind in Bild 14.2 dargestellt.

14.3.3 Der Einmassenschwinger

Allgemeine Bewegungsgleichung

Der Einmassenschwinger ist das einfachste mechanische Modell zur Beschreibung von Schwingungen. Er besteht aus einer einzigen punktförmigen Masse m, die über eine Feder (Konstante k) und einem viskosen Dämpfer (Konstante c) mit einem festen Punkt verbunden ist (Bild 14.3). Als Festpunkt wird üblicherweise der Untergrund angenommen. Mit m

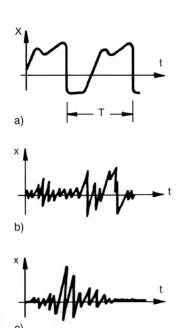

Bild 14.2
Typen von Schwingbewegungen
a) periodische Schwingungen
b) stochastische Schwingungen
c) transiente Schwingungen

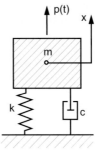

Bild 14.3
Mechanisches Modell des Einmassenschwingers

kann die im Schwerpunkt konzentrierte Masse eines Fundaments oder eines ganzen Gebäudes beschrieben werden. Mit k und c werden Dämpfungsbeiwert und Federsteifigkeit der Gesamtstruktur, bezogen auf die Auslenkung x des Schwerpunkts, bezeichnet.

Auf die Masse m kann zusätzlich eine zeitlich veränderliche Kraft p(t) einwirken, z. B. durch Wind oder durch Maschinen, die sich im Gebäude befinden. Das dynamische Gleichgewicht der Masse m wird durch die Newtonsche Bewegungsgleichung beschrieben:

$$m\ddot{x} + c\dot{x} + kx = p(t) \tag{14.2}$$

Bei der Bewegungsgleichung handelt es sich um eine Differentialgleichung für den zeitlichen Verlauf der Auslenkung x(t). $\dot{x}$ und $\ddot{x}$ sind die ersten und zweiten Ableitungen von x(t) nach der Zeit t, also Geschwindigkeit und Beschleunigung der Masse m.

Die Lösung der Bewegungsgleichung (14.2) wird in der Literatur für viele verschiedene Typen von Erregungskräften p(t) ausführlich behandelt, z. B. in Magnus/Popp [14.18], Wittenburg [14.25].

Eigenschwingungsverhalten

Jede elastische Struktur und damit auch jede Baukonstruktion, aber auch der einfache Einmassenschwinger, besitzt ein charakteristisches Eigenschwingungsverhalten. Formal heißt dies, daß in diesem Fall keine anregenden Kräfte auf das System einwirken, d. h. p(t) = 0. Die rechte Seite der Gleichung (14.2) wird also zu Null:

$$m\ddot{x} + c\dot{x} + kx = 0 \tag{14.3}$$

Die charakteristischen Eigenschaften des dadurch beschriebenen Einmassenschwingers werden durch die folgenden beiden Größen beschrieben:

Ungedämpfte Eigenfrequenz bzw. Eigenkreisfrequenz

$$f_0 = \frac{1}{2\pi}\sqrt{\frac{k}{m}} \quad \text{bzw.} \quad \omega_0 = \sqrt{\frac{k}{m}} \tag{14.4}$$

Dämpfungsgrad

$$D = \frac{c}{2\sqrt{km}} \tag{14.5}$$

Wenn der Schwinger aus einer ausgelenkten Lage losgelassen wird und danach keine äußeren Kräfte wirken, schwingt er in einer bestimmten Eigenfrequenz f (bzw. der Schwingungsdauer T), die sich aus den Massen, den Material- und Federsteifigkeiten und aus der vorhandenen Dämpfung bestimmen läßt. Die Eigenfrequenz nimmt mit wachsender Steifigkeit zu und mit wachsender Masse ab. Bei einer federnd (linear elastisch) gelagerten Masse kann die Eigenfrequenz aus der statischen Federeinsenkung z infolge des Eigengewichts mit der folgenden, nicht dimensionsreinen Formel auf einfache Weise abgeschätzt werden:

$$f\,[\text{Hz}] \approx \frac{5}{\sqrt{z\,[\text{cm}]}} \tag{14.6}$$

Infolge unvermeidlicher Energieverluste nimmt die Amplitude des einmal ausgelenkten freien Schwingers stetig ab. Die ungedämpfte Eigenfrequenz f_0 stellt sich (hypothetisch) für den Fall ein, daß keine Dämpfung vorhanden ist. Das Abklingverhalten wird durch den Dämpfungsgrad D beschrieben, der sich aus dem Größenverhältnis zweier aufeinanderfolgender Maximalwerte A_i und A_{i+1} der Schwingung ergibt:

$$D = \frac{1}{2\pi} \cdot \ln \frac{A_i}{A_{i+1}} \tag{14.7}$$

Für die meisten Schwingungssysteme und für praktisch alle Baukonstruktionen ist $D \ll 1$, d. h. $\ll 100\,\%$. Man spricht hierbei von unterkritischer Dämpfung, was praktisch bedeutet, daß das Einmassensystem sinusartige Schwingungen ausführt, die im Lauf der Zeit mehr oder weniger langsam abklingen. Im Idealfall D = 0 bleibt die Amplitude in ihrer Größe erhalten.

Mit den genannten Größen ergibt sich die Lösung der Gleichung (14.3) zu

$$x(t) = e^{-D\omega_D t}(A \sin \omega_D t - \varphi) \tag{14.8}$$

Hierin ist $\omega_D = \omega_0\sqrt{1-D^2}$ die Eigenkreisfrequenz unter dem Einfluß der Dämpfung. Man erkennt, daß sich diese für kleine Werte von D praktisch nicht von der ungedämpften Eigenkreisfrequenz ω_0 unterscheidet. Die Amplitude A und der Phasenwinkel φ ergeben sich aus den Anfangsbedingungen der Bewegung, d. h. aus

14.3 Grundlagen der Schwingungstheorie

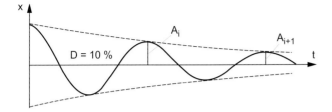

Bild 14.4
Bewegungsverlauf eines schwach gedämpften Einmassenschwingers

der Auslenkung und der Geschwindigkeit zum Zeitpunkt t = 0.

In Bild 14.4 ist der Bewegungsverlauf für einen aus einer bestimmten Anfangslage frei losgelassenen Einmassenschwinger bei kleiner Dämpfung (D = 10 %) dargestellt.

Resonanzverhalten

Wenn bei einem schwingungsfähigen Gebilde eine Eigenfrequenz mit der Erregerfrequenz übereinstimmt, wächst für die entsprechende Eigenform die Amplitude sehr stark an. Anschaulich bedeutet dies, daß die Erregerkraft den Schwinger immer gerade im „richtigen" Moment antreibt, so daß wie bei einer Kinderschaukel bereits geringe Kräfte sehr große Auslenkungen verursachen. Da jedoch in Baustrukturen große Schwingungsausschläge zu erheblichen Schäden führen können, sollten Resonanzerscheinungen unbedingt vermieden werden. Dies kann allerdings nur dann effizient geschehen, wenn der Entstehungsmechanismus von Schwingungsresonanzen in den Grundzügen bekannt ist. Im folgenden wird daher der notwendige theoretische Hintergrund kurz beleuchtet.

Zunächst wird der Fall der Krafterregung betrachtet, bei der eine sinusförmige Kraft auf die Masse m einwirkt (Bild 14.5 a). Damit wird die rechte Seite von Gleichung (14.2) zu

$$p(t) = p_0 \cdot \sin \Omega t \qquad (14.9)$$

wobei Ω die Erregerkreisfrequenz (Schwingfrequenz) dieser Kraft ist. Die sich dann einstellende Bewegung des Schwingers ist bei einer sinusförmigen Erregerkraft ebenfalls sinusförmig, jedoch um einen Phasenwinkel φ gegenüber der Erregung verschoben. Die Amplitude der Schwingbewegung hat allgemein ausgedrückt die Größe

$$A = x_0 \cdot V \qquad (14.10)$$

Die Vergrößerungsfunktion V gibt den Faktor an, um den die Amplitude der Schwingung größer ist als die Auslenkung $x_0 = p_0/k$ infolge

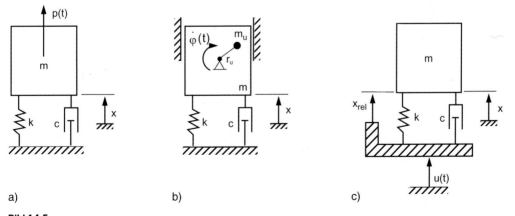

Bild 14.5
Einmassenschwinger: verschiedene Typen der Erregung (nach Wittenburg [14.25])
a) Krafterregung, b) Unwuchterregung, c) Fußpunkterregung

einer als statisch einwirkend gedachten Kraft p_0. Entscheidend für die Größe von V ist das Verhältnis der Erregerfrequenz zur ungedämpften Eigenfrequenz des Schwingers, das mit η bezeichnet wird:

$$\eta = \frac{\Omega}{\omega_0} \qquad (14.11)$$

Damit ergibt sich die Vergrößerungsfunktion zu

$$V_1 = \frac{1}{\sqrt{(1-\eta)^2 + (2D\eta)^2}} \qquad (14.12)$$

Im technisch besonders wichtigen Fall, daß die Erregerkraft durch rotierende Unwuchten erzeugt wird (Bild 14.5b), hängt die Erregerkraft quadratisch von der Erregerfrequenz ab:

$$p(t) = m_u \, r_u \, \Omega^2 \cdot \sin\Omega t \qquad (14.13)$$

wobei m_u die Unwuchtmasse und r_u die zugehörige Exzentrizität ist. Die Auslenkung x_0 aus Gleichung (14.10) ergibt sich zu

$$x_0 = \frac{m_u}{m + m_u} \cdot r_u \qquad (14.14)$$

und die entsprechende Vergrößerungsfunktion lautet

$$V_2 = \frac{\eta^2}{\sqrt{(1-\eta)^2 + (2D\eta)^2}} \qquad (14.15)$$

Die Phasenverschiebung φ, um welche die Schwingungsantwort der Erregung hinterher hinkt, lautet sowohl für die konstant sinusförmige als auch für die quadratische Anregung

$$\varphi = \frac{2D\eta}{1 - \eta^2} \qquad (14.16)$$

In Bild 14.6 sind die beiden Vergrößerungsfunktionen (14.12) und (14.15), in Bild 14.7 die Phasenverschiebung φ als Funktionen des Frequenzverhältnisses η für verschiedene Dämpfungsgrade D dargestellt.

Beim ungedämpften Schwinger verlaufen Anregung und Bewegungsantwort unterhalb der Resonanzfrequenz im Gleichtakt, oberhalb im Gegentakt ($\varphi = \pi$). Der Maximalwert der

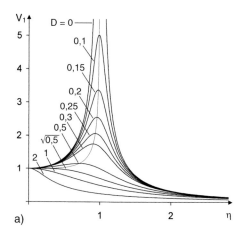

Bild 14.6
Vergrößerungsfunktion für den sinusförmig erregten Einmassenschwinger
a) Erregung konstanter Amplitude,
b) quadratische Erregung

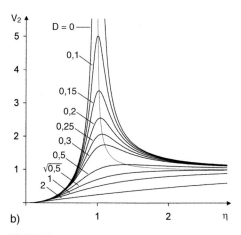

Bild 14.7
Phasenverschiebung für den sinusförmig erregten Einmassenschwinger

Schwingungsüberhöhung im Resonanzfall $\eta = 1$ ergibt sich im Falle kleiner Dämpfung aus den Gleichungen (14.12) bzw. (14.15) zu

$$V \cong \frac{1}{2D} \qquad (14.17)$$

Elastische Strukturen werden nicht nur durch direkte Krafteinwirkung, sondern auch durch aufgezwungene Bewegungen der Auflagerpunkte zu Schwingungen angeregt. Man spricht hierbei von Fußpunkterregung. Ein Beispiel sind Untergrunderschütterungen, die über das Fundament in ein Gebäude eingeleitet werden. Je nach Resonanzverhalten der Bauwerksstruktur können sie dort verstärkt werden und – schon bei relativ kleinen Untergrundbewegungen – Schäden und Störungen verursachen. In Bild (14.5c) ist ein fußpunkterregter Einmassenschwinger dargestellt. Die Anregung erfolgt über die Bewegung u(t) der Unterlage, womit sich die folgende Bewegungsgleichung ergibt, ausgedrückt in der Koordinate x für die Absolutbewegung der Masse m:

$$m\ddot{x} + c(\dot{x} - \dot{u}) + k(x - u) = 0 \qquad (14.18)$$

Die Wirkung der Fußpunkterregung erfolgt über zusätzliche Dämpfungs- und Federkräfte. Im Normalfall interessiert jedoch nicht die Absolutbewegung x(t), sondern die Bewegung der Masse relativ zur Unterlage bzw. zum Gehäuse. Diese Relativbewegung bestimmt z. B. die an einer Baustruktur auftretende mechanische Beanspruchung (Verformungen und Spannungen). Wird die obige Bewegungsgleichung in der Relativkoordinate $x_{rel} = x - u$ formuliert und wird für die Fußpunktbewegung ein harmonischer Verlauf angenommen mit $u(t) = u_0 \sin \Omega t$, so lautet sie

$$m\ddot{x}_{rel} + c\dot{x}_{rel} + kx_{rel} = -mu_0 \Omega^2 \sin \Omega t \qquad (14.19)$$

Eine Fußpunkterregung bewirkt also, genau wie eine Erregung durch rotierende Massen, eine mit dem Quadrat der Anregungsfrequenz zunehmende Erregerkraft. Der Maximalausschlag A_{rel} der Relativbewegung bestimmt sich demnach zu

$$A_{rel} = u_0 \cdot V \qquad (14.20)$$

mit der auch für die Unwuchterregung geltenden Vergrößerungsfunktion V_2 aus Gleichung (14.15)

$$V = V_2 = \frac{\eta^2}{\sqrt{(1 - \eta)^2 + (2D\eta)^2}} \qquad (14.21)$$

Bei einer sehr harten Abfederung, z. B. einem auf Fels gegründeten Gebäude, ist die Eigenfrequenz des Systems Boden–Fundament sehr hoch, d. h. $\eta = \Omega/\omega \to 0$. Vorhandene Untergrunderschütterungen übertragen sich also, wie man es entsprechend der Anschauung auch erwartet, in voller Größe in das Bauwerk. Falls diese Erschütterungen nicht tolerierbar sind, können sie durch eine Schwingungsisolierung reduziert werden. Solche Maßnahmen sind jedoch sehr aufwendig und kommen bei Gebäuden nur in Ausnahmefällen zur Anwendung. Näheres zu diesem Thema findet sich in Abschnitt 14.9.3 (passive Schwingungsisolierung).

14.3.4 Schwinger mit mehreren Freiheitsgraden

Bei komplexen Baustrukturen reicht eine einzige Koordinate, welche die Bewegung des Massenschwerpunkts angibt, meist nicht aus, um das Bewegungsverhalten mit genügend hoher Genauigkeit zu beschreiben. Die Struktur muß daher in einzelne Massenpunkte, Feder- und Dämpferelemente diskretisiert werden. Die Anzahl der zu einer eindeutigen Beschreibung der Bewegung erforderlichen Koordinaten kann dann mitunter sehr groß werden. Im Gegensatz zum Einmassensystem gibt es nun nicht mehr nur eine einzige Eigenfrequenz, sondern eine ganze Reihe, wobei die Anzahl der Eigenfrequenzen der Anzahl der Freiheitsgrade entspricht. Ein Bauwerk mit kontinuierlich verteilten Massen hat theoretisch unendlich viele Eigenfrequenzen; in der Praxis sind jedoch nur die niedrigsten von Bedeutung.

Um Resonanzerscheinungen vermeiden zu können, ist bei dynamisch angeregten Baustrukturen die Kenntnis der Eigenfrequenzen von großer Bedeutung. Eine genauere Bestimmung ist meist nur mit FE-Methoden möglich. Dennoch gelingt es mit einer auf Erfahrung aufbauenden ingenieurmäßigen Vorgehensweise oft, Teile eines komplexen Bauwerks (z. B. einzelne Geschoßdecken) für sich zu betrachten und deren Eigenfrequenzen mit hinreichender Genauigkeit abzuschätzen.

Im folgenden werden einige einfache Schwingungssysteme, die auch in der Bodendynamik (z. B. zur Modellierung von Maschinenfundamenten) von Interesse sind, kurz dargestellt. Dabei ergeben sich die Bewegungsgleichungen auf relativ einfache Weise.

Zweimassensystem mit geführten Massepunkten

Das einfachste mechanische Modell mit zwei Freiheitsgraden ist ein System, das aus zwei als Massepunkten idealisierten Körpern besteht, die sich jeweils nur längs einer einzigen Achse (hier: x-Achse) bewegen können (Bild 14.8).

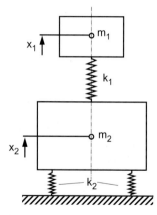

Bild 14.8
Modell eines geführten Zweimassensystems

Die aus dem Newtonschen Prinzip leicht ableitbaren Bewegungsgleichungen lauten:

$$\left\{\begin{array}{l} m_1\ddot{x}_1 + k_1 x_1 - k_1 x_2 = 0 \\ m_2\ddot{x}_2 + k_2 x_2 - k_1(x_1 - x_2) = 0 \end{array}\right\} \quad (14.22)$$

Es handelt sich hierbei um ein System zweier gekoppelter Differentialgleichungen, erkennbar daran, daß in jeder Einzelgleichung beide Variablen (x_1 und x_2) vorkommen. Mit den Abkürzungen

$$\omega_1^2 = k_1/m_1 \quad (14.23)$$

$$\omega_2^2 = (k_1 + k_2)/m_2 \quad (14.24)$$

$$\kappa_1 = -k_1/m_1 \quad (14.25)$$

$$\kappa_2 = -k_1/m_2 \quad (14.26)$$

ergibt sich daraus die allgemeine Form eines gekoppelten Schwingungssystems mit zwei Freiheitsgraden:

$$\left\{\begin{array}{l} \ddot{x}_1 + \omega_1^2 x_1 + \kappa_1 x_2 = 0 \\ \ddot{x}_2 + \omega_2^2 x_2 + \kappa_2 x_1 = 0 \end{array}\right\} \quad (14.27)$$

Im Resonanzfall schwingt das System mit nur einer einzigen Frequenz. Ein entsprechender Ansatz

$$x_1(t) = X_1 \sin\omega t \quad (14.28)$$

$$x_2(t) = X_2 \sin\omega t \quad (14.29)$$

wobei ω die gesuchte Eigenkreisfrequenz ist, liefert ein lineares Gleichungssystem in den Amplituden X_1 und X_2:

$$\left\{\begin{array}{l} (-\omega^2 + \omega_1^2)X_1 + \kappa_1 X_2 = 0 \\ \kappa_2 X_1 + (-\omega^2 + \omega_2^2)X_2 = 0 \end{array}\right\} \quad (14.30)$$

Eine von Null verschiedene Lösung für X_1 und X_2 existiert nur dann, wenn die Koeffizientendeterminante verschwindet:

$$\begin{vmatrix} -\omega^2 + \omega_1^2 & \kappa_1 \\ \kappa_2 & -\omega^2 + \omega_2^2 \end{vmatrix} =$$

$$= \omega^4 - (\omega_1^2 + \omega_2^2)\omega^2 + \omega_1^2 \omega_2^2 - \kappa_1 \kappa_2 = 0 \quad (14.31)$$

Dies ist eine quadratische Gleichung für ω^2 mit den beiden Lösungen

$$\omega_{I,II}^2 = \frac{1}{2}(\omega_1^2 + \omega_2^2) \mp \sqrt{\frac{1}{4}(\omega_1^2 - \omega_2^2)^2 + \kappa_1 \kappa_2} \quad (14.32)$$

Die beiden Eigenfrequenzen eines gekoppelten Schwingungssystems mit zwei Freiheitsgraden sind stets verschieden. Bei fehlender Kopplung, wenn also in Gleichung (14.32) die Koeffizienten κ_1 und κ_2 zu Null werden, erhält man wiederum die Eigenkreisfrequenzen ω_1 und ω_2 der beiden Einzelschwinger mit je einem Freiheitsgrad. Man erkennt, daß mit zunehmender Kopplung die Eigenkreisfrequenzen ω_I und ω_{II} immer weiter auseinanderrücken, wobei stets ω_I kleiner ist als die kleinere und ω_{II} größer als die größere der beiden Eigenfrequenzen des ungekoppelten Systems ist. In Bild 14.9 ist für den häufig vorkommenden Fall eines Zweimassen-

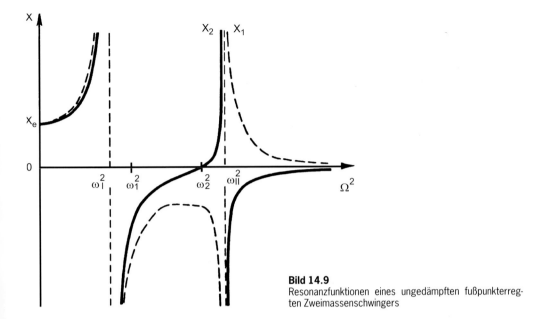

Bild 14.9
Resonanzfunktionen eines ungedämpften fußpunkterregten Zweimassenschwingers

systems mit Fußpunkterregung der Verlauf der Wegamplituden X_1 und X_2 und die Größe der Erregeramplitude X_e dargestellt. Negative Werte für X_1 und X_2 bedeuten, daß sich die Massen m_1 bzw. m_2 im Gegentakt zur Erregung bewegen. Für X_2 gibt es einen Nulldurchgang: in diesem Fall bewegt sich nur die Masse m_1. Dieser Tilgereffekt kann zur Beruhigung schwingungsempfindlicher Massen technisch ausgenutzt werden. Die Dimensionierung von Tilgern ist bei Wittenburg [14.25] und bei Petersen [14.19] beschrieben.

Massenscheibe (3 Freiheitsgrade)

Ein Fundamentblock, z. B. für eine Maschine mit rotierenden Teilen, kann hinsichtlich des Schwingungsverhaltens als ebene, massebehaftete Scheibe modelliert werden, wenn die (oft gegebene) Voraussetzung gilt, daß keine wesentlichen dynamischen Kräfte senkrecht zu dieser Ebene wirken (Bild 14.10).

Die Bewegung der Scheibe wird durch die Verschiebungen $x(t)$ und $z(t)$ des Schwerpunkts sowie durch den Verdrehwinkel $\varphi(t)$ vollständig beschrieben. Bei Bewegungen des Blocks wirken Reaktionskräfte (entweder direkt im Boden oder bei Spezialkonstruktionen über zusätzliche Federelemente) in der Ebene

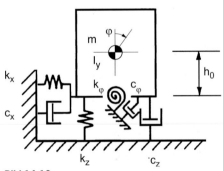

Bild 14.10
Massenscheibe als Modell für Fundamentblock

der Fundamentsohle bzw. bis in die Höhe der Einbettung. Mit der Annahme, daß die Wirkungslinie der lotrecht wirkenden Federkräfte durch den Massenschwerpunkt geht, erhält man zur Bestimmung der Eigenfrequenzen das folgende System von Bewegungsgleichungen:

$$\left\{\begin{array}{r} m\ddot{z} + k_z z = 0 \\ m\ddot{x} + k_x x - k_x h_0 \varphi = 0 \\ I_y \ddot{\varphi} + k_\varphi \varphi + k_x h_0^2 \varphi - k_x h_0 x = 0 \end{array}\right\} \quad (14.33)$$

Üblicherweise liegt der Schwerpunkt des Fundamentblocks höher als die Wirkungslinie der

Reaktionskräfte (Abstand h_0), so daß es zur Kopplung von Horizontal- und Kippschwingungen kommt. Die beiden Eigenfrequenzen des gekoppelten Teilsystems (2. und 3. Gleichung von 14.33) lassen sich bei bekannten Masse- und Federgrößen analog zum vorangegangenen Beispiel bestimmen. In Abschnitt 14.6.2 wird beschrieben, wie sich die Steifigkeits- und Dämpfungswerte für das System Fundament-Boden bestimmen lassen.

14.3.5 Charakterisierung dynamischer Lasten

Im Bauwesen kommen grundsätzlich alle Arten der dynamischen Belastung (also der an einem Bauwerk angreifenden Kräfte) vor, die auch in der allgemeinen Schwingungslehre eine Rolle spielen. Eine Einteilung, die am ehesten der mathematischen Behandlung der Schwingungen entspricht, die aber auch hilft, die verschiedenen Schwingungsphänomene zu verstehen, ist die nach dem Zeitverlauf der dynamischen Lasten, wobei die Bezeichnungen hierfür denjenigen aus Abschnitt 14.3.2 entsprechen. In Tabelle 14.2 werden für das Bauwesen relevante dynamische Belastungen in verschiedenen Klassen aufgeteilt.

Eine große Anzahl dynamischer Lastbilder findet sich bei Bachmann/Ammann [14.1]. Die aus dem Baubetrieb herrührenden Erschütterungen werden in Abschnitt 14.8.2 noch weiter klassifiziert.

14.4 Dynamische Bodenkennwerte

14.4.1 Allgemeines

Der Boden weist im Gegensatz zu den meisten klassischen Werk- und Baustoffen ein ausgeprägt nichtlineares Verhalten auf. Unter den vielen Einflußgrößen sind die wichtigsten:

– Porenzahl
– Wassergehalt
– Spannungszustand

Obwohl bei modernen konstitutiven Stoffgesetzen für Böden die begriffliche Unterscheidung von Verformungs- und Festigkeitsverhalten (Bruchverhalten) entfällt, empfiehlt sich in der Praxis weiterhin die Unterscheidung der Stoffparameter in diese beiden Kategorien.

Typisch für die meisten Erschütterungsprobleme ist, daß (bis auf Spezialfälle z. B. Bodenverflüssigung, Erdbeben) nicht Grenz-, sondern Gebrauchszustände maßgebend sind.

14.4.2 Verformungsverhalten

Wie in der klassischen Elastizitätstheorie wird das Verformungsverhalten durch den Elastizitätsmodul E und den Schubmodul G (bzw. die Poisson-Zahl ν) bestimmt. Bei Schwingbewegungen spielt auch die Materialdämpfung im Boden (Dämpfungsgrad D) eine entscheidende Rolle.

Tabelle 14.2 Beispiele für im Bauwesen interessierende dynamische Lasten

Periodisch			Transient	Stochastisch
Annähernd harmonisch	Allgemein periodisch	Schnell wiederholte Stöße		
– Schwingungen infolge Maschinen mit rotierenden, nicht ausgewuchteten Teilen – Spezialtiefbau	– Schwingungen infolge Maschinen mit rotierenden Unwuchten, wenn mehrere Drehzahlen vorhanden sind – menschliche Einwirkungen wie Tanzen oder gleichmäßiges Hüpfen beim Sport – Spezialtiefbau	– Maschinen mit stoßenden Teilen – Spezialtiefbau	– Straßen- und Schienenverkehr – Maschinenstöße – Bauarbeiten allgemein – Bau- und Gewinnungssprengungen – Aufprall von Fahrzeugen – Plötzliches Versagen von Bauteilen – Erdbeben	– Straßen- und Schienenverkehr – Bauarbeiten allgemein – Windanregung

14.4 Dynamische Bodenkennwerte

Die stoffliche Nichtlinearität äußert sich darin, daß beim Boden im Gegensatz zu den meisten anderen Baustoffen die elastischen Parameter und die Dämpfung keine Materialkonstanten sind, sondern von der Verformung, insbesondere von der Dehnungsamplitude, abhängen: je größer die Amplitude, um so kleiner sind die Moduli E und G, und um so größer ist der Dämpfungsgrad D. Da die Moduli von den (noch unbekannten) Verformungen selbst abhängen, können Berechnungen strenggenommen nur iterativ durchgeführt werden. In der Praxis ist dies meist jedoch nicht erforderlich, weil für hinreichend genau abschätzbare Dehnungsbereiche die elastischen Parameter näherungsweise als konstant betrachtet werden können.

14.4.3 Bestimmung der charakteristischen dynamischen Bodenkennwerte

Je nach Bedeutung der Schwingungs- bzw. Erschütterungsproblematik bei einer Baumaßnahme können die dynamischen Bodenkennwerte auf verschiedene Weise ermittelt werden:

- Benutzung von Tabellenwerken
- Ermittlung mittels Korrelationsfunktionen aus bodenmechanischen Standardversuchen
- direkte Bestimmung in speziellen Laborversuchen oder in situ

Mit jeder der obigen Stufen nimmt die Genauigkeit, aber auch der zu betreibende Aufwand zu. Tabellenwerke finden sich bei Holzlöhner [14.13], Klein [14.14], Studer und Koller [14.24], Flesch [14.6], Haupt [14.9], Haupt und Hermann [14.10]. In den beiden letztgenannten Quellen werden auch Korrelationen zu Kennwerten mitgeteilt, die aus bodenmechanischen Standardversuchen ermittelt wurden. Zudem finden sich dort eingehende Beschreibungen bodendynamischer Labor- und Feldversuche.

Eine Besonderheit der Bodendynamik besteht darin, daß die elastischen Konstanten E und G bei schwingenden Beanspruchungen andere Werte annehmen als bei ruhenden Lasten. Im dynamischen Fall sind Elastizitätsmodul E und Schubmodul G grundsätzlich größer als im statischen Fall, während die Poisson-Zahl ν (= Querdehnungszahl) davon im wesentlichen unberührt bleibt. Zur Abschätzung des Verhältnisses von dynamischen zu statischen Steifemoduli E_s sind Versuche durchgeführt worden, deren Ergebnis in Bild 14.11 wiedergegeben ist. Der Größenunterschied zwischen E_{dyn} und E_{stat} rührt im wesentlichen daher, daß die Scherdehnungen im dynamischen Fall normalerweise viel kleiner sind als im statischen.

Unter der Annahme einer konstanten Poisson-Zahl gilt dieselbe Abhängigkeit auch für den Elastizitätsmodul E.

In Tabelle 14.3 sind für übliche Bodenarten und kleine Verformungen die mittleren Elastizitätsmoduli angegeben, die naturgemäß eine große Schwankungsbreite besitzen.

Mittlere Werte für den dynamischen Schubmodul bei kleinen Verformungen finden sich in Tabelle 14.4.

Der Zusammenhang zwischen Steifemodul (Modul bei verhinderter Seitendehnung) und

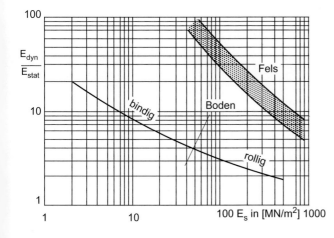

Bild 14.11
Verhältnis von dynamischem zu statischem Steifemodul (nach Klein [14.14])

Schubmodul ergibt sich aus der Elastizitätstheorie zu

$$E_s = \frac{2(1-\nu)}{1-2\nu} G \qquad (14.34)$$

Der Größenrahmen für die Poisson-Zahl ν, welcher für praktische Zwecke ausreichend genau ist, geht aus Tabelle 14.5 hervor.

Tabelle 14.3 Statische und dynamische E-Moduli für verschiedene Bodenarten (nach Klein [14.14])

Bodenart	Elastizitätsmodul E [MN/m^2]	
	$E_{statisch}$	$E_{dynamisch}$
Nichtbindige Böden:		
Sand, locker, rund	40– 80	150–300
Sand, locker, eckig	50– 80	150–300
Sand, mitteldicht, rund	80–160	200–500
Sand, mitteldicht, eckig	100–200	200–500
Kies ohne Sand	100–200	300–800
Naturschotter, scharfkantig	200–300	300–800
Bindige Böden:		
Ton, hart	3–50	100–500
Ton, halbfest	6–20	40–150
Ton, schwer knetbar, steif	3– 6	30– 80
Lehm, Geschiebemergel, fest	6–50	100–500
Löß, weich, Lößlehm	4– 8	50–150
Schluff	3– 8	30–100
Schlick, Klei, organisch mager	2– 5	10– 30

Tabelle 14.4 Mittlere Werte für den dynamischen Schubmodul G (nach Klein [14.14])

Bodenart	Schubmodul G [MN/m^2]
Nichtbindige Böden:	
Sand, locker	50–120
Sand, mitteldicht	70–170
Kies, sandig, dicht	100–300
Bindige Böden:	
Schlick, Klei	3– 10
Lehm, weich bis steif	20– 50
Ton, halbfest bis fest	80–300
Fels:	
Geschichtet, brüchig	1000– 5000
massiv	4000–20000

Tabelle 14.5 Poisson-Zahlen für verschiedene Bodenarten (nach Klein [14.14])

Bodenart	Poisson-Zahl ν [/]
Fels	0,15–0,25
Sand und Kies	0,25–0,40
Schluff, je nach Sand- und Tongehalt	0,35–0,45
Ton, je nach Wassergehalt	0,40–0,49

Für Sand bestehen einfache Formeln zur Bestimmung des bei sehr kleinen Dehnungen anzusetzenden maximalen dynamischen Schubmoduls G_0. Dessen Größe hängt im wesentlichen nur von der Porenzahl e und der mittleren allseitigen effektiven Spannung $\bar{\sigma}'_0$ ab, mit

$$\bar{\sigma}'_0 = \frac{\sigma'_x + \sigma'_y + \sigma'_z}{3} \qquad (14.35)$$

Man beachte, daß die folgenden Formeln (Haupt [14.9]) nicht dimensionsrein sind. Die Dimension der Spannung $\bar{\sigma}'_0$ ist [kN/m^2], die des Schubmoduls G_0 [MN/m^2]:

- Sand, runde Kornform:

$$G_0 = 6{,}9 \frac{(2{,}17-e)^2}{1+e} (\bar{\sigma}'_0)^{0,5} \qquad (14.36)$$

- Sand, eckige Kornform:

$$G_0 = 3{,}23 \frac{(2{,}97-e)^2}{1+e} (\bar{\sigma}'_0)^{0,5} \qquad (14.37)$$

Bei bindigem Boden spielt zusätzlich die Spannungsgeschichte eine Rolle, die durch den Überkonsolidierungsgrad $(\bar{\sigma}_c/\bar{\sigma}'_0)$ charakterisiert wird. Hierbei ist $\bar{\sigma}_c$ die mittlere allseitige Konsolidierungsspannung. Die Formel lautet

$$G_0 = 3{,}23 \frac{(2{,}97-e)^2}{1+e} \left(\frac{\bar{\sigma}_c}{\bar{\sigma}'_0}\right)^k (\bar{\sigma}'_0)^{0,5} \qquad (14.38)$$

Der Exponent des Überkonsolidierungsgrads hängt vom Plastizitätsindex I_P ab und kann aus Tabelle 14.6 entnommen werden.

Tabelle 14.6 Koeffizient k (Wirkung des Überkonsolidierungsgrads)

I_P [%]	0	20	40	60	80	100
k [–]	0	0,18	0,30	0,41	0,48	0,50

Die oben angegebenen Formeln zur Bestimmung des dynamischen Schubmoduls gelten nur für kleine Schubdehnungen, d.h. für $\gamma < 10^{-5}$. Bei größeren Schubdehnungen nimmt G stark ab, während gleichzeitig der Dämpfungsgrad D anwächst. Der qualitative Zusammenhang ist in Bild 14.12 dargestellt (Studer und Koller [14.24]).

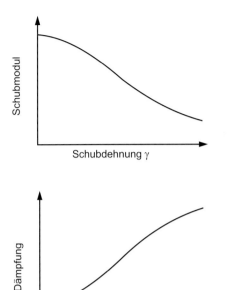

Bild 14.12
Dynamischer Schubmodul und Dämpfungsgrad in Abhängigkeit von der Schubdehnung

14.5 Schwingungsausbreitung im Boden

14.5.1 Grundlagen der Wellenausbreitung

Im Untergrund pflanzen sich Erschütterungen, die durch Verkehr, Baubetrieb, Maschinenfundamente, Explosionen, Erdbeben usw. hervorgerufen werden, als Wellen fort. Alle baugrunddynamischen Probleme hängen aufs engste mit dieser Wellenausbreitung, bei der Energie transportiert wird, zusammen. Folglich besteht ein Hauptgebiet der Bodendynamik in der Untersuchung der geometrie- und materialabhängigen Parameter, welche die Wellenausbreitung beeinflussen.

Als Welle kann jeder zeitlich und örtlich schwingende Vorgang bezeichnet werden. Im Prinzip handelt es sich dabei um eine Erweiterung einer zeitabhängigen Bewegung um die Dimension des Weges, längs dessen die Ausbreitung der Energie erfolgt. Voraussetzung ist ein kontinuierliches Medium, in dem sich die Wellen 1-dimensional (z. B. in Stäben und Saiten), 2-dimensional (in Scheiben und Platten) oder 3-dimensional (allgemein im Untergrund) ausbreiten.

In der einfachsten Form ist bei einer 1-dimensionalen Wellenausbreitung der örtliche und zeitliche Verlauf einer physikalischen Größe $a(x,t)$ (z. B. Verschiebung, Geschwindigkeit, ...) gegeben durch:

$$a(x,t) = A \sin(\omega t - kx) \qquad (14.39)$$

mit:
x Wegkoordinate in Richtung der Wellenausbreitung
t Zeit
A Amplitude (Größtwert) von a
ω Kreisfrequenz, $\omega = 2\pi f$
k Wellenzahl, $k = \dfrac{2\pi}{\lambda}$
λ Wellenlänge

Der schwingende Charakter der Größe $a(x,t)$ wird anschaulich, wenn man in Gl. (14.39) entweder einen festen Zeitpunkt t = const. oder einen festen Ort x = const. betrachtet. Man erhält beide Male einen sinusförmigen Verlauf: im einen Fall längs der Koordinate x, im anderen Fall längs der Zeitachse (Bild 14.13).

Üblicherweise werden mechanische Wellen in festen Körpern durch den Verlauf der Partikelverschiebung $u(t)_{x=const.}$ beschrieben. Hierbei ist das betrachtete Teilchen oder Bodenelement durch die Wegkoordinate x (im 1-dimensionalen Fall) eindeutig definiert. Je nach dem (weiter unten beschriebenen) Wellentyp kön-

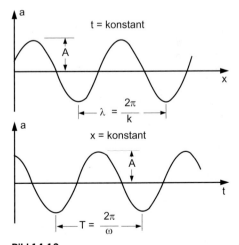

Bild 14.13
Welle als zeitlicher und räumlicher Vorgang
(nach Haupt [14.9])

nen sich die Bodenteilchen entweder in Richtung der Wellenausbreitung, senkrecht dazu oder in Kombinationen daraus bewegen. Die Ableitung nach der Zeit liefert aus $u(t)_{x=const.}$ die Partikelgeschwindigkeit $v(t) := \dot{u}(t)_{x=const.}$, deren Amplitude wie bei jeder Schwingung von der Verschiebungsamplitude und von der Frequenz abhängt. Es muß streng unterschieden werden zwischen der Partikelgeschwindigkeit $v(t)$ und der Wellenausbreitungsgeschwindigkeit c,

$$c = f \cdot \lambda \qquad (14.40)$$

die im Untergrund von den mechanischen Eigenschaften des Bodens abhängt.

Bei den in der Bodendynamik üblichen Deformationsgrößen kann der Boden (außer bei Erdbeben und im Nahfeld von Sprengungen) in guter Näherung als linear-elastisch angenommen werden. Bei dieser Betrachtungsweise lassen sich einfache Typen von Wellen definieren, die sich bei einer Schwingungsanregung des Untergrunds entweder isoliert ausbilden oder auch zusammen in Kombination auftreten. Die strenge Herleitung dieser Wellentypen erfolgt aus den Newtonschen Gesetzen auf der Basis eines linear-elastischen Stoffgesetzes und unter Beachtung der Gleichgewichtsbedingungen am Element und der Randbedingungen für Spannungen und Verformungen (siehe z.B. Richart, Hall, Woods [14.21] und Haupt [14.9]). Die wichtigsten Wellentypen sind:

– Kompressionswelle (P-Welle, Druckwelle): Raumwelle, Partikelbewegung in Richtung der Wellenausbreitung
– Scherwelle (S-Welle): Raumwelle, Partikelbewegung quer zur Ausbreitungsrichtung. verschiedene Polarisierungen möglich, z.B. Teilchenbewegung in horizontaler oder vertikaler Richtung (auch gleichzeitig)
– Rayleigh-Welle (R-Welle): Oberflächenwelle, Partikelbewegung in Ausbreitungsrichtung und quer dazu in Vertikalrichtung

Die verschiedenen Wellentypen sind in Bild 14.14 dargestellt.

Werden im Untergrund Erschütterungen ausgelöst, so werden zumeist alle drei Wellentypen erzeugt, wobei deren einzelne Intensitäten und ihr Verhältnis zueinander von der Größe und

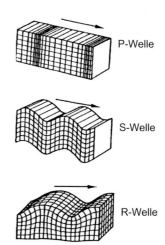

Bild 14.14
Verschiedene Wellentypen (nach Rücker [14.22])

der Art der Anregung abhängen. Die Ausbreitungsgeschwindigkeit der verschiedenen Wellentypen hängt von den mechanischen Eigenschaften des Untergrundes ab:

P-Welle:

$$c_P = \sqrt{\frac{1-\nu}{(1+\nu)(1-2\nu)}} \sqrt{\frac{E}{\rho}} = \sqrt{\frac{E_S}{\rho}} \qquad (14.41)$$

S-Welle:

$$c_S = \sqrt{\frac{G}{\rho}} \qquad (14.42)$$

In Tabelle 14.7 finden sich Wellengeschwindigkeiten c_P und c_S für wichtige Bodenarten.

Die Ausbreitungsgeschwindigkeit c_R kann nur numerisch und nicht in geschlossener Form bestimmt werden. Bild 14.15 zeigt den Zusammenhang zwischen c_P, c_S und c_R in Abhängigkeit von der Poisson-Zahl ν.

Wegen ihrer höheren Wellengeschwindigkeit trifft z.B. bei einer Sprengung die Druckwelle immer deutlich vor der Scherwelle im Einwirkungsort ein, während die Oberflächenwelle als letztes registriert wird. Dies erklärt die gängigen Bezeichnungen P-Welle (primär) und S-Welle (sekundär).

Da Wasser keine Scherfestigkeit besitzt, ist der Einfluß des Grundwassers auf die Ausbreitung

14.5 Schwingungsausbreitung im Boden

Tabelle 14.7 Wellengeschwindigkeiten für verschiedene Bodenarten (nach Eibl und Häussler-Combe [14.3])

Bodenart	c_p [m/s]	c_s [m/s]
Kies, je nach Zusammensetzung und Lagerungsdichte	500–2000	180–500
Sand, je nach Zusammensetzung und Lagerungsdichte	150–1000	100–250
Tone, Lehme, je nach Wassergehalt	750–1900	70–340
Granit, Basalt	4000–6000	–

von S- und R-Wellen gering. Dagegen pflanzen sich P-Wellen im Grundwasser nicht nur über das Korngerüst fort, sondern auch (mit $c_p \approx 1400$ m/s) direkt über das Wasser im Porenraum.

Elastische Wellen im Boden werden (analog zu Lichtwellen) an Schichtgrenzen zurückgeworfen (Reflexion) und gebrochen (Refraktion), wodurch sich bei geschichtetem Untergrund ein sehr komplexes Wellenbild ergibt.

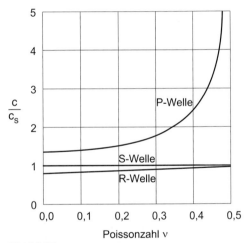

Bild 14.15
Abhängigkeit der Wellenausbreitungsgeschwindigkeit von der Poisson-Zahl ν

14.5.2 Abklingverhalten von Schwingungen im Boden

Elastische Wellen im Untergrund, die von einer punktförmigen Quelle ausgehen, bilden im Raum eine kugelförmige und auf der Geländeoberfläche eine kreisförmige Wellenfront. Da sich dabei die transportierte Energie auf eine zunehmende Fläche verteilt, nimmt die Amplitude der Welle in Ausbreitungsrichtung ab: man spricht von Abstrahlungsdämpfung. Zusätzlich werden die Schwingungsamplituden auch aufgrund der Materialdämpfung des Bodens mit wachsender Entfernung von der Quelle geringer. Die folgende Formel beschreibt die Wirkung der beiden Dämpfungsarten:

$$A(r) = A_0(r_0)\left(\frac{r}{r_0}\right)^n e^{-\alpha(r-r_0)} \qquad (14.43)$$

Hierbei ist:
A   Amplitude (des Schwingweges bzw. der Schwinggeschwindigkeit)
r   Abstand des betreffenden Punktes von der Quelle [m]
r_0 Bezugsabstand [m]
n   Exponent zur Beschreibung der Abstrahlungsdämpfung [–]
α Exponent zur Beschreibung der Materialdämpfung [m^{-1}]

Typische Werte für den Exponenten n finden sich in Tabelle 14.8. Bei einer linienförmigen Erschütterungsquelle, z. B. einer schwingenden Gebäudefront, klingen die Amplituden wegen der geraden Wellenfronten langsamer ab. Erhöhte Abstrahlungsdämpfungen erhält man dagegen bei impulsförmigen Erschütterungen, z. B. bei Sprengungen.

Die Wirkung der Abstrahlungsdämpfung gemäß Tabelle 14.8 ist in Bild 14.16 graphisch dargestellt.

Da der Dämpfungsgrad D frequenzunabhängig das Amplitudenverhältnis aufeinanderfolgender Schwingungen beschreibt, werden hohe Frequenzen mit wachsender Entfernung von der Quelle stärker gedämpft als niedrige Frequenzen. Mit $\lambda = c/f$ ergibt sich:

$$\alpha = \frac{2\pi D}{\lambda} \qquad (14.44)$$

Im Nahfeld einer Erschütterungsquelle wird bei üblichen Bodenverhältnissen der entfernungsabhängige Amlitudenrückgang praktisch nur

Tabelle 14.8 Exponent n zur Beschreibung der Abstrahlungsdämpfung

Schwingungstyp (Zeitverlauf)	Erschütterungsquelle (Geometrie)	Wellentyp	
		R (Raumwelle)	O (Oberflächenwelle)
HS (harmonisch/stationär)	PQ (Punktquelle)	1,0	0,5
	LQ (Linienquelle)	0,5	0
I (impulsförmig)	PQ (Punktquelle)	1,5	1,0
	LQ (Linienquelle)	1,0	0,5

durch die Abstrahlungsdämpfung bestimmt (außer bei sehr starken Schwingungen), während die Materialdämpfung erst bei größeren Abständen, also im Fernfeld, maßgebend wird.

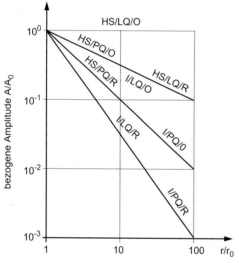

Bild 14.16
Amplitudenabnahme an der Geländeoberfläche bei der Wellenausbreitung [14.4]

14.5.3 Maßnahmen zur Minderung der Schwingungsausbreitung

Die Möglichkeit, Erschütterungen längs ihres Übertragungsweges zu vermindern, sind beschränkt im Vergleich zu Maßnahmen an der Erschütterungsquelle oder am Immissionsort. Da die abgestrahlte Energie – außer in unmittelbarer Nähe der Quelle – hauptsächlich durch Oberflächenwellen (Rayleigh-Wellen) übertragen wird, können von der Geländeoberfläche ausgehende Schlitze die Schwingungsamplituden stark reduzieren (Bild 14.17).

Solche Schlitze können entweder offen bleiben (Problem: Langzeitverhalten) oder als starrer Körper (Betonfüllung) ausgebildet werden. Sie sind nur wirksam, wenn die Schlitztiefe in der Größenordnung von mindestens einer Wellenlänge liegt. Bei tiefen Frequenzen ergeben sich damit große Tiefen, die im Vergleich zu anderen Maßnahmen (Isolierung direkt an der Quelle oder am Einwirkungsort) schnell unwirtschaftlich werden. Weitere Details zur Erschütterungsabschirmung durch Einbauten im Untergrund finden sich bei Haupt [14.12].

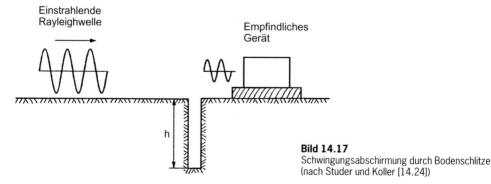

Bild 14.17
Schwingungsabschirmung durch Bodenschlitze (nach Studer und Koller [14.24])

14.6 Fundamentschwingungen

14.6.1 Allgemeines

Im folgenden Abschnitt wird die Bestimmung des Bewegungsverhaltens von dynamisch angeregten Fundamenten erläutert, und es werden allgemeine Entwurfsgrundsätze mitgeteilt. Bei Maschinengründungen ist die dynamische Belastung i. allg. genau definiert, und die Fundamente sind so auszulegen, daß entweder am Fundamentblock selbst oder im umgebenden Untergrund bestimmte Schwingungsamplituden nicht überschritten werden. Während bei elastischen Fundamenten eine Berechnung sehr kompliziert ist, können für starre Fundamentblöcke relativ einfache, auf der Halbraumtheorie basierende Lösungen angegeben werden, die das Bewegungsverhalten des Fundaments ausreichend genau beschreiben.

Bei einem starren Fundamentblock sind sechs verschiedene Schwingungsmoden möglich (Bild 14.18):

– Translation vertikal
– Translation horizontal (in zwei rechtwinklig zueinander stehenden Richtungen)
– Kippen um horizontale Achse in der Fundamentsohle (in zwei rechtwinklig zueinander stehenden Richtungen)
– Drehung (Torsion) um vertikale Achse

Da die Wirkungslinie der horizontalen Bodenreaktionskräfte in der Fundamentsohle liegt und damit nicht durch den Massenschwerpunkt des Fundaments verläuft, sind Horizontal- und Kippschwingungen auch bei im Grundriß symmetrischen Fundamenten nicht unabhängig

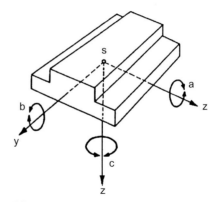

Bild 14.18
Schwingungsformen eines Fundamentblocks (nach Klein [14.15])

voneinander, sondern gekoppelt. Dies bedeutet, daß in diesem Fall das Fundament für jede Bewegungsebene (Massenscheibe, vgl. Abschnitt 14.3.4) als Schwingungssystem mit 2 Freiheitsgraden behandelt werden muß (vgl. z. B. Studer und Koller [14.24]). Vertikal- und Torsionsbewegung sind je für sich entkoppelt, so daß für diese Schwingungsmoden das Fundament als Einmassensystem behandelt werden kann.

14.6.2 Ersatzgrößen für Federn und Dämpfer

Die Bewegung eines starren Fundamentblocks läßt sich mit den in Abschnitt 14.3.2 angesprochenen Methoden relativ leicht näherungsweise bestimmen, wenn als Feder- und Dämpferkonstanten die Werte aus Tabelle 14.9 verwendet werden. Hierbei ist r_0 der Radius eines starren Kreisfundaments. Für Rechteckfundamente mit

Tabelle 14.9 Halbraum-Ersatzgrößen für starre Kreisfundamente

Modus	Federkonstante	Dämpfungskonstante	Massenverhältnis	Dämpfungsgrad
Vertikalschwingung	$k_z = \dfrac{4}{1-\nu} G r_0$	$c_z = \dfrac{3{,}4 r_0^2}{1-\nu} \sqrt{\rho G}$	$B_z = \dfrac{1-\nu}{4} \dfrac{m}{\rho r_0^3}$	$D_z = \dfrac{0{,}425}{\sqrt{B_z}}$
Horizontalschwingung	$k_x = \dfrac{8}{2-\nu} G r_0$	$c_x = \dfrac{18{,}4(1-\nu) r_0^2}{7-8\nu} \sqrt{\rho G}$	$B_x = \dfrac{(7-8\nu)}{32(1-\nu)} \dfrac{m}{\rho r_0^3}$	$D_x = \dfrac{0{,}288}{\sqrt{B_x}}$
Kippschwingung	$k_\psi = \dfrac{8}{3(1-\nu)} G r_0^3$	$c_\psi = \dfrac{0{,}8 r_0^4}{(1-\nu)(1+B_\psi)} \sqrt{\rho G}$	$B_\psi = \dfrac{3(1-\nu)}{8} \dfrac{I_\psi}{\rho r_0^5}$	$D_\psi = \dfrac{0{,}15}{(1+B_\psi)\sqrt{B_\psi}}$
Torsionsschwingung	$k_\theta = \dfrac{16}{3} G r_0^3$	$c_\theta = \dfrac{\sqrt[4]{B_\theta \rho G}}{1+2 B_\theta}$	$B_\theta = \dfrac{I_\theta}{\rho r_0^5}$	$D_\theta = \dfrac{0{,}15}{1+2 B_\theta}$

den Seitenlängen 2a und 2b kann dieser Ersatzradius folgendermaßen berechnet werden:

- Translation:

$$r_0 = \sqrt{\frac{4ab}{\pi}} \qquad (14.45)$$

- Kippen:

$$r_0 = \sqrt[4]{\frac{16ab^3}{3\pi}} \quad \text{(Seite der Länge 2a parallel zur Kippachse)} \qquad (14.46)$$

- Torsion:

$$r_0 = \sqrt[4]{\frac{16ab(a^2+b^2)}{6\pi}} \qquad (14.47)$$

Mit dem in der letzten Spalte der Tabelle 14.9 angegebenen Dämpfungsgrad D, der sich aus dem Massenverhältnis B (4. Spalte) ergibt, kann der maximale Überhöhungsfaktor aus der Vergrößerungsfunktion der Gleichungen (14.12) bzw. (14.15) leicht abgeschätzt werden.

Eine Einbettung des Fundamentblocks erhöht sowohl die Steifigkeit als auch die Dämpfung. Details finden sich z.B. bei Haupt [14.9], Studer und Koller [14.24].

Die Frequenzabhängigkeit der das System Boden-Fundament beschreibenden Parameter wird bei der Verwendung komplexer Impedanzfunktionen berücksichtigt ([14.4], Studer und Koller [14.24]). Diese Funktionen fußen auf FE- und BE-Methoden, haben jedoch erst in geringem Umfang Eingang in die Praxis gefunden.

14.6.3 Maschinenfundamente

Die im vorangegangenen Abschnitt angegebenen Ersatzgrößen für Steifigkeits- und Dämpfungsbeiwerte bei starren Fundamentkörpern dienen vor allem zur Berechnung von Maschinengründungen (ausführliche Behandlung dieses Themas bei Rausch [14.20], Lipiński [14.17], Klein [14.15], Petersen [14.19]). Größere Maschinen werden üblicherweise auf speziellen Fundamenten aufgestellt, welche die statischen und dynamischen Lasten sicher in den Untergrund übertragen sollen. Die Fundamente sind dabei so auszulegen, daß sie den folgenden Gesichtspunkten genügen:

– Gewährleistung eines planmäßigen (ungestörten) Maschinenbetriebs, wozu auch die üblichen An- und Auslaufvorgänge gehören. Vom Hersteller sind hierzu die maschinentechnischen Angaben bereitzustellen, und zwar sowohl hinsichtlich der erzeugten Kräfte (einschließlich maschinentypischer Störfälle) als auch hinsichtlich der Erschütterungsempfindlichkeit der Anlage selbst (z.B. frequenzabhängige zulässige Maximalwerte für Verschiebungen und Verdrehungen).

– Nachweis der Tragsicherheit des Maschinenfundaments und der benachbarten baulichen Anlagen. Hierbei ist auch der Einfluß der erzeugten Erschütterungen auf die Setzungen in der Umgebung der Maschine zu untersuchen (Verdichtungswirkung bei nichtbindigen Böden, Bodenverflüssigung).

– Minimierung der Erschütterungsimmissionen in der Nachbarschaft. Dies betrifft sowohl Beeinträchtigungen von Menschen bei der Arbeit und im Wohnumfeld als auch Funktionsstörungen von in der Umgebung aufgestellten empfindlichen Maschinen und Geräten.

Für alle Maschinengründungen ist eine umfassende Kenntnis des Untergrundes – auch in der Umgebung der Erschütterungsquelle – unerläßlich. In kritischen Fällen sind die dynamischen Bodeneigenschaften durch spezielle Labor- und Feldversuche zu ermitteln. Zur Bestimmung bzw. zur Prognose der zu erwartenden Immissionswerte sollten Erschütterungsmessungen am geplanten Maschinenstandort vorgenommen werden.

Die Wirkung eines Maschinenfundaments besteht im wesentlichen darin, daß die Bewegungen, die als Folge der dynamischen Kräfte in den Untergrund eingeleitet werden, durch eine elastisch gelagerte Masse reduziert werden. Zur Veranschaulichung dient das folgende Gedankenmodell. Auf einem Fundamentblock sei eine Maschine starr montiert (Gesamtmasse mit Fundament m), auf der sich eine Masse m_K (z.B. ein Kolben) sinusförmig auf und ab bewegt (Bild 14.19). Die Koordinate $x_K(t)$ bezeichnet die Relativbewegung zwischen Kolben und Fundament. Wirken keine äußeren Kräfte auf das System (d.h. keine Gewichtskraft und „unendlich weiche" Lagerung), bleibt sein Gesamtschwerpunkt bei Bewegung des Kolbens in

14.6 Fundamentschwingungen

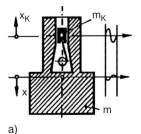

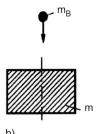

Bild 14.19
Ungefesselter Fundamentblock (nach Petersen [14.19])
a) mit Kolbenmaschine
b) mit aufprallender Masse

Ruhe, und die Bewegungsamplitude des Fundamentblocks in der Absolutkoordinate x(t) lautet:

$$x(t) = \frac{m_K}{m + m_K} x_K(t) \qquad (14.48)$$

Je größer also die Fundamentmasse ist, um so kleiner ist ihre Bewegungsamplitude x(t). Eine analoge Überlegung zeigt, daß bei stoßartiger Belastung (z. B. durch eine aufprallende Masse) gemäß dem Impulssatz die unmittelbar nach dem Stoß vorhandene Fundamentgeschwindigkeit mit zunehmender Masse ebenfalls abnimmt.

Die Folgerungen aus dem obigen Gedankenexperiment sind gültig für eine sehr weiche Lagerung des Fundaments auf dem Boden bzw. bei dynamischer Belastung in Form von einzelnen Stößen. Im Regelfall müssen jedoch Überlegungen zur Resonanz angestellt werden, die dann eintreten kann, wenn eine Teilschwingung der Erregerkraft mit einer Eigenfrequenz des Systems Boden-Fundament zusammenfällt. Die Bestimmung dieser Eigenfrequenzen kann unter der Annahme linear-elastischen Verhaltens mit den im vorangegangenen Abschnitt dargelegten Methoden erfolgen.

Grundsätzlich sollten Maschinenfundamente so ausgelegt werden, daß es beim Dauerbetrieb der Maschine in keinem Schwingungsmodus zur Resonanz kommt. Im Resonanzfall wachsen die Erschütterungen des Untergrundes stark an, und die Maschine selbst kann – vor allem durch Materialermüdung – Schaden nehmen. Es gibt zwei Möglichkeiten zur Vermeidung von Resonanz bei stationärem Maschinenbetrieb; sie definieren sich aus dem Verhältnis $\eta = \Omega/\omega$, wobei Ω die Anregungsfrequenz (= Maschinendrehzahl) und ω die Eigenfrequenz des Systems Boden-Fundament ist:

- **Hochabstimmung:** Die Eigenfrequenzen des Fundaments liegen oberhalb der höchsten Erregerfrequenz der Maschine ($\eta < 1$, unterkritische Erregung). Hierzu benötigt man eine kleine Fundamentmasse bei großer Steifigkeit des Systems Boden-Fundament, wobei letzteres durch eine relativ große Aufstandsfläche erreicht werden kann. Man beachte jedoch, daß flache Fundamentblöcke u. U. nicht mehr als starre Körper betrachtet werden können, wodurch die Voraussetzungen der einfachen Eigenfrequenzberechnung wegfallen.

- **Tiefabstimmung:** Die Eigenfrequenzen des Fundaments liegen unterhalb der niedrigsten Erregerfrequenz der Maschine ($\eta > 1$, überkritische Erregung). Dies wird erreicht durch eine große Fundamentmasse bei relativ kleiner Aufstandsfläche oder durch Federelemente aus Stahl, Gummi oder speziellen Kunststoffen, die zwischen Maschine und Fundamentblock angeordnet sind. Der Einfluß der Fundamentfläche auf die Steifigkeit der Auflagerung ergibt sich aus den Formeln in Tabelle 14.9: bei sonst gleichen Systemparametern nimmt die Steifigkeit mit wachsendem Radius der Ersatzfläche zu.

In Bild 14.20 sind die Frequenzverhältnisse für ein hoch bzw. tief abgestimmtes Fundament dargestellt. Es wird dabei von einer quadratischen Erregung (= Unwuchterregung) ausgegangen, wie sie für Maschinen mit rotierenden Teilen üblich ist.

Welche Art der Abstimmung gewählt wird, hängt in erster Linie von der vorherrschenden Frequenz der dynamischen Kräfte ab:

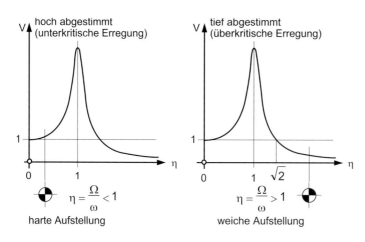

Bild 14.20
Hoch- und Tiefabstimmung
(nach Petersen [14.19])

- Für Maschinen niedriger bis mittlerer Drehzahl (bis 600 U/min) wird im Regelfall eine Hochabstimmung gewählt, bei welcher die niedrigste Eigenfrequenz mindestens doppelt so groß wie die Erregerdrehzahl ist.
- Maschinen mittlerer bis hoher Drehzahl (ab 300 U/min) werden meist tief abgestimmt. Während bei mittleren Drehzahlen oft eine Auflagerung auf zusätzlichen Federelementen erforderlich ist, können Maschinen mit Drehzahlen von über 2000 U/min meist direkt auf dem Boden gegründet werden.

Eine tiefe Abstimmung hat den Nachteil, daß beim An- und Abstellen der Maschine die Resonanzfrequenzen des Systems Boden-Fundament durchlaufen werden. Um die Erschütterungen im Boden dennoch klein zu halten, sollte die Resonanz zügig durchfahren werden, so daß dem System die zum Aufschaukeln der Schwingung benötigte Zeit fehlt. Der Vorteil der Tiefabstimmung besteht darin, daß durch die weiche Auflagerung nur ein kleiner Anteil der dynamischen Kräfte in den Untergrund übertragen wird.

14.7 Wirkung und Bewertung von Erschütterungen

14.7.1 Allgemeines

In aller Regel sind Schwingungen im Bauwesen unerwünscht, sofern es sich nicht um Bestandteile von Bauverfahren selbst handelt, wie z. B. beim Einvibrieren von Spundbohlen. Aber selbst dann ist man bestrebt, die entstehenden Schwingungen örtlich zu begrenzen und störende Emissionen soweit wie möglich zu verhindern.

Mechanische Schwingungen von festen Körpern, die zu Störungen, Belästigungen, Gesundheitsbeeinträchtigungen oder zu Schäden an Objekten aller Art, insbesondere an Bauwerken, aber auch an Maschinen führen, werden in der Literatur als Erschütterungen bezeichnet.

Werden die Erschütterungen vom Ort ihrer Entstehung her betrachtet, also auf eine bestimmte Quelle bezogen, spricht man von Erschütterungsemissionen. Schwierig ist dabei die Ableitung bestimmter Erschütterungsstärken aus dem Mechanismus der Entstehung (z. B. bei komplizierten Maschinen), weil in der Praxis nicht alle Kräfte und Bewegungen rechnerisch berücksichtigt werden können. Statt dessen wird oft versucht, die emittierten Erschütterungen auf der Erdoberfläche oder in einem Gebäude in der Nähe der Quelle zu messen, wobei diese selbst als „black box" betrachtet wird. Um verschiedene Erschütterungsquellen quantitativ vergleichen zu können, müssen daher als erstes charakteristische Kennwerte definiert werden, in welche der Typ der Quelle und ein bestimmter Abstand des Meßortes zu ihr eingehen.

Mit Erschütterungsimmission wird der Übergang der mechanischen Schwingungsenergie von der Umgebung auf eine bestimmte Einwirkungsstelle und dort auf Menschen oder Objekte (Bauwerke bzw. Bauteile, Maschinen etc.) verstanden (Bild 14.21). Um Erschütterungen

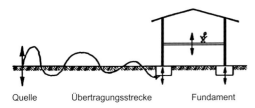

Quelle　　　Übertragungsstrecke　　　Fundament

Bild 14.21
Eintragung von Erschütterungen in Gebäude
(nach Kramer [14.16])

sinnvoll beurteilen zu können, sollten Messungen wenn irgend möglich am Immissionsort erfolgen. Zur Prognose von Erschütterungen ist es aber dennoch wichtig, ihr Ausbreitungsverhalten im Boden und die Bedingungen beim Übergang in Gebäude zu kennen.

Die Auswirkungen von Erschütterungen können je nach Situation sehr unterschiedlich sein und hängen von vielen, nur schwer quantifizierbaren Faktoren ab. Sie können folgendermaßen unterteilt werden:

– Einwirkungen auf Menschen: direkte Gesundheitsschädigung oder massive Beeinträchtigung des persönlichen Wohlbefindens
– Einwirkung auf Bauwerke: Schäden an der Bausubstanz, Herabsetzung der Lebensdauer durch Materialermüdung
– Einwirkung auf Maschinen und Geräte: Funktionsbeeinträchtigungen, Dejustierung, Toleranzprobleme, Materialermüdung

Je nach Art der Einwirkung sind unterschiedliche Kriterien maßgebend, um einschätzen zu können, ob mit Schäden oder Störungen zu rechnen ist. Der im Erschütterungsschutz tätige Ingenieur muß erkennen, welches der genannten Probleme in der speziellen Situation vorliegt.

14.7.2 Größen zur Beschreibung der Erschütterungsstärke

Je nach vorherrschender Frequenz, Art der Einwirkung und Immissionsstruktur können verschiedene Schwingungsgrößen für das Auftreten von Schäden oder Störungen verantwortlich sein:

– Schwingweg
– Schwinggeschwindigkeit (Schnelle)
– Schwingbeschleunigung
– vorherrschende Frequenz
– Einwirkungsdauer, Häufigkeit und Tageszeit des Ereignisses

In der Praxis wird vor allem der Zeitverlauf der Schwinggeschwindigkeit gemessen. Um den Einfluß der Schwingfrequenz und der zeitlichen Aufeinanderfolge von Spitzen der Schwinggeschwindigkeit (bei stochastischen Signalen) zu erfassen, kann das Signal zusätzlich einer Frequenz- und einer Zeitbewertung unterzogen werden. Diese Bewertungen werden bei der Beurteilung von Erschütterungen hinsichtlich der Einwirkung auf Menschen durchgeführt. Details zur Erschütterungsmessung, insbesondere zu den Anforderungen an die Meßgeräte und die erforderlichen Auswerteverfahren finden sich in DIN 45669.

Es ist praktisch unmöglich, genaue Schranken für die genannten Größen anzugeben, unterhalb derer Störungen oder Schäden sicher auszuschließen sind. So werden z. B. bei Menschen Beeinträchtigungen des Wohlbefindens sehr stark von subjektiven Faktoren beeinflußt. Die Beurteilung der Schadensanfälligkeit von Bauwerken schwankt ebenfalls sehr stark. Vor allem bei älteren Gebäuden hängt sie stark von der jeweiligen Baugeschichte ab. Zudem werden für die Einschätzung geringfügiger Schäden, z. B. kleinen Rissen, sehr unterschiedliche subjektive Kriterien angewandt, die stark von der jeweiligen Interessenslage beeinflußt sind.

Trotz dieser Probleme werden in verschiedenen Normenwerken Anhaltswerte für Schwingungsgrößen genannt, bei deren Unterschreitung üblicherweise keine Störungen oder Schäden eintreten. Diese Anhaltswerte sind jedoch nicht als Grenzwerte aufzufassen, was bedeutet, daß es bei einer Überschreitung nicht zwangsläufig zu Beeinträchtigungen oder Schäden kommen muß. Vielmehr sind diese Werte als Mittelwerte aus einer großen Anzahl bisher betrachteter Fälle zu verstehen, wobei mit einer erheblichen Streubreite zu rechnen ist.

14.7.3 Einwirkungen auf Menschen

Zu den Schutzzielen bei der Einwirkung von physikalischen Prozessen auf die Umgebung gehört auch der im Bundes-Immissionsschutzgesetz formulierte Schutz des Menschen vor Erschütterungen, falls diese zu Gefahren, erheblichen Nachteilen oder erheblichen Belästigungen führen. Kriterien zur Beurteilung von Erschütterungen hinsichtlich der Wirkung auf Personen sind in DIN 4150 Teil 2 angegeben. Diese Norm bezieht sich allerdings nur auf Erschütterungen im Wohnbereich. Erschütterungen am Arbeitsplatz können nach VDI-Richtlinie 2057 beurteilt werden. Dort werden Kriterien angegeben, die von speziellen arbeitstypischen Körperhaltungen und Richtungen der Schwingungseinleitung ausgehen, während im wohnbereichsbezogenen Immissionsschutz keine bestimmte Körperhaltung oder Tätigkeit vorausgesetzt wird.

Grundsätzlich sollten im Wohnbereich keine Erschütterungen wahrnehmbar sein. Dieses Ziel kann jedoch nach dem Stand der Technik und mit vertretbarem finanziellen Aufwand oft nicht erreicht werden, zumal die Fühlschwelle mit ca. 0,1 mm/s sehr niedrig liegt. Es gilt daher, zumindest „erhebliche Belästigungen" von Personen auszuschließen. Naturgemäß ist der Begriff „erhebliche Belästigungen" nicht objektiv festzulegen, weil er nicht nur von den allgemeinen Immissionsbedingungen, sondern auch von der individuellen Situation der betroffenen Personen abhängt. Trotzdem werden in der DIN 4150 Teil 2 zahlenmäßig klar festgelegte Beurteilungskriterien angegeben, die als Anhaltswerte jahrelange Erfahrungen mit den verschiedensten Erschütterungsquellen und Einwirkungssituationen wiedergeben.

Die Einwirkung von Erschütterungen auf Menschen erfolgt im Normalfall über eine Ankoppelung an schwingende Geschoßdecken. Für den Grad der Störung bzw. Belästigung spielen Amplitude und Zeitverlauf der Schwingung eine wesentliche Rolle. Neben den meßtechnisch objektiv zu erfassenden Parametern kommt jedoch der persönlichen Disposition eine entscheidende Bedeutung zu, insbesondere den folgenden Faktoren:

– Gesundheitszustand
– seelische Befindlichkeit
– Tätigkeit während der Erschütterungseinwirkung (körperliche/geistige Tätigkeit, Entspannung beim Lesen, Ruhen, Schlafen usw.)
– Grad der Gewöhnung an die Erschütterungen

– Bekanntheit bzw. Erklärbarkeit der Erschütterungen
– Unmittelbarkeit des Auftretens (Schreckmoment)
– subjektive Einstellung zum Erschütterungserzeuger und zur Notwendigkeit der Erschütterungen

Bei Menschen in Gebäuden ist der Grad der Schwingungswahrnehmung am ehesten mit der Größe der Schwinggeschwindigkeit v(t) korreliert. Der Frequenzeinfluß bei nicht tätigkeitsspezifischen Ganzkörperschwingungen wird durch eine wahrnehmungsphysiologische Frequenzbewertung berücksichtigt, die eine stärkere Gewichtung der höheren Frequenzen bewirkt. Dies wird beschrieben durch den Amplitudenfrequenzgang

$$|H_{KB}(f)| = \frac{1}{\sqrt{1 + (f_0/f)^2}} \quad (14.49)$$

wobei als Bezugsfrequenz die Größe $f_0 = 5{,}6$ Hz verwendet wird. In Tabelle 14.10 ist die Wirkung dieser Frequenzbewertung ersichtlich.

Tabelle 14.10 KB-Bewertung

f [Hz]	0	5,6	∞
$|H_{KB}|$	0	$\sqrt{2}/2 = 0{,}707$	1

Mit $|H_{KB}|$ ergibt sich aus der tatsächlich vorhandenen Schwinggeschwindigkeit v(t) eine frequenzbewertete Schwinggeschwindigkeit $v_{KB}(t)$, welche in den Normen DIN 4150 Teil 2 und DIN 45669 als KB-Signal bezeichnet wird:

$$KB(t) := v_{KB}(t) = v(t) \cdot |H_{KB}| = \frac{v(t)}{\sqrt{1 + (f_0/f)^2}} \quad (14.50)$$

Aus dieser frequenzbewerteten Schwinggeschwindigkeit wird als sogenannter KB-Wert der gleitende Effektivwert mit der Zeitkonstanten $\tau = 0{,}125$ ms gebildet:

$$KB_\tau(t) = \sqrt{\frac{1}{\tau} \int_{\xi=0}^{t} e^{-\frac{t-\xi}{\tau}} KB^2(\xi)\, d\xi} \quad (14.51)$$

14.7 Wirkung und Bewertung von Erschütterungen

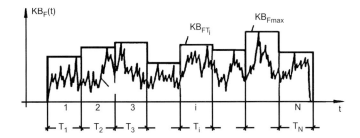

Bild 14.22
Aufteilung des Erschütterungsereignisses in Zeittakte
(nach Petersen [14.19])

Die obige Gleichung (14.51) liefert einen Zeitverlauf des KB-Wertes, auf den sich die Kriterien der DIN 4150 Teil 2 beziehen.

Nach DIN 4150 Teil 2 wird das nach Gleichung (14.50) KB-bewertete Erschütterungsereignis in Zeitintervalle von jeweils 30 s eingeteilt. Für jeden Takt T_i wird sodann der Taktmaximalwert KB_{FTi} bestimmt. Der größte dieser Maximalwerte heißt maximale Bewertete Schwingstärke und wird mit KB_{Fmax} bezeichnet. Das beschriebene Vorgehen und die einzelnen Bezeichnungen sind in Bild 14.22 dargestellt.

Zusätzlich wird aus dem KB-Signal mit dem Taktmaximal-Effektivwert KB_{FTm} ein Mittelwert gebildet, der sich aus den einzelnen Taktmaximalwerten KB_{FTi} errechnet:

$$KB_{FTm} = \sqrt{\frac{1}{N} \cdot \sum_{i=1}^{N} KB_{FTi}^2} \qquad (14.52)$$

Der Taktmaximal-Effektivwert KB_{FTm} wird nun, getrennt für Tag- und Nachtzeiten, im Verhältnis von gesamter Einwirkungsdauer T_e zur Beurteilungszeit T_r abgemindert. Tag- und Nachtzeiten sind wie folgt definiert:

– tags: 6.00 bis 22.00 Uhr, $T_r = 16$ h
– nachts: 22.00 bis 6.00 Uhr, $T_r = 8$ h

Einwirkungen, die in Ruhezeiten fallen, werden dabei doppelt gewichtet. Ruhezeiten sind:

– werktags: 6.00 bis 7.00 Uhr und 19.00 bis 22.00 Uhr
– sonn- und feiertags: 6.00 bis 22.00 Uhr

Werden die Erschütterungen außerhalb und innerhalb der Ruhezeiten jeweils durch einen repräsentativen KB_{FTm}-Wert beschrieben, ergibt sich schließlich die Beurteilungs-Schwingstärke

$$KB_{FTr} = \sqrt{\frac{T_{e1} \cdot KB_{FTm1}^2 + 2 \cdot T_{e2} \cdot KB_{FTm2}^2}{T_r}} \qquad (14.53)$$

Es bedeuten dabei:

T_{e1} Einwirkungszeit außerhalb der Ruhezeiten,
T_{e2} Einwirkungszeit während der Ruhezeiten,
KB_{FTm1} Taktmaximal-Effektivwert außerhalb der Ruhezeiten
KB_{FTm2} Taktmaximal-Effektivwert während der Ruhezeiten

Für eine Bewertung der Erschütterungsimmissionen hinsichtlich der Einwirkung auf Personen stehen nach den obigen Ausführungen zwei Größen zur Verfügung, für welche die DIN 4150 Teil 2 Anhaltswerte bereithält:

– maximale Bewertete Schwingstärke KB_{Fmax} (= stärkstes Einzelereignis)
– Beurteilungs-Schwingstärke KB_{FTr} (= Mittelwert über Beurteilungszeitraum)

In der Norm sind, getrennt für Tag- und Nachtzeiten und abhängig vom Einwirkungsort, Anhaltswerte A_u, A_o und A_r angegeben (Tabelle 14.11).

Die Bewertung der Erschütterungen erfolgt gemäß Norm in zwei Schritten:

Schritt 1: Vergleich der maximalen Bewerteten Schwingstärke KB_{Fmax} mit den Anhaltswerten A_u und A_o. Dabei gibt es drei Möglichkeiten:

– $KB_{Fmax} < A_u$
Anforderungen der Norm eingehalten
(Erschütterungen unbedenklich)

– $KB_{Fmax} > A_o$
Anforderungen der Norm nicht eingehalten
(Erschütterungen zu stark)

Tabelle 14.11 Anhaltswerte A für die Beurteilung von Erschütterungsimmissionen in Wohnungen und vergleichbar genutzten Räumen

Zeile	Einwirkungsort	Tag			Nacht		
		A_u	A_o	A_r	A_u	A_o	A_r
1	Industriegebiet GI	0,4	6	0,2	0,3	0,6	0,15
2	Gewerbegebiet GE	0,3	6	0,15	0,2	0,4	0,1
3	Mischgebiet MI, Dorfgebiet MD, Kerngebiet MK	0,2	5	0,1	0,15	0,3	0,07
4	Wohngebiet WR, WA	0,15	3	0,07	0,1	0,2	0,05
5	Krankenhaus, Kurgebiet SO	0,1	3	0,05	0,1	0,15	0,05

– $A_u < KB_{Fmax} < A_o$
 Bewertung mit Hilfe der Beurteilungs-Schwingstärke KB_{FTr} → weiter mit Schritt 2

Schritt 2: Vergleich der Beurteilungs-Schwingstärke KB_{FTr} mit dem Anhaltswert A_r:

– $KB_{FTr} < A_r$
 Anforderungen der Norm eingehalten (Erschütterungen unbedenklich)

– $KB_{FTr} > A_r$
 Anforderungen der Norm nicht eingehalten (Erschütterungen zu stark)

Für selten auftretende, kurzzeitige Erschütterungen sind in der Regel nur die Anhaltswerte A_u und A_0 maßgebend (Schritt 1). Im Hinblick auf Sprengerschütterungen gelten hierfür Sonderregelungen, die bei Einhaltung gewisser Auflagen größere KB_{Fmax}-Werte zulassen. Sonderbestimmungen mit erhöhten Anhaltswerten gelten auch für neu zu errichtende Fern- und S-Bahnstrecken sowie unterirdisch geführte Straßen-, Stadt- und U-Bahnstrecken.

Die oben angeführten Beurteilungswerte sind im Regelfall das Ergebnis von Erschütterungsmessungen. Diese erfolgen an bestehenden Gebäuden, wenn eine neue Erschütterungsquelle (z.B. Verkehrsweg, Steinbruch, Industrieanlage) erhöhte Immissionen verursachen kann. Ein anderes Problem besteht darin, daß ein neues Gebäude in der Nähe einer schon bestehenden Erschütterungsquelle errichtet werden soll. Hier versucht man, die zu erwartenden Erschütterungen soweit abzuschätzen, daß erforderliche Maßnahmen zum Erschütterungsschutz (im Extremfall die Suche eines neuen Standortes) rechtzeitig in die Planung einfließen können. Die Prognose der Erschütterungen ist schwierig. Sie beinhaltet die genaue Kenntnis der Emissionsstruktur, der dynamischen Eigenschaften des Untergrundes zwischen Quelle und Immissionsort, sowie das dynamische Verhalten des geplanten Gebäudes einschließlich seiner Ankoppelung an den Untergrund. Aus diesem Grund sollten die erforderlichen Untersuchungen nur von fachkundigen Instituten ausgeführt werden.

In DIN 4150 Teil 2 werden auch für die Erschütterungen bei Baumaßnahmen Anhaltswerte A_u, A_o und A_r angegeben (hinsichtlich Details sei auf die Norm verwiesen). Da Erschütterungen bei Baumaßnahmen zeitlich begrenzt sind, ist der Rahmen der Zumutbarkeit weiter gesteckt. Die Anhaltswerte der Norm bilden dabei einen Kompromiß zwischen dem Schutz der betroffenen Anlieger vor Erschütterungen und der Vermeidung unangemessen hoher Baukosten. Durch einfache Maßnahmen kann die Akzeptanz von Erschütterungen bei Anliegern erheblich erhöht werden:

– umfassende Information der Betroffenen über die Baumaßnahmen, die Bauverfahren, die Dauer und die zu erwartenden Erschütterungen aus dem Baubetrieb
– Aufklärung über die Unvermeidbarkeit von Erschütterungen infolge der Baumaßnahmen und die damit verbundenen Belästigungen
– zusätzliche baubetriebliche Maßnahmen zur Minderung und Begrenzung der Belästigungen (Pause, Ruhezeiten, Betriebsweise der Erschütterungsquelle usw.)

- Benennung einer Ansprechstelle, an die sich Betroffene wenden können, wenn sie besondere Probleme durch Erschütterungseinwirkungen haben
- Information der Betroffenen über Erschütterungswirkungen auf das Gebäude (s. Abschnitt 14.7.4)
- Nachweis der tatsächlich auftretenden Erschütterungen durch Messungen sowie deren Beurteilung bezüglich der Wirkung auf Menschen und Gebäude

Durch die genannten Punkte kann das Klima zwischen „Baustelle" und betroffenen Anwohnern nachhaltig verbessert werden. Der Aufwand hierfür ist gering im Vergleich zu den Kosten, die bei einem zeitweisen Stillstand der Baustelle auftreten.

14.7.4 Einwirkungen auf Gebäude

Erschütterungen werden von außen über Fundamente in Gebäude eingetragen, wobei der Übergang von mehreren Einflußgrößen abhängt:

- Bodenverhältnisse
- Gründungstiefe, Gründungsart
- Gebäudemasse, Gebäudebauart (Steifigkeit)

Richtwerte für die Übergangsfaktoren, die das Amplitudenverhältnis von Fundament- zu Bodenbewegung beschreiben, finden sich bei Haupt [14.11]:

- Übergang Fels-Fundament: 1,0
- Übergang Lockerboden-Fundament
  Einfamilienhaus: 0,5
  größere Gebäude: 0,5–0,2

Im Gebäude selbst werden die Erschütterungen über die Wände nach oben weitergeleitet und regen die Geschoßdecken zu vertikalen Schwingungen an, deren Stärke im Resonanzfall ein mehrfaches (bis zu 20 faches) der Fundamenterschütterung betragen kann. Eigenfrequenzen und Dämpfungsgrade von Geschoßdecken sollten in kritischen Fällen meßtechnisch bestimmt werden. Vor allem weitgespannte Decken sind mit Werten von $D = 2 \div 5\%$ oft nur schwach gedämpft. Die Deckeneigenfrequenzen liegen üblicherweise in folgendem Rahmen:

- Stahlbetondecken: $f = 15 \div 35$ Hz
- Holzbalkendecken: $f = 8 \div 20$ Hz

Erschütterungsbedingte Schäden an Gebäuden treten in der Regel nur bei sehr starken Erschütterungen auf, die auch von Menschen als stark belästigend bis bedrohlich empfunden werden. Obwohl durch dieses subjektive Empfinden die Gefährdung von Gebäuden oftmals überschätzt wird, kommt es doch – vor allem bei Spezialtiefbauarbeiten mit geringen Abständen von Gebäuden zur Erschütterungsquelle – immer wieder zu Schäden, die im Sinne einer Verminderung des Gebrauchswerts von Bauwerken zu verstehen sind. Meist könnten diese Schäden durch eine vorausschauende, auch die Erschütterungsproblematik in Betracht ziehende Bauausführung vermieden werden. Mögen auch viele erschütterungsbedingte Schäden wie Putzrisse, Bruch von Fensterscheiben und Keramikplatten, Ablösen leichter Trennwände, usw. als Bagatellschäden betrachtet werden, so können Bauunterbrechungen und Verfahrensumstellungen dennoch zu großen Mehrkosten führen. Die Höhe des Schadens an einem Gebäude läßt sich objektiv oft nur schwer beziffern: Hier spielen seine Nutzung und die ästhetischen Ansprüche der Besitzer oder Bewohner eine nicht geringe Rolle.

Tragwerksschäden treten nur in Ausnahmefällen bei sehr starken Erschütterungen auf. Normalerweise sind diese Schäden dann auch keine direkte Folge der Erschütterungen, sondern haben andere, nur indirekt auf Erschütterungen zurückgehende Ursachen (z. B. Fundamentsetzungen durch erschütterungsbedingte Bodenverdichtung).

Die Wahrscheinlichkeit bzw. Höhe von Gebäudeschäden – sofern überhaupt objektiv angebbar – hängt ab

- von der Erschütterung (Stärke, Frequenzgehalt, Einzel- oder Dauerereignis, ...)
- vom Gebäude (Konstruktion, Nutzung, Baumaterialien, ...)

Die Erschütterungen erzeugen zusätzliche Spannungen und Verformungen, die zusammen mit den statischen Spannungen aus der Tragwirkung und den vorhandenen Eigenspannungen zu lokalen Festigkeitsüberschreitungen führen, die sich in der Regel als Risse äußern. Es genügt daher eine einmalige Überschreitung einer kritischen Spannung, um eine dauerhafte Schädigung hervorzurufen.

Andererseits kann eine Dauererschütterung bei genügender Anzahl von Lastwechseln auch schon bei relativ geringen Spannungen zum Bruch eines Bauteils infolge Materialermüdung führen.

Als maßgeblicher Schwingungsparameter wird im interessierenden Frequenzbereich (ca. 5 Hz – 100 Hz) die Schwinggeschwindigkeit, d. h. die Partikelgeschwindigkeit betrachtet. Für die Beurteilung wird dabei der betragsgrößte Wert des in einer Meßrichtung i registrierten Verlaufs der Schwinggeschwindigkeit v(t) herangezogen. Dieser Wert wird im weiteren vereinfachend mit v_i bezeichnet:

$$v_i = |v(t)|_{i,max} \tag{14.54}$$

Die genannten Vorstellungen sind in die DIN 4150 Teil 2 (Erschütterungen im Bauwesen, Einwirkung auf bauliche Anlagen) eingeflossen, die in Deutschland zur Bewertung von Erschütterungen heranzuziehen ist. Die Norm unterscheidet zwischen kurzzeitiger Erschütterung und Dauererschütterung. Zu den Dauererschütterungen aus Baubetrieb gehört wegen der hohen Zahl der Lastspiele das Vibrationsrammen, die Vibrationsverdichtung, die Herstellung von Rüttelstopfsäulen usw., während Schlagrammungen, Bohr- und Meißelarbeiten als kurzzeitige Erschütterungen angesehen werden können. In der Norm werden Anhaltswerte genannt, die von der Frequenz und der Gebäudeart abhängen und bei deren Einhaltung erschütterungsbedingte Schäden weitgehend ausgeschlossen werden können. Wenn die Anhaltswerte nicht sehr stark überschritten werden, sind die Zusatzspannungen aus dynamischen Wirkungen in der Regel jedoch meist so gering, daß sie praktisch nie der alleinige Grund für die Ausbildung von Rissen sind, sondern nur das auslösende Moment, das im Zusammenspiel mit latent vorhandenen statischen Spannungen zum Auftreten von Rissen führt.

Wenn Vorabschätzungen keine eindeutige Aussage über die Einhaltung der Anhaltswerte der Norm liefern, sollten die Erschütterungen durch ein ausgewiesenes Institut gemessen werden. Bei üblichen Hochbauten werden die einzelnen Schwingungsaufnehmer folgendermaßen angeordnet:

– Am Gebäudefundament in drei zueinander rechtwinklig angeordneten Richtungen: vertikal und horizontal, wobei eine der beiden horizontalen Meßrichtungen parallel zu einer Seitenwand des Gebäudes ausgerichtet ist.

– Auf einzelnen Geschoßdecken in Deckenmitte in Vertikalrichtung (dort finden die stärksten Schwingungen statt).

– Bei höheren Gebäuden in der Ebene der obersten Geschoßdecke in zwei zueinander rechtwinklig stehenden Horizontalrichtungen. Dadurch werden Biegeschwingungen des Gesamtgebäudes erfaßt. Bei Gebäuden ab etwa fünf Geschossen kann die niedrigste Biegeeigenfrequenz mit der Stockwerksgleichung

$$f \approx 10/n \tag{14.55}$$

abgeschätzt werden (n: Anzahl der Geschosse).

Die Anhaltswerte der Norm für die Schwinggeschwindigkeit bei kurzzeitigen Erschütterungen finden sich in Tabelle 14.12. Für Zwischenwerte der Frequenzen dürfen die Werte der Tabelle linear interpoliert werden (Bild 14.23). Bei massiven Ingenieurbauwerken wie Widerlagern, Blockfundamenten u. ä. dürfen die Werte aus Zeile 1 der Tabelle verdoppelt werden, sofern dann keine bodenmechanischen Probleme, z. B. starke Setzungen, auftreten. Für Geschoßdecken gilt bei kurzzeitigen Erschütterungen unabhängig von Gebäudeart und Frequenz ein Anhaltswert für die Schwinggeschwindigkeit in Vertikalrichtung von $v_z \leq 20$ mm/s.

Für Dauererschütterungen werden für die Ebene des obersten Vollgeschosses Anhaltswerte angegeben, die ebenfalls von der Gebäudeart, jedoch nicht von der Frequenz abhängen (Tabelle 14.13). Für Geschoßdecken gilt generell ein Anhaltswert für die Schwinggeschwindigkeit in Vertikalrichtung von $v_z \leq 10$ mm/s.

Beim vibrierenden Einbringen von Spundbohlen oder bei Rüttelverdichtungen können indirekte Erschütterungseinwirkungen zu erheb-

Tabelle 14.12 Anhaltswerte nach DIN 4150 Teil 3 für die Schwinggeschwindigkeit v_i zur Beurteilung der Wirkung von kurzzeitigen Erschütterungen

Zeile	Gebäudeart	Anhaltswerte für die Schwinggeschwindigkeit v_i [mm/s]			
		Fundament			Deckenebene des obersten Vollgeschosses
		< 10 Hz	10–50 Hz	50–100 Hz	alle Frequenzen
1	Gewerblich genutzte Bauten, Industriebauten und ähnlich strukturierte Bauten	20	20–40	40–50	40
2	Wohngebäude und in ihrer Konstruktion und/oder ihrer Nutzung gleichartige Bauten	5	5–15	15–20	15
3	Bauten, die wegen ihrer besonderen Erschütterungsempfindlichkeit nicht denen nach Zeile 1 und 2 entsprechen und besonders erhaltenswert (z. B. unter Denkmalschutz stehend) sind	3	3–8	8–10	8

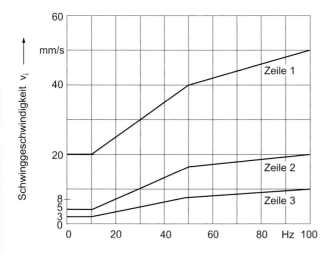

Bild 14.23 Graphische Darstellung der Fundament-Anhaltswerte aus Tabelle 14.12

Tabelle 14.13 Anhaltswerte nach DIN 4150 Teil 3 für die Schwinggeschwindigkeit v_i zur Beurteilung der Wirkung von Dauererschütterungen

Zeile	Gebäudeart	Anhaltswerte für die Schwinggeschwindigkeit v_i [mm/s]
		Deckenebene des obersten Vollgeschosses, alle Frequenzen
1	Gewerblich genutzte Bauten, Industriebauten und ähnlich strukturierte Bauten	10
2	Wohngebäude und in ihrer Konstruktion und/oder ihrer Nutzung gleichartige Bauten	5
3	Bauten, die wegen ihrer besonderen Erschütterungsempfindlichkeit nicht denen nach Zeile 1 und 2 entsprechen und besonders erhaltenswert (z. B. unter Denkmalschutz stehend) sind	2,5

lichen Gebäudeschäden führen. Es besteht dabei die Gefahr, daß es bei Böden wie locker gelagerten, gleichförmigen Sanden und Schluffen zu starken Sackungen infolge Verdichtung des Untergrundes kommt. Spundwände sollten daher so weit von dem Gebäude entfernt eingerüttelt werden, daß zwischen Erschütterungsquelle und Fundament ein Winkel zur Vertikalen von mindestens 30° (im Grundwasser von 45°) eingehalten wird (s. Bild 14.24 [DIN 4150 Teil 3]).

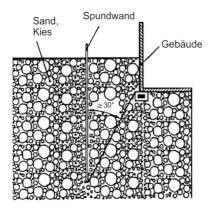

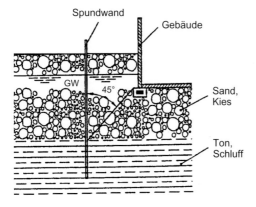

Bild 14.24
Abstände zwischen Spundwand und Gebäude zur Vermeidung erschütterungsbedingter Sackungen

Die Sackungsgefahr kann wesentlich vermindert werden, wenn zum Einbringen von Spundbohlen anstatt eines Vibrationsbärs ein Schlaghammer (z. B. Dieselbär, pneumatischer Schnellschlagbär) eingesetzt wird.

14.7.5 Einwirkungen auf Maschinen und Geräte

Geräte wie Präzisionsschleifmaschinen, Waagen, Fertigungsroboter, Elektronenmikroskope, aber auch Computer, können durch Erschütterungen in ihrer Funktion beeinträchtigt oder beschädigt werden. Grenzwerte für Erschütterungen müssen im Einzelfall beim Hersteller erfragt werden. In der Regel werden in Anlehnung an DIN IEC 721 und DIN EN 60068-2-6 im Bereich niedriger Frequenzen Grenzwerte für Schwingwege und im Bereich hoher Frequenzen Grenzwerte für Schwingbeschleunigungen angegeben.

Oft können die für einen einwandfreien Maschinenbetrieb tolerierbaren Erschütterungen durch geeignete Schwingungsmessungen abgeschätzt werden. Da Erschütterungen, die zu einer Gerätebeschädigung führen, meist viel größer sind als diejenigen, die nur die Funktion beeinträchtigen, sollte bei Baumaßnahmen überprüft werden, ob die betroffenen Geräte zeitweise ausgeschaltet werden oder ob die Bauarbeiten in den Maschinenruhezeiten erfolgen können. Bei lang andauernden starken Erschütterungen bleibt oft nur die Möglichkeit einer schwingungsisolierten Geräteaufstellung

Transportable Geräte sind normalerweise unempfindlich gegenüber baustellenüblichen Erschütterungen. Dies gilt auch für die meisten Computer.

14.8 Erschütterungen aus Baubetrieb

14.8.1 Allgemeines

Bei vielen Bauverfahren werden gewollt oder ungewollt starke Erschütterungen im Boden angeregt, die durch den Untergrund direkt in benachbarte Gebäude übertragen werden können. Durch Rationalisierungen kommen zudem immer größere und schwerere Geräte zum Einsatz mit entsprechend höherem Erschütterungspotential.

Probleme mit baubetrieblichen Erschütterungen treten vor allem in innerstädtischen Bereichen auf, wo immer tiefere Baugruben oft unmittelbar neben erschütterungsempfindlichen Gebäuden hergestellt werden. Da dort auch die Bewohner und Eigentümer der betroffenen

Häuser oft besonders sensibel reagieren, sollte die Auswahl der zweckmäßigen Bauverfahren nicht zuletzt auch unter erschütterungstechnischen Gesichtspunkten erfolgen.

In den folgenden Abschnitten werden Erschütterungen durch Baubetrieb anhand von Beispielen aus der Praxis erläutert, und es werden Möglichkeiten zur Abminderung der Emissionen aufgezeigt.

14.8.2 Baubetriebliche Erschütterungsquellen

In Tabelle 14.14 werden verschiedenen Erschütterungstypen bestimmte Verfahren des Spezialtiefbaus zugeordnet. Eine eingehende Beschreibung der einzelnen Verfahren und der dabei eingesetzten Geräte findet sich z. B. bei Buja [14.2].

Eine weitere Darstellung (Tabelle 14.15) ordnet die Erschütterungsquellen nach ihrer Stärke, wobei sich ihre Relevanz auf „normal" konstruierte Gebäude bezieht und nicht auf besonders erschütterungsempfindliche Geräte, die darin untergebracht sind. Es ist klar, daß wegen der vielfältigen Einzeleinflüsse seitens der Erschütterungsquelle, des Untergrundes und des betroffenen Bauwerks allenfalls grobe Erfahrungswerte angegeben werden können.

14.8.3 Einbringen von Spundbohlen und Pfählen

Das Eintreiben von Spundbohlen oder Pfählen gehört zu den erschütterungsintensivsten Verfahren im Spezialtiefbau. Es werden zwei Verfahren unterschieden

- Schlagrammung (Einzelstöße auf das Rammgut)
- Vibrationsrammung (konstante Auflast + harmonische Erregerkraft)

Schlagrammung

Das Rammgut wird bei Schlagbären mit Hilfe eines fallenden Gewichts in den Untergrund eingeschlagen, wobei die Fallenergie in Bewegungsenergie umgesetzt wird. Folgende Antriebsarten sind gebräuchlich:

- Druckluft
- Hydraulik
- Diesel (Kraftstoffexplosion)

Tabelle 14.14 Erschütterungsquellen im Spezialtiefbau (nach Haupt [14.11])

Stationär	Impulsartig		Unregelmäßig (weder stationär noch impulsartig)
Annähernd harmonisch	Schnell wiederholte Stöße	Einzelstöße	
- Einrütteln und Ziehen von Spundbohlen - Herstellung von Schmalwänden - Rüttelverdichtung	- Rammen von Spundbohlen mit Schnellschlagramme - Rammbohren von Ankern - Felsmeißeln	- Rammen von Trägern und Bohlen mit Freifallbären - Sprengungen - Bauwerksabbruch - Intensivverdichtung	- Bohren von Trägerbohrlöchern - Herstellen von Bohrpfählen und Schlitzwänden - Fräsvortrieb von Tunneln

Tabelle 14.15 Erschütterungsstärke (qualitativ beschreibend) bei verschiedenen Bauverfahren (nach Haupt [14.11])

Schwache Erschütterungen (relevant bis ca. 5 m)	Ernstzunehmende Erschütterungen (relevant bis ca. 20 m)	Starke Erschütterungen (relevant bis ca. 50 m, teils noch weiter reichend)
- Bohren für Trägerbohlwand oder Bohrpfahlwand - Herstellen von Schlitzwänden - Rammen mit Schnellschlagramme (pneumatisch) - Rammbohren von Ankern - Felsmeißeln	- Baustellenverkehr - Rammen mit Schnellschlagramme (Diesel) - Bohlenrütteln mit kleinen Vibrationsbären - Vibrationsverdichtung mit schwerem Gerät	- Rammen mit schwerem Gerät - Bohlenrütteln mit großen Vibrationsbären - Sprengungen - Intensivverdichtung

Geräteparameter:

- Kolbengewicht: bis ca. 20 t,
- Fallhöhe: bis ca. 1,25 m
- Schlagzahl: Freifallbär: bis ca. 60/min, Schnellschlagbär (zweiseitiger Antrieb des Kolbens: bis ca. 600/min)

Erschütterungsminderung bei der Schlagrammung: Obwohl die Schlagrammung mit starker Lärmentwicklung verbunden und die im Untergrund erzeugten Erschütterungen sehr groß sein können, ist wegen des impulsartigen Erschütterungstyps die Gefahr von Gebäudeschäden i. d. R. geringer als bei der Vibrationsrammung.

Durch die impulsförmige Belastung der Spundbohle wird diese zwar zu Eigenschwingungen angeregt, die Frequenzen sind jedoch viel höher als diejenigen von Geschoßdecken, so daß keine Gefahr von Resonanzüberhöhungen besteht. Bei Freifallbären ist zudem der zeitliche Abstand der Einzelschläge so groß, daß die Schwingungen innerhalb aufeinanderfolgender Schläge nahezu vollständig abklingen. Die Grundfrequenz (Schlagfrequenz) liegt außerdem weit unterhalb des Bereichs, in welchem Deckenresonanzen auftreten können.

Bei Schnellschlagbären kann die Schlagfrequenz jedoch in den Bereich der Eigenfrequenzen von weitgespannten Holzdecken kommen. In diesem Fall ist die Schlagfrequenz so zu vermindern, daß ein genügend großer Frequenzabstand eingehalten wird, oder es sollte eine Freifallramme eingesetzt werden.

Wegen der schlagartigen seitlichen Bodenverdrängungen unter der Bohlenspitze überwiegen bei der Schlagrammung oft die horizontalen Anteile der Erschütterungen. Durch unplanmäßige Außermittigkeiten der Schläge wird dieser Effekt noch verstärkt.

Beispiel: Gemessene Erschütterungen beim Schlagrammen von Spundbohlen (nach Haupt [14.11])

Larssen L22, Länge 11 m, Entfernung ca. 17 m, mehrstöckiges Haus, unterkellert

a) Dieselbär Delmag D22 volle Leistung:
   Fundament 2,0 mm/s
   Küchenboden im EG (massiv) 3,58 mm/s
   Dachgeschoß (Holzfußboden) 3,10 mm/s

b) Dieselbär Delmag D12:
   Fundament 0,6 mm/s
   Küchenboden im EG 0,17 mm/s
   Dachgeschoß 0,40 mm/s

Vibrationsrammung

Dieses im Vergleich zur Schlagrammung lärmarme Verfahren eignet sich besonders zum Einbringen von Spundbohlen. Es ist anwendbar bei locker bis mitteldicht gelagerten körnigen Böden (Sanden und Kiesen) bis zum Größtkorn von ca. 20 mm sowie mit geringerem Wirkungsgrad bei weichen, nicht zu feinkörnigen schluffigen Böden.

Durch rotierende Unwuchten wird auf das Rammgut eine harmonische Kraft

$$F_{dyn} = M_{st}(2\pi f)^2 \sin(2\pi ft) \qquad (14.56)$$

aufgebracht. Hierbei ist

$M_{st} = m_u r_u$ statisches Moment
m_u Summe der Unwuchtmassen
r_u Exzentrizität der Unwuchtmassen.

Die Amplitude von F_{dyn} ist die Fliehkraft $F_{max} = M_{st}(2\pi f)^2$ des Rüttlers, die quadratisch mit der Drehzahl anwächst. Wichtigste Kenngröße des Vibrationsbären ist das statische Moment. Die statischen Momente reichen bei großen Rüttlern bis zu 200 kgm.

Die Drehzahlen reichen bei kleinen Rüttlern (bis zum statischen Moment von ca. 30 kgm) bis zu etwa 3000/min, was einer Frequenz von 50 Hz entspricht. Schwere Rüttler (statisches Moment bis 200 kgm) erreichen oft nur eine Frequenz von bis zu 30 Hz. Ab einer Drehzahl von ca. 35 Hz spricht man oft von Hochfrequenz-Vibratoren.

Die Schwingweite hängt im wesentlichen vom statischen Moment und von der gesamten mitschwingenden Masse (Rammgut + Vibrator), jedoch nur in geringem Maße von der Drehzahl ab. Sie ist um so größer, je größer das statische Moment und je kleiner die Systemmasse ist.

Erschütterungsminderung bei der Vibrationsrammung: Wegen der starken Dämpfung der höherfrequenten Schwingungsanteile werden in der Nachbarschaft der Bohle i. allg. nahezu harmonische (sinusförmige) Zeitverläufe mit maximalen Ausschlägen in Vertikalrichtung gemessen. Die Amplituden nehmen im Mittel mit der Rammtiefe geringfügig zu.

Bei der Durchörterung harter Bodenschichten oder beim Auftreffen auf Hindernisse (Steine) wachsen die Amplituden der Schwinggeschwindigkeit schlagartig an.

Die Amplituden nehmen auch zu, wenn bindige Schichten mit geringer dynamischer Kraft durchfahren werden. Die seitliche Mantelreibung kann dann nicht überwunden werden, und die in das Rammgut eingebrachte Energie wird nicht, wie gewünscht, zum Vorschub der Bohle, sondern zur Schwingungsanregung des umgebenden Bodens verwendet.

Beim Auftreten auf eine harte Bodenschicht kann die Bohle „springen". Sie trifft dann nur noch mit jeder zweiten Schwingung mit der Spitze auf den harten Boden auf, und bei der Aufwärtsschwingung bildet sich unter der Spitze ein Hohlraum. Die abgestrahlten Erschütterungen besitzen dann als Grundfrequenz die halbe Drehzahl des Vibrators. In ungünstigen Fällen können hier starke Deckenresonanzen entstehen. Harte Bodenschichten sollten aus diesem Grund schnell durchfahren werden. Ein leistungsfähiger Vibrator erzeugt hierbei oft kleinere Erschütterungen als ein zu schwach dimensioniertes Gerät.

Auch schlecht geschmierte oder klemmende Spundbohlenschlösser können sich nachteilig auf die Eindringgeschwindigkeit und auch auf die Erschütterungen auswirken. Dabei wird wieder ein großer Teil der Energie dazu verwendet, die Nachbarbohlen in Schwingung zu versetzen, wodurch auch der umgebende Boden verstärkt zu Erschütterungen angeregt wird.

Die Betriebsdrehzahlen von Vibrationsrammen liegen oft im Bereich von Eigenfrequenzen von Geschoßdecken. Es ist daher darauf zu achten, daß der Vibrator gegenüber den Geschoßdecken „verstimmt" wird, so daß keine Resonanzen möglich sind. Bei Hochfrequenz-Geräten ist die Betriebsdrehzahl meist höher als die Eigenfrequenz der kritischen, d. h. schwach gedämpften Decken. Deckenschwingungen können hierbei weitgehend vermieden werden, wenn beim Anfahren und Abstellen des Vibrators die Eigenfrequenzen der Decken möglichst schnell durchfahren werden, so daß die Decken keine Zeit haben, sich in der Resonanzfrequenz aufzuschaukeln. Wenn irgend möglich, sollte der Vibrator auf seine Betriebsdrehzahl gebracht werden, bevor das Rammgut den Boden berührt. Beim Abstellen des Geräts, das beim Spundwandeinbau nur im Boden möglich ist, können die Erschütterungen stark verringert werden, wenn die Spundbohle um einige cm angehoben wird, so daß der Kontakt der Spitze mit dem Untergrund unterbrochen ist.

Beispiel: Gemessene Erschütterungen beim Vibrationsrammen von Spundbohlen (nach Haupt [14.11])

Einfamilienhaus, Fußboden im 1. OG
Vertikalschwingung in Raummitte
Rüttler MS 100 HF (statisches Moment: 100 kgm), Entfernung 17 m

Tabelle 14.16 Maximalwerte der Schwinggeschwindigkeit beim Bohlenrütteln

Rüttelfrequenz [Hz]	Maximalwert der Schwinggeschwindigkeit [mm/s]	
	Fundament vertikal	Fußboden 1. OG vertikal
≈ 33	1,3	4,6–6,4
≈ 30,5	2,3	7,1–8,6
≈ 28	1,8	max. 22,8

Ein Beispiel für Resonanzüberhöhungen beim Durchfahren von Deckeneigenfrequenzen beim An- und Abschalten des Rüttlers ist in Bild 14.25 gegeben.

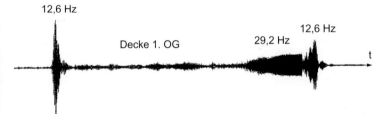

Bild 14.25
Resonanzüberhöhung beim An- und Abschalten eines Rüttlers (nach Haupt [14.11])

Um Resonanzen gezielt vermeiden zu können, sollten nach Möglichkeit Geräte mit Anzeige der momentanen Drehzahl verwendet werden. Vorteilhaft sind auch drehzahlgeregelte Geräte, da sonst bei hoher Leistungsaufnahme die Drehzahl stark abfällt.

Neuere Entwicklungen im Gerätebau gehen dahin, daß das statische Moment durch gegeneinander verdrehbare Unwuchten bei voller Betriebsdrehzahl stufenlos von Null bis zum Maximalwert verändert werden kann. Der Vibrator kann dann von Anfang an mit einer hohen Drehzahl laufen, ohne daß wesentliche Erschütterungen angeregt werden.

14.8.4 Bodenverdichtung

Zur effektiven Bodenverdichtung werden heute dynamisch arbeitende Geräte eingesetzt, bei welchen die Fliehkräfte exzentrisch angeordneter Massen die Walze (Bandage) zu vertikalen Schwingungen anregen. Die folgenden Gerätetypen werden eingesetzt:

– Rüttelplatten
– Einradwalzen
– Tandem-Vibrationswalzen
– Walzenzüge

Kleingeräte (bis ca. 3 t Betriebsgewicht) werden teilweise handgeführt und erreichen dynamische Kräfte von bis zu ca. 60 kN bei Frequenzen von bis zu 60 Hz. Großgeräte, insbesondere Tandem-Vibrationswalzen und Walzenzüge, erzeugen mit größeren schwingenden Massen bei i.allg. geringeren Frequenzen (ca. 28–40 Hz) Fliehkräfte von bis zu 300 kN.

Wenn große Verdichtungsgeräte in geringem Abstand an Gebäuden vorbeifahren, besteht Gefahr, daß die erzeugten Erschütterungen zu Schäden führen. Insbesondere kann es zu starken Schwingungen kommen, wenn die Vibrationsfrequenz mit Eigenfrequenzen von Geschoßdecken zusammenfällt. In Zweifelsfällen sollten diese Eigenfrequenzen meßtechnisch bestimmt werden; die Rüttelfrequenz ist dann so einzustellen, daß zu den Eigenfrequenzen der kritischen (schwach gedämpften) Decken ein genügend großer Sicherheitsabstand verbleibt. Normalerweise liegt dann die Arbeitsfrequenz des Verdichtungsgerätes über den Eigenfrequenzen der betroffenen Decken.

Beim Ein- und Ausschalten der Unwuchterregung verstärken sich kurzzeitig sowohl die Bodenerschütterungen als auch die Erschütterungen an schwingenden Geschoßdecken. Beide Male wird die Verstärkung durch Resonanzen verursacht, einmal im System Maschine-Boden, einmal auf der Geschoßdecke. Die Vibrationen sollten daher nur in ausreichend großem Abstand zu Gebäuden ein- oder ausgestellt werden.

Die von Walzen erzeugten Bodenerschütterungen sind besonders stark, wenn der Untergrund schon relativ gut verdichtet ist, weil dann ein Großteil der erzeugten Energie in Form von Wellen abgestrahlt wird. Erfahrungsgemäß werden die Erschütterungen vor allem in stark wasserhaltigem Schluff und Ton gut übertragen.

Von Walzenherstellern werden für den stationären Betrieb und für „normale" Gebäude Sicherheitsabstände angegeben, bei deren Einhaltung nicht mit Gebäudeschäden zu rechnen ist:

– Walzenzüge und Anhängewalzen:
  Sicherheitsabstand [m] = 1,5 × Achslast [t]
– Tandem-Vibrationswalzen:
  Sicherheitsabstand [m] = 1,0 × Achslast [t]

14.8.5 Bausprengungen

Sprengungen werden im Baubetrieb beim Auffahren von Tunnels, Stollen und Schächten im Fels (Straßen, U-Bahn, Kanalisation) und beim Abbruch von Bauwerken durchgeführt. Bei dem heute allgemein gebräuchlichen Verfahren der Millisekundenzündung sind die Detonationen in den einzelnen Bohrlöchern um geringe Zeitintervalle, z.B. 20 ms, versetzt. Dies führt zu geringerem Sprengstoffverbrauch, einer gleichmäßigen Zerkleinerung des Haufwerks und zu geringeren Erschütterungsintensitäten.

Die Größe der erzeugten Erschütterungen hängt stark von schwer zu quantifizierenden Einflüssen ab wie der Gesteinsart, der Anordnung der Bohrlöcher, der Geometrie der Abbruchfläche usw. Daher gilt für Sprengungen in besonderem Maße, daß die tatsächlich auftretenden Erschütterungen nur durch Messungen bestimmt werden können. Im Tunnel- und Stollenbau ist es oft möglich, rechtzeitig und in ausreichend gro-

**Der Anker. Der Bodennagel.
Die Injektionslanze. Der Pfahl.**

Injektionsanker
ISCHEBECK®
TITAN

FRIEDR. ISCHEBECK GMBH · POSTFACH 13 41 · D–58242 ENNEPETAL
☎ (0 23 33) 8 30 50 · FAX (0 23 33) 83 05 55
E-MAIL: info@ischebeck.de · INTERNET: http://www.ischebeck.de

Auftriebsicherung

Gründung von Schallschutzwänden

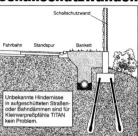

Fundament-Verstärkung und Nachgründung

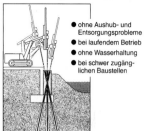

- ohne Aushub- und Entsorgungsprobleme
- bei laufendem Betrieb
- ohne Wasserhaltung
- bei schwer zugänglichen Baustellen

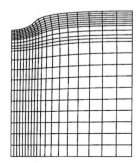

sgg

Wechselwirkung
Bauwerk - Untergrund
Nachbarbebauung
Setzungsmulde
und mehr ...

berechnen mit dem Finite-Element-Programm

SGG/901-topaz

2D + 3D + Axialsysmmetrie ▫ nichtlineare Statik + Dynamik
Pre- + Postprocessing ▫ Parameter-Ermittlung
Boden ▫ Fels ▫ Grundwasser

sgg Dr.-Ing. Heinz Czapla, Am Gockert 69, D-64354 Reinheim, Tel. (06162) 9126-40, Fax -41, sggczapla@aol.com

Schutz vor Erschütterung.
Seit Jahrzehnten. Weltweit.

sylomer®
SYLODYN®

Sicherer Schutz vor Erschütterungen und Körperschall. Dafür stehen zwei Namen: Sylomer® und Sylodyn®. Von Getzner. Die meistverwendeten Polyorethan-Elastomere zur Dämmung von Schwingungen. Drei Jahrzehnte Erfahrung im Bereich Bahnoberbau, Bau und Industrie rund um den Globus sind der Beweis für Know-how und Qualität. Überzeugen Sie sich von dieser Kompetenz. Vertrauen Sie auf Getzner.

Fordern Sie weitere Informationen an!

Getzner Werkstoffe GmbH
Herrenau 5, Postfach
A-6706 Bürs/Bludenz, Austria
Telefon +43/55 52/6 33 10-0
Telefax +43/55 52/6 68 64

Getzner Werkstoffe GmbH
Nördliche Münchner Str. 27 a
D-82031 Gründwald
Telefon +49/89/69 35 00-0
Telefax +49/89/69 35 00-11

Getzner Werkstoffe GmbH
Schloßstraße 33
D-13467 Berlin
Telefon +49/30/40 5 03-0
Telefax +49/30/40 5 03-435

e-mail: verkauf@getzner.at
www.getzner.at/werkstoffe

ßem Abstand von Gebäuden Schwingungsmessungen durchzuführen, so daß das Ausbruchsverfahren nötigenfalls modifiziert werden kann, bevor die Ortsbrust die gefährdeten Gebäude erreicht.

Die Erschütterungen beim Sprengausbruch können wesentlich vermindert werden durch

- Verringerung der Abschlagslänge
- Verringerung der Sprengstoffmenge
- günstige Anordnung der Bohrlöcher mit geeigneter Zündfolge

Zur Prognose der für Bauwerksschäden maßgeblichen Schwinggeschwindigkeitsamplituden wird meist die Kochsche Formel verwendet:

$$v = \frac{K\sqrt{L}}{R} \qquad (14.57)$$

mit:
v [mm/s]   Schwinggeschwindigkeit der größten Einzelkomponente
K   Konstante, je nach Gebirgsart 60–120
L [kg]   Lademenge pro Zündzeitstufe
R [m]   Abstand der Sprengung vom Meßort

Bei Abbruchsprengungen stammen die Erschütterungen zumeist weniger aus der eigentlichen Sprengung als vielmehr aus dem Aufprall herabstürzender Teile. Eine wesentliche Reduzierung der Erschütterungen gelingt oft durch die Anlage eines Fallbettes. Grundsätzlich sollte der Abbruch möglichst schonend erfolgen (Rückbau in umgekehrter Reihenfolge wie der Aufbau).

14.9 Schwingungsisolierung

14.9.1 Allgemeines

Eine Hauptaufgabe der Bodendynamik ist der Erschütterungsschutz. Oft ist es nicht möglich – und zur Erhaltung der Funktionstüchtigkeit auch nicht immer erwünscht –, die von Maschinen, Baugeräten, Straßen- und Schienenfahrzeugen usw. erzeugten Erschütterungen durch konstruktive Änderungen an der Quelle selbst zu reduzieren. Man versucht daher, die schädlichen oder störenden Schwingungen auf ihrem Ausbreitungsweg zu vermindern, die betroffenen Personen oder Objekte also von den Erschütterungen abzuschirmen oder zu isolieren.

Je nach Betrachtungsweise gibt es hierfür zwei grundsätzliche Möglichkeiten:

- Aktive Schwingungsisolierung: Die Erschütterungen werden an der Quelle selbst (z. B. durch Auswuchten rotierender Teile) oder in ihrem unmittelbaren Umkreis vermindert, so daß sie sich auf das weitere Umfeld nicht mehr störend auswirken.

- Passive Schwingungsisolierung: Durch geeignete Maßnahmen wird der Immissionsort so weit abgeschirmt, daß die noch ankommenden Erschütterungen sich nicht mehr schädlich oder störend auf ein Gebäude, auf empfindliche Geräte oder auf Personen auswirken können.

In Bild 14.26 sind die beiden Arten der Schwingungsisolierung im Prinzip dargestellt. Falls technisch machbar, sollten Erschütterungen vorrangig an der Quelle durch aktive Schwingungsisolierung unterdrückt werden. Dadurch erübrigt sich u. U. eine Vielzahl kostspieliger Maßnahmen, die sonst zur passiven Isolierung einzelner Objekte erforderlich wären.

In den folgenden beiden Abschnitten werden Möglichkeiten dargelegt, wie an einem Schwinger mit einem Freiheitsgrad die Isolierung durch geeignete Abstimmung der Feder-, Masse- und Dämpfungsgrößen im Prinzip er-

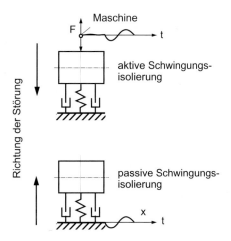

Bild 14.26
Aktive und passive Schwingungsisolierung

reicht werden kann. Für kompliziertere Strukturen, z. B. bei Anregung durch mehrere Maschinen (Maschinensäle), Maschinen und Geräten auf elastischen Fundamentplatten, Abschirmung größerer Hochbaukonstruktionen usw. sind umfangreiche Untersuchungen, auch mit FE-Methoden, erforderlich. Hinweise hierzu finden sich bei Petersen [14.19], Flesch [14.6, 14.7], Wolf [14.26].

14.9.2 Aktive Schwingungsisolierung

Bei Erregung eines Einmassenschwingers durch eine sinusförmig verlaufende dynamische Kraft ergibt sich die Schwingungsantwort (vgl. Abschnitt 14.3.3) zu $x(t) = x_0 \cdot V$ mit der Vergrößerungsfunktion V_1 (bei konstanter Erregung bzw. Krafterregung) oder V_2 (bei quadratischer bzw. Unwuchterregung). Für die aktive Schwingungsisolierung lautet die Frage, wie Massen-, Steifigkeits- und Dämpfungsgrößen aufeinander abzustimmen sind, damit die in den Untergrund eingeleiteten Kräfte möglichst gering sind. Ein Maß hierfür ist das Verhältnis zwischen der maximalen Reaktionskraft R_{max} (= auf die Unterlage wirkende Kraft) und der maximalen Erregerkraft p_0, wobei für Unwuchterregung gilt: $p_0 = m_u r_u \Omega^2$. Die Reaktionskraft R_{max} ist der Maximalwert der Summe aus der Federkraft $k \cdot x(t)$ und der um 90° phasenverschobenen Dämpferkraft $c \cdot \dot{x}(t)$. Der Kraftübertragungsfaktor V_R ergibt sich damit zu

$$V_R = \frac{R_{max}}{p_0} = \sqrt{\frac{1 + (2D\eta)^2}{(1 - \eta^2)^2 + (2D\eta)^2}} \quad (14.58)$$

In Bild 14.27 ist der Kraftübertragungsfaktor V_R in Abhängigkeit vom Frequenzverhältnis $\eta = \Omega/\omega$ für verschiedene Dämpfungsgrade D aufgezeichnet. Charakteristisch ist, daß für $\eta = \sqrt{2}$ alle Kurven durch einen Punkt verlaufen. Bei höheren Erregerfrequenzen ($\eta > \sqrt{2}$) wirkt sich daher eine starke Dämpfung ungünstig auf die in die Basis eingeleiteten Kräfte aus. Daher sollte die Dämpfung bei tiefabgestimmten Maschinenfundamenten eher gering sein. Allerdings ist zu beachten, daß dann die Kräfte und damit die Beanspruchungen an der Resonanzstelle sehr groß werden können, falls der Resonanzdurchgang nicht genügend schnell erfolgt.

14.9.3 Passive Schwingungsisolierung

Die Einleitung von Schwingungen aus einer Unterlage (Boden, Fundament, Geschoßdecke, usw.) in eine erschütterungsempfindliche Struktur kann näherungsweise durch einen fußpunkterregten Einmassenschwinger beschrieben werden (vgl. Abschnitt 14.3.3). Als Maß für die Isolierwirkung gilt das Verhältnis zwischen der absoluten Bewegungsamplitude der Masse (Bauwerk, Maschine) und dem maximalen Schwingungsausschlag der Unterlage.

Man erhält dieselbe Übertragungsfunktion wie bei der aktiven Schwingungsisolierung. Wird die Isolierwirkung anstatt auf die absolute auf die relative Bewegung der Masse bezogen, so ergibt sich als Übertragungsfunktion die Vergrößerungsfunktion V_2 aus Abschnitt 14.3.3:

$$V_{A_{rel}} = \frac{A_{rel}}{u_0} = \frac{\eta^2}{\sqrt{(1 - \eta^2)^2 + (2D\eta)^2}} \quad (14.59)$$

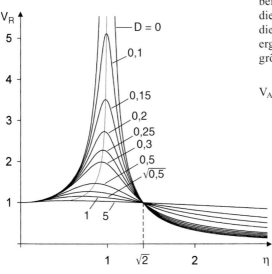

Bild 14.27
Kraftübertragungsfaktor für den sinusförmig angeregten Einmassenschwinger

Erschütterungs- und Körperschallschutz
für Gebäude

durch elastische Lagerungssysteme

- hervorragender Isolierwirkungsgrad auch bei niederfrequenter Anregung
- vorspannbar für nachträgliche Lastanpassung oder Setzungsausgleich
- hohe Tragfähigkeit
- hochwertiger Korrosionsschutz
- Auslegung der Federn nach DIN 2089 Teil 1

Zertifiziert nach DIN ISO 9001 und Öko-Audit

GERB Schwingungsisolierungen GmbH & Co. KG
Roedernallee 174-176 · 13407 Berlin · Tel.: (030) 41 91-0
Fax: (030) 41 91-199 · Internet: http://www.gerb.com
Nutzen Sie unsere Erfahrung

Statik im Erdbau

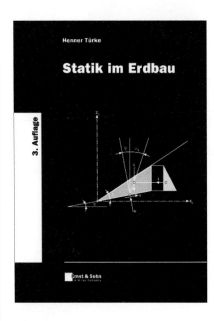

von Henner Türke
3. Auflage 1999.
319 Seiten mit zahlreichen Tafeln.
Format: 17 x 24 cm.
Gb. DM 168,-/öS 1226,-/sFr 149,-
ISBN 3-433-01791-3

Bei der statischen Berechnung von Erdbauten stehen die Probleme der Standsicherheit im Vordergrund. In diesem Buch werden die Nachweise für Böschungen, Dämme sowie Stützmauern behandelt und Anregungen für einheitliche Ansätze gegeben. Ausgewählte Zahlenbeispiele verdeutlichen die Zusammenhänge zwischen den Sicherheitsbedingungen. Als Darstellungsart des Stoffes ist die übersichtliche Tafelform gewählt worden.

In der 3. Auflage des Buches bleiben die Hauptteile »Erdbausysteme« und »Berechnungsverfahren« weitgehend unverändert, da die zugrundeliegende Erdbaumechanik beständig ist. Beim dritten Hauptteil »Beispiele« mußten zusätzliche Umrechnungen mit Teilsicherheitsbeiwerten vorgenommen werden. Maßgebend hierfür war das im April 1996 erschienene DIN-Taschenbuch »Bauen in Europa: Band Geotechnik« mit Vornormen für Sicherheitsnachweise und Berechnungsverfahren. Diese Unterlagen stellen die nationalen Anwendungsrichtlinien zum Eurocode 7 dar und sollen eine bessere Harmonisierung zwischen bisherigem und künftigem Sicherheitskonzept bewirken. Bei den Beispielumrechnungen dieses Buches nach den genannten Vornormen sind die Ergebnisse deutlich befriedigender ausgefallen - verglichen mit früheren Untersuchungen unter anderen Voraussetzungen -, so daß die neuen nationalen Richtlinien zu begrüßen sind.

Ernst & Sohn
Verlag für Architektur
und technische Wissenschaften GmbH
Bühringstraße 10, 13086 Berlin
Tel. (030) 470 31-284
Fax (030) 470 31-240
mktg@ernst-und-sohn.de
www.ernst-und-sohn.de

14.9.4 Praktische Hinweise zur Schwingungsisolierung

Bei Maschinen und empfindlichen Geräten sind Maßnahmen zur aktiven und passiven Schwingungsisolierung nichts Ungewöhnliches. Je nachdem, ob eine Maschine hoch- oder tiefabgestimmt betrieben werden soll, kann bei unzulässig starken Erschütterungen eine weitere Versteifung der Unterlage oder aber eine Verringerung der Auflagersteifigkeit erforderlich sein. Der erste Fall ist schwierig zu quantifizieren. Für eine Maschine, die im unterkritischen Bereich betrieben wird (hochabgestimmt), kann die Eigenfrequenz des Boden-Fundament-Systems z. B. durch eine Bodenverbesserung oder eine Gründung auf Pfählen erhöht werden, wobei bei letzterem die geringe Steifigkeit in horizontaler Richtung beachtet werden muß.

Die weiche Auflagerung von erschütterungsintensiven Maschinen (Tiefabstimmung) wird i. allg. dadurch erreicht, daß zwischen Maschine und Fundament ein Federpaket – oft auch mit zusätzlichen Dämpferelementen – angeordnet wird. Hierfür steht eine große Anzahl verschiedener Federbauarten und -materialien zur Verfügung (Petersen [14.19]). Neben den klassischen Stahlspiralfedern kommen auch verstärkt Gummi- und Elastomerlager zur Anwendung.

14.10 Erdbeben

14.10.1 Allgemeines

Im diesem Abschnitt wird ein kurzer Abriß der ingenieurmäßigen Behandlung von Problemen im Zusammenhang mit Erdbeben gegeben. Auch wenn in Zentraleuropa Erdbeben nicht die große Rolle spielen wie in anderen Weltregionen, gibt es doch eine Reihe von Bauaufgaben, bei welchen der Lastfall Erdbeben untersucht werden muß.

Einführende Überblicke zum Erbebeningenieurwesen finden sich bei Flesch [14.6], Studer und Koller [14.24] und Petersen [14.19].

14.10.2 Grundbegriffe der Seismologie

Größere Erdbeben werden in der Regel durch schlagartige Verschiebungen in der Erdkruste hervorgerufen. Bei diesen sog. tektonischen Beben bauen sich infolge langsam verlaufender Krustenbewegungen mechanische Spannungen über einen längeren Zeitraum auf und entladen sich beim Erreichen eines Grenzzustandes einem Scherbruch vergleichbar. Die freiwerdende Energie wird dabei sowohl für die eigentliche Verschiebung der Bruchstücke als auch für die Erzeugung von Erdbebenwellen aufgebraucht.

Der Entstehungsort des Bebens wird als Bebenherd oder Hypozentrum, die lotrechte Projektion dieses Punktes auf die Erdoberfläche als Epizentrum bezeichnet.

Im Herd eines Bebens werden sowohl Scherwellen (S-Wellen) als auch Druck- oder Kompressionswellen (P-Wellen) erzeugt. Die Wellen laufen zunächst gleichermaßen in alle Raumrichtungen, wobei sie an Schichtgrenzen gebrochen und reflektiert werden. Wenn die vom Hypozentrum ausgehenden Raumwellen die Erdoberfläche erreichen, wandern sie dort als Oberflächenwellen (Rayleigh-Wellen, R-Wellen) weiter. Da die Ausbreitung dieses an eine freie Oberfläche gebundenen Wellentyps nur noch in zwei Dimensionen erfolgt, nimmt der Energieinhalt und damit die Amplitude wesentlich langsamer ab als bei den sich dreidimensional ausbreitenden Raumwellen (vgl. Abschnitt 14.5.1).

Bei den meisten tektonischen Beben wird der Hauptanteil der Energie in Form von P-Wellen abgestrahlt. Bei den meist kleineren Beben in Mitteleuropa kommt dabei die Oberflächenwelle nicht zur vollen Ausbildung, so daß in erster Linie die Scherwellen für Bauwerksschäden verantwortlich sind.

Die Stärke eines Erdbebens wird mit den Begriffen Magnitude und Intensität quantifiziert. Die Magnitude M ist ein Maß für die bei einem Erdbeben freigesetzte kinetische Energie; sie beträgt bei den weltweit stärksten Beben seit 1900 etwa 9, bei den stärksten Ereignissen in Mitteleuropa ca. 5–6. Eine Erhöhung der Magnitude um den Wert 1 entspricht dabei einer Zunahme der seismischen Energie um den Faktor 32.

Die Intensität I beschribt die (ohne Meßeinrichtungen) beobachtbaren Wirkungen eines Erdbebens auf Menschen, Gebäude und die Landschaft. Sie charakterisiert die Erdbebenwirkung an einem bestimmten Einwirkungsort,

Tabelle 14.17 MSK-Skala in vereinfachter Form und Erdbebenzonen nach DIN 4149 Teil 1

Intensität	Wirkung	Erdbebenzone nach DIN 4149 Teil 1
1	Nur von Erdbebeninstrumenten registriert	A
2	Nur ganz vereinzelt von ruhenden Personen wahrgenommen	
3	Nur von wenigen verspürt	
4	Von vielen wahrgenommen; Geschirr und Fenster klirren	
5	Hängende Gegenstände pendeln; viele Schlafende erwachen	
6	Leichte Schäden an Gebäuden; feine Risse im Verputz	0
7	Risse im Verputz, Spalten in den Wänden und Schornsteinen	1
		2
8	Große Spalten im Mauerwerk; Giebelteile und Dachgesimse stürzen ein	3
		4
9	An einigen Bauten stürzen Wände und Dächer ein; Erdrutsche	
10	Einstürze von vielen Bauten; Spalten im Boden bis 1 m Breite	
11	Viele Spalten im Boden; Erdrutsche in den Bergen	
12	Starke Veränderungen an der Erdoberfläche	

enthält also implizit die Magnitude und alle aus dem Untergrundaufbau und der Topographie herrührenden Einflüsse. Zur Definition der Intensitätsstufen ist in Europa die MSK-Skala (nach Medvedev, Sponheuer, Karnik) gebräuchlich, die in Tabelle 14.17 wiedergegeben wird. Dort findet sich auch die Zuordnung zu den Erdbebenzonen nach DIN 4149 Teil 1.

14.10.3 Bemessungsgrößen

Tragwerke von Hochbauten sind im Regelfall für die Aufnahme vertikaler Lasten ausgelegt. Dynamische Zusatzbelastungen in dieser Richtung werden daher meist durch die ohnehin vorhandenen Sicherheitsreserven abgedeckt, während im Erdbebenfall die horizontal wirkenden dynamischen Kräfte kritisch werden können, zumal die auf der Geländeoberfläche auftretenden Horizontalbeschleunigungen oft mehr als doppelt so stark wie die Vertikalbeschleunigungen sind.

Zwischen der Intensität und der dabei auftretenden maximalen Horizontalbeschleunigung an der Erdoberfläche existiert ein empirischer Zusammenhang, der für die Erdbebenzonen nach DIN 4149 in Tabelle 14.18 angegeben ist.

Bei einer Beschleunigung von 1 m/s² wirkt dabei auf einen Körper eine Trägheitskraft, die ca. 10 % seines Eigengewichts beträgt.

Regionen erhöhter seismischer Aktivität sind in Deutschland die Niederrheinische Bucht, der Hohenzollern-Graben und das Gebiet um Lörrach (Bild 14.28). Die Zuordnung einzelner Orte zu den Erdbebenzonen findet sich in DIN 4149 Teil 2.

Je nach Gefährdungsgrad für die Sicherheit von Personen und nach der Wichtigkeit von

Tabelle 14.18
Erdbebenzonen nach DIN 4149 Teil 1

Erdbebenzone	Intensität	Horizontalbeschleunigung a_0 [m/s²]
A	1–5	–
0	6	–
1	6,5	0,25
2	7	0,4
3	7,5	0,65
4	8	1,0

14.10 Erdbeben

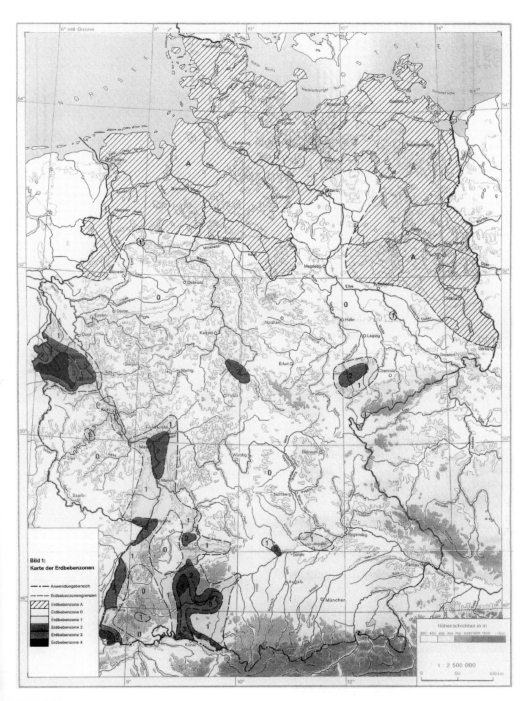

Bild 14.28
Karte der Erdbebenzonen nach DIN 4149 Teil 1

Tabelle 14.19 Bauwerksklassen (vereinfacht) nach DIN 4149 Teil 1

Bauwerksklasse	Beschreibung	Beispiele
1	Gebäude, in denen keine größeren Menschenansammlungen zu erwarten sind und die von ihrer Konstruktion her als relativ erdbebensicher angesehen werden können.	– Wohn- und Bürohäuser mit ausreichender Aussteifung, gut verankerten Wänden, usw. – eingeschossige Hallen leichter Eindeckung
2	Gebäude, in denen mit größeren Menschenansammlungen zu rechnen ist und die ihrer Konstruktion nach bei Erdbeben in höherem Maße gefährdet sind.	– Hochhäuser – kleinere Wohn- und Bürohäuser ohne die in der obigen Zeile erwähnten konstruktiven Zusatzmaßnahmen – mehrstöckige Fabrik- und Lagergebäude – weitgespannte Hallen oder Hallen mit schweren Lasten
3	Gebäude, die von besonderer Bedeutung für die Allgemeinheit sind und deshalb bei Erdbeben nicht nur standsicher, sondern auch weiterhin funktionsfähig sein sollen.	– Krankenhäuser – Versorgungseinrichtungen – Einrichtungen für den Katastrophenschutz

Gebäudefunktionen für die Allgemeinheit werden in der DIN 4149 Teil 1 die üblichen Hochbauten in 3 Bauwerksklassen unterteilt (Tabelle 14.19).

Für Gebäude in den Erdbebenzonen 1 bis 4 muß die Standsicherheit für den Lastfall Erdbeben nachgewiesen werden. Bei Gebäuden der Bauwerksklasse 1 genügt – wenn die in Tabelle 14.20 angegebene Anzahl der Geschosse nicht überschritten wird – der Nachweis, daß die in der Norm genannten konstruktiven Anforderungen (s. Abschnitt 14.10.5) eingehalten werden.

Der Einfluß des Untergrundes wird bei der Ermittlung der Erdbebenbeschleunigung durch einen Baugrundfaktor κ abgeschätzt, der die Überhöhung der maximalen Beschleunigung beim Übergang vom Grundgebirge in überlagernde Schichten beschreibt. Bei harten Festgesteinen gilt $\kappa = 1{,}0$, bei Lockergesteinen $\kappa = 1{,}2 \div 1{,}4$. In ungünstigem Untergrund (z. B. Hangschutt, lockere Ablagerungen, künstliche Auffüllungen, weiche bindige Böden) ist $\kappa > 1{,}4$ und muß im -Einzelfall durch ein sachverständiges Institut festgelegt werden.

Bei der Festlegung der anzusetzenden Beschleunigung cal a wird dem Einfluß des Gebäudetyps dadurch Rechnung getragen, daß die Regelwerte je nach Gebäudeklasse und Erdbebenzone mit einem Abminderungsfaktor α multipliziert werden dürfen (Tabelle 14.21):

Tabelle 14.21 Abminderungsfaktor α nach DIN 4149 Teil 1

Bauwerks-klasse	Erdbebenzone			
	1	2	3	4
1	0,5	0,6	0,7	0,8
2	0,6	0,7	0,8	0,9
3	0,7	0,8	0,9	1,0

Der Rechenwert der anzunehmenden Horizontalbeschleunigung ergibt sich somit zu

$$\text{cal } a = a_0 \cdot \kappa \cdot \alpha \qquad (14.60)$$

Bei der Weiterrechnung mit dieser Größe ist jedoch zu beachten, daß bei der Festlegung der Gebäudeklasse in der DIN 4149 vorrangig vom Personenschutz ausgegangen wurde. Will man also einen zuverlässigen Schutz der Gebäude erreichen, der über den reinen Personenschutz

Tabelle 14.20 Zulässige Anzahl der Geschosse

Erdbebenzone	Anzahl der	
	Vollgeschosse	Untergeschosse
1	5	1
2	4	1
3	3	1
4	2	1

hinausgeht, sollte in Absprache mit einem Sachverständigen eher ein größerer Abminderungsfaktor α gewählt werden.

14.10.4 Berechnungsverfahren

Die Bemessung eines Gebäudes auf den Lastfall „Erdbeben" setzt eine ausreichende Kenntnis der zusätzlich zu erwartenden dynamischen Beanspruchung voraus. Diese hängt ab

- von der Art und Intensität des Bebens (auf den Einwirkungsort bezogen)
- von der Art der Gründung
- von der Struktur und den Baustoffen des aufgehenden Gebäudes

Es gibt eine große Anzahl verschiedener Verfahren zur Bestimmung der Erdbebenbeanspruchung, von denen im folgenden nur die in der DIN 4149 aufgeführte Methode der Antwortspektren näher erläutert wird. Weitere Verfahren, auch zur Berechnung komplexer Hochbaustrukturen, finden sich bei Petersen [14.19], Eibl und Häussler-Combe [14.3] und Flesch [14.6].

Ein Bauwerk, das als kompakte starre Struktur betrachtet werden kann, führt bei einem Beben dieselben Bewegungen aus wie der Untergrund. Die maximale dynamische Zusatzkraft in diesem idealisierten Fall tritt als reine Trägheitskraft auf und lautet

$$F = m \cdot \max a \qquad (14.61)$$

F greift dabei im Schwerpunkt des Gebäudes der Gesamtmasse an (Bild 14.29 a).

Die obige Vorstellung eines starren Bauwerks trifft nur selten zu. Üblicherweise hat man mit nachgiebigen Strukturen zu tun, die bei Anregung durch Kräfte oder Untergrundbewegungen zu schwingen beginnen. Besonders ausgeprägt ist dieses Verhalten bei schlanken, turmartigen Bauwerken. Oft können diese durch einen Einmassenschwinger mit den charakteristischen Größen Schwingungsdauer T (bzw. Eigenkreisfrequenz ω_0) und Dämpfungsgrad D hinreichend genau modelliert werden (Bild 14.29 b). Die Beanspruchung der Struktur hängt dabei von den Trägheitskräften und von der Bewegung der Masse relativ zum bewegten Fußpunkt ab. Die normierte Schwingungsgleichung lautet:

$$\ddot{u} + 2D\dot{u} + \omega_0^2 u = -\ddot{u}_b(t) \qquad (14.62)$$

mit:
$u(t)$ Relativverschiebung der Masse gegenüber dem Fußpunkt
$u_b(t)$ absolute Fußpunktverschiebung

Natürlich kann es dabei auch zu einer Vergrößerung der Relativbewegung gegenüber der Fundamentbewegung kommen.

Bei der Methode der Antwortspektren wird ein typischer Erdbebenverlauf $u_b(t)$ als Fußpunkterregung für einen Einmassenschwinger angesetzt, dessen Systemparameter systematisch variiert werden (Bild 14.30).

Die Lösung $u(t)$ der Gleichung (14.62) liefert Maximalwerte für die Relativauslenkung $u(t)$, die Relativgeschwindigkeit $\dot{u}(t)$ und die Absolutbeschleunigung $\ddot{u}(t)$ in Abhängigkeit von

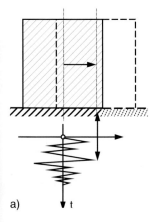
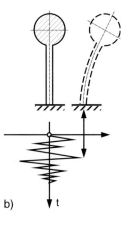

Bild 14.29
Modellvorstellungen für Erbebeneinwirkungen auf Gebäude (nach Petersen [14.19])
a) starres Bauwerk, b) elastisches Bauwerk

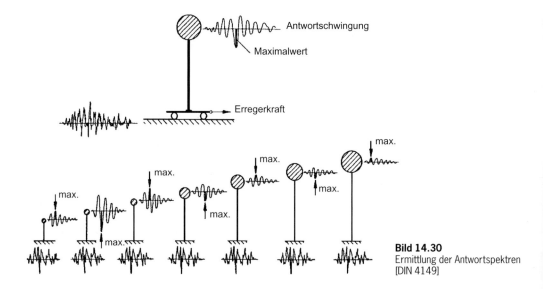

Bild 14.30
Ermittlung der Antwortspektren
[DIN 4149]

der Schwingungsdauer T (bzw. der Eigenkreisfrequenz ω_0) und der Dämpfung D des Einmassenschwingers. Dies sind die Antwortspektren:

- für die Relativverschiebung:

$$S_d(\omega_0, D) = \max |u(\omega_0, D, t)| \qquad (14.63)$$

- für die Relativgeschwindigkeit:

$$S_v(\omega_0, D) = \max |\dot{u}(\omega_0, D, t)| \qquad (14.64)$$

- für die Absolutbeschleunigung:

$$S_a(\omega_0, D) = \max |\ddot{u}(\omega_0, D, t) + \ddot{u}_b(t)| \qquad (14.65)$$

Die Antwortspektren werden üblicherweise in einem Diagramm mit der Schwingungsdauer T als Abszisse und der Dämpfung als Kurvenparameter dargestellt. Für Tragsicherheitsnachweise ist das Antwortspektrum der Absolutbeschleunigung am besten geeignet, weil es auf direktem Weg die auf das Bauwerk einwirkenden Kräfte liefert.

In der Regel wird die Ordinate des Spektrums mit der maximalen Fußpunkterregung a_0 normiert. Typische, aus Mittelungen entstandene und geglättete Diagramme zeigt Bild 14.31. Der Wert $S_a/a_0 = 1$ für T = 0 beschreibt dabei das starre Bauwerk (vgl. Bild 14.31 a). Man erkennt, daß für große Werte von T die Überhöhung der Fußpunktbewegung stark zurückgeht. Türme, Masten und andere wenig ausgesteifte

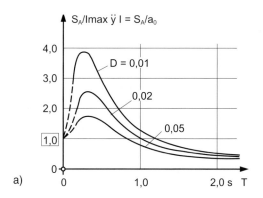

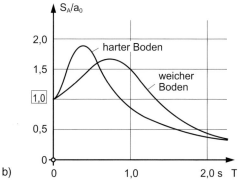

Bild 14.31
Idealisierte Antwortspektren der Absolutbeschleunigung (nach Petersen [14.19])
a) Einfluß der Dämpfung im Bauwerk
b) Einfluß des Bodens

Gebäude schwingen langsam unter großen Verformungen, die jedoch hinter der Bewegung des Bodens zurückbleiben. Am stärksten beansprucht sind daher Gebäude von mittlerer Steifigkeit, bei denen sich die Schwingbewegungen mit den Bewegungen des Bodens ungünstig überlagern können.

In Bild 14.31 b ist der Einfluß des Untergrunds auf das Spektrum dargestellt. Weicher Boden hat dabei eine ähnliche Wirkung wie eine Verringerung der Gebäudesteifigkeit: er führt zu einer Verschiebung der für harten Boden (z. B. Fels) gültigen Kurve nach rechts. Für das Gebäude selbst können die in Tabelle 14.22 genannten, von der Bauweise abhängigen Dämpfungsgrade angesetzt werden.

Tabelle 14.22 Dämpfungsgrade für Gebäude (nach Petersen [14.19])

Bauweise	Dämpfungsgrad D [–]
Stahlbeton	0,07
Spannbeton	0,05
Stahl, geschweißt	0,04
Stahl, geschraubt	0,07
Stahlverbund	0,07
Mauerwerk	0,07

Strenggenommen ist jedes Antwortspektrum nur für dasjenige Beben, welches das zugehörige Seismogramm geliefert hatte, gültig. Allenfalls gelten die Spektren noch für vergleichbare Beben in der Region, in der das Seismogramm aufgenommen wurde. In Ermangelung von Vergleichsbeben starker Intensität ist man jedoch in Mitteleuropa auf Spektren aus anderen Regionen angewiesen, wobei jeweils die lokalen geologischen Verhältnisse zu berücksichtigen sind.

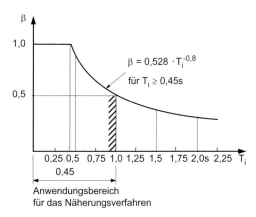

Bild 14.32
Normiertes Antwortspektrum nach DIN 4149 zur Berücksichtigung des dynamischen Bauwerksverhaltens üblicher Hochbauten für D = 0,05

In DIN 4149 ist für einen Dämpfungsgrad von D = 0,05 ein normiertes Antwortspektrum angegeben, das in Deutschland zur Ermittlung der Erdbebenlasten verwendet werden kann (Bild 14.32). Der Ordinatenwert β enthält dabei bereits eine Abminderung des Werts, wodurch die zusätzlichen Tragreserven einer Konstruktion bei plastischen Verformungen berücksichtigt werden.

Mit dem Antwortspektrum aus Bild 14.32 können nun die dynamischen Zusatzlasten auch für Gebäude ermittelt werden, die sich als Modell aus mehreren konzentrierten Einzelmassen darstellen lassen. Im Fall von j Massen m_j besitzt das Gebäude i verschiedene Eigenformen mit dazugehörigen Schwingungsdauern T_i, wobei hauptsächlich die Eigenformen mit den niedrigsten Frequenzen von Interesse sind (Bild 14.33).

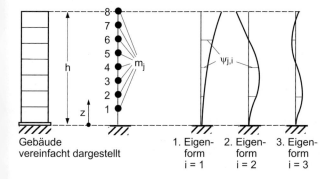

Bild 14.33
Modell eines Gebäudes mit den drei ersten Eigenformen [DIN 4149]

Die horizontal wirkenden Erdbebenlasten können als statische Ersatzlasten $H_{E,j,i}$ auf den Massenpunkt m_j in der i-ten Eigenform angesetzt werden:

$$H_{E,j,i} = m_j \cdot \beta(T_i) \cdot \gamma_{j,i} \cdot \mathrm{cal}\, a \qquad (14.66)$$

Hier ist:
$m_j = (G_j + P_j)/g$
    Masse des Massenpunktes j
g Erdbeschleunigung ($g \approx 10\,\mathrm{m/s^2}$)
$G_j + P_j$ Summe der ständigen Lasten und der nach DIN 4149 anzusetzenden Verkehrslastanteile des Bauwerksabschnitts j
$\beta(T_i)$ Beiwert des normierten Antwortspektrums (Bild 14.32) in Abhängigkeit von der Eigenschwingungsdauer T_i für $D = 0,05$ (für Bauwerke mit geringerer Dämpfung sind die Beiwerte β um 30 % zu erhöhen)

$$\gamma_{j,i} = \psi_{j,i} \frac{\sum\limits_{j=1}^{n} m_j \cdot \psi_{j,i}}{\sum\limits_{j=1}^{n} m_j \cdot \psi_{j,i}^2}$$

    Beiwert für das dynamische Verhalten des Gebäudes in Abhängigkeit von der Eigenform
$\psi_{j,i}$ Auslenkung des Massenpunktes j in der i-ten Eigenform (Bild 14.33)
n Anzahl der Massenpunkte

Die Schnittgrößen und Verschiebungen aus Erdbebenlasten ergeben sich aus der Überlagerung der Schnittgrößen und Verschiebungen in den einzelnen Eigenformen nach statistischen Gesetzen, z. B.:

- für Biegemomente infolge $H_{E,j,i}$:

$$M_j = \sqrt{\sum_i M_{j,i}^2} \qquad (14.67)$$

- für Horizontalverschiebungen infolge $H_{E,j,i}$:

$$u_j = \sqrt{\sum_i u_{j,i}^2} \qquad (14.68)$$

Für konventionelle Gebäude darf nach DIN 4149 ein Näherungsverfahren angewendet werden, bei welchem nur die horizontale Grundschwingung des Gebäudes (= 1. Eigenform) berücksichtigt wird. Voraussetzung ist, daß die niedrigste Eigenfrequenz deutlich unter der wesentlichen Erdbebenfrequenz liegt, also etwa für $T_1 \leq 1$s. Die im Massenpunkt j anzusetzende horizontale Ersatzlast beträgt dann

$$H_{E,j,i} = 1,5 \cdot m_j \cdot \beta(T_1) \cdot \frac{z_j}{h} \cdot \mathrm{cal}\, a \qquad (14.69)$$

Hier ist:
z_j Höhe des Massenpunktes j über Fundamentsohle
h Höhe des obersten Massenpunktes über Fundamentsohle

Die Schwingungsdauer T_1 kann aus der folgenden, nicht dimensionsreinen Gleichung bestimmt werden:

$$T_1\,[\mathrm{s}] = 1,5 \sqrt{\left(\frac{h}{3EI} + \frac{1}{I_F C_k}\right) \sum_{j=1}^{n} (G_j + P_j) z_j^2}$$
$$\qquad (14.70)$$

mit:
$E\,[\mathrm{MN/m^2}]$ Elastizitätsmodul des Gebäudes
$I\,[\mathrm{m^4}]$ Flächenmoment 2. Grades eines horizontalen Schnittes
$G_j\,[\mathrm{MN}]$ Eigenlast des j-ten Stockwerks
$I_F\,[\mathrm{m^4}]$ Flächenmoment 2. Grades der Fundamentsohle

$$C_k = \frac{E_{s,\mathrm{dyn}}}{0,25 \cdot \sqrt{A}}\,[\mathrm{MN/m^2}]$$

    dynamischer Kippbettungsmodul des Baugrunds
$E_{s,\mathrm{dyn}}\,[\mathrm{MN/m^2}]$ dynamischer Steifemodul des Baugrunds
$A\,[\mathrm{m^2}]$ Fläche der Fundamentsohle

14.10.5 Grundsätze erdbebensicheren Bauens

Eine erdbebengerechte Planung kann das Risiko von Erdbebenschäden erheblich vermindern. Die Erdbebensicherheit eines Gebäudes hängt einerseits wesentlich vom Tragsystem ab, durch welches der Kraftfluß und die Verteilung der Spannungen und Verformungen bestimmt wird. Andererseits spielen neben diesen vom Bauingenieur zu lösenden Problemen auch allgemeine Entwurfsaspekte wie Gebäudestandort, Gründungsart, Grundrißgestaltung, Gestaltung über die Höhe usw. eine entscheidende Rolle. Insofern erfordert eine erdbebengerechte Planung ein enges Zusammenspiel zwischen Architekt und Ingenieur, wobei im Prinzip drei Hauptanforderungen erfüllt sein sollten:

- günstiges Schwingungsverhalten im elastischen Bereich
- sichere Kraftübertragung zwischen den einzelnen Bauteilen und Vermeidung von Spannungskonzentrationen
- ausreichende plastische Reserven (Zähigkeit) bei Überschreitungen des elastischen Verformungsbereiches

Im folgenden werden stichpunktartig einige Entwurfsgrundsätze angeführt, die beim Bauen in erdbebengefährdeten Regionen beachtet werden sollten. Ausführliche Hinweise findet man z. B. bei Flesch [14.6], Hampe et al. [14.8] und in [14.5].

Gründung:

- Gründung in einheitlicher Tiefe mit zug- und druckfester Verbindung der Einzelfundamente
- Gründung auf einheitlichen Gründungselementen
- keine Gründung eines Gebäudes in verschiedenartigem Baugrund
- keine Gründungen an stark geneigten Hängen
- keine Gründung auf aktiven tektonischen Störungen
- Ausbildung des Untergeschosses als „starrer Kasten"

Falls unterschiedliche Gründungstiefen nicht zu vermeiden sind, sollten die einzelnen Gebäudeabschnitte entweder durch Setzungsfugen voneinander getrennt oder durch scheibenartige Fundamentabtreppungen biegesteif verbunden werden. Die genannten Punkte werden in Bild 14.34 illustriert.

Grundrißgestaltung:

- gedrungener, möglichst einfacher Grundriß
- symmetrische Grundrißgestaltung zur Vermeidung von Torsionsbeanspruchungen
- Anordnung von Aussteifungen möglichst an den Bauwerksaußenseiten, um eine hohe Torsionssteifigkeit zu erzielen
- ausreichend große Fugenbreiten zwischen einzelnen Baukörpern, so daß diese unabhängig voneinander schwingen und nicht gegeneinander schlagen können

Gestaltung über die Höhe:

- Möglichst gedrungene Aufrißformen; Vermeidung großer Gebäudemassen auf sehr schlanken Baugliedern; Vermeidung auskragender Bauwerksbereiche
- Vermeidung höhenversetzter Geschosse
- Ausbildung von Wandscheiben möglichst durch alle Geschosse; Vermeidung „weicher Stockwerke" und großer Wandöffnungen

Zur sicheren Kraftübertragung sind alle konstruktiven Details wie Verbindungen, Stöße und Anschlüsse sehr sorgfältig auszuführen.

14.10.6 Bodenverflüssigung

Erdbeben (in Ausnahmefällen auch extrem starke baubetriebliche Erschütterungen) können bei bestimmten Böden zu einem dramatischen Verlust der Festigkeit führen, der sog. Bodenverflüssigung oder Liquefaktion. Bei dieser Erscheinung wird durch die zyklische Beanspruchung während des Bebens der Boden verdichtet, wodurch sich das Porenvolumen verkleinert. Gleichzeitig steigt, sofern das Porenwasser nicht schnell genug abfließen kann, der Porenwasserdruck u an. Erreicht dieser den vertikalen Überlagerungsdruck σ_v, werden die effektiven Spannungen σ', welche die Korn-zu-Korn-Spannungen beschreiben und die Scherfestigkeit direkt beeinflussen, zu Null: die Einzelkörner schwimmen auf, die Scherfestigkeit geht völlig verloren, und der Boden verhält sich wie eine Flüssigkeit, womit sehr große Deformationen einhergehen.

Das Phänomen der Bodenverflüssigung kann in wassergesättigten Böden auftreten, die sich leicht verdichten lassen und in denen schlechte Dränagebedingungen herrschen:

- nicht zu grobkörnige, locker gelagerte Sande
- grobkörnige Schluffe

Gleichförmige Sande neigen stärker zur Verflüssigung als ungleichförmige. Zudem erhöht sich die Verflüssigungsgefahr bei hohem Grundwasserstand, geringen wirksamen Spannungen im Boden sowie mit der Intensität und Dauer des Bebens. Nicht gefährdet sind:

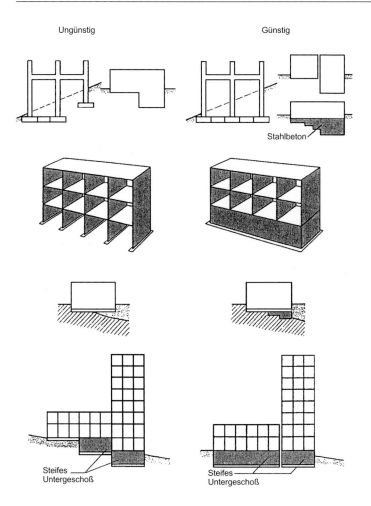

Bild 14.34
Günstige und ungünstige Gestaltung von Gründung und Untergeschoß [14.5]

- grobkörnige Böden (rasche Dränage)
- bindige Böden, bei denen das Porenwasser an die Partikel gebunden ist
- sehr dicht gelagerte körnige Böden (wegen Dilatanz können die bei zyklischer Belastung entstehenden Porenwasserüberdrücke schnell abgebaut werden)

Bei der Bodenverflüssigung können sich Gebäude zur Seite neigen und mehrere Meter im Boden versinken bzw. aufschwimmen. Für sensible Bauwerke muß daher auch in Zentraleuropa die Sicherheit gegen Bodenverflüssigung im Erdbebenfall nachgewiesen werden. Eine Handhabe bietet die kerntechnische Richtlinie KTA 2201.2, welche auf einem Beitrag von Seed/Idriss [14.23] fußt. Das Verfahren wird im folgenden kurz erläutert.

Schritt 1: Die Körnungslinie des betroffenen Bodens wird in das Diagramm Bild 14.35 eingetragen, wodurch die maßgebende Grenzlinie (z_1 oder z_2) festgelegt wird. Liegt die Kurve außerhalb der hervorgehobenen Zonen, besteht keine Verflüssigungsgefahr. Bei geschichteten Böden muß die Beurteilung für die ungünstigste Schicht erfolgen.

Schritt 2: Bestimmung des Schubspannungsverhältnisses

$$F_t = \max \tau / \sigma_0 \qquad (14.71)$$

mit:

$$\max \tau = \sigma_0 \frac{\max a}{g} r_d \qquad (14.72)$$

14.10 Erdbeben

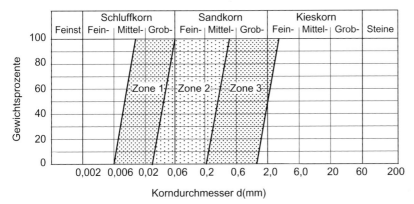

Bild 14.35
Verflüssigungsgefährdete Kornverteilungsbereiche [KTA 2201.1]

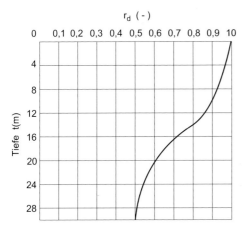

Bild 14.36
Reduktionsfaktor r_d [KTA 2201.1]

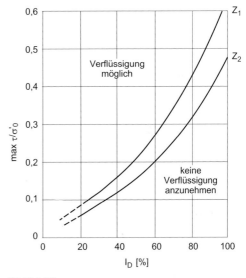

Bild 14.37
Diagramm zur Abschätzung der Bodenverflüssigungsgefahr [KTA 2201.1]

Hier ist:
- max a: maximale Erdbebenbeschleunigung
- g: Erdbeschleunigung
- σ'_0: wirksame vertikale Spannung im Boden in der Tiefe t
- σ_0: totale vertikale Spannung im Boden in der Tiefe t (bei höchstem Grundwasserstand)
- r_d: Reduktionsfaktor zur Beschreibung der Tiefenabhängigkeit (Bild 14.36)

Schritt 3: Es werden nun der Wert F_t sowie die zugehörige bezogene Lagerungsdichte I_D in das Diagramm Bild 14.37 eingetragen.

Liegt der Punkt (F_t, I_D) unterhalb der maßgebenden Grenzlinie, besteht keine Verflüssigungsgefahr. Liegt er oberhalb, so kann eine Bodenverflüssigung nicht ausgeschlossen werden. Für die Anlage sollte dann ein anderer Standort gesucht werden, oder der Untergrund ist entsprechend zu verbessern, was oft mit enormen Kosten verbunden ist. Auf jeden Fall sollte der Boden in speziellen Versuchen, in welchen die dynamische Belastung möglichst naturgetreu simuliert wird (zyklische Scher- oder Triaxialversuche), eingehender untersucht werden.

15 Boden und Grundwasser mit Schadstoffbelastungen *

15.1 Überblick

Zwei der größten Kostenrisiken beim Bauen sind mit dem Baugrund verbunden. Mehrkosten können bei einer Gründung durch sog. schlechten Baugrund entstehen, wenn z.B. anstelle einer Flachgründung mit Einzel- und Streifenfundamenten eine aufwendige Tiefgründung mit Pfählen notwendig wird. Die verschiedenen Gründungsmöglichkeiten sind ausführlich in den Kapiteln 5 bis 8 dargestellt. Das zweite große Risiko liegt bei eventuellen Schadstoffen im Boden und im Grundwasser. Bereits in der ersten Phase der Planung, z.B. bei einem Grundstückskauf, sollte geklärt werden, ob Schadstoffe vorhanden sind. Ursache für Schadstoffbelastungen liegen häufig in einer entsprechenden industriellen oder gewerblichen Vornutzung. Aber auch Auffüllungen, die in früheren Jahren als unbedenklich eingestuft wurden, können erhebliche Schadstoffbelastungen aufweisen. Die grundsätzliche Problematik soll zunächst einmal anhand von drei typischen Beispielen erläutert werden.

Fall 1: Es geht eine Gefährdung vom Grundstück aus.

Die Schadstoffkonzentrationen sind so hoch, daß z.B. die Schutzgüter Mensch, Pflanze oder Grundwasser gefährdet sind. Wie Statistiken zeigen, ist in mehr als 80% der Fälle das Schutzgut Grundwasser maßgebend. Das heißt, es sind z.B. zulässige Schadstoffkonzentrationen oder Frachten im Grundwasser überschritten. Durch geeignete Maßnahmen wie z.B. Abwehrbrunnen, Dichtwände, Dichtsohlen oder einen Bodenaustausch kann die Gefährdung beseitigt werden. Bei den Schutzgütern Mensch und Pflanze ist vor allem der obere Bodenbereich von Bedeutung. Die Bewertung wird in der Regel mit Hilfe von Listenwerten durchgeführt. Die Höhe der zulässigen Konzentrationen ist abgestuft nach der vorgesehenen Nutzung. Geringere Werte ergeben sich bei sensiblen Nutzungen wie z.B. Kinderspielplätzen, höhere z.B. bei Gewerbeflächen. Die Gefahrenabwehr kann hier oft durch eine Versiegelung erreicht werden.

Die grundsätzliche Bewertung erfolgt nach Altlastenrecht. Dabei werden die Altlasten seit dem 1.3.99 als Teilgebiet des Bundesbodenschutzgesetzes erfaßt und sind somit im Bodenschutz enthalten. In der Regel besteht wenig Spielraum bei der Frage, ob eine Gefährdung vorliegt und ob geeignete Gegenmaßnahmen notwendig sind.

Fall 2: Im Zug einer geplanten Bebauung fällt belasteter Erdaushub an.

Fällt belasteter Erdaushub an, ist die wesentliche Bewertungsgrundlage das Abfallrecht. Im Gegensatz zum ersten Fall bestehen im Rahmen der Planung einer Baumaßnahme häufig sehr viele Möglichkeiten, die Aushubmengen und damit die Kosten zu beeinflussen. Oft dürfen nämlich bei einer Bewertung als Altlast nach Bodenschutzrecht belastete Bodenschichten belassen werden, die jedoch als Aushub teuer entsorgt d.h. beseitigt bzw. wiederverwertet werden müssen.

Insofern ist z.B. zu prüfen, ob nicht eine Bebauung ohne Keller und damit ohne teuren Aushub insgesamt kostengünstiger ist. Ähnliches gilt z.B. bei einem Vergleich von Verdrängungspfählen ohne Anfall von Bohrgut mit Bohrpfählen und Greiferbetrieb. Häufig dürfen leicht belastete Böden in gesicherter Lage auf einem Gelände wieder eingebaut werden, so daß ebenfalls Kosten gespart werden können.

---

* Für die wertvollen Hinweise bei der Erstellung von Kapitel 15 sei den Herren Dipl.-Ing. A. Lindenthal und Dipl.-Geograph R. Teichmann herzlich gedankt.

Die Beispiele sollen belegen, wie wichtig es ist, bereits in einem frühen Stadium eventuelle Schadstoffbelastungen in die Planung mit einzubeziehen.

Fall 3: Das Gelände selbst ist unbelastet, wird aber von belastetem Grundwasser durchströmt.

In größeren Gemeinden und Städten ist häufig das Grundwasser z. B. durch leichtflüchtige halogenierte Kohlenwasserstoffe (LHKW) belastet. Ursache können z. B. chemische Reinigungen oder metallverarbeitende Betriebe sein. Aufgrund der großen Mobilität dieser Stoffe können sich Schadstoffahnen über mehrere Kilometer ausbreiten. In solchen Fällen werden häufig auch unbelastete Gelände durch den belasteten Grundwasserstrom tangiert. Der Verursacher oder ein Schadenspflichtiger ist häufig nicht festzustellen, so daß eventuelle Zusatzkosten bei einer Grundwasserhaltung mit Wasseraufbereitung beim Bauherrn verbleiben. Aber auch hier können häufig durch geschickte Bauweisen wie z. B. Herstellen der Baugrube mit einem wasserdichten Trog anstatt Absenken des Grundwassers mit einer Wasserhaltung die Kosten minimiert werden.

Grundsätzlich gilt bei belasteten Grundstücken, daß wegen der Vielzahl an Möglichkeiten jeder Fall für sich betrachtet werden muß und Einzelfallentscheidungen notwendig sind. Hinzu kommt die unübersichtliche rechtliche Situation mit zum Teil unterschiedlichen Vorgehensweisen in den einzelnen Bundesländern. Im Rahmen dieses Buches können deshalb nur einige der wesentlichen Aspekte zu rechtlichen Grundlagen, Erkundung, Planung, Arbeitsschutz und Ausführung wiedergegeben werden. Auf jeden Fall muß die Vorgehensweise mit den zuständigen Behörden vor Ort abgestimmt werden.

15.2 Rechtliche Grundlagen

15.2.1 Allgemeines

Wie in Abschnitt 15.1 bereits erwähnt, ist die rechtliche Situation unübersichtlich. Rupert Scholz [15.18] geht 1997 im Bereich des Umweltschutzrechts von fast 800 Gesetzen und über 2500 Verordnungen aus, und seitdem steigt die Anzahl eher.

Der Umweltschutz berührt sehr viele Rechtsbereiche wie z. B.:

- Bodenschutz-/Altlastenrecht
- Abfallrecht
- Baurecht
- Wasserrecht
- Immissionsschutzrecht
- Bergrecht
- Polizei- und Ordnungsrecht

Zu beachten sind verschiedene Hierarchiestufen wie

- EG-Recht
- Bundesrecht
- Landesrecht
- kommunales Satzungsrecht

Dadurch erklärt sich, daß je nach Bundesland, selbst je nach Kommune beträchtliche Unterschiede bestehen können. Durch notwendige Anpassungen an das Kreislaufwirtschafts- und Abfallgesetz und das neue Bundesbodenschutzgesetz mit den jeweiligen Verordnungen sind in der nächsten Zeit noch große Änderungen zu erwarten. Außerdem wird zur Zeit intensiv daran gearbeitet, einander widersprechende Regelungen und unterschiedliche Bewertungsmaßstäbe anzugleichen. Mit dem seit 1.3.99 geltenden Bundesbodenschutzrecht wird auch eine Vereinheitlichung der Fallbearbeitung in den einzelnen Bundesländern angestrebt.

Aus den genannten Gründen ist im Einzelfall eine Abstimmung mit den zuständigen Behörden vor Ort zu empfehlen. Eine Übersicht zu Rechtsfragen findet sich z. B. im Handbuch der Altlastensanierung Band 2 [15.11] in Aufsätzen von Sanden, Kotulla oder Kretz sowie in den Arbeitshilfen Altlasten des Bundesministeriums für Raumordnung, Bauwesen und Städtebau und des Bundesministeriums der Verteidigung [15.1]. Zudem sei auf Fachzeitschriften wie z. B. das Altlastenspektrum, Wasser-Luft-Boden, Terratech oder Müll und Abfall hingewiesen, wo immer wieder über die neueste Entwicklung berichtet wird.

15.2.2 Bewertung als Altlast

Ein besonders wichtiger Bereich in der Praxis ist die Bewertung einer Altlast und die Abschätzung der Gefährdung. Zur Gefahrenbeurteilung werden häufig Normwerte wie z. B. Orientierungs-, Richt-, Prüf- und Grenzwerte herangezogen, die zwar einen zunehmenden Verbindlichkeitsgrad ausdrücken, bis jetzt aber zum großen Teil keine Rechtsverbindlichkeit haben [15.16, 15.17]. Im Zuge einer bundesweiten Vereinheitlichung der Begriffe wurden von der Länderarbeitsgemeinschaft Abfall (LAGA) folgende Definitionen vorgeschlagen (s. [15.16]).

- **Hintergrundwert** (Synonym Referenzwert) gibt einen geogen bedingten Grundgehalt und eine ubiquitäre, also weit verbreitete anthropogene Zusatzbelastung an. Er dient dem Erkennen einer spezifischen Belastung.
- **Prüfwert** (Synonym Schwellenwert) ist ein nutzungs-, wirkungspfad- und schutzbezogener Konzentrationswert als Entscheidungshilfe für weitergehende Untersuchungen zur Gefährdungsabschätzung. Bei Unterschreiten der Prüfwertkonzentration kann der Gefahrenverdacht in der Regel als ausgeräumt gelten.
- **Maßnahmenwert** (Synonym Eingreifwert oder Sanierungsschwellenwert) ist ein nutzungs-, wirkungspfad- und schutzgutbezogener Wert, bei dessen Überschreitung weitere Maßnahmen (z. B. Nutzungsbeschränkung, Sanierung) erforderlich werden.
- **Sanierungszielwert** ist ein ebenso bezogener Konzentrationswert, der bei Sanierungsmaßnahmen als Mindestforderung bzw. als zulässige Restkonzentration angegeben werden kann. Sanierungszielwerte sollten dabei nicht einheitlich vorgegeben werden, da immer die Gegebenheiten des Einzelfalles berücksichtigt werden müssen.
- **Einleit- oder Einbauwerte** geben ein Qualitätskriterium für den Einbau von Böden oder das Einleiten von Wasser bei unterschiedlicher Nutzung an.

Darüber hinaus definiert der § 8 des Bundes-Bodenschutzgesetzes zusätzlich noch den Begriff

- **Vorsorgewerte** als Bodenwerte, bei deren Überschreiten in der Regel davon auszugehen ist, daß das Entstehen einer schädlichen Bodenveränderung zu besorgen ist. Im Zu-

sammenhang mit Anforderungen der Vorsorge können auch Werte über die zulässige Zusatzbelastung des Bodens festgelegt werden.

Die aufgeführten Werte können unter dem Oberbegriff Richtwerte zusammengefaßt werden. Dadurch soll zum Ausdruck gebracht werden, daß es sich um Werte ohne Rechtsverbindlichkeit handelt, die im Einzelfall noch einen Ermessensspielraum lassen. Dies kann man als Nachteil auffassen, bietet jedoch den großen Vorteil im Einzelfall die optimale Lösung gestalten zu können.

Trotz Bodenschutzgesetz und den Bestrebungen, bundeseinheitliche Bewertungsgrundlagen zu schaffen, ist davon auszugehen, daß in der nächsten Zeit noch mit verschiedenen Listenwerten in den einzelnen Bundesländern gearbeitet wird. Eine Auswahl zeigt Tabelle 15.1. Es sei darauf hingewiesen, daß die aufgeführten Listen teilweise auch dem Abfallrecht (s. Abschnitt 15.2.3) zuzuordnen sind.

Wie bereits erwähnt, empfiehlt es sich im Einzelfall, vor Ort mit den zuständigen Behörden die aktuellen Bewertungsgrundlagen abzustimmen.

15.2.3 Hinweise zur Entsorgung

Fällt Erdaushub, Bauschutt oder Straßenaufbruch an, ist im wesentlichen die Abfallgesetzgebung maßgeblich. Grundsätzlich gilt gemäß Kreislaufwirtschafts- und Abfallgesetz, daß

- Bauabfälle, wo möglich, vermieden werden
- nicht vermeidbare Bauabfälle ordnungsgemäß und schadlos verwertet und
- nicht verwertbare Bauabfälle gemeinwohlverträglich beseitigt werden

Die Prioritäten der Abfallgesetzgebung lauten:

- Vermeidung
- vor Verwertung
- vor Beseitigung (Deponierung)

Im Rahmen der Planung sollte zunächst geprüft werden, ob es nicht durch einen Massenausgleich möglich ist, daß überhaupt kein Aushub von der Baustelle abgeht. Kann Abfall nicht vermieden werden, hat bei einer notwendigen

Tabelle 15.1 Listen mit Grenz- bzw. Richtwerten für Schadstoffkonzentrationen im Boden und Grundwasser mit Angabe der Listenwerte für Wasser bzw. Boden sowie Angaben für Gesamtgehalte (brutto) bzw. des eluierbaren Anteils nach DEV S 4 (Eluat) – Stand Nov. 1996 (aus Prinz [15.16])

	Listenbezeichnung	mit Angaben für			
		Wasser	Boden	Brutto	Eluat
Baden-Württemberg	Orientierungswerte für die Bearbeitung von Altlasten und Schadensfällen, Aug. 1993 bzw. März 1998	•	•	•	•
Bayern	Hinweise zur wasserwirtschaftlichen Bewertung von Untersuchungsbefunden über Grundwasser- und Bodenbelastungen, April 1991	•	•	•	(•)
Berlin	Bewertungskriterien für die Beurteilung kontaminierter Standorte in Berlin, Dez. 1990	•	•	•	
	Bodenrichtwerte für Kinderspielplätze, 1993		•	•	
Brandenburg	Brandenburger Liste zur Bewertung kontaminierter Standorte, 1993	•	•	•	
Bremen	Prüfwertliste der Stadtgemeinde Bremen für Schadstoffgehalte im Boden, 1993		•	•	
	Bremer Empfehlungen zu Metallen, PAK/PCP auf Kinderspielplätzen, 1991/1993		•	•	
Hamburg	Vorläufige Sanierungsleitwerte MKW von 1990	•	•	•	
	Verfahrensregeln zur Bodenbelastung mit Schwermetallen in Hamburg, März 1990	•	•	•	
	Vorläufige Sanierungsleitwerte LCKW, BTEX, PAK, Benzinkohlenwasserstoffe, von Dez. 1992	•	•	•	
Hessen	Orientierungswerte zur Abgrenzung von unbelastetem, belastetem und verunreinigtem Boden, Dez. 1992		•	•	•
	Verwaltungsvorschrift für die Sanierung von Grundwasser und Bodenverunreinigungen, Mai 1994	•	(•)		
Nordrhein-Westfalen	Entwurf einer Richtlinie über die Untersuchung und Beurteilung von Abfällen vom Juni 1987	•	•	•	•
	Erlaß: Metalle auf Kinderspielplätzen, Aug. 1990		•	•	
	Mindestuntersuchungsprogramm Kulturboden, 1995		•	•	(•)
Rheinland-Pfalz	Orientierungswert-Liste der Altlastenexpertengruppe Merkblätter (ALEX 02), (ALEX 01), Feb. 1996	•	•	•	•
Sachsen	Empfehlung zur Handhabung von Prüf- und Maßnahmenwerten für die Gefährdungsabschätzung von Altlasten in Sachsen, Aug.1994	•	•	•	•
Sachsen-Anhalt	Handlungsempfehlung für den Umgang mit kontaminierten Böden im Land Sachsen-Anhalt, 1994		•	•	
D	Abfall-/Klärschlammverordnung (AbfklärV) April 1992		•	•	

Tabelle 15.1 (Fortsetzung)

	Listenbezeichnung	mit Angaben für			
		Wasser	Boden	Brutto	Eluat
D	TA-Siedlungsabfall, Mai 1993, Technische Anleitung zur Verwertung, Behandlung und sonstigen Entsorgung von Siedlungsabfällen		•		•
	Länderarbeitsgemeinschaft Wasser (LAWA). Empfehlungen für die Erkundung, Bewertung und Behandlung von Grundwasserschäden, Jan. 1994	•	(•)	(•)	
	Länderarbeitsgemeinschaft Abfall (LAGA). Anforderungen an die stoffliche Verwertung von mineralischen Reststoffen/Abfällen. Technische Regeln, Nov. 1997	•	•	•	•
EG	EG-Richtlinie über die Qualität von Wasser für den menschlichen Gebrauch, Juli 1980	•			
EG	EG-Klärschlamm-Richtlinie, Juni 1986		•	•	

Entsorgung eine Verwertung den Vorrang vor einer Beseitigung (Deponierung).

Die Entsorgungsverantwortung liegt beim Bauherrn, der bis zur endgültigen Entsorgung für die anfallenden Abfälle verantwortlich ist. Eine Eigentumsübertragung und eine damit verbundene Übertragung der Entsorgungsverantwortung an den Auftragnehmer ist nicht zulässig. In der Praxis ist dies vor allem bei belasteten Materialien von Bedeutung. In diesen Fällen ist es angeraten, die Entsorgungswege (Beseitigung oder Verwertung) äußerst sorgfältig zu prüfen. Dies betrifft auch bereits die technischen Gespräche im Zuge der Vergabe von Bauleistungen.

Eine weitere wichtige Forderung des Kreislaufwirtschafts- und Abfallgesetzes ist, daß Abfälle getrennt erfaßt werden und danach getrennt zu halten sind. D.h. zum Beispiel, daß Erdaushub, Bauschutt und Straßenaufbruch nicht vermischt werden dürfen, soweit dies technisch möglich ist. Weitere Hinweise s. Arbeitshilfen Recycling [15.2].

Die Bewertung als Abfall ist ebenfalls noch nicht bundeseinheitlich geregelt. Beispiele zu Verwertungskonzepten sind in Tabelle 15.2 zu finden

In den letzten Jahren wird aber immer häufiger nach den Empfehlungen der Länderarbeitsgemeinschaft Abfall LAGA [15.15] in der Praxis gearbeitet. Die LAGA arbeitet mit verschiedenen Einbauklassen und Zuordnungswerten (s. Tabelle 15.3). Einzelheiten s. Bertram [15.4]. Die Einbindung in das Kreislaufwirtschafts- und Abfallgesetz wird ausführlich in [15.5] diskutiert.

Das LAGA-Papier wird häufig kritisiert. Auf der einen Seite wird der Vorwurf erhoben, daß durch die zu strengen Grenzwerte neue Altlasten geschaffen werden, auf der anderen Seite werden die Werte als nicht ausreichend und streng genug gesehen. In diesem Zusammenhang sei auf die Öffnungsklausel in der LAGA-Empfehlung hingewiesen, die eine Einzelfallbeurteilung bei erhöhten Hintergrundwerten in einem Gebiet ermöglicht. Allerdings sind die Grundsätze „Verdünnungsverbot", „Vermischungsverbot" und „Verschlechterungsverbot" immer zu beachten, wobei auch hier Einschränkungen möglich sind. Zur Zeit werden große Anstrengungen unternommen, um die unterschiedlichen Interessen auszugleichen und zu einheitlichen Bewertungsmaßstäben zu kommen. Wie schwierig die Diskussion ist, zeigt eine Analyse aus Stuttgart im Jahr 1997, wo durch leichte Grenzwertverschiebungen allein jährlich Mehrkosten von 20 Millionen DM bei der Entsorgung von Bodenaushub entstehen [15.10].

Wie bei der Gefahrenbeurteilung empfiehlt es sich, mit den zuständigen Behörden vor Ort, die maßgeblichen Bewertungsgrundlagen abzustimmen.

Tabelle 15.2 Beispiele für Verwertungskonzepte (nach [15.19])

	Verwertung			Deponierung		
	uneingeschränkt	nach Abstimmung mit örtlichen Behörden/ unter definierten Einbaubedingungen	unter Abdeckung/mit technischen Sicherungsmaßnahmen	TA Siedlungsabfall Deponieklasse 1	TA Siedlungsabfall Deponieklasse 2	TA Abfall
LAGA	Z 0	Z 1.1, Z 1.2	Z 2	Z 3	Z 4	Z 5
RAP Stra			RCL I, RCL II			
Hessen	unbelasteter Bodenaushub	belasteter Bodenaushub				verunreinigte Böden
Düsseldorf	gewachsener Boden	Einbauklassen II und III	Einbauklasse IV und V			
RAL		Klasse 1 und 2	Klasse 3			
Baden-Württemberg		praktisch unbelasteter Boden				
Brandenburg	gereinigter Boden nach Teil 2					

Tabelle 15.3 Darstellung der verschiedenen Einbauklassen mit den dazugehörigen Zuordnungswerten (nach LAGA [15.15])

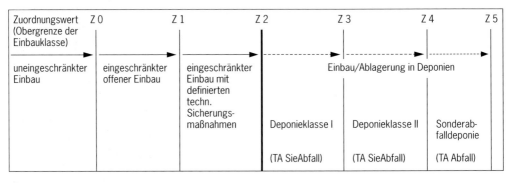

15.3 Erkundung, Planung, Ausschreibung

Typisch für schadstoffbelastete Grundstücke ist eine stufenweise Erkundung und Planung. Der Grund liegt darin, daß häufig vorab die zu erbringenden Leistungen vom Umfang her nicht einzuschätzen sind.

Die Vorgehensweise und die Bezeichnungen der einzelnen Schritte sind bisher noch nicht bundeseinheitlich geregelt, sie ähneln sich jedoch sehr stark.

Zum Beispiel sei verwiesen auf

- die Vorschläge zur Ergänzung der HOAI um einen Leistungsanteil Altlasten [15.9]
- die Richtlinien für die Planung und Ausführung der Sicherung und Sanierung belasteter Böden für Liegenschaften des Bundes [15.1]
- verschiedene Leitfäden, Arbeitshilfen usw. in den einzelnen Bundesländern [15.11]

Anhand der ersten beiden Beispiele soll die Vorgehensweise erläutert werden.

Die Vorschläge zur Ergänzung der HOAI gehen von folgenden Leistungsbildern aus [15.9]:

I. Historische Erkundung von kontaminationsverdächtigen Flächen

1. Grundlagenermittlung für die Historische Erkundung
2. Material- und Datenrecherche
3. Auswertung und Erstbewertung
4. Dokumentation und Präsentation der Ergebnisse der Historischen Erkundung

II. Technische Erkundung von kontaminationsverdächtigen Flächen

1. Grundlagenermittlung für die Technische Erkundung
2. Aufstellen des Untersuchungspogramms
3. Vorbereitung der Vergabe
4. Mitwirken bei der Vergabe
5. Untersuchungsüberwachung
6. Oberleitung
7. Auswertung, Dokumentation und Präsentation

III. Sanierungsuntersuchung

1. Grundlagenermittlung für die Sanierungsuntersuchung
2. Entwickeln von Sanierungsalternativen
3. Vergleichende Bewertung der Alternativen
4. Technische Erprobung der Sanierungsalternativen
5. Vorplanung
6. Dokumentation und Präsentation

VI. Sanierungsplanung und -überwachung

1. Grundlagenermittlung für die Sanierungsplanung
2. Fortschreiben der Vorplanung
3. Entwurfsplanung
4. Genehmigungsplanung
5. Ausführungsplanung
6. Vorbereiten der Vergabe
7. Mitwirken bei der Vergabe
8. Überwachung und Dokumentation der Sanierung

V. Oberleitung der Sanierung

1. Fachgutachterliche Begleitung
2. Oberleitung der Sanierung
3. Abschließende Dokumentation

Grundlagen der Untersuchungen sollte, von Ausnahmen abgesehen, immer eine Historische Erkundung sein. Kennzeichen sind beprobungslose Untersuchungen wie ausführliche Aktenrecherche, eine Ortsbesichtigung, Personenbefragungen usw. Auf dieser Grundlage kann danach eine Technische Erkundung durchgeführt werden, in der Art und Ausmaß der Kontamination z. B. mit Hilfe von Bohrungen und chemischen Analysen geklärt werden. Meistens ist es sinnvoll, die Technische Erkundung in zwei Stufen, nämlich in eine Orientierende und eine Detailerkundung, aufzuteilen.

Die Sanierungsuntersuchung entspricht im wesentlichen der aus den klassischen Leistungsbildern der HOAI bekannten Vorplanung. Kern der Sanierungsuntersuchung ist ein Variantenstudium, d. h. verschiedene Lösungsmöglichkeiten mit Auswahl einer Variante unter technischen und wirtschaftlichen Gesichtspunkten. Die Sanierungsplanung und -überwachung sowie die Oberleitung der Sanierung lehnt sich im wesentlichen an die klassische HOAI an. Einzelheiten der Leistungsbilder mit einem Vergütungsvorschlag können [15.9] entnommen werden.

Die Richtlinien für Liegenschaften des Bundes gehen von einem ähnlichen Aufbau aus. Es wird unterschieden zwischen

- Phase I: Erfassung und Erstbewertung, die im wesentlichen der Historischen Erkundung entspricht
- Phase II: Gefährdungsabschätzung mit Phase II a „Orientierende Erkundung" und Phase II b „Detaillierte Erkundung". Phase II entspricht etwa der Technischen Erkundung
- Phase III: Sicherung, Sanierung und Überwachung

Einzelheiten der zu erbringenden Leistungen sind den Arbeitshilfen „Altlasten" [15.1] zu entnehmen.

Gegenüber Tiefbau- und Spezialtiefbaumaßnahmen ohne Schadstoffe sind bei kontaminierten Standorten vor allem zwei Punkte besonders wichtig:

– Arbeitsschutz
– Entsorgung

Der Arbeitsschutz wird gesondert in Abschnitt 15.4 behandelt. Wichtige Grundlagen zur Entsorgung sind in Abschnitt 15.2 dargestellt. Insbesondere wird auf die Arbeitshilfen Recycling [15.2] hingewiesen.

Die Erkundung und Planung von kontaminierten Standorten erfordert sehr viel Detailwissen in verschiedenen Disziplinen, z. B. Kenntnisse über Schadstoffe, chemische Analytik, Probenahme, Bohrverfahren usw. Hierzu sei z. B. auf die Veröffentlichungen und Empfehlungen der Umweltministerien in den einzelnen Bundesländern insbesondere in Baden-Württemberg, Nordrhein-Westfalen und in Sachsen, das Handbuch der Altlastensanierung [15.11], die Arbeitshilfen Altlasten [15.1], die Empfehlungen des Ingenieurtechnischen Verbandes Altlasten (ITVA), das Bundesbodenschutzgesetz mit der zugehörigen Verordnung und auf die Beiträge in Fachzeitschriften hingewiesen. Teilweise liegen die Veröffentlichungen auch als CD-ROM vor, wie z. B. das Altlastenfachinformationssystem (Alfa Web) der Landesanstalt für Umweltschutz in Baden-Württemberg.

15.4 Arbeitsschutz

15.4.1 Allgemeines

Auf jeder Baustelle muß dem Arbeitsschutz eine hohe Priorität eingeräumt werden, weil im Baubereich sehr viele Unfälle zu beklagen sind. Deshalb wurden zahlreiche Unfallverhütungsvorschriften (UVV) aufgestellt. Darüber hinaus sind bei kontaminierten Standorten weitere Bestimmungen zu beachten. Von zentraler Bedeutung sind die

- Regeln für Sicherheit und Gesundheitsschutz bei der Arbeit in kontaminierten Bereichen (ZH 1/183), zu beziehen z. B. über die Tiefbauberufsgenossenschaft in München
- Regeln für Sicherheit und Gesundheitsschutz bei den Arbeiten im Tiefbau (ZH 1/492), ebenfalls zu beziehen über die Tiefbauberufsgenossenschaft in München

Eine Zusammenstellung über wichtige

- Gesetze/Verordnungen
- Unfallverhütungsvorschriften
- Berufsgenossenschaftliche Richtlinien, Sicherheitsregeln und Merkblätter
- Normen

geben die Arbeitshilfen Altlasten Teil 2 in Anlage 8 [15.1].

Die Regeln für Sicherheit und Gesundheitsschutz der Tiefbauberufsgenossenschaft gehen von folgenden Begriffsbestimmungen aus (vgl. Buja [15.7]):

- Kontaminierte Bereiche im Sinne dieser Regeln sind Standorte, bauliche Anlagen, Gegenstände, Boden, Wasser, Luft und dergleichen, die mit Gefahrstoffen verunreinigt sind. Zu den kontaminierten Bereichen gehören auch Anlagen und Einrichtungen zur Behandlung (Sanierung) kontaminierter Gegenstände, Materialien und Stoffe sowie Bereiche mit einem erhöhten Aufkommen an Krankheitskeimen.
- Arbeiten im Sinne dieser Regeln umfassen das Herstellen, Instandhalten, Ändern und Beseitigen von baulichen Anlagen einschließlich der hierfür vorbereitenden und abschließenden Arbeiten in kontaminierten Bereichen sowie das Betreiben von Anlagen und Einrichtungen zur Behandlung bzw. Sanierung kontaminierter Gegenstände, Materialien und Stoffe. Zu diesen Arbeiten zählen auch Erkundungsarbeiten, z. B. das Anlegen von Schürfen, die Durchführung von Bohrungen, Sondierungen, Probeentnahmen und Begehungen.

Daraus folgt, daß nicht nur bei den Baumaßnahmen selbst, sondern bereits bei der Erkundung kontaminierter Standorte Schutzmaßnahmen notwendig sein können.

15.4.2 Schutzmaßnahmen

Die notwendigen Schutzmaßnahmen müssen auf die vorliegende Gefährdung abgestimmt sein. Dazu gehören

- Giftgefahren und Toxizität sowie
- Brand- und Explosionsgefahren

Eine ausführliche Darstellung ist in [15.1] zu finden. Grundsätzlich ist der Unternehmer dazu verpflichtet, die Sicherheit am Arbeitsplatz zu gewährleisten.

Gemäß der Ziffer 8 der „Richtlinien für Arbeiten in kontaminierten Bereichen" kommt aber dem Auftraggeber ein wesentlicher Teil der Ermittlungspflicht zu.

Tabelle 15.4 Zuständigkeiten für Schutzmaßnahmen gemäß der ZH 1/183 (nach Burmeier [15.8])

	Auftraggeber	Auftragnehmer
Planung/ Ausschreibung	– Erkundung/Ermittlung von Gefahrstoffen – Gefährdungsbeschreibung – Erstellung eines Sicherheitsplans – Sicherheitstechnische Maßnahmen im Leistungsverzeichnis verankern	
Vergabephase	– Vergabe an fachlich geeignete Unternehmung	– Prüfung der Vorgaben des AG auf Plausibilität – Nachweis der Qualifikation
Ausführungsphase	– Sicherheitstechnische Koordination/ Begleitung – Fortschreibung des Sicherheitsplans – Meßtechnische Überwachung (Stichproben) – Dokumentation	– Fachkundige Leitung und Aufsicht – Betriebsanweisung – Unterweisung – Arbeitsmedizinische Untersuchungen – Meßtechnische Überwachung – Technische, organisatorische, persönliche Schutzmaßnahmen – Dokumentation

Tabelle 15.4 gibt einen Überblick der Pflichten von Auftraggeber und Auftragnehmer.

Weitere Einzelheiten s. Arbeitshilfen Altlasten [15.1] und Burmeier [15.8].

Teil der Schutzmaßnahmen sind arbeitsmedizinische Vorsorgemaßnahmen, für die der Unternehmer verantwortlich ist. Dazu wurden von der Berufsgenossenschaft arbeitsmedizinische Grundsätze und Untersuchungsprogramme für verschiedene Gefahrstoffe ausgearbeitet [15.1, 15.8].

Ein wichtiger Punkt ist die meßtechnische Überwachung während der Ausführung. Auf diese Weise kann das tatsächliche Gefährdungspotential der Beschäftigten sowie der Umgebung genauer ermittelt und der Arbeitsschutz angepaßt werden. Dies bringt Sicherheitsvorteile für die Beschäftigten. Zusätzlich können Kosten eingespart werden, wenn keine Gefährdung vorliegt.

Die Grundausstattung der persönlichen Schutzausrüstung besteht häufig aus [15.7]:

– Schutzhelm
– Bausicherheitsgummistiefel
– Schutzhandschuhe aus Kunststoff
– Einwegschutzanzug, atmungsaktiv und PE-beschichtet

Je nach Art der Arbeiten sind zusätzliche Ausrüstungen erforderlich wie:

– leichter oder schwerer Atemschutz
– chemikalienbeständige Schutzhandschuhe
– Chemikalienschutzanzüge für schwere Beanspruchungen

Eine detaillierte Aufstellung der verschiedenen Schutzanzüge und Atemschutzsysteme ist z. B. in den Firmenprospekten von Fachfirmen zu finden.

15.5 Hinweise zur Ausführung

Die Arbeiten auf belasteten Standorten unterscheiden sich nur wenig von der Ausführung üblicher Baustellen. Zu beachten sind jedoch einige zusätzliche Punkte.

Gefahrstoffe können zusätzliche Arbeitsschutzmaßnahmen erforderlich machen, die während der Ausführungsphase überwacht werden müssen. Aufgrund von Messungen sind gegebenenfalls Modifikationen notwendig. Häufig muß ein sogenannter Schwarz-Weiß-Bereich eingerichtet werden. Innerhalb des Schwarz-Bereichs gelten die Arbeitsschutzmaßnahmen, außerhalb sind keine besonderen Maßnahmen notwendig.

Der Emissionsschutz der Anwohner kann bei belasteten Standorten besonders heikel sein. Es empfiehlt sich, bereits während der Planungsphase die Anwohner zu informieren und während der Ausführung über den Stand der Arbeiten auf dem laufenden zu halten. Zur Absicherung empfehlen sich Messungen der Emissionen, z. B. aus Staub.

Zur Minimierung der Entsorgungskosten lohnt es sich oft, den Bodenaushub zunächst organoleptisch zu trennen und in sog. Mieten aufzuschütten. Die Mieten werden beprobt, chemisch-analytisch untersucht und nach dem Vorliegen der Analysen je nach Belastungsgrad entsorgt. Der Grund für diese Vorgehensweise liegt darin, daß die Beprobungen aus der Erkundung häufig nicht die repräsentativen Mittelwerte von Aushubmassen wiedergeben. Je nach Belastungsgrad können sich große Preisdifferenzen ergeben, so daß sich der Zusatzaufwand in der Regel lohnt. Außerdem dienen die Analysen zur Absicherung des Bauherrn. Je nach Entsorgungsweg sind häufig noch spezielle Deklarationsanalysen notwendig, die Grundlage für eine Abnahme der belasteten Materialien sind. Gemäß dem Kreislaufwirtschafts- und Abfallgesetz und den zugehörigen Verordnungen sind Entsorgungsnachweise mit entsprechenden Begleitscheinen zu führen. Einzelheiten s. z. B. Arbeitshilfen Recycling [15.2]. Falls genügend Zeit und Platz zur Verfügung steht, kann der Abfall vor Ort behandelt werden. Eine Übersicht über verschiedene Methoden gibt z. B. Bilitewski [15.6] oder das Handbuch der Altlastensanierung [15.11].

Falls kontaminiertes Wasser anfällt, kann es entweder direkt in die Kanalisation eingeleitet werden oder es muß vorher behandelt werden.

Es sei darauf hingewiesen, daß vor der Entscheidung für eine Aufbereitungsmethode zuerst die Möglichkeit der Einleitung in die Schmutzwasserkanalisation sorgfältig zu prüfen ist. Die Abwassergesetzgebung sowie viele kommunale Abwassersatzungen erlauben oft kostengünstige Lösungen und eine große Zeitersparnis. Eine Übersicht über verschiedene Aufbereitungsmethoden und Grundwassersanierungsmethoden geben z. B. Bank [15.3] oder Kinzelbach [15.14].

Bei Erdbauarbeiten in kontaminierten Bereichen haben Messungen gezeigt, daß in den eingesetzten Geräten erhöhte Schadstoffkonzentrationen in der Kabine auftreten können. Zur Sicherung der Fahrer kann z. B. eine persönliche Schutzausrüstung vorgesehen werden, die jedoch die Bewegungsfreiheit des Bedienungspersonals einschränkt. Weitaus besser sind Geräte mit gekapselten Fahrerkabinen (Einzelheiten s. Speck [15.20]).

Einer der wichtigsten Punkte einer Sanierungsmaßnahme ist der Nachweis des Sanierungserfolgs, z. B. durch Sohl- und Böschungsbeprobungen. Das Ergebnis der Sanierung und der Entsorgung sollte in einer Dokumentation zusammengefaßt werden. Eine Abstimmung mit den zuständigen Behörden ist unbedingt erforderlich.

Eine Zusammenstellung von ausgeführten Sanierungen ist z. B. in [15.11] zu finden, darunter sind auch Beispiele mit Modellcharakter wie die Sanierung eines ehemaligen Gaswerks [15.13] oder einer ehemaligen Metallhütte [15.12]. Aktuelle Beispiele können den Fachzeitschriften entnommen werden (vgl. Abschnitt 15.2.1).

Literatur

Literatur zu Kapitel 1

[1.1] Heiermann, W., Riedl, R., Rusam, M.: Handkommentar zur VOB Teile A und B, 8. völlig neu bearbeitete und erweiterte Auflage, Bauverlag, 1997

Literatur zu Kapitel 2

[2.1] Atterberg, A.: Die Plastizität der Tone, Int. Mitt. Bodenkunde 1, S. 10–43, Berlin, Verlag für Fachliteratur, 1911

[2.2] Busch, K.F., Luckner, L., Tiemer, K.: Geohydraulik – Lehrbuch der Hydrologie, Band 3, Borntraeger, Stuttgart, 1993

[2.3] Ebady, S.B., Kowalewski, J.B.: In situ-Untersuchungsmethoden in Bohrlöchern zur Ermittlung der Wasserdurchlässigkeit, Taschenbuch für den Tunnelbau, Glückauf Verlag, 1994

[2.4] Floß, R.: Zusätzliche Technische Vorschriften und Richtlinien für Erdarbeiten im Straßenbau, ZTVE-StB, Kommentar, Kirschbaum, Bonn-Bad-Godesberg, 1979

[2.5] Förster, W.: Mechanische Eigenschaften der Lockergesteine, Teubner Verlag, Stuttgart, 1996

[2.6] Gudehus, G.: Bodenmechanik, Enke Verlag, Stuttgart, 1981

[2.7] Gudehus, G.: Bodenmechanik, in: Der Ingenieurbau: Hydrotechnik – Geotechnik, Ernst & Sohn, 1995

[2.8] Gußmann, P.: Berechnung von Zeitsetzungen, in: Grundbau-Taschenbuch, Teil 1, 5. Auflage, Ernst & Sohn, 1995

[2.9] Hazen, A.: Some Physical Properties of Sands and Gravels with Special Reference to their use in Filtration, 24 th Ann. Rep. Mass. State, B. of Health, Publ. Doc. 34, Boston, 1893

[2.10] Herth, W., Arndts, E.: Theorie und Praxis der Grundwasserabsenkung, 3. Auflage, Ernst & Sohn, 1994

[2.11] Krey, D.: Erddruck, Erdwiderstand und Tragfähigkeit des Baugrunds, 3. Auflage, Ernst & Sohn, 1926

[2.12] Lang, H.J., Huder, J., Amann, P.: Bodenmechanik und Grundbau, Springer-Verlag, 1996

[2.13] Leussink, H., Visweswaraiya, T. G., Brendlin, H.: Beitrag zur Kenntnis bodenphysikalischer Eigenschaften von Mischböden, Veröffentl. Institut für Bodenmechanik und Felsmechanik der Universität Karlsruhe, 1964

[2.14] Moll, G., Katzenbach, R.: Entwurf und Bemessung eines Tunnels und einer Brückengründung in einem gleitgefährdeten Felshang, Geotechnik Sonderheft, DGEG Essen, 1987

[2.15] Müller, L.: Der Felsbau, Band 1, Enke Verlag, Stuttgart, 1963

[2.16] Muhs, H.: Erkennen und Beschreiben von Bodenarten und Fels und Bodenklassifizierung, in: Grundbau-Taschenbuch, Teil 1, 3. Auflage, Ernst & Sohn, 1980

[2.17] Natau, O.: Felsmechanik, in: Der Ingenieurbau: Hydrotechnik – Geotechnik, Ernst & Sohn, 1995

[2.18] Ohde, J.: Grundbaumechanik, in: Hütte, Band III, 27. Auflage, Ernst & Sohn, 1951

[2.19] Placzek, D.: Vergleichende Untersuchungen beim Einsatz statischer und dynamischer Sonden, Geotechnik 8, S. 68–75, 1985

[2.20] Prinz, H.: Abriß der Ingenieurgeologie, Enke Verlag, Stuttgart, 1997

[2.21] Schaible, L.: Betonstraße und Untergrund, Straßen und Tiefbau 8, Chemie und Technik Verlag, Heidelberg, 1954

[2.22] Schmidt, H.G., Seitz, J.M.: Grundbau, Beton-Kalender, Teil II, Ernst & Sohn, 1998, s. auch Arz, P., Schmidt, H.G., Seitz, J.M., Semprich, S.: Grundbau, Beton-Kalender, 1991

[2.23] Schmidt, H.J.: Grundlagen der Geotechnik, Teubner Verlag, 1996

[2.24] Schultze, U., Muhs, H.: Bodenuntersuchungen für Ingenieurbauten, 2. Auflage, Springer-Verlag, 1967

[2.25] Schwerter, R., Kunze, M.: Erkundung und Sanierung von Altlasten, Lehrbrief 3.13 der Hochschule für Technik, Wirtschaft und Sozialwesen Zittau/Görlitz, Zittau Eigenverlag, 1994

[2.26] Simmer, K.: Grundbau 1, Bodenmechanik – Erdstatische Berechnungen, Teubner Verlag, 1980

[2.27] Smoltczyk, U.: Baugrundgutachten, in: Grundbau-Taschenbuch, Teil 1, 5. Auflage, Ernst & Sohn, 1996

[2.28] Sommer, H., Meyer-Kraul, N., Prinz, H.: Festigkeitsverhalten und Plastizität von Röttonsteinen, 7. Nat. Tag. Ing. Geol. Bensheim, DGEG Essen, 1989

[2.29] Terzaghi, K., Peck, R.: Die Bodenmechanik in der Baupraxis, Springer-Verlag, 1961

[2.30] Türke, H.: Statik im Erdbau; 2. überarbeitete Auflage, Ernst & Sohn, 1993

[2.31] Ullrich, G.: Bohrtechnik, in: Grundbau-Taschenbuch, Teil 2, 5. Auflage, Ernst & Sohn, 1996

[2.32] von Soos, P.: Eigenschaften von Boden und Fels; ihre Ermittlung im Labor, in: Grundbau-Taschenbuch, Teil 1, 4. Auflage, Ernst & Sohn, 1990

[2.33] von Soos, P.: Eigenschaften von Boden und Fels; ihre Ermittlung im Labor, in: Grundbau-Taschenbuch, Teil 1, 5. Auflage, Ernst & Sohn, 1995

[2.34] Weiß, K.: Erkennen und Beschreiben von Bodenarten und Fels und Klassifikation, in: Grundbau-Taschenbuch, Teil 1, 5. Auflage, Ernst & Sohn, 1996

[2.35] Weiß, U.: Baugrunduntersuchungen im Feld, in: Grundbau-Taschenbuch, Teil 1, 5. Auflage, Ernst & Sohn, 1995

[2.36] Wichter, L., Gudehus, G.: Ein Verfahren zur Entnahme und Prüfung von geklüfteten Großbohrkernen, Ber. 2. Nat. Tagung Felsmechanik Aachen, DGEG, Essen, 1976

[2.37] Wichter, L., Gudehus, G.: Festigkeitsuntersuchungen an Großbohrkernen von Keupermergel und Anwendung auf eine Böschungsrutschung, Veröffentl. Institut für Bodenmechanik und Felsmechanik der Universität Karlsruhe, 1980

[2.38] Wittke, W., Erichsen, C.: Böschungsgleichgewicht im Fels, in: Grundbau-Taschenbuch, Teil 1, 5. Auflage, Ernst & Sohn, 1995

[2.39] Wittke, W.: Felsmechanik – Grundlagen für wirtschaftliches Bauen in Fels, Springer-Verlag, 1984

[2.40] Zweck, H.: Baugrunduntersuchungen durch Sonden, Ernst & Sohn, 1969

Literatur zu Kapitel 3

[3.1] Bishop, A.W.: The use of the slip circle in the stability analysis of earth slopes, Géotechnique, Vol. 5, 7–17, 1955

[3.2] Coulomb, Ch. A.: Essai sur une application des régles des Maximis et Minimis à quelques problèmes de statique, relatifs à l'architecture, Mémoire présenté à l'Academie des Sciences, 1773

[3.3] Empfehlungen „Verformungen des Baugrunds bei baulichen Anlagen" EVB, Arbeitskreis „Berechnungsverfahren" der Deutschen Gesellschaft für Erd- und Grundbau, Ernst & Sohn, 1993

[3.4] Goldscheider, M.: Skriptum zur Vorlesung Bodenmechanik II, Institut für Bodenmechanik und Felsmechanik der Universität Karlsruhe

[3.5] Goldscheider, M.: Standsicherheitsnachweise mit zusammengesetzten Starrkörper – Bruchmechanismen, in: Geotechnik 1, 130–139, 1979

[3.6] Goldscheider, M., Gudehus, G.: Verbesserte Standsicherheitsnachweise, Vorträge Baugrundtagung Frankfurt DGEG Essen, 1974

[3.7] Gudehus, G.: Bodenmechanik, Enke Verlag, 1981

[3.8] Gudehus, G.: Bodenmechanik, in: Der Ingenieurbau: Hydrotechnik – Geotechnik, Ernst & Sohn, 1995

[3.9] Gudehus, G.: Ein statisch und kinematisch korrekter Standsicherheitsnachweis für Böschungen, Vortrag Baugrundtagung Essen DGEG, 1970

[3.10] Gudehus, G.: Erddruckermittlung, in: Beton-Kalender, Teil II, Ernst & Sohn, 1998

[3.11] Gudehus, G.: Erddruckermittlung, in: Grundbau-Taschenbuch, Teil 1, 5. Auflage, Ernst & Sohn, 1996

[3.12] Gußmann, P.: Berechnung von Zeitsetzungen, in: Grundbau-Taschenbuch, Teil 1, 5. Auflage, Ernst & Sohn, 1996

[3.13] Jambu, N.: Application of Composite Slip circles for Stability Analysis, Proc. Europ. Conf. on Stability of Earth Slopes Stockholm, Vol. 3, 43–49, 1955

[3.14] Kany, M.: Baugrundverformungen infolge waagerechter Schubbelastung der Baugrundoberfläche, Bautechnik 41, 325–332, 1964

[3.15] Kany, M.: Berechnung von Flächengründungen, Ernst & Sohn, 1974

[3.16] Kany, M.: Sohldrücke und Setzungen starrer Sohlplatten auf waagerecht geschichtetem Untergrund, Veröffentl. des Grundbauinstituts der Bayerischen Landesgewerbeanstalt Nürnberg, Heft 5, 1963

[3.17] Kèzdi, A.: Erddrucktheorien, Springer-Verlag, 1962

[3.18] Kolymbas, D.: Geotechnik – Bodenmechanik und Grundbau, Springer-Verlag, 1998

[3.19] Krauter, E.: Phänomenologie natürlicher Böschungen (Hänge) und ihrer Massenbewegungen, in: Grundbau-Taschenbuch, Teil 1, 5. Auflage, Ernst & Sohn, 1996

[3.20] Krey, H.D.: Erddruck, Erdwiderstand und Tragfähigkeit des Baugrundes, Ernst & Sohn, 1926

[3.21] Lang, H.J., Huder, J., Amann, P.: Bodenmechanik und Grundbau, Springer-Verlag, 1996

[3.22] Minnich, H., Stöhr, G.: Analytische Lösung des zeichnerischen Culmann-Verfahrens zur Ermittlung des aktiven Erddrucks nach der G_0-Methode, Bautechnik 58, 1981

[3.23] Müller-Breslau: Erddruck auf Stützmauern, Kröner, 1906

[3.24] Muhs, H., Weiss, K.: Untersuchung von Grenztragfähigkeit und Setzungsverhalten flachgegründeter Einzelfundamente in ungleichförmigem, nichtbindigem Boden, Berichte aus der Bauforschung, Heft 69, 1981

[3.25] Petersen, G., Schmidt, H.: Bodendruckspannungen auf einem Tunnelbauwerk in abgeböschter Baugrube, Bauingenieur 55, 1980

[3.26] Prinz, H.: Abriß der Ingenieurgeologie, Enke Verlag, 1997

[3.27] Rankine, W.J.M.: On the stability of loose Earth, Philos. Trans. Roy. Soc. London, 1856

[3.28] Schmidt, H.G., Seitz, J.: Grundbau, in: Beton-Kalender, Teil II, Ernst & Sohn, 1998

[3.29] Schmidt, H.H.: Grundlagen der Geotechnik: Bodenmechanik – Grundbau – Erdbau, Teubner Verlag, 1996

[3.30] Schultze, E.: Standsicherheit von Böschungen, in: Grundbau-Taschenbuch, Teil 2, 3. Auflage, Ernst & Sohn, 1982

[3.31] Schultze, E., Horn, A.: Setzungsberechnung, in: Grundbau-Taschenbuch, Teil 1, 5. Auflage, Ernst & Sohn, 1996

[3.32] Schultze, E., Horn, A.: Spannungsberechnung, in: Grundbau-Taschenbuch, Teil 1, 5. Auflage, Ernst & Sohn, 1996

[3.33] Smoltczyk, U., Netzel, D.: Flachgründungen, in: Grundbau-Taschenbuch, Teil 3, 5. Auflage, Ernst & Sohn, 1997

[3.34] Spotka, H.: Einfluß der Bodenverdichtung mittels Oberflächenrüttler auf den Erddruck bei Sand, Mitteilungen Inst. für Grundbau und Bodenmechanik Universität Stuttgart Nr. 9, 1977 und Geotechnik 2, 1979

[3.35] Terzaghi, K.: Theoretical Soil Mechanics, Wiley, 1940

[3.36] Weißenbach, A.: Baugruben, Teil II, Berechnungsgrundlagen, Ernst & Sohn, 1985

[3.37] Weißenbach, A.: Baugruben, Teil III, Berechnungsgrundlagen, Ernst & Sohn, 1977

[3.38] Weißenbach, A.: Baugrubensicherung, in: Grundbau-Taschenbuch, Teil 3, 5. Auflage, Ernst & Sohn, 1997

[3.39] Weißenbach, A.: Beitrag zur Ermittlung des Erdwiderstandes, Bauingenieur 58, 161–173, 1983

[3.40] Weiss, K.: Zur Frage der Grenztragfähigkeit von flach gegründeten Streifenfundamenten in Böschungen, Mitteilungen der Degebo 32, Berlin, 1976

Literatur zu Kapitel 4

[4.1] Androic, B., Dujmovic, D., Dzeba, I.: Beispiele nach EC 3; Bemessung und Konstruktion von Stahlbauten, Werner-Verlag, 1996

[4.2] Avak, R., Goris, A. (Hrsg.): Stahlbetonbau aktuell, Jahrbuch für die Baupraxis, Werner-Verlag und Beuth Verlag, 1999

[4.3] Bertram, D.: Erläuterungen zu DIN 4227 Spannbeton; Teil 1 bis Teil 6. Heft 320 des DAfStb, Beuth Verlag, 1989

[4.4] Bertram, D., Bunke, N.: Erläuterungen zu DIN 1045, Beton und Stahlbeton, Ausgabe 07.88. In: Heft 400 des DAfStb, 4. Auflage, Beuth Verlag, 1994

[4.5] Beton-Kalender 1999 (und ältere Jahrgänge), Teil I und Teil II, Ernst & Sohn

[4.6] Bieger, K.-W. (Hrsg.): Stahlbeton- und Spannbetontragwerke nach Eurocode 2; Erläuterungen und Anwendungen, 2. Auflage, Springer-Verlag, 1995

[4.7] Bieger, K.-W., Lierse, J., Roth, J.: Stahlbeton- und Spannbetontragwerke; Berechnung, Bemessung und Konstruktion, 2. Auflage, Springer-Verlag, 1995

[4.8] Comité Euro-International du Béton (CEB): CEB/FIP-Mustervorschrift für Tragwerke aus Stahlbeton und Spannbeton. CEB Bulletin d'Information No. 124/125, Paris 1978

[4.9] Deutscher Beton-Verein e.V.: Beispiele zur Bemessung nach DIN 1045, 5. Auflage, Bauverlag, 1991

[4.10] Deutscher Beton-Verein e.V.: Beispiele zur Bemessung von Betontragwerken nach EC 2 – DIN V ENV 1992 Eurocode 2, Bauverlag, 1994

[4.11] Ernst, M.: Die Neufassung des EC 1 – Einwirkungen auf Bauwerke; Nachweise, Auswirkungen und Änderungen gegenüber den bisherigen Lastannahmen nach DIN 1055, Bautechnik 74, 63–84, 1997

[4.12] Falke, J.: Tragwerke aus Stahl nach Eurocode 3; DIN V ENV 1993-1-1; Normen, Erläuterungen, Beispiele, Beuth Verlag, 1996

[4.13] Fischer, L.: Kombination von Einwirkungen – Eine Betrachtung zu den Formulierungen in den Eurocodes und ein Vorschlag für eine vereinfachte Kombinationsregel, Bautechnik 75, 104–108, 1998

[4.14] Franz, G.: Konstruktionslehre des Stahlbetons; Band I: Grundlagen und Bauelemente, 4. Auflage; Teil A: Baustoffe, 1980; Teil B:

Die Bauelemente und ihre Bemessung, 1983; Band II: Tragwerke (Schäfer, K.), 2. Auflage; Teil A: Typische Tragwerke, Springer-Verlag, 1988

[4.15] Grasser, E., Kordina, K., Quast, U.: Bemessung von Beton- und Stahlbetonbauteilen nach DIN 1045, Ausgabe 1978, Heft 220 des DAfStb, 2. Auflage, Beuth Verlag, 1979

[4.16] Grasser, E., Thielen, G.: Hilfsmittel zur Berechnung der Schnittgrößen und Formänderungen von Stahlbetontragwerken nach DIN 1045, Ausgabe Juli 1988, Heft 240 des DAfStb, 3. Auflage, Beuth Verlag, 1991

[4.17] Grünberg, J., Klaus, M.: Bemessungswerte nach Eurocode-Sicherheitskonzept für Interaktion von Beanspruchungen, Beton- und Stahlbetonbau 94, 114–123, 1999

[4.18] Grundlagen zur Festlegung von Sicherheitsanforderungen für bauliche Anlagen (GruSiBau). Herausgegeben vom DIN Deutsches Institut für Normung e.V., Beuth Verlag, 1981

[4.19] Gudehus, G.: Sicherheitsnachweis für Grundbauwerke, Geotechnik 10, 4–34, 1987

[4.20] Hartz, U.: Eurocodes – Gegenwärtiger Stand, weitere Entwicklung und ihr Wechselspiel mit der nationalen Normung, Bautechnik 75, 845–858, 1998

[4.21] Hirt, M. A.; Bez, R.: Stahlbau. Grundbegriffe und Bemessungsverfahren, Ernst & Sohn, 1998

[4.22] Hünersen, G.; Fritzsche, E.: Stahlbau in Beispielen; Berechnungspraxis nach DIN 18800 Teil 1 bis Teil 3, 4. Auflage, Werner-Verlag, 1998

[4.23] Kahlmeyer, E.: Stahlbau nach DIN 18800 (11.90), Bemessung und Konstruktion, Träger – Stützen – Verbindungen, Werner-Verlag, 1993

[4.24] König, G., Tue, N. V.: Grundlagen des Stahlbetonbaus – Einführung in die Bemessung nach Eurocode 2, Verlag B. G. Teubner, 1998

[4.25] Kordina, K.: Bemessungshilfsmittel zu Eurocode 2 Teil 1 (DIN V ENV 1992 Teil 1–1, Ausgabe 06.92); Planung von Stahlbeton- und Spannbetontragwerken, Heft 425 des DAfStb, 3. Auflage, Beuth Verlag, 1997

[4.26] Krüger, U.: Stahlbau, Teil 1: Grundlagen; Teil 2: Stabilitätslehre, Stahlhochbau und Industriebau, Ernst & Sohn, 1998

[4.27] Leonhardt, F.: Vorlesungen über Massivbau (Teile 1 bis 3 zusammen mit E. Mönnig); Teil 1: Grundlagen zur Bemessung im Stahlbetonbau, 3. Auflage, 1984; Teil 2: Sonderfälle der Bemessung im Stahlbetonbau, 3. Auflage, 1986; Teil 3: Grundlagen zum Bewehren im Stahlbetonbau, 3. Auflage, 1977; Teil 4: Nachweis der Gebrauchsfähigkeit, 2. Auflage, 1978; Teil 5: Spannbeton, 1980; Teil 6: Grundlagen des Massivbrückenbaues, 1979, Springer-Verlag

[4.28] Lindner, J., Scheer, J., Schmidt, H.: Stahlbauten; Erläuterungen zu DIN 18800 Teil 1 bis Teil 4, 3. Auflage, Beuth Verlag und Ernst & Sohn, 1998

[4.29] Löser, B., Löser, H., Wiese, H., Stritzke, J.: Bemessungsverfahren für Beton- und Stahlbetonbauteile, 19. Auflage, Ernst & Sohn, 1986

[4.30] Mauerwerk-Kalender 1999 (und ältere Jahrgänge), Ernst & Sohn

[4.31] Mehlhorn, G. (Hrsg.): Der Ingenieurbau, Grundwissen in 9 Bänden, Bemessung, Ernst & Sohn, 1998

[4.32] Petersen, Ch.: Stahlbau, Grundlagen der Berechnung und baulichen Ausbildung von Stahlbauten, 3. Auflage, Vieweg, 1994

[4.33] Quast, U.: Zur Kombination von Einwirkungen nach Eurocode 2, Beton- und Stahlbetonbau 91, 25–29, 1996

[4.34] Roik, K.: Vorlesungen über Stahlbau, Grundlagen, 2. Auflage, Ernst & Sohn, 1983

[4.35] Rossner, W., Graubner, C.-A.: Spannbetonbauwerke, Teil 1: Bemessungsbeispiele nach DIN 4227, in: Handbuch für Beton-, Stahlbeton- und Spannbetonbau: Entwurf – Berechnung – Ausführung, Hrsg. Herbert Kupfer, Ernst & Sohn, 1992

[4.36] Rossner, W., Graubner, C.-A.: Spannbetonbauwerke, Teil 2: Bemessungsbeispiele nach Eurocode 2, in: Handbuch für Beton-, Stahlbeton- und Spannbetonbau: Entwurf – Berechnung – Ausführung; Hrsg. Herbert Kupfer, Ernst & Sohn, 1997

[4.37] Schneider, K.-J.: Bautabellen für Ingenieure, 13. Auflage, Werner-Verlag, 1998

[4.38] Schneider, K.-J., Weickenmeier, N.: Mauerwerksbau aktuell, Jahrbuch für Architekten und Ingenieure, Werner-Verlag und Beuth Verlag, 1999

[4.39] Stahlbau-Kalender 1999, Ernst & Sohn

[4.40] Thiele, A., Lohse, W.: Stahlbau, Teil 1, 23. Auflage; Teil 2, 18. Auflage, Verlag B. G. Teubner, 1997

[4.41] Vayas, I., Ermopoulos, J., Ioannidis, G.: Anwendungsbeispiele zum Eurocode 3, Ernst & Sohn, 1998

[4.42] Weißenbach, A.: Diskussionsbeitrag zur Einführung des probabilistischen Sicherheitskonzeptes im Erd- und Grundbau, Bautechnik 68, 73–83, 1991

[4.43] Weißenbach, A.: Umsetzung des Teilsicherheitskonzepts im Erd- und Grundbau, Bautechnik 75, 637–651, 1998

[4.44] Weißenbach, A., Gudehus, G., Schuppener, B.: Vorschlag zur Anwendung des Teilsicherheitskonzepts in der Geotechnik, in Vorbereitung

[4.45] Wendehorst, R.: Bautechnische Zahlentafeln, 28. Auflage, Verlag B. G. Teubner und Beuth Verlag, 1998

[4.46] Zerna, W., Stangenberg, F.: Spannbetonträger, Theorie und Berechnungsgrundlagen, Springer-Verlag, 1987

[4.47] Zilch, K., Staller, M., Rogge, A.: Erläuterung zur Bemessung und Konstruktion von Tragwerken aus Beton, Stahlbeton, Spannbeton nach DIN 1045-1, Beton- und Stahlbetonbau 94, 259–271, 1999

Literatur zu Kapitel 5

[5.1] Baldauf, H., Timm, U.: Betonkonstruktionen im Tiefbau, Ernst & Sohn, 1988

[5.2] Deutscher Beton-Verein: Beispiele zur Bemessung nach DIN 1045, Bauverlag GmbH, Wiesbaden und Berlin, 1981

[5.3] Dimitrov, N.: Festigkeitslehre, in: Beton-Kalender, Teil I, Ernst & Sohn, 1987

[5.4] Empfehlungen des Arbeitskreises „Baugrund, Berechnungsverfahren" der DGEG: Verformungen des Baugrunds bei baulichen Anlagen, Ernst & Sohn, 1993

[5.5] Fischer, U.: Beispiele zur Bodenmechanik, Ernst & Sohn, 1965

[5.6] Grasser, E., Thielen, G.: Hilfsmittel zur Berechnung der Schnittgrößen und Formänderungen von Stahlbetontragwerken, Deutscher Ausschuß für Stahlbeton, Heft 240, Ernst & Sohn, 1976

[5.7] Graßhoff, H.; Kany, M.: Berechnung von Flachgründungen, in: Grundbau-Taschenbuch, Teil 3, 5. Auflage, Ernst & Sohn, 1997

[5.8] Kany, M.: Baugrundverformungen infolge waagerechter Schubbelastung der Baugrundoberfläche, Bautechnik 41, 325–332, 1964

[5.9] Kirschbaum, P.: Nochmals: Ausmittig belastete T-förmige Fundamente, Bautechnik 53, Ernst & Sohn, 1976

[5.10] Leonhard, F., Mönnig, E.: Vorlesungen über Massivbau, 3. Teil, Springer-Verlag, 1977

[5.11] Leussink, H., A., Binde, A., Abel, P.: Versuche über die Sohldruckverteilung unter starren Gründungskörpern auf kohäsionslosem Sand, Veröffentl. Institut Bodenmechanik und Felsmechanik der Universität Karlsruhe, Heft 22, 1966

[5.12] Löser, B., Löser, H., Wiese, H., Stritzke, J.; Bemessungsverfahren für Beton- und Stahlbetonbauteile, Ernst & Sohn, 1986

[5.13] Mainka, G.W., Paschen, H.: Untersuchungen über das Tragverhalten von Köcherfundamenten, Deutscher Ausschuß für Stahlbeton, Heft 411, Beuth-Verlag GmbH, Berlin, Köln, 1990

[5.14] Prinz, H.; Abriß der Ingenieurgeologie, Enke Verlag, 1997

[5.15] Schmidt, H.G., Seitz, J.: Grundbau, in: Beton-Kalender, Teil II, Ernst & Sohn, 1998

[5.16] Schulze, E., Horn, A.: Setzungsberechnung, in: Grundbau-Taschenbuch, Teil 1, 5. Auflage, Ernst & Sohn, 1996

[5.17] Siemer, H.: Spannungen und Setzungen des Halbraums unter waagerechten Flächenlasten, Bautechnik 47, 163–172, 1970

[5.18] Smoltczyk, U., Netzel, D.: Flachgründungen, in: Grundbau-Taschenbuch, Teil 3, 5. Auflage, Ernst & Sohn, 1997

[5.19] Türke, H.: Statik im Erdbau, Ernst & Sohn, 1993

Literatur zu Kapitel 6

[6.1] Baldauf, H.: Die Ergänzung der Winklerschen Halbebene zum Näherungsmodell der elastischen Halbebene, Bautechnik 62, 200–202, 1985

[6.2] Boussinesq, J.: Application des potentiels à l'étude de l'équilibre et du mouvement des solides elastiques, Paris Gauthier-Villars, 1885

[6.3] Dimitrov, N.: Festigkeitslehre, in: Beton-Kalender, Teil I, Ernst & Sohn, 1987

[6.4] Graßhoff, H.: Einflußlinien für Flächengründungen, Ernst & Sohn, 1978

[6.5] Graßhoff, H., Kany, M.: Berechnung von Flächengründungen, in: Grundbau-Taschenbuch, Teil 3, 5. Auflage, Ernst & Sohn, 1997

[6.6] Hettler, A.: Setzungen von Einzelfundamenten auf Sand, Bautechnik 62, 189–197, Ernst & Sohn, 1985

[6.7] Kany, M.: Berechnung von Flächengründungen, Band 1 und 2, Ernst & Sohn, 1974

[6.8] Kirschbaum, P.: Nochmals: Ausmittig belastete T-förmige Fundamente, Bautechnik 47, 1970

[6.9] Klawa, N., Haack, A.: Tiefbaufugen, Ernst & Sohn, 1990

[6.10] Kögler, F., Scheidig, H.: Baugrund und Bauwerk, 5. Auflage, Ernst & Sohn, 1948

[6.11] Lang, H.J., Huder, J., Amann, P.: Bodenmechanik und Grundbau, Springer-Verlag, 1996

[6.12] Leonhardt, F., Möning, E.: Vorlesungen über Massivbau, 3. Teil, Springer-Verlag, 1977

[6.13] Lohmeyer, G.: Weiße Wannen einfach und sicher, Beton Verlag, 1991

[6.14] Meyer, Günther: Rißbreitenbeschränkung, Beton Verlag, 1989

[6.15] Schmidt, H.G., Seitz, J.M.: Grundbau, in: Beton-Kalender, Teil II, Ernst & Sohn, 1998

[6.16] Schultze, E., Horn, A.: Setzungsberechnung, in: Grundbau-Taschenbuch, Teil 1, 5. Auflage, Ernst & Sohn, 1996

[6.17] Smoltczyk, U., Netzel, D.: Flachgründungen, in: Grundbau-Taschenbuch, Teil 3, 5. Auflage, Ernst & Sohn, 1997

[6.18] Stiglat, K., Wippel, A.: Platten, Ernst & Sohn, 1973

[6.19] Terzaghi, K., Peck, R.: Die Bodenmechanik in der Baupraxis, Springer-Verlag, 1961

[6.20] Winkler, E.: Die Lehre von der Elastizität und der Festigkeit, Verlag H. Dominicus, Prag, 1867

[6.21] Wölfer, K.H.: Elastisch gebettete Balken, Bauverlag, 1965

[6.22] Zimmermann, H.: Die Berechnung des Eisenbahn-Oberbaus, 2. Auflage, Ernst & Sohn, 1930

Literatur zu Kapitel 7

[7.1] Arz, P., Schmidt, H.G., Seitz, J., Semprich, S.: Grundbau, in: Beton-Kalender, Teil II, Ernst & Sohn, 1991

[7.2] Balaam, N.P., Poulos, H.G.: Settlement Analysis of Soft Clays Reinforced with Granular Piles, The University of Sidney, School of Engineering, 1977

[7.3] Bodenerkundung im Straßenbau Teil 1: Richtlinien für die Beschreibung und Beurteilung der Bodenverhältnisse, Aufsteller: Arbeitsgruppe Untergrund-Unterbau der Forschungsgesellschaft für das Straßenwesen, Köln, 1968

[7.4] Brauns, J. in Souyez, B.: Bemessung von Stopfverdichtungen, Übersetzung von Priebe, BMT, April 1987

[7.5] Floß, R.: Zusätzliche Technische Vertragsbedingungen und Richtlinien für Erdarbeiten im Straßenbau, Kommentar, Kirschbaum Verlag, Bonn, 1997

[7.6] Hettler, A., Berg; J.: Zulässige Lasten bei Betonrüttelsäulen und vermörtelten Stopfsäulen auf statistischer Grundlage, Geotechnik 10, 169–179, 1987

[7.7] Kirsch, K.: Erfahrungen mit der Baugrundverdichtung durch Tiefenrüttler, Geotechnik 1, 21–32, 1979

[7.8] Kirsch, K.: Over 50 Years of Deep Vibratory Compaction, Festschrift der Geotechnik zur XI. ICSMFE San Francisco, 41–45, 1985

[7.9] Kolymbas, D.: Geotechnik – Bodenmechanik und Grundbau, Springer-Verlag, 1998

[7.10] Merkblatt für die Bodenverdichtung im Straßenbau, Aufsteller: Arbeitsgruppe Untergrund-Unterbau der Forschungsgesellschaft für das Straßenwesen, Köln, 1972

[7.11] Merkblatt für die Untergrundverbesserung durch Tiefenrüttler, Forschungsgesellschaft für das Straßenwesen, Aufsteller: Arbeitsgruppe Untergrund-Unterbau der Forschungsgesellschaft für das Straßenwesen, Köln, 1979

[7.12] Priebe, H.J.: Die Bemessung von Rüttelstopfverdichtungen, Bautechnik 72, 183–191, 1995

[7.13] Schmidt, H.G., Seitz, J.M.: Grundbau, in: Beton-Kalender 1998 Teil II, Ernst & Sohn, 1998

[7.14] Smoltczyk, U., Hilmer, K.: Baugrundverbesserung, in: Grundbau-Taschenbuch, Teil 2, 5. Auflage, Ernst & Sohn, 1986

[7.15] Vorläufiges Merkblatt für die Ausführung von Probeverdichtungen, Aufsteller: Arbeitsgruppe Untergrund-Unterbau der Forschungsgesellschaft für das Straßenwesen, Köln, 1968

[7.16] Zusätzliche Technische Vertragsbedingungen und Richtlinien für Erdarbeiten im Straßenbau (ZTVE-StB 94), Herausgeber: Bundesminister für Verkehr und Forschungsgesellschaft für Straßen- und Verkehrswesen e.V., 1994

Literatur zu Kapitel 8

[8.1] Bachus, E.: Grundbaupraxis, Springer-Verlag, 1961

[8.2] Baldauf, H., Timm, U.: Betonkonstruktionen im Tiefbau, Ernst & Sohn, 1988

[8.3] Buja, H.J.: Handbuch des Spezialtiefbaus: Geräte und Verfahren, Werner Verlag, 1998

[8.4] DVGW-Arbeitsblatt GW 9, Merkblatt für die Beurteilung der Korrosionsgefährdung von Eisen und Stahl im Erdboden, ZfGW-Verlag, Frankfurt/Main

[8.5] El-Mossallamy, Y.: Ein Berechnungsmodell zum Tragverhalten der kombinierten Pfahl-Platten-Gründung, Dissertation, Fachbereich Bauwesen der Technischen Hochschule Darmstadt, 1996

[8.6] El-Mossallamy, Y., Franke, E.: Pfahl-Platten-Gründungen, Bautechnik 74, 755–764, 1997

[8.7] Erler, E.: Senkkästen, in: Grundbau-Taschenbuch, Teil 2, 3. Auflage, Ernst & Sohn, 1982

[8.8] Fedders: Seitendruck auf Pfähle durch Bewegungen von weichen bindigen Böden, Geotechnik 1, 1978

[8.9] Franke, E.: Pfähle, in: Grundbau-Taschenbuch, Teil 3, 5. Auflage, Ernst & Sohn, 1997

[8.10] Franke, E., Seitz, J.: Empfehlungen des Arbeitskreises 8 der Deutschen Gesellschaft für Erd- und Grundbau (DGEG) für dynamische Pfahlprüfungen, Geotechnik 14, 1991

[8.11] Hettler, A.: Der Duktilpfahl, Bauingenieur 65, 315–324, 1990

[8.12] Hettler, A.: Sekantenmoduln bei horizontal belasteten Pfählen in Sand, berechnet aus nichtlinearen Bettungstheorien, Geotechnik 9, 20–29, 1986

[8.13] Hettler, A.: Setzungen von vertikalen, axial belasteten Pfahlgruppen in Sand, Bauingenieur 61, 417–421, 1986

[8.14] Katzenbach, R., Arslan, U., Moormann, C.: Nachweiskonzept für die kombinierte Pfahl-Platten-Gründung, Geotechnik 19, 280–290, 1996

[8.15] Katzenbach, R.: Zur technisch-wirtschaftlichen Bedeutung der kombinierten Pfahl-Plattengründung, dargestellt am Beispiel schwerer Hochhäuser, Bautechnik 70, 161–170, 1993

[8.16] Kolymbas, D.: Geotechnik – Bodenmechanik und Grundbau, Springer-Verlag, 1998

[8.17] Kolymbas, D.: Pfahlgründungen, Springer-Verlag, 1989

[8.18] Koreck: Small diameter bored injection piles, Ground Engg., May, 14, 1978

[8.19] Leonhardt, F., Mönnig, E.: Vorlesungen über Massivbau, 3. Teil, Springer-Verlag, 1977

[8.20] Linder, W.R.: Statische axiale Probebelastungen von Pfählen – Empfehlungen des Arbeitskreises 5 der DGEG, Geotechnik 16, 124–136, 1993

[8.21] Lingenfelser, H.: Senkkästen, in: Grundbau-Taschenbuch, Teil 3, 5. Auflage, Ernst & Sohn, 1998

[8.22] Nökkentved, C.: Berechnung von Pfahlrosten, Ernst & Sohn, 1928

[8.23] Schiel, F.: Statik der Pfahlwerke, Springer-Verlag, 1960

[8.24] Schmidt, H.G.: Großversuche zur Ermittlung des Tragverhaltens von Pfahlreihen unter horizontaler Belastung, Mitteilungen der Versuchsanstalt für Bodenmechanik und Grundbau der Technischen Hochschule Darmstadt, Heft 25, 1986

[8.25] Schmidt, H.G., Hettler, A.: Probebelastungen an zwei Großbohrpfählen im Bereich einer Verwerfungszone, Bautechnik 66, 181–186, 1989

[8.26] Schmidt, H.G., Seitz, J.: Grundbau, in: Beton-Kalender, Teil II, Ernst & Sohn, 1998, siehe auch Beton-Kalender, Teil II (1991) und (1987)

[8.27] Seitz, J., Schmidt, H.G.: Bohrpfähle, Ernst & Sohn, 2000

[8.28] Schnell, W.: Verfahrenstechnik der Pfahlgründungen, Teubner Verlag, 1996

[8.29] Smoltczyk, U., Lächler, W.: Pfahlroste, Berechnung und Konstruktion, in: Grundbau-Taschenbuch, Teil 3, 5. Auflage, Ernst & Sohn, 1997

[8.30] Wenz, K.P.: Über die Größe des Seitendrucks auf Pfähle in bindigen Böden, Veröffentl. Institut Bodenmechanik und Felsmechanik der Technischen Hochschule Fridericiana in Karlsruhe, Heft 12, 1963

[8.31] Winter, H.: Fließen von Tonböden: Eine mathematische Theorie und ihre Anwendung auf den Fließwiderstand von Pfählen, Veröffentl. Institut Bodenmechanik und Felsmechanik der Technischen Hochschule Fridericiana in Karlsruhe, Heft 82, 1989

Literatur zu Kapitel 9

[9.1] Allgemeine bauaufsichtliche Zulassung für Abdichtungssysteme mit PVC-weichen Dichtungsbahnen „Trocal Typ T", Hüls Troisdorf AG, Zulassung Nr. Z 28.1-102 vom 23.08.1983 durch das Institut für Bautechnik in Berlin

[9.2] ATV Arbeitsblatt A 138 „Bau und Bemessung entwässerungstechnischer Anlagen zur Versickerung von unverschmutztem Niederschlagswasser", Abwassertechnische Vereinigung e.V., St. Augustin, 1990

[9.3] Baldauf, H., Timm, U.: Betonkonstruktionen im Tiefbau, Ernst & Sohn, 1988

[9.4] Braun, E.: Bitumen: Anwendungsbezogene Baustoffkunde für Dach- und Bauwerksabdichtungen, Rudolf Müller Verlag, Köln, 1991

[9.5] Cziesielski; E.: Bauwerksabdichtungen, in: Lehrbuch der Hochbaukonstruktionen, Teubner Verlag, Stuttgart, 1997

[9.6] Deutscher Ausschuß für Stahlbeton, Heft 400, 4. Auflage, Beuth Verlag, 1994

[9.7] Dörken, W., Dehne, E.: Grundbau in Beispielen, Teil 1, Werner Verlag, Düsseldorf, 1993

[9.8] DS 853: Vorschrift für Eisenbahntunnel, Ausgabe 1991, Drucksachenzentrale der DB in Karlsruhe

[9.9] Emig, K.F.: Abdichtungsschäden im Gründungsbereich, in: Schäden im Gründungsbereich, Verfasser K. Hilmer, Ernst & Sohn, 1991

[9.10] Emig, K.F.: Bauwerksabdichtungen mit Dichtungsschlämmen, in: Abdichtung im Gründungsbereich und auf genutzten Deckenflächen, Ernst & Sohn, 1995

[9.11] Emig, K.F.: Noppenbahnen und Flächendränsysteme, in: Abdichtungen im Gründungsbereich und auf genutzten Deckenflächen, Ernst & Sohn, 1995

[9.12] Emig, K.F., Haack, A.: Bitumenverklebte Abdichtungen, in: Abdichtungen im Gründungsbereich und genutzten Deckenflächen, Ernst & Sohn, 1995

[9.13] Fecker, E., Reik, G.: Baugeologie, Enke Verlag, Stuttgart, 1987

[9.14] Haack, A.; Bauwerksabdichtungen mit lose verlegten Kunststoff-, Dach- und Dichtungsbahnen, in: Abdichtungen im Gründungsbereich und auf genutzten Deckenflächen, Ernst & Sohn, 1995

[9.15] Haack, A.: Spritz- und Spachtelabdichtungen, in: Abdichtungen im Gründungsbereich und auf genutzten Deckenflächen, Ernst & Sohn, 1995

[9.16] Haack, A., Emig, K.F.: Abdichtungen, in: Grundbau-Taschenbuch, Teil 2, 5. Auflage, Ernst & Sohn, 1996

[9.17] Haack, A., Emig, K.F., Hilmer, K., Michalski, C.: Baugrund und Dränung in: Abdichtungen im Gründungsbereich und auf genutzten Deckenflächen, Ernst & Sohn, 1995

[9.18] Hilmer, K.: Baugrund und Dränung, in: Abdichtungen im Gründungsbereich und auf genutzten Deckenflächen, Autoren: Haack, A., Emig, K.F., Hilmer, K., Michalski, C., Ernst & Sohn, 1995

[9.19] ibh-Merkblatt: Bauwerksabdichtungen mit kaltverarbeitbaren, kunststoffmodifizierten Beschichtungsstoffen auf Basis von Bitumenemulsionen, Herausgeber: Industrieverband Bauchemie und Holzschutzmittel e.V., Frankfurt/Main, 1992

[9.20] ibh-Merkblatt: Bauwerksabdichtungen mit zementgebundenen starren und flexiblen Dichtungsschlämmen, Herausgeber: Industrieverband Bauchemie und Holzschutzmittteel e.V., Frankfurt/Main, 1993

[9.21] Klawa, N., Haack, A.: Tiefbaufugen – Fugenkonstruktionen im Beton und Stahlbetonbau, Ernst & Sohn, 1990

[9.22] Lohmeyer, G.: Weiße Wannen einfach und sicher, Betonverlag, 1985

[9.23] Luley, H., Kampen, R., Kind-Barkauskas, F., Klose, N., Melcher, H., Preis, W.: Instandsetzen von Stahlbetonoberflächen, Bundesverband der Deutschen Zementindustrie e.V., Beton Verlag, 1986

[9.24] Maniak; U.: Ingenieurhydrologie, in: Der Ingenieurbau: Geotechnik – Hydrotechnik, Ernst & Sohn, 1996

[9.25] Merkblatt der Deutschen Gesellschaft für Geotechnik (DGGT): Wasserhaltungen, Bautechnik 70, 287–293, 1993

[9.26] Muth, W.: Dränung erdberührter Bauteile, Eigenverlag Wilfried Muth, Versuchsanstalt für Wasserbau, Fachhochschule Karlsruhe, 1981

[9.27] Muth, W.: Dränung zum Schutz baulicher Anlagen – Anmerkungen zur Neufassung der DIN 4095, Beton- und Stahlbetonbau 84, 249–255, 1989

[9.28] Prinz, H.: Abriß der Ingenieurgeologie, Enke Verlag, Stuttgart, 1997

[9.29] Probst, R.: Außenwände im Boden – Dichtung und Dränung, Das Bauzentrum, Heft 2, 61–63, 1968

[9.30] Richtlinie für die Planung und Ausführung von Abdichtungen mit kunststoffmodifizierten Bitumendickbeschichtungen, Deutsche Bauchemie, Frankfurt/Main, 1997

[9.31] Scheffer, F., Schachtschnabel, P.: Lehrbuch der Bodenkunde, 11. Auflage, Enke Verlag, Stuttgart, 1982

[9.32] Wilmes, K. u.a.: Kosten – Nutzen – Optimierung in der Bauteilabdichtung, Aachener Institut für Bauschadensforschung und angewandte Bauphysik, Bauforschungsbericht des Bundesministeriums für Raumordnung, Bauwesen und Städtebau, IRB-Verlag, Stuttgart, 1990

[9.33] ZTV-RISS 93: Zusätzliche technische Vertragsbedingungen und Richtlinien für das Füllen von Rissen in Betonbauteilen, Bundesministerium für Verkehr, Abteilung Straßenbau, Bonn

[9.34] ZTV-SIB 90: Zusätzliche technische Vorschriften und Richtlinien für Schutz und Instandsetzung von Betonbauteilen, Bundesministerium für Verkehr, Abteilung Straßenbau, Bonn

Literatur zu Kapitel 10

[10.1] Arz, R., Schmidt, H.G., Seitz, J., Semprich, S.: Grundbau, in: Beton-Kalender, Ernst & Sohn, 1991

[10.2] ATV-Regelwerk A 138: Bau und Bemessung von Anlagen zur dezentralen Versickerung von nicht schädlich verunreinigtem Niederschlagswasser, Abwassertechnische Vereinigung, St. Augustin, 1990

[10.3] Baldauf, H., Timm, U.: Betonkonstruktionen im Tiefbau, Ernst & Sohn, 1988

[10.4] Besler, D.: Wirklichkeitsnahe Erfassung der Fußauflagerung und des Verformungsverhaltens von gestützten Baugrubenwänden, Dissertation, Schriftenreihe des Fachgebiets Baugrund-Grundbau der Universität Dortmund, Heft 22, 1998

[10.5] Blum, H.: Einspannverhältnisse bei Bohlwerken, Ernst & Sohn, 1931

[10.6] Böhme, M.: Auswirkungen von Baugruben mit Weichgel- oder Betonsohlen auf die Grundwasserqualität, in: Baumaßnahmen im Grundwasser, Erich Schmidt Verlag, 1996

[10.7] Borchert, K.-M.: Einsatz und Grenzen von Unterwasserbetonsohlen und Zementinjektionen zur Sohlabdichtung, in: Baumaßnahmen im Grundwasser, Erich Schmidt Verlag, 1996

[10.8] Busch, K. F., Luckner, L.: Geohydraulik, Lehrbuch der Hydrogeologie, Band 3, Tieme, Berlin, Stuttgart, 1993

[10.9] Davidenkoff, R.: Angenäherte Ermittlung des Grundwasserzuflusses zu einer in einem durchlässigen Boden ausgehobenen Grube,

Mitteilungsblatt Bundesanstalt für Wasserbau Karlsruhe, 1956

[10.10] DGGT: Merkblatt Wasserhaltungen, Bautechnik 70, 287–293, 1993

[10.11] Empfehlungen des Arbeitskreises Baugruben (EAB), 3. Auflage, Ernst & Sohn, 1994

[10.12] Gollup, P.: Baugruben in weichen Böden: Ausführung, 3. Stuttgarter Geotechnik-Symposium, Baugruben in Locker- und Felsgestein, 1997

[10.13] Gudehus, G.: Bodenmechanik, in: Der Ingenieurbau, Ernst & Sohn, 1995

[10.14] Gudehus, G.: Erddruckermittlung, in: Grundbau-Taschenbuch, Teil 1, 5. Auflage, Ernst & Sohn, 1996

[10.15] Herth, W., Arndts, E.: Theorie und Praxis der Grundwasserabsenkung, 3. Auflage, Ernst & Sohn, 1995

[10.16] Hettler, A., Meiniger, W.: Sonderprobleme bei Verpreßankern, Bauingenieur 65, 1990

[10.17] Kinzelbach, W., Rausch, R.: Grundwassermodellierung – Eine Einführung mit Übungen, Gebrüder Borntraeger Berlin, Stuttgart, 1995

[10.18] Kutzner, C.: Injektionen im Baugrund, Enke Verlag, 1991

[10.19] Lackner, E., Müller, J.: Spundwände für Häfen und Wasserstraßen, in: Grundbau-Taschenbuch, Teil 3, 4. Auflage, Ernst & Sohn, 1992

[10.20] Lehmann, G.: Erfahrung bei der Grundwasserversickerung mit Vertikalbrunnen, Tiefbau Ingenieurbau Straßenbau (TIS), 308–312, 1981

[10.21] Mertzenich, H.: Zur Praxis der Grundwasserabsenkung vornehmlich beim Einsatz von Spülfiltern, Erfahrungsbericht der DIA-Pumpenfabrik Hammelrath und Schwenzer GmbH, Düsseldorf, 1994

[10.22] Ostermayer, H.: Verpreßanker, in: Grundbau-Taschenbuch, Teil 2, 5. Auflage, Ernst & Sohn, 1997

[10.23] Prinz, H.: Abriß der Ingenieurgeologie, Enke Verlag, 1997

[10.24] Ranke, A., Ostermayer, H.: Beitrag zur Stabilitätsuntersuchung mehrfach verankerter Baugrubenumschließungen, Bautechnik, 341–350, 1968

[10.25] Rieß, R.: Grundwasserströmung–Grundwasserhaltung, in: Grundbau-Taschenbuch, Teil 2, 5. Auflage, Ernst & Sohn, 1997

[10.26] Rübener, R.-H.: Grundbautechnik für Architekten, Werner-Verlag, 1985

[10.27] Schmidt, H.G., Seitz, J.: Grundbau, in: Beton-Kalender, Teil 2, Ernst & Sohn, 1998

[10.28] Schnell, W.: Verfahrenstechnik zur Sicherung von Baugruben, Teubner, 1995

[10.29] Stocker, M., Walz, B.: Pfahlwände, Schlitzwände, Dichtwände, in: Grundbau-Taschenbuch, Teil 3, 4. Auflage, Ernst & Sohn, 1992

[10.30] Stocker, M., Walz, B.: Pfahlwände, Schlitzwände, Dichtwände, in: Grundbau-Taschenbuch, Teil 3, 5. Auflage, Ernst & Sohn, 1997

[10.31] Terzaghi, K.: Evaluation of Coefficient of Subgrade Reaction, Géotechnique 4, 1955

[10.32] Weißenbach, A.: Baugruben Teil I, Konstruktion und Bauausführung, Ernst & Sohn, 1975

[10.33] Weißenbach, A.: Baugruben Teil II, Berichtigter Nachdruck der Auflage von 1975, Ernst & Sohn, 1985

[10.34] Weißenbach, A.: Baugruben Teil III, Berechnungsverfahren, Ernst & Sohn, 1977

[10.35] Weißenbach, A.: Baugrubensicherung, in: Grundbau-Taschenbuch, Teil 3, 5. Auflage, Ernst & Sohn, 1997

Literatur zu Kapitel 11

[11.1] Arz, P., Schmidt, H.G., Semprich, S., Seitz, J.: Grundbau, in: Beton-Kalender, Teil II, Ernst & Sohn, 1991

[11.2] Baldauf, H., Timm, U.: Betonkonstruktionen im Tiefbau, Abschnitt 4.5, R. Scherer: Unterfangungen und Unterfahrungen, Ernst & Sohn, 1988

[11.3] Bayerstorfer, A.: Firma Bauer Spezialtiefbau, Stabverpreßpfähle, Beitrag zum Seminar Unterfangungen TA-Wuppertal, Wuppertal, 1995

[11.4] Englert, Grauvogel, Maurer: Handbuch des Baugrund- und Tiefbaurechts, 1. Auflage, Werner-Verlag, Düsseldorf, 1993

[11.5] Hock-Berghaus, K.: Unterfangungen, Konstruktion, Statik und Innovation, Bergische Universität Gesamthochschule Wuppertal, Fachbereich Bauwesen, Grundbau, Bodenmechanik und Unterirdisches Bauen, Heft 17, 1997

[11.6] Jessberger, H. L.: Bodenvereisung, in: Grundbau-Taschenbuch, Teil 2, 4. Auflage, Ernst & Sohn, 1991

[11.7] Klawa: Unterfangungen und Unterfahrungen, in: Tunnelbautaschenbuch, Glückauf-Verlag, 1984

[11.8] Kutzner, C.: Injektionen im Baugrund, Enke Verlag, 1991

[11.9] Smoltczyk, U.: Unterfangungen und Unterfahrungen, in: Grundbau-Taschenbuch, Teil 2, 4. Auflage, Ernst & Sohn, 1996

[11.10] Studiengesellschaft für unterirdisches Bauen (STUVA): Forschung und Praxis: Gebäudeunterfahrungen und -unterfangungen, Methoden – Kosten – Beispiele (August 1980), Alban Buchverlag GmbH, Düsseldorf, 1980

Literatur zu Kapitel 12

[12.1] Baldauf, H., Timm, U.: Betonkonstruktionen im Tiefbau, Ernst & Sohn, 1988
[12.2] Bedingungen für die Anwendung des Bauverfahrens „Bewehrte Erde", Bundesministerium für Verkehr (BMV ARS 4/85) Abteilung Straßenbau (Aufgestellt: Bundesanstalt für Straßenwesen) Bonn, 1985
[12.3] Bendel, H., Hugi, R.: Stützmauern, in: Grundbau-Taschenbuch, Band I, Ergänzungsband, Ernst & Sohn, 1971
[12.4] Brandl, H.: Konstruktive Hangsicherung, in: Grundbau-Taschenbuch, Teil 3, 5. Auflage, Ernst & Sohn, 1997
[12.5] Bundesminister für Verkehr: Merkblatt für die Anwendung von Geotextilien im Erdbau, Rundschreiben vom 15.6.1987, StB 26/38.5600.05–11.02/11 F 87, 1987
[12.6] Floß, R.: Zusätzliche Technische Vorschriften und Richtlinien für Erdarbeiten im Straßenbau, ZTVE-StB 76, Kommentar, Bonn-Bad Godesberg, Kirschbaum, 1979
[12.7] Floß, R., Thamm, B.: Entwurf und Ausführung von Stützkonstruktionen aus bewehrter Erde, Tiefbau, 1997
[12.8] Gäßler, G.: Vernagelte Geländesprünge – Tragverhalten und Standsicherheit, Veröffentlichungen des Instituts für Bodenmechanik und Felsmechanik der Universität Karlsruhe, Heft 108, 1987
[12.9] Gudehus, G.: Bodenmechanik, in: Der Ingenieurbau, Ernst & Sohn, 1995
[12.10] Kolymbas, D.: Geotechnik – Bodenmechanik und Grundbau, Springer-Verlag, 1998
[12.11] Krauter, E., Scholz, W.: Langzeitverhalten von Schutznetzverhängungen gegen Steinschlag, Geotechnik 19, 1996
[12.12] Lackner, E., überarbeitet vom Arbeitsausschuß Ufereinfassungen: Spundwände für Häfen und Wasserstraßen, in: Grundbau-Taschenbuch, Teil 3, 5. Auflage, Ernst & Sohn, 1997
[12.13] Merkblatt für den Entwurf und die Herstellung von Raumgitterwänden und -wällen, FGSV Nr. 540, Köln, Forschungsgesellschaft für Verkehrswesen, 1985
[12.14] Pacher, F.: Über die Berechnung von Felssicherungen, verankerte Stützmauern und Futtermauern, Geologie und Bauwesen, Heft 1, Wien, 1957
[12.15] Prinz, H.: Abriß der Ingenieurgeologie, Enke Verlag, 1997
[12.16] Richtlinien für die Anlage von Straßen, Teil Entwässerung, RAS.-Ew, 1987
[12.17] Schiechtl, H.: Böschungssicherung mit ingenieurbiologischen Bauweisen, in: Grundbau-Taschenbuch, Teil 2, 5. Auflage, Ernst & Sohn, 1996
[12.18] Schmidt, H.G., Seitz, J.: Grundbau, in: Beton-Kalender, Teil II, Ernst & Sohn, 1998
[12.19] Smoltczyk, U.: Stützmauern, in: Grundbau-Taschenbuch, Teil 3, 5. Auflage, Ernst & Sohn, 1997
[12.20] Stocker, M., Körber, G.W., Gäßler, G., Gudehus, G.: Soil nailing, Colloque Int. sur le Reinforcement des Sols, Paris, 469–474, 1979
[12.21] Thamm, B.: Sicherung übersteiler Böschungen mit Raumgitterwänden, Bautechnik 63, 294–304, 1986
[12.22] Weißenbach, A.: Baugruben, Teil III, Ernst & Sohn, 1977
[12.23] Weißenbach, A.: Baugrubensicherung, in: Grundbau-Taschenbuch, Teil 3, 5. Auflage, Ernst & Sohn, 1997
[12.24] Wichter, L., Kutischer, F.W., Wallrauch, E.: Empfehlungen für die Anlage und Ausbildung von Bermen, Geotechnik 12, 1989
[12.25] Wichter, L., Nimmesgern, M.: Stützmauern aus Kunststoffen und Erde, Bemessung und Ausführung, Bautechnik 67, 109–114, 1990
[12.26] Wittke, W., Erichsen, C.: Böschungsgleichgewicht in Fels, in: Grundbau-Taschenbuch, Teil 1, 5. Auflage, Ernst & Sohn, 1995
[12.27] Zusätzliche Technische Vorschriften für Kunstbauten, ZTV-K, Bestell-Nr. 3069, Dortmund, Verkehrsblatt Verlag, 1980

Literatur zu Kapitel 13

[13.1] Frank A., Kauer H.: Anwendung von Verpreßpfählen mit kleinen Durchmessern im Hochbaubereich, Der Bauingenieur 54, 465–469, 1979
[13.2] Goldscheider, M.: Untersuchung von Baugrund und Gründung; Berichtsband zum Seminar der Ingenieurkammer Baden-Württemberg „Ingenieurleistungen an historischen Bauwerken", Karlsruhe, 1993
[13.3] Gudehus G., Klobe B.: Konsolidationssetzungen historischer Bauwerke – Mechanismen, Diagnose und Prognose; Sonderforschungsbereich 315, Jahrbuch 1989, 219–234, Ernst & Sohn
[13.4] Hilmer, K.: Schäden im Gründungsbereich, Ernst & Sohn, Berlin 1991
[13.5] Hilmer, K.: Schäden infolge Schrumpfung und Durchfeuchtung; Tagungsband zur 2. Österreichischen Geotechniktagung, Österr. Ingenieur- und Architektenverein, Wien, 1999
[13.6] Pieper, K.: Sicherung historischer Bauten, Ernst & Sohn, 1983
[13.7] Planat, P.: L'art de bâtir, vol. I

[13.8] Schultze, E.: Die zulässigen Setzungen von Bauwerken, Der Bauingenieur 32, 176/177, 1957

[13.9] Sperling G., Erber H.-J., Richter K.: Anwendung der Vernadelung bei Gründungsrekonstruktionen; TIS Heft 2, 82–90, 1989

[13.10] Viollet-le-Duc.: Dictionnaire raisonné de l'architecture francaise du XI' au XVI' siècle, Abschnitt „Fondations"

Literatur zu Kapitel 14

[14.1] Bachmann, H., Ammann, W.: Schwingungsprobleme bei Bauwerken. Structural Engineering Documents, IABSE-AIPC-IVBH, Zürich, 1987

[14.2] Buja, H.-O.: Handbuch des Spezialtiefbaus. Werner Verlag, Düsseldorf, 1998

[14.3] Eibl, J., Häussler-Combe, U.: Baudynamik, in: Beton-Kalender, Teil II, Ernst & Sohn, 1997

[14.4] Empfehlungen des Arbeitskreises 9 „Baugrunddynamik" der deutschen Gesellschaft für Erd- und Grundbau e.V., Juli 1992, Bautechnik 69, 1992

[14.5] Erdbebensicheres Bauen, Planungshilfe für Bauherren, Architekten und Ingenieure, Innenministerium Baden-Württemberg

[14.6] Flesch, R.: Baudynamik praxisgerecht, Band 1: Berechnungsgrundlagen. Bauverlag, Wiesbaden und Berlin, 1993

[14.7] Flesch, R.: Baudynamik praxisgerecht, Band 2: Anwendungen und Beispiele, 1. Teil: Tiefbau. Bauverlag, Wiesbaden und Berlin, 1997

[14.8] Hampe et al.: „Zur Bedeutung der Regularität für das Verhalten von Bauwerken unter seismischen Einwirkungen", Bautechnik 68, 1991

[14.9] Haupt, W. (Hrsg.): Bodendynamik, Vieweg, Braunschweig, 1986

[14.10] Haupt, W., Herrmann, R.: Querschnittsbericht 1986: Dynamische Bodenkennwerte. Veröff. Grundbauinstitut Landesgewerbeanstalt Bayern, Eigenverlag LGA, 1987

[14.11] Haupt, W. (Hrsg.): Erschütterungen im Bauwesen, Unterlagen zum Seminar am 27.10.1994 in Nürnberg. Eigenverlag LGA (Landesgewerbeanstalt Bayern)

[14.12] Haupt, W.: „Wave Propagation in the Ground and Isolation Measures", 3rd Int. Conf. Recent Advances in Geotechn. Engineering and Soil Dynamics. St. Louis, 1995

[14.13] Holzlöhner, U.: Dynamische Bodenkennwerte – Meßergebnisse und Zusammenhänge, Bautechnik 65, 1988

[14.14] Klein, G.: Bodendynamik und Erdbeben, in: Grundbau-Taschenbuch, Teil 1, 5. Aufl., Ernst & Sohn, Berlin, 1996

[14.15] Klein, G.: Maschinenfundamente, in: Grundbau-Taschenbuch, Teil 3, 5. Aufl., Ernst & Sohn, Berlin, 1997

[14.16] Kramer, H.: Einwirkung von Bodenerschütterungen auf Bauwerke, Bauingenieur 60, 1985

[14.17] Lipinski, J.: Fundamente und Tragkonstruktionen für Maschinen. Bauverlag GmbH, Wiesbaden, 1972

[14.18] Magnus, K., Popp, K.: Schwingungen, Teubner, Stuttgart, 1997

[14.19] Petersen, Chr.: Dynamik der Baukonstruktionen, Vieweg, Braunschweig, 1996

[14.20] Rausch, E.: Maschinenfundamente und andere dynamisch beanspruchte Konstruktionen, in: Beton-Kalender, Teil II, Ernst & Sohn, 1973

[14.21] Richart, F.E., Hall, I.R., Woods, R.D.: Vibrations of Soils and Foundations, Prentice-Hall, Englewood Cliffs, N.J., 1970

[14.22] Rücker, W.: Schwingungsausbreitung im Untergrund, Bautechnik 66, 1989

[14.23] Seed, H.B., Idriss, I.M.: Simplified Procedure for Evaluation Soil Liquefaction Potential, Journal of the Soil Mechanics and Foundation Division, ASCE, Vol. SM9, 1971

[14.24] Studer, J.A., Koller, M.G.: Bodendynamik: Grundlagen, Kennziffern, Probleme, 2. Aufl., Springer-Verlag, 1997

[14.25] Wittenburg, J.: Schwingungslehre, Springer-Verlag, 1996

[14.26] Wolf, J.P.: Dynamic Soil-Structure Interaction, Prentice-Hall, Englewood Cliffs, N.J., 1985

Literatur zu Kapitel 15

[15.1] Arbeitshilfen Altlasten des Bundesministeriums für Raumordnung, Bauwesen und Städtebau und des Bundesministeriums der Verteidigung, Band I und Band II, Oberfinanzdirektion Hannover, 1994

[15.2] Arbeitshilfen Recycling des Bundesministeriums für Verkehr, Bau- und Wohnungswesen und des Bundesministeriums der Verteidigung, Staatshochbauamt Hannover II, 1998

[15.3] Bank, M.: Basiswissen Umwelttechnik, Vogel Buchverlag, 1994

[15.4] Bertram, H.U., Zubiller, L.U.: Anforderungen an die stoffliche Verwertung von mineralischen Reststoffen/Abfällen, Terratech, 1995

[15.5] Bertram, H.U.: Verwertung von mineralischen Abfällen aus dem Baubereich im Rahmen des Kreislaufwirtschafts- und Abfallgesetzes, Tagungsband zur UTECH, Berlin, 1997

[15.6] Bilitewski, B., Härdtle, G., Marek, K.: Abfallwirtschaft, 2. Auflage, Springer-Verlag, 1997

[15.7] Buja, H.O.: Handbuch der Baugrunderkundung, Geräte und Verfahren, Werner Verlag, 1999

[15.8] Burmeier, H.: Grundsätze zum Arbeits- und Nachbarschaftsschutz bei der Sanierung von Altlasten, Handbuch der Altlastensanierung, Franzius, V., Wolf, K., Brandt, E. (Hrsg.), 2. Auflage, 14. Ergänzungslieferung, Band 2, Verlag C.F. Müller, 1998

[15.9] Diederichs, C.J., Breitenborn, L., Follmann, F.J.: Erweiterung der HOAI um einen Leistungsteil Altlasten – Stand der Bearbeitung in der AHO-Fachkommission Altlasten, in: Sanierung von Altlasten, Jessberger H.L. (Hrsg.), Balkema, 1995

[15.10] Ertel, T., Fischer, M., Kirchholtes, H.J.: Wiedereinbau und Verwertung verunreinigten Bodenaushubs, EP 4/97, 1997

[15.11] Handbuch der Altlastensanierung, Herausgeber Franzius, V., Wolf, K., Brandt, E., Band 1, 2 und 3, 2. Auflage, 14. Ergänzungslieferung, Verlag C.F. Müller, 1998

[15.12] Hettler, A., Verspohl, J.: Rückbau der dioxinbelasteten Metallhütte Carl Fahlbusch in Rastatt, Handbuch der Altlastensanierung, Franzius, V., Wolf, K., Brandt, E. (Hrsg.), 2. Auflage, 14. Ergänzungslieferung, Verlag C.F. Müller, 1998

[15.13] Hettler, A., Pfäffle, B., Nagel, D: Sanierung des ehemaligen Gaswerks in Rastatt, Handbuch der Altlastensanierung, Franzius, V., Wolf, K., Brandt, E. (Hrsg.), 2. Auflage, 14. Ergänzungslieferung, Verlag C.F. Müller, 1998

[15.14] Kinzelbach, W.: Sanierungsverfahren für Grundwasserschadensfälle und Altlasten, DVWK-Schriftenreihe Nr. 98, Verlag Paul Parey, 1991

[15.15] Länderarbeitsgemeinschaft Abfall (LAGA): Anforderungen an die stoffliche Verwertung von mineralischen Reststoffen/Abfällen, Erich Schmidt Verlag, 1994

[15.16] Prinz, H.: Abriß der Ingenieurgeologie, 3. Auflage, Enke Verlag, 1997

[15.17] Salzwedel, J.: Wasserrechtliche Rahmenbedingungen für die Festlegung von Sanierungszielen, Wasser-Abwasser-Praxis (WAP) 4, 26–30, 1995

[15.18] Scholz, R.: Weniger Staat, aber wie? Die politische Meinung, 42, August 1997, Verlag A. Fromm, 1997

[15.19] Simon, S.: Flächenrecycling im Spannungsfeld von Gefahrenbeurteilung und Abfallrecht, altlastenspectrum 1/96, 1996

[15.20] Speck, J.: Einsatz von Erdbaumaschinen und Spezialmaschinen des Tiefbaus in kontaminierten Bereichen, Handbuch der Altlastensanierung, Franzius, V., Wolf, K., Brandt, E. (Hrsg.), 2. Auflage, 14. Ergänzungslieferung, Verlag C.F. Müller, 1998

Stichwortverzeichnis

A

Abdichtungen   235, 244 ff
- Anforderungen   246
- Bitumenabdichtungen   250
- chemische Widerstandsfähigkeit   244
- Dichtungsschlämmen   248
- Einbauverfahren   250
- Flächendränsysteme   254
- Hautabdichtungen   246
- Kellerabdichtung   249
- Kunststoff-Bitumenabdichtungen   250
- Kunststoffabdichtungen   252
- Kunststoffbahnen   246, 251
- kunststoffmodifizierte Bitumenemulsionen   252
- Lastfälle   244
- Noppenbahnen   245, 253
- physikalische Anforderungen   244
- Spritz- und Spachtelabdichtungen   246, 252
- Standsicherheit   244
- starre   246
- Überblick   244
- Vorschriften   244
- WU-Beton   248
Abfall, Bewertung   423
Abfallgesetzgebung   421
Abfallrecht   419
Abstandsgeschwindigkeit   56
Alterung   49
Altlasten   8, 16, 425 f
- Arbeitshilfen des Bundes   425 f
Altlastenrecht   419
Angriffsgrade   236
Anker   274 ff
- Ausführung von Ankerköpfen   275
- äußere Tragfähigkeit   276
- Bemessung   277
- Berechnung   279
- Daueranker   274
- Druckrohranker   275
- Entwurf   279
- Gruppenprüfung   278
- Herstellung   275
- innere Tragfähigkeit   276
- Kurzzeitanker   274
- Nachverpressen   276
- Prüfen und Festlegen   276
- Sicherheitsfaktoren   277
- Temporäranker   275
- Verpreßkörper   275
- Verpreßkörperdurchmesser   278
- zulässige Lasten   276
- Zulassungen   275
Ankerherstellung   276
Ankerplatten   274
Ankerprüfungen   277
Ankerwände   274
Aräometerverfahren   41
Arbeitsfugen   247
Arbeitsschutz bei schadstoffbelasteten Böden   425
Architekt   1
- Verantwortlichkeit   5
Atlas-Pfahl   186 f, 204
- zulässige Belastung   204
Atterberg, A.   44
Auffüllungen   16
Aufschlußverfahren   15
Auftraggeber   8
Auftragnehmer   8
Auftrieb   254
- Ansatz seitlicher Bodenkräfte   255
- Nachweis   255
- Sicherheit gegen   254
- Sporne   255
- Zugelemente   255
Auftriebssicherheit   30, 235, 254, 307
- Injektionssohle   307
- Unterwasserbetonsohle   307
Ausführungsmangel   9
außermittige Belastung   139
- innerer Kern   139
- 2. Kernweite   139
- klaffende Fuge   139
- Randspannungen   139

B

Ballonverfahren   33
Baudynamik   373
Baugruben   4, 257 ff
- Bemessung   288
- Berechnung   288
- Grundwasserabsenkungen   282

– grundwasserschonende Bauweisen 257, 267, 279
– in Wasser 305 ff
– in weichen Böden 257, 273
– Konstruktion 257, 288
– mit freien Böschungen 257
– neben Bauwerken 257, 272 f
– – konstruktive Maßnahmen 273
– – Setzungsschäden 355
– ohne besondere Sicherung 257
– Verankerungen 274
– verformungsarme Verbauarten 262
– wasserdichte 261
– Wasserhaltung 279
Baugrubenkonstruktionen 257 ff
– Absperrung der Sohle 268
– Bohrpfahlwände 268
– Düsenstrahlsohlen 271
– Elementwände 267
– grundwasserschonende Bauweisen 267
– hochliegende Sohle 268
– kombinierte Spund- und Dichtwände 268
– natürliche Dichtsohle 268
– Schlitzwände 263, 268
– Spundwände 261, 268
– Steckträger 263
– tiefliegende Injektionssohlen 271
– tiefliegende Sohle 268
– Trägerbohlwände 259
– vertikale Dichtelemente 268
Baugrubensohle 269
Baugrubenverbau 261
Baugrund 3, 4, 11, 35
– Beschreibung 3, 35
– Einteilung 11
– Parameter 4
– Setzungsschäden 354
Baugrunderkundung 14, 131
Baugrundgutachten 2
Baugrundgutachter 8
Baugrundklassifizierung 64
Baugrundmodelle 77
Baugrundnormen 129 ff
– Allgemeine Technische Vertrags-
  bedingungen 133
– Baugrunderkundung 131
– Berechnungsnormen 131
– Empfehlungen 133
– Europäische Ausführungsnormen 132
– Gründungselemente und -verfahren 132
– Schutz der Bauwerke
– – gegen Erschütterungen 132
– – gegen Wasserangriff 132
– Übersicht 129
– Übersichtsnormen 131
– Untersuchung von Bodenproben 133
Baugrundrisiko 8, 15
– Allgemeine Geschäftsbedingungen 8

– Auftraggeber 8
– Auftragnehmer 8
– Sondervorschlag 8
Baugrunduntersuchung 2
Baugrundverbesserung 167
Bauherr 5
Bausprengungen, Erschütterungen 404
Baustoffbemessung 114, 123
– Beton- und Stahlbetonbauteile 118
– Lastannahmen 114
– Mauerwerk 125
– Stahl 123
Bauüberwachung 9
Becherfundamente 148
Beimengungen 11, 43
– Kalkgehalt 43
– organische 11, 43
belastete Standorte 427
– Grundstück 420
– Hinweise zur Ausführung 427
Bemessung 113
– Bodenmechanik und Grundbau 127
– Dränagen 241
– – Abflußspenden im Sonderfall 243
– – Ausführung der Dränschicht 242
– – Baustoffanforderungen 241
– – Dränleitungen 241–243
– – Richtwerte für Dränleitungen 242
– – Sickerschicht 242
– – Sonderfall 241
– – Wasseranfall 242
– Grundlagen 113
Berechnung von Baugrubenwänden 288 ff
– Ableitung der Vertikalkräfte 300 ff
– aktiver Erddruck bei gestützten Wänden 291
– – bei nicht gestützten Wänden 289
– Baugruben im Wasser 305
– Beispiel für umströmte Baugrubenwand 306
– Bestimmung der Einbindetiefe 298 f
– Bettungsmodulverfahren 300
– bodenmechanische Einspannung 298
– einmal gestützte, im Boden frei aufgelagerte
  Wand 298
– Einspannung nach Blum 299
– Einwirkungen 288 f
– elastische Bettung des einbindenden Wand-
  abschnitts 298
– Erddruck aus Linien- und Streifenlasten
  293
– Erdruhedruck 292
– Erdwiderstand 297
– erhöhter aktiver Erddruck 292
– freie Auflagerung 298
– Geländebruchnachweis 303
– Gesamterddruckspannung 291
– Lastfiguren 293
– mit elastischer Bettung 299

- Nachweis der Vertikalkomponente des Erdwiderstands 300
- – bei Bodeneinspannung 301
- – bei freiem Bodenauflager 300
- Nachweis des Erddrucks unterhalb der Baugrubensohle 301
- nicht gestützte, eingespannte Wand 299
- Nomogrammverfahren 297, 299
- Sicherheit gegen Aufbruch der Baugrubensohle 304
- Sondernachweise bei Schlitzwänden 308
- Standsicherheit 302 f
- statisch unbestimmte Wandsysteme 299
- statische Systeme 297
- statisches Grundsystem 288
- Traglastverfahren 297
- Überblick 288
- vereinfachtes Modell für den Lastabtrag 289
- Vertikalkräfte 300
- Widerstände 289

Berechnung von Pfahlrosten 219 ff
- biegsame Pfahlroste 222
- Culmann-Verfahren 220
- ebene Systeme 220
- horizontale Bettung 223
- Lösungsmethoden 220
- m-Formeln 220 f
- Pfahlgruppen 223
- starrer Überbau 222
- statische Systeme 220
- Steifigkeitsverhältnisse 220

Berechnung von Wasserhaltungen
- analytische Verfahren 285
- bei Versickerung 288
- Brunnen 286
- Durchlässigkeitsbeiwert 285
- Finite-Differenzen-Verfahren 285
- Finite-Elemente-Verfahren 285
- Mehrbrunnenanlage 287
- offene Wasserhaltung 286
- Pumpversuche 285
- Vakuumanlagen 288

Berliner Verbau 259
Bermen 258, 330
Betonrüttelsäulen 168, 178, 181
- Längen 178
- Qualitätskontrolle 179
- Tragfähigkeit 179

Bettungsmodul 155–157, 210, 300
- Abhängigkeit von Fundamentgröße 156
- aus Setzungsberechnungen 157
- aus Setzungsformel 157
- bei stoßartiger Belastung 210
- Festlegung 155
- für ebene Wandsysteme 300
- Größe 300

- horizontaler 209
- – – bei Pfahlgruppen 210
- Tabellenwerte 156
- unter Schwell- und Wechselbelastung 210
- verschiebungsabhängige Werte 300
- Verteilung 300

Bettungsmodulverfahren 136, 151 ff., 208, 300
- Differentialgleichung 153
- Einflußwerte 154
- für Einzellast 153
- Kurventafeln 154
- Lösung Differentialgleichung 153
- Verbesserungsvorschläge 158

Bettungsziffer 153
Bewehrte Erde 257, 327, 344 f
- Ausführung 345
- Konstruktionsprinzip 344
- Standsicherheit 345

Biaxialgerät 53
Biegesteifigkeit 162
bindige Böden, Konsistenz 44
Bishop, A.W. 110
Bjerrum, L. 53
Blindgänger 16
Boden 8, 11, 12, 49, 69, 71
- als Filter- und Dränmaterial 71
- bindig 11
- Einteilung 69
- geschüttet 11
- gewachsen 11
- kontaminiert 8
- Körnungen 69
- nichtbindig 11
- organisch 11
- Struktur 12
- überkonsolidiert 49
- überkritisch dicht 49
- überverdichtet 49

Boden mit Schadstoffbelastungen 420 ff
- Arbeitsschutz 426
- ausgeführte Sanierung 428
- Ausschreibung 424
- Bewertung als Altlast 420
- Erdbauarbeiten 428
- Erkundung 424
- kontaminiertes Wasser 428
- Nachweis des Sanierungserfolgs 428
- persönliche Schutzausrüstung 428
- Planung 424
- rechtliche Grundlagen 420
- Schutzmaßnahmen 426

Bodenart 11, 36, 38
- Kurzzeichen 36, 38
- zeichnerische Darstellung 36, 38
- Zusatzzeichen 36, 38

Bodenaustausch 168–170
- Einbaumaterialien 170

- Entsorgung 169
- Setzungsberechnung 169
- Teilaustausch 169
Bodendynamik, Normen und Empfehlungen 373
Bodenfeuchtigkeit 235
Bodengutachten 2
Bodenkenngrößen 39, 58
- Ermittlung 39
- Fels 61
- für bindige Böden 59
- für nichtbindige Böden 58
- für organische Böden 58
- nach EAU 60
- Zusammenstellung in DIN 1055 57
Bodenkennwerte 62, 383
- dynamische 383
- nach von Soos 62
Bodenklassifikation 65
- nach DIN-Normen 65
Bodenproben 19 f
- Klassen 19 f
- Sonderproben 19
Bodenschutz 419
Bodenschutzgesetz 421
Bodenverbesserung 4, 167 ff., 175
- Aufbringen von Oberflächenlasten 168
- Betonrüttelsäulen 168, 178
- Bodenaustausch 167
- Bodenverfestigung 167
- Bodenvollaustausch im Nassen 168
- Intensivverdichtung 169
- Rütteldruckverdichtung 173
- Rüttelstopfsäulen 168, 175
- Sprengen 169
- Stopfsäulen 178
- Verdichtung 167
- vermörtelte Stopfsäulen 168, 178
Bodenverbesserungsmaßnahmen 181
Bodenverdichtung, Erschütterungen 404
Bodenverflüssigung 415
Bodenverflüssigungsgefahr 417
Bodenvernagelung 257, 327, 342 f
- als vorübergehende Sicherung 342
- Anwendung 342
- Arbeitsablauf 342
- Bemessung der Nägel 343
- Herstellung 343
- Nagelabstand 343
- Standsicherheit 343
- Verformungen 343
- Wandhöhen 343
Bohrpfähle 183, 185, 188, 190, 194, 204 ff
- Abminderungsfaktoren für die Spitzendrücke 205
- Betongüte 218
- Bewehrung 218
- Bruchwert der Mantelreibung 205

- Drehbohrverfahren 191
- Druckpfähle 205
- Geräte 189
- Greiferbohrverfahren 190
- HW-Verfahren 192
- hydraulische Verrohrungsmaschine 190
- Kappen 190
- Kelly-Drehbohren 191
- Mantelreibung 204 ff
- Mantelverpressung 183
- mit Endlosschnecken 185, 189
- nach DIN 4014 218
- Pfahlfußwiderstand 204, 205
- Pfahlgruppen 205
- Pfahlmantelwiderstand 204 f
- Pfahlspitzenwiderstand 205
- Schneckenbohren 191
- Schneckenbohrpfähle 192
- Schrägpfähle 218
- Setzungen 204
- Spitzendruck 204
- Teilverdrängungspfähle 185
- unverrohrte, flüssigkeitsgestützte 192
- - Arbeitsphasen 194
- VdW-Verfahren 196
- Verfahren 189
- verrohrte 189
- Zugpfähle 218
- zulässige Lasten 205
Bohrpfahlwände 262 f
- Pfahldurchmesser 262
- Verwendung 262
- Wandtypen 263
Bohrungen 8, 17 ff
- Anzahl 17
- Arbeitsschutz 17
- Aufschlußtiefe 17
- Blindgänger 17
- Bohrschnecke 19
- Bohrverfahren 19
- Erkundung von Leitungen 17
- Fels 17
- Ventilbohrer 19
Böschungen 258, 327 ff
- Bewehrte Erde 344 f
- Bodenvernagelung 342 f
- Böschungsneigung 327
- Durchströmung 258
- Entwässerung 331
- Erosionssicherung 258, 330
- Futtermauern 339
- Grenzhöhe 328
- in Fels 331
- - Schutznetzverhängung 331
- Mauern aus Gabionen 334
- Nachweis der Standsicherheit 258
- Niederschlagswasser 258

- Oberflächenwasser 330
- ohne konstruktive Sicherungsmaßnahmen 327
- Querschnittsausbildung von Bermen 331
- Raumgitterstützkonstruktionen 340
- Schwergewichtsmauern 330
- Sicherung 327
- Überblick 327
- Winkelstützmauern 336
Böschungs- und Geländebruch 104
- bei Durchströmung 107
- Berechnungsverfahren 104
- Böden mit Reibung und Kohäsion 107
- Böschung unter Wasser 106
- Gleitkreisverfahren mit Lamellen 109
- Grenzhöhe 108
- Kapillarkohäsion 106
- Kurventafeln 108
- lamellenfreie Gleitkreisverfahren 107
- lamellenfreie Verfahren 104
- Reibungskreis 108
- Schadensursache 104
- Sicherheit 108, 110
- Standsicherheitsnachweis nach Janbu 195
- unendlich lange Böschung 105
- – bei Reibungsboden ohne Kohäsion 106
- Verfahren nach Goldscheider 110
- Verfahren nach Goldscheider/Gudehus 105
Böschungsneigung 328
- Anhaltswerte 328
- bei hangparalleler Durchströmung 328
- bei homogenen grobkörnigen Böden 328
- in Fels, Erfahrungswerte 330
Böschungswinkel 258
- Anhaltswerte 258
- ohne rechnerischen Standsicherheitsnachweis 258
Boussinesq, J. 81
Bruchsicherheit, Nachweis 113
Brunnen 182
Brunnengründung 223
- Brunnenmantelausbildung 226
Bundesbodenschutzgesetz 419

C

Caisson 223
CAPWAP-Analyse 215
Casagrande, A. 45
Colmix-Verfahren 169
Cone-Penetration-Test 21
Coulomb, Ch.A. 92
Coulomb-Grenzbedingung 49
Culmann-Verfahren 99

D

Darcy, H. 55
Deckbauweisen 330
Deckeneigenfrequenzen 397

Deep Soil Mixing Method 169
Dehnfugen 247
Denkmalpflege 370
Dichte 49
- Korndichte 42
- kritische 49
Dichtungsschlämmen 248–250
- allgemeine bauaufsichtliche Zulassungen 248
- Auftragsmenge 250
- Merkblatt 249
- Untergrund 249
- zulässige Rißbreite 248
Dilatanz 49
DIN 1045 118–120
- Bemessung 118 f
- globaler Sicherheitsbeiwert 118
- Knicksicherheit 119
- Mindestschubbewehrung 120
- Sicherheit gegen Durchstanzen 120
- Sicherheitsbeiwert 119
DIN 1045 neu 122 f
DIN 1053 125
- Bauten aus Ziegelfertigbauteilen 125
- Berechnung und Ausführung 125
- Bewehrtes Mauerwerk 125
- Mauerwerksfestigkeitsklassen 125
DIN 1054 2, 77, 115, 127, 128, 181
- DIN V 1054–100 128
- Globalsicherheitsfaktoren 127
- Lastfälle 127
DIN 1054 neu 129
DIN 1055 114
DIN 1055 neu 118
DIN 1072 115
DIN 4014 181, 183
DIN 4017 86
DIN 4019 77
DIN 4020 1, 2
DIN 4021 2
DIN 4022 2
DIN 4023 2
DIN 4026 182 f
DIN 4030 236
DIN 4084 105
DIN 4085 91, 297
DIN 4093 317
DIN 4095 237
DIN 4123 314
DIN 4124 327
DIN 4125 274
DIN 4128 182 f
DIN 4149 115
DIN 4150 398
DIN 4227 115, 120
DIN 18195 235, 244
DIN 18300 VOB, Bodenklassen 68
DIN 18301 182

DIN 18304   182
DIN 18800   123
– Beanspruchungen   123
– Bemessungswerte   123
– Biegedrillknicken   124
– Biegeknicken   124
– Einwirkungskombinationen   123
– Nachweisverfahren   124
– Stabilitätsfälle   124
DIN EN 12699   181
DIN EN 1536   181
DIN V 1054–100   128, 181
– charakteristische Einwirkungen   129
– Grenzzustand der Tragfähigkeit   129
– Partialsicherheitsfaktoren   128
– Schwachpunkte   128
DIN V 4026–500   182, 183
DIN V ENV 1997-1   181
Drahtschotterkörbe   335
Dränage   235, 237 f
– Abdichtung   237
– Abflußspende   241
– auf Decken   238
– Ausführung   237
– bei Gebäuden in Hanglage   238
– Bemessung   237, 241
– Betriebsaufwand   243
– Dränanlagen   237
– Dränleitung   238
– Entwurfsgrundlagen   237
– Flächendrän   240
– konstruktive Ausbildung   237
– Kosten   242
– mit Dränelementen   239
– mit mineralischer Dränschicht   239
– Planung   237
– Regelfall   237
– Ringdränung   240
– Schäden   244
– Schadensanfälligkeit   243
– Sonderfall   237
– Spülrohre   238
– Übergabeschacht   238
– Verkalkung   237
– Verockerungen   237
– Vorfluter   243
– Vor- und Nachteile   242
– Wartungsaufwand   243
Dränelemente   239, 241
Dränmatten   238
Dränplatten   238
Dränstein   238
Drehbohren, Arbeitsphasen   192
drückendes Wasser   235, 244
Druckfestigkeit, einaxiale   53
Druckluft-Caisson   223
Drucklufsenkkasten, Arbeitsablauf   225

Drucksondierung   21
Druckversuch, einaxialer   53
Durchdringungen   250
Durchlässigkeit   55 f
– Anisotropie   56
– Bestimmung   56
– Laborversuche   56
Durchlässigkeitsgrad   56
Durchlässigkeitskoeffizient   56
Düsenstrahlsohlen   269
Düsenstrahlverfahren   169, 318
– Herstellungsvorgang   318
Dynamic Probing   22
dynamische Bodenkennwerte   382
– Bestimmung   383
– Verhältnis dynamischer/statischer Steifemodul   383
dynamische Lasten   382
– Beispiele   382
– Charakterisierung   382
dynamische Pfahlprüfungen   213
– bei Bohrpfählen   215
– CAPWAP-Verfahren   213
– „Low-Strain"-Prüfung   216
– Tiefenlage von Fehlstellen   216
– Verfahren von Kolymbas   215
dynamischer Schubmodul   384

E
EAB   92, 292, 327
EAU   92, 128, 182, 327
Ehrenberg, J.   108
einaxialer Druckversuch   53
– Gebirgsfestigkeit   54
Einfachschergeräte   53
Einleit- oder Einbauwert   421
Einmassenschwinger   375 ff
– allgemeine Bewegungsgleichung   375
– Einschwingungsverhalten   376
– Resonanzverhalten   377
– ungedämpfte Eigenfrequenz   376
– verschiedene Typen der Erregung   377
Einwirkungen   113 ff
– Bemessungswert   116
– durch Wasser   244
– Eigenlast   113
– Einwirkungskombination   116
– Teilsicherheitsbeiwert   116
– veränderliche   117
– Wasserdruck   113
– Windlasten   113
Einzel- und Streifenfundamente   135
– Auswahlkriterien   135
– Baustoffbemessung der Gründung   143
– bodenmechanische Bemessung   137
– Bodenverbesserungsmaßnahmen   135
– Dimensionierung   135

– gegenseitige Beeinflussung 135
– Geländebruchsicherheit 137
– Gleitsicherheit 137
– Grundbruchsicherheit 137
– Grundrißflächen 143
– hochliegender Schwerpunkt 142
– Horizontallasten 142
– Kippsicherheit 137
– konstruktive Ausführung der Gründung 143
– Kreis- und Kreisringfundamente 143
– lotrecht außermittige Belastung 139
– Setzungen 137
– Setzungsdifferenzen 135
– setzungsempfindliche Konstruktionen 135
– Sicherheit gegen Auftrieb 137
– T-förmige Fundamentflächen 143
– Tabellenwerte der DIN 1054 137
– zweiachsige Ausmittigkeit 140
Einzelbrunnen, Wasserzufluß 286
Einzelfundamente 4, 77, 135
   s. a. Einzel- und Streifenfundamente
Elastizitätsmodul 78
Elementwände 257, 267
– aufgelöste 267
– geschlossene 267
– Verpreßanker 267
Emissionsschutz 428
E-Modul 48, 384
– dynamischer 384
– statischer 384
Energiepfähle 196
Entsorgung bei schadstoffbelasteten Böden 425
Entsorgungskosten 428
Entsorgungsverantwortung 423
Epizentrum 407
Erdbeben 407 ff
– Antwortspektrum 413
– Bauwerksklassen nach DIN 4149 410
– Bemessung eines Gebäudes 411
– Berechnungsverfahren 411
– Bodenverflüssigung 415
– Entwurfsgrundsätze 415
– Erdbebenzonen 408
– Gestaltung über die Höhe 415
– Grundbegriffe der Seismologie 407
– Grundrißgestaltung 415
– Grundsätze erdbebensicheren Bauens 414
– Gründung 415
– Intensität 407
– Magnitude 407
– MSK-Skala 408
– Stärke 407
Erdbebensicherheit 373
Erdbebenwirkungen 373
Erdbebenzonen 16, 408
– Karte 409

Erddruck 77, 89 ff, 94, 97, 103 f, 290 ff
– aktiver 90–92, 290
– – bei gestützten Wänden 291
– aus Eigengewicht 290
– aus großflächiger Auflast 290
– aus Kohäsion 290
– aus Linienlasten und Streifenlasten 293
– bei Auflast 95
– bei geschichteten Böden 291
– bei nicht gestützten Baugrubenwänden 291
– bei Verdichtung 104
– Bodenschichtung 101
– Drehung um den Fußpunkt 290
– dynamische Einwirkungen 104
– ebener Gleitkeil 92
– Erddruckbeiwert 94
– Erddrucklast 90
– Erddruckmobilisierungsfunktion 91
– Erddruckspannungen bei gestützten Baugrubenwänden 292
– Erdruhedruck 90, 292
– Erdwiderstand 296
– erhöhter aktiver Erd- und Erdruhedruck 292
– flache Zwangsgleitfläche 293
– freie Standhöhe 102
– Gesamterddruckkraft 93
– Gleitflächen 94
– Gleitflächenneigung 93
– Gleitlinien 97
– Hypothese von Coulomb 92
– Kohäsion 93, 95
– Linienlast 99
– Mindesterddruck 291
– Mobilisierung 103
– Neigungswinkel 94
– passiver 91, 94
– Prinzip der kleinsten Sicherheit 94
– Punktlast 99
– Rankine-Zone 97
– räumlicher 104
– rechnerische Zugspannungen 291
– Reibung 93
– Restzustand 91
– Resultierende 90, 91
– steile Zwangsgleitfläche 293
– Streifenlast 99
– unregelmäßiger Geländeverlauf 101
– Verformung 91
– Verteilung 91
– – klassische 97
– Verteilung aktiver Erddruckspannungen 290
– – aus Linien- und Streifenlasten 294 f
– Wahl 103
– Wandbewegungen 94
– Wandreibungswinkel 101
– Zonenbrüche 97

– Zwangsgleitfläche   99
– zyklische Einwirkungen   104
Erddruckermittlung   100
Erddrucktheorie   289
– aktiver Erddruck bei nicht gestützten Wänden   289
– Grundlagen   289
Erddruckverteilung   97 f
– aktive   97
– Anteil aus Bodeneigengewicht   98
– aus Auflast   98
– bei Kohäsion   98
– DIN 4085   98
– EAB   98
– nach Ohde   98
– passive   97
– rechnerische Zugspannungen   98
– Theorie von Rankine   97
– Umlagerung   98
Erdruhedruck   96, 101
– aus Punkt-, Linien- oder Streifenlasten   101
– Erdruhedruckbeiwert   96
– geneigtes Gelände   96
– horizontales Gelände   96
erdstatische Berechnungsverfahren, Erfahrungswerte   57
Erdwiderstand   94 f., 296 f
– bei Auflast   95
– bei geschichteten Böden   296
– Berechnung   296
– Erddruckbeiwerte für Rotation   96
– Erdwiderstandsbeiwerte   95
– Erdwiderstandsverteilung   296
– erforderliche Verschiebungen   297
– Gleitflächen   95
– K_p-Werte   96
– Kohäsion   95
– räumlicher, bei Trägerbohlwänden   297
– Wandreibungswinkel   296
Erkundung
– Grundwasserverhältnisse   30
– kontaminationsverdächtiger Flächen   425
Erkundungsschächte   16
Erschütterungen   373, 392 ff
– Anhaltswerte für die Schwinggeschwindigkeit   399
– aus Baubetrieb   373, 400 f
– Bausprengungen   404
– beim Einbringen von Spundbohlen   400 f
– – von Pfählen   401
– Bewertung   392
– Bodenverdichtung   404
– Eintragung in Gebäude   393
– Einwirkungen
– – auf Gebäude   397
– – auf Maschinen und Geräte   400
– – auf Menschen   393

– Wirkung   392
Erschütterungsimission   392, 395
– Bewertung   395
– in Wohnungen   396
– – Anhaltswerte für die Beurteilung   396
Erschütterungsquellen, Spezialtiefbau   401
Erschütterungsstärke   393
Essener Verbau   261
Eurocode 1   116 f
– Kombinationsregeln   117
– Schneebelastung   117
– Verkehrslasten   117
– Windlasten   118
Eurocode 2   121 f
– Bauteilwiderstände   122
– Bemessungsschnittgrößen   121
– Bemessungsverfahren für Querkraft   122
– charakteristische Materialfestigkeiten   122
– Grenzzustand der Gebrauchstauglichkeit   122
– Querschnittswiderstände   122
– Richtlinien zur Anwendung   121
– Schubbewehrung   122
Eurocode 3, Nationales Anwendungsdokument   125
Eurocode 6   127
– Bemessung und Konstruktion von Mauerwerksbauten   127
– Nationales Anwendungsdokument   127
Eurocode 7   128
exzentrische Belastung   141
– Verkantungen   142

F

Fachplaner   1
Feldversuche, Dichte   32
Fellenius, W.   110
Fels   38, 71
– einaxiale Druckfestigkeit   74
– Einkörpersystem   71
– Klüfte   75
– Kurzzeichen   38
– Mehrkörpersystem   71
– Schichtflächen   75
– Trennflächengefüge   75
– Verwitterungsgrad   74
– Vielkörpersystem   13, 71
– zeichnerische Darstellung   38
– Zusatzzeichen   38
Fertigpfähle   181, 185
Festgestein   11, 13
Filtergeschwindigkeit   55
Flachbrunnen   279, 282, 283
– Anlagen   279
– Aufbau   283
Flächendränsysteme   253
Flachgründungen   4, 77, 167 ff., 181
– in Kombination mit Bodenverbesserung   167
– Setzungen   77

Stichwortverzeichnis 449

Fließsand 261, 312
Flügelsonde 29, 53, 199
– Abminderungsfaktoren 199
Flügelsondierung 21
Flüssigkeitsersatzverfahren 33
Forchheimer, P. 286 f
Franki-Pfahl 186
– Tragfähigkeit 204
freie Standhöhe 102, 314
Frost 70
Frostempfindlichkeit 70
Frostkörper 269
Frostsicherheit 137
Fugen 247, 250
Fundamente 143–145, 373
– an Grundstücksgrenzen 147
– Baustoffbemessung 143
– Becherfundament 144
– bei exzentrischer Lasteinleitung 144
– bewehrte 143 ff
– dynamisch belastete 373
– Hülsenfundament 144
– Köcherfundament 144
– Schalung 143
– unbewehrte 143 f
– vorgespannte 143
– Zugbandlösung 147
Fundamentschwingungen 389
– Ersatzgrößen für Federn und Dämpfer 389
– Schwingungsformen eines Fundamentblocks 389
Fundamentverbreiterung 356
– Stichbalken 356
– Streichbalken 356
Fundex-Pfahl 187
Fußpunkterregung 379
Futtermauern 327, 339 f, 347
– aus Kunststoff und Erde 347
– Bauarten 340
– Entwässerung 339

G
Gabionen 327, 332 ff
– Bemessung 335, 337
– Einbindetiefe 335
– Neigungswinkel 335
Gebirgsfestigkeit 13, 54, 74
Gefährdungsabschätzung 425
Gefahrenbeurteilung 423
Gefahrstoffe 427
Gefrierverfahren 169
Geländebruch s. Böschungs- und Geländebruch
Geländebruchsicherheit 77, 302
– bei ausgesteiften Baugruben 302
– Nachweis 128
gemauerte Tiefgründungen 352
geophysikalische Verfahren 15

geotechnische Kategorien 14
Gesamtschuldner 8
Geschiebemergel/-lehm 69
Gesteinsfestigkeit 13, 74
Gipsmarken 353
Gleitkeil 91
Gleitkreisverfahren 105, 107
– für reibungsfreien Boden 107
– mit Lamellen nach DIN 4084 105
– nach Fellenius und Krey 105
– ohne Lamellen 105
Gleitsicherheit, anrechenbarer Erdwiderstand 142
Glühverlust 43
Gräben für Kanäle und Leitungen 257
Gradient, hydraulischer 55
Grenzhöhe 108
– einer Böschung 108
– Kurventafeln 108
Grenzlast von Ankern 277
– Grenzwerte der Mantelreibung 277 f
– mit/ohne Nachverpressung 277
– Sicherheitsfaktor 277
Grenzmauerfundamente 149
Grenztiefe 79
Grenzzustand
– der Gebrauchstauglichkeit 117
– der Tragfähigkeit 113, 117
– – Teilsicherheitsbeiwert 117
Großtriaxialgeräte 54
Grundbruch 86
– Erfahrungswerte 88
– exzentrische Auflast 89
– Formbeiwerte 87
– geneigtes Gelände 89
– Lage der ungünstigsten Gleitfläche 88
– lotrecht mittige Belastung 86
– Schichtung 89
– schräge und außermittige Belastung 89
– schräger Lastangriff 89
– Sicherheiten 88
– Sonderfälle 89
– Tiefe der maßgeblichen Gleitfuge 88
– Tragfähigkeitsfaktoren 87
– vertikale Bruchlast 86
Grundbruchlast 87
Grundbruchnachweis 90, 128, 138
– bei symmetrischem, unregelmäßigem Fundamentgrundriß 90
Grundbruchsicherheit 86
Gründungen alter Gebäude, Schäden 349 ff
Gründungsentwurf 3
Gründungsplanung 1
Grundwasser 3, 30, 233 ff, 268, 420
– aggressives 235
– belastetes 420 ff
– Beschreibung 3

– betonaggressives 30, 236
– Kluftgrundwasser 233
– kontaminiertes 268
– Porengrundwasser 233
– Schadstoffe 30
Grundwasserabsenkung 30, 279
– Setzungen 279
Grundwasserabsenkung mit Brunnen 279
– Bohrdurchmesser von Flachbrunnen 283
– Druckpumpen 279
– einstaffelige Anlagen 279
– Flachbrunnen 282
– mehrstaffelige Anlagen 279
– Saugpumpen 279
– unvollkommene Brunnen 282
– vollkommene Brunnen 282
– zweistaffelige Anlage 283
Grundwasserhorizonte 30
Grundwassermeßstellen 31
– betonangreifende Bestandteile 32
– Durchmesser 31
– Klarspülen 32
– Korrosionsgefahr von Stahl 32
– Untersuchung auf Schadstoffe 32
– Wasserproben 32
grundwasserschonende Bauweisen 257, 267 f, 279
Grundwasserspiegel 4, 235, 268
– Absenkung 268
– höchster Wasserstand 235
– Höhe 235
Grundwasserstände 236
Grundwasseruntersuchungen 235 f
– nach DIN 4030 236
Grundwasserverhältnisse 30
Gudehus, G. 89

H

Haftung, Gesamtschuldner 8
Haftwasser 233
Hangwasser 233
Hautabdichtungen 246
Hazen, A. 56
Heidelberger Verbau 261
Hintergrundwert 421
historische Erkundung kontaminationsverdächtiger Flächen 425
historische Gründungen 350 ff
– Bauweisen 350
– Beurteilung durch DIN-Normen 350
– Flachgründungen 351
– Instandsetzungsmaßnahmen 350
– Kathedralen 349
– Pfahl-Schwellengründung 352
– Römer 349
– Spickpfahlgründung 352
– Streifenfundament 351

– Tiefgründungen 352
HOAI, Leistungsanteil Altlasten 424
Hochdruckinjektionen 169, 311
Hohlraumanteil 42
Holzverbau 260
Horizontalbeanspruchung bei Pfählen 207 ff
– Bettungsmodul 208
– elastische Länge 208
– passiver Erddruck 208
– Schrägpfähle 207
– seitliche Bettung 207
horizontaler Bettungsmodul, Anhaltswerte 209
Horizontalkräfte 142 f
– Gleitsicherheitsnachweis 142
– Setzungen 143
– Sohlspannungsverteilung 142
– Tabellenwerte der DIN 1054 142
HW-Bohrverfahren, Arbeitsphasen 192 f
hydraulische Höhe 55
hydraulischer Grundbruch 306
Hypozentrum 407

I

Impedanz des Pfahlquerschnitts 215
Injektionen 169, 311 f
– Ausführung 317
– Feinstzemente 271, 317
– Herstellung einer Injektionssohle 271
– Kunstharze 317
– pH-Wert im Wasser 271
– Planung 317
– Prüfung 317
– Veränderungen im Grundwasserstrom 271
– Wasserglaslösungen 317
– Weichgele 271
– Zement 271, 317
Instandsetzung 356, 370
– alter Gebäude 370
– – Denkmalpflege 370
– – DIN-Normen 371
– – einfache Rechenansätze 371
– – Einzelfallbeurteilung 370
– – Schadensursachen 371
– von schadhaften Gründungen 356
Instandsetzungsmaßnahmen von Gründungen 356
– Beispiele 359 ff
– – Evangelische Stadtkirche in Wildbad 359 ff
– – Katholische Pfarrkirche in Rettigheim 362 ff
– – Neues Museum in Berlin 367 ff
– – Turm der Pfarrkirche St. Sebastian in Ladenburg 363 ff
– Fundamentverbreiterung 356
– Nachgründung mit Hilfe von Hochdruckinjektion 358
– Tiefergründung mit Hilfe von Verpreßpfählen 356

K

Kalkgehalt   43
Kampfmittelbeseitigungsdienst   17
Kapillarbereich, geschlossener   233
Kapillarkohäsion   52, 54
– Größe   54
Kapillarwasser   233
Kapillarwassersaum   234
Karten, geologische   15
Kategorien, geotechnische   14
Kennwerte, bodenmechanische   3
Kern   139 f.
Kiese   39
Kippen der Fundamente   140
klaffende Fuge   139, 140
– Spannungsverteilung   140
Klassifizierung   11, 13, 71
– Fels   13, 71
klassische Unterfangung   312 ff
– Betonieren der Unterfangungswände   315
– Schächte   315
– Stichgräben   315
– Vor-/Nachteile   315
Knicken von Pfählen   197
Köcherfundamente   144
– Bewehrungsführung   146
– Einspannung von Stützen   146
Kohäsion   49, 52
– effektive   49
– scheinbare   52
– wirksame   49
kombinierte Pfahl-Plattengründung   229 ff
– Dimensionierung   231
– Formel von Kolymbas   231
– Rechenverfahren   229
– Risiko von Setzungen und Verkantungen   229
– statisches System   230
Kompressions-Durchlässigkeitsgerät   46
Kompressionsgerät   46
– Drucksetzungsverhalten   47
Kompressionsverhalten   45
Kompressionswelle   386
Konsistenz   12, 44, 258
– Beurteilung   258
Konsolidierungstheorie   48, 77
– Modellgesetz   48
– Primärsetzungen   48
– Sekundärsetzungen   48
Konsolmauer   327
Konsolwände   339
– Ausbildungsmöglichkeiten   339
– Erddruck   339
konstruktive Ausbildung von Pfählen   216
– Bohrpfähle   218
– Fertigrammpfähle   216
– Verpreßpfähle   218

Kontraktanz   49
Kontraktorverfahren   265
Korndichte   42
Korngröße, Einteilung der Lockergesteine   12
Korngrößenverteilung   39
Kornverteilung   39
Kornverteilungskurve   12
Krainerwände   340
Kreislaufwirtschafts- und Abfallgesetz   421
Kreisringschergerät   53
Kreiszylinder   91
Krey, H.D.   49, 50, 108
Kriechsetzung   353 f
Krümmungszahl   40
Kunststoff-Dichtungsbahnen   251 f
– Regelaufbauten   251
– Schutzschichten   252

L

LAGA   s. Länderarbeitsgemeinschaft Abfall
Lagerungsdichte   12, 43 f, 59, 60
– bezogene   44
– Definition   44
– – DIN 1054   44
– – EAB   44
– dichteste Lagerung   44
– Kriterien   60
– lockerste Lagerung   44
– nach EAB   59, 60
lamellenfreie Verfahren   109
Lamellenverfahren nach DIN 4084   109
Länderarbeitsgemeinschaft Abfall (LAGA)   423
– Einbauklassen   423
– Zuordnungswerte   423
Lastannahmen   114 ff
– Baustoffe   115
– Bodenkenngrößen   115
– charakteristische   116
– DIN 1055   114
– Einwirkungskombination   116
– Erdbebenwirkung   115
– Hauptlasten   115
– Kombinationswert   116
– Lagerstoffe   115
– Nutzlasten   114
– Raumgewicht   115
– repräsentative   116
– Schneelast   115
– Sonderlasten   115
– Straßenbrücken   115
– Verkehrslasten   114 f
– Wegebrücken   115
– Windlastannahmen   115
– Zusatzlasten   115
Lasten   113

Lastenplan 16
Lastfälle 116
– aus Wasser 233
– nach DIN 1054 116
Lebendverbau 330
Lehm 69
Leitwand, Ausführungsbeispiele 264
Letten 69
Listenwert 421
Lockergestein 11, 36
– Bodenarten 36
– Grundeinteilung 36
Löß 69
Lößlehm 69
Luftbildaufnahmen 16

M
Mantelreibung 204 ff
– negative 183
Marschenschlick 69
Maschinenfundamente 390 f
– Abstimmung 391
Massenscheibe, Fundamentblock 381
Maßnahmenwert 421
Mauerwerk 126
– Berechnungsverfahren 126
– Druckbeanspruchung 126
– klaffende Fugen 126
– Nachweise 126
Mehrbrunnenanlagen, Berechnung nach Forchheimer 287
Mehrkörpermechanismen 91
Mergel 69
Methode
– der Antwortspektren 411
– der lotrechten Spannungen 79
Mindesterddruck 291
Mixed-in-Place-Verfahren 169
Modellgesetz 48
Mohr-Coulomb-Grenzbedingung 51
Mohrsche Spannungskreise 51
Moränenkies 69
Muldenlagerung 86
Müller-Breslau, H. 92
Münchner Verbau 261
MV-Pfahl, Arbeitsphasen 188

N
Nachweis
– Auftriebssicherheit 269
– Erddruck 300
– Geländebruchsicherheit 128
– Grundbruch 90, 128, 138, 141
– Knicksicherheit 197
– Schwergewichtsmauern 334
– Senkkästen 227
– Setzung 141

– Standsicherheit 195, 227, 258, 302 f, 341
– Tragfähigkeit 207
negative Mantelreibung 183
Noppenbahnen 253 f
– Beispiel 254
– Durchdringungen 254
– Fugen 254
– konstruktive Details 254

O
Oberflächenwasser 233
Objektplaner 1
Ödometer 46
offene Wasserhaltung 279 ff
– Einsatzgebiet 282
– horizontale Dränstränge 282
– Pumpensümpfe 282
– Reichweite 286
– zuströmende Wassermenge 286
Ohde, J. 26, 47
organische Bodenarten 36
Ortbetonpfähle 181
Ortbeton-Rammpfähle, Tragfähigkeit 204
Ortbeton-Verdrängungspfähle 184 ff
Ortsbesichtigung 16

P
Peak-Zustand 49
Pfähle 181 ff
– aktive Horizontalbeanspruchung 207
– Art der Herstellung 183
– Aufnahme von Horizontallasten 207
– äußere Tragfähigkeit 197
– bei zyklischen Schwell- und Wechselbelastungen 201
– Bemessung 199
– Bettungsmodulverfahren 208
– Bohrpfähle 188
– Differenzsetzungen 200
– Einzelpfähle 182
– Fließdruck 210
– Gruppenpfähle 182
– horizontal belastet 207 f
– Horizontalkräfte 219
– Integritätsprüfung 211
– Knickformeln 197
– Knicksicherheitsnachweis 197
– kombinierte Pfahl-Plattengründung 229
– konstruktive Ausbildung 216
– Mantelreibungspfähle 182
– mit Fuß- und Mantelverpressung 200
– negative Mantelreibung 183, 201
– passive Horizontalbeanspruchung 210
– Pfahlarten 182 f
– Pfahlgruppen 183, 201
– Pfahlkopfplatte 220
– Pfahlroste 219

- Pfahlsetzungen 200
- Probebelastung 197, 210 f
- Prüfung 210
- Rammpfähle 184
- Schrägpfähle 219
- seitliche Bettung 219
- Setzungen aus Gruppenwirkung 201
- Sicherheiten nach DIN 1054 199
- Spitzendruckpfähle 182
- Tragfähigkeit 197
- – in axialer Richtung 197
- Verdrängungspfähle 184, 188
- Verpreßpfähle 207
- Zugpfahlgruppen 201

Pfahlgründung 183, 352
- schwebende 183
- Setzungsschäden 354

Pfahlgruppen 183, 201
- Gruppensetzungsfaktor 200
- Setzungen 200
- Zugpfahlgruppen 201

Pfahl-Plattengründungen 229

Pfahlprobebelastungen 210 f
- an Gründungspfählen 211
- dynamische 210
- dynamische Pfahlprüfung 213
- Längskraftentwicklung 211
- Mantelreibung 211
- Rammformeln 210, 213
- Spitzendruck 211
- statische 210 f
- Zugpfähle 211
- Zugversuch 211

Pfahlroste 219
- Berechnung 219 ff
- Horizontalkräfte 219
- Pfahlkopfplatte 219

Pfahltragfähigkeit
- äußere 197
- Drucksondierungen 197
- einaxiale Druckfestigkeit 199
- Flügelsondierungen 199
- in Fels 199
- innere 197
- schwere Rammsonde 199
- Standard-Penetration-Test 199
- undränierte Kohäsion 199

Pfahlwände 257, 262 f
plastische Eigenschaften 12
Plastizität 44
Plastizitätsdiagramm 66
Plastizitätszahl 45
Platte 155
Plattendruckversuch 34 f
- Grenzen 35

Plattengründungen 4, 77, 135, 151 ff
- Auftriebssicherheit 162

- Auswahlkriterien 151
- bei geschichtetem Baugrund 162
- Beschränkung der Rißbreite 163
- Betonbemessung 163
- Bettungsmodulverfahren 154
- Bewehrungsführung 163
- Biegebemessung 163
- Biegemomente 152, 160
- Bodenfeuchte 164
- Dehnfugenabstand 165
- Dicke 151
- Durchstanznachweis 163
- Einfluß der Bauwerkssteifigkeit 160
- Ermittlung von Biegemomenten und Sohldruckverteilung 152
- Fugen 165
- Grundbruchverhalten 151
- Grundwasser 151
- Horizontallasten 151
- im Grundwasser 162, 164
- Interaktion zwischen Bauwerk und Baugrund 151
- Konstruktion 163
- nichtdrückendes Grundwasser 164
- Plattendicke 163
- rechnerische Zugspannungen 162
- Sauberkeitsschicht 163
- Scheinfugen 165
- Schiefstellungen 162
- schwarze Wannen 164
- Setzfugen 165
- Setzungen 151, 162
- Setzungsmulde 163
- Setzungsunterschiede 151
- Sohlspannungsverteilung 152
- Steifemodulverfahren 158
- Steifigkeitsverhältnis Bauwerk/Boden 152
- Systemsteifigkeit 160
- Überblick 151
- weiße Wannen 164
- Wirtschaftlichkeit 151

Polstergründung 4, 168
Polsterwände 346, 347
- Querschnitte 346

Porenanteil 42, 56
- nutzbarer 56

Porenzahl 42
Porenziffer, kritische 49
Potentialhöhe 55
Pressiometer 21
Primärsetzung 48, 354
Prinzip
- der effektiven Spannungen 47
- der kleinsten Sicherheit 92

Probenahme 17
Proctordichte 57
Proctorversuch 57

Prüfwert 421
Pumpensumpf 282
Pumpversuche 32

Q
Querkontraktionszahl 49, 78

R
Rahmenschergeräte 53
Rahmenscherversuch 49
Rammformeln 210, 213
Rammkernbohrverfahren 19
Rammpegel 30
Rammpfähle 200 f
– erforderliche Tiefe des tragfähigen Baugrunds 203
– Erschütterungen 185
– Fußverstärkungen 186
– Holzpfähle 185, 202
– Lärm 185
– Last-Setzungslinie 200
– Mindestabstände 203
– Mindesteinbindelänge 203
– Stahlbeton-Fertigrammpfähle 185, 202
– Stahlrammpfähle 186, 202
– Zugpfähle 202
Rammsonden 22
Rammsondierung 22
Rankine, W.J.M. 97, 290
Raumgitterkonstruktionen 327
Raumgitterstützkonstruktionen 340 f
– aus rahmenartigen Fertigteilen 341
– Ausführung 341
– Berechnung 341
– gelenkige Systeme 340
– Mauerhöhen 341
– Nachweis der Standsicherheit 341
Rayleigh-Welle 386
Rechenwerte nach EAU 60
rechtliche Fragen bei Unterfangungen 325
Regelfall nach DIN 4095 238
Reibungskreis 108
Reibungswinkel 49
Resonanzerscheinungen 379
Restreibungswinkel 50
Restscherfestigkeit 51
Rheinsand 69
Richtlinien für Liegenschaften des Bundes 425
Richtwert 421
Risikoakzeptanz 113
Risse 350, 353
– Biegerisse 162, 353
– Interpretation von Deformationen 350
– Schubrisse 353
Rütteldruckverdichtung 168, 173
– Eignung 174
– Qualitätskontrolle 174

– Rastermaße 174
– Sicherheitsabstand 174
Rüttelinjektionspfähle 269
Rüttelstopfsäulen 181
Rüttelstopfverdichtung 168, 175 ff
– Arbeitsvorgänge 175
– Bemessung der Säulen 177
– Erhöhung der Steifigkeit 177
– Hauptanwendungsgebiet 177
– Qualitätskontrolle 178
– Säulenabstände 176
– Säulendurchmesser 176
– schwimmende Gründungen 177
– Verbesserungswirkung 176
– wirtschaftliche Tiefen 176

S
Sande 39
Sandersatzverfahren 33
Sanierung, Oberleitung 425
Sanierungsplanung und -überwachung 425
Sanierungsuntersuchung 425
Sanierungszielwert 421
Sattellagerung 86
Sättigungszahl 43
Sauberkeitsschicht 143
Schachtgreiferverfahren 182
Schäden 8, 349, 355, 397
– durch Bäume 355
– durch Wasser 30
– – Böschungsrutschungen 30
– – feuchte Keller 30
– – hydraulischer Grundbruch 30
– erschütterungsbedingt 397
– Gründung alter Gebäude 349
– infolge Entwässerung bindiger Schichten 355
Schäden an der Gründung alter Gebäude 352 ff
– Muldenlage 353
– Sattellage 353
– Ursachen 352
– Verlauf von Setzungsrissen 353
Schadstoffbelastungen 419 ff
Schadstoffe im Boden 420 ff
– Bewertung als Altlast 420
– Hinweise zur Entsorgung 421
– Listen mit Grenz- bzw. Richtwerten 422
– rechtliche Grundlagen 420
Scherfestigkeit 50
Scherfestigkeitswerte von Tonsteinen der Trias 64
Scherparameter 49, 52, 54
– dränierte Bedingungen 52
– Größenordnung 54
– undränierte Bedingungen 52
Scherwelle 386
Schichtenverzeichnis 36, 37
Schichtwasser 233
Schlagrammung, Erschütterungen 401

Schlämmanalyse 41
Schlitzwände 257, 263 ff, 308, 325, 327
– Abschalrohre 265
– Berechnung 308
– Beton 266
– Dichtwirkung 267
– Einphasenverfahren 264
– erreichbare Tiefen 264
– Fräse 264
– Fugenkonstruktion 266
– gegreiferte Wand 264
– Herstellung 264, 266
– Leitwände 264
– Leitwandformen 266
– Primärlamellen 265
– Sicherheit 308
– Stabilität der einzelnen Bodenkörner 266
– Standsicherheit des Schlitzes 266
– Stützflüssigkeit 265 f
– Suspension 266
– Vorläuferlamellen 265
– Wandstärken 264
– Wasserdichtigkeit 264
– Wirtschaftlichkeit 264
– Zweiphasenverfahren 264
Schluffe 39
Schneckenbohrpfähle 194 ff
– Arbeitsphasen 194 ff
– mit Seelenrohr 194
Schrägpfähle 208, 274
Schraubpfahl 187
Schubmodul, dynamischer 384
Schürfe 16
Schutzgut 419
Schutznetzverhängungen 330
schwarze Wanne 246
Schwellengründung 352
Schwellmodul 47
Schwergewichtsmauern 314, 327, 332 ff
– Ableitung des Oberflächenwassers 337
– Anordnung von Filtern 335
– Entwässerung 334
– Fugenausbildung 334
– Fundament 333 f
– ideale Form 333
– Konstruktionsprinzip 333
– Nachweis 334
– Querschnittsformen 332 f
Schwergewichtswände, Entwässerung 336
Schwingbeschleunigung 393
Schwinger mit mehreren Freiheitsgraden 379
Schwinggeschwindigkeit 393
Schwingungen 373 ff, 387
– Abklingverhalten im Boden 387
– Beschreibung 374
– harmonische 374
– periodische 374

– stochastische 375
– transiente 375
– von Gebäuden 374
Schwingungsabschirmung durch Bodenschlitze 388
Schwingungsausbreitung 385, 388
– im Boden 385
– Maßnahmen zur Minderung 388
Schwingungsisolierung 405 ff
– praktische Hinweise 407
Schwingungstheorie, Grundlagen 374
Schwingweg 393
Sedimentation 40
Seitendrucksonde 21
Sekundärsetzungen 48, 77, 354
Senkkästen 182, 223 ff
– Absenkdiagramme 229
– Absenktrichter 223, 229
– Anwendungsgebiete 223
– Arbeitsablauf 224
– Arbeitskammer 226
– Aushub 225
– Berechnungshinweise 227
– Druckluft 223
– Druckluft-Caisson 223
– Ermittlung des Schneiden-Eindring-
  widerstands 228
– geschlossene 182, 223
– Herstellung 224
– Konstruktion 226
– Kräfte am Druckluftcaisson 227
– Lastverteilungsfaktoren 229
– Nachweis
– – Standsicherheit und Gebrauchs-
     tauglichkeit 227
– – des Absenkvorgangs 227
– offene 223, 182
– Schneide 226
– – Bemessung 229
– – Spitzendruck 229
– Setzungsmulde 229
– wesentliche Bauphasen 229
Setzungen 77–80, 83–86, 139
– Einfluß benachbarter Fundamente 83
– ellipsenförmige Fundamente 80
– Genauigkeit 78
– Gesamtsetzung 77
– geschichteter Baugrund 80
– geschlossene Formeln 79
– Gleichlasten 81
– Größtwerte 85
– kennzeichnender Punkt 79
– Konsolidationssetzungen 77
– Kreisfundamente 79 f
– Kreisringfundamente 80
– Kriechsetzungen 77
– Krümmungsradius 85

- Linienlasten 81
- lotrecht außermittige Belastung 83
- lotrecht mittige Belastung 79
- lotrechte Dreieckslasten 84
- Methode der lotrechten Spannungen 79
- Muldenlagerung 86
- Punktlasten 81
- rechteckförmige Belastungen 84
- Sackungen 77
- Sattellagerung 86
- Sekundärsetzungen 48, 77, 354
- Senkungen 77
- Setzungsbeiwert 79
- Setzungsformel 78
- Setzungsunterschiede 84
- Sofortsetzungen 77
- starre Fundamente 79
- Streifenfundamente 80
- Streifenlasten 81
- Winkelverdrehung, Schadenskriterien 85
- zulässige 84
setzungsempfindliche Bauwerke 137
Setzungsschäden 354 ff
setzungsunempfindliche Bauwerke 137
Setzungsunterschiede 85
Sicherheitsbeiwert, globaler 113
Sicherheitskonzept 113
Sickerschacht 241
Sickerwasser 233
Siebanalyse 41
Siebung 40
simple shear 53
Simplex-Ortbeton-Rammpfahl 186
Smoltczyk, U. 89
Sohlabdichtungen 268, 270
- Auftriebssicherheit 271
- hochliegend 268, 270
- tiefliegende Injektionssohle 270
- tiefliegende Sohlen 268
- Vergleich verschiedener Systeme 270
Sohlaufbruch 273
Sohldruckverteilung 160
Sohlreibungswinkel 142
Sonderprobe 49
Sondierspitzendruck 26
- Lagerungsdichte 26
- Reibungswinkel 26
Sondierung 8, 21 f, 27
- Drucksondierung 21
- Grenztiefe 21
- Grundwasser 21
- Konsistenz 29
- Korrelationen in DIN 4094 22
- Lagerungsdichte 21
- oberhalb des Grundwassers 22
- Rammsondierung 21
- Reibungswinkel 21

- Steifebeiwert 28
- Steifeexponent 28
- Steifemodul 26
- Steifeziffer 21
- unterhalb des Grundwassers 22
Sondierungsergebnis 24
- Bodeneigenschaften 24
- Korrelationen 24
Spannbeton 120
Spannung, effektive 47
Spannungstrapezverfahren 136, 151 f
- bei beliebig geformter Sohlfläche 152
- Kreis- und Kreisringfundamente 152
- Sohldruckverteilung 152
- T-förmige Querschnitte 152
Spickpfahlgründung 352, 355
- Zerstörung 355
Spitzendrucksonde 21
Sporne 142
Spritzabdichtungen 252
- Anforderungen an die Rißüberbrückung 252
- Ausführungsbeispiele 252
- Schichtdicken 252
Spülfilter 30
Spundwände 257, 261 f, 264, 327
- Auflockerungsbohrungen 262
- Bohlen 261
- Eckbereiche 261
- Einpreßgeräte 262
- Einvibrieren 261
- Gurte 262
- Kombination Schlitzwand 262
- Peiner-Kastenspundwand 261
- Profile 261
- Profiltabellen 261
- Schloßdichtungen 261
- Schloßreibung 261
- Spülhilfen 261
- System Hoesch 261
- System Larssen 261
Stabilitätsnachweis 143
Stahlbeton-Rammpfähle 217
- Betonüberdeckung 217
- Bewehrung 217
- Pfahlspitzen 217
Standard-Penetration-Test 21
Standsicherheit in der tiefen Gleitfuge nach Kranz 303
starre Abdichtungen 246
- Dichtungsschlämmen 246
- WU-Beton 246
Stauwasser 233
Steifemodul 45, 47, 48, 78, 83, 159, 383
- Anhaltswerte 48
- Ent- und Wiederbelastung 48
- Erfahrungswerte 159

- geologische Vorlastspannung   47
- nach Ohde   48
- Sekantenmodul   47
- Strukturzusammenbruch   47
- Tangentenmodul   47
Steifemodulverfahren   136, 151, 158, 160
- Computermethoden   160
- E-Modul   158
- Spannungsspitzen   159
Steifen   274
Steifigkeit   4, 152
- des Baugrundes   4
- des Bauwerks   152
Steinbrenner, W.   81
Steinkörbe   335
Stokesches Gesetz   41
Streichbalken   357
Streifenfundamente   4, 77, 135, 149
- an Grundstücksgrenzen   149
- ausmittige Belastung   136
- klaffende Fuge   136
- rechnerische Zugspannungen   136
- Spannungstrapezverfahren   136
- Spannungsverteilung   136
  s. a. Einzel- und Streifenfundamente
Strömungsdruck   233
Stützmauern   334
- aus Kunststoffen und Erde   327, 345 ff
- - begrünbare Geotextil-Wände   346
- - Bemessung   347
- - Bewehrungslagen   347
- - Futtermauer   347
- - Polsterwände   347
- Entwässerung   334
Systemsteifigkeit   160 ff
- vorgeschlagene Grenzen   161

T
Tabellenwerte der DIN 1054   137
technische Erkundung kontaminationsverdächtiger Flächen   425
Teilsicherheitsbeiwert   113, 116
- Einwirkungen   116
Teilsicherheitskonzept   128
Terzaghi, K.   48, 86, 210
Tiefbrunnen   282 f
- Aufbau   283
Tiefgründungen   4, 181 ff, 204, 352
- Auswahlkriterien   181
- Bohrpfähle   204
- Bohrpfahlwände   182
- gemauerte   352
- kombinierte Pfahl-Plattengründung   228
- Schlitzwände   182
- Senkkästen   182, 224
- Überblick   181
Tiefmischverfahren   169

Torf, Zersetzungsgrad   36
Trägerbohlwände   257, 259 f, 262, 264
- Ausfachung   259
- Berliner Verbau   259
- Betonausfachungen   260
- Bohlen   260
- Erdwiderstand   297
- Essener Verbau   261
- Heidelberger Verbau   261
- Holzverbau   260
- in Fels   260
- Münchner Verbau   261
- Träger   259
Tragfähigkeit von Verpreßankern   278
Tragfähigkeit vorhandener Gründungen   349 ff
Tragfähigkeitsbeiwerte nach DIN 4017   87
Tragwerksplaner   7
Trennflächen   13 f
triaxiale Kompressionsversuche   51
Triaxialversuch   51
Tubex-Preß-Pfahl   187

U
unbewehrte Fundamente, Bemessung   144
Ungleichförmigkeitszahl   40
Unterfangungen   311 ff
- Abfangung eines gemauerten Pfeilers   324
- Abgrabtiefen   314
- Ausführung nach DIN 4123   314
- Baugrunduntersuchungen   312
- bei Einzelfundamenten   311
- bei historischen Bauwerken   312
- bei Quer- und Eckwänden   325
- Bodenvernagelung   311, 321
- - in Kombination mit Stabverpreßpfählen und Ankern   323
- Bohrpfähle   325
- durch Sprengwerke   320
- durch Streichbalken und Sprengwerke   320
- Düsenstrahlverfahren   311, 318
- einer Hausecke   316
- Einsatzmöglichkeiten vorgespannter Stabverpreßpfähle   322
- freie Standhöhe   314
- Fundament   321
- Grundwasserstand   312
- Hochdruckdüsenstrahlverfahren   311
- Injektionen   311 f
- klassische   311 ff
- mit Balken und Pfeilern   315
- mit Beton- oder Stahlbetonwänden   315
- mit einer Schlitzwand   326
- mit Vollsicherung   316 ff
- Musterverträge   326
- Pfähle mit kleinem Durchmesser   311
- Pfeilerabfangung mit Querschnittsschwächung   324

- Planung 311
- rechtliche Fragen 325
- Reihenfolge der Unterfangungsabschnitte 315 f
- Schlitzwände 325
- schräge Bohrpfahlwand 325
- Schwergewichtswände 314, 319
- Sicherung des Gebäudes 312
- Sonderlösungen 323
- Standsicherheit beim Abgraben 312
- Übersicht 311
- Verpreßpfähle 319
- - Anwendungsmöglichkeiten 320
- Vorabsicherungsmaßnahmen 311

Unternehmer 7
Unterwasserbeton 269
Unterwasserbetonsohlen 269
- Arbeitsablauf 269
- unbewehrte 269

V

Vakuumanlagen, Bemessung 288
Vakuumbrunnen 283 f
- Absenktiefen 284
- Dimensionierung 284
- Flachbrunnen 283
- Tiefbrunnen 283 f
- Wellpointanlagen 283
VdW-Pfähle 197
Verankerungen 274
Verantwortlichkeit
- des Architekten 5
- des Baugrundgutachters 8
- des Bauherrn 5
- des Tragwerksplaners 7
- des Unternehmers 7
Verdichtung 57
Verdichtungserddruck 104
Verdichtungsgeräte 170
- Eignung 170
- Qualität der Schüttung 170
- Überblick 170
Verdichtungsgrad 35, 57
- E_{v2} 35
- Lagerungsdichte 35
- Rammsondierungen 35
Verdichtungskontrolle 32, 170
Verdichtungszustand, Verhältniswert E_{v2}/E_{v1} 35
Verdrängungspfähle 184 ff, 201
- Fertigpfähle 184
- Ortbeton-Verdrängungspfähle 184
- Setzungen 185
- Tragfähigkeit 201
- verpreßte 184, 189
Verfahren, geophysikalische 15
- lamellenfreie 109
Verfahren von Kranz 304
- bei Bodeneinspannung 304

- bei mehrfacher Verankerung 304
- bei Verpreßankern 304
Verformungsmodul 78
Verkantungen 79, 84
Verkehrslast 113
vermörtelte Stopfsäulen 168, 178, 179, 181
- Tragfähigkeit 179
- Qualitätskontrolle 179
Verpreßanker 262, 269, 274
- Ankerkopf 274
- Ausführung 274
- Bemessung 274
- freie Stahllänge 274
- gegen drückendes Wasser 262
- Korrosionsschutz 274
- Permanentanker 274
- Prüfung 274
- Spannstahl 274
- Temporäranker 274
- Tragfähigkeit 278
- Verpreßkörper 274
- Vorteile 274
- Zugglieder 274
Verpreßpfähle 197, 207, 218 f, 321
- Betondeckung 219
- Grenzmantelreibungswerte 207
- Kraftübertragung Wand–Pfahl 357
- mit verstellbarem Kopf 321
- Nachweis der Tragfähigkeit 207
- Ortbetonpfähle 197
- Probebelastungen 207
- Sicherheitsbeiwerte 207
- Systeme 197
- Tragglieder 219
- Verbundpfähle 197, 219
- Zugversuche 207
Versagenswahrscheinlichkeit, operative 114
Versickerung 241
Versickerungsbrunnen 285
vertikale Zusammendrückung 82
Verwertungskonzepte 424
Verwitterungsgrad 14
Vibrationsrammung 402
Vorinformation 15
Vorsorgewert 421

W

Wasser 233
wasserdichte Wanne 30
Wassergehalt 42 ff
- Ausrollgrenze 45
- Fließgrenze 44
- Schrumpfgrenze 45
Wasserhaltung 279 ff
- Absenkkurven 281
- Ausführung 279
- Baugrunderkundung 279

- Berechnung der Wassermengen 285
- Elektroosmose 281
- Planung 279
- Reichweite 281
- Schwerkraftabsenkung 281
- Vakuumentwässerung 281
- Vorüberlegungen 279
- Wassermengen 281
Wasserhaltungsverfahren 279 ff
- Anwendungsbereiche 280
- Brunnenabsenkung 279 ff
- Entwässerung durch Vakuum 279
- Fließböden 279
- offene Wasserhaltung 279 ff
- Osmoseverfahren 280
- Schwerkraftverfahren 280, 282
- Schwerkraftwirkung 279
- Überblick 279
- Unterdruckverfahren 280
- Vakuumanlagen 284
- Wiederversickerung 284
Wasserstände 236
wasserundurchlässiger Beton 246 ff
  s. a. WU-Beton
Wasserwirkungen 233 ff.
Wasser-Zementwert 218
Weichgelsohlen 269
weiße Wanne 245
Weißenbach, A. 93, 100
Wellenausbreitung 385
Wellenausbreitungsgeschwindigkeit 387
Wellentypen 386
Wichte 42
Wiederversickerung 279, 285
Winkel der Gesamtscherfestigkeit 50
Winkelstützmauer 92, 327, 336–338
- Bemessung 336

- Berechnung 338
- Erddruckansatz 338
- Formen 337
Winklerscher Halbraum 153
WU-Beton 246 ff
- Ausführung 248
- Bemessung 247
- betonangreifende Wässer 247
- Betontechnologie 248
- Betonzusammensetzung 248
- Dehnfugen 247
- Durchfeuchtungskriterien 248
- Einsatzgebiet 248
- Feuchtebilanz 247
- Konstruktion 247
- Qualitätskontrolle 248
- Regelwerke 247
- Rißweitenbeschränkung 247
- Schäden 247
Wurzelpfähle 356

Z
Zementsohlen 269
Zimmermann, H. 153
Zonenbrüche 91
ZTV-K 96 182
Zusammendrückungsmodul 46, 78
Zwangsgleitfuge 295
zweiachsige Ausmittigkeit 146
- Berechnung der Gesamtmomente 146
- Fundamente mit beliebiger Form 141
- Grundbruchnachweis 141
- kreis- und kreisringförmige Sohlflächen 141
- Setzungsnachweis 141
- Spannungsverteilungen 146
Zweimassensystem 380